材料科学与工程学科系列教材

材料组织结构的表征

（第二版）

Microstructural Characterization of Materials

编　著　戎咏华　姜传海
主　审　陈世朴

上海交通大学出版社

内容提要

本书分为四篇，共24章，第1篇为《金相显微术》，第2篇为《X射线衍射分析》，第3篇为《电子显微分析》，第4篇为《X射线光电子能谱和激光拉曼光谱》，共涉及9种现代分析仪器：金相显微镜、X射线衍射仪、透射电子显微镜、扫描电子显微镜、电子探针、扫描隧道显微镜、原子力显微镜、X射线光电子能谱仪和激光拉曼光谱仪。这些仪器成为材料的微观组织结构、成分、原子价键和分子结构分析的有力工具，体现了分析技术的最新发展。

本书着重介绍各种仪器的分析原理、仪器的结构和功能及其应用，力求理论与原理的阐述深入浅出，结合实例，使理论知识融会贯通。

本书可作为本科生和研究生的教材，也可作为从事相关工作的教师和研究人员的参考书。

图书在版编目(CIP)数据

材料组织结构的表征/戎咏华，姜传海编著. —2版. —上海：上海交通大学出版社，2017(2022重印)

ISBN 978-7-313-17605-9

Ⅰ.①材… Ⅱ.①戎…②姜… Ⅲ.①金属材料-结构性能-性能分析 Ⅳ.①TG14

中国版本图书馆CIP数据核字(2017)第192410号

材料组织结构的表征(第二版)

编　著：戎咏华　姜传海

出版发行：上海交通大学出版社　地　址：上海市番禺路951号

邮政编码：200030　电　话：64071208

印　制：当纳利(上海)信息技术有限公司　经　销：全国新华书店

开　本：787mm×1092mm 1/16　印　张：25.75

字　数：719千字

版　次：2012年9月第1版

2017年8月第2版　印　次：2022年7月第4次印刷

书　号：ISBN 978-7-313-17605-9

ISBN 978-7-89424-172-6

定　价：64.90元

编委会名单

总　序

材料是当今社会物质文明进步的根本性支柱之一，是国民经济、国防及其他高新技术产业发展不可或缺的物质基础。材料科学与工程是关于材料成分、制备与加工、组织结构与性能，以及材料使用性能诸要素和他们之间相互关系的科学，是一门多学科交叉的综合性学科。材料科学的三大分支学科是材料物理与化学、材料学和材料加工工程。

材料科学与工程专业酝酿于20世纪50年代末，创建于60年代初，已历经半个世纪。半个世纪以来，材料的品种日益增多，不同效能的新材料不断涌现，原有材料的性能也更为改善与提高，力求满足多种使用要求。在材料科学发展过程中，为了改善材料的质量，提高其性能，扩大品种，研究开发新材料，必须加深对材料的认识，从理论上阐明其本质及规律，以物理、化学、力学、工程等领域学科为基础，应用现代材料科学理论和实验手段，从宏观现象到微观结构测试分析，从而使材料科学理论和实验手段迅速发展。

目前，我国从事材料科学研究的队伍规模占世界首位，论文数目居世界第一，专利数目居世界第一。虽然我国的材料科学发展迅速，但与发达国家相比，差距还较大：论文原创性成果不多，国际影响处于中等水平；对国家高技术和国民经济关键科学问题关注不够；对传统科学问题关注不够，对新的科学问题研究不深入，等等。

在这一背景下，上海交通大学出版社组织召开了"材料学科学及工程学科研讨暨教材编写大会"，历时两年组建编写队伍和评审委员会，希冀以"材料科学及工程学科"系列教材的出版带动专业教育紧跟科学发展和技术进步的形势。为保证此次编写能够体现我国科学发展水平及发展趋势，丛书编写、审阅人员汇集了全国重点高校众多知名专家、学者，其中不乏德高望重的院士、长江学者等。丛书不仅涵盖传统的材料科学与工程基础、材料热力学等基础课程教材，也包括材料强化、材料设计、材料结构表征等专业方向的教材，还包括适应现代材料科学研究需要的材料动力学、合金设计的电子理论和计算材料学等。

在参与本套教材编写的上海交通大学材料科学与工程学院教师和其他兄弟院校教师的共同努力下，本套教材的出版，必将促进材料专业的教学改革和教材建设事业发展，对中青年教师的成长有所助益。

林栋樑

前　　言

上海交通大学根据国家教育部1998年调整的最新专业目录和全国材料工程类专业教学指导委员会的精神，推出了上海交通大学“系列化优质课程与教材建设”项目，本教材就是在此背景下应运而生的。

本教材取名为《材料组织结构的表征》(*Microstructural Characterization of Materials*)，分为三篇，第一篇为《金相显微术》，第二篇为《X射线衍射分析》，第三篇为《电子显微分析》。尽管组织结构表征有诸多的物理方法，但鉴于组织结构表征技术发展的历史和上述三种分析方法的诸多共同物理概念以及至今它们在材料研究中相辅相成，将它们结合在一本教材中有利于教学学时的精减和学生对知识的融会贯通，这已被上海交通大学材料科学与工程学院近几年的教学实践所证明。从Sorby在1863年用显微镜观察抛光腐刻的铁试样，到1912年Laue用X射线衍射证实了晶体中原子的对称性和周期性的规则排列，直至20世纪30年代初Ruska制造出第一台透射电子显微镜以及随后扫描电子显微镜和电子探针的相继问世，历史证明了材料科学的快速发展极大地得益于光学金相、X射线衍射和电子显微分析方法的诞生和运用。

本教材重点介绍三种实验技术的原理，仪器的结构、功能特点和应用，力求在内容上体现分析技术的最新发展，在理论与原理上阐述深入浅出，在分析方法上尽量结合实例，以期通过本课程学习使学生和读者对三种分析方法有一个较全面的了解，并能合适地选择和运用这些技术解决他们在研究中遇到的问题。本教材根据材料研究和技术的发展，摒弃和削减了现有教材中某些过时的内容，例如底片显影、定影和印相原理、手工制备金相样品详细步骤等，增添若干新技术的内容，主要有共聚焦激光扫描显微术、图像处理及定量分析、X射线衍射谱线形分析、三维应力及薄膜应力测量、会聚束衍射及其在点阵常数精确测定中的应用、形貌衬度改善的电子减速技术、二次电子和背散射电子信号的混合技术、扫描透射电子显微术和电子背散射衍射技术等。

本书可作为54至90学时的教学用书，留有余地供授课教师选择，也可供相关技术人员参考。书后附有思考题与练习题、附录，供复习、演算之用。编写本书的主要参考书目也在书末列出。

本教材第一、三篇由戎咏华教授执笔，第二篇由姜传海研究员执笔。全书由戎咏华统稿和上海交通大学陈世朴教授审阅。在编著本教材过程中得到材料科学与工程学院主管教学副院长王敏教授的支持和帮助，得到戎咏华教授的博士生钟宁、廖新生、张科、王颖和郝庆国，硕士研究生郑会、安之南、许为宗、张美汉和王学智在资料收集和文图处理方面的帮助，尤其是戴嘉维工程师为第一篇的写作提供了丰富的素材，在此一并感谢。

尽管作者尽心写作，但才学疏浅，书中不当之处在所难免，敬请读者批评指正。

编　者

2012年3月

上海交通大学闵行校区

第二版说明

本书出版已四年，作为上海交通大学本科生的教材，深受学生的青睐，甚感欣慰。上海交通大学出版社告知，该教材已售完。经编者所在的材料学院教学委员会提议，由戎咏华修改原教材中的错误，重点在该教材中增加一些现代分析技术，使学生能获得更全面的材料组织结构的表征知识，该教材作为第二版的形式出版。

在此书的再版中，原第3篇《电子显微分析》中增加了扫描隧道显微镜和原子力显微镜的知识，其是纳米材料和材料表面原子结构分析的基础。增加了第4篇《X射线光电子能谱和激光拉曼光谱》，提供了原子价键分析和分子结构分析的知识。

在再版中，对博士生郝庆国、秦盛伟、刘玉和张家志在图片和文字处理方面所付出的辛勤劳动表示感谢。希望再版的教材存在的错误尽可能少，同时期待再版的教材能够得到读者的首肯。

编　者

2016年12月

上海交通大学闵行校区

目　录

第 2 篇　X 射线衍射分析

第 3 篇 电子显微分析

第 4 篇　X 射线光电子能谱和激光拉曼光谱

绪　论

金相学的英文是"Metallography",它在1721年首次出现在牛津"新英语字典"上。金相学经历了启蒙、创建和发展三个阶段。林曼(Rinman)采用化学试剂腐刻金属显示其内部组织的相关文章发表于1774年的瑞典皇家科学院院报上。由于尚未采用制片和抛光技术,该方法仅限于观察钢铁产品的表面组织。1808年,魏德曼斯特(Widmanstatten)首先将铁陨石(铁镍合金)切成试片,经抛光再用硝酸水溶液腐刻,用肉眼就能观察到在奥氏体{111}面上四种取向的粗大铁素体片,这就是以后以他姓氏命名的魏氏组织。魏德曼斯特试验在科学上不仅开创了组织的宏观或低倍观察,而且引发了显微组织的取向关系的研究。魏德曼斯特的著名试验为金相学的创建奠定了基础,它是金相学启蒙阶段的标志。

19世纪中叶,转炉(1856)和平炉(1864)炼钢新方法相继问世,钢铁的大量使用促进了对钢铁的研究。1863年英国的索比(Sorby)首次用显微镜观察经抛光并腐刻的钢铁试片,从而揭开了金相学的序幕。他在锻铁中观察到类似魏氏在铁陨石中观察到的组织,并称之为魏氏组织。索比出生于英国钢城Sheffield中的一个钢铁世家,尽管他最先用显微镜研究岩石,并被推崇为"显微岩相学之父",但他对钢铁也产生兴趣。为了观察不透明的钢铁试片,索比采用反射式的垂直照明。这是金相显微镜的重大发展。值得指出的是,索比于1886年利用贝克(Beck)为他制作的垂直照明系统在650高倍率下观察到钢中的珠光体。具有垂直照明系统和利用反射光成像的显微镜完全从生物显微镜脱胎而出,这种显微镜称为金相显微镜(Metallurgical Microscope)。索比为钢铁的研究做出了重要贡献:他发现了铁素体、渗碳体和珠光体等。因此,索比被公认为是金相学创建的奠基人。

在金相学发展阶段中,德国的马腾斯(Martens)和法国的奥斯蒙德(Osmond)都做出了重要的贡献。他们分别在1878和1885年独立地使用显微镜观察钢铁组织。马腾斯一方面对钢铁金相进行了大量系统的研究,如发现了低碳钢的时效变脆现象。另一方面,他在改进和推广金相技术方面起了很大作用。在他的影响下,20世纪初不少钢厂都有了金相检验室。为了纪念马腾斯在改进和传播金相技术方面的功绩,奥斯蒙德在1895年建议用他的姓氏命名淬火组织——Martensite,即马氏体。奥斯蒙德是金属学(物理冶金)方面的一位伟大科学家。首先,他在实验方面将金相观察和热分析、膨胀、热电动势、电导等物理性能测试方法结合起来。这种伟大的创举把金相技术扩大到更广泛的范畴里去,这些方法后来成为金属学传统的研究方法。例如,他采用当时新发展出来的Pt—Rd热电偶测量冷却曲线;在绘制曲线时,他不用温度随时间的变化,而用温度对时间导数的变化,突出了转变点,这就是今天铁的三个转变点:$\gamma \to \alpha$相变(910℃);铁磁转变(768℃),共析转变(723℃)。此外,他首先发现了铁的α、β、γ三种同素异构体。在理论方面,他把金相学与化学成分、温度和性能结合在一起,注意研究它们之间的因果关系。可以说,他把金相学从单纯的显微镜观察扩大、提高成一门新学科。

对金相技术做出重要贡献的还有诸多科学家,这里,仅就其中三位科学家的贡献给予介绍。德国科学家阿贝(Abbe)和他的合作者蔡司在19世纪60年代做出了杰出的成就:显微镜的原理论述和物镜的设计、显微镜成像理论和标准化透镜制造工艺。其他的发明有:Abbe消色差聚光镜,去除残留色差的补偿目镜等。阿贝最著名的贡献是他的显微镜成像原理理论和在1873和1877年发表的衍射理论。阿贝的衍射理论指出了显微镜成像是一种衍射现象的干涉效应,他同时引入了数值孔径($n\sin\theta$)的概念并演示出环形孔径对空间分辨率的重要作用。阿贝花了50年创立的理论已被普遍接受,至今仍是显微镜光学理论的基础。德国的科勒(Kohler)在1893年引入新的照明方法,极大地改善了图像质量,该方法是光学显微镜革命性的设计。荷兰物理学家泽尔尼克 (Zernike)在20世纪30年代发明了一种光学设计,它能将相位差转换为振幅差。这种相位衬度光学的发展是理论光学基本研究的辉煌例子。由于他的发明和成像理论,泽尔尼克获得1953年度诺贝尔物理学奖。

20世纪60年代末引入变焦光学系统,使不同放大倍率的观察和摄影操作变得简单了。随后采用通用的垂直照明系统和物镜使明场模式很容易转换到暗场、偏光、微分干涉衬度照明模式。电视技术引入到光学显微镜中,在监视器里可显示出显微组织图像,尤其是随后的CCD(Charge-Coupled Device)照相机使它优于视频照相机和胶片照相机数十至数百倍光强空间分辨率。CCD照相机可立刻获得光学图像照片,而不需要暗房的显影、定影和印相。CCD照相机获得的数字化照片可方便地处理,并可直接用于文档和会议报告的电子文件中,由此促进了电子图像的处理技术和分析功能的提高。目前,计算机数字图像处理和图像分析技术成为当代显微镜的主流配置。20世纪80年代末共聚焦激光扫描显微镜的问世解决了光学显微镜景深不够的缺点,极大地拓展了显微镜的应用领域。可以说,金相显微镜至今仍是材料微观组织表征的重要技术之一。

德国物理学家伦琴(Röntgen)于1895年发现了X射线,为此他获得1901年度物理诺贝尔奖。由于X射线有很强的穿透能力,首先在医学和工程探伤上得到应用,且至今不衰。1912年劳厄(Laue)等首先发现了X射线衍射现象,证实了X射线的电磁波本质及晶体原子的周期排列,并导出衍射方程,开创了X射线衍射分析的新领域,由此获得1914年度诺贝尔物理学奖。布拉格(Bragg)随后对劳厄衍射花样进行了深入研究,认为衍射花样中每个斑点是由晶体不同晶面反射所造成的,并和他父亲一起利用所发明的电离色谱仪,探测入射X射线束经过晶体解理面的反射方向和强度,证明上述设想是正确的,导出了著名的布拉格定律(方程)。布拉格方程较劳厄方程更为简明。布拉格父子测定了NaCl、KCl及金刚石等晶体结构,发展了X射线晶体学,为此他们获得1915年度诺贝尔物理学奖。由于劳厄方程和布拉格方程不考虑X射线在晶体中多重衍射与衍射束之间及衍射束与入射束之间的干涉作用,故将其称为X射线运动学衍射理论。爱瓦尔德(Ewald)于1913年提出了倒易点阵的概念,同时建立了X射线衍射的反射球构造方法。目前,倒易点阵已广泛应用于X射线衍射理论中,对解释各种衍射现象极为简明。

与布拉格父子同时,达尔文(Darwin)也在1913年从事晶体反射X射线强度的研究中,发现实际晶体的反射强度远远高于理想完整晶体应有的反射强度。他根据多重衍射原理以及透射束与衍射束之间能量传递等动力学关系,提出了完整晶体的初级消光理论,推导出完整晶体反射的摆动曲线和消光距离,开创了X射线衍射动力学理论。1941年,博尔曼(Borrmann)发现了完整晶体中的异常透射现象,20世纪60年代卡托(Kato)提出了球面波衍射理论,塔卡基(Takagi)给出了畸变晶体动力学衍射的普适方程。这些均成为动力学衍射理论的重要发展。1939年纪尼叶(Guinier)和豪斯曼(Hosemann)分别发展了X射线小角度散射理论。小角度散射是一种仅反映置换无序而不反映位移无序的漫反射效应。1959年,卡托和让(Lang)发现了X射线的干涉现象,发展了X射线波在完整晶体中的干涉理论,可精确测定X射线波长、折射率、结构因数、消光距离及晶体点阵参数。

X射线的分析方法主要是照相法和衍射仪法。劳厄等人在1912年创立的劳厄照相法,利用固定的单晶试样和准直的多色X射线束进行实验;布罗意(Broglie)于1913年首先应用周转晶体法,利用旋转或回摆单晶试样和准直单色X射线束进行实验;德拜(Debye)、谢乐(Scherrer)和霍欧(Hull)在1916年首先使用粉末法,利用粉末多晶试样及准直单色X射线进行实验。1928年盖革(Geiger)与米勒(Miiller)首先应用盖革计数器制成衍射仪,但效率均较低。40年代中期,福兰德曼(Friedma)设计制成的衍射仪为现代衍射仪奠定了基础。当今,用计算机控制的全自动X射线衍射仪以及各类附件的出现极大地提高了X射线衍射分析的速度、精度并扩大了其研究领域。X射线分析的特点为:它反映的是大量原子散射行为的统计结果,因此与材料的宏观性能有良好的对应关系。X射线衍射技术的应用范围非常广泛,现已渗透到物理学、化学、地质学、生命科学、材料科学以及各种工程技术科学中,成为一种重要的实验手段和分析方法。

自从1924年德布罗意(de Broglie)提出了电子与光一样,具有波动性的假说和1926年布什(Busch)发现了旋转对称、不均匀的磁场可作为一个用于聚焦电子束的透镜,为而后的电子显微镜的问世奠定了理论基础。柏林技术大学的卢斯卡(Ruska)和克诺尔(Knoll)于1933年制造出世界上第一台电子显微镜。但是,电子显微镜的想法首先由罗登伯格(Rudenberg)在1930年提出并申请了专利。他们的先驱工作引起了人们的极大注意。1939年德国西门子公司在卢斯卡的指导下生产了第一批作为商品的透射电子显微镜。50年代以来,电子显微镜开始了批量生产,并着重于改善仪器的分辨本领和生产更高加速电压的电子显微镜。至今,电子显微镜的点分辨率已优于0.2nm。透射电子显微镜在50年代后,开始配备选区电子衍射装置,这样不仅可获得形貌图像,而且可以进行微区的结构分析。另外,在样品室备有加热、冷却、拉伸的样品台等附件,使电子显微镜可进行原位动态观察。随着科学研究的需要和科学技术的发展,透射电子显微镜还具有扫描透射功能,并配置了X射线谱仪、电子能量损失谱议等,由此发展为更具综合分析能力的分析电子显微镜,这样的高空间高分辨的分析电子显微镜可对样品的组织、结构和成分进行原位一一对应的综合性分析。这些高性能的分析电子显微镜凸现出诸多技术的发展。场发射电子枪的商业化使电子显微镜获得相干性好、照明亮度高和能量发散小的电子源。在原双聚光镜的基础上加入小聚光镜和物镜前置磁场作为会聚透镜的利用,可获得平行或大角度会聚的纳米尺度电子束以满足不同成像和衍射的需要。能量过滤器的问世极大地改善了电子的单色性,从而显著地提高了电子显微像和电子衍射花样的质量。物镜的球差系数通过特殊的技术可以被校正为零或负值,这一突破性的技术发展使透射电子显微镜的分辨率进一步提高。慢扫描CCD和电子成像板实现了电子显微像和电子衍射花样的数字化,因此可以离线、在线分析和处理图像数据。仪器的计算机控制使透镜系统获得最佳条件变得很容易,并可自动进行消像散和聚焦。

电子显微镜的诞生,首先应用在医学生物上,随后用于金属材料的研究。在早期的研究中,由于金属样品的制备问题,只能采用间接的复型技术。1949年,海登莱栩(Heidenreich)

第一个用透射电子显微镜观察了用电解减薄的铝试样，他的工作说明了即使对电子具有强烈散射的金属，它的微观组织也是能够在电子显微镜中被观察到的。50年代后期，材料的显微组织和亚结构的研究有了决定性的突破。在这期间，英国剑桥大学的赫什(Hirsch)和他的合作者，首先发展了电解减薄金属试样和建立薄晶体电子衍衬运动学和动力学理论，成功地分析了透射电子显微镜中所观察到的图像，例如位错、层错等。各种晶体缺陷，以前只能在理论上描述和间接地演示，现在能直接在电子显微镜下观察到。

1956年，蒙特(Menter)用双束电子成像的方法，在电子显微镜下直接观察酚菁铂晶体中$(20\bar{1})$点阵平面间距为1.2nm的条纹像，开创了高分辨电子显微术。实验高分辨电子显微术的形成是在20世纪70年代初，日本的尤伊达(Uyeda)等人和美国亚利桑那州立大学电镜实验室的利基玛(Lijima)相继拍摄出称为结构像的照片，证实了考利(Cowley)按照相位衬度提出的多层法模型的正确性。随着该理论的日趋成熟，借助计算机可对不同厚度晶体的成百上千束衍射束在各种成像条件下重构高分辨像做细致模拟，使高分辨像的解释有了坚实的理论基础。因此，可从高分辨结构像了解原子点阵的排列，从而打开了观察原子世界的大门。70年代末，日本大阪大学应用物理系教授桥本(Hashimoto)应用透射电子显微镜直接观察到单个重金属原子(金原子)及原子集团中的近程有序排列，并用快速摄影记录下原子跳动的踪迹，终于实现了人类2 000多年来直接观察原子的宿愿。20世纪90年代末，物镜球差校正器的研制成功，使第一台场发射透射电子显微镜的点分辨率从0.24nm提高到0.13nm，并用负球差系数成像技术首次获得氧化物中单氧原子列清晰的高分辨像。

自从1939年廓舍(Kossel)和莫仁斯特(Möllenstedt)发现了会聚束电子衍射后，随着20世纪60年代微细电子束技术的出现，会聚束电子衍射理论和应用得到系统的研究和发展，至今已成为高分辨分析电子显微学的重要分支，能用于晶体对称性的测定、微区点阵参数的精确测定和薄晶体厚度和晶体势函数的测定。

20世纪90年代发展了高分辨原子序数衬度成像技术，这种扫描透射电子显微镜高角环形暗场像，像中的亮点总是反映真实的原子，像的解释一般不需要繁琐复杂的计算机模拟，并且亮点的强度与原子序数的平方成正比，由此能得到原子分辨率的化学成分信息。

盖柏(Gabor)在1948年提出了相干衍射的概念——全息成像原理，用这种方法可以显示电子波的相位和振幅。电子全息术在近十几年来随商业化场发射枪电子显微镜的出现开始在材料研究中得到实际应用，显示出它在陶瓷晶体界面、薄膜和纳米材料的磁学和电学性能研究中的独特优点。

在20世纪60年代末被研制出的X射线能谱仪，在70年代中期被用于透射电子显微镜对薄样品的成分分析，随后电子能量损失谱仪的问世，不仅弥补了X射线能谱议在超轻元素分析中的不足，同时克服了X射线能谱仪微分析与高分辨成像的不兼容性，从而使现代的分析电子显微镜同时具有高分辨结构成像和高空间分辨率微区成分分析的功能，为材料的结构和成分表征提供了有力的工具。

50多年来的实践证明，透射电子显微镜是20世纪最重大的发明之一，卢斯卡由于他的先驱工作给科学所带来的巨大贡献，从而获得1986年的诺贝尔物理学奖。随着电子显微镜的进一步完善和各种电子显微术的产生和发展，毫无疑问，电子显微镜将对材料科学的发展产生不可估量的作用。

利用电子束与样品的相互作用来获得样品表面高分辨率的图像，这种想法在20世纪20

年代末已产生。1929年，斯蒂恩青(H. Stintzing)从理论上描述了这种扫描电子显微镜的工作原理。1935年，克诺尔用实验演示了这一设想。1938年，冯·阿登(Von Ardenne)把扫描线圈装入透射电子显微镜中，试制出第一台扫描透射电子显微镜，并对该仪器的理论基础和实际方面进行了较详细的描述。1942年，茨瓦(Zworykin)等人首先描述了用于观察厚样品的扫描电子显微镜。他们认识到二次电子发射也许会产生形貌衬度，因此设计出相应的仪器结构。在该结构中，检测器上施加相对于样品的50V正偏压，被收集到检测器上的二次电子通过一个电阻产生电压降。为了提高图像分辨率，茨瓦等人从减小束斑尺寸、改善信噪比等方面进行理论和实际两方面的探索，为现代扫描电子显微镜的诞生做出了重要的贡献。他们详细地分析了透镜像差、电子枪亮度和束斑尺寸之间的关系，从而探知获得最小束斑尺寸的方法；他们尝试用场发射冷阴极源代替钨灯丝热发射阴极源，虽然没能解决它的不稳性，但获得了高放大倍率和高分辨率的图像；他们的另一贡献是利用电子倍增器作为来自样品的二次电子发射电流的预放大器。他们在1942年着手研制的一台分辨率优于50nm的扫描电子显微镜，可惜由于第二次世界大战而使之中途夭折。1952年，英国剑桥大学的奥特利(Oatley)试制出分辨率为50nm的扫描电子显微镜。随后在1956年，史密斯(Smith)用电磁透镜代替静电透镜，并首先在扫描电子显微镜中加入消像散器。1960年，埃弗哈特(Everhart)和索恩利(Thornly)根据茨瓦在1942年对检测器改进的描述，把闪烁体直接装到位于光电倍增器表面的光导管上，增加了信号采集量，从而提高了信噪比。1963年，皮斯(Pease)汇集了前人的研究成果，采用三个电磁透镜，电子枪在底部和Everhart－Thornley检测系统组合在一起，进行了扫描电子显微镜的制造，该仪器实际是尔后的第一台商品电子显微镜的雏形。1965年，斯图尔特(Stewart)和其合作者在剑桥科学仪器公司制造出世界上第一批商品扫描电子显微镜。

自1965年以来，扫描电子显微镜仍在不断地改进和完善，新型LaB_6(六硼化镧)阴极电子枪的问世和场发射电子枪的改进，极大地提高了扫描电子显微镜的分辨本领。目前，商品扫描电子显微镜，采用常规的钨灯丝电子枪，观察大试样时的二次电子(SE)像分辨率为5～4nm，观察小试样时分辨率为3.5 nm；采用LaB_6电子枪，观察大试样时分辨率为4～3.5 nm，小试样时为1.5 nm。尤其随着纳米材料的兴起，高性能场发射电子枪被广泛使用，观察大试样时分辨率为2.5～2.0nm，小试样时为0.5～0.8nm。20世纪70年代，X射线能谱仪的问世，80年代电子背散射衍射(EBSD)装置的诞生和近十年相应软件的发展，使扫描电子显微镜同时具有微观组织形貌观察、成分分析和晶体织构分析的功能，极大地拓展了扫描电子显微镜的应用范围和领域。另外，电子减速技术的发明显著提高了表面成像质量，ExB的专利技术可以任意按比例混合二次电子信号和背散射电子(BSE)信号成像，充分发挥二次电子的高分辨以及背散射电子的成分信息最佳衬度的图像。近几年，电子计算机全面控制的扫描电子显微镜操作软件和信息分析软件得到快速的发展，不仅操作简易，而且分析快速。因此，扫描电子显微镜几乎广泛应用于各个领域：冶金、矿物、半导体材料，生物医学、物理、化学和考古等学科，其原因是它具有下列主要特点：

(1) 分辨率高，二次电子像的分辨率可达0.5 nm。

(2) 放大倍率可以方便地在20倍至20万倍的范围连续变化，填补了光学显微镜和透射电子显微镜之间放大倍率的空缺。

(3) 景深长，视野大，成像富有立体感。可以直接观察各种试样凹凸不平(如断口样品)

表面的细微结构。

(4) 试样是块体，制备简单。金属等导电的试样，可以直接放入扫描电子显微镜中观察。对非导电的试样，可以在真空中将表面喷涂一层金属薄膜，或在较低的加速电压下直接观察。对于薄样品可采用扫描透射技术成像。

(5) 可以对厚试样的组织形貌、微区成分和晶体结构(尤其是织构)进行三位一体的原位和无损的分析。

电子探针 X 射线显微分析仪习惯上简称为“电子探针”。它是在电子光学和 X 射线光谱学基础上发展起来的。

1913 年，莫塞莱(Moseley)发现了特征 X 射线的发射频率与激发元素的原子序数有关，从而导致了 X 射线光谱化学分析技术的问世，但这种化学成分分析的区域相当大($>1mm^2$)。到 40 年代，出现了利用聚焦电子束激发样品中很小区域(约 $1\mu m^3$)和用光学显微镜来确定分析点的有关专利，希勒(Hillier)首先提出了电子探针的设想。1949 年，法国的卡斯坦(Castaing)在著名 X 射线衍射专家纪尼叶(Guinier)教授的指导下，描述和着手制造电子探针。1951 年，卡斯坦在他的博士论文中详细地叙述了这种新型仪器。他把电子光学、光学显微镜和 X 射线光谱仪有机地结合成一个整体，并在莫塞莱理论的基础上，提出了把特征 X 射线强度转化为元素成分分析的理论计算方法，使这种新型仪器成为能实际应用的电子探针。1956 年，法国的 Cameca 公司根据卡斯坦的制造推出了世界上第一批商品电子探针。

继卡斯坦之后，考斯莱特(Cosslett)和登康布(Duncumb)于 1956 年在英国卡文迪许实验室设计和制造出第一台扫描电子探针。在这之前，电子束是静止不动的。考斯莱特和丹康布使电子束能在样品表面进行光栅扫描，并利用色散的特征 X 射线信号调制阴极射线管的亮度。这样构成的扫描图像可显示表面元素的分布状态。这一贡献扩大了电子探针的功能和应用范围，所以现代的电子探针都是扫描型电子探针。

在扫描电子探针出现后，20 世纪 60 年代中期，把大晶面间距的人工皂膜伪晶体用于分光晶体，这是电子探针的又一重大进展。它解决了轻元素的分光问题，使波谱仪检测元素的范围从 $_{11}Na \sim {}_{92}U$ 扩展到 $_5B \sim {}_{92}U$。近年来，随着制膜技术的发展，各种优于皂膜的多层膜伪晶体用于分光晶体，改善了轻元素检测的波长分辨率和检测下限量。波谱仪的使用是电子探针有别于扫描电子显微镜的主要标志，它具有的分辨率为 5～10eV。

60 年代末，锂漂移硅[Si(Li)]检测器的问世给 X 射线显微分析带来了革命性的变化。由它制成的能谱仪与用分光晶体的波谱仪在微区成分分析中共同起着重要的作用。能谱仪的分辨率约为 150eV，它特别适用于配备在扫描电子显微镜上作为成分分析的 X 射线检测系统。它提供了快速的半定量和定量分析。现在，能谱仪在轻元素的检测方面有了长足的进展。最初具有铍窗口的 Si(Li)检测器，由于它对低能 X 射线的吸收，只能检测 $_{11}Na \sim {}_{92}U$ 的元素。随后进行了无窗口、超薄窗口的 Si(Li)检测器的研究，1989 年又出现了一种单窗口轻元素检测器，它能忍受较大的压力差，检测元素范围扩展到 $_5B \sim {}_{92}U$，有可能成为 X 射线能谱仪的标准检测器，取代目前的铍窗口的检测器。

自从电子计算机进入电子探针，使电子探针发展进入了一个新时期。利用电子计算机控制分析程序和进行数据处理，使繁琐的、人工难于计算的定量分析成为快速的常规的分析，并提高了分析精度。自高速度、大存储量的计算机引入，不仅进一步完善了能谱仪的定量分析方法，而且能进行图像处理和分析。

电子探针已成为无机材料和有机材料微区成分分析的有力工具，被广泛应用于冶金、地质、矿物、生物、医学、电子材料、考古等领域，其原因是它与其他化学分析方法相比有如下特点：

(1) 分辨率高(5～10eV)，分析区域非常小(几个立方微米)，能提供元素微观尺度上的成分($_{5}B$～$_{92}U$)不均匀信息。

(2) 分析灵敏度为 10^{-4}～10^{-6} 数量级，但由于分析区域小，其绝对感量高达 10^{-15}～10^{-18} g。

(3) 能把成分分析和显微组织观察有机结合起来，配备电子背散射衍射附件后，还能进行晶体结构和取向分析。

(4) 样品制备方便，而且不损耗原始样品。

第1篇　金相显微术

第1章　金相显微镜的光学基础与构造

金相显微镜用可见光作为照明源，通过玻璃透镜对可见光的作用来成像，因此，要理解各种金相显微镜的成像原理和特点，掌握可见光的光学特性是基础。本章首先对相关的几何光学和物理光学基础知识做扼要的阐述，再对金相显微镜的构造进行论述。

1.1　光学基础

1.1.1　反射和折射定律

根据费马原理，光从空间的一点传播到另一点的时间，应该是在给定条件下一切可能时间的极值（即最大值或最小值）。以费马原理为出发点，可以从它推导出光的反射和折射定律。

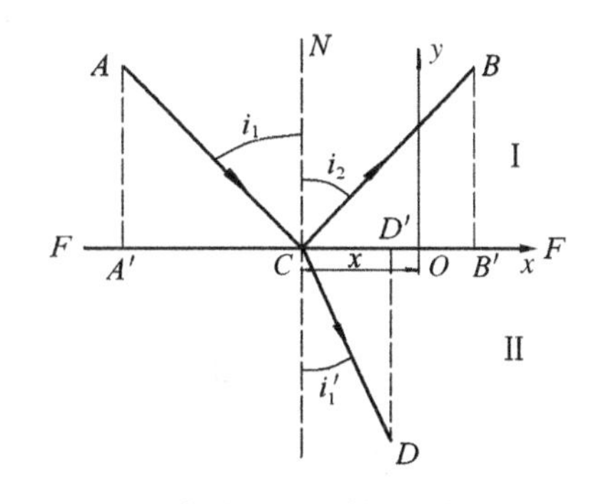

图1-1　反射定理和折射定理推导原理

在图1-1中，设 FF 为媒质Ⅰ和媒质Ⅱ的分界面，AC 和 CB 为入射到 FF 上的入射线和由 FF 反射的反射线；N 是分界面的法线。以 i_1 表示入射角，i_2 表示反射角；A'和 B'是从 A 和 B 到分界面的垂线的垂足；O 是坐标原点。点 $A(x_1,y_1)$ 和 $B(x_2,y_2)$ 的坐标是固定的。根据费马原理，点 $C(x,0)$ 的横坐标 x 必须这样选择，以使经过 ACB 的时间 t 为最小值。由图可得（在 x 方向上，基于线段的长度关系）：

$$AC=\sqrt{(x_1-x)^2+y_1^2}\qquad CB=\sqrt{(x_2+x)^2+y_2^2}$$

$$t=\frac{\sqrt{(x_1-x)^2+y_1^2}+\sqrt{(x_2+x)^2+y_2^2}}{v_1}$$

式中，v_1 是光在第一媒质中传播的速度。根据费马原理：

$$\frac{\mathrm{d}t}{\mathrm{d}x}=\frac{1}{v_1}\left(-\frac{x_1-x}{\sqrt{(x_1-x)^2+y_1^2}}+\frac{x_2+x}{\sqrt{(x_2+x)^2+y_2^2}}\right)=0$$

用 $1/v_1$ 除上式，并注意括弧中的两项各等于 $-\sin i_1$ 和 $\sin i_2$，则得：

$$\begin{gathered}\sin i_1=\sin i_2\\ i_1=i_2\end{gathered}\tag{1-1}$$

即入射角等于反射角。

用同样的方法可以证明折射定律。设折射线 CD 射向第二媒质中的点 $D(x_3,y_3)$，形成折射角 i'_1。以 v_2 表示在第二媒质中的光速，以 t 表示通过路程 ACD 的时间，于是：

$$t=\frac{AC}{v_1}+\frac{CD}{v_2}=\frac{\sqrt{(x_1-x)^2+y_1^2}}{v_1}+\frac{\sqrt{(x-x_3)^2+y_3^2}}{v_2}$$

$$\frac{\mathrm{d}t}{\mathrm{d}x}=-\frac{1}{v_1}\frac{x_1-x}{\sqrt{(x_1-x)^2+y_1^2}}+\frac{1}{v_2}\frac{x-x_3}{\sqrt{(x-x_3)^2+y_3^2}}=0$$

$$\frac{\sin i_1}{v_1}=\frac{\sin i'_1}{v_2}$$

$$\frac{\sin i_1}{\sin i'_1}=\frac{v_1}{v_2}=\frac{n_2}{n_1} \tag{1-2}$$

$$n_1\sin i_1=n_2\sin i'_1$$

式中，$n_1\equiv\frac{c}{v_1}$，$n_2\equiv\frac{c}{v_2}$，n_1 和 n_2 分别是入射和折射介质的折射率，c 为真空中的光速。

由上述可知，两种介质的折射率 n_1，n_2 与光在介质中的传播速度成反比，即传播速度越大，折射率越小。反之，传播速度越小，折射率就越大。

光线通常入射至透明介质的分界面时，将同时发生反射和折射现象。但在特定的条件下，界面可将入射光线全部反射而无折射，这种现象称为光的全反射。

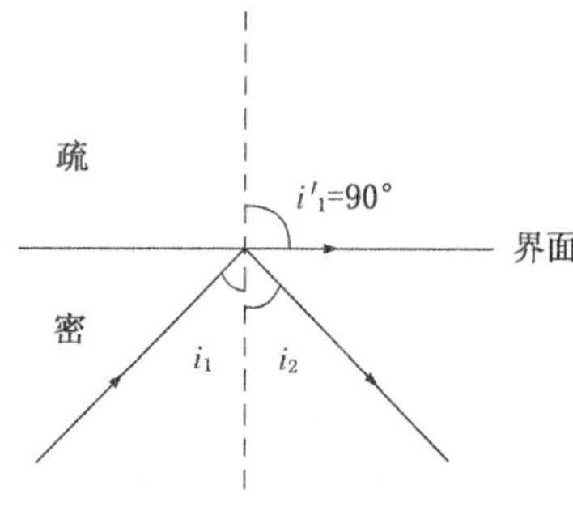

图 1-2 光的全反射

我们通常把界面一边折射率较大的介质称为光密介质，另一边折射率较小的介质称为光疏介质。当光从光疏介质进入光密介质时，折射角小于入射角。反之，光从光密介质进入光疏介质时，折射角大于入射角。当入射角增大时，折射角也增大。折射角为 90°时的入射角叫临界角。当入射角大于临界角时，光不再发生折射，而是全部按反射定律反射回光密介质中，这种现象叫全反射，如图 1-2 所示。当入射角为临界角时，折射角为 90°，折射光线沿界面掠射而出。若继续增大入射角，但 $\sin i'_1$ 大于 1 是不可能的，这时光线不能折射进入另一介质，而将按反射定律在界面上全部反射回原介质，这就出现了所谓的全反射现象。全反射优于一切镜面反射，因为镜面的金属镀层对光有吸收作用，而全反射在理论上可使入射光的全部反射回原介质，因此全反射在光学仪器中有广泛的应用。例如，光纤就是利用全反射原理来传输光的。

若光疏、光密两种介质的折射率分别为 n，N，入射角为 i，当全反射发生时则有

$$\frac{n}{N}=\frac{\sin i}{\sin 90°}=\sin i$$

$$n=N\sin i$$

利用上面的关系可以测定介质的折射率。如果一种介质的折射率已知，则可求出另一种介质的折射率。

1.1.2 光的性质和可视性

1) 光的波动性

光具有波粒二重(象)性，在金相显微镜中主要涉及光的波动性，具体包括以下几个性质(见图 1-3)。

(1) 单色性：波具有相同波长或振动频率(即同样颜色)的性质。

(2) 偏振性：波在平面内电场矢量 $\boldsymbol{E}$ 是互相平行的。

(3) 相干性：具有相同波长的若干波在空间传播中维持相同的相位关系(如激光是相干、单色和偏振的)。

(4) 准直：波在空间传播中具有同轴路径，即没有会聚或发散，也不需要是同波长、同相

位和相同偏振态。

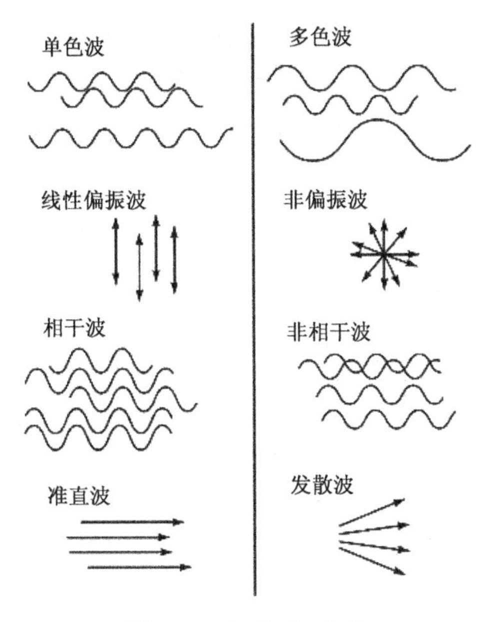

图1-3 光的波动性

2) 光的可视性

人的眼脑系统可觉察可见光的强度和波长(颜色)差异,但看不到它的相位和偏正态的差异。因此,我们不能区分具有相干性和偏正性的激光和具有同样波长的非相干和非偏正光。

光波强度是根据电场 $\boldsymbol{E}$ 矢量的振幅(A)来描述的。然而,人的视网膜内光子接受细胞的神经活动是正比于此光的强度(I)的。光的强度与振幅具有以下关系:

$$I \propto A^2 \tag{1-3}$$

对于一个可视的物体,对应于物体的强度必须不同于背景的强度,才能呈现衬度。衬度定义为相邻强度与背景强度的比值,即

$$C = \frac{\Delta I}{I_b} \tag{1-4}$$

式中,ΔI 是物体和它背景强度之差,I_b 是背景强度。如果 $\Delta I = 0, C = 0$,物体不可见。即使衬度不等于0,物体可视性也需要最低的衬度值,称为衬度阈值。在明亮光中,可视的衬度阈值可小至2%~5%,但在暗淡光中可视的衬度阈值可高达200%~300%。阈值大小取决于物体的尺寸。

3) 光的颜色

人的眼睛能通过衬度感觉不同的光强和通过颜色觉察不同的波长。眼睛可接受的波长范围从400nm(紫色)到750nm(红色),而在白光中最敏感的是黄-绿色(555nm)。

不同颜色可通过加入和扣除某种波长来获得。视网膜中锥状细胞含有红、绿、蓝的色素蛋白质,因此锥状细胞能辨别颜色。当红、绿、蓝三种锥状细胞被等同地激发,所观察到的是白光。通过改变三种颜色的相对强度,可视光谱的全部颜色都能产生。例如,将三种颜色圆盘投影到硬纸板上并使它们部分重叠,就可得到全部颜色,如图1-4所示。由图1-4可知,

品红色与绿光混合得到白光。不同颜色波长混合的颜色称为正色。相反，从混合波长的光（如白光）中扣除（吸收）某些波长（如绿光和蓝光）得到的颜色（红光）称为负色。

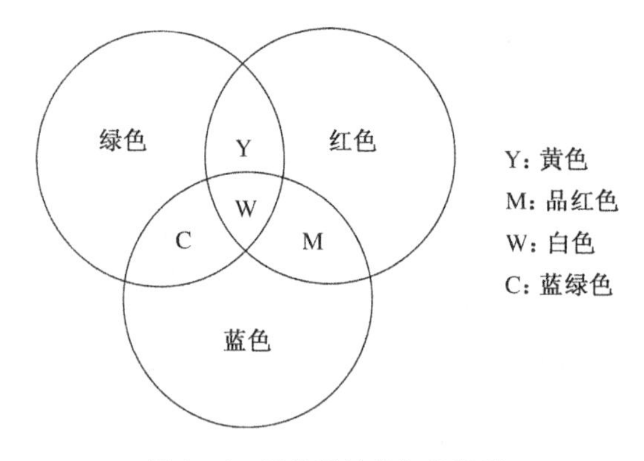

图 1-4 三色系统的加色规则

1.1.3 偏振光

1) 平面偏振光和自然光的差异

光是一种电磁波，属于横波（电场或磁场的振动方向与传播方向垂直）。自然光和灯光等都是大量原子、分子发光的总和。虽然某一个原子或分子在某一瞬间发出的电磁波振动方向一致，但各个原子或分子发出的振动方向各不相同，因此，可认为其电磁波的振动在各个方向上的概率相等。

自然光在穿过某些物质时，经过反射、折射和吸收后，电磁波的电场矢量可以被限制在一个方向上，其他方向振动的电场振幅被显著消弱或消除，这种在某个确定方向上振动的光称为偏振光。偏振光的振动方向与光波传播方向构成的平面称为振动面。当光线的振动方向都在同一个平面内时，这种偏振光叫做平面偏振光或线性偏振光。图 1-5 显示出自然光和平面偏振光的差异。

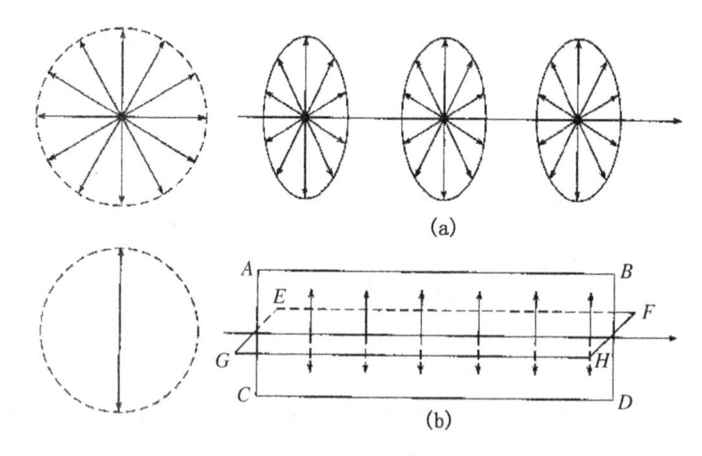

图 1-5 自然光(a)和偏振光(b)的比较

由于光的 **E** 矢量振动面可发生在任何方向（见图 1-6(a)），为了描述振动面的位向，我们以固定参考面作为 0°（见图 1-6(b)），用 θ 角来描述相对的倾角，称为振动面的方位角。

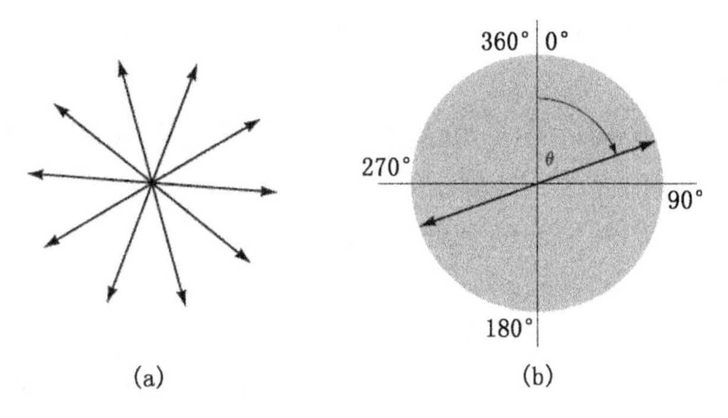

图1-6 光的电场矢量振动面的方位角

2）反射和折射时的偏振

图1-7显示出光线不同振动分量在界面上的行为。光线的振动可以分解成在图平面内的振动（用短线表示）和垂直于图平面的振动（用点来表示）；后者沿分界面振动，而前者与分界面相交的角度等于入射角 i。由于第一种和第二种振动方向相对于分界面的位置不同，所以这两种振动所发生的反射也有所不同。平行分界面的振动（用点表示）反射较强，与分界面呈 i 角的振动反射较弱，却较强地进入第二媒质。菲涅耳将反射线与折射线的振幅表示为入射线的振幅以及入射角与折射角的关系式：

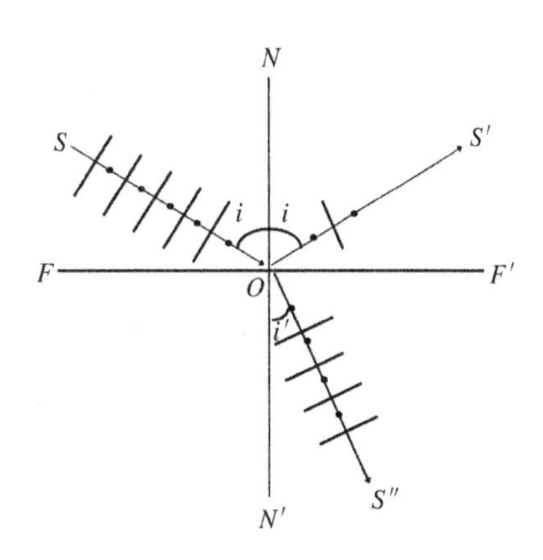

图1-7 光线不同振动分量在界面上的行为

$$A_2 = A_1 \frac{\tan(i-i')}{\tan(i+i')} \quad A_3 = A_1 \frac{2\sin i' \cos i}{\sin(i+i')\cos(i-i')}$$
$$B_2 = -B_1 \frac{\sin(i-i')}{\sin(i+i')} \quad B_3 = B_1 \frac{2\sin i' \cos i}{\sin(i+i')} \tag{1-5}$$

式中，A_1 为入射线在入射面（即入射线和反射线构成的平面，图1-7中的纸面）内的振幅，B_1 为入射线垂直于入射面平面内的振幅，A_2 和 B_2 是反射线相应的振幅，A_3 和 B_3 是折射线的相应振幅，i 和 i' 是入射角和折射角。反射线成为全偏振时的入射角，称为全偏振角。要反射线成为全偏振，必须使反射线在入射面内的振幅 $A_2=0$（消除用短线表示的图平面内的振动）。由式(1-5)可知，即使

$$\tan(i+i')=\infty$$

式中，i 为全偏振角，而 i' 为与它相应的折射角。因此，

$$i+i'=90°$$

因而两种介质的相对折射率为

$$n_{12}=\frac{\sin i}{\sin i'}=\frac{\sin i}{\sin(90-i)}=\frac{\sin i}{\cos i}=\tan i$$

全偏振角的正切等于第二介质对第一介质的相对折射率。因为入射角等于反射角，而 $i+i'=90°$，所以

$$\angle S'OS''=180°-(i+i')=90° \tag{1-6}$$

由此得到结论：当反射线与折射线垂直时，从自然光可获得全偏振光。从天然光获得偏振光所用的仪器称为起偏器。

如果将式(1-5)中的振幅进行平方，就得到折射线和反射线的振动能量的相对值。由此可计算出它们随入射角的变化。计算结果表明：垂直于入射面振动的光线，在任何入射角下，都部分地反射，而且它们的强度随入射角的增大而逐渐增加。而在入射面内振动的光，当入射角为56°时(全偏振角)，从玻璃($n=1.52$)上完全不发生反射，反射线中只留下平行分界面而垂直于入射面的振动。当角度继续增大，反射重新发生。

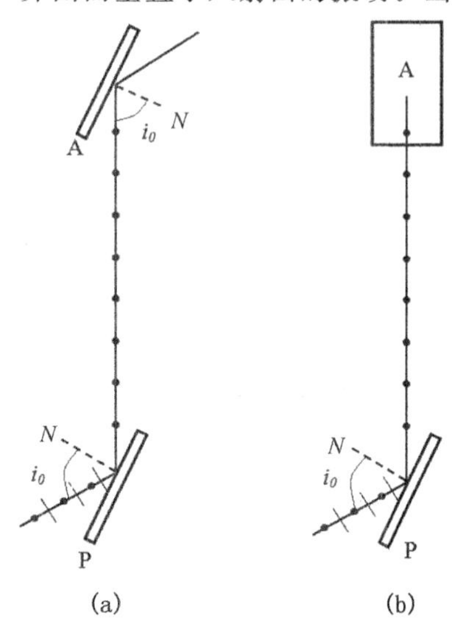

图1-8 检测偏振光的原理

从起偏振器(或称起偏器)P(见图1-8(a))出来的全偏振光线以全偏振角 i_0 射到玻璃板A上，这时光线的振动处在与图面垂直的平面内。若使入射线的振动垂直于入射面并平行于玻璃板A的平面，入射线就要部分地从玻璃表面反射。如果我们将玻璃板A以光线为转轴，绕它旋转90°(如果迎着光线看，按顺时针方向)转至图1-8(b)所示的位置，玻璃板法线 N 也将随之转动而沿一圆锥面运动，锥面的轴就是入射光线。在整个转动中，它与入射光线所成的角度始终保持为原来的 i_0。因此，当A在新位置时，入射角也等于全偏振角。由于此时光线的振动是在入射面内(见图1-8(b))，因此，如上所述，当入射角等于全偏振角时，这样的振动是不反射的，它们将全部进入第二介质A玻璃板。显然，当A绕入射偏振光转过360°时，从玻璃板反射的光线有两次达到最大亮度(入射线的振动与板的平面平行时)，并有两次达到最小亮度(当入射角全偏振时，则完全消失)，这时入射线的振动在入射面内。上述现象只有入射光是偏振光时才会出现。用上述方法检验光束是否偏振的仪器称为检偏振器(或称检偏器)。

可确定透射光线振动面的两个线性偏振器(起偏器和检偏器)的协作作用就构成了偏振光显微镜的光学基础。当自然光通过的滤波片可获得偏振透射光(见图1-9(a))时，这样的滤波片(偏振器)根据它们的作用分别称为起偏器和检偏器。如果两个偏振器的透射光轴互相平行，透射光的强度达到最大值(见图1-9(b))；当它们互相垂直呈十字方位时，由起偏器产生的透射光将被检偏器全部消除，如图1-9(c)所示。如果两者的方位角从0°～360°变化，透射光的强度就不同，可用消光因子表示，它定义为平行透射光强度(I)和交叉透射光强度(I_x)之比。偏振光显微镜要求使用消光因子为10^3～10^5或更大的偏振器，这样大的消光因子可使用两个双色滤片获得。

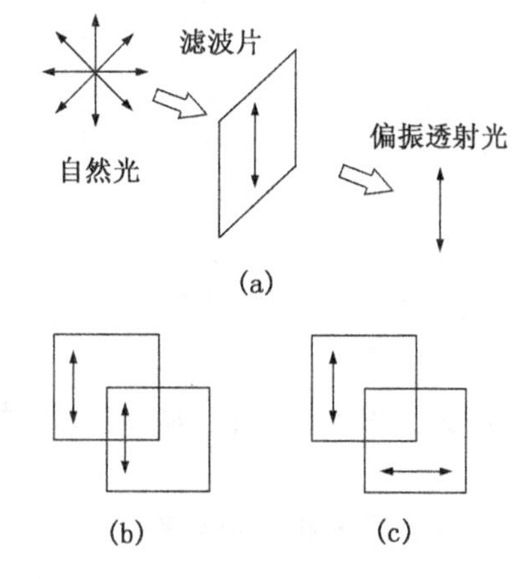

图1-9 起偏器和检偏器的协作作用

检偏器控制透射偏振光的作用可从矢量图清楚地理解，如图1-10所示。该矢量图显示出面朝入射光传播方向看时，经起偏器获得的透射入射光电场矢量 $\boldsymbol{E}$ 的振幅大小随检偏器(垂直方向)方位角变化而变化。图1-10显示出四个振幅相同而振动方向不同的线性偏振光。如果每个线性偏振透射光的振动方向分解为水平和垂直分量,我们可以看到每个垂直透射光的分量(即与检偏器透射光轴平行)均能通过检偏器,而水平分量被消除。显然,线性透射光的振幅随其振动方向与检偏器振动方向的方位角增大而减小,当方位角增加到90°时,线性透射光被检偏器消除。

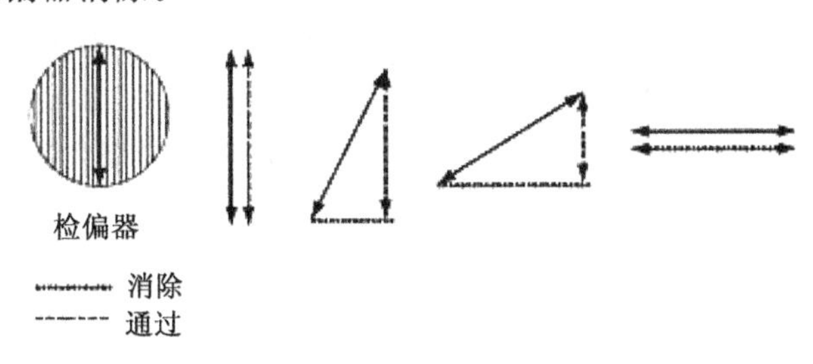

图1-10 以矢量图表示检偏器对透射偏振光的控制作用

当起偏器与检偏器呈不同方位角时,透射光强度可用马吕斯定律(Malus′law)计算:

$$I = I_0 \cos^2\theta \tag{1-7}$$

式中,I 是通过检偏器的光强,I_0是起偏器所产生的线性偏振入射光的强度,θ 是入射偏振光与检偏器透光轴之间的方位角。因此,当起偏器与检偏器方位呈90°时,$\cos\theta=0$ 和 $I=0$。由此表明,由起偏器产生的线性偏振光经检偏器后完全被消除。当 $\theta=10°$ 和 45°时,通过检偏器的透射光强度分别被减少到入射光强度的97%和50%。

3) 双折射

晶体按几何结构有七大晶系;按光学性质可分为三大类:光学各向同性晶体、单轴晶体和双轴晶体。立方晶系的晶体是光学各向同性晶体;六方晶系、四方晶系和三方(菱形)晶系的晶体属于单轴晶体;正交晶系、单斜晶系和三斜晶系的晶体属于双轴晶体。

当光线从一种各向同性的介质穿入另一种各向同性的介质时,单独一条从分界面来的光线在第二介质里传播,传播时不离开入射面,它的方向取决于已知的折射定律。如果第二介质是各向异性的,例如非立方晶系的晶体或变形的玻璃体(由于变形产生内应力),入射在物体表面上的光线将分成两部分,形成两条不同的折射线,这种现象称为双折射。许多透明晶体和矿物(例如石英、方解石、金红石等)具有光学各向异性,呈现双折射现象。具有双折射行为的晶体称为双折射晶体。

双折射晶体对于透射光具有一个特殊的方向,凡是沿这个方向上传播的所有光线均满足通常的折射定律,这个方向叫晶体的光轴。光轴的方向是严格确定的,这种方向在晶体中不会多于两个。如果在晶体中只有一个方向,光线沿它传播时不发生双折射,这种晶体称为单轴晶体,例如三方晶系、四方晶系和六方晶系的晶体,特别是方解石和石英晶体。具有两个光轴的正交晶系,单斜晶系和三斜晶系的晶体称为二轴晶体,在本教材中的光学显微镜不涉及二轴晶体,故只讨论单轴晶体。

入射双折射晶体的光线,当其入射面偏离晶体光轴时透射光被分列成两束光线。其中一束满足折射定律,称为寻常光线(ordinary ray),简称O光线;另一束光线不遵循折射定律,它的折射率随晶体中的位向而变化,这种光线称为非寻常光线(extraordinary ray),简称E光线。

用方解石可以制成显微镜中双折射棱镜。我们沿解理面切下一块长度是厚度 3.65 倍的方解石晶体(见图 1-11)。两端的天然面原来与底边成 71°角,先将其研磨成 68°角。然后将晶体按图示($AQCR$)截面剖成两块棱镜,再用加拿大树胶将剖面粘合,树胶在剖面间形成平坦的薄层,使之对寻常光线和非寻常光线产生不同的折射作用,具体分析见图 1-12。将图 1-12 中侧面 BC 涂黑,就制成了尼科耳(Nicol)双折射棱镜。加拿大树胶是一种树脂状的各向同性透明物质,对于钠黄光的折射率 $n_B=1.540$,这个折射率比方解石对钠的寻常光的折射率($n_0=1.658\,3$)小,而比方解石对钠的非寻常光($n_e=1.515\,9$)的折射率大。当一束平行于 BC 面的钠黄光由第一块棱镜的 AB 面入射、在方解石内部发生双折射现象时,分解为 O 光线和 E 光线。O 光线的振动方向垂直于入射方向和光轴组成的平面,而 E 光线的振动方向在入射方向和光轴组成的平面内。两者的振动方向是互相垂直的。由于 O 光线入射到加拿大树胶的胶合面上,即从光密介质入射到光疏介质($n_0>n_B$),其入射角约为 76°,超过了树胶与方解石界面对 O 光线的临界角 69°(折射角为 90°时的入射角称为临界角),将发生全反射,被涂黑的 BC 面(棱镜壁)吸收。对于 E 光线,由于从光疏介质到光密介质($n_e<n_B$),不可能发生全反射,可以通过胶合层进入第二块棱镜,E 光折射后方向仍近似与 BC 面平行,方解石对这一方向上的非寻常光线的折射率比树胶的折射率小,所以不会发生全反射,而穿过树胶层进入第二块棱镜,然后从 CD 面射出而获得一束偏振光,其振动面在入射面内,如图 1-12 中的短线所示。

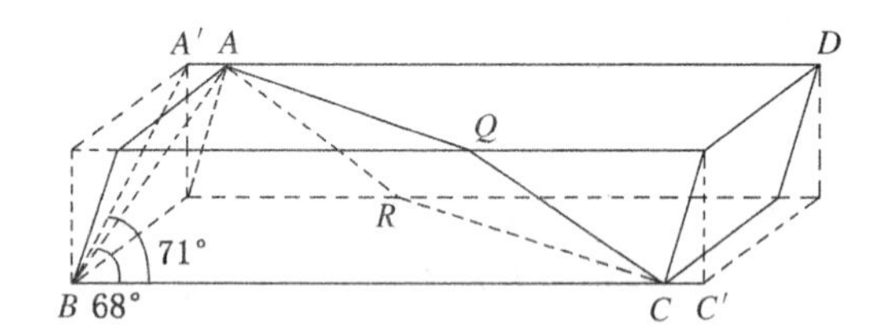

图 1-11 用方解石制成双折射棱镜的方法

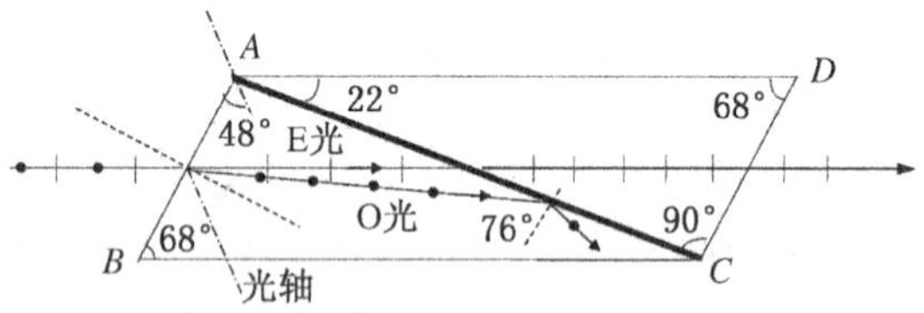

图 1-12 采用双折射棱镜获得偏振光的原理

尼科耳棱镜的优点是对各色可见光透明度均很高,能够产生完美的线偏振光。尼科耳镜由天然方解石制成,价格昂贵。此外,尼科耳棱镜的最大缺点是入射角大,因此,透过的光由于前界面的强烈反射而被大大地削弱,并且加拿大树胶要吸收紫外线,所以尼科耳棱镜不适宜于用来做紫外线区域的研究。值得指出的是,在用尼科耳棱镜时,应该避免用强烈会聚光束,或与棱边相当倾斜的光束,因为在这些情况下,寻常光线可能不会在加拿大树胶层上发生全反射。

自然光射入某些晶体时可以产生振动方向互相垂直的两束直线偏振光,同时,其中一束强烈吸收,另一束通过,晶体的这种性能叫做晶体的二色性。可用具有二色性的晶体制造产生偏振光的偏振片。例如,电气石晶体能够强烈吸收寻常光线,产生一束非寻常偏振光线。

4) 寻常光线和非寻常光线间的相位差

若线性偏振光垂直地照射在平行于光轴切下的负单轴晶体(非寻常光的折射率小于寻常光的折射率)的晶片上(见图 1-13),而晶体表面与图面重合。光线的入射点以点 O 表示,AB 是晶片光轴的方向。设振动平面 CD 的方向与晶体光轴呈 θ 角,a 是光振动的振幅,其可分解为平行和垂直于晶体光轴的分振动振幅,分别等于 $a\cos\theta$ 和 $a\sin\theta$。第一种分振动属于非寻常光线,因为其振动方向在入射方向和光轴组成的平面内(入射方向垂直纸面);而第二种分振动属于寻常光线，因为其振动方向垂直于入射方向和光轴组成的平面。设 d 是晶片的厚度，v_o和 v_e是寻常光线和非寻常光线的传播速度。于是寻常光线通过晶片厚度所需时间为 $t_o=d/v_o$；非寻常光线通过同样路程所需的时间为 $t_e=d/v_e$。因此，传播得比较快的非寻常光线(因为负单轴晶体，$n_e=c/v_e<n_o=c/v_o$)的振动不能和那些同时进入晶片的寻常光线的振动在晶片出射处叠加，而只能和在 $t_o-t_e=d(1/v_o-1/v_e)$以前进入晶片的寻常光线的振动叠加，所以在晶片的出射处分振动之间存在着相位差：

$$\phi=\frac{2\pi c}{\lambda}\times d\left(\frac{1}{v_o}-\frac{1}{v_e}\right)$$

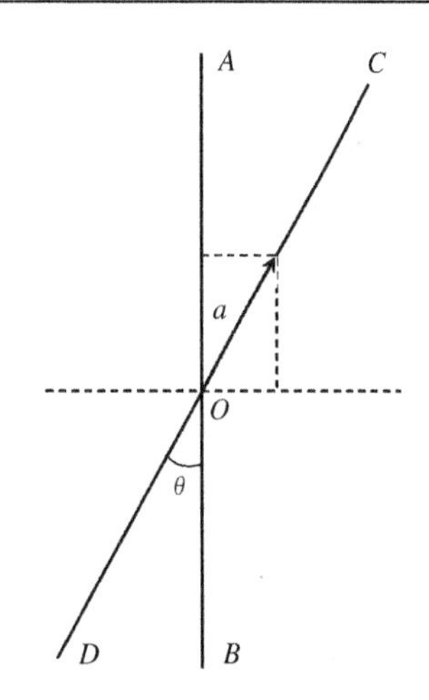

图1-13　寻常光线和非寻常光线间相位差的推导原理

式中，c 和 λ 分别为空气中的光速和波长。由此可得相位差与折射率($n=c/v$)的关系：

$$\phi=\frac{2\pi}{\lambda}\times d(n_o-n_e) \tag{1-8}$$

因此，寻常光线的光程等于 dn_o，非寻常光线的光程等于 dn_e，晶片产生的光程差等于(dn_o-dn_e)。对于垂直照明条件下的一般结论：

光程＝厚度(d)×折射率(n)

如果需形成的相位差为 $\pi/2$，两光线在晶片内的光程差为 $\lambda/4$，这样的晶片称为1/4波片。如果需形成的相位差为 π，则晶片产生的光程差应为 $\lambda/2$，那么这样的晶片称为半波片，以此来命名各种波晶片。当晶片材料确定后，n_o和 n_e就是定值，因此我们可通过改变晶片的厚度来获得形成不同相位差的波片。

5) *寻常光线和非寻常光线的波阵面*

根据惠更斯波粒原理，在均匀介质中每一个点光源可产生球面二次子波。在透明的双折射晶体中，O光线在晶体中各个方向具有同样的行为，产生球面波阵面，但是E光线却不同，产生椭球波阵面，这是由于E光线在晶体中不同方向上有不同的折射率所致。光在介质中的速度为

$$v=c/n$$

式中，c 是光在真空中的速度，n 是折射率。E光线的椭球波形表明了它在晶体中不同方向上具有不同速度，上限速度确定了波阵面椭球的长轴，下限速度确定了其短轴，因此，又把长轴称为快轴，短轴称为慢轴。在所有其他方向上，E光线的速度位于两者之间。另外值得注意的是：

(1) 对于单轴晶体，O光线和E光线的波阵面在椭球的快轴和慢轴上是重合的，但沿传播方向存在光程差。

(2) 如果O光线和E光线的波阵面在椭球的主轴上重合，并且在非光轴的方向上有 $n_e>n_o$，这样的晶体称为正单轴晶体(见图1-14(a))，例如石英和大多数有序生物材料。如果 $n_e<n_o$，这样的晶体就称为负单轴晶体(见图1-14(b))，如方解石。

(3) 对于特殊的情况，即入射束是平行或垂直于晶体的光轴，O光线和E光线具有同样

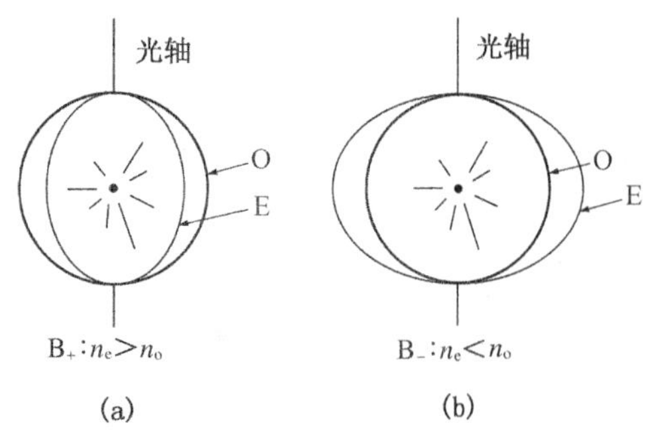

图 1-14 正、负单轴晶体的定义

的路径并在相同的位置出射晶体。如果入射线平行于光轴,O 光线和 E 光线具有同样的路径和出射晶体的位置;如果入射光垂直于光轴,O 和 E 光线尽管传播和出射表面位置相同,但两者具有光程差。

双折射是基于电磁学的麦克斯韦尔定律,该内容已超过本教材的范围,但是我们根据所涉及的原理来定性解释之。由于光具有电和磁组分,光在介质中的速度主要取决于电导率和光与电场的交互作用,用来描述这一性质的是介电常数 ε。对于大部分介电材料和生物材料,磁导率接近 1,可忽略不计,因此折射率与介电常数有下列关系:

$$n=\sqrt{\varepsilon} \tag{1-9}$$

在具有特殊点阵结构中,位于晶体不同方向上原子和分子的化学键和电子云分布不同,导致在不同方向上折射率 n 的差异。波阵面椭球的慢轴(短轴)对应于具有最高折射率的轴向,而快轴(长轴)对应于具有最低折射率的轴向。波阵面椭球描述了晶体中不同位向的折射率差异,因此该椭球也称为折射椭球。

一束自然光垂直于单轴晶体光轴方向入射时,所产生的两束偏振光是不会干涉的,因为自然光是由光源中不同分子和原子随机产生的,因而没有固定的相位差。但是当一束单色偏振光通过双折射晶体后,所产生的两束偏振光是可相干的,其相当于两偏振光互相垂直的电场矢量周期地在三维空间相加,由此形成单一的合成波。换句话来说,合成波的电场矢量在传播路径中不可能在一个平面振动,而是绕传播轴相继旋转。当垂直于传播方向观察时,电场矢量遵循椭圆螺旋轨迹;当沿传播轴方向看时,电场矢量扫出一个椭圆形状,如图 1-15 所示。

当一束偏振光垂直单轴晶体入射时产生两束偏振光(O 光线和 E 光线),由于它们相位差不同而可能合成线性偏振光、圆偏振光或椭圆偏振光。O 光线和 E 光线光程差(或相位差)是由折射率和单轴晶体厚度所决定的。改变晶体厚度可得到不同相位差的 O 光线和 E 光线。对于振幅相同的 O 光线和 E 光线,当光程差为 $\lambda/4$ 或 $3\lambda/4$(即相位差 ϕ为 $\pi/2$ 的奇数倍)时,合成波为圆偏振光;当光程差为 λ 或 $\lambda/2$ 时,合成波为线性偏振光;当光程差为其他值时,合成波为椭圆度不同的椭圆偏振光。圆偏振光的振动端点在光的传播方向上投影为一个圆,椭圆偏振光的振动端点在光的传播方向上投影为一个椭圆,如图 1-15 所示。圆偏振光和椭圆偏振光在每一个瞬间只有一个振动方向,所以仍属偏振光。

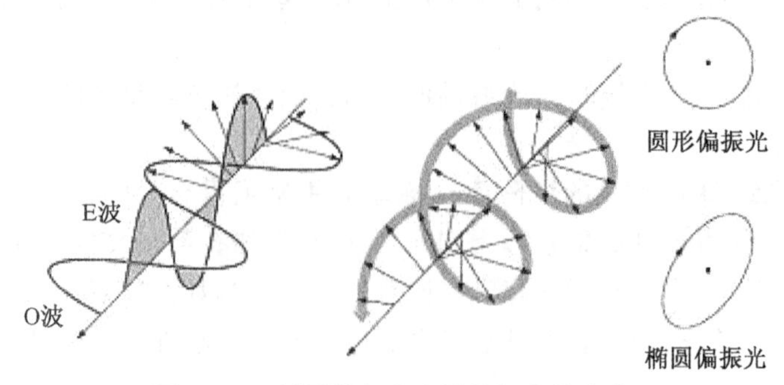

图 1-15 椭圆偏振光和圆偏振光的产生

1.1.4 光的衍射和干涉

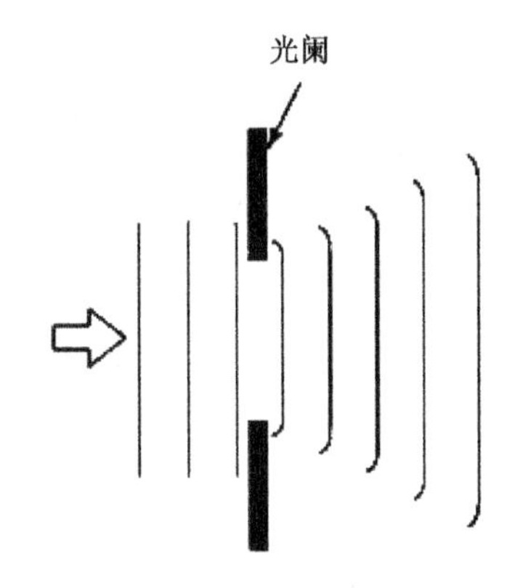

图1-16　单孔径光阑产生的衍射

衍射是入射光与物体相互作用所导致的光的发散。衍射光可以不同方式被观察到。例如,一个平面波通过一个光阑孔径后(见图1-16),在孔径边缘的光似乎发生弯曲而进入直线传播所不能到达的几何阴影区;又如,含有一层细小粒子(直径为0.2～2μm)的基片使入射平面波以各种角度发散,发散角与粒子尺寸成反比。

衍射是指光被物体散射。而干涉是指两个或多个波的重新结合。描述干涉的传递方法是在振幅图中显示波振幅的重新结合,如图1-17所示。两个初始波的叠加产生一个合成波,而合成波的振幅可能增加(同波长同相位的两个波),此时称为相长干涉;合成波的振幅也可能减小,此时称为相消干涉(如同波长,相位差为π)。

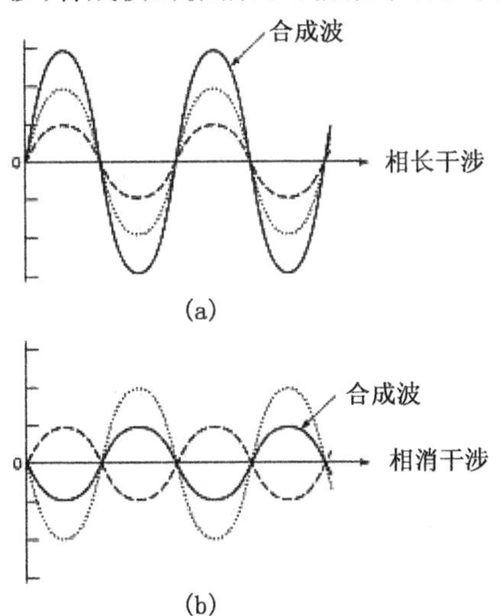

图1-17　波的相长干涉和相消干涉

光通过样品后,除了部分或全部被吸收外,还会发生衍射。当光束碰到物体的边缘就会发生光的散射,它导致光明显弯曲而进入阴影区。这种散射也称为衍射。这种弯曲的程度与光的波长相关;波长越长,弯曲越明显。这就意味着由于衍射的限制作用,不可能获得明锐的物体图像。由于衍射针孔的图像不是明锐的光点,而是由一定尺寸的中心亮斑及其周围明暗相间的圆环所组成的衍射花样。这种衍射花样称为埃利盘。中心亮斑称为埃利斑。阿贝(Abbe)在1872年已认识到衍射是影响显微镜分辨率的重要因素。

如果我们考虑很窄的一束光,当它通过一个具有规则、周期性的物体时,某些光将会不受干扰地通过,这些光称为透射线光或零级衍射束。物体的规则和周期性会引起一系列衍射波的形成,并且它们互相干涉而使光在某些方向增强而达到最大值。这种衍射现象可以在透镜的背焦面上观察到。如果我们考虑一束细小的光照射到两个狭缝中,如图1-18中的A和B,这两个狭缝作为发射球面波的二次源并使之产生波干涉。当来自狭缝A的波峰和来自狭缝B的波峰同时到达某一点时,在该点处增强发生,最大值的波形成。所谓波的最大值表示两个干涉子波(wavelet)振幅之和。当一个狭缝发射的子波的波峰与来自另一个狭缝的子波的波谷同时达到一点时,就会出现波的最小值。图1-18显示,来自狭缝A和B等距离的所有子波干涉产生最大值,因为它们没有光程差,这就是零级衍射。在一级、二级和随后级数的最大值处,来自A、B狭缝的两个干涉波的光程差就是一个波长、二个波长、三个波长的整数倍。

上述讨论是假设狭缝是平行的和非常狭窄的。对于固定波长的光束,以狭缝间的距离来控制衍射束之间峰值位置的距离。狭缝间距越大,峰值位置越接近,反之,峰值位置越疏远。对于固定距离的狭缝,用短波长的紫光照射光栅样品,比用长波长的红光照射样品时得到的衍射峰值位置更接近。

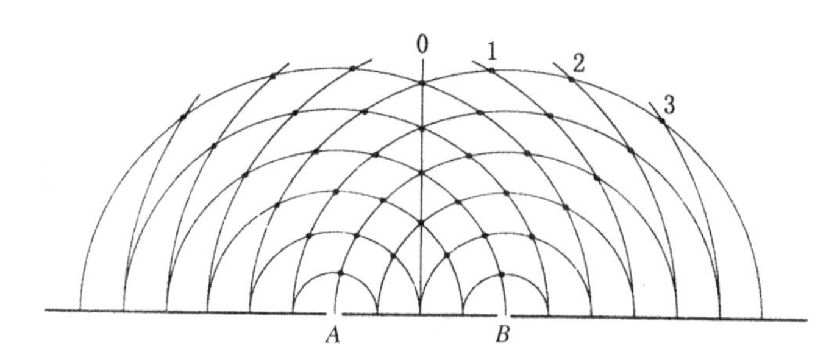

图 1-18 光通过两个狭缝后的衍射波及其干涉

1.1.5 几何光学

1）单透镜成像原理

光学透镜分为两类，一类是凸（正）透镜，另一类是凹（负）透镜。凸透镜能会聚平行入射光而形成一个实像，而凹透镜能发散平行入射光而形成虚像。

图 1-19 是单个薄凸透镜的几何参数：主平面、光轴、焦距（f）、物距（a）、像距（b）。单透镜有三个定律支配光线路径，由此通过作图方法确定成像的位置和大小：

（1）沿光轴通过透镜中心的光线不发生折射。

（2）平行于主轴（光轴）的光线，经过透镜后必定通过透镜的背焦点。

（3）通过透镜前焦点的光线，经过透镜后变成平行于主轴的光线。

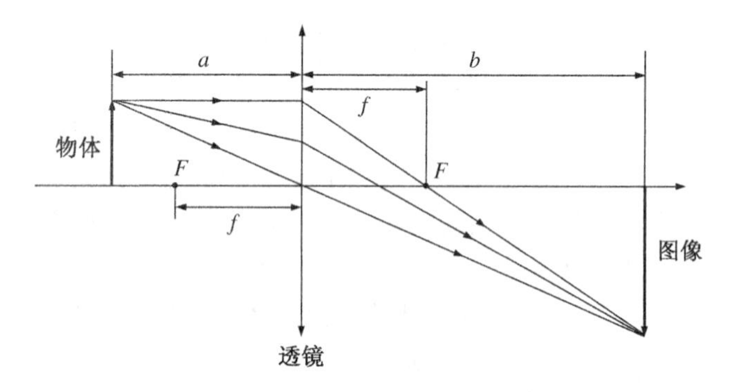

图 1-19 单个薄凸透镜的几何参数

对于薄透镜成像，物距、像距、焦距三者之间存在以下关系：

$$\frac{1}{a}+\frac{1}{b}=\frac{1}{f} \tag{1-10}$$

图像的放大倍率（M）用像和物体的长度之比来定义，由相似三角形性质可得到放大倍率，也可用像距和物距之比表示（$M=b/a$）。光线通过透镜后，图像是实像还是虚像，是放大还是缩小，这完全取决于物体相对于透镜焦点的位置，如图 1-20 所示。对于单凸透镜的物与像关系的主要条件描述如下。

（1）$a<f$：没有投影在荧屏上的实像存在。如果眼睛位于透镜后面，在远离透镜的一侧可见虚像。

（2）$a=f$：像距 b 无限大，所以没有投影在荧屏上的像存在，我们可以利用这个条件来确定透镜焦距。

（3）$a>f$：一个实像总会形成，但存在几种不同的情况。

(a) $2f>a>f$，一个放大的实像形成，这种情况被用来使光学显微镜产生第一个实像。

(b) $a=2f$，这是一种特殊的情况。在这种情况下，$b=2f$，有一个实像形成，但像没有放大，也没有缩小，即 $M=1$。

(c) $a>2f$，一个缩小的实像形成，即 $M<1$。

通过上述的讨论可知，在光学显微镜中，物镜的作用是形成第一个放大的实像，因此，物距一定是在 $1f$ 和 $2f$ 之间($2f>a>f$)，而且为了获得尽可能的放大像，物镜的焦距应该是很短的，一般只有几个毫米。

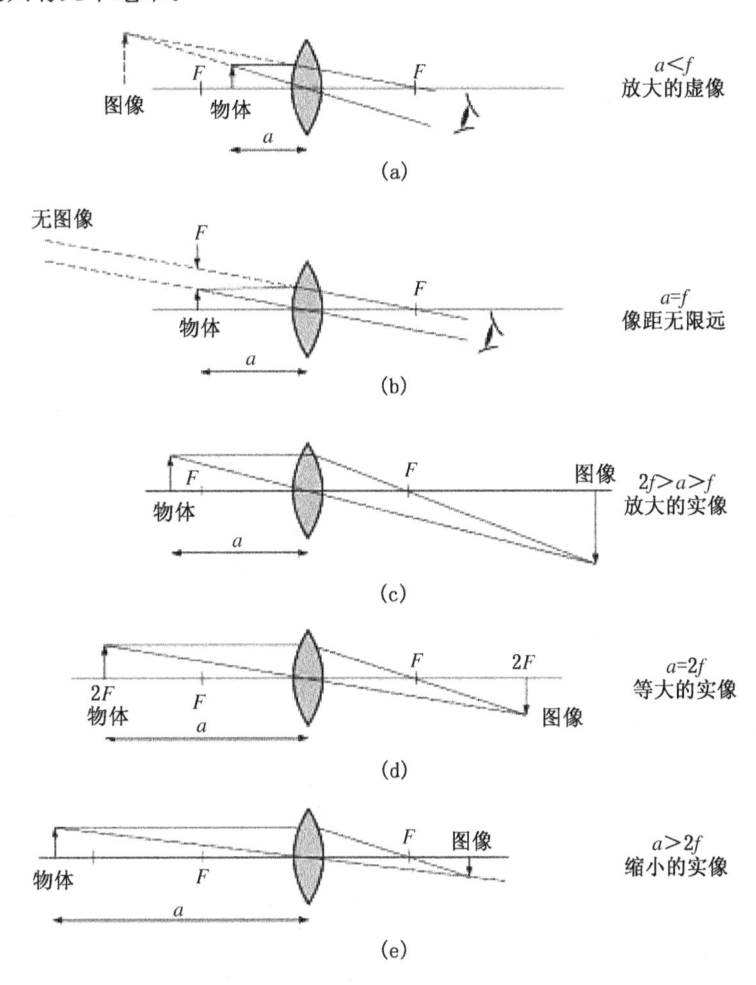

图1-20　物体相对于透镜焦点的不同位置所产生的实像和虚像

2) 光学显微镜成像原理

光学显微镜由两个透镜组成，一个是物镜，另一个是目镜。光学显微镜利用可见光通过两个透镜产生一个物体的放大像，该像投射到眼睛的视网膜或者成像装置上。因此，光学显微镜产生的最终像的放大倍率为

$$M_{像}=M_{物}\times M_{目} \tag{1-11}$$

光学显微镜的构造如图1-21所示。其中，物镜和聚光镜这两个部件对于成像尤为重要。

物镜：它收集来自样品的反射(或衍射)光，从而在接近目镜处形成一个放大的实像。

聚光镜:它把来自照明源的光聚焦到样品上很小的区域内。光学显微镜的其他部件也在图 1-21 上显示出来。

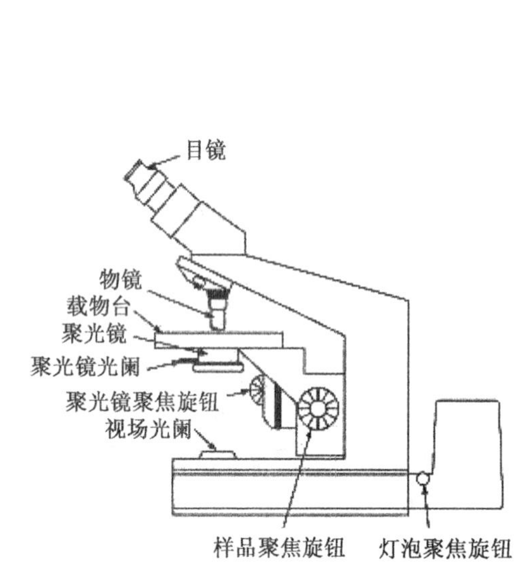

图 1-21 光学显微镜的构造

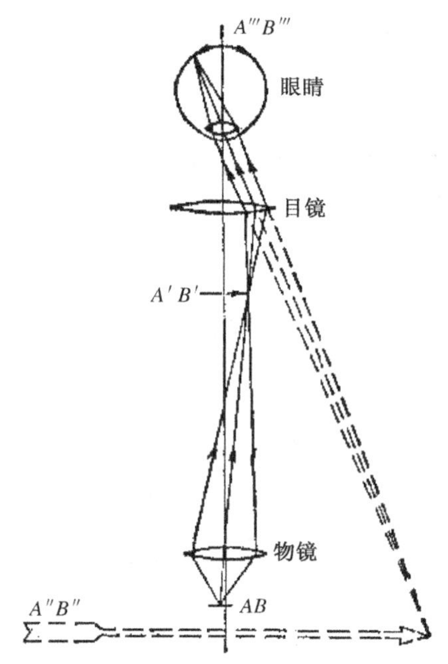

图 1-22 光学显微镜的成像原理

光学显微镜的成像原理可用图 1-22 表示,具体描述如下:物体 AB 位于物镜前焦点外($2f>a>f$)但很靠近焦点的一个位置,经过物镜形成一个倒立的放大实像 $A'B'$,这个像位于目镜的前焦距之内($a<f$),但很靠近焦点的位置上,目镜以这个像作为物,将该实像再放大成虚像 $A''B''$,使其位于眼睛的明视距离(距人眼 250mm 处),然而通过眼球中透镜晶体的作用形成实像 $A'''B'''$。

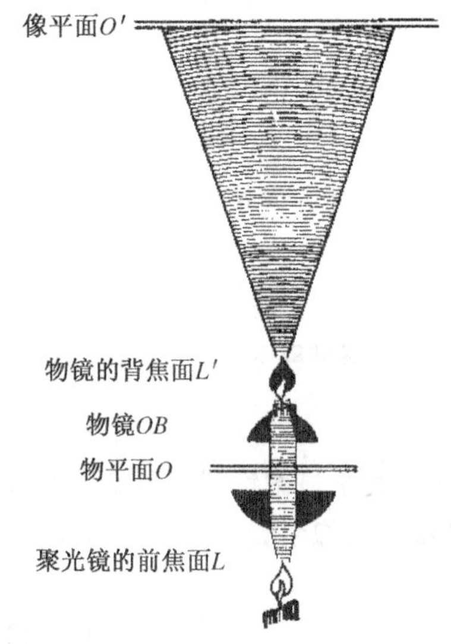

图 1-23 光学显微镜中的共轭面

3) 光学显微镜中的共轭面

在显微镜成像光路中,物镜(OB)用于成像,而聚光镜会聚可见光照射样品。根据阿贝理论,显微镜的物平面 O(样品)与其像平面(O')是一对共轭平面,如图 1-23 所示。也就是说,样品的图像只能在物镜的像平面出现,不可能在其他地方(如物镜的焦平面)出现。如果由物镜后面的目镜进一步放大物镜所成的像,目镜必须以物镜像平面上的像作为物,在目镜的像平面上获得放大的像,因此,此时物镜的物平面、物镜的像平面和目镜的像平面共轭。如果一个光源(S)在聚光镜的前焦面处(L)通过聚光镜形成平行光照射样品,平行光通过样品后被物镜聚焦在它的背焦面(L')上,得到点光源的像,由此可知,L 和 L'是一对共轭面。理解共轭面对显微镜中不同照明方式下的成像原理极为重要。

1.2　透镜的光学缺陷和设计

1.2.1　透镜光学缺陷

单透镜具有球形表面,由于球形表面伴随着许多本征光学缺陷(称为像差),它们以多种方式影响图像质量。在这些缺陷中,主要的像差是色差、球差、像散、慧差、场弯曲和畸变,如图1-24所示。对于理想的薄凸透镜成像,物平面上的一个点将在像平面得到对应的一个点,由此像平面上获得一放大或缩小的图像。但是对于有像差的透镜来讲,物平面与像平面上不能得到一一对应的几何意义上的点,而是有一定尺寸的圆斑,由此导致图像分辨率下降或图像失真。色差(见图1-24(a))指不同波长的轴上光线被聚焦在不同的光轴位置上;球差(见图1-24(b))指轴上的近轴光线和远轴光线被聚焦在不同的光轴位置上;慧差(见图1-24(c))指离轴的近轴和远轴光线被聚焦在像平面的不同位置上;像散(见图1-24(d))指离轴光线通过水平与垂直方向后使一个点被聚焦成一条线;畸变和场曲(见图1-24(e))指成像平面不是一个平面而是一个曲面,由此导致桶形畸变和枕形畸变。

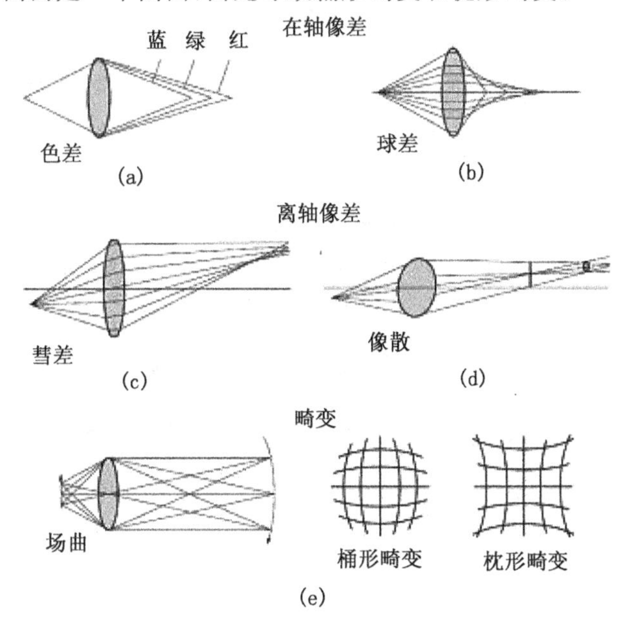

图1-24　透镜光学缺陷

1.2.2　透镜的设计和特性

1.2.2.1　物镜

物体的第一幅放大像是通过物镜获得的,因此,物镜的质量在很大程度上决定了显微镜的成像质量。为此,各种像差校正的物镜相继问世。消色差物镜的外壳上刻有英文、德文、法文 Achromat 字样或俄文 AXP 字样。复消色差物镜的外壳上刻有英文、德文、法文 Apochromat(简写 Apo)字样或俄文 АПО 字样。萤石物镜外壳刻有英、德、法文 Fluormat(或简写 Fluor)。刻有 Planochromat 字样的平视场物镜常用的系列有:平视场萤石消色差物镜(Plan-Neofluor)、平视场复消色差物镜(Plan-Achromat)和平视场萤石消色差偏光物镜(Plan-Neofluor pol)等。相差显微镜必须配有相差物镜。这种物镜的外壳刻有英、德、法文

Pha 或俄文 φ 字样。单色物镜(monochromat)是专用于紫外光干涉显微镜的。带有可变光阑的物镜的镜体上装有螺纹转动圈。转动圈的标号可在 0.5～1.0 移动，其适用于暗视场显微镜。

物镜质量的改善方法：一是通过物镜材料的选择，二是通过透镜的组合。

物镜的材料有普通光学玻璃、萤石、水晶。普通光学玻璃制造的透镜一般在物镜上不带标记，而特殊物镜的外壳上则有字样。在物镜的外壳上通常还刻有物镜的性能、物镜的工作距离、放大倍数，如图 1-25 所示。各种放大倍率及其颜色标记如表 1-1 所示。

表 1-1　放大倍率及其颜色标记

放大倍率	1×	2×	4×	10×	20×	40×	50×	60×	100×
颜色标记	黑	灰	红	黄	绿	淡蓝	淡蓝	深蓝	白

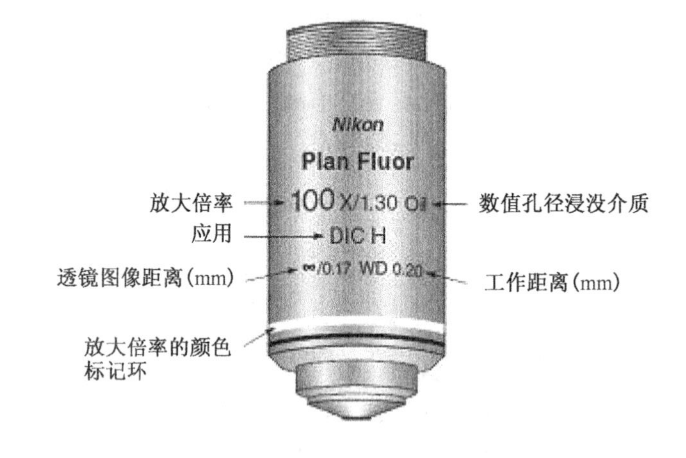

图 1-25　平视场物镜的外观和特性

除了物镜的材料外，物镜可由不同凹凸透镜的组合来提高成像质量，如图 1-26 所示。

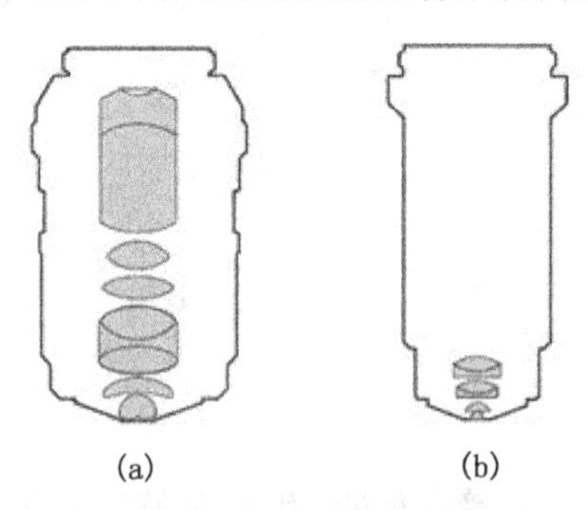

图 1-26　两种常用的物镜

(a) 平视场物镜；(b) 复消色差物镜

主要使用的物镜性能简述如下。

消色差物镜能够校正红光和蓝光(波长为 656nm 和 486nm)。这些物镜对于白光照明可给出满意的性能，如果是单色光照明则可给出优异的性能。它们适合于在一定倍率下工作(30～40×或更低倍率)，并且造价不贵。

萤石物镜由低色差材料(CaF_2)制成，能校正色散和场曲。良好的色散校正、极高的透明度(包括近紫外光)和高衬度的结合使得它适用于免疫荧光显微镜、偏光微分干涉衬度显微镜和其他形式的光学显微镜，可获得的最大数值孔径约为1.3。

复消色差物镜是昂贵的，具有高度的色差校正，适用于白光照明下的彩色照相，如图1-25所示。这种物镜对色差可校正红、绿、蓝和深蓝色，几乎覆盖了整个可见光范围；对球差可校正绿、蓝波长范围。复消色差物镜复合透镜组能将不同波长光线成像于同一平面而使图像变得清晰。色差的高度校正使这类物镜适合于荧光显微镜，因为来自样品发散出的各种荧光波长能被正确地聚焦在同一像平面上。但是复消色差物镜和萤石物镜不能很好校正场曲，而由更多透镜组成的平视场物镜可克服该缺点，其特点是，显著扩大了图像视域的平整范围，使整个视域图像清楚，适用于观察和照相。当然平视场物镜比前两种物镜贵得多。这种物镜的桶形外观及透镜组合如图1-26所示。某些使用物镜的特征总结于表1-2中：放大倍率(M)、透镜设计类型(Type)、空气或油浸的折射率(n)、工作距离(WD)、数值孔径(NA)、最小可分辨距离(d_{min})、场深(DOF)和亮度(B)。

表1-2　某些使用物镜的特征

M	Type	n	WD/mm	NA	d_{min}/μm	DOF/μm	B
5	Achromat	1	9.9	0.12	2.80	38.19	0.1
10	Achromat	1	4.4	0.25	1.34	8.80	0.4
20	Achromat	1	0.53	0.45	0.75	2.72	1.0
25	Fluorite	1.515	0.21	0.8	0.42	1.30	6.6
40	Fluorite	1	0.5	0.75	0.45	0.98	2.0
40	Fluorite	1.515	0.2	1.3	0.26	0.49	17.9
60	Apochromat	1	0.15	0.95	0.35	0.61	2.3
60	Apochromat	1.515	0.09	1.4	0.24	0.43	10.7
100	Apochromat	1.515	0.09	1.4	0.24	0.43	3.8

1.2.2.2　目镜

目镜的作用是将物镜放大的实像再放大，观察时在明视距离处呈现放大的虚像(物镜所成的像在目镜焦点之内)，在照相时底片上将得到一实像(物镜所成的像在目镜焦点之外)。目镜种类繁多，但基本上可分为三大类：惠更斯目镜、冉斯登目镜和补偿目镜。

1) 惠更斯目镜

惠更斯(Haygens)目镜是由两块同类光学玻璃研制成的单面透镜片组成。图1-27(a)是惠更斯目镜剖面图。接近眼睛的一片称为目透镜或称接目镜(图中小的透镜)，其平面向外，凸面向内，起放大作用；另一片称聚光镜，也称场透镜，其平面和凸面朝向与目透镜相同，它的作用是使由物镜射来的光线折向接目镜，从接目镜的出口以一束平行光线射出。两者之间装有

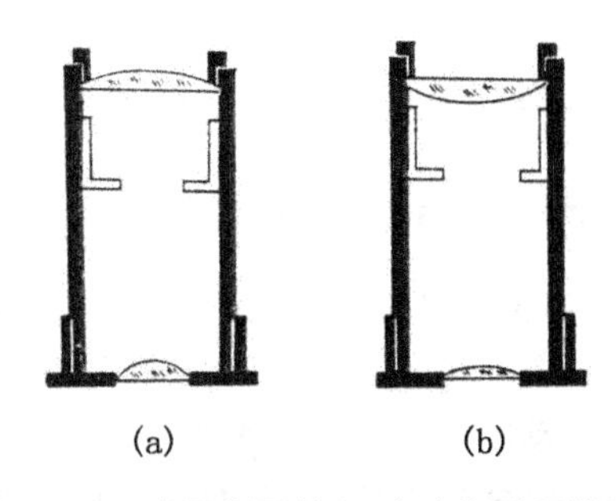

图1-27　惠更斯目镜(a)和冉斯登目镜(b)

一个金属环,即为视场光栏。视场光栏可以放置显微刻度尺并可上下推动,将其置于目透镜平面上时,就能从目镜中观察到迭加在物像上的刻度。

惠更斯目镜既可用于观察,又可用于照相,当物镜所成的像在目透镜焦点之内时为放大的虚像,即可进行图像观察;当物镜所成的像在目透镜焦点之外时为放大的实像,此时可进行图像摄影。惠更斯目镜因焦点在两片透镜之间,故不能单独作为放大镜使用,这种不能单独作为放大镜使用的目镜叫做负型目镜。惠更斯目镜结构简单,价格便宜,最为常用,其缺点是没有校正像差,只适合与低、中倍消色差物镜配合使用,它的放大倍率不能超过 15 倍。

2) 冉斯登目镜

冉斯登(Ramsden)目镜的剖面图如图 1-27(b)所示。它与惠更斯目镜构造几乎一样,只是目透镜和场透镜平、凸面的朝向相反。冉斯登目镜的焦点位于场透镜之外,可以看作单一的凸透镜,并能单独作为放大镜使用,故又称为正型目镜。这种目镜能校正慧差和像散,但不能校正球差和色差。在同样放大倍数下,视场比负型目镜小。目前这种目镜较少使用。

3) 补偿目镜

补偿目镜是一种由正、负透镜复合特制的透镜,可校正两种不同波长的色光所造成的横向色差和球差,所以这种目镜能补偿物镜仍未能消除的色差和像差。补偿目镜配合复消色差物镜使用时,能够达到消除色差来获得清晰图像,可用于高倍观察。补偿目镜的外壳上刻有放大倍数和英文字母"C"或俄文字母"K"字识别符号,如 10×K。

1.2.2.3 聚光镜

光学显微镜的成像质量不仅取决于物镜,而且取决于光的传递系统,包括照明源、光的收集透镜和尤为重要的聚光镜。聚光镜的基本作用是,① 会聚可见光并使之均匀照射样品;② 控制照明光锥的孔径并使之与物镜数值孔径相匹配;③ 为各种成像技术提供特殊类型的照明。

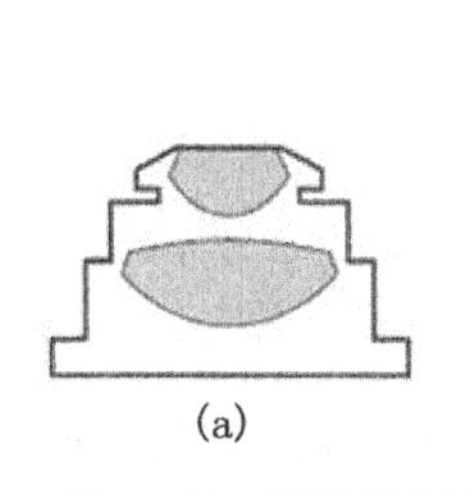

(a)

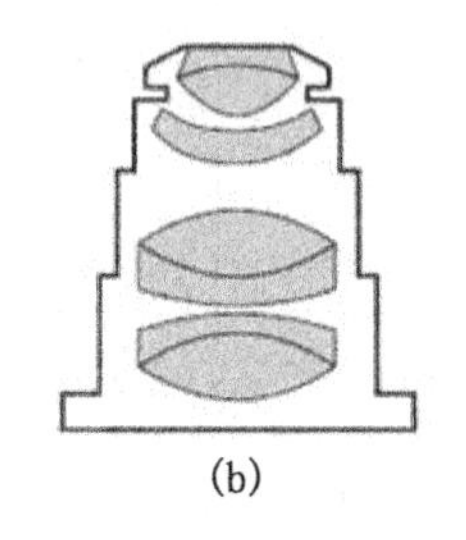

(b)

图 1-28 阿贝聚光镜(a)和消色差球差聚光镜(b)

高性能聚光镜可以校正色差和球差以及场曲。但是,当使用通常仅由两个透镜构成的阿贝聚光镜时(见图 1-28(a)),上述的像差仍会明显存在。高性能消色差球差聚光镜(见图 1-28(b))由 5 个透镜构成(包括两个消色差双合透镜),它的数值孔径可达 1.4,使用浸没透镜可得到高分辨的图像。这些聚光镜可以校正红、蓝波长等可见光的色差,也可校正黄-绿可见光的球差和场曲。

1.3 照明方式

1.3.1 科勒照明

科勒(Kohler)引入一种新的照明方法,对光学显微镜进行了革命性的设计,极大地改善了图像质量。早在 1893 年,科勒还在德国 Zoological 学院做学生时期,就开始进行帽贝(limpets)动物分类学的显微照相术的研究,运用传统的临界照明方法,将辉光灯照明源直接用聚光镜聚焦到样品上,图像是不均匀的,而且暗淡照明以致无法用低速感光胶片拍照。为解决不均匀照明，必须设计新的照明系统。科勒引入一个集光镜，用它将灯丝图像聚焦于聚光镜的前焦面上。这种方法提供了一种明亮、均匀的照明，同时，也使得显微镜的聚焦平面位置保持固定。随后，这种科勒照明方法被用于相差衬度显微镜、微分干涉衬度显微镜和共聚焦显微镜，其原因正是科勒照明的优点：均匀明亮的照明和固定的共轴聚焦平面。对于以前使用的临界照明（光源聚焦照明），如图1-29(a)所示，均匀的照明光源是必需的。例如，光源均匀的乳色灯泡通过聚光镜直接被成像在样品平面上。样品照明区域大小的控制是通过紧靠灯泡前面的照明视域光栏的可变孔径来实现的。灯泡表面的图像通过聚光镜被聚焦在样品平面上，然后照明视域光栏图像和样品图像两者均被物镜成像在物镜像平面上（或称初次成像平面），然后再被目镜成像在视网膜上，用目镜可直接看到它们的图像。由于临界照明使光源上的一点被聚焦成样品上的一点，因此，样品表面要获得均匀的、大视域的照明，光源必须是大的、无结构和均匀的，因而通常的照明源是无法得到均匀的照明的。临界照明适用于大多数常规的显微镜观察，因为它设置简便。

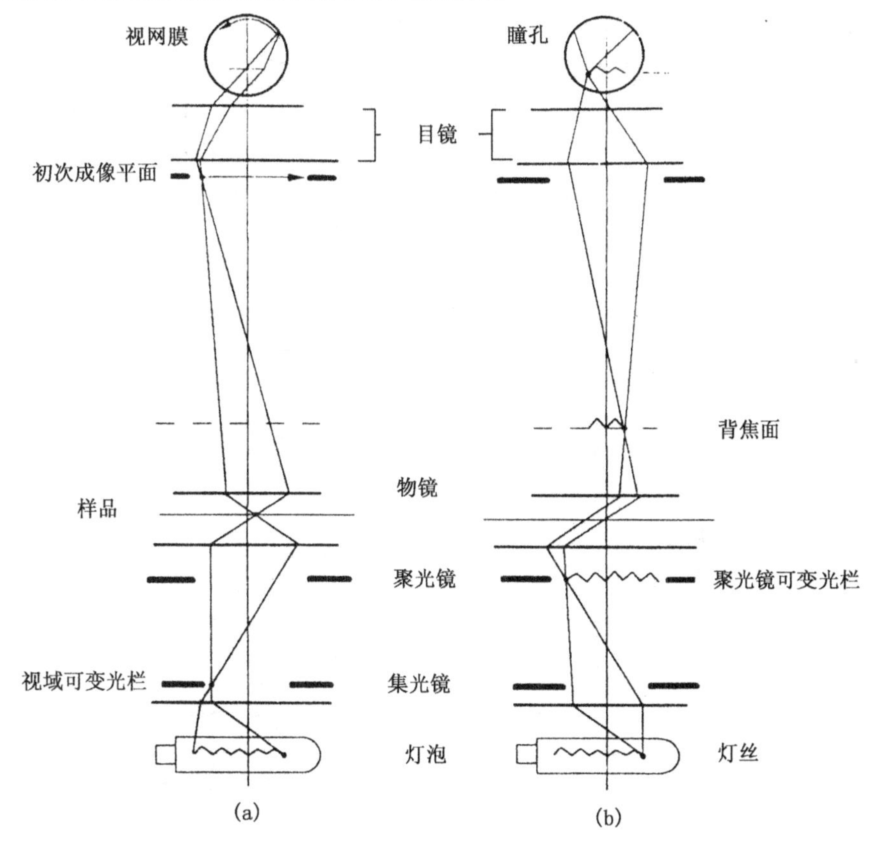

图1-29　临界照明(a)和科勒照明(b)的比较

现代光学显微镜使用的是低压灯丝灯泡的集成照明或者钨-卤灯泡照明。两者都具有钨丝，并具有晶体结构，因此这样的灯泡不能使用临界照明方式，而只能使用科勒照明方式。科勒照明如图1-29(b)所示。集光镜置于灯丝灯泡的前面，而灯丝几乎处于集光镜的前焦面上。集光镜以灯丝做物成像于聚光镜前焦面上（灯丝平面与聚光镜前焦面为共轭面，即与聚光镜可变光栏为共轭面）。经过聚光镜前焦面处灯丝像上的每一像点光线通过聚光镜必成为平行光线照射到样品上，由此获得光强均匀的照射。这些平行光线透过样品会聚到物镜的背焦面处，因此在物镜背焦面获得灯丝像和聚光镜孔径光栏的像，最后目镜再将它们成像于眼睛的瞳孔处（也是目镜出孔处）。理解光路中的系列共轭面是理解科勒照明和临界照明差异的基础。对于科勒照明光学系统来说，共轭面为灯丝面、聚光镜前焦面、物镜背焦面和目镜出孔平面（眼睛的瞳孔处）。对于临界照明方式，系列共轭面为集光镜光栏平面、样品平面、初次成像平面和眼睛的视网膜。显然，在科勒照明中灯丝像出现在上述的系列共轭面上，绝不会出现在临界照明的系列共轭面上。

科勒照明最初用于生物薄样品的照明，如图 1-29 所示，采用穿过样品的透射光成像。如果样品是厚样品（例如金属和无机材料的块体样品），以致照明光不能通过它们，因此照明光必须从样品上方照射，这种方法常称为上照明（epi—illumination），如图 1-30 所示。在上照明方式中，照明光是与物镜（*OBJ*）光轴成直角照射，然后被与照明成 45°角的半透明反射镜朝下反射通过物镜，此时物镜作为聚光镜的作用将反射光聚焦到样品上。具有反射光照明器的科勒照明系统中有一个传递透镜（图中用 L1 表示），它将灯丝成像于照明孔径光栏（图中的 AP DIA）处。灯丝和照明孔径光栏均被集光镜（图中 L2）和透镜（L3）协同作用投射到物镜的背焦面（*B. F. P*）上，通过物镜背焦面任何一点的光线经过物镜后均成为平行光线照射到样品上，故而获得均匀照明；样品的反射光使灯丝和照明孔径光栏的像位于物镜背焦面处，根据上述的系列共轭面原则，它们通过目镜（*E. P*）后将最终成像于目镜的出孔处（或眼睛的瞳孔处），这种反射光与前述的透射光的科勒照明在原理上是等同的。

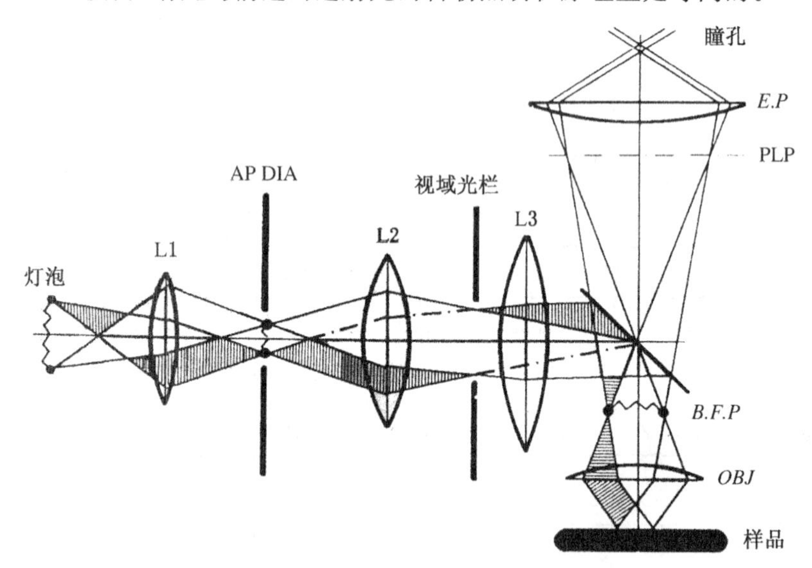

图 1-30 上照明的光路图

1.3.2 明场照明

明场照明是金相显微镜主要的照明方式。在明场照明中光源光线通过一种用平面玻璃做的垂直照明器，如图 1-31 所示。平面玻璃表面与光源光线成 45°，将光线反射进入物镜；由于投射在样品上的光线是垂直入射的，因而成像平坦、清晰。此外，平面玻璃反射可使光线充满物镜的后透镜，有利于充分发挥物镜鉴别能力，适用于中、高倍观察。由样品反射回来的光线再经过物镜到目镜。如果试样是一个抛光的镜面，反射光几乎全部进入物镜成像，在目镜中看到完全明亮视域。如果试样抛光后再经过腐蚀，试样表面高低不平，则反射光将发生漫反射，部分进入物镜成像，在目镜中看到样品表面明亮背景下局部成像的衬度。但是，平面玻璃反射光线损失大，即使采用最好的平面玻璃，最后达到目镜的光线也只有 1/4，而 3/4 损失了，故成像的亮度小，衬度也差。为了克服平面玻璃垂直照明器的缺点，可采用棱镜垂直照明器，如图 1－32 所示。光线经棱镜全反射后略斜射于样品表面，可造成一定的立体感，有利于观察表面浮凸。此外，这种垂直照明器能使光线几乎全部反射到物镜的后透镜上，光线损失极少，成像亮度大，衬度也好，其缺点是光源光线经棱镜全反射后经物镜的后透镜的一半照射在样品表面上，而反射回来的光线经过物镜的另一半进入目镜，也就是说物镜实际使用的孔径角减小了一半，即数值孔径减小，从而大大降低了物镜的分辨率。因此只适用于低倍率观察，一般不超过 100 倍。现代新型显微镜已经不再使用这种全反射棱镜做垂直照明器了。

1.3.3　暗场照明

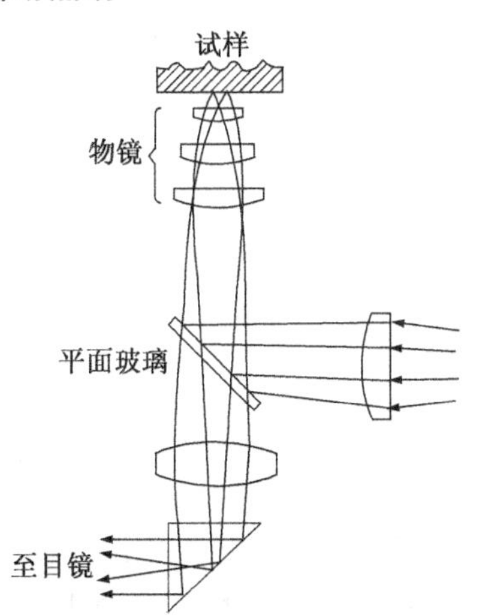

图 1－31　采用平面玻璃垂直照明器的明场照明

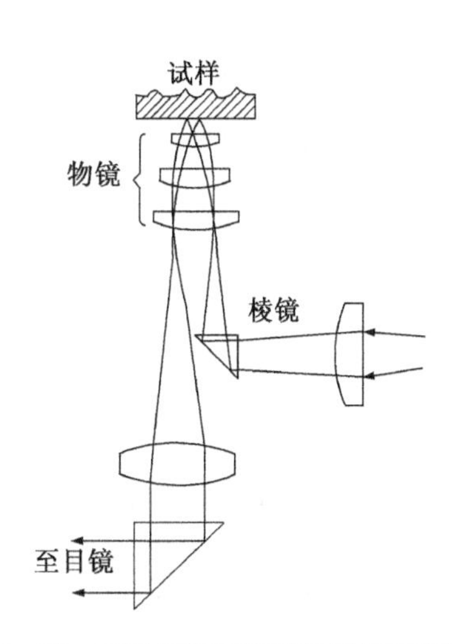

图 1－32　采用棱镜垂直照明器的明场照明

在鉴别非金属类杂物等特殊用途中，往往采用暗场照明。暗场照明与明场照明不同，如图 1－33 所示。其光源的光线经聚光镜后形成一束平行光线，通过暗场环形光栏时，平行光线的中心部分被挡住，形成一束空心管状光束，然后经过平面玻璃反射再经过暗场曲面反射镜的反射，空心管状光束从物镜四周通过并以很大的倾斜角投射到样品上。如果样品表面平滑均匀，则投射光线以很大的倾斜角反射出去，光线不会进入物镜，在目镜中看到的是一片暗黑色。如果样品表面存在高低不平之处，则反射光线就有部分进入物镜，因此在黑的背景图像下局部呈现明亮区域，这与明场照明下观察的衬度正好相反。

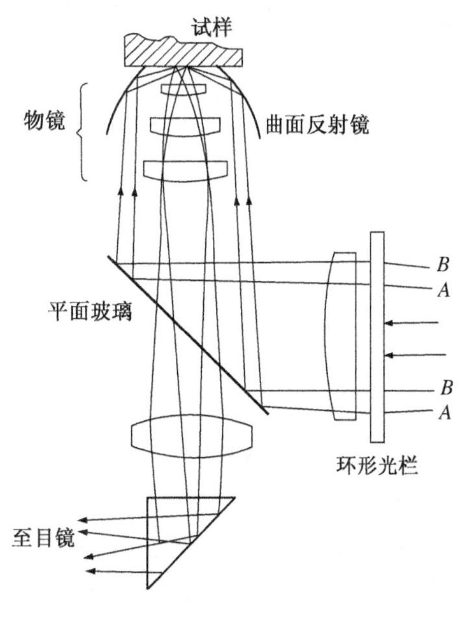

图 1－33　暗场照明

1.3.4 新型无限远光学系统

在上述传统的光学显微镜中,从聚焦物体上每一点反射的光束均被物镜会聚并在物镜后面一定距离的像平面上产生第一幅实像。因此,物镜是在有限镜筒长度中工作。自 20 世纪 80 年代以来,先进的光学显微镜均采用无限远光学系统(infinity optical system),如图 1 - 34 所示。它们的物镜被设计为在无限远成像,因此这样的物镜也被称为无限远校正物镜(infinity-corrected objective)。在这样的系统中,样品放在物镜的前焦面,因此,从聚焦物体上每一点反射的光束均被物镜形成平行光束。这些平行光束进一步被后面的镜筒透镜在它的后焦面上形成实像(平行光线在无限远相交,因此该像就是在无限远形成的),最后被目镜放大得以观察。

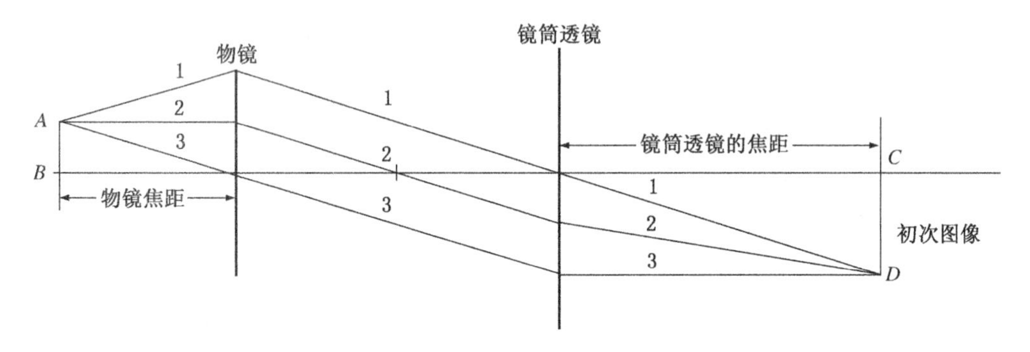

图 1 - 34 无限远光学系统

无限远光学系统的优点是显微镜中的各种光学附件(如暗视场光束分离器、偏振光分离器、用于微分干涉衬度的 Wollaston 棱镜、检偏振镜,以及其他附加滤色镜等)都可以放置在物镜与镜筒透镜之间平行光束的空间内,由于成像光束没有受到上述光学附件的干扰,物像的质量不会受到损害,从而简化了物镜设计中色差和像差的校正。此外,在无限远光学系统中,物镜和镜筒透镜之间的距离在不损伤图像质量的条件下可以有相当范围的改变,因而聚焦图像仅需移动物镜,而在传统的光学显微镜中,聚焦图像相对复杂,即相对物镜移动样品台,或相对样品台移动物镜和目镜。无限远光学系统极大地简化了光学显微镜的机械设计。目前,德国的 Carl Zeiss 公司和 Leica 公司、日本的 Nikon 公司和 Olympus 公司生产的金相显微镜均已先后采用无限远光学系统设计。

1.4 性能参数

分辨率是光学显微镜最重要的性能指标。影响分辨率的主要因素是可见光的波动性和物镜的数值孔径,而透镜的像差通过透镜的组合可使像差减少到相对前两者可忽略的程度。因此,理解可见光波动性和物镜数值孔径是如何影响分辨率的,对于如何提高光学显微镜的分辨率是极为重要的。

1.4.1 衍射与分辨率

阿贝研究了零级衍射和至少一级衍射束进入物镜透镜后,衍射对光栅样品成像的分辨率问题,他这种考虑分辨率的方法常称为阿贝途径。在图 1 - 35 中,两个狭缝 X 和 X' 的距离为 r。用相干的平行光照射光栅样品,一级衍射束和零级衍射束的夹角为 i,它们之间的光

程差为 $r\sin i$。由于光程差给出的是一级衍射的干涉，因此它等于 1λ，从而有：

$$r=\frac{\lambda}{\sin i}$$

上式表示光栅样品和物镜之间的介质是空气，其折射率 $n=1$，如果存在其他折射率(n)的介质(例如油)，那么分辨率(即两个狭缝的距离)为

$$r=\frac{\lambda}{n\sin i}$$

由于 $n\sin i$ 定义为物镜的数值孔径，简写为 NA，表达式也可写为

$$r=\frac{\lambda}{NA}$$

为了获得平行光，聚光镜光栏接近关闭以此获得小孔径角，但实际使用中，为了获得高分辨率图像，聚光镜光栏是全开的(大孔径角)，具有孔径半角为 i 的圆锥光束将照射光栅样品，入射束之间的光程差和衍射束之间的光程差均为 $r\sin i$，故总的光程差为 $2(r\sin i)$。因此，

$$r=\frac{\lambda}{2n\sin i}=\frac{\lambda}{2NA}$$

这就是物镜的分辨率(d)，因而物镜的分辨率为

$$d=r=\frac{\lambda}{2NA} \tag{1-12}$$

上述讨论是假设狭缝是平行的和非常狭窄的。对于固定波长的光束，狭缝间的距离是控制衍射束之间峰值位置的距离。狭缝间距越大，峰值位置越接近。反之，狭缝间距越小(对应具有更小细节的物体)，峰值位置越疏远，这意味着有限数值孔径的物镜不能接收到具有太小细节物体的一级衍射，因而，物镜获得的图像不能分辨出这些细节。

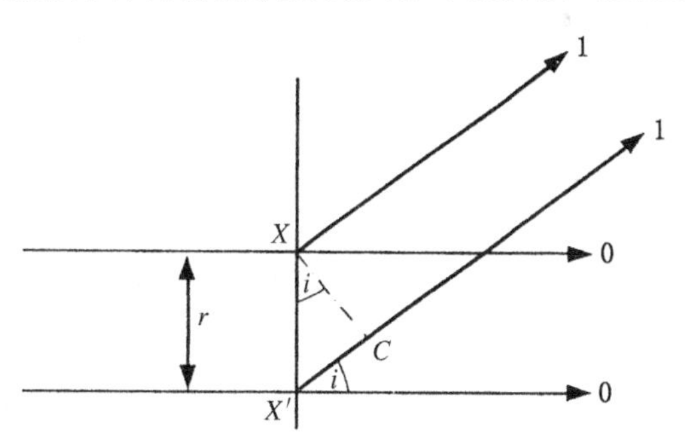

图 1-35　两个狭缝产生的衍射

阿贝发展了光学显微镜图像形成理论。他观察到来自周期性样品的衍射光线在物镜的背焦面上产生衍射花样。根据阿贝理论，在物镜背焦面上的零级衍射和高级衍射在物镜像面上的干涉将产生图像衬度并且决定了由物镜提供的空间分辨率极限。对于周期性样品(如衍射光栅)，至少两个衍射束(如零级和一级衍射束)必须被物镜收集才能形成物体的图像。如果只有一个衍射束(如零级衍射)被物镜收集，由于没有干涉存在，所以没有周期性图像的形成。扩展上述概念，被物镜收集的衍射束级数越多，图像细节越明锐清晰。图1-36是衍射光栅被准直(平行校正)平面波光线照射后衍射花样在物镜背焦面形成和图像在物镜像平面上形成的光路图。

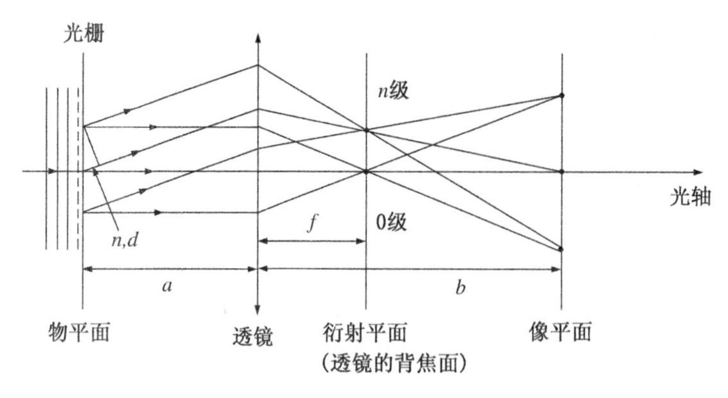

图 1-36 衍射光栅的衍射和成像

一个物镜仅能获得来自玻璃样品($n=1.515$)有限的圆锥光线,如图 1-37 (a)所示。物镜收集光线的能力将会影响图像的亮度和图像的分辨率。物镜收集光线的能力用物镜的数值孔径(NA)表示,即 $n\sin i$。当样品与物镜间的介质是空气时,折射率 $n=1$,因此,$NA=\sin i$ 可获得的最大值为 0.95。如果用油做介质(见图 1-37(b)),并且其折射系数与玻璃折射系数相同,数值孔径最大可达 1.4,由此不仅提高了分辨率,而且提高了图像亮度。

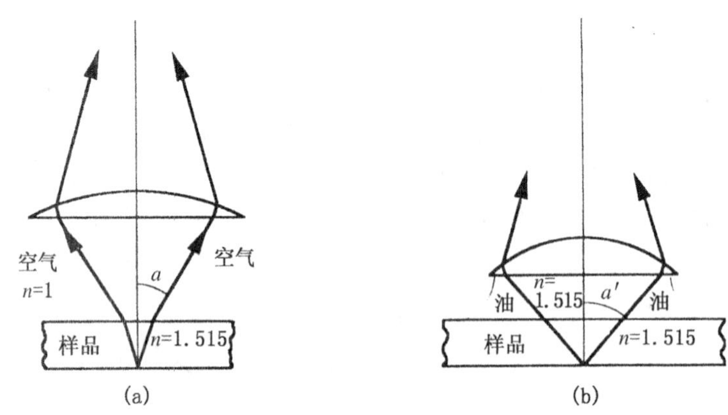

图 1-37 不同介质对数值孔径的影响

1.4.2 有效放大倍率

初学者常会强调显微镜的放大倍率,因为高的放大倍率容易看到样品的细节。但是,放大倍率仅是显微镜的部分要求。除了放大倍率外,显微镜中还需要反映出样品细节的分辨率。显然,光学显微镜很容易放大到一万倍,但是这样高的放大倍率无助于观察到具有更高分辨率的样品细节。这种不能提供新信息(更高分辨率的细节)的放大,称为“虚放大”。因此,基于显微镜分辨率的放大倍率称为有效放大倍率。下面具体论述光学显微镜的有效放大倍率。

人眼能看清组织细节的视角应大于眼睛的极限分辨角。在照明条件良好的明视距离(250mm)内,该极限分辨角约为 $1'$。为了使眼睛较舒适地分辨,视角应不小于 $2'\sim4'$。如果取 $2'$为分辨角的下限,$4'$为分辨角的上限,则人眼在明视距离处能分辨的线距离 d'为

$$250\times2\times\frac{1}{60}\times\frac{\pi}{180}\leqslant d'\leqslant250\times4\times\frac{1}{60}\times\frac{\pi}{180} \tag{1-13}$$

即人眼在明视距离处的分辨距离在 1.5～0.30mm 范围。显微镜的有效放大倍率 M 为 d'与

d 之比，因此有：

$$d'=dM=\frac{\lambda M}{2NA} \tag{1-14}$$

将式(1－14)代入式(1－13)并设所用光线的波长为 0.55 μm（黄绿光），则可以得到有效放大倍率 M 的近似表达式：

$$500NA<M<1\ 000NA \tag{1-15}$$

放大倍率的这个范围称为有效放大倍率。放大倍率小于式(1－15)的下限时，人眼不能看清物镜已分辨的样品细节。放大倍率大于式(1－15)的上限时，人眼不能看到更多的细节，物体的像反而不如放大率较低时清晰，这种放大就是上述的“虚放大”。因此，选择的观察放大倍率处于有效放大倍率之内是很重要的。例如，仍用上述黄绿色光，选用 $NA=0.65$ 的 40 倍物镜，则

$$325<M<650 \tag{1-16}$$

因此，应选择 10～20 倍的目镜相配合。如果目镜放大倍率低于 10 倍而使总放大倍率低于下限值 325 倍，则不能充分发挥物镜的分辨率；如果目镜放大倍率高于 20 倍使总放大倍率大于上限值 650 倍将会产生“虚放大”。

从式(1－12)可知，用短波长(如紫光)或用大的数值孔径的物镜均可提高分辨率。

1.4.3　景深

景深就是物镜的垂直分辨率，也称为焦深。它表征物镜对位于样品不同高度平面上细节分辨的能力。当显微镜准确聚集于某一物面时，如果位于其前面及后面的物面仍然能被在像上清楚观察到，则该最远两平面之间的距离就是景深。物镜的景深(h)与数值孔径之间的关系为

$$h=\frac{n}{(NA)M}\times(0.15\sim0.30\text{mm}) \tag{1-17}$$

由于光学显微镜要获得高的分辨率，物镜的数值孔径要求尽可能大，因此光学显微镜的景深很小。例如：

取物镜的数值孔径 $NA=1.30$，总放大倍率 $M=900$(物镜 90×，目镜 10×)，油浸物镜的介质折射率 $n=1.515$，明视可分辨距离取 0.25 mm，则有：

$$h=\frac{1.515}{1.30\times90\times10}\times0.25=0.32\mu\text{m}$$

从式(1－17)也可知道，高倍成像时的景深小，低倍成像时景深大。

1.4.4　工作距离和视域范围

物镜的工作距离是指显微镜准确聚焦后，试样表面与物镜的前透镜之间的距离(注意，物距与工作距离概念稍有不同，前者指样品与物镜主平面之间的距离)。物镜的放大倍率越高，工作距离越短。表 1－3 给出了不同物镜的粗略工作距离。从表中可看出，高放大倍率的物镜的工作距离非常短，因此调焦需格外小心，否则物镜前透镜将与试样表面相碰而受损伤。

表 1-3 不同物镜的工作距离

物　镜	类　型	工作距离/mm
10×,0.25NA	消色差物镜	7.7
21×,0.50NA	消色差物镜	1.6
20×,0.65NA	复消色差物镜	0.5
45×,0.8NA	消色差物镜	0.3
47×,0.95NA	复消色差物镜	0.183
97×,1.25NA	消色差物镜	0.11
90×,1.40NA	复消色差物镜	0.06

目镜中所能观察到样品图像的范围叫做视域范围，或称视野。显然，放大倍率越小，样品可见视域范围越大。反之，越小。在同样的放大倍率下，视域范围仍然可变，它取决于目镜的视场光栏的直径。视场光栏的直径叫做目镜的视场数值。视场数值越大，视域范围越大。一般来说惠更斯目镜的视场数值最小，补偿目镜其次，而广视野目镜的视场数值最大。

1.5 图像记录和处理及分析

1.5.1 显微照相

金相显微镜对图像的记录最常用的方法就是显微摄影。显微摄影的目的是将所观察到的金相组织通过照相，在底片上记录下来。摄影时，目镜与物镜像平面的相对位置与观察是不同的。摄影原理如图 1-38 所示。图中 E 为显微镜的目镜；O 为显微镜的物镜；F'_0为物镜的后焦点；AB 为样品中显微组织；$A''B''$为荧屏（底片平面）上 AB 的像；L 为显微镜的目镜后焦点与荧屏的距离；F'_e为目镜的后焦点。显微组织 AB 经物镜 O 后在 I_1处形成一个放大而倒立的实像 $A'B'$。I_1位于目镜的前焦点（F_e）以外（注意，观察时 I_1位于目镜的前焦点之内），所以 AB 经目镜后在荧屏 I_2处形成一个进一步放大的实像 $A''B''$（在观察时得到放大的虚像）。待 $A''B''$聚焦清晰后，换上底片即可进行拍摄（此时采用照相目镜）。

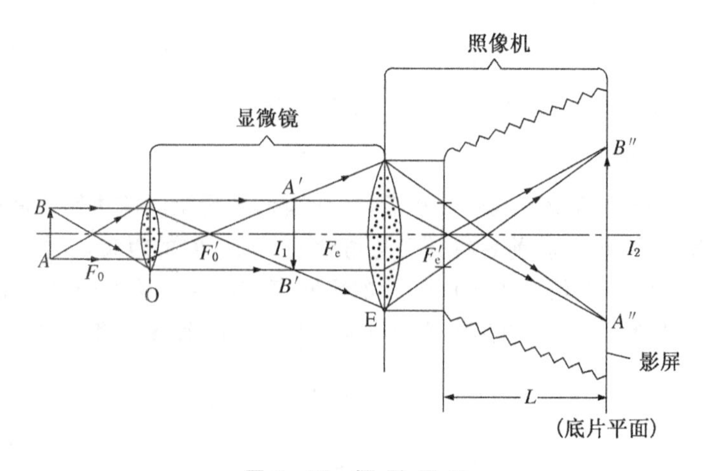

图 1-38 摄 影 原 理

记录图像传统采用感光胶片。显微镜的内置照相装置或外置照相附件既可使用35mm胶卷，也可使用大尺寸胶片或一次成像感光器材。由于感光胶卷(片)需要经历显影、定影和暗室操作印相等繁琐的过程，费力费时而且图像难以处理。近年来，数码相机已取代了传统感光胶片，不仅省时省力，而且可以进行图像处理。

1.5.2　视频显微术

视频系统广泛应用于光学显微镜。视频摄像系统产生高质量图像，并能储存和再现。具有视频系统的光学显微术，又称为视频显微术(video microscopy)。视频显微镜结构示意如图1-39所示。

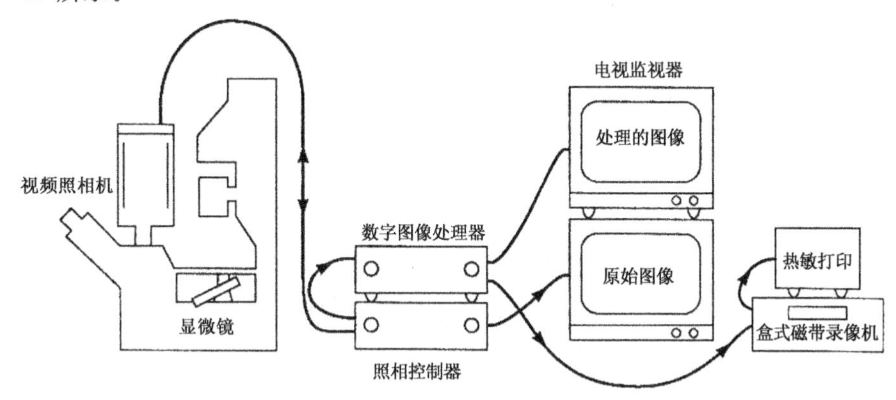

图1-39　视频显微镜结构

视频显微术特别适用于实验演示。视频显微术具有某些独特的优点：

(1) 每秒产生30帧具有高瞬时分辨率的图像。

(2) 一次连续记录可达数小时。

(3) 对样品进行快速荧屏扫描，方便找出适合于细节研究的区域。

(4) 时间间隔视频记录系统可连续监视图像形状和光强度的变化。

视频显微术缺点是不能产生光学照片。

1.5.3　数字CCD显微术

电荷耦合装置(charge - coupled device, CCD)是一个光子探测器，这种数字照相机是可以储存构成显微镜图像的入射光子的。CCD具有成像分光光度计的作用，可产生优于视频照相机和胶片照相机数十至数百倍光强的空间分辨率。CCD照相机最诱人之处是能够立刻获得光学图像照片，而不需要暗房的显影、定影和印相。CCD照相机获得的照片可方便处理(如衬度调节，视域的裁剪等)，并可直接用在文档和会议报告的电子文件中。CCD照相机工作速度较视频照相机慢，它每秒约产生1～10帧图像。最近的发展可接近每秒产生25或30帧图像。数字CCD照相机是相对昂贵的，但由于它具有上述的优点刺激了它的应用，逐渐被用户接受。CCD和显微镜结合形成数字CCD显微术(digital CCD microscopy)。数字CCD显微镜如图1-40所示。

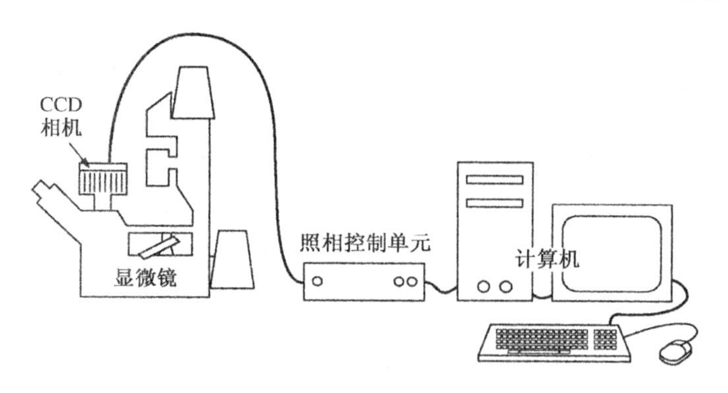

图 1-40 数字 CCD 显微镜结构

1.5.4 图像处理与定量分析

计算机和视频技术的发展推动了电子图像处理和分析功能的发展。这些图像可以被一些应用软件快速生成报告并加以分发。同时,带有图像的数据可以储存在数据库里,可随时调出供研究使用。

全自动图像分析系统可以根据灰度等级或不同颜色来分析图形。自动图像分析主要基于表 1-4 所介绍的一些基本步骤,具体使用可根据研究目的而定。

表 1-4 基本的图像处理步骤

步　骤	结果描述
获取(Acquisition)	捕获,加载或输入图像
净化(Clarification)	调整对比反差,消除杂像
叠加(Thersholding)	检查被测区域
二进制运算(Binary Operation)	消除检测误差,组织分类,叠加网格线
测量(Measurements)	执行视场或组织测量
数据分析(Data Analysis)	统计分析测量结果
存档(Archive)	存储图像,对数据库中测量结果注释
分发(Distribution)	打印或电子分发图像和结果

获取:图像捕获指的是通过照相系统获得所需图像。图像可以实时调整亮度、反差和色彩饱和度。模拟输出的照相信号通过模拟数字转换器转换成数字信号。最终的图像可以按位图或矢量模式保存。科学研究的图像主要以位图格式储存,其基本上是网格,由横向和纵向像素点构成。图像可以是单色(黑白)的,也可以是彩色的,其可用 256 级的不同灰度等级来表示。

净化:图像的净化就是图像的强化,主要通过灰度滤色片来实现。滤色片具有几种功能:边缘检测、图像强化、灰度修正。图像的净化主要是修正图像的像素值,通过两种方法来完成,即调整反差和亮度的偏差或者与相邻像素进行比较。

叠加:是用不同色彩覆盖的数位平面来表示像素灰度或色彩值的一种方法。数位平面是一个二进制的平面,它被叠加在图像平面上来检测所需研究的物相。大多数的测量是在这个层内完成的,而不是在真实图像上进行测量的。

二进制运算:叠加程序完成后,图像内不同的相和组织特征就被不同的彩色数位平面覆盖。不同的相和组织特征处于各自的灰度等级范围内,所以可以用同一彩色数位平面来检测。二进制最强大的莫过于具有对轮廓和尺寸(如空洞的轮廓和尺寸、涂层的厚度等)进行分类的能力。

测量：基于图像的分析应用程序可进行以下常用的定量测定：①晶粒度；②孔隙率；③镀层或涂层的厚度；④外形特点和尺寸；⑤物相的百分率。

数据分析：对晶粒度、孔隙率和物相的百分率测量等的结果给出的统计分析结果。

存档：储存图像，对数据库中的测量结果加以注释。注意，储存的图像必须是原始捕获的图像，确保图像没有使用任何滤色片。

分发：打印或电子分发图像和结果。当分发传递图像时，切记要添加一个图像的比例标尺。

总之，随着计算机技术的进步和软件的完善，图像处理将会越来越方便、迅速、精确。利用图像处理软件，还可将多个相邻视场的数字化图像拼接成一幅天衣无缝的宽视场清晰图像，这样的操作仅在一分钟内即可完成。

1.6　金相显微镜的操作

金相显微镜(metallurgical microscope)是采用反射光成像的光学显微镜，而生物研究采用的是透射光成像的光学显微镜。金相显微镜的基本操作如下。

1.6.1　光源的调整

光源的调整包括径向调整和纵向调整，前者的目的是让发光点调到仪器光学系统的光轴上；后者主要是让灯丝通过聚光镜后会聚到孔径光轴上，以得到“平行光照明”。光源精确调整好后应达到：视野照明均匀明亮，视野内无灯丝像。

1.6.2　光栏的调整

在金相显微镜的照明系统中常有两个孔径可变的光栏：孔径光栏和视域光栏。

1) 孔径光栏

孔径光栏用以控制入射光束的束斑大小。孔径光栏若开得太大，则入射光束斑过大，增加了镜筒内部的反射与眩光，降低了图像的衬度。缩小孔径光栏可克服上述弊病，而且可减小球差并提高图像的景深。但若孔径光栏缩得太小，光束只通过物镜的中心部分，使实际的数值孔径减小，使物镜的分辨能力降低。因此，应按观察的要求适当调节孔径光栏的大小。一般是调到刚好使光线充满物镜的后透镜为宜，此时物镜的分辨能力最高。

2) 视域光栏(视场光栏)

视域光栏用以改变视域大小，减少镜筒内部的反射与眩光，提高图像的衬度而不影响物镜的分辨能力。

视域光栏的调节方法是在显微镜调焦后，缩小视域光栏，在目镜中观察其像，然后扩大它，使其边缘正好包围整个视场。

3) 调焦

调焦时，应先粗调，后微调。为了避免试样与物镜碰撞(尤其在高倍观察时)，应先使物镜靠近试样(但不能接触)，然后一面从目镜中观察，一面用双手调焦，使物镜慢慢离开试样，直至清晰图像出现为止。

4) 照相

转换到照相系统，精调物镜，使图像最清晰。设定或自动设定曝光时间，装上底片，或装上数码相机即可拍照或摄像。

第2章　金相试样的制备

要想观察到真实的、清晰的显微组织，制备好金相样品是第一步，然后才是正确掌握金相显微镜的使用。

2.1　金相试样的制备步骤

金相试样的制备包括取样、磨制（研磨）、抛光、浸蚀等几个步骤。合格的试样应满足以下几点：组织有代表性；组织真实、无假象；析出相、夹杂物和石墨等不脱落；无磨痕、麻点或水迹等。

2.1.1　取样和镶嵌

取样考虑的问题是取样部位、切取方法、观察面的选择以及样品是否要镶嵌。

取样必须根据研究和检验目的，选择有代表性的部位。一般对锻、轧钢材和铸件进行常规检验时，其取样部位在有关技术标准中都有明确的规定。对失效或事故进行分析时，应在零件的破损部位取样，同时也需要在完好部位取样，以便对比分析。

试样的截取可有不同的方法，有手据、砂轮切割、气割、电火花切割（线切割）等。其中，电火花切割产生的热损伤层最薄，因而对试样组织影响的深度最小。观察面的选择很重要，对锻、轧及经过冷变形的工件一般沿轧向观察带状组织和夹杂物变形情况。而横向截面的观察可用于检测脱碳层、化学热处理的渗层、淬火层、碳化物网络、晶粒度等。

金相试样的大小以便于握持、易于研磨为准。对于形状特殊或尺寸细小不易握持的试样，或为防止倒角，可进行镶嵌。镶嵌材料常用的有：热固性塑料（如胶木粉）、热塑性塑料（如聚氟乙烯）及冷凝性塑料（如环氧树脂＋固化剂）等。它们各有特点。如用胶木粉镶嵌，质地较硬，试样不易倒角，但要加热到200℃才能成型，因而可能引起试样某些组织的变化；而环氧树脂可在室温凝固，但易因受热而软化。

2.1.2　研磨与抛光

研磨的目的是使试样表面平整。在操作中首先将试样用砂轮打磨，以获得初步的平整。打砂轮时试样要充分冷却以免过热引起组织变化。然后用粗、细砂纸研磨。研磨操作中应使试样受力均匀、压力适中。用砂纸由粗到细进行研磨（如从120号砂纸到600号砂纸），每一次研磨与上次研磨的方向应垂直并要去掉上一道的磨痕。

抛光的目的是去除细磨痕以获得光滑的镜面，并去除形变损伤层。常用的抛光方法有：机械抛光和电解抛光。机械抛光需要合适的绒布和研磨料（如矾土、氧化镁、金刚砂粉等）。最终抛光常采用小于1μm的细研磨料。抛光可用手工，也可用自动抛光机（见图2－1），在整个抛光过程中都需要采用合适的冷却液（通常用水或煤油）冷却试样。金刚砂研磨膏（3～0.5μm）是良好的抛光磨料之一，切削锋利，抛光速度快，损伤层浅，能保留夹杂物，但价格较高。细粒度的氧化镁特别适于对铝、铜、纯铁等软性材料进行最终精抛光。自动抛光机抛光质量远优于手工抛光，加力均匀，可同时抛光多个样品，不会引起倒角，但自动抛光机价格昂贵，磨料损耗大。

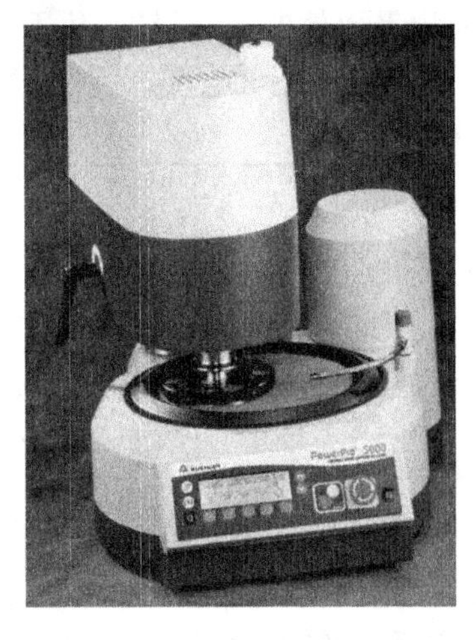

图 2-1 Powerpro® 5000 型自动抛光机

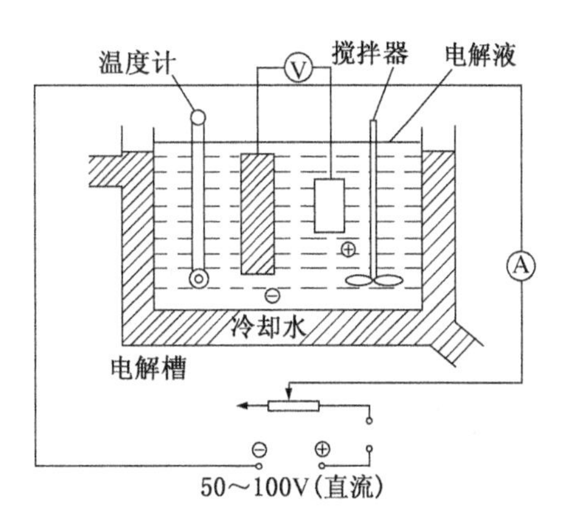

图 2-2 电解抛光装置

电解抛光是靠电化学的溶解作用使试样平整光亮，它的装置如图 2-2 所示。试样接阳极，不锈钢做阴极，接通电源后，阳极发生溶解，金属离子进入溶液，在一定电解条件下，阳极表面由粗糙变得平坦光亮。电解抛光基本原理就是试样表面凸起部分优先溶解。由于金属和电解液的相互作用，在试样粗糙不平的表面上形成一层电阻较大的黏性薄膜。在试样表面凸起处液膜较薄，凹陷处液膜较厚。由于液膜较薄之处电流密度较大，使得试样凸起部分的溶解比凹陷处为快，以此进行，便形成平整的抛光表面。

电解抛光质量的好坏，除取决于试样材料、电解液外，主要与电解时的电流密度和电压条件有关。实验发现，不同金属有两类特性曲线。图 2-3(a)显示出第一类曲线：*AB* 段电流随电压的增加而上升，因电压过低，不起抛光作用，仅有浸蚀现象。*BC* 段是不稳定段，*CD* 段中，抛光电压增加，电流基本不变，保持稳定值，这段就是电解抛光的工作电压，最佳条件接近于 *D* 点处。过 *D* 点后，电压升高，电流剧增，抛光作用随之破坏，将产生深点浸蚀。第二类曲线无明显的四阶段(见图 2-3(b))，可用试验找出正常的抛光范围。

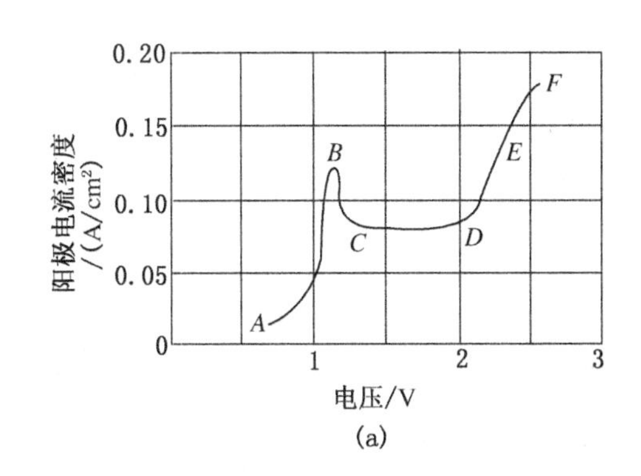

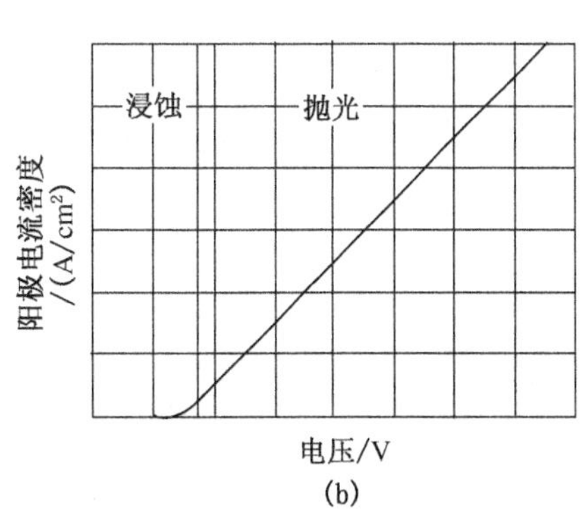

图 2-3 电解抛光的两类特性曲线

电解抛光的优点是：①无形变损伤层，特别适用于铝、铜和奥氏体钢等软性材料；②抛光速度快，规范一旦确定，效果稳定；③表面光整，无磨痕。其缺点是对不同材料需摸索具体的规范，表 2-1 列出常用金属材料的电解液及规范，可供参考。此外，对多相合金或有显微偏析时，容易发生某些相的选择性浸蚀或金属基体与夹杂物界面处的剧烈浸蚀，达不到抛光效果。

表 2-1 常用金属材料的电解液及规范

序号	电解液配方	规 范			适用范围	注意事项
		空载电压/V	电流密度/(A/cm^2)	时 间/s		
1	高氯酸 20ml 酒精 80ml	20～50	0.5～3	5～15	钢铁、铝及铝合金、锌合金及铅等	1. 温度<40℃ 2. 新配试剂效果好
2	磷酸 90ml 酒精 10ml	10～20	0.3～1	20～60	铜及铜合金	用低电流可进行电解浸蚀
3	高氯酸 10ml 冰醋酸 100ml	60		15～20	钢、镍基高温合金等	
4	硫酸 10ml 甲醇 90ml	10			耐热合金，如 Inconel 718 等	1. 先倒甲醇，然后将硫酸徐徐加入，以防爆炸 2. 电浸时电压降至 3V

2.1.3 浸蚀

抛光后的试样表面是平整光亮的，在显微镜下仅能看到孔洞、裂纹、石墨、非金属夹杂物等。要观察金属的显微组织，必须采用合适的浸蚀方法。常用的浸蚀方法有化学浸蚀法和电解浸蚀法。此外，还有着色法和热染法等其他显示组织的方法。

1) *化学浸蚀法*

化学浸蚀法中采用的化学试剂的三个主要组成：

(1) 腐蚀剂——盐酸，硫酸，磷酸，醋酸。

(2) 缓冲剂——乙醇，甘油水。

(3) 氧化剂——H_2O_2，Fe^{3+}，Cu^{2+}。

腐蚀过程中包括受控制的溶解，其中氧化必须受到控制。试剂氧化能力的微小变化都能提高溶解速率。因此在配制腐蚀剂时，最好坚持使用蒸馏水。

表 2-2 常用浸蚀剂及规范

序号	试剂名称	成 分	适用范围	注意事项
1	硝酸酒精溶液	硝酸 HNO_3 1～5ml 酒精 100ml	碳钢及低合金钢的组织显示	硝酸含量按材料选择，浸蚀数秒钟
2	苦味酸酒精溶液	苦味酸 2～10g 酒精 100ml	对钢铁材料的细密组织显示较清晰	浸蚀时间自数秒钟至数分钟

（续表）

序号	试剂名称	成　分	适用范围	注意事项
3	苦味酸盐酸酒精溶液	苦味酸 1～5g 盐酸 5ml 酒精 100ml	显示淬火及淬火回火后钢的晶粒和组织	浸蚀时间较上例快些，约数秒钟至一分钟
4	苛性钠苦味酸水溶液	苛性钠 25g，苦味酸 2g 水 100ml	钢中的渗碳体染成暗黑色	加热煮沸浸蚀 5～30min
5	氯化铁盐酸水溶液	氯化铁 $FeCl_3$ 5g 盐酸 50ml 水 100ml	显示不锈钢，奥氏体高镍钢，铜及铜合金组织显示奥氏体不锈钢的软化组织	浸蚀至显现组织出现
6	王水甘油溶液	硝酸 10ml 盐酸 20～30ml 甘油 30ml	显示奥氏体镍铬合金等组织	先将盐酸与甘油充分混合，然后加入硝酸，试样浸蚀前先行用热水预热
7	高锰酸钾苛性钠	高锰酸钾 4g 苛性钠 4g	显示高合金钢中碳化物、σ相等	煮沸使用，浸蚀 1～10min
8	氨水双氧水溶液	氨水(饱和) 50ml 3%水溶液 50ml	显示铜及铜合金组织	新鲜配用、用棉花蘸擦
9	氯化铜氨水溶液	氯化铜 8g 氨水(饱和)100ml	同上	侵蚀 30～60s
10	硝酸铁水溶液	硝酸铁 $Fe(NO_3)_3$ 10g 水 100ml	显示铜合金组织	新鲜配制、用棉花蘸擦
11	混合酸	氢氟酸(浓) 1ml 盐酸 2.5ml 硝酸 2.5ml 水 95ml	显示硬铝组织	浸蚀 10～20s 或用棉花蘸擦
12	氢氟酸水溶液	氢化酸(浓)0.5ml 水 99.5ml	显示一般铝合金组织	用棉花揩拭
13	苛性钠水溶液	苛性钠 1g 水 90ml	显示铝及铝合金组织	浸蚀数秒钟

将抛光好的试样磨面在化学试剂中浸润或揩擦一定时间，便可显示组织。

试样浸蚀后能显示多种组织的原理是，由于金属材料各处的化学成分和组织不同，它们的电极电位不同，腐蚀性能也就不同，由此导致各处的浸蚀速度不同而产生浮凸。化学浸蚀显示组织的要点：一是选择合适的浸蚀剂，二是掌握浸蚀时间。表 2－2 列出了常用浸蚀剂及其在金相显微镜下产生的不同衬度特征。例如，图 2－4(a)是用 4%硝酸酒精，而图 2－4(b)

是用碱性苦味酸纳煮沸 10min，能显示 T12 的退火组织，前者显示原始奥氏体晶界为白亮衬度，而后者显示为暗黑衬度。

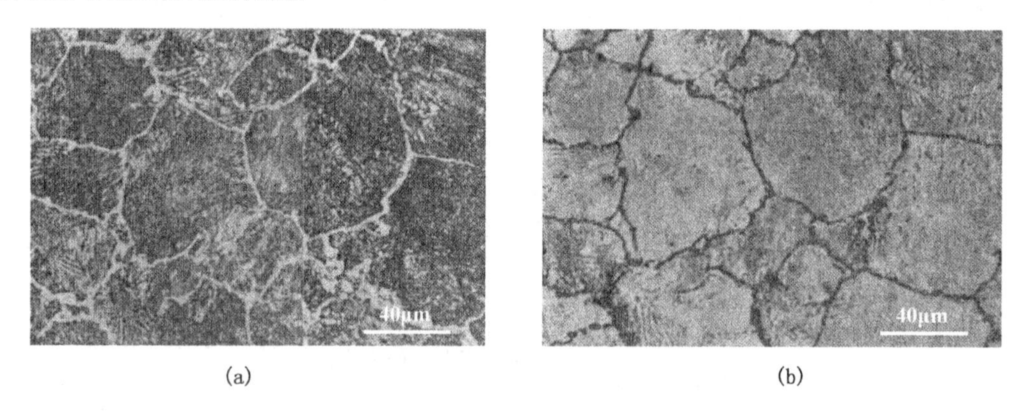

(a) (b)

图 2-4 T12 的退火组织

2) 电解浸蚀法

电解浸蚀的装置和操作与电解抛光相同，只是电解浸蚀时，采用电压-电流关系曲线上的 *AB* 段(见图 2-3)，即使用的电压较低。电解浸蚀与电解抛光可以分别进行，亦可在电解抛光后随即降压进行浸蚀。几种常用的电解浸蚀液及规范列于表 2-3。

表 2-3 几种常用的电解浸蚀液及规范

序号	电解液成分	规范			适用范围
		空载电压/V	电流密度/(A/cm^2)	时间/s	
1	草酸 10ml 水 100ml	10	0.3	5～15	奥氏体钢等区别 σ 相及碳化物等
2	铬酐 10g 水 100ml	6		30～90	显示钢中铁素体、渗碳体、奥氏体等
3	明矾饱和水溶液	18		30～60	显示奥氏体不锈钢晶界等
4	磷酸 20ml 蒸馏水 80ml	1～3			显示耐热合金中金属间化合物等

3) 着色显示法

着色显示法(或称缀饰腐蚀法)是继化学浸蚀法和电解浸蚀法后发展的一种特殊浸蚀法。它可以使不同组织呈现不同的彩色衬度。当上述普通浸蚀法难以区分合金中多相组织(例如 MC、M_6C、$M_{23}C_6$ 等各种碳化物，或奥氏体、δ 铁素体与 σ 相共存，马氏体与贝氏体混合组织等)时，采用着色显示法有可能鉴别之。另外，定量金相的发展，特别是自动图像分析仪的应用，要求观测的组织与周围基体间有良好的衬度，采用普通浸蚀方法可区分组织，但有时衬度不够，以致自动定量测定误差较大。如果不同组织呈现不同色彩，可以选用合适波长的滤片，将色彩衬度转化为明显的单色衬度，便于用自动图像分析仪进行准确的定量测量。

着色显示法的原理是使经过抛光的试样表面在化学试剂的作用下，形成一层薄膜(覆盖层)，其厚度与各相组成物的晶体学取向或化学成分有关，由于薄膜外表面反射光束与薄膜和试样表面交界处反射光束之间的干涉，使各相的衬度提高并呈现色彩。

4) 热染法

虽然热染色使用得不普遍，但热染色是一种非常理想的获得组织或晶粒色彩对比反差的方法。将试样放在空气炉中加热，表面形成一层 30～500nm 厚的氧化膜，由于光的干涉作用使不同的相组成物或不同位向的晶粒呈现不同的颜色。颜色随膜的厚度变化而变化，而膜的厚度与加热温度及时间有关。热染法简单易行，但不易控制，重现性差。图 2－5 是用偏振光(见第四章)清楚地显示热染法浸蚀退火工业纯钛的晶粒。

图 2－5　工业纯钛晶粒的热染法显示(偏振光＋灵敏色片)

2.1.4　现代金相样品制备技术概述

现代金相样品制备技术追求的是快速和高质量。为了达到制样快速，主要通过两个方面，一是手工的单个试样磨光和抛光的制备改为半自动或全自动磨光抛光机的几个或几十个试样的同时制备；二是采用金刚石磨料代替传统的碳化硅砂纸可显著提高材料去除速率，从而极大地缩短了磨光和抛光所需的时间，同时也减少了工序。表 2－4 和表 2－5 分别给出了钢试样通常的三道工序和四道工序制备方案，由此看出，除磨成平面工序仍采用传统的碳化硅砂纸外，其余工序均使用新型磨料。传统的观点是金相样品的质量体现在无磨痕的光亮表面；现代的观点则强调试样表面变形损伤层的有效去除。半自动磨光抛光机和新型磨料逐渐被广泛使用，它不仅可有效地消除磨痕，即使手工制样难以消除磨痕的软材料，也可以制备出不倒角样品(如镀层样品)，这对于手工制样是非常困难的。更为重要的是，现代金相样品制备技术可有效地减小制样过程中产生的表面变形损伤层，使其不影响真实组织的观察。当然，现代金相样品制备技术也保证了所制样品的一致性和成功率，这是手工制样难以望其项背的。

表 2－4　钢试样的三道工序制备方案

阶段	制备表面	磨料及粒度	载荷/N	转速/(r/min)方向	时间/(min)
磨成平面	碳化硅砂纸	120#，水冷	27	240～300，相向	直至平面
磨光(无损伤)	BuehlerHercules H 磨光片	3μm Metadi Supreme 多晶金刚石悬浮液	27	120～150，相向	5
抛光	Microcloth 抛光织物	0.05μm Masterprep 氧化悬浮液	27	120～150，反向	5

表 2-5 钢试样的四道工序制备方案

阶段	制备表面	磨料及粒度	载荷/N	转速/(r/min),方向	时间/min
磨成平面	碳化硅砂纸	120#,180#,或 240#(P120,P180,或 P280)水冷	27	240～300,相向	直至平面
磨光(无损伤)	BuehlerHercules H 磨光片	9μm Metadi Supreme 多晶金刚石悬浮液	27	120～14 450,相向	5
	Texmet 1 000 或 Trident 磨光织物	3μm Metadi Supreme 多晶金刚石悬浮液	27	120～150,相向	4
抛光	Microcloth, Nanocloth 或 Chemomet 磨光织物	0.05μm Mastermt 胶体状 SiO_2 悬浮液或 0.05μm Masterprep 氧化铝悬浮液	27	120～150,相向	2

2.2 常用浸蚀剂显示金相组织举例

用于金相组织显示的浸蚀剂很多,但我们通常只要掌握几种最常用的浸蚀剂配方和用途即可,遇到特殊的组织样品,可以查表或查相关的手册。为了凸现几种最常用的浸蚀剂的显示组织方法和特点,通过以下例子可加深理解。

2.2.1 硝酸酒精浸蚀剂

硝酸酒精溶液是 1～5ml 的硝酸(HNO_3),倒入 100ml 的酒精中,由此配制而成。硝酸含量按材料选择,浸蚀数秒钟。它适用于碳钢和低合金钢的组织显示,如图 2-4(a)所示。

2.2.2 苦味酸浸蚀剂

苦味酸溶液通常有几种浸蚀剂:苦味酸酒精溶液(2～10g 的苦味酸和 100ml 的酒精)、苦味酸盐酸酒精溶液(1～5g 苦味酸,5ml 盐酸(HCl),100ml 酒精)和苛性钠苦味酸水溶液(25g 苛性钠,2g 苦味酸,100ml 水)。它适用钢铁材料中组织的显示,如图 2-4(b)所示。

2.2.3 LB 染色浸蚀剂

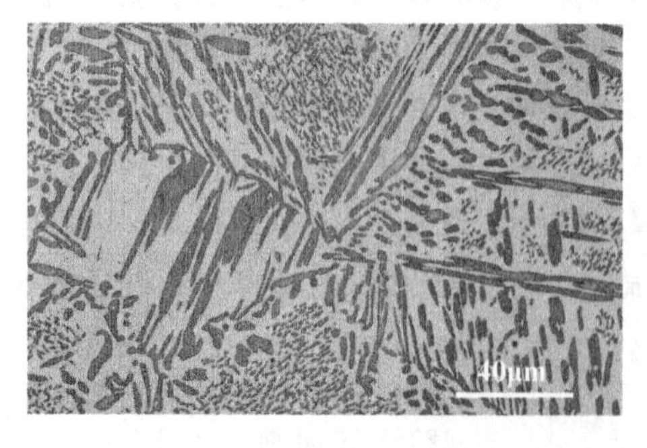

图 2-6 铸态双相不锈钢固溶处理后的显微组织

Lichtenegger 和 Bloech 染色腐蚀剂溶于水,由于会发生强的吸热反应,因此这种 LB 染色浸蚀剂开始时需要使用热水。图 2-6 是铸态双相不锈钢(Fe-0.03%C-1.5%Mn-1%Si-25%Cr-7%Ni-4.5%Mo-0.2%N)固溶处理后的显微组织。在聚乙烯容器里使用 LB 试剂腐蚀,在 25～30℃腐蚀 1～5min,奥氏体被染色而铁素体不受影响。

2.2.4　Klemm 浸蚀剂

常用的 Klemm 浸蚀剂的成分和使用范围列于表 2－6。图 2－7 是用硝酸酒精浸蚀剂和用 Klemm Ⅰ号浸蚀剂对碳钢焊缝组织进行腐蚀的效果图对比。用 2%硝酸酒精溶液腐蚀，碳钢焊缝热影响区中的晶粒显示效果很差。用 Klemm Ⅰ号试剂腐蚀后可清楚地显示出基体金属和热影响区的分界线和热影响区中的晶粒尺寸分布。

表 2－6　Klemm 染色腐蚀剂

试剂	成　分	使　用
Ⅰ	50 ml 储存溶液($Na_2S_2O_3$ 饱和水溶液)，1 g $K_2S_2O_5$	铸铁，钢，黄铜中的 β 相，Cu 合金，Zn 及其合金
Ⅱ	50 ml 储存溶液(同上)，5 g $K_2S_2O_5$	α 黄铜，锡，锰铜
Ⅲ	5 ml 储存溶液(同上)，45 ml 水，20 g $K_2S_2O_5$	青铜，蒙乃尔(Monel)合金——一种镍铜锰铁合金

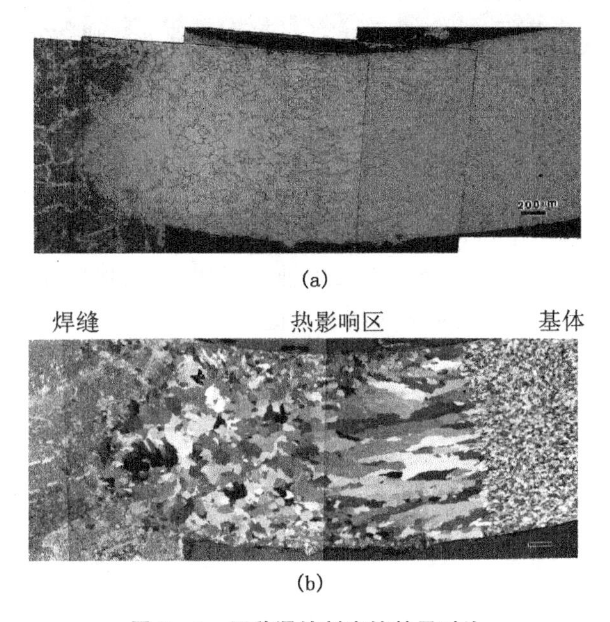

图 2－7　两种浸蚀剂腐蚀效果对比

(a) 2%硝酸酒精溶液腐蚀；(b) Klemm Ⅰ号试剂腐蚀

图 2－8 是采用微分干涉衬度显微术(见第 5 章)拍摄的照片，显示出用 Klemm Ⅰ号试剂腐蚀 Muntz 金属(Cu－40% Zn)两相区处理后的组织，使 β 相染色，α 相内有退火孪晶。

图 2－8　Muntz 金属(Cu－40% Zn)中的两相组织

图 2-9 是采用 Klemm Ⅲ号浸蚀剂，通过不同色彩清晰地显示出集成电路板中铜基底、镀金层、硅晶片和焊料的形貌。

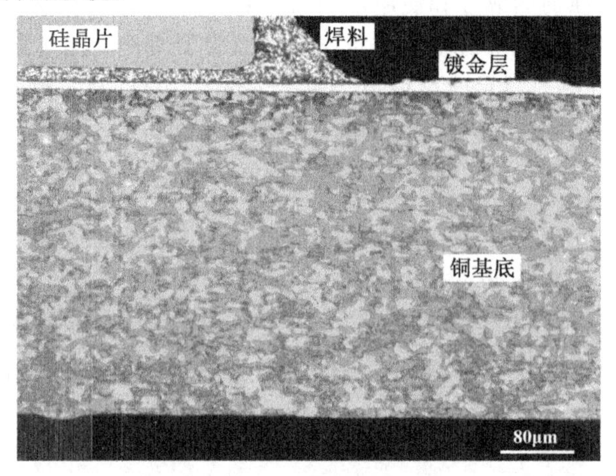

图 2-9 集成电路板的显微组织

2.2.5 Beraha 浸蚀剂

Beraha 磺酰胺酸浸蚀剂列于表 2-7，而 Beraha 基于 HCl 和 $K_2S_2O_5$的浸蚀剂的成分列于表 2-8。图 2-10 是采用 Beraha BI 试剂浸蚀显示奥氏体不锈钢(Fe-0.08%C-18%Cr-9%Ni-3.5%Cu)热轧后经固溶退火的等轴奥氏体晶粒，奥氏体中的退火孪晶清晰可见，该照片是运用偏振光+灵敏色片金相技术拍摄的。

表 2-7 Beraha 磺酰胺酸浸蚀剂

试剂编号	H_2O/ml	$K_2S_2O_5$/g	NH_2SO_3H/g	NH_4FHF/g
1	100	3	1	0
2	100	6	2	0
3	100	3	2	0
4	100	3	1	0.5 - 1

注：1 号试剂为铸铁、碳钢及合金钢的基本浸蚀溶液；2 号及 3 号试剂作用较快；4 号用于马氏体不锈钢、锰钢、工具钢。

表 2-8 Beraha 基于 HCl 和 $K_2S_2O_5$ 的浸蚀剂

组 成	B0	BI	BII	BIII	BIV	BV
HCl/ %	0.6	16.7	33.3	40	50	66.7
NH_4FHF*	0	2	4	5	5	2～10
$K_2S_2O_5$*	1	0.1～0.6	0.3～0.8	0.3～1.0	0.3～0.8	0.6～1.0
Na_2S**	0	0	0.1～0.25	0.1～0.25	0	0
$CuCl_2$**	0	0	0	1	1	1
$FeCl_3$**	0	0	0	0	1～1.5	1～3

注：* 每 100 ml H_2O 的添加量，** 选择性添加物。

图 2-10 奥氏体不锈钢中含有孪晶的等轴奥氏体晶粒

图 2-11 罗马时代熟铁铁钉

图 2-11 是运用偏振光+灵敏色片金相技术拍摄的照片，样品的腐蚀剂采用 Beraha 磺酰胺酸，照片显示出罗马时代熟铁铁钉(钉头下面部分)中不同取向的铁素体晶粒和铁素体内的变形孪晶(又称纽曼带)。

2.2.6 Lepera 浸蚀剂

在低碳钢中，经常出现铁素体、贝氏体和马氏体共存，由于它们都是体心立方结构，因此，用 X 射线衍射无法鉴别，透射电子显微镜难以进行各相含量的统计性测定。但是用 Lepera 试剂(苦味酸偏重亚硫酸钠:1%$Na_2S_2O_5$ 水溶液+4%苦味酸酒精)可清楚地区分双相钢(Fe-0.15%C-2.1Mn%-0.45Si%)中条带状分布的铁素体(灰色)和马氏体(白色)以及马氏体条带中的贝氏体(黑色)，据此，可以进行各相含量的统计性测定，如图 2-12 所示。

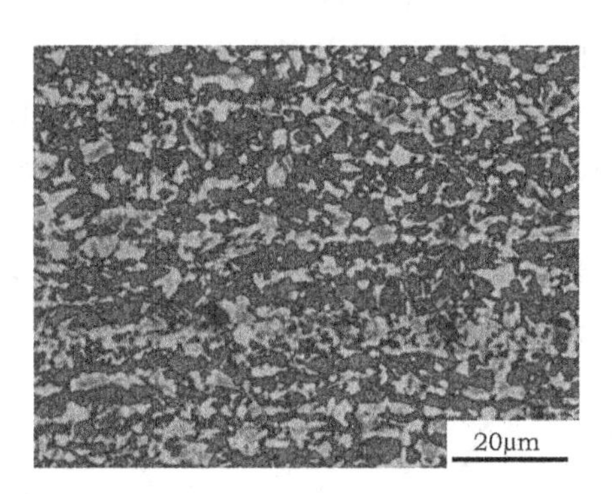

图 2-12 双相钢中的铁素体、马氏体和贝氏体组织

第 3 章　相位衬度显微镜

用常规金相显微镜鉴别试样的显微组织，其原理是利用试样表面反射光的强弱所产生的衬度。有的显微组织由于其反射率和吸收率不同，而产生不同的衬度。反射率较大的组织呈明亮衬度，反射率较小的组织呈灰暗衬度。如果两种组织的反射系数相差甚微，以致它们所反射的光无论强弱所产生的衬度都不足以清晰呈现组织形态，这时显微镜即使有足够的分辨率，由于衬度不足，仍然不能区分它们，这在金相组织分析中会时常碰到。为解决此问题，发展了各种金相显微术，它们是基于光的各种物理性质所建立起来的。

3.1　相位衬度显微术原理

在通常的光学显微镜中，光波通过物体样品中某种组织，使其振幅比入射前或周围介质的振幅（见图 3 - 1(a)中的参考波）有所减小但相位不变，这就导致该组织与周围介质在图像上产生振幅差，通过图像的强度（等于振幅的平方）差产生衬度，这样的物体称为振幅体（amplitude objects），如图 3 - 1(b)所示。如果一个物体不吸光（如大多数的透明生物样品），但它们可产生衍射（散射）光，在光通过物体后仅引起光线的相位移而不改变其振幅，这样的物体称为相位体（phase objects）。如果所观察的组织的折射率大于周围介质的折射率（生物样品是通过切片或加染色制样的，因此组织和周围介质几乎有同样的高度），其相位就会被推迟（滞后），如图 3 - 1(c)所示。一般光学显微镜是不能鉴别相位体中组织的，但通过样品中组织与周围介质的折射率的差别可利用相位衬度显微镜（phase contrast microscope）鉴别相位体中的不同显微组织。

相衬原理是荷兰物理学家泽尔尼克（Zernike）于 1934 年建立的，并在实践中获得巨大应用，由此他荣获 1953 年度的诺贝尔物理学奖。

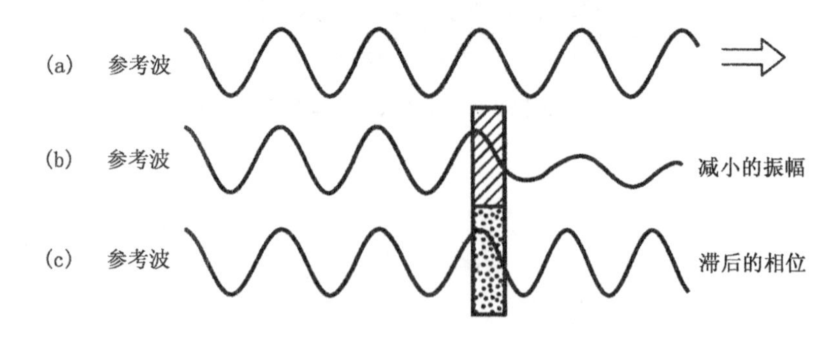

图 3 - 1　振幅体和相位体对光波形的影响

(a) 具有特征振幅、波长和相位的参考波；

(b) 纯振幅体吸收能量和减小振幅，但不改变相位；(c) 纯相位体改变相位，但不改变振幅金相显微镜所观察到的显微组织，通常是通过浸蚀获得第二相组织与基体不同的高度，并利用试样中不同组织或区域(如晶界)反射光的强弱所产生的振幅衬度来鉴别的。如果两种组织的反射系数和高度相差甚微，以致它所反射的光无论强弱所产生的衬度不足以清晰呈现组织形态，这时显微镜即使有足够的分辨率，由于衬度不足，仍然不能区分它们，这在金相组织分析中也会时常碰到。但是利用相位衬度显微镜将微小的高度差转换为相位差，就可鉴别不同的组织，如图 3-2所示。下面将分别论述生物样品和金相样品的相位衬度原理。

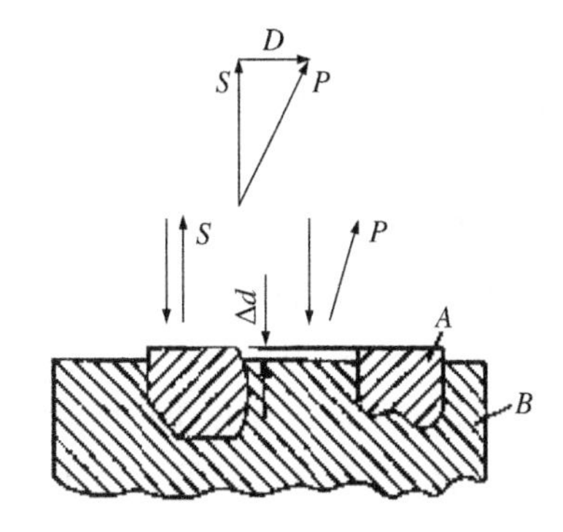

图 3-2　直射波和衍射波经不同高度的相位体后能发生的干涉

当一束相干照明光照射到透明的生物样品上时，相干入射光波将分成两个组分：一个是透射(零级衍射)波(surround wave，*S* 波)，另一个是多方向散射的衍射波(diffracted wave *D* 波)，*S* 波和 *D* 波均被物镜收集并聚焦在物镜的像平面上成像，在像平面上它们的干涉产生合成粒子波(resultan particle wave，*P* 波)。因此，波间的矢量关系为 $\boldsymbol{P}=\boldsymbol{S}+\boldsymbol{D}$。图 3-3(a)给出了上述情况中具有确定波长的正弦波 *S*，*D* 和 *P* 之间的相位关系。*S* 波和 *P* 波的相对强度决定了可视衬度，在图中以实线表示，而 *D* 波不能直接被观察到，用虚线表示。衍射 *D* 波的振幅远小于直射 *S* 波，因为在图像每点上的衍射波光子少于透射波光子。值得注意的是，由于 *D* 波与物体的交互作用，它相对于 *S* 波在相位上被推迟了 $\lambda/4$ 光程差，即推迟 $\pi/2$ 相位($\delta=2\pi\Delta/\lambda$，式中 δ 为相位差，$\Delta(=2\Delta d)$ 为光程差)。由 *D* 波和 *S* 波干涉产生的 *P* 波相对于 *S* 波仅推迟了很小的光程差，约 $\lambda/20$，并且具有与 *S* 波几乎相同的振幅。由于 *S* 波和 *P* 波具有几乎相同的振幅，在通常的显微镜中图像没有可视的衬度，因此相位体细节不可见。

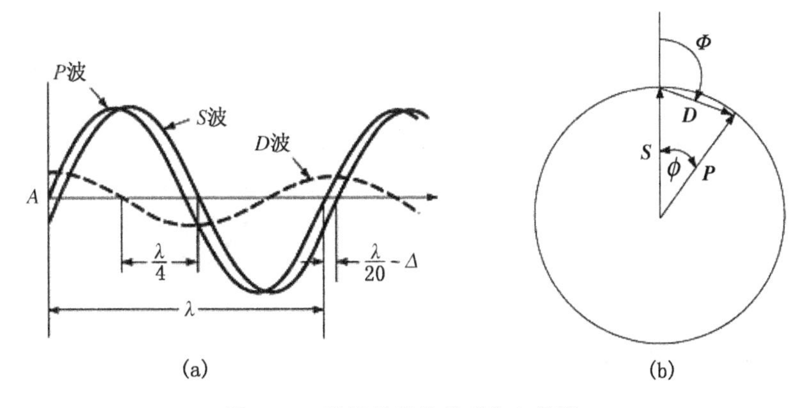

图 3-3　波间的相位关系和矢量图

上述的情况可用极坐标中的矢量来描述，如图 3-3(b)所示。矢量的长度表示波的振幅，矢量相对于固定参考矢量(图中为 **S** 波矢量)，旋转角表示相位移量(角相位移ϕ)，相位滞后用顺时针旋转表示。反之，相位超前用逆时针旋转表示。这种图称为相位矢量图(phasor diagram)。相位矢量图清楚地描述了 **D** 波相位移的程度是如何影响合成 **P** 波的相位的。反之亦然。在相位矢量图中，合成 **P** 波用 **S** 波和 **D** 波矢量之和表示。**D** 波相对于 **S** 波的相位移在相位矢量图中用 $\boldsymbol{\Phi}$ 表示，图中 $\boldsymbol{\Phi}=\pm 90°+\phi/2$，而 ϕ是 ***S*** 矢量和 ***P*** 矢量之间的相位差。由于ϕ很小(对应的光程差约为 $\lambda/20$)，因此 $\varphi\approx\pm 90°$。正如图 3-3(b)所示，低振幅的 ***D*** 衍射波与 ***S*** 波干涉后产生一个振幅与 ***S*** 波几乎相等的 ***P*** 波，由于 ***S*** 波和 ***P*** 波振幅几乎相等，图像无可视的衬度，物体不可见。

相衬技术的基本原理：透射波 ***S*** 与衍射波 ***D*** 的相位差近似为 $\pm\pi/2$，首先设法使 ***S*** 波的相位超前 $\pi/2$(称为正相位衬度，见图 3-4(a))或推迟 $\pi/2$(称为负相位衬度，见图 3-4(b))，即使 ***S*** 波与 ***D*** 波为反相位(相位差为 π)或同相位(相位差为零)，以使 ***S*** 波和 ***D*** 波发生相消干涉或相长干涉得到 ***P*** 波。由于发生了加强或减弱的干涉使 ***P*** 波与 ***S*** 波在振幅上有差别但这种差别不足以获得可视衬度。其原因是 ***S*** 波振幅远大于 ***D*** 波，所以还需降低 ***S*** 波的振幅，使之接近于 ***D*** 波的振幅，这种叠加后的 ***P*** 波与 ***S*** 波才有明显的差别，如图 3-4 所示。由此可见，相衬技术的基本原理就是使 ***S*** 透射波移相位(移相)和减振幅(减幅)两条基本原则。

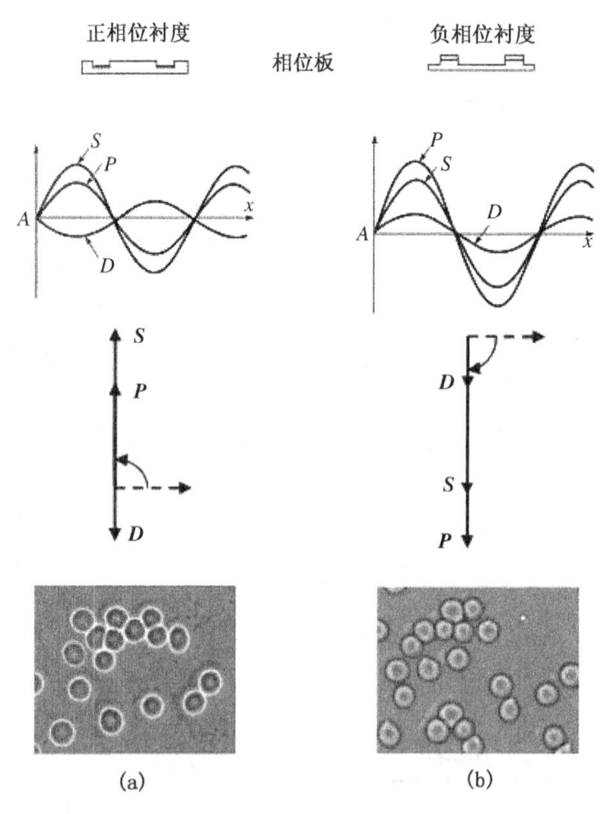

图 3-4　正相位衬度和负相位衬度的原理和红血球的图像衬度的比较

注：矢量图中虚线箭头表示原 ***S*** 波的方向

3.2　相衬显微镜的光学设计

相衬显微镜光学设计的要点是：①分离从样品出射的透射束和衍射束以使它们位于物镜背焦面的不同位置；②然后使透射束移相和减幅来获得像平面上物体和背景之间的最大振幅差。为此，需要两个特殊仪器装置：环形光栏(或称聚光镜环形光栏，condenser annulus)和相位板(phase plate)。

图3-5是相衬生物显微镜的光学布置图。图中的环形光栏是一块含有透明圆环的不透明黑圆板，它位于聚光镜前孔径处以使照明光束（在环形光栏下方，图3-5中未画出）透过圆环形成具有暗中心的空心圆锥光束（图3-5中的白色区域）照射样品。在科勒照明条件下，不与样品发生交互作用的透射波被聚焦到物镜的背焦面上形成一个亮环。物镜背焦面是与聚光镜前孔径平面共轭的，所以在物镜背焦面上形成环形光阑圆孔亮环像。而衍射波穿过整个物镜背焦孔径所含的衍射平面（图3-5中的灰色区域），它的光量和位置取决于样品中光散射体的数目、尺寸和折射系数。环形光阑以这样的方式把透射波和衍射波在空间上分离以致可选择操纵它们的相位。

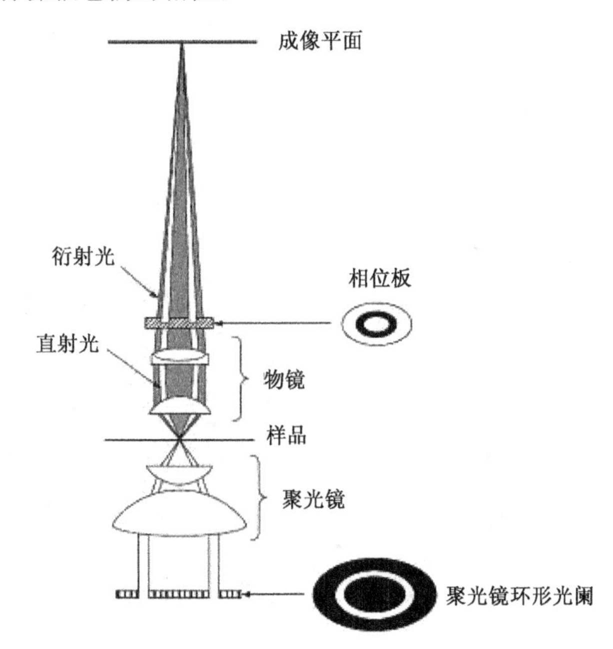

图3-5 相衬生物显微镜的光学布置

为了细微地改变透射光（S波）的相位和振幅，需要一块相位板，如图3-6所示。它被安装在处于或接近物镜的背焦面处（见图3-5）。在某些相衬物镜中，相位板是一块通过浸蚀减厚后所制成的圆环玻璃板，环厚度的减少改变了光程差而使S波的相位提前$\pi/2$。因此，从相位板出射的透射束（S波）和衍射束（D波）的光程差为$\lambda/2$，相位差为π，如图3-4(a)所示。环处再涂上一层能部分吸收光的金属薄膜，可以降低光的振幅达70%～75%。

产生正、负相衬图像的光学图像见图3-4。在图3-4(a)所示的正相衬光学中，从相位板出射的透射束（S波）和衍射束（D波）的光程差为$\lambda/2$，相位差为π，即S波和D波是相消干涉（见图1-17），反相位叠加。一般而言，反对相位提前的操纵仍然不能产生高衬度的图像，因为S波的振幅远高于D波。为此，在相位板内圆环上涂上一层半透明金属薄膜，可以降低约70%的S波振幅。由于$\boldsymbol{P}=\boldsymbol{S}+\boldsymbol{D}$，像平面上的干涉产生一个振幅远小于$S$波的$P$波，因此，产生了显著的衬度。图3-4(a)中红血球的折射系数大于周围介质的折射

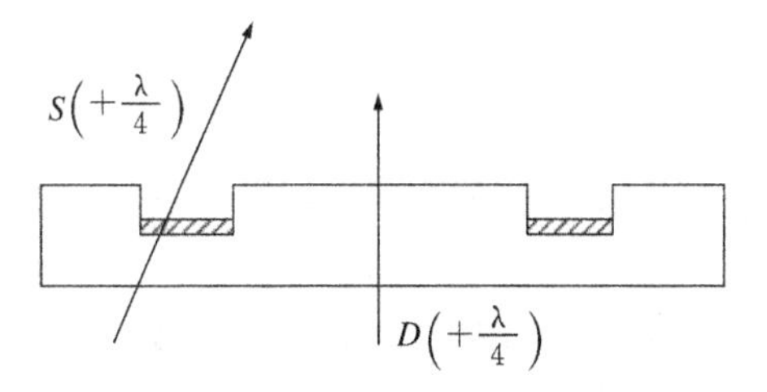

图3-6 细微改变相位和振幅的相位板

系数，导致通过由红血球所产生的 D 波相对于 S 波在相位上被推迟了 $\lambda/4$ 光程差，通过在物镜背焦面处的相位板又被推迟了 $\lambda/4$(见图 3－6)后，D 波相对于 S 波最终推迟了 $\lambda/2$，两者的相位差为 π，并且合成的 P 波振幅远小于周围介质所产生 S 波的振幅。值得指出的是，红血球的折射系数大于周围介质的折射系数，故红血球产生的衍射(散射)大于周围介质衍射，因此其强度是由透射和衍射所产生的合成波(P 波)的振幅所决定的，而周围介质(背景强度)由透射波(S 波)的振幅所决定。由此推断，在正相位衬度下呈现红血球暗的衬度。反之，在负相位衬度红血球呈现亮的衬度，如图 3－4(b)所示。

如公式(1－8)所示，除折射率的不同影响光程差外，厚度差也影响光程差。在金相显微镜中是利用反射光成像的，基体(凹)比第二相(凸)推迟的光程差 Δ 为 $2\Delta d$(见图 3－2)，因此基体相当于高折射率的红血球，而第二相相当于低折射率的周围介质，因此，在正相位衬度下第二相成像为亮的衬度，而基体呈现暗的衬度，如图 3－7(b)所示的钴基铸造合金中的第二相。应该记住：在用透射光成像的生物显微镜中，样品中高折射率(或厚)的区域，在正相位衬度下呈现暗的衬度；而在反射光成像的金相显微镜中，样品中凹区域在正相位衬度下呈现暗的衬度，凸区域呈现亮的衬度。金相显微镜中的衬度与生物显微镜中的衬度是相反的。

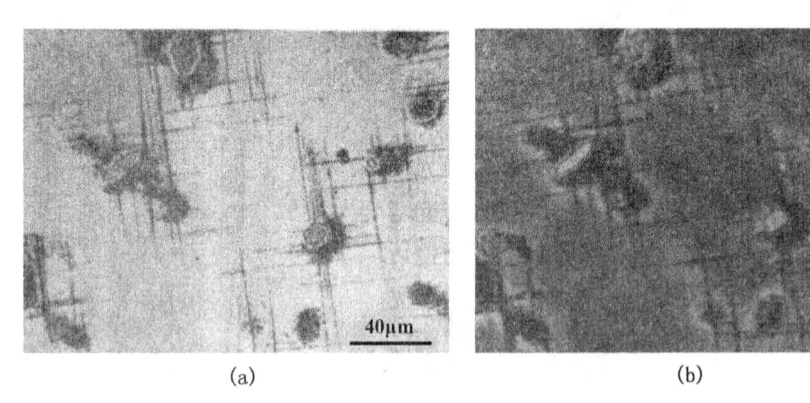

图 3－7　钴基铸造合金的明场像和相衬图像

(a) 明场像；(b) 相衬图像

在相衬显微镜所观察的样品中，其高度差在 10～150nm 可得到较好的相衬图像。若两相高度差大于 150nm，这时 P 波和 S 波的相位差太大，而已制备好的相环只能使 S 波提前或推迟 $\pi/2$，这时经过相位移的 S 波不能与 D 波同相位或反相位，叠加后的干涉不明显。当两相的高度小于 10nm 时，P 波和 S 波的相位差太小，即 D 衍射波非常弱，S 波经调幅后仍远高于 D 波，叠加后干涉效果也不明显。对一般的相衬显微镜，两相高度差为 25nm 左右时的图像衬度最佳。

3.3　金相显微镜和生物显微镜光学布置的差异

金相样品通常是金属和矿物，对光的反射能力强，而且是厚样品，因此相位金相显微镜利用样品对光的反射成像，光学布置如图 3－8 所示，与相位生物显微镜的光学布置不同(见图 3－5)，但相位成像原理相同。金相显微镜采用上照明，即物镜和照明源在样品的同一侧，通过垂直照明器中的半透明平面玻璃，使照明源的光转 90°，从而垂直照明光被物镜聚焦照射样品。样品的反射光再被物镜聚焦成像，最终被目镜进一步放大成像以便于观察(或记录)。而生物样品通常是采用下照明,即照明源和物镜在样品的两侧,它不需要垂直照明器。照明源的光被聚光镜聚焦直接照射样品,透射光被物镜聚焦成像,然后该图像被目镜进一步放大观察或记录。

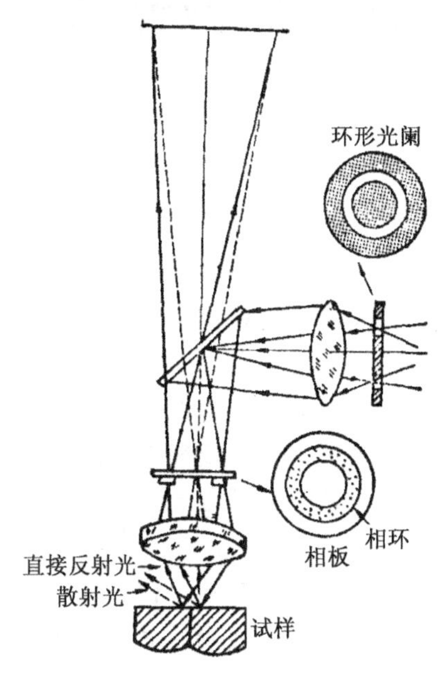

图3-8　反射光成像的相位金相显微镜

第 4 章　偏振光显微镜

4.1　偏振光的反射特征

要了解偏振光金相显微镜(polarizing microscope)的原理，我们首先应了解偏振光的反射特性。偏振光在光学性质均匀体表面的反射遵循反射定律，在各个方向上的反射率(即反射光强度与入射光强度之比)均相同。

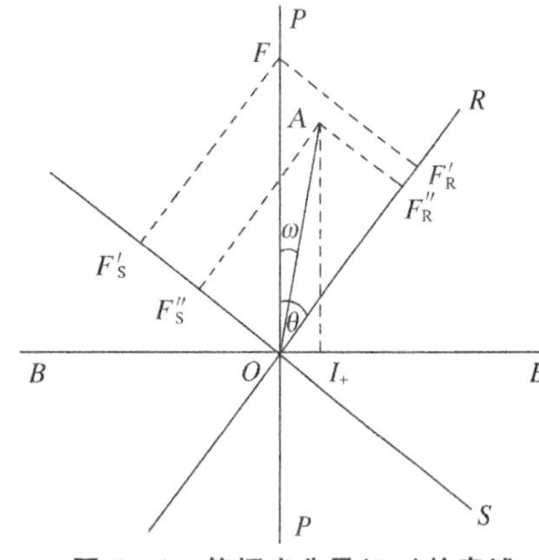

图 4-1　偏振光分量(I_+)的表述

对于光学性质非均匀体表面的偏振光反射，在晶体不同方向上反射率不同。设起偏器的振动方向为 PP，检偏器的振动方向为 BB，偏振光在晶体光轴方向上的反射率为 R，垂直于光轴方向反射率为 S，因为反射光在光学上是非均匀的，因此 R 不等于 S。设 $R>S$(见图 4-1)，一束光经起偏器后得到 PP 方向振动的偏振光，其振幅为 F，将振幅为 F 的偏振光分解为平行于光轴和垂直于光轴方向的两个分量。设光轴与 PP 方向的夹角为 θ，则两个分量分别为

$$F'_R=F\cos\theta$$

$$F'_S=F\sin\theta$$

反射后由于两个方向上反射率不同，平行光轴分量的反射光振幅为

$$F''_R=RF\cos\theta$$

垂直于光轴分量的反射光的振幅为

$$F''_S=SF\sin\theta$$

两个分量叠加的振幅为

$$A=\sqrt{(RF\cos\theta)^2+(SF\sin\theta)^2}$$

振幅为 A 的偏振光不再是 PP 振动方向，而是转过一个 ω 角度(见图 4-1)，对应的偏振光有一个分量(I_+)，其平行于检偏器的振动方向(见图 4-1 中的 $B-B$ 方向)，因此可以通过检偏器，则有：

$$I_+=A\sin\omega=A\tan\omega\cdot\cos\omega$$

其中

$$\tan\omega=\frac{(R-S)\tan\theta}{S\tan^2\theta+R}$$

$$\cos\omega=\frac{\sqrt{A^2-I_+^2}}{A}$$

整理可得：

$$I_+=\frac{F(R-S)\sin 2\theta}{2} \tag{4-1}$$

式中，$\sin2\theta$ 与晶体性质无关，只与反射体和入射光线的方位有关，可通过载物台的旋转操作改变 θ 方向，而 $F(R-S)/2$ 与晶体的光学性质有关。对于光学性质均匀体，$R-S=0$，$I_+=0$，因此转动载物台一周(360°)，在目镜中看到全黑暗的消光现象。对于光学非均匀体，$R-S\neq0$，在转动载物台一周过程中，当 θ 角分别为 0°，90°，180°，270°时，$\sin2\theta=0$，产生消光现象；当 θ 角为 45°，135°，225°，315°时，$\sin2\theta=1$，此时光线强度最大；θ 为其他角度时，图像的亮度在上述两种情况之间。因此在转动晶体一周中，可观察到四次明亮和四次消光。在实际情况中，当试样表面不是十分平整，可能会发生光线的漫反射，在消光条件下，看到的不单纯呈黑暗的颜色，而是灰色。这种漫散射光的强度不随载物台转动而发生变化。

4.2　反射式偏振光显微镜的光学布置和使用

金相显微镜均采用反射式，因此反射式偏振光显微镜(见图 4-2)与用于生物观察的透射式偏振光显微镜(见图 4-3)的光学布置是不同的。在一般大型金相显微镜光路中，只要加入两个偏振器(片)即可，即在入射光路中加入一个起偏器，在物镜和目镜之间的成像光路中加入检偏器，即可实现偏振光照明。在起偏器和检偏器体外附有旋转角刻度。

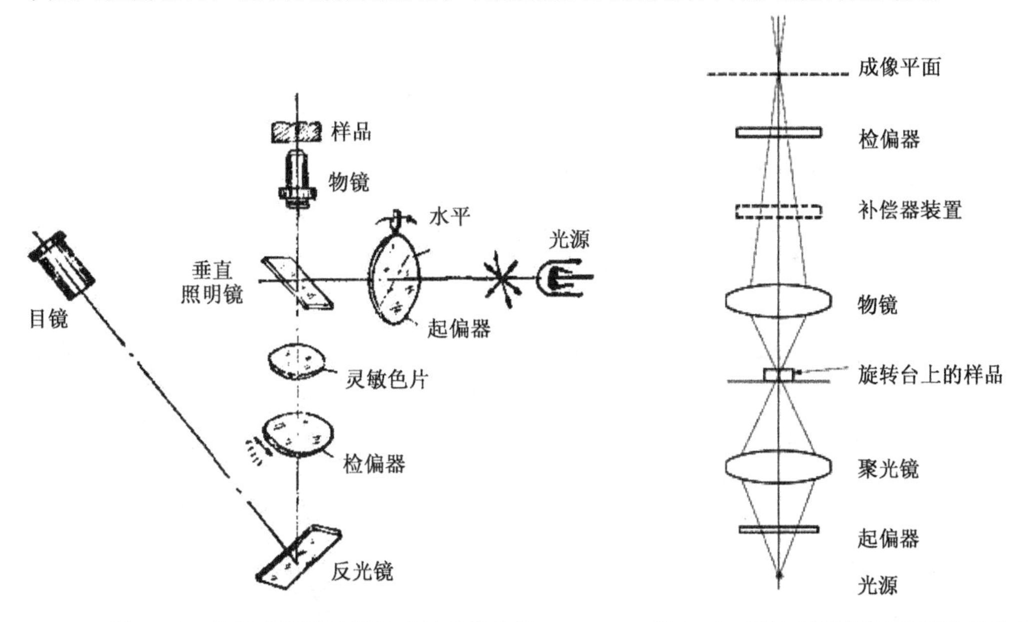

图 4-2　反射式偏振光显微镜的光学布置　　图 4-3　透射式偏振光显微镜的光学布置

光源发射的自然光通过旋转起偏器以期获得水平振动面的线性偏振光，所产生的偏振光经垂直照明镜(半透明反射镜)反射进入物镜，由于偏振光的振动平面在反射平面内，因此可得到强度最大的进入物镜的偏振光，并仍为线性偏振光，此时物镜起着聚光镜的作用。线性偏振光通过物镜照射到样品上，反射后的线性偏振光相继通过物镜、垂直照明镜、检偏器，最后经反光镜将成像光线射入目镜，所成图像就能被观察到。

起偏器和检偏器光轴呈正交位置的调整是偏振光显微镜使用的关键操作步骤，具体描述如下。

将经过抛光而未经腐蚀的光线性质均匀体(例如不锈钢试样)放在载物台上，除去检偏器，只装起偏器，从目镜内观察聚焦后试样磨面上反射光的强度，转动起偏器，反射光强度发生明暗变化，当反射光最强时，就是起偏器光轴的正确位置。起偏器位置调整好后，装入检偏器，调节检偏器的位置，当在目镜中观察到最暗的消光现象时，就是检偏器与起偏器正交的位置。若将检偏镜在正交位置时转到 90°，则两偏振器光轴平行，这时与一般光线下照明效果相同。

以上讨论的是单色偏振光照明的情况，如果考虑到偏振光波长的影响，可用白色偏振光照射样品，即使光学各向同性晶体也会产生不同的颜色，但色彩不丰富。如果在光路中插入灵敏色片（目前多用 λ=575nm 的全波片），各向同性和各向异性的金属的晶粒都会产生彩色丰富的干涉像，如图 2－5 所示的工业纯钛的晶粒。

偏光显微镜也和一般显微镜照明一样，具有明场和暗场照明两种方式。

4.3 应用举例

金属材料按其光学特性可分为各向同性（一般为立方晶系）与各向异性（非立方晶系）两类。各向同性金属一般对偏正光不起作用，而各向异性金属对偏振光的反应极为灵敏。偏振光在金相中的应用主要有以下三方面。

4.3.1 各向异性组织的显示

各向异性的金属在正交偏振光下观察，其衬度并非全暗。根据偏正光的反射原理，在各向异性金属内部由于各晶粒的位向不同，干涉后的偏振光，其振动方向的偏转角度不同，在正交偏振光下可显示出不同的衬度，能更清晰地显示出精细的组织结构。具有相近亮度的晶粒光轴方向接近，所以根据晶粒的明暗程度还可以判别晶粒的位向。对各向异性金属仅需抛光不需浸蚀在偏振光下就能看到明暗不同的晶粒。

图 4－4 显示出球墨铸铁组织中的石墨球状形态。在一般光的照明下只能显示出暗黑的石墨球，但在偏振光照明下可显示出不同的亮度，从而进一步可分辨出石墨晶粒的位向，由此可知，一个石墨球不是单晶而是由多晶体构成。

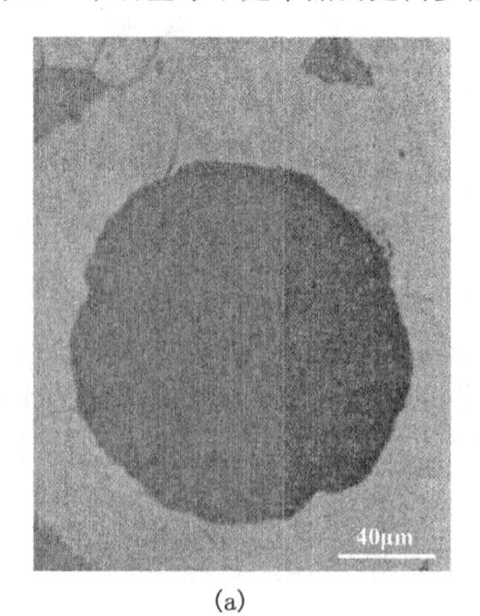

(a)

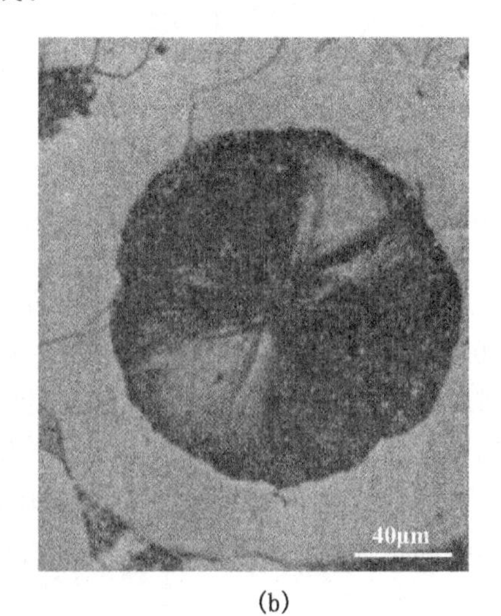

(b)

图 4－4 球墨铸铁组织中的石墨球状形态

(a) 一般光照明；(b) 偏振光照明

4.3.2　非金属夹杂物的鉴别

各向异性效应是金相显微镜鉴别夹杂物的重要信息之一。在偏振光研究中，夹杂物可分为各向同性和各向异性两大类。钢中常见的夹杂物特性和在偏振光下的鉴别方法可在相关手册中查到。

各向同性的夹杂物在正交偏正光下观察时，由于其对入射的偏振光不起作用，转动载物台一周，其亮度不发生变化。各向异性的夹杂物在偏振光的照射下将发生消光现象，转动载物台一周时能看到四次消光和四次最亮的现象。图 4-5 是球形透明 SiO_2玻璃体夹杂物的明场和正交偏振光下的暗场照片，后者可清楚地看到黑十字特征。当钢经过压力加工变形后，透明球形夹杂物的几何形状变成椭圆形，黑十字现象也随之消失。对于某些弱各向异性夹杂物，可使检偏器稍微转动一个角度，即在不完全正交偏振光下观察，此时转动载物台一周，其会呈现两次消光和两次最亮衬度。

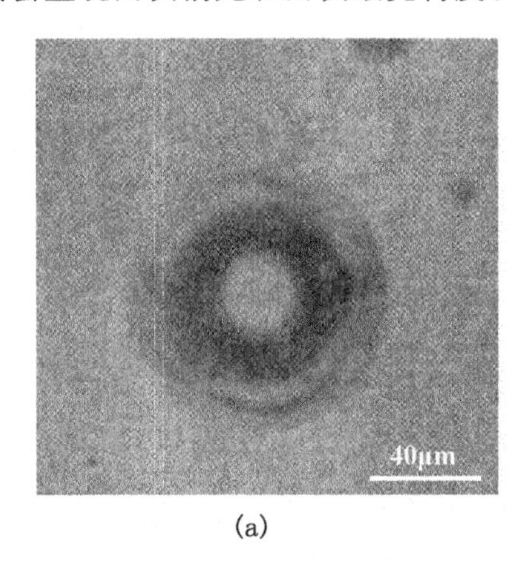

(a)

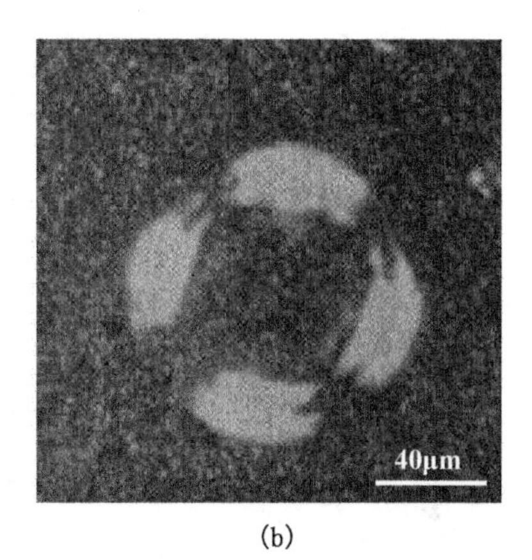

(b)

图 4-5　球形透明 SiO_2玻璃体夹杂物的明场和正交偏振光下的暗场照片

(a) 明场；(b) 暗场

4.3.3　复合夹杂物的定性鉴别

钢中非金属夹杂物的类型不同，它们的光学性质也有所不同，在偏振光下观察各类夹杂物，基于它们的光学性质不同，可辨别单一夹杂物还是由各种夹杂物组成的复合夹杂物。复合夹杂物在明场下均呈现灰色，只是深浅稍有不同，无法判别复合夹杂物是由几种夹杂物组成的。但在正交偏振光下观察，不同的夹杂物呈现不同的光学特性而被鉴别出该复合夹杂物由几种夹杂物组成。

第 5 章　微分干涉衬度显微镜

在第 3 章我们学习了相位衬度显微镜，其光学系统是把样品中的光程差转换为物体图像衬度。在这一章将学习一种新的光学系统：微分干涉衬度显微镜（differential interference contrast(DIC) microscope）。它可将样品中局部区域的光程梯度转变为该区域物体图像衬度。虽然它探测最小细节的能力类似于相位衬度成像显微镜，但两者成像原理没有相似性。DIC 显微镜是基于偏振光和光束分裂装置所产生的双束干涉成像的。

5.1　DIC 光学系统

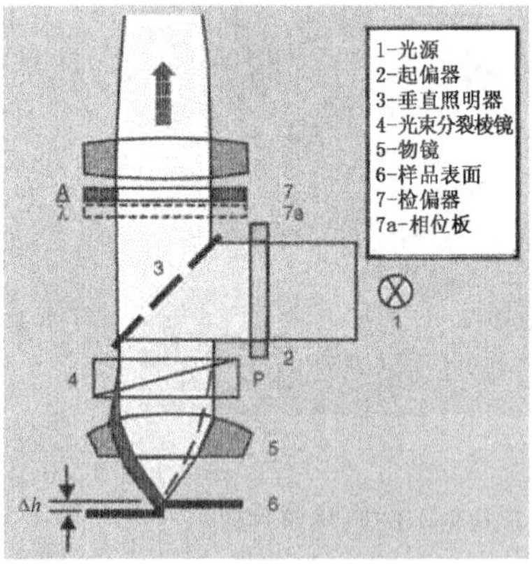

图 5-1　DIC 金相显微镜的光学布置

用于金相样品观察的 DIC 显微镜的光学系统示于图 5-1 中。DIC 显微镜应用双束干涉光模式把样品局部区域中光程梯度（local gradients in optical path length）转换成该区域物体的图像衬度。在第 1 章光学基础一节中已知，光程等于样品折射率和光程两点间距离（光束垂直照明时，该距离就是样品的厚度）的乘积，它直接与两点间的传播时间和光子振动周期数有关。通常，以样品通过光束分裂器产生的一对相干波束来取视域。如果一对相干光束照射一个存在折射率或厚度梯度，或两者兼有的相位体，两个光束在出射相位体后就存在光程差，然后将光程差转换成图像的振幅变化。

在 DIC 显微镜中最重要的光学部件是光束分裂棱镜又称屋拉斯顿棱镜（Wollaston prism）。在 DIC 显微镜中的垂直照明器和物镜之间有一个光束分裂棱镜，它将一束偏振波分裂成双束相干波来照射样品，随后它又将途经样品和物镜的双束相干波重新组合成一束偏振光（基于光的可逆原理）。注意，在透射光成像的 DIC 生物显微镜中，由于是下照明，故需要两个光束分裂棱镜，而在反射光成像的 DIC 金相显微镜中只要一个光束分裂棱镜，它把入射光分裂成两束光，又将反射的两束光组合成一束偏振光。在 DIC 显微镜中，图像振幅对应于光程差图形的导数而不是直接对应于光程差（OPD），这与相位衬度不同。因此，如果我们作一个光程差与振幅之间关系的曲线，对曲线进行一次导数，就得到在 DIC 显微镜中观察到的振幅图形（见图 5-2），因此将这种光学显微镜命名为微分干涉衬度显微镜。这种方法最早是由法国光学理论家锇马斯基（Nomarski）于 1952 年和 1955 年所描述的。

DIC 显微镜中四个基本的光学组件示于图 5-1 中。它们从照明器到成像平面区间光路中的位置包括：

(1) 在光源后面的偏振器（起偏器）产生平面偏振光。

(2) DIC 光束分裂棱镜安装于紧靠物镜前焦面用做光束分裂。进入该 DIC 棱镜的每一个入射束均分裂成两束光线:O光线和E光线,以此作为两束干涉光。

(3) 上述DIC光束分裂棱镜随后又将经样品反射并随后通过物镜的O和E两束相干波重新组合成一束偏振光,由此产生干涉图像。

(4) 检偏器用来分析来自物镜的平面偏振光或椭圆偏振光,同时传递能在像平面上干涉产生图像的平面偏振光。它的电场矢量的振动方向与起偏器电场矢量的振动方向垂直,消除O光线,使E光线通过。

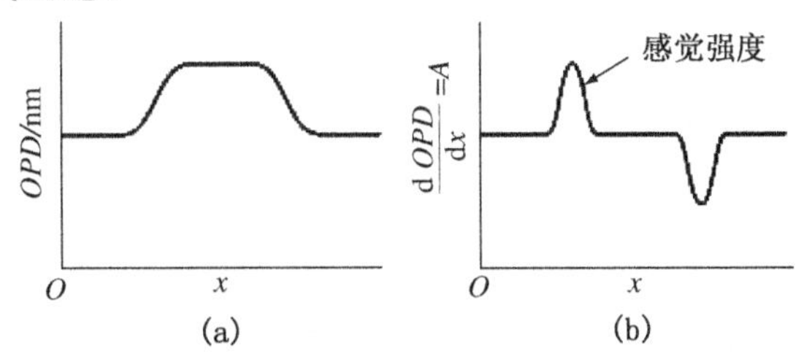

图5-2 不同位置处的光程差或光程梯度不同引起的振幅变化

(a) 光程差;(b) 光程梯度

在DIC显微镜中的DIC棱镜分别由两片石英晶片粘合组成,但两个晶片的光轴位向不同。第一块晶片的光轴与纸面平行,与晶片外表面成45°夹角(见图5-3左下角的箭头所示)。一束线性偏振光垂直入射晶片表面,偏振光在第一晶片内被分裂成振动面互相垂直的O光线和E光线。O光线(点线)沿入射方向传播,其振动平面与晶片主截面(纸面)垂直。E光线沿其折射椭圆长轴方向传播,其振动平面在晶片主截面内。两束偏振光进入第二块晶片。第二块晶片的光轴垂直于图纸面(见图5-3右上角的圆点所示)。在第二块晶片内O光线仍直线传播,而E光线则沿折射椭球的短轴方向传播。这种两束偏振光变成平行光束出射第二块晶片。出射光线会聚于物镜(起聚光镜的作用)的前焦面上(见图5-3中F为前焦点),然后照射样品。基于光的可逆原理,该DIC棱镜又可将样品反射的光线及其随后通过物镜的双束相干波重新组合成一束偏振光。

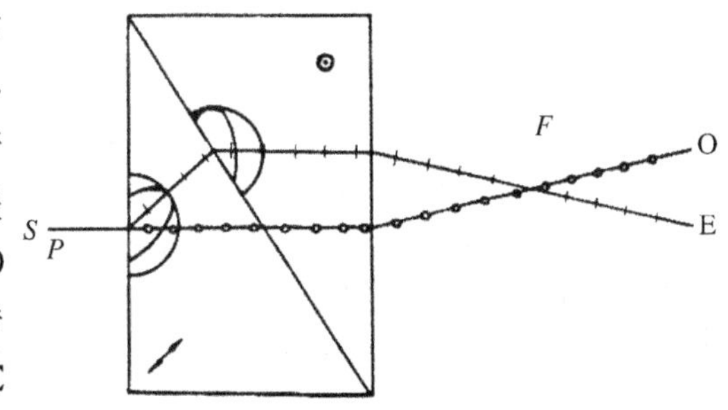

图5-3 屋拉斯顿分光晶片

5.2 DIC图像的形成

图5-4通过透射光成像的生物显微镜的光学布置来说明DIC图像形成的原理,该原理与反射光成像的金相显微镜是相同的。入射的线偏振光被DIC棱镜分裂成一对相隔距离很小的O光线和E光线。两束光线的电场矢量在相互垂直的平面内振动。这对光线的传播维持相互平行,它们相隔距离为0.2～2μm的剪切距离(shear distance),该距离相当于或小于物镜的空间分辨率。事实上,随切变距离减小,分辨率提高,切变距离可减小至物镜最高分辨率的一半,但是衬度会降低。两束光使照射样品区域中的每一点在像平面上产生双束干涉。上述的光源,起偏器和产生O光线和E光线的DIC棱镜在样品(相位体)的下方,故

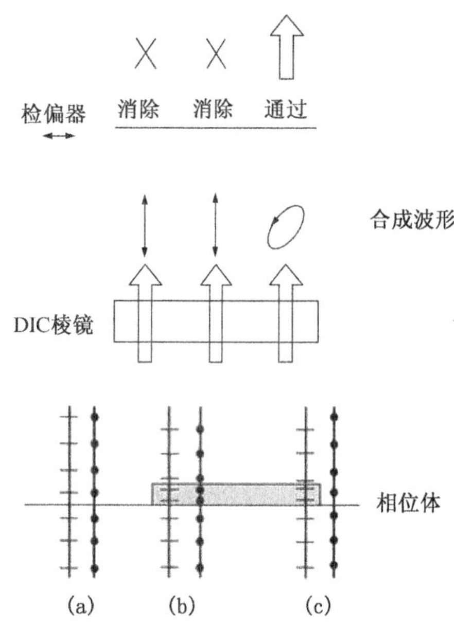

图 5-4 线性偏振和椭球偏振对光程差的响应

图 5-4 均未画出。

在没有样品(见图 5-4(a))或不存在光程差(图 5-4(b))时,每对光线的相干 O 波和 E 波在物体和图像之间具有同样的光程长度,即没有光程差;DIC 棱镜把两个波合成一个线性偏振波,合成波的电场矢量振动平面与起偏器的透光轴平面是相同的,因此,合成波被检偏器消除,图像背景呈现暗黑,这种情况称为消光。

如果 O 光线和 E 光线对在物体上遇到相位梯度(见图 5-4(c)),两个光束将具有光程差,因此在相位上有微小的位移。随后它们被 DIC 棱镜合成的波不是平面的,而是在三维空间呈现椭球轨迹。这些光线只能部分透过检偏器,形成小振幅的线性偏振光。由于它们是线性偏振的,振动平面是平行的,因此,它们在像平面干涉而形成物体的振幅图像。

从 DIC 棱镜出射的两个不同平面波阵面光线在成像平面相遇(见图 5-5),每个波阵面显示出由样品中相位体引起的相位延迟。图 5-5(a)中的相位图显示出仪器被调整到消光条件时,在成像平面中 O 波阵面和 E 波阵面重构时的波形。O 波和 E 波都呈现出有一个波谷,它们的宽度表示了一个圆形物体的放大直径,它们的深度表示了相位(φ)延迟差。在两波干涉后,合成波可以用振幅(A)图表示(见图 5-5(a))。从图 5-5(a)的振幅图可知,球形物体的图像显示出一个中心暗的干涉条纹,两侧为明亮区。当背景也呈现暗时,整个效应是一个暗场成像。

在实际使用中,DIC 棱镜通常不是调至在消光条件的位置。相反,棱镜位置的调整使零级干涉条纹位移至显微镜光轴的一侧,由此在 O 波和 E 波之间引入相位移,这种操作被称为偏置延迟的引入。由于位于背景的 O 光线和 E 光线具有微小的相位差,它们以椭圆偏振光从 DIC 棱镜出射,随后部分通过检偏器,从而背景呈灰色衬度而不是暗黑衬度。偏置延迟的引入使物体呈现出在灰色背景下暗黑的阴影和明亮强光构成的球形图像。这种三维立体感图像的出现正是由于在背景和球形界面处存在着相位梯度。物体边缘处的振幅相对于背景的振幅取决于 O 波阵面和 E 波阵面在样品上是相位延迟还是相位提前,不同情况会导致干涉条纹位移方向的变化。在某些显微镜中,偏置延迟是通过 DIC 棱镜位置来实现的。而在另一些显微镜中,DIC 棱镜的位置是固定的,在光路中插入$\frac{1}{4}\lambda$ 波晶片,偏置延迟是通过旋转起偏器来实现的。由 DIC 棱镜引起 O 波阵面和 E 波阵面之间的位移量是很小的,通常小于 $\lambda/10$。偏置延迟的引入使物体更容易被看见,因为样品中的相位梯度被灰色背景下明暗衬度图形所表示出来。合成的图像呈现立体投影,即三维(浮凸)形貌,这正是 DIC 图像的显著特征。必须记住,与 DIC 图像中的样品浮凸形成对应的是相位梯度,而不是样品高度差引起的光程差。

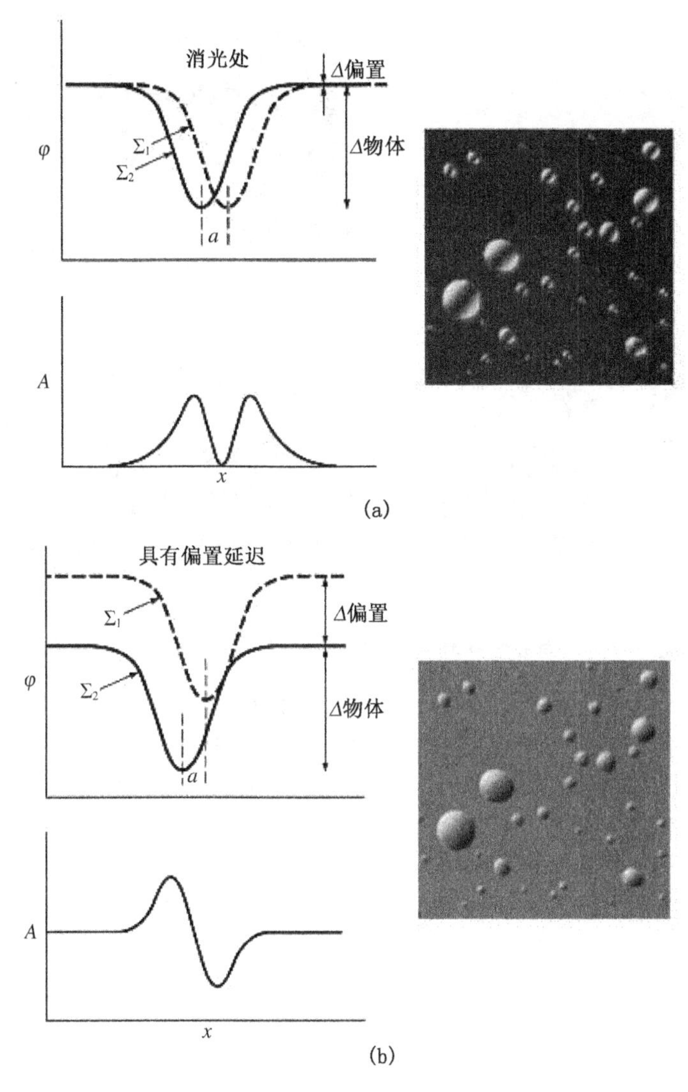

图5-5 消光和偏置延迟条件下衬度的对比

自从DIC显微镜问世后，传统的相位显微镜不再流行，因为前者与后者具有相近的分辨率，但DIC显微镜具有更好的图像衬度和三维立体感。尽管如此，相位衬度的原理在光学显微镜中被广泛应用。

5.3 DIC图像与其他成像方式图像的比较

图5-6用实例介绍了不同成像技术下铝青铜(Cu-11.8%Al)试样的马氏体显微组织显示的差异。在抛光的试样表面马氏体会产生浮凸，故不需要浸蚀。为了比较DIC成像方式与其他成像方式对样品中微小浮凸的图像衬度和辨别能力的不同，最终抛光使浮凸高度被控制在能产生衬度的尽可能小的程度。

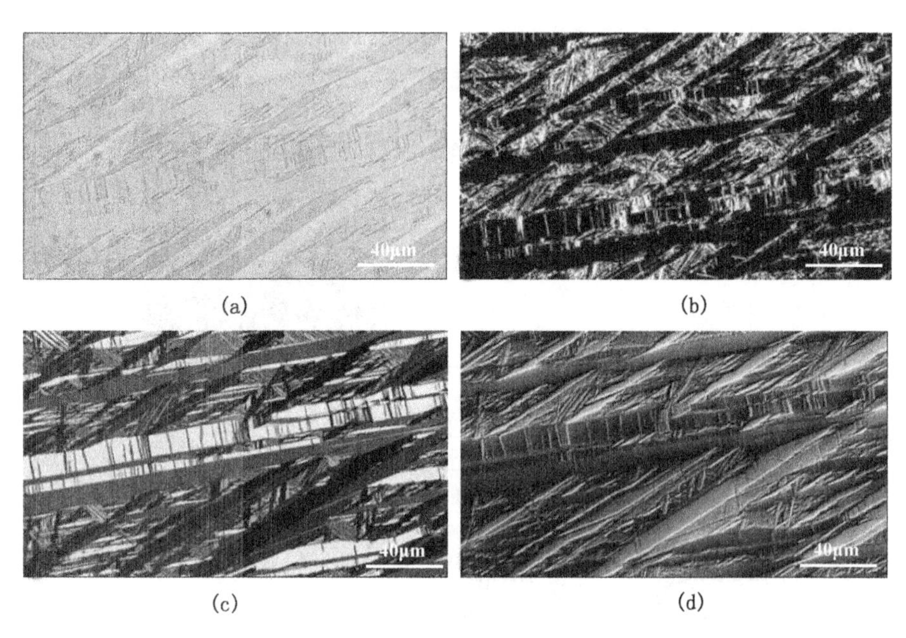

(a) (b) (c) (d)

图 5-6 不同成像技术下铝青铜中马氏体显微组织显示的差异

图 5-6(a)显示明场下的表面形貌，由于马氏体浮凸高度差很小，所以图像由于衬度不够而看起来模糊不清。图 5-6(b)是采用暗场的成像，暗场像具有高衬度(强烈的反差)的特点，马氏体浮凸被清楚地显示出来，但细节不清楚。图 5-6(c)采用正交偏振光成像，由于铝青铜中的马氏体是非立方晶格结构，因此对正交偏振光很敏感，所成的图像的衬度更为柔和，层次更多，因此细节比暗场更能清楚地显示出来。图 5-6(d)显示出微分干涉衬度图像，它的衬度层次最多，图像显示出的各种高度的浮凸效果最佳，细节分辨比偏振光成像更优。

第6章　共聚焦激光扫描显微镜

共聚焦激光扫描显微镜(confocal laser Scanning microscope),简称共聚焦显微镜。它是利用聚焦扫描激光束通过逐点逐行(光栅式)扫描样品,并在物镜的像平面放置一个针孔光阑使失焦平面的光线被针孔光阑所挡住,只有正焦平面的光线可以通过针孔被后面的光电倍增器所检测到。同时,通过步进马达以 100μm～5nm 的步进速度沿 z 轴方向来改变显微镜的聚焦,由此共聚焦激光扫描显微镜可获得一系列不同聚焦平面在 z 轴方向(厚度方向)上的图像,再通过计算机软件处理得到样品的三维图像。在共聚焦显微镜中,由于针孔光栏的设置,使所获得的图像具有高分辨和高衬度。共聚焦显微镜具有五维的功能,即在样品上每一点(x、y、z)的强度信息可以在不同时间以不同波长(颜色)显示出来。共聚焦显微镜不仅解决了光学显微镜景深浅的问题,而且提高了分辨率。

明斯克(Minsky)于 1957 年提出了共聚焦成像原理并申请了专利,他是一位著名的神经网络计算和人工智能专家。20 世纪 80 年代末,第一代共聚焦显微镜问世。共聚焦显微镜在生物医学得到广泛应用,随后在材料科学领域也开始被应用。

6.1　共聚焦成像的光学原理

共聚焦显微镜是一个集成光学显微镜系统,它是由荧光显微镜、激光点光源、具有光学和电子装置的扫描头、计算机、显示监视器和图像获取、处理和分析的软件所组成。

扫描头产生光子信号,由此重构共聚焦图像。它含有以下装置:外置一个(或多个)激光源、荧光滤片组件、电流计为基的光栅扫描机构、产生共聚焦图像的一个(或多个)可变针孔光阑和用于探测不同荧光波长的光电倍增管(photomultiplier tube,PMT)探测器。

扫描头中各个组件的布置如图 6-1 所示。计算机把光电倍增管的电压波动转换成数字信号从而在计算机监视器上显示图像。共聚焦显微镜的光学原理可用图 6-2 来加以说明。

(1) 在金相显微镜和生物显微镜中均采用上照明,即照明光源和探测器都在样品的同一侧,并且被物镜所分离,此时,物镜也兼有聚光镜的功能。

(2) 荧光滤片组件(激发滤片,双色滤片,发射滤片)的作用是和它们在大视野荧光显微镜(生物显微镜的一种)中的作用是相同的,主要用于生物医学样品。所谓荧光就是物质吸收较短波长(能量较高)的光线后,把光源的能量转化为波长较长的可见光。激发滤片让比荧光波长短的光束透过,由此激发生物样品特殊波长的荧光。双色滤片(双色镜)反射短波光,让长波光通过双色滤片。发射滤片使样品中产生的荧光透过,消除激发的残留短波长,荧光波长在眼睛或照相机中成像。

(3) 共聚焦光学的核心就是针孔光阑,它接受正聚焦激光逐点光栅扫描产生荧光光子,极大地阻挡了来自样品上、下聚焦面(失焦面)的荧光信号,仅有极小部分失焦面信号通过针孔。图 6-2 显示出针孔消除失焦面信号的原理。在共聚焦显微镜中,点的光栅扫描和针孔同时使用(作为空间滤片),两者结合并分别处于物镜的共轭面(物平面和像平面)上,这是产生共聚焦图像的基础。

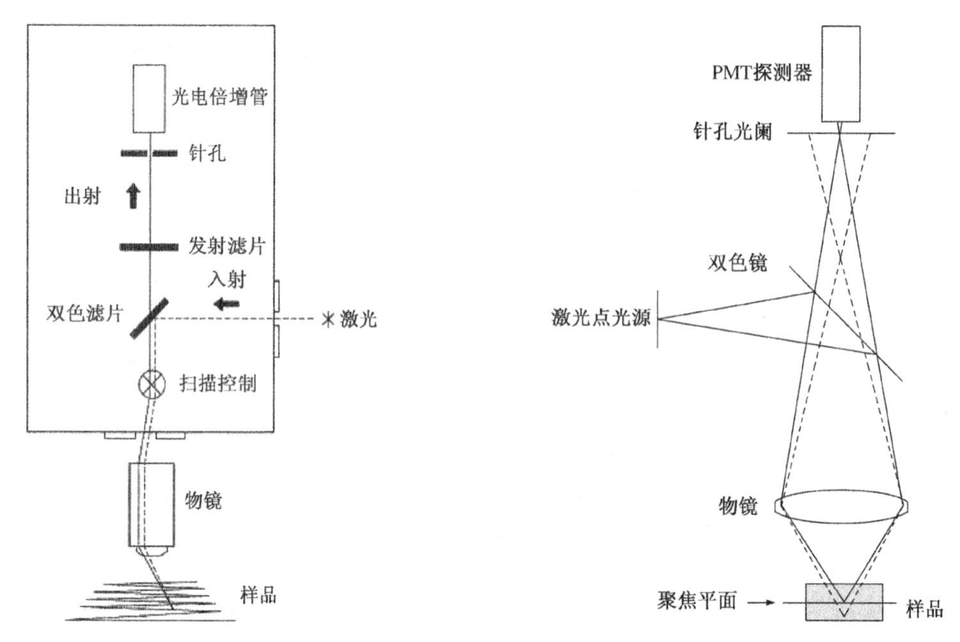

图 6-1 扫描头中各个组件的布置

图 6-2 共聚焦显微镜的光学原理

(4) 在任何时间(t),从样品激发点产生的荧光波长均被物镜接收并被聚焦在像平面上的针孔内,针孔内的荧光光子随后被光电倍增器(PMT)接受。由于针孔是与样品平面共轭的,而 PMT 与样品平面不共轭,因此 PMT 看不到图像,但可接收到不同时间产生的光子束流,并将之转变成电压信号,计算机将电压信号数字化并在监视器上显示信号。

(5) 为了产生样品的大视域图像,在共聚焦显微镜中使用激光逐点光栅扫描的方式。这种光栅扫描方式是通过电流计马达(galvanometer motor)驱动的两个高速振动镜(high-speed vibrating mirrors)实现的。一个镜左右振动,另一个镜上下振动。在整个扫描时间内样品上不同位置激发的聚焦点强度变化均在针孔中被实时记录下来。

(6) PMT 探测器将针孔内的光子强度连续地转变为电压(模拟信号)。模拟信号在规则的间隔时间内通过模数转换器转变为像素(数字图像元素)并被储存和在计算机监视器上显示出来。由于物体的共聚焦图像是通过光子信号被重构出来的,最终被计算机显示出来,因此,共聚焦图像不是作为真正图像存在,它在显微镜中不能被眼睛所观察到。

6.2 影响共聚焦图像质量因素

四个主要因素决定了共聚焦图像的质量:①空间分辨率;②光强分辨率;③信噪比;④瞬时分辨率。

空间分辨率是描述图像两点间最小可分辨距离的。沿 z 轴方向上两点分辨率和图像平面两点分辨率取决于激发波长、荧光波长、物镜的数值孔径和共聚焦扫描头的位置。物镜的数值孔径是至关重要的,因为它决定了扫描样品束斑的尺寸和针孔处共聚焦荧光束斑的尺寸。数值孔径决定空间分辨率的原理前已论述。在共聚焦模式中,激发和发射波长是重要的，在共聚焦光学中可辨的最小距离正比于它们波长的倒数之和。在共聚焦显微镜中，空间分辨率也取决于针孔孔径尺寸、变倍因子和扫描速率。减小针孔尺寸意味着减小了沿 z 轴方向聚焦面的厚度，因此获得更高的光学截面分辨率，这是高质量投影图像和高分辨三维观察的基础。减小针孔尺寸也改善了图像的衬度，因为失焦光源的光被排除。在某些条件下，共聚焦荧光显微镜在 xy 平面内的横向分辨率可远高于大视域荧光显微镜，具有超高分辨率。

1995 年，韦伯（Webb）给出了共聚焦显微镜 x，y 水平面内两点分辨率的表达式：

$$d_{xy} \approx 0.4\lambda/NA \tag{6-1}$$

z 轴向分辨率为

$$d_z \approx 1.4\lambda n/NA^2 \tag{6-2}$$

图 6－3 显示出针孔直径（pinhole diameter））对光学截面厚度的作用。针孔尺寸的减小有利于轴向（z 方向）分辨率的提高，但损失了水平方向（x，y）的分辨率。

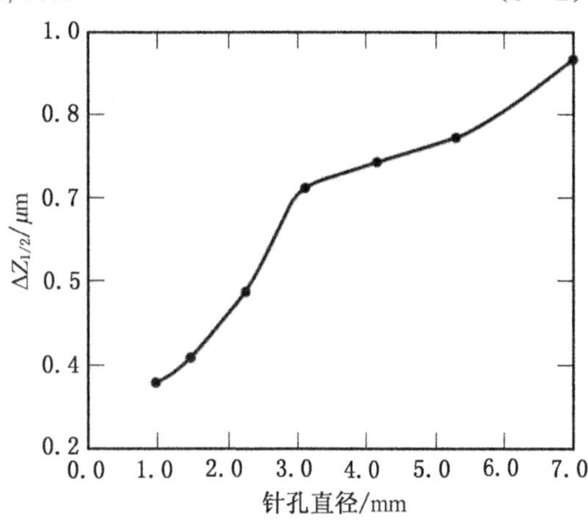

图 6－3　针孔直径对光学截面厚度的作用

光强分辨率描述了图像中强度的分辨率，它被定义为由模数转换器所赋予图像的灰度数。最大可能的动态分辨率就是探测器的动态分辨率。PMT 探测器的动态分辨率被定义为饱和信号与探测器噪声信号之比，它们是以伏特或电子数来计算的。因此，探测器的动态分辨率是一种图像系统的本征特征。为了发挥探测器成像潜能，操作者应尽力获得从黑（无信号）到白（饱和信号）整个动态范围的图像，这可通过调整光学信号的振幅范围来实现。

信噪比（S/N）定义为图像的可视度。它直接取决于物体和它的背景的振幅，以及成像系统的电子噪声。对于明亮图像，信噪比主要是由物体和它的背景强度所决定的，而对于灰暗图像，图像系统的电子噪声成为决定因素。在针孔处图像亮度是受多因素影响的，包括激光功率、样品中荧光色品密度、物镜的数值孔径、共聚焦倍率因子、光栅扫描速度、荧光滤片组件的选择等。在共聚焦显微镜中，通常改善信噪比的方法是通过降低扫描速率来增加光量。

瞬时分辨率取决于光栅扫描速率和 PMT 探测器、模数转换器和计算机处理速率。在共聚焦显微镜中，每秒通常能给出 2 帧 512×512 像素图像，每秒 100 帧或更高速率只能实现于有限尺寸的图像。

总之，在共聚焦显微镜中光学性能是受诸多因素影响的。我们不可能对一个确定的样品和显微镜在时间、空间和强度上都同时优化获得。因此，我们必须采取折衷方法。例如，为了优化光强的分辨率从而能获得高信噪比图像，就可能需要减小空间分辨率或图像瞬时分辨率。如何平衡这些参数来获得高质量共聚焦图像，这与操作者的知识和经验密切相关。

6.3　共聚焦显微镜的功能和应用

以 Olympus 新型“LEXT”激光共聚焦扫描显微镜（见图 6－4）为例说明其功能和应用。用高亮度、408nm 单色短波长半导体激光，可获得超高分辨率：0.12μm 线宽，最大显示倍率可达 14 400 倍，最大观察范围：2 560 × 2 560μm。可进行即时的 3D（三维）影像与测量（线宽、面积、体积、已知折射率的透明膜膜厚、粗糙度分析等)，并兼容常规显微镜功能，包括明场、暗场和微分干涉衬度(DIC)及其与激光共聚焦结合成像。OLYMPUS 自主开发生产的 X 轴 MEMS 高速扫描头和使用 Galvanometer Y 轴扫描镜，其特点是：宽视野范围，可光学变焦，减少失真和高速度，长寿命，低噪声。Z 轴移动是间隔 5nm 步进控制的。

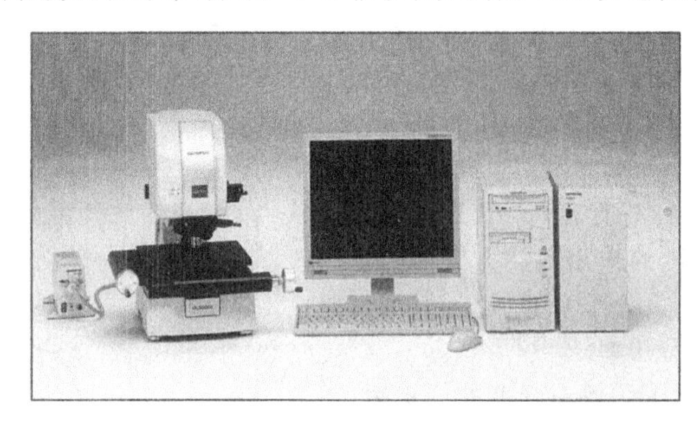

图 6-4 新型 LEXT 激光扫描共聚焦显微镜

图 6-5 显示出微机械系统(MEMS)部件的 2D(见图 6-5(a))和 3D(见图 6-5(b))共聚焦形貌像。图 6-6 是聚合物大分子的 3D 共聚焦形貌像，2D 形貌像插入图中的左上角。图 6-7 是孪生诱发塑性钢(Fe-Mn-Si-Al)中奥氏体的形变孪晶的共聚焦形貌像，清楚地显示出不同位向的孪晶、杂质脱落所产生的孔洞的深度以及微裂纹。

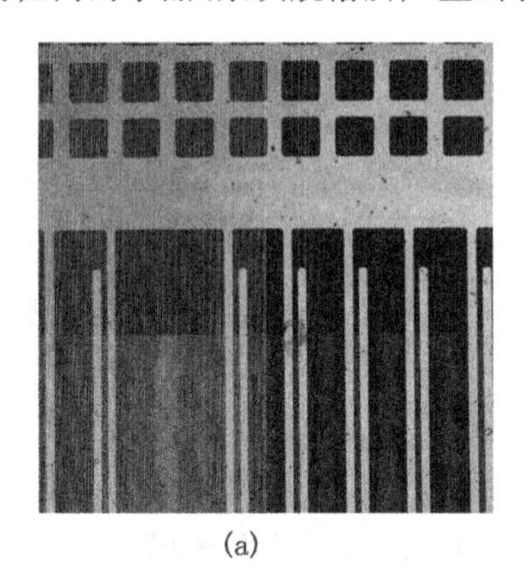

(a)

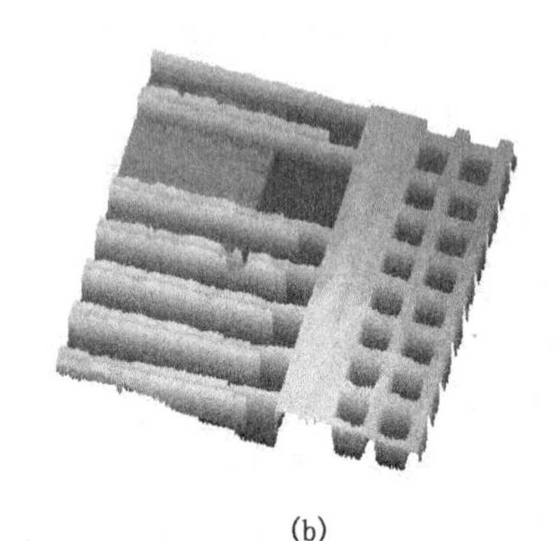

(b)

图 6-5 微机械系统部件的 2D 和 3D 共聚焦形貌像

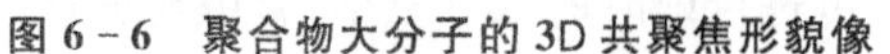

图 6-6 聚合物大分子的 3D 共聚焦形貌像

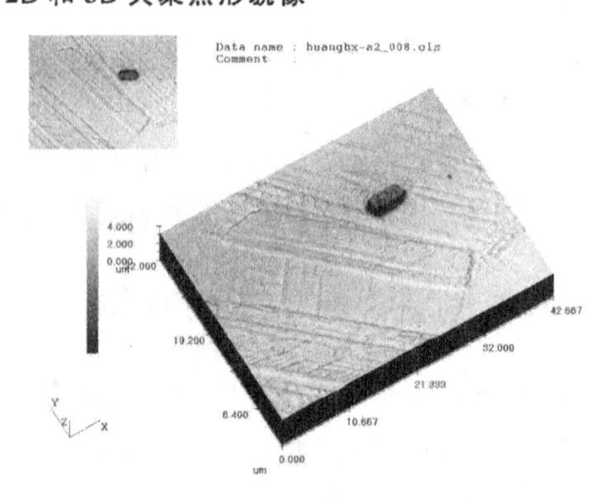

图 6-7 孪生诱发塑性钢中形变孪晶的共聚焦形貌像

第 2 篇　X 射线衍射分析

第 7 章　X 射线物理学基础

随着科学技术的进步，各类新型的物理测试方法日新月异，由此人们对物质结构的认识不断加深，极大地促进了现代材料科学的发展。X 射线衍射技术作为一种经典的测试手段，近些年也有了较大的发展，仪器测量精度及功能均得到完善，应用范围逐年扩宽，已成为研究各类晶体和非晶体材料的有效方法之一。

本章首先回顾 X 射线衍射分析的发展简史，重点介绍有关 X 射线的物理学基础，包括 X 射线的本质、X 射线谱以及 X 射线与物质的相互作用。

7.1　X 射线衍射分析发展简史

德国物理学家伦琴(Röntgen)于 1895 年在研究真空管中的高压放电现象时，偶然发现了一种很强的、不可见的射线，这种射线的穿透能力很强，因为当时对它完全不了解，故称之为 X 射线。

1912 年，劳厄(Laue)等首先发现了 X 射线衍射现象，证实了 X 射线的电磁波本质及晶体原子的周期排列，开创了 X 射线衍射分析的新领域。布拉格(Bragg)随后对劳厄衍射花样进行了深入研究，认为衍射花样中各斑点是由晶体不同晶面反射所造成的，并和他父亲一起利用所发明的电离室谱仪，探测入射 X 射线束经过晶体解理面的反射方向和强度，证明上述设想是正确的，导出了著名的布拉格定律(方程)，测定了 NaCl，KCl 及金刚石等晶体结构，求出了晶胞的形状、大小和原子坐标位置，发展了 X 射线晶体学。以劳厄方程和布拉格定律为代表的 X 射线晶体衍射几何理论，不考虑 X 射线在晶体中多重衍射与衍射束之间及衍射束与入射束之间的干涉作用，称为 X 射线运动学衍射理论。Ewald 根据 Gibbs 的倒易空间观念，于 1913 年提出了倒易点阵的概念，同时建立了 X 射线衍射的反射球构造方法，并在 1921 年又进行了完善。目前，倒易点阵已广泛应用于 X 射线衍射理论中，对解释各种衍射现象起到极为有益的作用。

与布拉格父子同时，Darwin 也在 1913 年从事晶体反射 X 射线强度的研究时，发现了实际晶体的反射强度远远高于理想完整晶体应有的反射强度。他根据多重衍射原理以及透射束与衍射束之间能量传递等动力学关系，提出了完整晶体的初级消光理论，以及实际晶体中存在取向彼此稍差的嵌镶结构模型和次级消光理论，推导出完整晶体反射的摆动曲线和消光距离，开创了 X 射线衍射动力学理论。1941 年，Borrmann 发现了完整晶体中的异常透射现象，20 世纪 60 年代 Kato 提出了球面波衍射理论，Takagi 给出了畸变晶体动力学衍射的普适方程。这些都是动力学衍射理论的重要发展。

20 世纪 20 年代，康普顿(Compton)等发现了 X 射线非相干散射现象，称为康普顿散射。我国物理学家吴有训参加了大量实验工作，做出了卓越的贡献，故该项散射又称为康普顿-吴有训散射。1939 年，Guinier 和 Hosemann 分别发展了 X 射线小角度散射理论。小角度散射就是在倒易点阵原点附近小区域内的漫散射效应，它只与分散在另一均匀物质中的、尺度为几十到几百个埃的散射中心的形状、大小和分布状态有关，但和散射中心内部的结构无关，因此是一种只反映置换无序而不反映位移无序的漫反射效应。1959年，Kato和Lang发现了X射线的干涉现象，观察到了干涉条纹。在此基础上，发展了X射线波在完整晶体中的干涉理论，可精确测定X射线波长、折射率、结构因数、消光距离及晶体点阵参数。

X射线的分析方法主要是照相法和衍射仪法。劳厄等人在1912年创用的劳厄法，利用固定的单晶试样和准直的多色X射线束进行实验；Broglie于1913年首先应用的周转晶体法，是利用旋转或回摆单晶试样和准直单色X射线束进行实验；德拜(Debye)、谢乐(Scherrer)和Hull在1916年首先使用的粉末法，是利用粉末多晶试样及准直单色X射线进行实验。对照相技术具有重要作用的有：Seemann聚焦相机、带弯晶单色器的Guinier相机及Straumanis不对称装片法。1928年，Geiger与Miiller首先应用盖革计数器制成衍射仪，但效率均较低。现代衍射仪是在20世纪40年代中期按Friedman设计制成的，包括高压发生器、测角仪和辐射计数器等的联合装置，由于目前广泛应用电子计算机进行控制和数据处理，已达到全自动化的程度。

在射线源方面，1913年，Coolidge制成封闭式热阴极管，这是X射线管方面的一大革新。管子的阴极常采用钨丝绕成，通过电流加热，发出电子，管内真空度预先抽至10^{-6}托(1 Torr＝1mmHg＝11.33×10^2Pa)左右，因此电子在运行中基本上不受阻碍。管子阳极接地，用水冷却，操作时不需抽空和放气，极为便利。这类X射线管目前仍在广泛使用。20世纪40年代末，Taylor等人研制出旋转阳极即转靶装置，由于这类靶材不断高速旋转，使靶面遭受阳极电子束打击的部位不断变换，提高了冷却效果，大大增加了输出功率。50年代，Ehrenberg与Spear制成了细聚焦X射线管，其焦斑直径可降至50μm或更小，不但使比功率提高，也改善了衍射所需要的分辨率。脉冲X射线发生器是利用脉冲电源，在热阴极或场发射冷阴极管中产生X射线脉冲，每个脉冲的持续时间为亚毫微秒数量级，具有特定的时间结构，这种发生器的瞬时辐射强度很大，可进行瞬时衍射。60年代以来最有前途的X射线源是同步辐射源，具有通量大、亮度高、频谱宽、连续可调、光束准直性好、无靶材污染所造成的杂散辐射等优点。

在探测器方面，最早是采用电离室直接探测X射线衍射方向及强度，随后则普遍采用照相底板或底片来记录衍射花样，并利用标尺及比长仪等测定衍射方位，以目估、曝光条或测微光度计等测量相对衍射强度，这一方法目前仍在应用。20世纪20年代末期，Geiger与Müller等人制成改进型的盖革计数器，其结构简单，使用方便。后来人们又制出正比计数器和闪烁计数器，其计数效率更高。除上述探测设备外，目前新型探测设备有固体探测器及位敏探测器等。

X射线衍射技术的应用范围非常广泛，现已渗透到物理学、化学、地质学、生命科学、材料科学以及各种工程技术科学中，成为一种重要的实验手段和分析方法。这里只归纳利用布拉格衍射峰位及强度的概况：①晶体结构分析，如晶体结构测定，物相定性和定量分析，相变的研究，薄膜结构分析；②晶体取向分析，如晶体取向、解理面及惯析面的测定，晶体变形与生长方向的研究，材料织构测定；③点阵参数的测定，如固溶体组分的测定，固溶体类型的测定，固溶度的测定，宏观应力和弹性系数的测定，热膨胀系数的测定；④衍射线形分析，如晶粒度和嵌镶块尺度的测定，冷加工形变研究和微观应力的测定，层错的测定，有序度的测定,点缺陷的统计分布及畸变场的测定。

X 射线衍射研究新动向主要包括:①高度计算机化,如实验设备及实验过程的全自动化,数据分析的计算程序化,衍射花样及衍衬象的计算机模拟等;②瞬时及动态研究,由于高亮度及具有特定时间结构的 X 射线源及高效探测系统的出现,使得某些瞬时现象的观察或研究成为可能,如化学反应过程,物质破坏过程,晶体生长过程,形变再结晶过程,相变过程,晶体缺陷运动和交互作用等;③极端条件下的衍射分析,例如研究物质在超高压、极低温或极高温、强电场或强磁场、冲击波等极端条件下组织与结构变化的衍射效应。

7.2　X 射线本质及其波谱

X 射线既是电磁波又是粒子,并具有连续辐射和特征辐射的波谱特征,它与 X 射线的产生过程及机理有关。常规 X 射线衍射分析方法,是基于特征 X 射线电磁波理论而建立的。

7.2.1　X 射线本质

1) 波动性

X 射线和无线电波、可见光、紫外线、γ 射线等,本质上同属电磁波(电磁辐射),只不过彼此占据不同的波长范围而已。X 射线波长很短,为 $10^{-8}\sim10^{-10}$ cm,在电磁波谱中它与紫外线及 γ 射线相搭接,如图 7 - 1 所示。

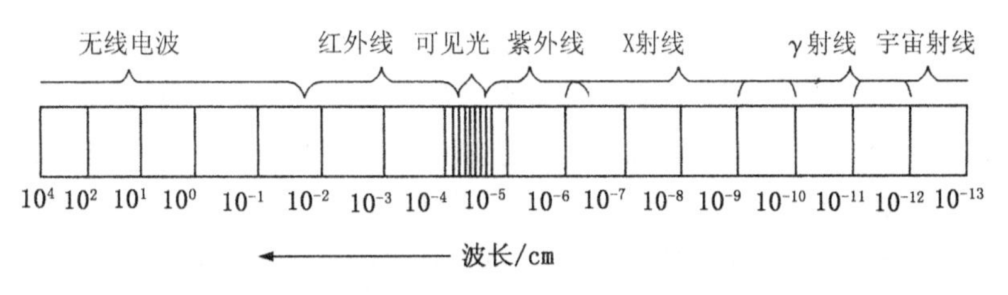

图 7 - 1　电 磁 波 谱

电磁波是一种横波,由交替变化的电场和磁场组成。设 $\boldsymbol{E}$ 为电场强度矢量,$\boldsymbol{H}$ 为磁场强度矢量,如图 7 - 2 所示,这两个矢量总是以相同的周相,在两个相互垂直的平面内做周期振动。电磁波的传播方向与矢量 $\boldsymbol{E}$ 和 $\boldsymbol{H}$ 的振动方向垂直,传播速度等于光速。

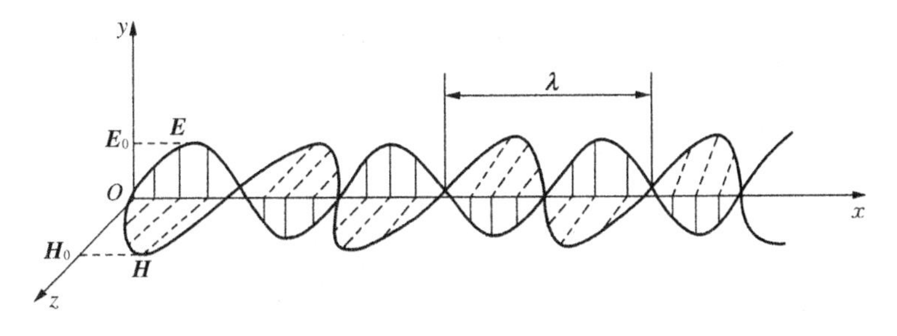

图 7 - 2　电　磁　波

在最简单的情况下,电磁波具有正弦波的性质,此时在空间任意位置 x 及时间 t 时的电场强度 $\boldsymbol{E}_{x,t}$ 和磁场强度 $\boldsymbol{H}_{x,t}$ 可表示为

$$\boldsymbol{E}_{x,t}=\boldsymbol{E}_0\sin[2\pi(x/\lambda-\nu t)],\boldsymbol{H}_{x,t}=\boldsymbol{H}_0\sin[2\pi(x/\lambda-\nu t)] \quad (7-1)$$

式中,$\boldsymbol{E}_0$ 及 $\boldsymbol{H}_0$ 分别为电场及磁场的振幅,λ 及 ν 分别为电磁波的波长及频率。

在X射线衍射分析中，所记录的是电场强度矢量起作用的物理效应。因此，以后只讨论这一矢量强度的变化，而不再提及磁场强度矢量。

2) 粒子性

X射线同可见光、紫外线以及与电子、中子、质子等基本粒子一样，具有波粒二象性，也就是说，它们既具有波动的属性，同时又具有粒子的属性，只不过在某些场合(例如X射线衍射效应)主要地表现出波动的特性，而在另外一些场合则主要地表现出粒子的特性。描写X射线波动性质的物理量为频率ν和波长λ，描述其粒子特性的则是光量子能量ε和动量P。这些物理量之间遵循爱因斯坦关系式，即

$$\varepsilon=h\nu=hc/\lambda, P=h/\lambda \tag{7-2}$$

式中，$h=6.626\times10^{-34}\,\mathrm{J\cdot s}$为普朗克常数，$c\approx3\times10^{8}\,\mathrm{m/s}$为光速。

在单位时间内，X射线通过垂直于其传播方向的单位截面之能量大小称为强度，常用的单位是$\mathrm{J\cdot cm^{-2}\cdot s^{-1}}$。以波动形式描述，强度与波的振幅平方成正比。按粒子形式表达，强度则是通过单位截面的光量子流率。空间任意一点处，波的强度和粒子在该处出现的概率成正比，因而波粒二象性在强度这一点上也是统一的。

值得指出的是，X射线虽与光传播的一些现象(如反射、折射、散射、干涉、衍射及偏振)相类似，但是由于X射线波长要短得多，即光量子能量要高得多，上述物理现象所表现的应用范畴和实用价值则存在着很大的差异。比如，X射线只有当它几乎平行掠过光洁的固体表面时，才发生类似可见光那样的全反射，其他情况下则不会发生；X射线穿过不同媒质时，几乎毫不偏折地直线传播(折射率接近1)，失去了用一般光学方法使其会聚、发散及变向的可能。然而，由于X射线的波长与晶体中原子间距相当，它的散射、干涉、衍射却给我们带来了研究晶体内部结构的丰富信息，而这一点可见光则无能为力。

X射线波长单位常用埃，以符号Å表示，1Å$=10^{-8}$cm。国际单位制(即SI)长度单位为m，波长单位改用nm，1nm$=10^{-7}$cm$=10$Å，以逐渐取代Å。

X射线具有一定的波长分布范围，不同波长的X射线有不同的用途。在通常情况下，用于晶体结构分析的X射线，波长通常为0.25～0.05nm，其中短波长X射线称为硬X射线，长波长的X射线则称为软X射线。X射线波长愈短其穿透材料的能力愈强。

7.2.2 X射线谱

7.2.2.1 X射线的产生

通常使用的X射线源为X射线管，这是一种装有阴阳极的真空封闭管，阴极为灯丝，阳极为金属靶。当灯丝中通入电流后，如果在阴阳两极之间施加高电压，则阴极灯丝所发射出的电子流将被加速，以高速撞击到金属阳极靶上，就会产生X射线，如图7-3所示。

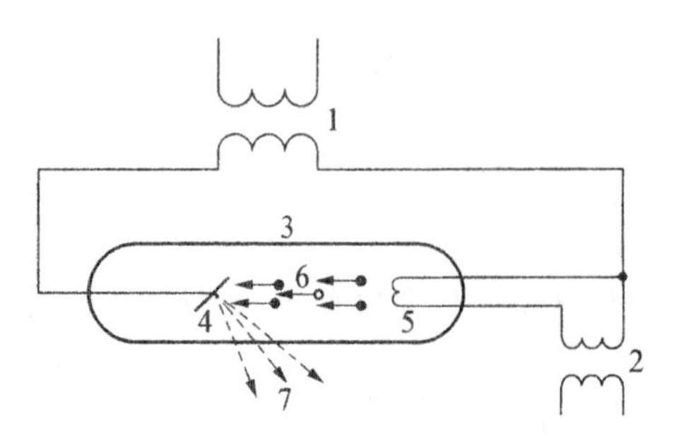

图7-3 X射线发生装置

上述高速电子撞击靶材而产生X射线的机理，可以按照量子理论来解释，主要与以下两个物理过程有关。

首先，阴极射出的高速电子与靶材原子碰撞，运动受阻而减速，其损失的动能，便以X射线光子的形式辐射出来，因此这种辐射称之为

韧致辐射。阴极电子发射出的电子数目极大，即使是 lmA 管电流，每秒射到阳极上的电子数可达 6.24×10^{15} 个。可以想象，电子到达阳极时的碰撞过程和条件肯定是千变万化的，可以碰撞一次，也可以碰撞多次，而每次碰撞损失的动能也可以不相等，因此，大量电子击靶所辐射出的 X 射线光量子的波长必然是按统计规律连续分布的，覆盖着一个很大的波长范围，故这种辐射称之为连续辐射(或称白色X 射线)。

其次，从阴极射来的电子流，如果其动能足够大(取决于加速电压)，除部分电子仍按上述过程与靶材碰撞并产生连续辐射，另一些电子有可能将靶材原子的某些内层电子撞击出其原属的电子壳层，即撞击到电子未填满的外层，或者将电子撞击出该原子系统而使原子电离。此时，原子已处于不稳定的高能激发状态，原子的外层电子争相向内层跃迁，以填补被击出电子的空位，从而使原子系统能量降低，恢复到其最初的稳定状态。在外层电子向内层跃迁并降低系统能量的同时，将辐射出 X 射线光量子，如图 7－4 所示。辐射出的光量子波长(频率)，由电子跃迁所跨越的两个能级的能量差来决定，即

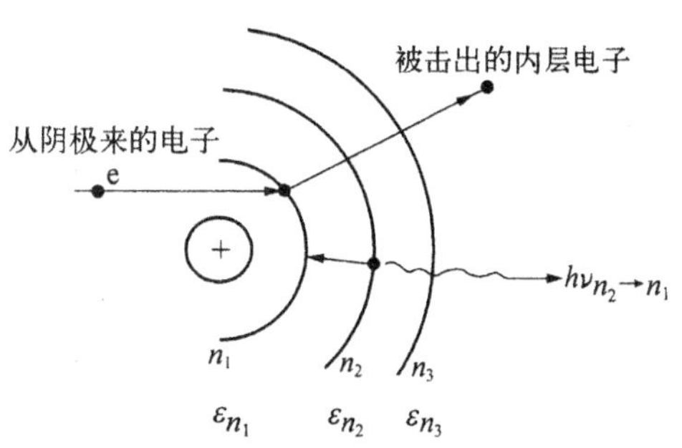

图 7－4　内层电子跃迁辐射特征 X 射线

$$h\nu_{n_2\to n_1}=\varepsilon_{n_2}-\varepsilon_{n_1},\lambda_{n_2\to n_1}=c/\nu_{n_2\to n_1}=hc/(\varepsilon_{n_2}-\varepsilon_{n_1})\tag{7-3}$$

式中，n_2 及 n_1 为电子跃迁前后所在的能级，ε_{n_2} 及 ε_{n_1} 为电子跃迁前后的能级。

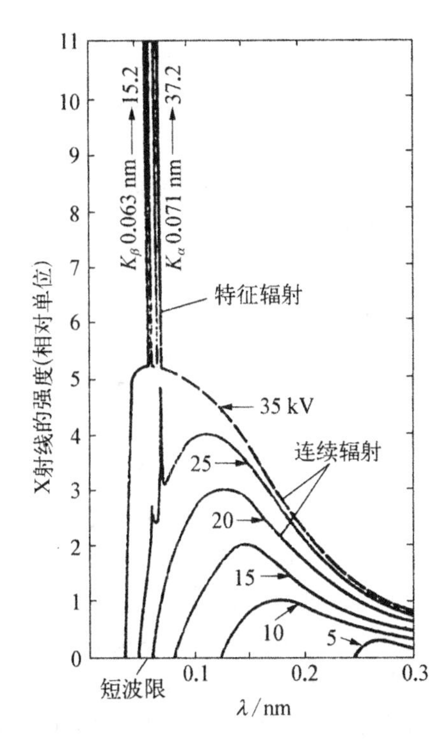

图 7－5　钼阳极发出的两种 X 射线谱

原子中各层能级上的电子能量，取决于原子核对它们的束缚力，因此对于原子序数 Z 一定的原子，其各能级上的电子能量具有分立的确定值。考虑到内层电子数目和它们所占据的能级数不多，因此由内层电子跃迁所辐射出的 X 射线的波长，便是若干个特定的值。这些波长值能反映出该原子的原子序数特征，而与原子所处的物理、化学状态基本无关，故称这种辐射为特征辐射或者标识辐射。

7.2.2.2　两种 X 射线谱

X 射线强度随波长而变化的关系曲线，称之为 X 射线谱。图 7－5 示出了 Mo 阳极 X 射线管在不同管电压下所产生的 X 射线谱。从图中可见，这些曲线表现出两种典型分布特征，恰好对应上述两种 X 射线辐射的物理过程。

1) 连续 X 射线谱

在图 7－5 中，那种在不同管压下都存在的、曲线呈丘包状的 X 射线谱，就是连续谱。不同管压下的连续谱的短波端，都有一个突然截止的

极限波长值 λ_0，称为短波限。连续谱顶部所对应的波长值大约位于 $1.5\lambda_0$ 处。用量子理论很容易解释短波限，即如果外加电压为 U，则击靶时电子最大动能是 eU，极限情况实际是电子在一次碰撞中将全部能量转化为一个光量子，这个具有最高能量的光量子波长就是 λ_0，即

$$eU = h\nu_{\max} = hc/\lambda_0 \tag{7-4}$$

如果电子加速电压 U 单位为 kV，X 射线波长 λ 单位为 nm，将光速 c、普朗克常量 h、电子电荷 e 值代入式(7-4)，则可得到

$$\lambda_0 = 1.24/U \tag{7-5}$$

一次碰撞就可将全部电子能量转化为光量子的概率很小，大部分情况下电子与阳极进行复杂的碰撞过程，并辐射出波长大于 λ_0 的连续 X 射线。

式(7-5)说明，X 射线的连续谱短波限只与管压有关。当加大管压时，击靶电子的动能、电子与靶材原子碰撞次数和辐射出来的 X 射线光量子的能量都会增加，从而解释了图 7-5所显示的连续谱的变化规律，即随着管压增高则连续谱各波长强度都增高，连续谱最高强度所对应的波长和短波限都向短波方向移动。

连续谱强度分布曲线下所包围的面积，与一定实验条件下单位时间所发射的连续 X 射线总强度成正比。根据实验规律，我们可得知这个总强度值为

$$I_{连续谱} = \alpha\, iZU^2 \tag{7-6}$$

式中，常数 α 值为 $1.1 \sim 1.4 \times 10^{-9}$(单位为 V^{-1})，Z 为靶材的原子序数，i 为管电流(单位为 A)。该式表明，靶材原子序数越大则连续 X 射线强度越高。

据式(7-6)可计算出 X 射线管发射连续 X 射线的效率 η，即

$$\eta = 连续\ X\ 射线总强度/X\ 射线管功率 = (\alpha\, iZU^2)/(iU) = \alpha ZU \tag{7-7}$$

如果采用钨阳极($Z=74$)，管电压取 100kV 即 10^5V，则 $\eta \approx 1\%$，可见效率是很低的。电子能量的绝大部分在与阳极撞击时生成热能而损失掉，因此必须对 X 射线管采取有效的冷却措施。

为提高 X 射线管发射连续 X 射线的效率，就要选用重金属靶 X 射线管并施以高电压。实验时为获得强连续辐射，选用钨靶 X 射线管，在 60～80kV 高压下工作。

2) 特征 X 射线谱

图 7-5 还表明，当钼阳极 X 射线管压超过一定程度时，在某些特定波长位置(图中 0.063nm和 0.071nm 处)出现强度很高、非常狭窄的谱线，它们叠加在连续谱强度分布曲线上。当改变管压或管流时，这类谱线只改变强度，而波长值固定不变。这就是特征 X 射线辐射过程所产生的特征(标识)X 射线谱。

如前所述，原子内层电子造成空位是产生特征辐射的前提，而欲击出靶材原子内层电子，例如 K 层电子，则阴极射来的电子动能必须等于或大于 K 层电子与原子核之结合能 E_K，或 K 层电子逸出原子所做的功 W_K，即 $eU_K = -E_k = W_K$，U_K 是阴极电子击出靶材原子 K 层电子所需的临界激发电压。这就是为何只有当管电压增高到一定值后才会产生特征 X 射线的原因。由于越靠近原子核内层的电子与核的结合能越大，所以击出同一靶材原子的 K，L，M 等不同内层上的电子就需要不同的 U_K，U_L，U_M 等临界激发电压值。

一些常用阳极靶材的临界激发电压 U_K 值的数据，列在表 7-1(见 7.3.4 节)中。可见，阳极靶材的原子序数越高，则产生特征 X 射线所需的临界激发电压就越高，这是由于高原子序数的 K 层电子与原子核之结合能 E_K 较高的缘故。

内层电子一旦被击出，外层电子便争相向内层跃迁，同时辐射出特征X射线。由不同外层电子跃迁至同一内层所辐射出的特征谱线，属于同一线系，并按电子跃迁所跨越能级数目多少的顺序，分别标以α，β，γ等符号。在图7-6中，L→K及M→K电子跃迁，辐射出K系特征谱线中的K_α及K_β线；而M→L及N→L电子跃迁，则辐射出L系的L_α及L_β谱线；以此类推。

电子能级间的能量差并不是均等的，愈靠近原子核，相邻能级间的能量差愈大。所以，同一靶材的K，L，M系谱线中，K系波长最短，而L系波长又短于M系。此外，由式(7-3)以及图7-6可推知，在同一线系各谱线间(如K系)必定是$\lambda_{K\beta}<\lambda_{K\alpha}$以及$\varepsilon_{K\beta}>\varepsilon_{K\alpha}$。

莫塞莱于1914年建立了特征X射线波长λ与靶材原子序数Z之间的关系，称之为莫塞莱定律，等式如下：

$$\sqrt{1/\lambda}=K(Z-\sigma) \tag{7-8}$$

式中，K和σ都是常数。该式表明，不同靶材的同系列特征谱线，其波长λ随靶材原子序数Z的增大而变短，此规律已成为现代X射线光谱分析法的基础。

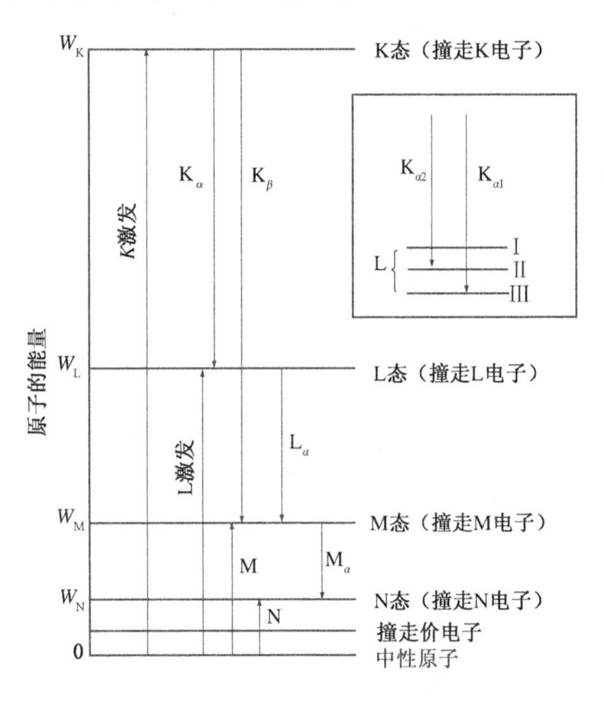

图7-6　多电子能级

原子中同一壳层上的电子并不处于同一能量状态，而分属于若干个亚能级，如L层8个电子分属于L_{I}，L_{II}，L_{III}三个亚能级，M层的18个电子分属于五个亚能级等。亚能级间有微小的能量差，因此，电子从同层不同亚层向同一内层能级跃迁，所辐射的特征谱线波长必然有微小的差值。此外，电子在各能级间的跃迁并不是随意的(参见有关原子物理书籍)，L_{I}亚能级上的电子就不能跃迁至K层上来，所以K_α线由L_{III}→K和L_{II}→K电子跃迁时辐射出来的两根谱线即$K_{\alpha1}$和$K_{\alpha2}$所组成。L_{III}上的4个电子跃迁至K层填满空位的概率比L_{II}上的3个电子跃迁至K层的概率大一倍，因此$K_{\alpha1}$线强度是$K_{\alpha2}$线的两倍，且$K_{\alpha1}$线波长略短于$K_{\alpha2}$线。

由于 $K_{\alpha 1}$ 与 $K_{\alpha 2}$ 的波长相差很小，故统称为 K_α 线，K_α 线的波长一般用双线波长的加权平均值来表示，即

$$\lambda_{K_\alpha}=(2\lambda_{K_{\alpha 1}}+\lambda_{K_{\alpha 2}})/3 \tag{7-9}$$

同样，由于电子跃迁概率的关系，K 系谱线中 K_α 线的强度大于 K_β 线的强度，两者之比值大约为 5∶1。

K 系谱线强度的经验公式为

$$I_{特征}=Ai(U-U_K)^R \tag{7-10}$$

式中，A 为常数，U_K 为 K 系谱线的临界激发电压，常数 R 约为 1.5。该式表明，特征谱线的辐射强度随管流 i 及管压 U 的增大而增大。

当管压增加时，特征谱线强度随之增加，同时连续谱强度也增加，这对于需要单色特征辐射的 X 射线衍射分析是不利的。经验表明，欲得到最大特征 X 射线与连续 X 射线的强度比，X 射线管工作电压选在 $3\sim5U_K$ 时为最佳。

由于 L 系及 M 系的特征谱线波长较长，容易被物质吸收，所以在晶体衍射分析中主要应用 K 系谱线。轻元素靶材，即使利用 K 系辐射，其波长也较长，容易被吸收而无法利用。太重元素靶材所产生 K 的系谱线的波长又太短，且连续辐射所占比例太大，同样不能利用。宜采用的靶材为 Cr，Fe，Co，Cu，Mo 及 Ag 等。

7.3 X 射线与物质相互作用

照射到物质上的 X 射线，除一部分可能沿原入射线束方向透过物质继续向前传播外，其余部分则在与物质相互作用，在复杂的物理过程中被衰减。X 射线与物质的相互作用形式，可分为散射和真吸收两大类。

7.3.1 X 射线散射

沿着一定方向运动的 X 射线光子流与物质中电子相互碰撞后，光子流向周围弹射，从而偏离了原来的入射方向，这就是 X 射线的散射现象。有两种类型的 X 射线散射，即相关散射和非相关散射，相关散射波长与入射线波长相同即能量未发生变化，而非相关散射波长则大于入射线波长，即能量降低。

1) 相干散射

X 射线光子与受原子核束缚得很紧的电子(如原子内层电子)相碰撞而发生弹射，光子的方向发生改变，但其能量几乎没有损失，于是产生了波长不变的散射线。汤姆逊曾用经典电动力学理论，对相干散射做过解释。他认为 X 射线是一种电磁波，原子中电子在入射 X 射线电场力的作用下产生与入射波频率相同的受迫振动，于是加速振动的电子便以自身为中心，向四周辐射新的电磁波，其波长与入射波相同，并且彼此间有确定的周相关系。晶体中有规则排列的原子，在入射 X 射线的作用下都会产生这种散射，在空间形成了满足相互干涉条件的多元波，故称这种散射为相干散射，也称为经典散射或汤姆逊散射。在后面介绍 X 射线衍射强度理论中，还会对相干散射进行必要的讨论。

在相干散射的过程中，X 射线主要表现为波动性质，这是产生晶体衍射的物理学基础。X 射线衍射分析，利用的都是相干散射 X 射线的信息。

2）非相干散射

当X射线光子与原子中受束缚力弱的电子（如原子中的外层电子）发生碰撞时，电子被撞离原子并带走光子的一部分能量而成为反冲电子。由于损失能量而波长变长的光子，也被撞偏了一定角度 2θ，如图7-7所示。

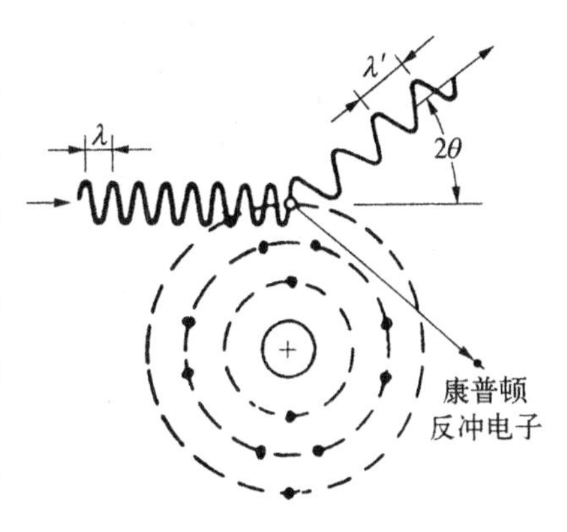

图7-7 X射线非相关散射

对于图7-7中光子与电子所组成的体系，散射前后体系的能量和动量守恒，由此可以推导出散射X射线的波长增大值。

$$\Delta\lambda=\lambda'-\lambda=0.00243(1-\cos 2\theta) \quad (7-11)$$

式中，λ' 和 λ 分别为散射线和入射线的波长，单位为nm。

上述散射效应是由康普顿和我国物理学家吴有训首先发现的，故称之为康—吴效应，这种散射称为康普顿散射或量子散射。各原子产生的X射线散射波，散布于空间各个方向，不仅波长互不相同，并且这些散射波之间不存在确定的周相关系，因此它们之间互相不干涉，所以也称这类散射为非相干散射。

非相干散射不能在晶体中参与衍射，只会在衍射图像上形成强度随 $\sin\theta/\lambda$ 增加而增大的连续背底，从而给衍射分析工作带来不利的影响。入射X射线波长愈短，被照物质元素愈轻，则康—吴效应愈显著。

7.3.2 X射线真吸收

X射线光子与原子中电子相互作用，会产生光电效应以及俄歇效应，同时伴随着热效应。由于这些效应而消耗的入射X射线能量，通称为物质对入射X射线的真吸收。

1）光电效应与荧光辐射

当入射X射线光量子的能量足够大时，可以将原子内层电子击出，从而产生光电效应，被击出的电子称为光电子。原子被击出内层电子后，处于激发状态，随之将发生外层电子向内层跃迁的过程，同时辐射出波长严格一定的特征X射线。为了区别于X光管中电子击靶时产生的特征辐射，称由X射线激发产生的特征辐射为二次特征辐射。二次特征辐射本质上属于光致发光的荧光现象，故也称为荧光辐射。

欲激发原子产生K,L及M等线系的荧光辐射，入射X射线光量子的能量必须大于或至少等于从原子中击出一个K,L及M层电子所需做的功 W_K，W_L 及 W_M。例如

$$W_K=h\nu_K=hc/\lambda_K \quad (7-12)$$

式中，ν_K 及 λ_K 为激发K系荧光辐射所需要的入射线频率及波长之临界值。

产生光电效应时，入射X射线光子的能量波被消耗掉，转化为光电子的逸出功及其所携带的动能。因此，一旦产生X射线荧光辐射，入射X射线的能量必定被大量吸收，所以 λ_K，λ_L 及 λ_M 也称为被照射物质因产生荧光辐射而大量吸收入射X射线的吸收限。激发不同的元素，会产生不同谱线的荧光辐射，所需的临界能量条件是不同的，所以它们的吸收限值也不相同。原子序数愈大，同名吸收限的波长值愈短。同样，从激发荧光辐射的能量条件中，我们还可得知，荧光辐射光量子的能量，一定小于激发它产生的入射X射线光量子的能量，或说荧光X射线的波长一定大于入射X射线的波长。

在X射线衍射分析中，荧光辐射是有害的，因为它增加了衍射花样的背底。但在元素分

析过程中，它又是X射线荧光光谱分析的基础。

2) 俄歇效应

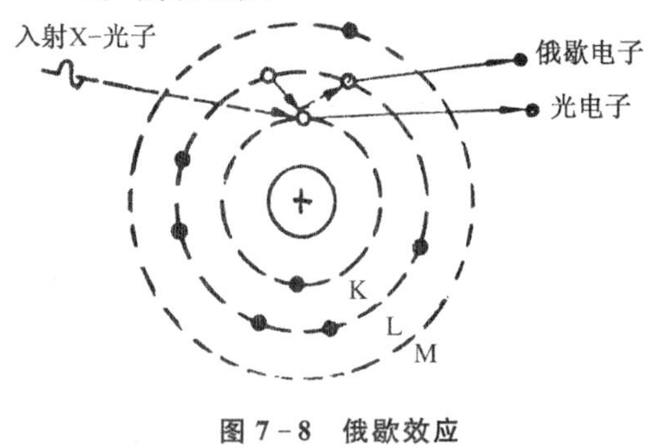

图7-8 俄歇效应

入射X光量子将原子中K层电子击出后，发生光电效应。然后，L层电子向K层跃迁，所释放的能量(E_K-E_L)有两种转换方式，一种方式是转换为荧光X射线，另一种则是被其他L层电子所吸收，L层电子吸收能量(E_K-E_L)后受激发，逃逸出原子而成为自由电子，这实际是一个K层空位被两个L层空位所取代的过程，称之为俄歇(Auger)效应，逸出的自由电子就是俄歇电子，如图7-8所示。

俄歇电子能量主要取决于原子具有一个K层空位的初始能态与L层两个空位的终止能态之差$\Delta E=(E_K-2E_L)$，即能量值是特定的，与入射X射线波长无关，仅与产生俄歇效应的物质元素种类有关。实验表明，轻元素产生俄歇电子的概率要比产生荧光X射线的概率大，所以轻元素的俄歇效应比重元素强烈。俄歇电子能量较低，一般只有几百电子伏，只有表面几层原子所产生的俄歇电子才能逃逸出物质表面。

由于俄歇电子可带来物质的表层信息，按此原理而研制的俄歇电子显微镜已成为表面分析的重要工具之一。

3) 热效应

当X射线照射到物质上时，可导致电子运动速度或原子振动速度加快，部分入射X射线能量将转变为热能，从而产生热效应。

7.3.3 X射线衰减规律

当X射线透过物质时，与物质相互作用而产生散射与真吸收，强度将被衰减。X射线强度衰减主要是由真吸收所造成的(很轻元素除外)，而散射只占很小一部分。在研究X射线的衰减规律时，一般都忽略散射部分的影响。

7.3.3.1 衰减规律与线吸收系数

实验规律表明，当一束单色X射线透过一层均匀物质时，其强度将随穿透深度的增加而按指数规律减弱，即

$$I=I_0\mathrm{e}^{-\mu_l t},\ I/I_0=\mathrm{e}^{-\mu_l t} \tag{7-13}$$

式中，I_0为入射束强度，I为透射束强度，t为物质厚度(单位cm)，I/I_0为穿透系数或透射因数，μ_l为线吸收系数(单位cm^{-1})。

μ_l表征沿穿越方向单位长度X射线强度衰减的程度，实际是单位时间内单位体积(单位面积×单位长度)物质对X射线能量的吸收，不仅与X射线波长有关，而且与物质的种类有关。

7.3.3.2 质量吸收系数

质量吸收系数定义为$\mu_m=\mu_l/\rho$，其中ρ为吸收物质的密度，这样式(7-13)可变为

$$I=I_0\mathrm{e}^{-\mu_m \rho t} \tag{7-14}$$

质量吸收系数μ_m单位为$\mathrm{cm}^2\cdot\mathrm{g}^{-1}$，表示单位重量物质对X射线的吸收程度。对波长

一定的X射线来讲，某物质的μ_m是一个定值。

1) 复杂物质的质量吸收系数

对于非单质元素组成的复杂物质，例如固溶体、化合物或混合物的质量吸收数μ_m，可以通过各元素的吸收系数进行计算。考虑到物质对X射线的吸收是通过单个原子进行的，因此复杂物质的吸收等于组成该物质各元素对X射线的吸收总和。如果复杂物质共由n种元素组成，其中，w_2，w_3，…，w_n为所含各元素的重量百分数，而μ_{m1}，μ_{m2}，μ_{m3}，…，μ_{mn}为相应元素质量吸收系数，则这个复杂物质的质量吸收系数为

$$\mu_m = \sum_{i=1}^{n} \mu_{mi} w_i \tag{7-15}$$

因此，在处理复杂物质的X射线吸收问题时，利用质量吸收系数要比线吸收系数方便。

2) 连续谱的质量吸收系数

实验证明，连续X射线穿过物质时的质量吸收系数，相当于一个称为有效波长X射线所对应的质量吸收系数。有效波长λ_e与连续谱短波限λ_0的关系为

$$\lambda_e = 1.35\lambda_0 \tag{7-16}$$

3) 质量吸收系数与波长λ和原子序数Z的关系

一般地说，当吸收物质一定时，X射线的波长愈长愈容易被吸收；当波长一定时，吸收体的原子序数愈高，X射线被吸收得愈多。实验表明，质量吸收系数μ_m与波长λ、原子序数Z以及某常数K之间的关系为

$$\mu_m \approx K\lambda^3 Z^3 \tag{7-17}$$

图7-9为金属铅的μ_m与λ关系曲线，图中整个曲线并非随λ值减小而单调下降。当波长减小到某几个值时μ_m值骤增，于是若干个跳跃台阶将曲线分割为若干段。每段曲线连续变化满足式(7-17)，各段之间仅K值有所不同。这几个波长的入射线会被强烈吸收使μ_m值突增，主要与X射线的荧光辐射有关。由于对应的几个波长的X射线光量子能量刚好等于或略大于击出原子中某内层(如K，$L_{\rm I}$，$K_{\rm II}$等)电子的结合能，光子的能量因大量击出内层电子而被消耗，于是μ_m值突然增大。这些吸收突增处的波长，就是物质因被激发荧光辐射而大量吸收X射线的吸收限，这是吸收元素的特征量，不随实验条件而变，所有元素的μ_m与λ关系曲线都类似，但吸收突增的波长位置即吸收限的位置不同。

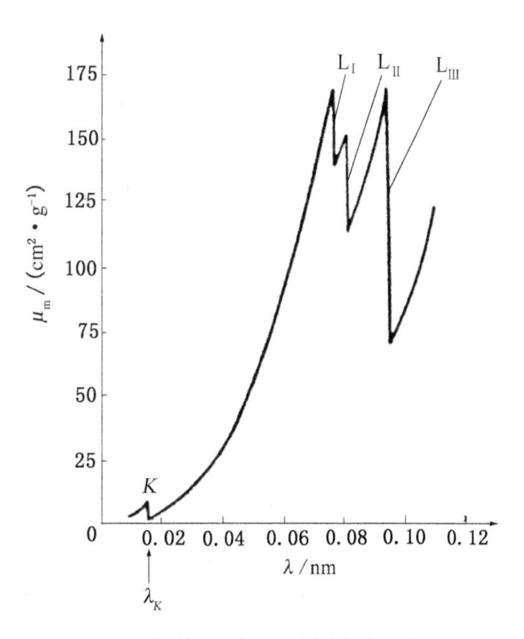

图7-9　铅的μ_m与λ之间的关系曲线

7.3.4 X射线吸收效应的应用

7.3.4.1 吸收限的应用

1）根据试样化学成分选择靶材

在进行晶体X射线衍射结构分析时，要求入射X射线尽可能减少激发试样荧光辐射，以降低衍射背底，使衍射图像或曲线清晰。为此，根据图7-9所示吸收限的启示，最好是入射线的波长略长于试样 λ_K 或者比其短得多。换言之，是要求所选X射线管靶材的原子序数比试样原子序数稍小或者大许多，这样，X射线管辐射出的K系谱线波长就会满足上述要求。

实践证明，根据试样化学成分选择靶材的原则是：$Z_{靶} \leqslant Z_{样}+1$ 或 $Z_{靶} >> Z_{样}$。如果试样中含有多种元素，应在含量较多的几种元素中以原子序数最轻的元素来选择靶材。必须指出，上述选择靶材的原则仅从减少试样荧光辐射的方面考虑。在实际中，靶材选择还要顾及其他方面，这个问题将在其他章节中进行必要的介绍。

2）滤片选择

K系特征谱线包括 K_α，K_β 两条线，它们将在晶体衍射中产生两套花样或衍射峰，使分析工作复杂化，为此，希望能从K系谱线中滤去 K_β 线，可选择一种合适的材料，使其吸收限 λ_K 刚好位于 K_α 与 K_β 波长之间。将此材料制成薄片（滤波片），置于入射线束或衍射线束光路中，滤片将强烈吸收 K_β 线，而对 K_α 线吸收很少，这样就可得到基本上是单色的 K_α 辐射。图7-10示出铜靶辐射谱线通过镍滤波片前后的比较，虚线为镍的质量吸收系数曲线。

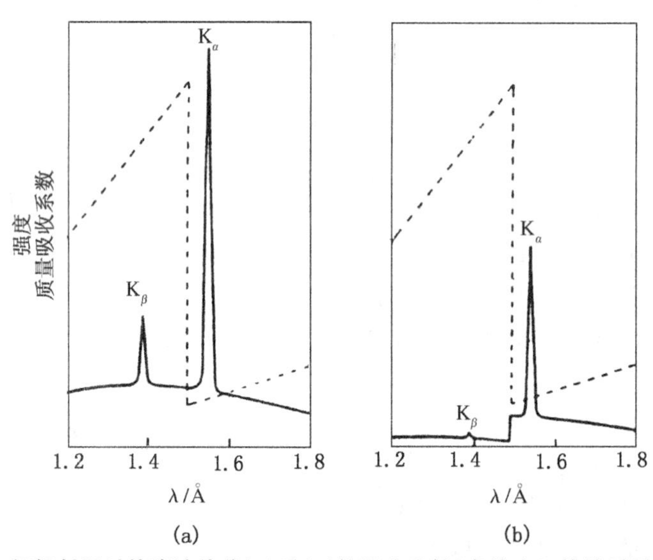

图7-10 铜辐射通过镍滤波片前(a)后(b)的强度比较(虚线表示镍的质量吸收系数)

表7-1给出了常见靶材K系特征X射线波长以及相关的数据。表中可见，不同靶材需要选择不同类型的滤波片，选择原则是滤波片原子序数应比阳极靶材原子序数小1或2，具体是当靶材原子序数 $Z_{靶}<40$ 时，滤波片原子序数 $Z_{滤}=Z_{靶}-1$，而当 $Z_{靶}>40$ 时，则 $Z_{滤}=Z_{靶}-2$。

表 7-1 常用靶材 K 系特征 X 射线波长及相关数据

靶子元素	原子系数	$K_{\alpha 1}$/nm	$K_{\alpha 2}$/nm	K_{α}/nm	K_{β}/nm	λk/nm	临界激发电压 (U_k)/kV	工作电压 /kV	被强烈吸收及散射的元素 K_{α}	被强烈吸收及散射的元素 K_{β}
Cr	24	0.228 96	0.229 35	0.220 09	0.308 48	0.207 01	5.98	20～25	Ti、So、Ca	V
Fe	26	0.193 60	0.193 99	0.193 73	0.175 65	0.174 38	7.10	25～30	Cr、V、Tl	Mn
Co	27	0.178 89	0.179 28	0.179 02	0.102 08	0.162 81	7.71	30	Mn、Cr、V	Fe
Ni	28	0.165 78	0.166 10	0.165 91	0.150 01	0.148 80	8.20	30～35	Fe、Mn、Cr	Co
Cu	29	0.154 05	0.154 43	0.154 18	0.139 22	0.138 04	8.80	35～40	Co、Fe、Mn	Ni
Mo	42	0.070 93	0.071 35	0.071 07	0.063 23	0.061 98	20.0	50～55	Y、Sr、Ru	Nb、Zr
Ag	47	0.055 94	0.055 94	0.056 09	0.040 20	0.048 35	26.5	55～60	Ru、Mo、Nb	Pd、Rh

7.3.4.2 薄膜厚度测定

图 7-11(a)中基片表面无薄膜材料，一束 X 射线以 α 角入射到基片，然后以 β 角反射，当 $\alpha=\beta$ 时即为对称反射。这里所说的反射实际是 X 射线衍射，将在后面章节中详细介绍。图 7-11(b)中基片表面有厚度为 t 的薄膜，射线仍以 α 角入射到表面且穿透薄膜后到达基片，然后仍以 β 角反射并再次穿透薄膜。不难看出，图 7-11(b)中入射线经历了 $AO=t/\sin\alpha$ 路程薄膜的吸收，反射线则经历了 $OB=t/\sin\beta$ 路程薄膜的吸收。根据 X 射线的吸收原理，式(7-13)可以证明，无薄膜基片的反射强度 I 与有薄膜基片的反射强度 I_t 之关系为

$$I_t=I\mathrm{e}^{-\mu_l t(1/\sin\alpha+1/\sin\beta)},\ t=\ln(I/I_t)[\mu_l(1/\sin\alpha+1/\sin\beta)]^{-1} \quad (7-18)$$

式中，μ_l 为薄膜的线吸收系数。由于 μ_l，α 及 β 是已知的，I 及 I_t 能够通过实验测量获得，利用该公式即可计算出薄膜的厚度 t 值。

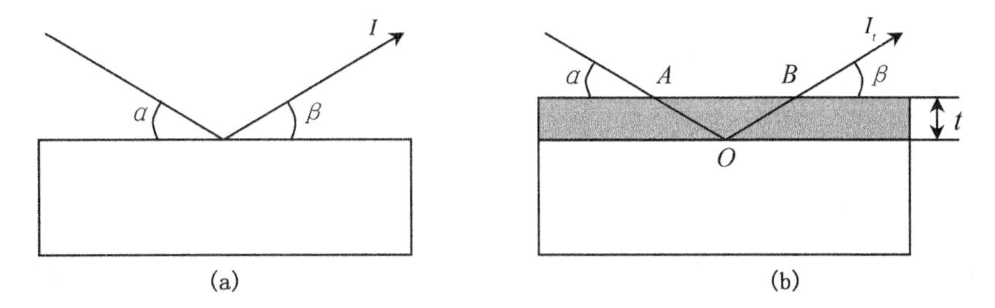

图 7-11 薄膜测厚的原理

7.4 X 射线防护

人体受到过量 X 射线照射时，会受到伤害，引起局部组织灼伤、坏死或带来其他疾患，例如使人精神衰退、头晕、毛发脱落、血液的组成及性能变坏、影响生育等。因此在 X 射线实验室工作时必须注意安全防护，尽量避免一切不必要的照射。在调整仪器光路系统时，注意不要将手和身体的任何部位直接暴露在 X 射线光束下。

重金属铅可强烈吸收 X 射线，在需要遮蔽的地方应加上铅屏或铅玻璃屏，必要时可戴上铅玻璃眼镜、铅橡胶手套和铅围裙，以便有效地挡住 X 射线。由于高压和 X 射线的电离作用，仪器附近会产生臭氧等对人体有害的气体，所以工作场所必须通风良好。

第8章　X射线衍射方向

自然界中的许多物质都具有结晶的构造，它们通常由许多小的单晶体即晶粒聚集而成。晶体几何学认为，晶体中原子按照一定规则有周期性的排列，形成空间点阵，点阵排列方式决定了晶胞类型，晶胞则是晶体的基本单元。利用晶体几何学的知识，科学地描述晶体结构中的问题，是从事X射线衍射分析的基础。

X射线在晶体中的衍射，实质上是大量原子散射波互相干涉的结果。每种晶体所产生的衍射花样都是其内部原子分布规律的反映。研究X射线衍射现象，可归结为两方面问题来讨论，即衍射方向和衍射强度。X射线衍射方向是由晶胞大小、形状和位向等因素所决定的，衍射强度则主要与原子在晶胞中的位置有关。建立衍射规律与晶体结构之间的内在关系，有助于利用衍射信息来分析晶体的内部结构。

本章将简要介绍晶体几何学知识，包括晶体结构、晶体投影及倒易点阵，详细论述X射线衍射方向问题，包括布拉格方程及厄瓦尔德图解。

8.1　晶体几何学

描述晶体物质结构特征的方法主要有两种，一是引入晶体结构参数，二是建立晶体结构的几何投影图。为了解释晶体的衍射现象，还需要从实际晶体点阵中抽象出倒易点阵的概念。

8.1.1　晶体结构

晶体结构可分为七种布拉菲点阵类型，晶胞是晶体的最小单元，晶体结构参数主要包括：晶向指数、晶面指数、晶系及晶带等。

8.1.1.1　点阵与晶胞

晶体是由原子在三维空间中周期性排列而构成的固体物质。晶体物质在空间分布的这种周期性，可用空间点阵结点的分布规律来表示，如图8-1所示。空间点阵的结点是晶体中具有完全相同的周围环境，并且具有完全相同物质内容的等同点。

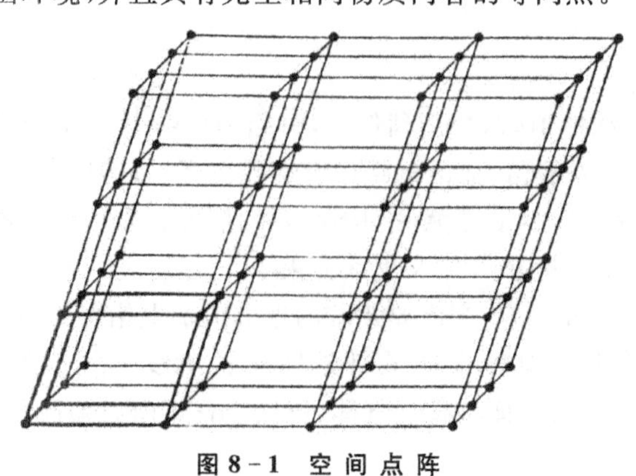

图8-1　空间点阵

连结点阵中相邻结点而形成的多面体，称为晶胞(单位点阵)。晶胞可以有许多选取方式。选取时要较好地表现出晶体的对称性，如果仅在晶胞的顶角处存在结点，这就是初级晶胞，但如果在其他位置也存在结点，则称为非初级晶胞(例如面心点阵或体心点阵晶胞)。晶胞点阵参数的定义如图8-2所示，平行于晶胞棱线的三个轴称为晶轴，三个轴的长度分别为a，b及c，轴间夹角分别为α，β，γ，这是晶胞的六个点阵参数。晶胞中结点总数，可由以下公式计算：

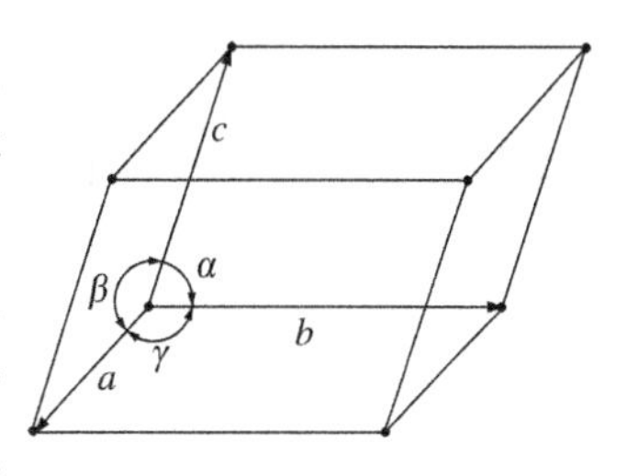

图8-2　晶胞点阵参数

$$N=N_i+N_f/2+N_c/8 \tag{8-1}$$

式中，N_i，N_f及N_c分别为晶胞内、晶胞面及晶胞角上的结点数。

8.1.1.2　晶系与布拉菲点阵

按照晶体对称性进行分类，可分成七个晶系，包括了所有类型的晶体，如表8-1所列。表中每个晶系中又包括几种点阵类型，它们都满足每个结点均具有等同环境这一基本条件，称为布拉菲点阵。共有14种布拉菲点阵，如图8-3所示。需要说明的是，表8-1采用的是国际通行点阵符号，图8-3则沿用的是旧点阵符号。目前这两种点阵符号都可以使用。

表8-1　晶系划分和布拉菲点阵类型(国际通行点阵符号)

晶体	特性对称元素 (最低对称元素)	晶胞参数	点阵类型	点阵符号
立方	四个三次轴	$a=b=c\quad\alpha=\beta=\gamma=90°$	简单 体心 面心	C B F
六方 四方	一个六次轴(或反轴) 一个四次轴(或反轴)	$a=b\neq c\quad\alpha=\beta=\gamma=90°\quad\gamma=120°$ $a=b\neq c\quad\alpha=\beta=\gamma=90°$	简单 简单 体心	H T U
三方 正交	一个三次轴(或反轴) 三个互相垂直的二次轴 (或反轴)	$a=b=c\quad\alpha=\beta=\gamma\neq90°$ $a\neq b\neq c\quad\alpha=\beta=\gamma=90°$	简单 简单 体心 底心 面心	R O P Q S
单斜	一个二次轴(或反轴)	$a\neq b\neq c\quad\alpha=\gamma=90°\neq\beta$	简单 底心	M N
三斜	无	$a\neq b\neq c\quad\alpha\neq\beta\neq\gamma\neq90°$	简单	Z

常见金属的点阵结构包括：体心立方、面心立方及密排六方。其中，α-Fe，Cr，Mo，V等为体心立方点阵；γ-Fe，Cu，Al、Ni，Ag，Pb等为面心立方点阵，这是一种最密排的结构，其(111)面为密排面；Zn，Mg，Be，α-Ti等为密排六方点阵，也是一种最密排的结构。

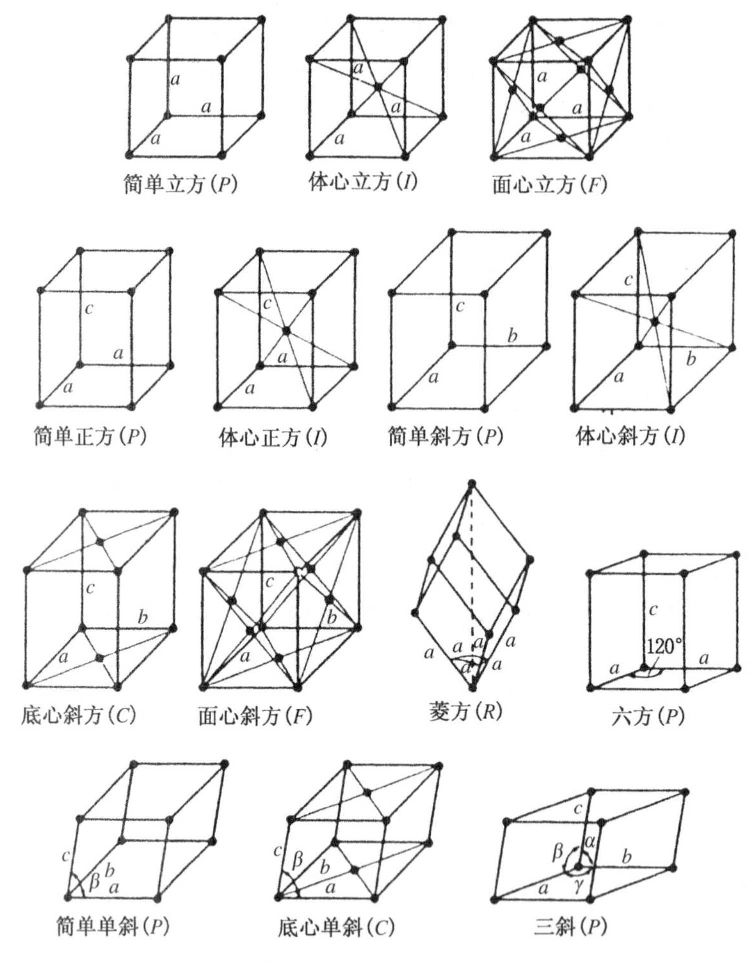

图 8-3　14 种布拉菲点阵(旧点阵符号)

8.1.1.3　晶向与晶面

晶向和晶面是晶体几何学中的重要概念,分别用晶向指数和晶面指数来表达,是描述晶体结构的最基本参数。

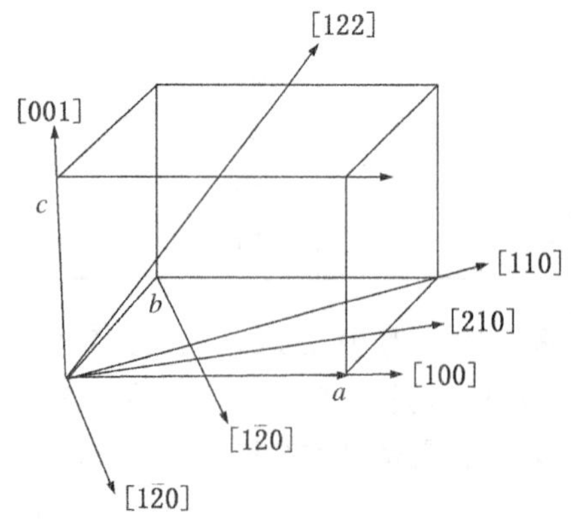

图 8-4　晶向与晶向指数

1) 晶向及晶向指数

在点阵空间中,从坐标原点指向某节点的矢量,定义为晶向,该结点的坐标[uvw]定义为晶向指数,如图 8-4 所示。当晶向垂直于某坐标轴时,用 0 来表示该轴对应的指数。为了区分正反方向的晶向,分别用[uvw]和[$\bar{u}\bar{v}\bar{w}$]来记作正与反方向。在处理晶体学问题时,某些晶向是互为等价的,例如[100],[010]和[001]等,称它们为同一晶向族,用<uvw>表示。

2) 晶面及晶面指数

部分结点可以放在一组互相平行的等间距平面上,这组平面称为晶面。若离坐标原点最近的晶面在晶轴

上的截距分别为 a/h，b/k，c/l 时，则用（hkl）表示这组晶面，称为晶面指数或密勒指数，如图 8-5所示。当晶面平行于某坐标轴时，用0来表示该轴对应的晶面指数。为了区分正反方向的晶面，分别用（hkl）和（$\bar{h}\bar{k}\bar{l}$）来记作正和反方向。把互为等价的某些晶面，称为同一晶面族，用$\{hkl\}$表示。在一个晶胞中同属于某一晶面族的等效晶面数目，称为多重性因子。在立方晶体中，与晶面（hkl）相同指数的晶向[hkl]，此方向即为该晶面的法线方向。

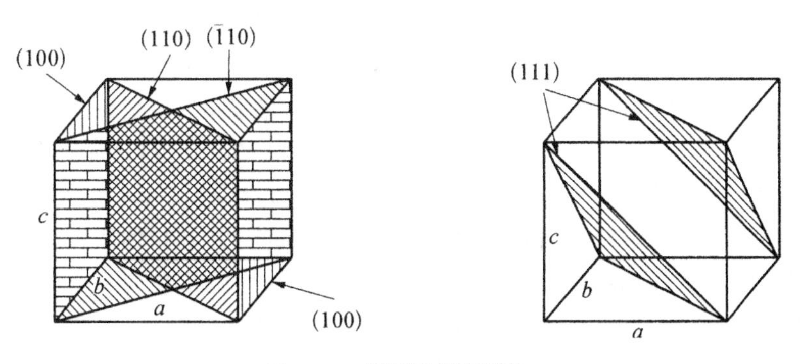

图 8-5　晶面及晶面指数

3）晶面间距

一组指数为（hkl）的晶面是以等间距排列的，称这个间距为晶面间距，用 d_{hkl} 或简写成 d 来表示，d 和（hkl）的关系式由晶系决定。各晶系的晶面间距公式如下：

$$1/d^2=(h^2+k^2+l^2)/a^2\text{（立方晶系）}$$
$$1/d^2=(h^2+k^2)/a^2+l^2/c^2\text{（四方晶系）}$$
$$1/d^2=h^2/a^2+k^2/b^2+l^2/c^2\text{（正交晶系）} \tag{8-2}$$
$$1/d^2=4(h^2+hk+k^2)/(3a^2)+l^2/c^2\text{（六方晶系）}$$
$$1/d^2=\{(h/a)^2+(k/b)^2\sin^2\beta+(l/c)^2-[2hl/(ac)]\cos\beta\}\sin^2\beta\text{（单斜晶系）}$$

8.1.1.4　晶带

在晶体中，可将平行于同一晶向[uvw]的所有晶面（hkl）定义为一个晶带，此晶向定义为晶带轴。组成晶带的各晶面又称为共带面。例如，正交晶系的(100)，(010)，(110)，(120)，…，等晶面构成一晶带，[001]就是它们的晶带轴。

根据晶带的定义，方向[uvw]与平面（hkl）平行，而方向[hkl]又是平面（hkl）的法线（对于立方晶体），因此方向[uvw]与方向[hkl]互相垂直，由此可得到晶带定律的表达式，即

$$hu+kv+lw=0 \tag{8-3}$$

8.1.2　晶体投影

将三维空间的实际晶体结构，用二维几何图形来表达，这就是几何投影方法。主要包括极射投影、吴氏网与标准投影图等。

8.1.2.1　极射投影

为了能够清楚地表达出晶体中晶向、晶面及晶带等对称元素的角关系，曾经引入过多种描述方法，比较典型的方法就是球面投影和极射投影。球面投影法，就是将晶体中一些角关系表示在一个球面上，这样虽然比在晶胞内表达得清晰，但由于它是三维图形，不便于绘制和操作。于是人们在此基础上，将球面转化为平面图形，这就是极射投影法，它是目前使用方便且用途广泛的一种描述晶体的方法。

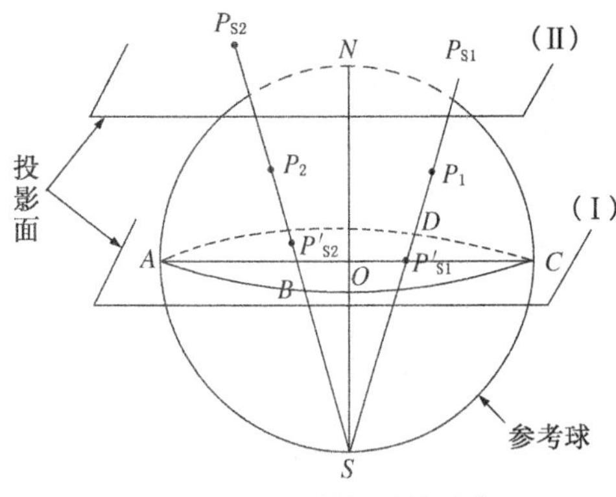

图 8-6 极射投影的形成

极射投影的形成如图 8-6 所示，图中 S 及 N 分别代表南北极。为获得球面极射投影图，须把投影光源放在参考球面 S 处，并使投影幕与过 S 的直径垂直。图中平面(Ⅰ)和(Ⅱ)为投影幕的两个特殊位置，其中平面(Ⅰ)为过参考球心的投影幕，平面(Ⅱ)为与参考球相切的投影幕。为确定球面上 P_1 和 P_2 极射投影点，分别连接直线 SP_1 和 SP_2 并向上延伸，它们与投影面(Ⅰ)交点为 P'_{s1} 及 P'_{s2}，与投影面(Ⅱ)交点为 P_{s1} 及 P_{s2}，这样就得到 P_1 和 P_2 在两平面上的极射投影影点。图中表明，以不同位置的投影幕做极射投影时，所获得的极射投影点之间的距离有所不同，例如 P_{s2} 与 P_{s1} 之间的距离明显大于 P'_{s1} 与 P'_{s2} 之间的距离。因此规定，在极射投影中必须包含有与投影幕平行的大圆投影，以规范各极点之间的关系，称此大圆投影为极射投影图中的基圆。图中所示大圆 $ABCD$，就是取投影幕为平面(Ⅰ)时的极射投影的基圆。应该注意的是，为确保极射投影中各极点清晰地与球面上各点相对应，习惯上规定逆着投影光线去观察极射投影图。

8.1.2.2 吴氏网与标准投影图

如果利用极射投影图来解决晶体学取向问题，必须事先准备相应的工具，从而对极射投影图进行解释或测量，这就是下面将要介绍的吴氏网和晶体标准投影图。

1) 吴氏网与极网

如果把投影光源放在球面经纬线网的赤道上做极射投影，则形成如图 8-7 所示的图形，称为吴氏网。而把投影光源放在球的南北极处时，则形成如图 8-8 所示的图形，称为极网。吴氏网的应用比极网广泛得多。吴氏网是测量极射投影的工具，为书写方便，以后用 S,N、E,W 分别表示极射投影的南、北、东、西。

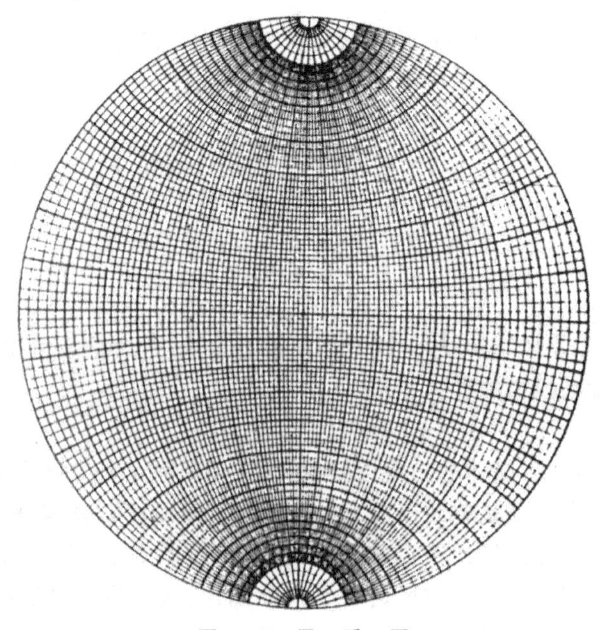

图 8-7 吴 氏 网

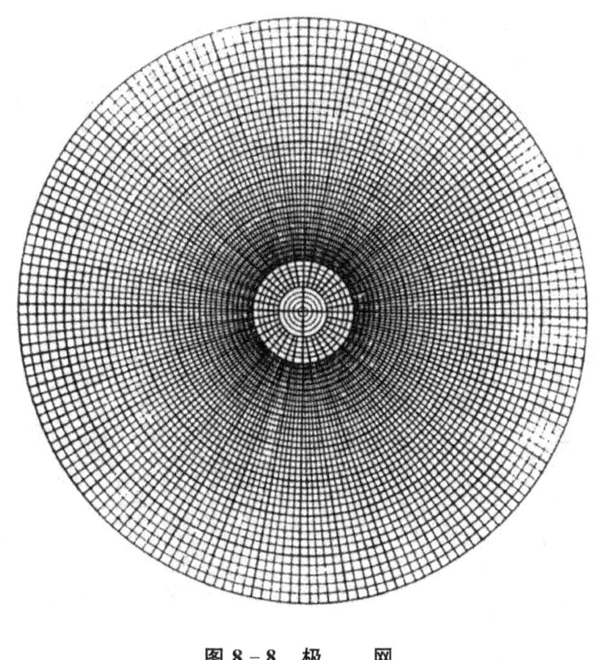

图 8-8　极　网

让我们考虑如何利用吴氏网测量极射投影上任意两极点之间的夹角。例如，要测量图 8-9(a)所示的极射投影中极点 P_1、P_2之间的夹角，则须把该极射投影蒙在基圆相同的吴氏网上，钉住两者中心，转动极射投影，使这两个极点落在吴氏网的同一条经线上，如图 8-9(b)所示。这时两极点之间的纬度差就是它们之间的夹角，这个夹角为 30°。

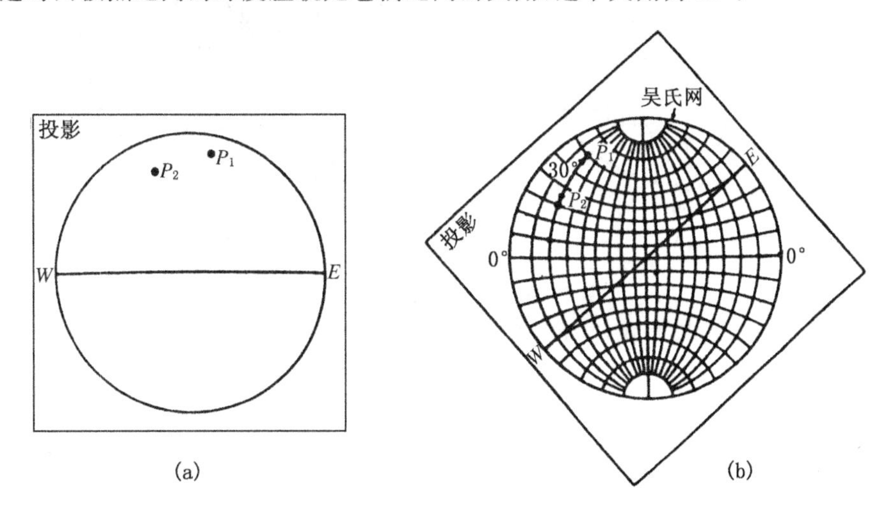

图 8-9　极射投影上的极点(a)和它们之间的角度测量(b)

2）标准投影

在解决某些实际问题时，晶体中主要晶面的极射投影特别有用，因为它以图解的形式给出了这些面之间的角关系。标准投影是以低指数晶面平行于投影面时的晶体中主要晶面或晶向的极射投影，并以平行于投影面的晶面或垂直于投影面的方向来确定标准投影的名称。对于立方系，晶面与晶向的标准投影是一致的，所以在名称上不加以区别。在标准投影图上，最高的晶面（或晶向）指数一般为 7。必须指出的是，立方系标准投影图对于所有的立方系晶体都是通用的，而非立方系的标准投影图则不然。图 8-10 分别给出了立方晶系(001)，(011)及(111)标准投影极图，分别规定[001]，[011]及[111]为南北 $S-N$ 方向进行投影，凡具有完全对称性质的极点，均采用同一符号如(▣)或(⊙)来表示。一般 X 光实验室都备有立方系的标准投影，需要自己绘制时，可以参考上述方法动手绘制或利用计算机程序自动绘制所需的标准投影。

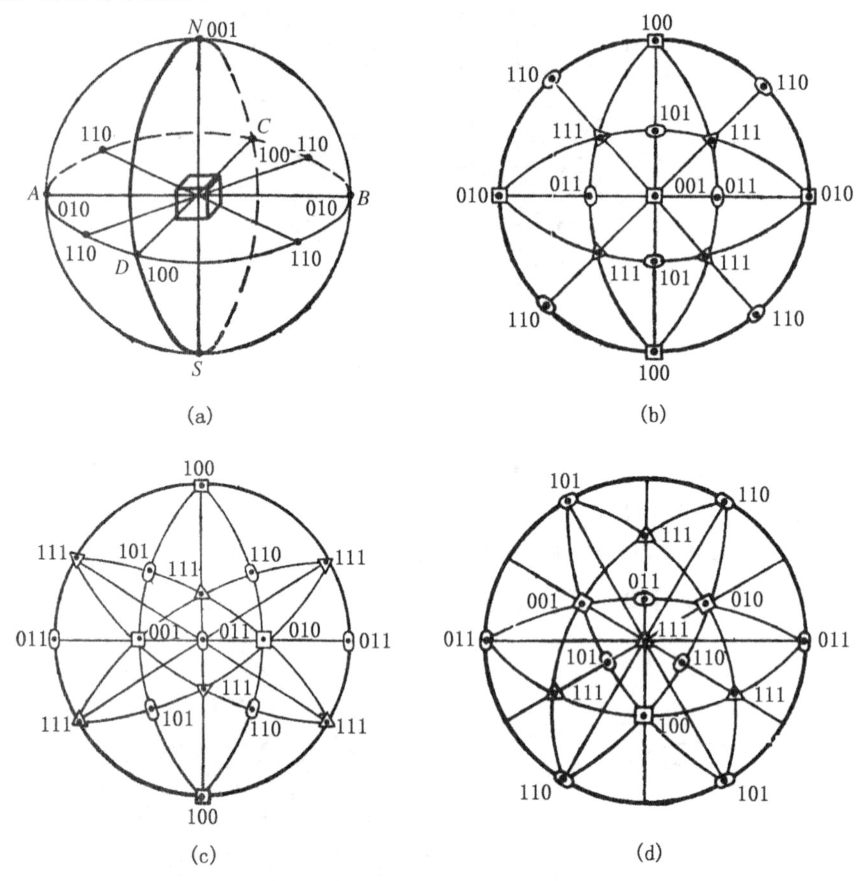

图 8-10 立方晶系标准投影

(a) 投影(001)面；(b) 标准(001)投影极图；(c) 标准(011)投影极图；(d)标准(111)投影极图

8.1.3 倒易点阵

倒易点阵与实际晶体点阵互为倒易关系。倒易点阵矢量代表实际点阵中的晶面。倒易点阵晶面代表实际点阵中的晶带，反之也成立。

1) 倒易点阵

倒易点阵是晶体学中极为重要的概念之一，它不仅可以简化晶体学中的某些计算问题，并且可以形象地解释晶体的衍射现象，同时也是固体物理中的重要概念。从数学上讲，所谓倒易点阵就是由正点阵派生的一种几何图像。一般地讲，正点阵是直接从晶体结构中抽象出来的，而倒易点阵则是由正点阵演算出来的。从物理上讲，正点阵与晶体结构相关，正点阵描述的是晶体中原子的分布规律，是实际物质空间，称为正空间。倒易点阵则与晶体衍射现象有关,它描述衍射方向等问题,称倒易点阵所在的空间为倒易空间。

如果一个正点阵的基矢为 $\boldsymbol{a}$,$\boldsymbol{b}$ 和 $\boldsymbol{c}$,由此可定义一个倒易点阵与之对应,倒易点阵的基矢为 $\boldsymbol{a}^*$、$\boldsymbol{b}^*$ 和 $\boldsymbol{c}^*$,它们与正点阵基矢的关系是

$$\boldsymbol{a}^*=(\boldsymbol{b}\times\boldsymbol{c})/V,\boldsymbol{b}^*=(\boldsymbol{c}\times\boldsymbol{a})/V,\boldsymbol{c}^*=(\boldsymbol{a}\times\boldsymbol{b})/V \tag{8-4}$$

式中,$V=\boldsymbol{a}\cdot(\boldsymbol{b}\times\boldsymbol{c})$ 为正点阵晶胞的体积。

正点阵基矢与倒点阵基矢是互为倒易的,即

$$\boldsymbol{a}=(\boldsymbol{b}^*\times\boldsymbol{c}^*)/V^*,\boldsymbol{b}=(\boldsymbol{c}^*\times\boldsymbol{a}^*)/V^*,\boldsymbol{c}=(\boldsymbol{a}^*\times\boldsymbol{b}^*)/V^* \tag{8-5}$$

式中,$V^*=1/V=\boldsymbol{a}^*\cdot(\boldsymbol{b}^*\times\boldsymbol{c}^*)$ 为倒易点阵晶胞的体积。

倒易点阵也是几何点在三维空间中的有规律排列,排列方式与正点阵有倒易关系,倒易点阵中的点称为倒易结点或倒易阵点,可以用倒易晶胞来描述倒易点阵的外貌。

倒易点阵参数 $a^*,b^*,c^*,\alpha^*,\beta^*,\gamma^*$ 与正点阵参数 $a,b,c,\alpha,\beta,\gamma$ 之间关系为

$$a^*=bc\sin\alpha/V,b^*=ac\sin\beta/V,c^*=ab\sin\gamma/V$$

$$\cos\alpha^*=\frac{\cos\beta\cos\gamma-\cos\alpha}{\sin\beta\sin\gamma},\cos\beta^*=\frac{\cos\alpha\cos\gamma-\cos\beta}{\sin\alpha\sin\gamma},\cos\gamma^*\frac{\cos\alpha\cos\beta-\cos\gamma}{\sin\alpha\sin\beta} \tag{8-6}$$

对于任何晶系,正点阵与倒点阵中的单位是互为倒易的,即正空间中长度单位为 Å 及体积单位为 $Å^3$,倒易空间中长度单位为 $Å^{-1}$ 而体积单位为 $Å^{-3}$。正点阵与倒点阵中的晶胞形状也是互为倒易的,即长轴变短轴,锐角变钝角。

对于立方晶系,其倒易晶胞仍属立方晶系,倒易晶胞参数为

$$a^*=1/a,b^*=1/b,c^*=1/c$$
$$\alpha^*=\beta^*=\gamma^*=90° \tag{8-7}$$

2) 倒易点阵矢量与正点阵晶面

倒易点阵矢量为 $\boldsymbol{g}_{hkl}=h\boldsymbol{a}^*+k\boldsymbol{b}^*+l\boldsymbol{c}^*$,用倒易点阵晶向指数 $[hkl]^*$ 来表示,可以证明,它与正点阵中同名晶面 (hkl) 垂直,即

$$\boldsymbol{g}_{hkl}\perp(hkl),[hkl]^*\perp(hkl) \tag{8-8}$$

正点阵矢量为 $\boldsymbol{r}_{hkl}=u\boldsymbol{a}+v\boldsymbol{b}+w\boldsymbol{c}$,用正点阵晶向指数 $[uvw]$ 来表示,它与倒易点阵中同名晶面 $(uvw)^*$ 垂直,即

$$\boldsymbol{r}_{uvw}\perp(uvw)^*,[uvw]\perp(uvw)^* \tag{8-9}$$

还可证明,正点阵中 (hkl) 晶面间距 d_{hkl} 与倒易点阵中矢长度 g_{hkl} 成倒数关系,即

$$d_{hkl}=1/g_{hkl} \tag{8-10}$$

倒易点阵中 $(uvw)^*$ 晶面间距 d_{uvw} 与正点阵中矢长度 $\boldsymbol{r}_{uvw}$ 成倒数关系,即

$$d_{uvw}^*=1/\boldsymbol{r}_{uvw} \tag{8-11}$$

关系式(8-8)~(8-11)进一步说明了正点阵与倒点阵的倒易关系。倒易点阵中一个结点 hkl 代表着正点阵中一个面列 (hkl),指向该点的倒易矢方向即为正点阵面列 (hkl) 的方位,倒易矢长度等于这些面的面间距的倒数。由于倒易阵点(倒易结点)的分布代表着正点阵中晶面列的分布,利用倒易点阵解释衍射问题要比利用正点阵方便得多。

3) 倒易点阵晶面与正点阵晶带

在正点阵中,平行于某特定方向的晶面构成一个晶带,此特定方向为晶带轴。图 8-11(a)给出了 $[uvw]$ 晶带中的三个面,即 $(h_1k_1l_1)$、$(h_2k_2l_2)$ 和 $(h_3k_3l_3)$,这是正点阵的图像。下面考虑一个晶带在倒易点阵中的图像。

由正点阵与倒点阵的关系得知$(hkl) \perp [hkl]^*$，如果以$(h_ik_il_i)$表示$[uvw]$晶带中各个面，倒易点阵中则有一系列倒易矢$[h_ik_il_i]^*$与它们对应，同时存在关系$(h_ik_il_i) \perp [h_ik_il_i]^*$，根据晶带的定义$(h_ik_il_i) /\!/ [uvw]$，所以$[h_ik_il_i]^* \perp [uvw]$。不难理解，垂直于某方向的一系列倒易矢量，它们自然处在一个过倒易原点的平面上。说明正点阵同一晶带中各个晶面对应的倒易矢量(或者说倒易结点)，均处在倒易点阵中一个过倒易原点的平面上。同时，由于该倒易面垂直于正点阵中的方向$[uvw]$，所以此倒易面定义为$(uvw)^*$面。于是图 8-11(*a*)中的晶带，可由倒易点阵中过倒易原点的$(uvw)^*$面上结点$h_1k_1l_1$、$h_2k_2l_2$和$h_3k_3l_3$来描述，如图 8-11(b)所示。

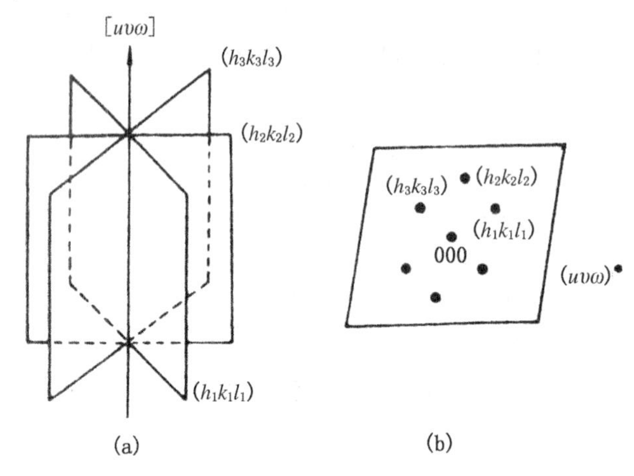

图 8-11 正空间中的晶带(a)及其在倒易点阵中的位置(b)

由于晶带轴$[uvw]$与晶带面(hkl)倒易矢之间存在$[uvw] \perp [hkl]^*$关系，即$\boldsymbol{r}_{uvw} \cdot \boldsymbol{g}_{hkl} = 0$，展开有$(u\boldsymbol{a}+v\boldsymbol{b}+w\boldsymbol{c}) \cdot (h\boldsymbol{a}^*+k\boldsymbol{b}^*+l\boldsymbol{c}^*)=0$，因此得到$uh+vk+wl=0$，于是前面的晶带定律得以证明，这是正点阵中某晶面$(hkl)$是否属于晶带$[uvw]$的判据。在推导晶带定律的过程中，只涉及晶带定义以及正倒点阵之间的关系，而没有涉及晶系，所以对于任何晶系都适用。

如果已知两个晶面$(h_1k_1l_1)$和$(h_2k_2l_2)$，可以利用晶带定律求出它们的交线指数，即晶带轴的方向为$[uvw]$。具体做法是求解方程组$h_1u_1+k_1v_1+l_1w_1=0$及$h_2u_2+k_2v_2+l_2w_1=0$，得到

$$u : v : w = (k_1l_2-k_2l_1) : (l_1h_2-l_2h_1) : (h_1k_2-h_2k_1) \tag{8-12}$$

总之，倒易点阵不但可以解释有关的衍射现象，而且还可以使晶体学中一些基本关系的证明变得极其简单，如晶带定律晶面间距离和晶面间夹角公式等。

8.2 布拉格方程

当一束 X 射线照射到晶体上时，首先被电子散射，每个电子都是一个新的辐射波源，向空中辐射出与入射波同频率的电磁波。在一个原子系统中，所有电子散射波都可以近似地看作是由原子中心发出的。因此，可以把晶体中每个原子都看成是一个散射波源。由于这些散射波的干涉作用，使得空间某方向上的波始终保持互相叠加，在这些方向上可以观测到衍射线，而在另外一些方向上的波始终是互相抵消的，没有出现衍射线。

8.2.1　布拉格方程的推导

晶体可看成由平行的原子面组成，晶体衍射线则是原子面的衍射叠加效应，也可视为原子面对 X 射线的反射，这是导出布拉格方程的基础。

考虑同一晶面组二层原子的散射线叠加条件。假设图 8－12 中一束平行单色 X 射线，以 θ 角分别入射到晶面 AA 和 BB 原子层的 M_2 与 M_1 位置上，在对称侧 R_1R_2 部位可能观察散射线强度。如果入射线在 L_1L_2 位置的周相相同，若要使经晶面散射并到达 R_1R_2 后的周相也相同，这就要求路程 $L_1M_1R_1$ 与 $L_2M_2R_2$ 之差等于 X 射线波长的整数倍。这时与可见光的镜面反射类似。

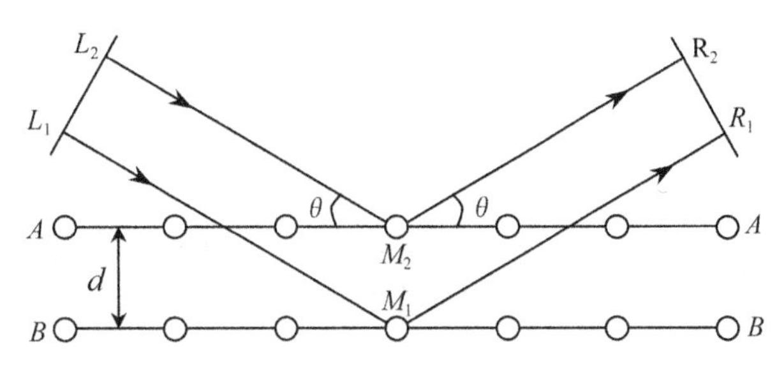

图 8－12　二层原子的 X 射线反射

由于 X 射线具有穿透性，不仅可照射到晶体表面上，而且可以照射到晶体内部的原子面上，这些原子面都要参与对 X 射线的散射。假设图 8－12 中入射线 L_1 和 L_2 分别照射到 BB 层的 M_1 和 AA 层的 M_2 位置，经两层原子反射后分别到达 R_1 和 R_2 位置。可以证明，路程 $L_2M_2R_2$ 与 $L_1M_1R_1$ 之差为 $\Delta s = L_1M_1R_1 - L_2M_2R_2 = 2d\sin\theta$。当路程差 $\Delta s = 2d\sin\theta$ 为射线的半个波长时，两晶面散射波的周相差为 π，此时两散射波互相抵消为零。当路程差 $\Delta s = 2d\sin\theta$ 为射线波长 λ 的整倍数 n 时，两晶面散射波的周相差为 $2n\pi$，此时两散射波叠加后互相加强。因此，在反射方向上两晶面散射线互相加强的条件为

$$2d\sin\theta = n\lambda \tag{8-13}$$

上式就是著名的布拉格方程。式中 d 为晶面间距，θ 为入射线（或反射线）与晶面之夹角，即布拉格角，n 为整数即反射的级数，λ 为辐射线波长。入射线与衍射线之间的夹角则为 2θ。

将衍射看成反射是布拉格方程的基础，但反射仅是为了简化描述衍射的方式。X 射线的晶面反射与可见光的镜面反射有所不同，镜面可以任意角度反射可见光，但 X 射线只有在满足布拉格方程的 θ 角时才能发生反射，因此这种反射也称选择反射。

布拉格方程在解决衍射方向时是极其简单而明确的。波长为 λ 的 X 射线，以 θ 角投射到晶间距为 d 的晶面系列时，有可能在晶面的反射方向上产生反射（衍射）线，其条件为相邻晶面反射线的光程差为波长的整数倍。

推导布拉格方程时，默认的假设包括：①原子不做热振动，按理想空间方式排列；②原子中的电子皆集中在原子核中心，简化为一个几何点；③晶体中包含无穷多个晶面，即晶体尺寸为无限大；④入射 X 射线严格平行，且是严格的单一波长。还要注意，布拉格方程只是获得 X 射线衍射的必要条件，而并非是充分条件。在后面的章节中，将会涉及这些问题。

8.2.2 布拉格方程的讨论

由于布拉格方程是晶体X射线衍射分析的最重要关系式，为了更深刻地理解布拉格方程的物理含义，下面将就某些问题进行详细讨论。

1）反射级数

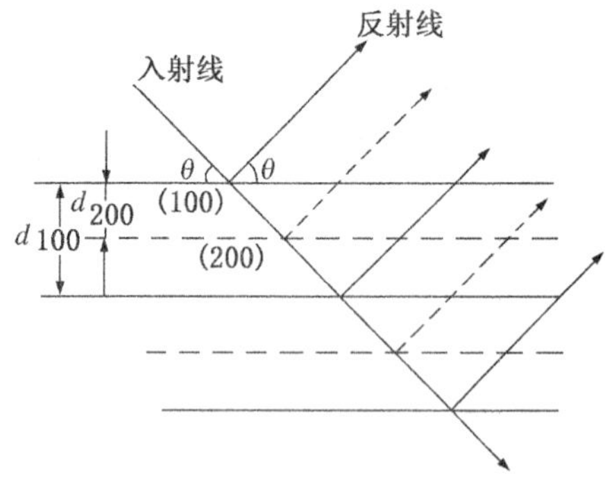

图 8-13 二级反射

布拉格公式中 n 为反射级数。从相邻的两个平行晶面反射出的 X 射线束，其波程差用波长去量度，所得的整数在数值上就等于 n。在使用布拉格方程时并不直接赋予 n 值，而是采用另一种方式。如图 8-13 所示，假定X射线照射到晶体的(100)面，且刚好能发生二级反射，此时相邻晶面反射线光程差为两个波长，则相应的布拉格方程为

$$2d_{100}\sin\theta=2\lambda \tag{8-14}$$

设想在每两个(100)面中间均插入一个原子分布与之完全相同的面。此时面族中最近原点的晶面在图中竖直轴上的截距变为1/2，故该面族的指数可写作(200)。考虑到面间距已为原先的一半，而此时相邻晶面反射线的光程差只有一个波长，故相当于(200)晶面发生了一级反射，相应的布拉格方程可写成

$$2d_{200}\sin\theta=\lambda,2(d_{100}/2)\sin\theta=\lambda \tag{8-15}$$

式中，相当于将式(8-14)中右侧 λ 前面的2移到了左边，即可以将(100)晶面二级反射看成(200)晶面的一级反射。

一般的说法是，把(hkl)晶面的 n 级反射，看作是 n(hkl)晶面的一级反射。如果(hkl)的面间距是 d，则 n(hkl)的面间距是 d/n。于是布拉格方程可以写成以下形式：

$$2d\sin\theta=\lambda \tag{8-16}$$

这种形式的布拉格方程在使用上极为方便，可认为反射级数永远等于1，因为反射级数 n 实际上已包含在 d 之中。也就是(hkl)晶面的 n 级反射，可看成来自某虚拟晶面的1级反射。

2）干涉面指数

晶面(hkl)的 n 级反射面 n(hkl)用符号(HKL)表示，称为反射面或干涉面。其中，$H=nh$，$K=nk$，及 $L=nl$。指数(hkl)表示晶体中实际存在的晶面，而(HKL)只是为了使问题简化而引入的虚拟晶面。干涉面的面指数称为干涉指数，一般有公约数 n。当 $n=1$ 时，干涉指数即为晶面指数。对于立方晶系，晶面间距 d_{hkl} 与晶面指数的关系为 $d_{hkl}=a/\sqrt{h^2+k^2+l^2}$，并且干涉面间距 d_{HKL} 与干涉指数的关系与此相似，即 $d_{HKL}=a/\sqrt{H^2+K^2+L^2}$。在X射线结构分析中，如无特别声明，所用的面间距一般是指干涉面间距。

3）布拉格角 θ

布拉格角 θ 是入射线或反射线与衍射晶面的夹角，可以表征衍射的方向。如果将布拉格方程改写为 $\sin\theta=\lambda/2d$，则可表达出两个概念：首先，对于固定的波长 λ，晶面 d 值相同时只能在相同情况下获得反射，因此，当采用单色X射线照射多晶体时，各相同 d 值晶面的反射线将有着确定的衍射方向；其次，对于固定的波长 λ，d 值减小的同时则 θ 角增大，这就是

说间距较小的晶面，其布拉格角必然较大。

4）射线波长 λ

考虑到 $|\sin\theta| \leqslant 1$，这就使得在衍射中的反射级数 n 或干涉面的间距 d 将会受到限制。当面间距 d 一定时，λ 减小的同时则 n 值可以增大，说明对同一种晶面，当采用短波单色 X 射线照射时，可以获得多级数的反射效果。

从干涉面角度去分析亦有类似现象，由于在晶体中干涉面划取是无限的，但并非所有的干涉面均参与衍射，衍射条件为 $d \geqslant \lambda/2$。这说明，只有间距大于或等于 X 射线半波长的那些干涉面才能参与反射。很明显，当采用短波 X 射线照射时，能够参与反射的干涉晶面将会增多。

5）有关应用

布拉格方程的表达形式简单，能够说明 d，λ 及 θ 三个参数之间的基本关系，因而应用非常广泛。在实际应用中，如果知道其中的二个参数，就可通过布拉格方程求出其余的一个参数。在不同应用场合下，一些参数可能表现为常量或变量。

布拉格方程的用途主要包括两个方面。一方面是用已知波长的 X 射线去照射未知试样，通过测量衍射角来求得试样中的晶面间距 d 值，这就是结构分析，属于常规衍射分析的范畴。另一方面则是利用一种已知面间距的晶体，来反射从未知试样发射出来的 X 射线，通过测量衍射角求得 X 射线波长 λ 值，这就是 X 射线光谱学或称波谱分析，它不但可进行光谱结构研究，还可确定试样的组成元素。

8.2.3　倒易空间中的衍射条件

布拉格方程，实际是衍射条件的代数方程式。下面将利用倒易点阵的概念，推导出倒易空间中衍射条件的矢量方程式。图 8－14 示出了入射方向上单位矢量 $\boldsymbol{S}_0$ 和衍射方向上单位矢量 $\boldsymbol{S}$，图中矢量 $(\boldsymbol{S}-\boldsymbol{S}_0)$ 垂直于衍射晶面 (hkl)。根据倒易点阵理论可知，倒易矢量 $\boldsymbol{g}_{hkl}$ 也垂直于衍射晶面 (hkl)，因此存在关系 $(\boldsymbol{S}-\boldsymbol{S}_0) /\!/ \boldsymbol{g}_{hkl}$，可写成如下等式：

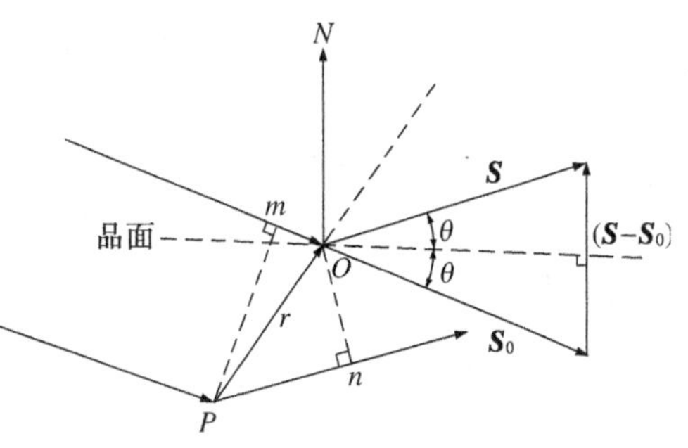

图 8－14　入射单位矢量与反射单位矢量

$$\boldsymbol{S}-\boldsymbol{S}_0 = c\boldsymbol{g}_{hkl} \tag{8-17}$$

式中，c 为常数。将上式左右两边分别取绝对值，即 $|\boldsymbol{S}-\boldsymbol{S}_0| = 2\sin\theta$ 和 $|c\boldsymbol{g}_{hkl}| = c/d_{hkl}$，从而求出常数 $c = 2d_{hkl}\sin\theta$。根据布拉格方程，必定是 $c=\lambda$，代入式(8－17)得到

$$(\boldsymbol{S}-\boldsymbol{S}_0)/\lambda = \boldsymbol{g}_{hkl} \tag{8-18}$$

上式就是衍射条件的矢量方程式，等式左边包含衍射单位矢量与入射单位矢量的差，右边为衍射晶面的倒易矢量。

式(8－18)非常重要，它将入射方向及衍射方向(正空间)与衍射晶面倒易矢量(倒易空间)联系在一起，是利用倒易点阵处理衍射问题的基础，可为我们提供许多方便。

8.3　厄瓦尔德图解

布拉格方程是通过电磁波干涉理论严格推导出的，其物理含义比较明确。厄瓦尔德图

解则是倒易空间中的一种几何处理方法，它表达的实际也是布拉格方程。

8.3.1 厄瓦尔德图解

利用厄瓦尔德图解法，可以比较方便地确定出 X 射线衍射晶面及衍射方向，其中涉及反射球与极限球的概念。

1) 反射球与厄瓦尔德图解

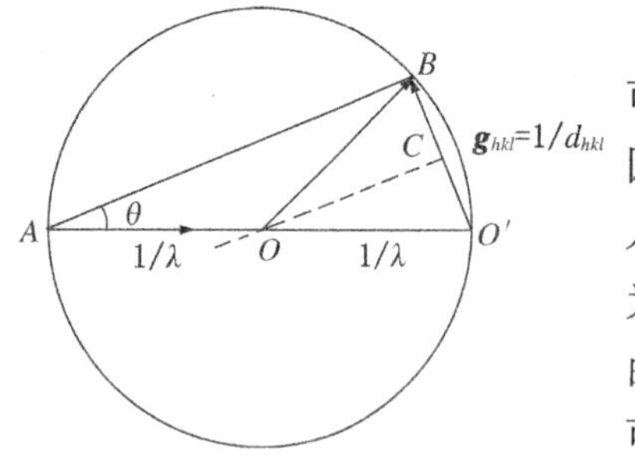

图 8-15 厄瓦尔德图解

将布拉格方程改写成 $1/d_{hkl}=2(1/\lambda)\sin\theta_{hkl}$ 的形式，则可用图 8-15 二维简图来表达，图中以 $1/\lambda$ 为半径作圆，以圆直径为斜边作内接三角形。令 X 射线沿直径 AO 方向入射并到达圆周 O' 点。若斜边 AO' 与直角边 AB 的夹角为 θ，线段 $O'B$ 长度为 $1/d_{hkl}$，则 $\triangle AO'B$ 满足布拉格方程。由此说明，自 O' 点发出的矢量 $\boldsymbol{O'B}$ 只要其端点触及圆周即可发生衍射，该矢量的长度即为 $|\boldsymbol{O'B}|=1/d_{hkl}$，实际是倒易矢量 $\boldsymbol{g}_{hkl}$ 的长度，同时自圆心发出的矢量 $\boldsymbol{OB}$ 则代表 (hkl) 晶面的反射方向。可将上述描述拓宽至三维空间，假设存在一个直径为 $1/\lambda$ 的球面，令 X 射线沿球的直径方向入射，则球面上所有点均满足布拉格条件，这个球就被命名为反射球。由于此表示方法由厄瓦尔德提出，故称为厄瓦尔德球，该作图方法被称为厄瓦尔德图解。

利用倒易空间中的衍射条件来分析，则可以使问题更为简便。衍射条件为 $(\boldsymbol{S}-\boldsymbol{S}_0)/\lambda=\boldsymbol{g}_{hkl}$，其中入射单位矢量 $\boldsymbol{S}_0$ 和衍射单位矢量 $\boldsymbol{S}$ 的长度均为 1，倒易矢量 $\boldsymbol{g}_{hkl}$ 的长度为 $1/d_{hkl}$。图8-15中入射矢量为 $\boldsymbol{OO'}=\boldsymbol{S}_0/\lambda$，反射矢量为 $\boldsymbol{OB}=\boldsymbol{S}/\lambda$，矢量 $\boldsymbol{OB}'$ 长度为 $1/d_{hkl}$ 即 $\boldsymbol{g}_{hkl}$，从这三个矢之间的关系看，它们满足衍射条件是必然的。因此，厄瓦尔德反射球及其作图法又一次得到证明。

基于倒易空间概念，对厄瓦尔德图解可做如下描述。想象在倒易空间中存在一半径为 $1/\lambda$ 反射球，球面与倒易原点 O' 相切。如果 X 射线沿反射球直径入射并经过 O' 点，则球面上的所有倒易点均满足衍射条件（对应的正点阵晶面均发生衍射），这些倒易矢长度之倒数 $1/\boldsymbol{g}_{hkl}$ 即为衍射晶面间距 d_{hkl}，反射球心 O 指向这些倒易点的方向则是衍射方向。

由于反射球半径为 $1/\lambda$，X 射线的波长 λ 值越小，则反射球半径及球面面积越大，可能出现在球面上的倒易点数就越多，因此发生衍射的晶面越多。另外，反射球半径 $1/\lambda$ 越大，则球面上的最大倒易矢量就越大，参加衍射的最小晶面间距越小，说明采用短波长 X 射线获得的多级晶面衍射的机会就越多。

2) 极限球

假定倒易空间中反射球围绕倒易原点 O' 做空间旋转，凡处于以 $2/\lambda$ 为半径的球内倒易点都可能与反射球面相交，对应的正点阵晶面均有可能发生衍射，球外倒易点则绝对不发生衍射。这个以 O' 为中心，以 $2/\lambda$ 为半径的球，称为极限球，它限制了在一定波长条件下可能发生衍射的晶面范围，即满足 $\boldsymbol{g}_{hkl}\leqslant 2/\lambda$ 的晶面才能发生衍射，显然这与布拉格方程一致。λ 值越小，极限球则越大，极限球内的倒易点阵就越多，可能发生衍射的晶面也越多。反射球、极限球以及晶体倒易点阵之间的关系如图 8-16 所示。其中，空圈代表可能发生衍射的晶面倒易点。

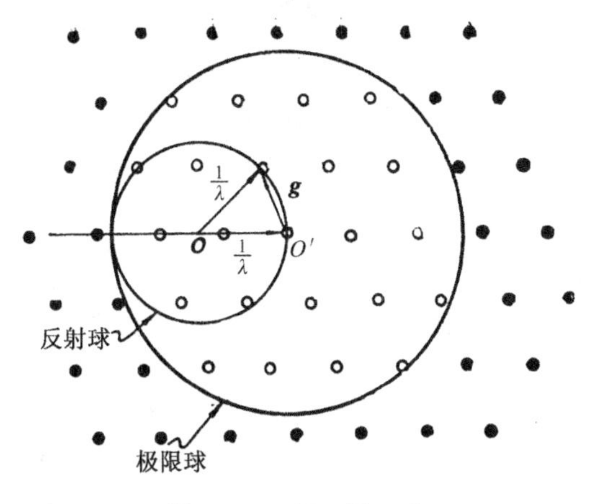

图 8－16　极　限　球

极限球虽然反映出可能发生衍射的晶面倒易点位置，是否会发生衍射则与入射方向有关。在定义极限球时，由于假设反射球围绕 O' 做空间旋转，与反射球相应的入射线方向必然是随之改变。在实际 X 射线衍射分析中，入射线方向大都是固定不变的，为了确定该情况的衍射晶面和衍射方向，只能在反射球面上进行厄瓦尔德图解，此时极限球并没有任何使用价值。

8.3.2　厄瓦尔德图解示例

厄瓦尔德作图法是较为重要的工具，可简单明了地解释 X 射线在晶体中的各种衍射现象，还可以分析有关的 X 射线衍射方法。

对于单色 X 射线，波长 λ 是恒定的，即倒易空间中的反射球半径 $1/\lambda$ 恒定。对于固定不动的单晶试样，其倒易点的空间分布也是固定的。此时只有落在反射球面上的倒易点才能够满足衍射条件。如果入射线与晶面(hkl)之夹角 θ 也不能改变时，晶面间距 d_{hkl} 则被固定，其倒易矢长度和方向均已确定。在这种情况下，该倒易矢量刚好交上反射球上的可能性是非常小的。

解决上述问题的方法有三种。其一是改变波长 λ 即改变反射球半径 $1/\lambda$，这就是单晶劳埃法；其二是转动试样即转动倒易点阵，这就是周转晶体法；其三是采用混乱取向的多晶材料，这就是多晶体衍射法。采取这些方法的目的，都是为了增加倒易点与反射球面的相交机会。

1）单晶劳埃法

单晶劳埃法，就是采用连续 X 射线照射不动的单晶体。连续 X 射线的波长有一个范围，从 λ_0 连续变化到 λ_m，对应的反射球半径则从 $1/\lambda_0$ 连续变化到 $1/\lambda_m$，这些反射球的球面在倒易原点 O' 相切。凡是落到这两个球面之间区域的倒易点均满足衍射条件，它们将与某一波长的反射球面相交而获得衍射。因此，该方法会使更多的晶面发生衍射。

连续 X 射线衍射的厄瓦尔德图解，仍然取倒易矢长度之倒数为晶面间距，反射球心指向倒易阵点的方向为衍射方向，但是不同波长对应于不同的反射球心位置，如图 8－17 所示。

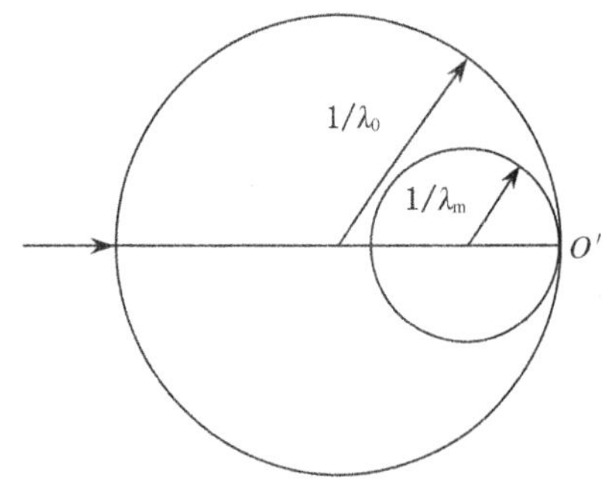

图 8-17 单晶劳埃法的厄瓦尔德图解

2）周转晶体法

周转晶体法，采用单色 X 射线照射转动的单晶体，通常转轴为某一已知的主晶轴，借助圆筒形底片来记录衍射花样，所得的衍射花样为层线。在实验过程中，晶体绕过某一晶轴旋转，相当于其倒易点阵围绕倒易原点 O' 并与反射球相切的轴线转动，各个倒易阵点将瞬时通过反射球面的某一位置，处在与旋转轴垂直的同一平面上的倒易阵点，将与反射球面相交于同一水平的圆周上，如图 8-18 所示。衍射矢量 $\boldsymbol{S}/\boldsymbol{\lambda}$ 从球心出发，必定终止于这个圆上，也就是说衍射光束必定位于同一圆锥面上，从而在底片上形成一系列的衍射层线。由周转晶体方式可以看出，在入射方向 $\boldsymbol{OO'}$ 上，产生衍射的最小倒易矢长度为倒易阵点的基矢，最大倒易矢长度则为反射球的直径，因此凡满足 $\boldsymbol{g}_{hkl} \leqslant 2/\lambda$ 条件的均可能发生衍射。

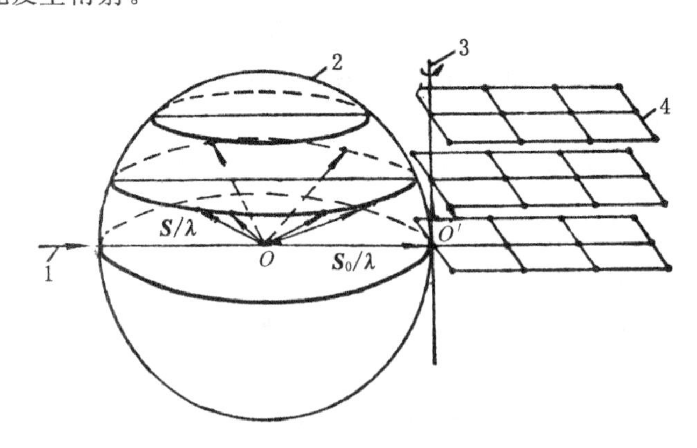

图 8-18 周转晶体法的厄瓦尔德图解

3）多晶体衍射法

该法采用单色 X 射线照射多晶试样。多晶体由无数个任意取向的小单晶即晶粒组成，就其位向而言，相当于单晶体围绕所有可能的轴线而旋转，所以其某一晶面 (hkl) 的倒易阵点在 4π 立体空间中是均匀分布的，倒易矢长度相同的倒易阵点（相当于同间距晶面族）将落在同一个以倒易原点为中心的球面上，构成一个半径为 $\boldsymbol{g}_{hkl} = 1/d_{hkl}$ 的球面，称之为倒易球面，显然此倒易球面对应于一个 $\{hkl\}$ 晶面族。

多晶体中不同间距的晶面，对应于不同半径的同心倒易球面，这些倒易球面与反射球面相交后，将得到一系列的同心圆，衍射线由反射球心指向该圆上的各点，从而形成半顶角为 2θ 的衍射圆锥。实验过程中即使多晶试样不动，各个倒易球面（相当于不同间距的晶面族）上的结点，也有充分的机会与反射球面相交。

如果垂直于入射线方向放置一张底片，用于接收 X 射线的衍射信息，可得到一系列衍射环花样，也称为德拜环，每个衍射环对应于一组晶面间距 d 值。如果利用衍射仪的计数器，计数器沿反射圆周移动，扫描并接收不同方位的衍射线计数强度，就可得到由一系列衍射峰所构成的衍射谱线，每个衍射峰对应于一组晶面间距 d 值。多晶体的反射球面、倒易球面、衍射环以及衍射谱线的特点，如图 8－19 所示。

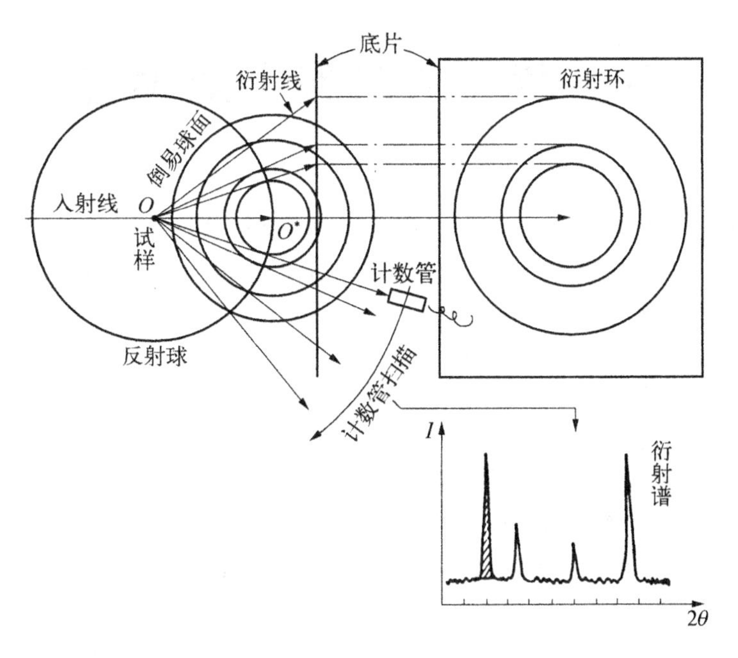

图 8－19　多晶衍射的厄瓦尔德图解

第9章 X射线衍射强度

布拉格方程只是解决了X射线的衍射方向问题，对衍射强度的描述却无能为力。辐射线的强度，实质是其空间能量密度。基于光的波动性，射线强度与电磁波的振幅平方成正比；基于光的粒子性，强度则与单位面积的光子数成正比。由于获得严格物理意义上的辐射强度比较困难，通常所说的X射线强度均是指相对强度。

X射线照射到晶体后，在不同干涉指数的衍射方向上，衍射强度将发生变化，这种变化不但受晶体结构的影响，而且与原子在晶胞中位置及原子种类有关。晶胞大小和形状主要影响晶体衍射方向，原子在晶胞中的位置及原子种类决定了衍射强度。晶体是无数个晶胞在空间的有规则排列，每个晶胞中包含若干按一定位置分布的原子，原子则由原子核和若干核外电子组成。晶体的衍射强度，归根结底是X射线受众多电子散射后的干涉与叠加的结果。

本章主要讨论与晶体散射或衍射强度有关的问题，包括单个晶胞的散射、理想小晶体的散射以及实际多晶体的衍射强度等。

9.1 单个晶胞散射强度

下面从电子的电磁波散射入手，推演到原子及晶胞的散射强度。其中，结构因子与消光条件是晶胞散射的核心问题。

9.1.1 单个电子散射强度

电子成为在入射X射线电场矢量的作用下产生受迫振动而被加速的电磁波，同时作为新的波源向四周辐射，并与入射线频率相同且具有确定周相关系。汤姆逊根据经典电动力学导出，一个电荷量为e、质量为m的自由电子，在强度为I_0的偏振X射线作用下，距其R处的散射波强度为

$$I_e = I_0[e^2/(4\pi\varepsilon_0 mRc^2)]^2\cos^2\phi \tag{9-1}$$

式中，c为光速，ε_0为真空介电常数，ϕ为散射方向与入射X射线电场矢量之间的夹角。

事实上，入射到晶体上的X射线并非是偏振光。在垂直于传播方向的平面上，电场矢量可以指向任意方向，在此平面内可把任意电场矢量分解为两个互相垂直的分量，各方向概率相等且互相独立，将它们分别按偏振光来处理，求得散射强度，最后再将它们叠加。由此得到非偏振X射线的散射强度为

$$I_e = I_0[e^2/(4\pi\varepsilon_0 mRc^2)]^2[(1+\cos^2 2\theta)/2] \tag{9-2}$$

式中，$2\theta = 90° - \phi$为散射线与入射线之间夹角，$(1+\cos^2 2\theta)/2$为偏振因子或极化因子。该式表明，X射线受到电子散射后，其强度在空间是有方向性的。

9.1.2 单个原子散射强度

原子是由原子核和核外电子组成的。原子核带有电荷，对X射线也有散射作用，从式(9-2)

可知，散射强度与散射粒子的质量平方成反比，因此，由于原子核的质量较大，其散射效应比电子小得多。在计算原子的散射时，可忽略原子核的作用，只考虑电子散射对 X 射线的贡献。

如果原子中的电子都集中在一个点上，则各个电子散射波之间将不存在周相差，但实际上原子中电子是按电子云状态分布在其核外空间的，不同位置的电子散射波必然存在周相差。由于用于衍射分析的 X 射线波长与原子尺寸为同一数量级，这种周相差的影响不可忽略。

图 9-1 表示原子对 X 射线的散射情况，一束 X 射线由 L_1L_2 沿水平方向入射到样品中原子内部，分别与 A 及 B 两个电子作用，如果两电子散射波沿水平传播至 R_1R_2 点，此时两电子散射波周相完全相同，合成波的振幅等于各散射波的振幅之和，这是一个 $2\theta=0°$ 的特殊方向。如果两电子散射波以一定角度 $2\theta>0°$ 分别散射至 R_3R_4 点，散射线路程 L_1AR_3 与 L_2BR_4 有所不同，两电子散射波之间存在一定周相差，必然要发生干涉。原子中电子间距通常小于射线半波长 $\lambda/2$，即电子散射波之间周相差小于 π，因此任何位置都不会出现散射波振幅完全抵消的现象，这与布拉格反射不同。在此情况下，任何位置也不会出现振幅成倍加强的现象（$2\theta=0°$ 除外），即合成波振幅永远小于各电子散射波振幅的代数和。

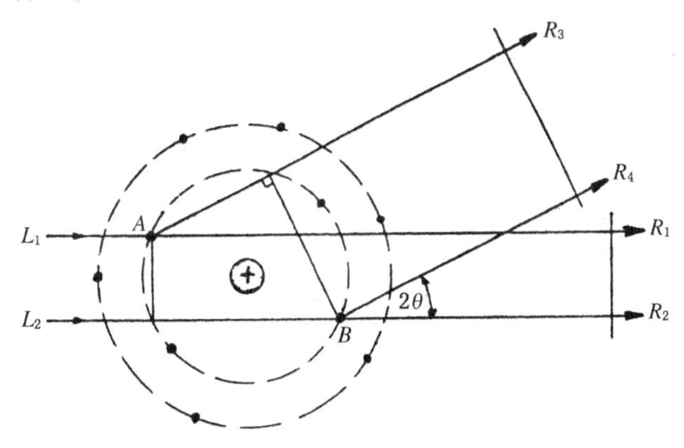

图 9-1　原子中电子对 X 射线的散射

原子中全部电子相干散射合成波振幅 A_a 与一个电子相干散射波振幅 A_e 之比值 f 称为原子散射因子，其等式如下：

$$f=A_a/A_e \tag{9-3}$$

理论分析表明，随着 θ 角即 $\sin\theta$ 值的增大，原子中电子散射波之间的周相差增大，即原子散射因子减小。当 θ 角固定时，X 射线波长 λ 愈短则电子散射波之间的周相差愈大，即原子散射因子愈小。因此，原子散射因子随着 $\sin\theta/\lambda$ 值的增大而减小。各种元素原子的散射因子可通过理论计算或查表获得。

9.1.3　单个晶胞散射强度

简单点阵中每个晶胞中只有一个原子，原子的散射强度就是晶胞的散射强度。复杂点阵中每个晶胞中包含多个原子，原子散射波之间的周相差必然引起波的干涉效应，合成波被加强或减弱，甚至布拉格衍射也会消失。为了描述复杂点阵晶胞结构对散射强度的影响，在分析散射强度的基础上，将引入晶胞结构因子的概念。

9.1.3.1　结构因子

设复杂点阵晶胞中有 n 个原子，设 f_j 是晶胞中第 j 个原子的原子散射因子，ϕ_j 是该原

子与位于晶胞原点位置上原子散射波的位相差，则该原子一个晶胞的散射振幅为

$$A_c = \sum_{j=1}^{n} A_a e^{i\phi_j} = \sum_{j=1}^{n} f_j A_e e^{i\phi_j} = A_e \sum_{j=1}^{n} f_j e^{i\phi_j} \tag{9-4}$$

一个晶胞的散射振幅 A_c 实际上是晶胞中全部电子相干散射的合成波振幅，它与一个电子散射波振幅 A_e 之比值称为结构振幅 F，其等式如下：

$$F = A_c/A_e = \sum_{j=1}^{n} f_j e^{i\phi_j} \tag{9-5}$$

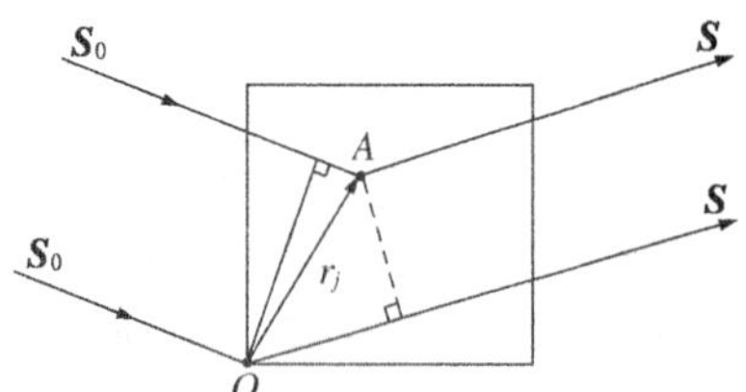

图 9-2　复杂点阵晶胞原子间的相干散射

如图 9-2 所示，O 为晶胞的原点，A 为晶胞中的任一原子，它与 O 原子之间散射波的光程差为 $\delta_j = \boldsymbol{r}_j \cdot (\boldsymbol{S}-\boldsymbol{S}_0)$，其周相差为

$$\phi_j = (2\pi/\lambda)\boldsymbol{\delta}_j = 2\pi r_j \cdot (\boldsymbol{S}-\boldsymbol{S}_0)/\lambda \tag{9-6}$$

根据布拉格方程以及倒易点阵的知识，(hkl) 晶面衍射条件为 $(\boldsymbol{S}-\boldsymbol{S}_0)/\lambda = \boldsymbol{g}_{hkl}$，倒易矢量为 $\boldsymbol{g}_{hkl} = h\boldsymbol{a}^* + k\boldsymbol{b}^* + l\boldsymbol{c}^*$，坐标矢量为 $\boldsymbol{r}_j = x_j\boldsymbol{a} + y_j\boldsymbol{b} + z_j\boldsymbol{c}$，其中 $\boldsymbol{a}$，$\boldsymbol{b}$ 及 $\boldsymbol{c}$ 为点阵基本平移矢量，简称基矢。因此，式(9-6)变为

$$\phi_j = 2\pi(hx_j + ky_j + lz_j) \tag{9-7}$$

式中，x_j，y_j，z_j 代表晶胞内的原子位置，它们都是小于 1 的非整数；h，k 及 l 则代表这些原子所组成晶面的晶面指数，它们都被描述为整数形式。

由式(9-5)及式(9-7)，得到如下结构振幅的表达式：

$$F_{hkl} = \sum_{j=1}^{n} f_j e^{2\pi i(hx_j + ky_j + lz_j)} \tag{9-8}$$

写成三角函数的形式为

$$F_{hkl} = \sum_{j=1}^{n} f_j [\cos 2\pi(hx_j + ky_j + lz_j) + i\sin 2\pi(hx_j + ky_j + lz_j)] \tag{9-9}$$

结构振幅的平方为

$$|F_{hkl}|^2 = F_{hkl} \cdot F_{hkl}^* = [\sum_{j=1}^{n} f_j \cos 2\pi(hx_j + ky_j + lz_j)]^2 + [\sum_{j=1}^{n} f_j \sin 2\pi(hx_j + ky_j + lz_j)]^2 \tag{9-10}$$

式中，F_{hkl}^* 为 F_{hkl} 的共轭复数，$j=1,2,3,\cdots,n$ 为整数。

由于强度正比于振幅的平方，故一个晶胞散射强度 I_c 与一个电子散射强度 I_e 之间关系为

$$I_c = |F_{hkl}|^2 I_e \tag{9-11}$$

上式表明，结构振幅平方 $|F_{hkl}|^2$ 决定了晶胞的散射强度，故被定义为晶胞结构因子，简称结构因子，它表征了晶胞内原子种类、原子个数、原子位置对 (hkl) 晶面衍射强度的影响。某些晶面 (hkl) 对应的结构因子 $|F_{hkl}|^2 = 0$，即散射强度为零，称之为消光。

9.1.3.2　消光条件

式(9-10)表明，结构因子取决于晶胞中各原子的散射因子 f_j、原子坐标 (x,y,z) 以及晶面指数 (hkl)。下面将计算一些常见晶体的结构因子，确定其消光条件。

1) 简单点阵

晶胞中原子数 $n=1$，坐标为(000)，由式(9-10)得到 $|F|^2 = f^2$，说明这种简单点阵的结

构因子与 hkl 无关，不存在消光现象。

2）体心点阵

晶胞中原子数 $n=2$，坐标为(000)及(1/2,1/2,1/2)，由式(9-10)得到：

当 $h+k+l$ 为偶数时，$|F|^2=4f^2$；

当 $h+k+l$ 为奇数时，$|F|^2=0$。

说明在体心点阵中，只有晶面指数之和为偶数时才会出现衍射现象，例如发生衍射的晶面包括(110)，(200)，(211)，(220)，(310)，…。晶面指数之和为奇数时则不发生衍射。

3）面心点阵

晶胞中原子数 $n=4$，坐标为(000)，(1/2,1/2,0)，(0,1/2,1/2)及(1/2,0,1/2)，由式(9-10)得到：

当 h,k,l 全为奇数或全为偶数时，$|F|^2=16f^2$；

当 h,k,l 为奇偶混合时，$|F|^2=0$。

说明面心点阵只有晶面指数为全奇数或全偶数时才会出现衍射现象，例如发生衍射的晶面包括(111)，(200)，(220)，(311)，(222)，…。晶面指数为奇偶混合时则不发生衍射。

综上所述，简单点阵没有点阵消光现象。而带心点阵，由于每个晶胞中原子数 $n>1$，使得某些晶面如(100)面的相邻原子面之间插入了一个排列有结点的平面，它引起散射波的相消干涉而造成消光。上述消光为点阵系统消光。

除点阵系统消光外，还存在结构系统消光现象。由于晶体结构中存在旋转和平移等微观对称元素，可引起消光；或者由于一个基元内包含多个不同类原子，其对称性也可造成消光。为便于理解这两类结构消光现象，下面再举两个例子。

4）金刚石结构

金刚石是碳的一种结晶形态，它具有面心立方点阵，但其结构复杂，是由 A,B 两套相距1/4个立方体对角线的面心立方点阵构成，如图9-3所示。其结构因子表达式可在面心立方点阵的基础上得出 $F=F_f+F_f e^{2\pi i(h/4+k/4+l/4)}=F_f[1+e^{\pi i(h+k+l)/2}]$，式中，$F_f$ 表示面心点阵的结构因子。

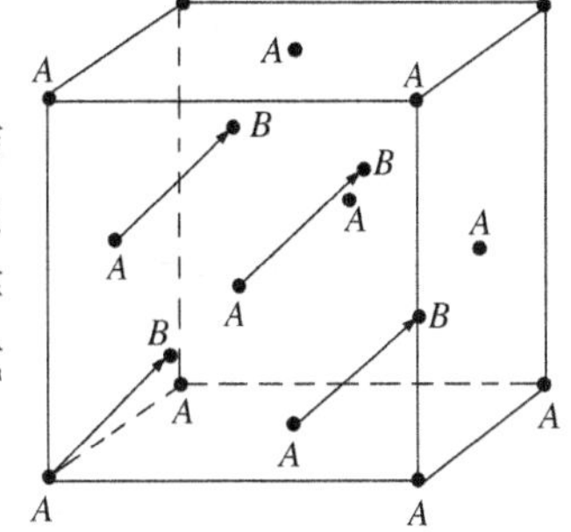

图9-3　金刚石单位晶胞

金刚石结构的消光规律可做如下讨论：

当 h,k,l 为奇偶混合时，$F_f=0$，$F=0$；

当 h,k,l 为全偶数且 $h+k+l=2(2n+1)$ 时，$F=0$；

当 h,k,l 为全偶数且 $h+k+l=4n$ 时，$F=2F_f=8f$，$|F|^2=64f^2$；

当 h,k,l 为全奇数时，即 $h+k+l=2n+1$，则不难证明 $|F|^2=32f^2$。

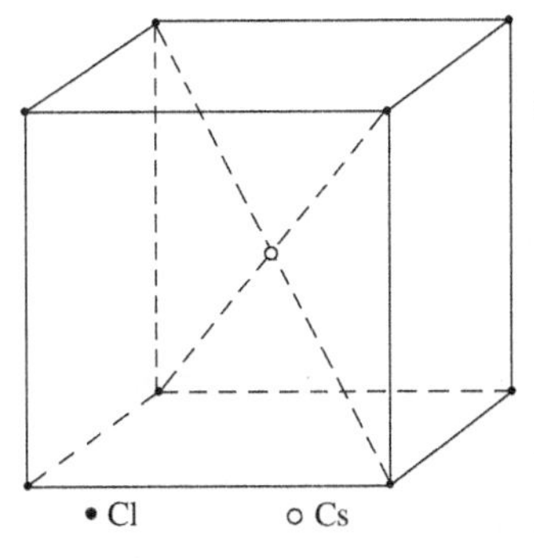

图9-4　CsCl单位晶胞

5）CsCl结构(有序化结构)

CsCl晶体结构即单位晶胞，如图9-4所示。图中 $n=2$，Cl原子坐标为(000)，Cs原子坐标为(1/2,1/2,1/2)，其结构因子为 $F=f_{Cl}+f_{Cs}e^{2\pi i(h/2+k/2+l/2)}=f_{Cl}+f_{Cs}e^{\pi i(h+k+l)}$，可见：

当 $h+k+l=$ 偶数，$F=f_{Cl}+f_{Cs}$，$|F|^2=(f_{Cl}+f_{Cs})^2$；

当 $h+k+l$ 为奇数时，$F=f_{Cl}+f_{Cs}$，$|F|^2=(f_{Cl}-f_{Cs})^2$。

根据上述讨论，结构因子 $|F_{hkl}|^2$ 是决定衍射强度的重要因素。倒易点阵中每个阵点都代表正点阵的一组干涉面(hkl)，若将其对应的结构因子赋予各阵点，则 $|F_{hkl}|^2=0$ 的倒易阵点将消失，如面心倒易点阵中的(100)，(110)，(210)及(211)等阵点。

至此，我们得出了晶体发生衍射的两个充要条件：首先是 X 射线波长、入射角以及晶面间距三者之间关系符合布拉格方程，其次是参与衍射晶面的结构因子必须不为零。

9.2 单个理想小晶体散射强度

理想小晶体实质是有限尺寸的单晶体。在讨论晶胞散射的基础上，下面将推导理想小晶体的散射强度公式。这里，引入了两个重要的概念，即干涉函数和衍射畴。

9.2.1 干涉函数

理想小晶体是由有限个晶胞在三维方向上规律地重复排列而成的。每个晶胞看成是一个散射源，小晶体的散射振幅 A_b 是各晶胞散射振幅 $A_c=A_eF$ 的叠加，得到

$$A_b = A_eF\sum_{m=0}^{N_1-1}\sum_{n=0}^{N_2-1}\sum_{p=0}^{N_3-1}e^{i\varphi_{mnp}} \tag{9-12}$$

式中，N_1，N_2 及 N_3 分别是晶体在 $\boldsymbol{a}$，$\boldsymbol{b}$ 及 $\boldsymbol{c}$ 方向的晶胞数，m，n 及 p 分别是三方向的晶胞坐标，ϕ_{mnp} 为(m,n,p)坐标的晶胞与原点晶胞散射波之间的位相差，显然

$$\begin{aligned}\phi_{mnp}&=2\pi\boldsymbol{g}_{hkl}\cdot\boldsymbol{r}_{mnp}=2\pi(h\boldsymbol{a}^*+k\boldsymbol{b}^*+l\boldsymbol{c}^*)\cdot(m\boldsymbol{a}+n\boldsymbol{b}+p\boldsymbol{c})\\&=2\pi(hm+kn+lp)\end{aligned} \tag{9-13}$$

将上式代入式(9-12)，得到小晶体散射振幅 A_b 与一个电子散射振幅 A_e 的关系，即

$$A_b = A_eF_{hkl}\sum_{m=0}^{N_1-1}e^{i2\pi hm}\sum_{n=0}^{N_2-1}e^{i2\pi kn}\sum_{p=0}^{N_3-1}e^{i2\pi lp} = A_eF_{hkl}G(g_{hkl}) \tag{9-14}$$

小晶体散射强度 I_b 与一个电子散射强度 I_e 之间的关系为

$$I_b=|A_b|^2=I_e|F_{hkl}|^2|G(g_{hkl})|^2 \tag{9-15}$$

$$|G(g_{hkl})|^2=\left|\sum_{m=0}^{N_1-1}e^{i2\pi hm}\sum_{n=0}^{N_2-1}e^{i2\pi kn}\sum_{p=0}^{N_3-1}e^{i2\pi lp}\right|^2 \tag{9-16}$$

式中，$|G(g_{hkl})|^2$ 称为干涉函数，由指数函数的性质可得到

$$|G(g_{hkl})|^2=\frac{\sin^2(\pi N_1h)}{\sin^2(\pi h)}\frac{\sin^2(\pi N_2k)}{\sin^2(\pi k)}\frac{\sin^2(\pi N_3l)}{\sin^2(\pi l)} \tag{9-17}$$

由于 N_1，N_2，N_3 和 h，k，l 均为整数，则式(9-17)属于 0/0 型的极限函数，用洛比达法则求解，得到 $|G(g_{hkl})|^2=(N_1)^2(N_2)^2(N_3)^2=N^2$，式中 $N=N_1N_2N_3$ 为晶体中的总晶胞数。

在严格符合布拉格方程的方向时，理想小晶体(hkl)晶面的最大散射强度为

$$I_b=I_e|F_{hkl}|^2N^2 \tag{9-18}$$

如果散射方向与布拉格方程发生微小偏离，例如 h 发生微小偏离 ε_1，而 k 和 l 不发生偏离，仍为整数，则式(9-17)变为

$$|G(g_{hkl})|^2=\frac{\sin^2[\pi N_1(h+\varepsilon_1)]}{\sin^2[\pi(h+\varepsilon_1)]}(N_2N_3)^2\approx\frac{\sin^2(\pi N_1\varepsilon_1)]}{(\pi\varepsilon_1)^2}(N_2N_3)^2 \tag{9-19}$$

式(9-19)表明，当 $\varepsilon_1=0$ 时干涉函数即衍射强度为最大。在稍偏离布拉格角方向($\varepsilon_1\neq$

0)时，干涉函数并不立即为零，只有当 $\varepsilon_1=\pm 1/N_1, \pm 2/N_1, \cdots$ 时干涉函数才为零，即强度消失。同理，其他方向，当 $\varepsilon_2=\pm 1/N_2, \pm 2/N_2, \cdots$ 和 $\varepsilon_3=\pm 1/N_3, \pm 2/N_3, \cdots$ 时强度也消失。

图 9-5 示出了干涉函数随 ε 的变化情况。从图中可见，除了布拉格角上的主峰外，还存在一系列干涉函数的副峰，但由于这些副峰强度极低，常规 X 射线衍射是不易发现的。在主峰周围形成一定的 ε 值范围，即 $-1/N\leqslant\varepsilon\leqslant 1/N$，当晶胞数量 N 无限大时这个范围为零，此时散射强度都集中在布拉格角上。

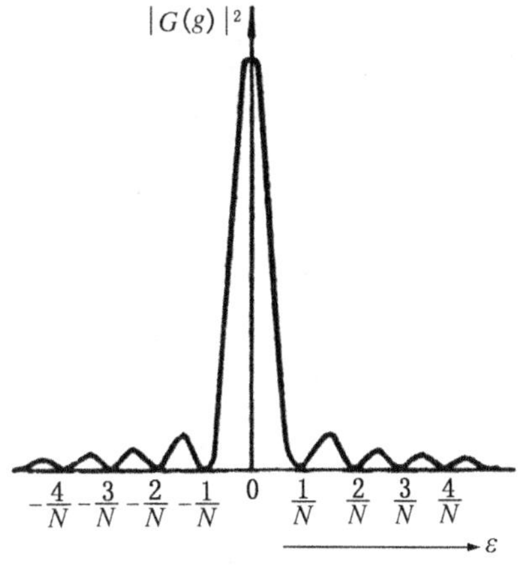

图 9-5　干涉函数

9.2.2　衍射畴

根据以上讨论，当理想小晶体沿三个晶轴的晶胞数 N_1，N_2 或 N_3 减小到一定的程度时，则在每个晶面倒易阵点附近存在一个干涉函数不为零（$|G(g_{hkl})|^2\neq 0$）的区域。在此情况下，倒易阵点由一个几何点扩大至倒易空间的一个范围，只要反射球与之相交即发生衍射现象，故该区域被称为衍射畴。(hkl) 晶面在倒易空间中衍射畴的大小和形状，是由干涉函数分布状态所决定的，它与晶体形状及尺寸成倒易关系。

图 9-6 为各种形状晶体所对应的衍射畴形状。当晶体各个方向尺寸都很大即 N_1，N_2 及 N_3 都很大时，则衍射畴在三维方向上都很小，直至缩小为倒易空间中的几何点。当晶体各个方向尺寸都很小即 N_1，N_2 及 N_3 都很小时，倒易阵点漫散成为较大的衍射畴。当 N_1 及 N_2 很大而 N_3 很小（薄片状晶体）时，衍射畴为沿 N_3 方向伸长的棒状即倒易杆。当 N_3 很大而 N_1 及 N_2 很小（晶体为针状）时，则衍射畴为沿 N_1 及 N_2 方向伸展的片状。

严格地讲，晶体的 N_1，N_2 及 N_3 都不是无穷大或无穷小，它们的倒易空间总是由一个个取决于晶体形状及尺寸的衍射畴构成，只要衍射畴与反射球相交即发生衍射，只不过在偏离布拉格角的情况下，其衍射强度远低于主峰最高强度罢了。

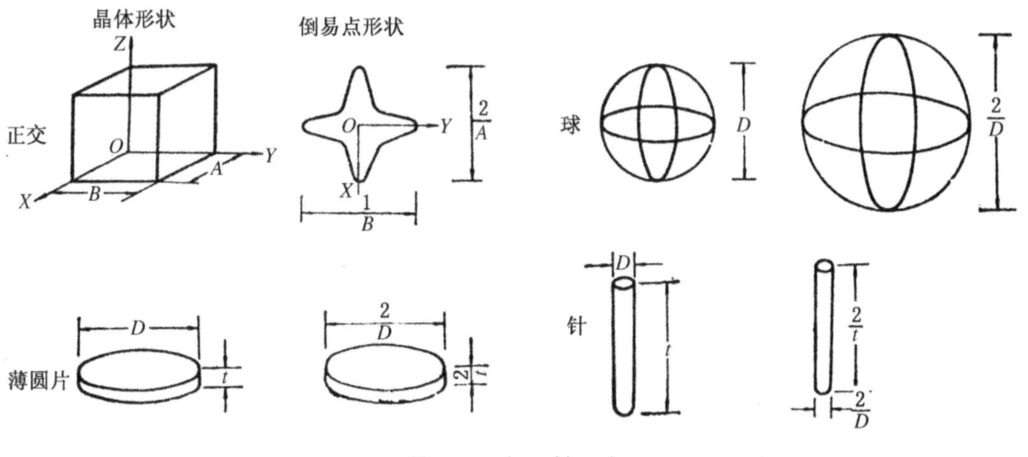

图 9-6　衍　射　畴

9.3 实际多晶体衍射强度

实际多晶中包括无数个均匀分布的小晶粒，通过分析小晶粒的衍射，充分考虑各种因素的影响，最终将得到实际多晶体的衍射强度公式，其中相对衍射强度公式更具有实际意义。

9.3.1 实际小晶粒积分衍射强度

多晶材料由无数个小晶粒构成，每个晶粒相当于一个小晶体，但它并非是理想完整的晶体，小晶粒内部包含有许多方位差很小($<1^\circ$)的亚晶块结构，如图 9-7 所示。这类晶粒的衍射畴肯定比理想小晶体的大，即衍射畴与反射球相交的面积扩大，在偏离布拉格角时仍有衍射线存在。另一方面，对于实际的测量条件而言，X 射线通常具有一定的发散角度，这相当于反射球围绕倒易原点摇摆，使处于衍射条件下的衍射畴中各点，都能与反射球相交而对衍射强度有贡献。因此，实际小晶粒发生衍射的概率要比理想小晶体大得多。

实际小晶体与理想小晶体不同之处在于，实际小晶体衍射畴中任何部位都可能发生衍射，而理想小晶体只是在衍射畴与反射球相交的面上才会发生衍射。为表征实际小晶粒的这种衍射本领，在此引入积分衍射强度的概念，就是假定衍射畴区域分别都与反射球相交而发生衍射，并能获得总的衍射强度。

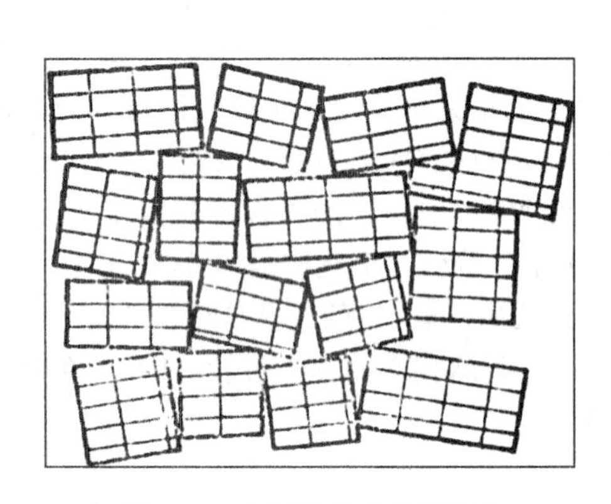

图 9-7 实际晶粒中的亚晶块

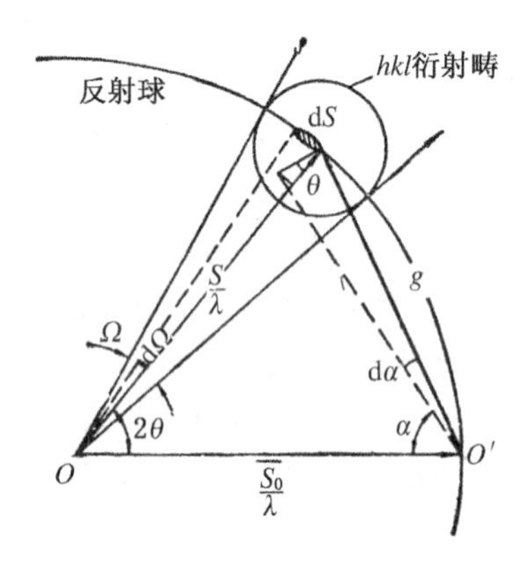

图 9-8 实际小晶粒积分衍射强度的求解

图 9-8 是小晶体的反射球与衍射畴示意图。图中，衍射畴与反射球中心形成 $\Delta\Omega$ 夹角，与倒易空间原点形成 $\Delta\alpha$ 夹角。对于理想小晶体，其(hkl)晶面衍射总强度只是式(9-15)在衍射畴与反射球面相交的面积上进行积分，即仅在 $\Delta\Omega$ 区间积分，而不必考虑 $\Delta\alpha$ 区间。但对于实际小晶粒，晶粒中(hkl)晶面衍射总强度则为式(9-15)在整个衍射畴体积内积分，即同时在 $\Delta\alpha$ 及 $\Delta\Omega$ 区间积分。如果被测实际小晶粒与射线探测器的距离为 R，则该晶粒在 $\Delta\alpha$ 及 $\Delta\Omega$ 角度区间的衍射线总能量，即积分衍射强度可表示为

$$I_g = I_e R^2 \mid F_{hkl} \mid^2 \int_{\Delta\alpha}\int_{\Delta\Omega} \mid G(g_{hkl}) \mid^2 \mathrm{d}\alpha\mathrm{d}\Omega \tag{9-20}$$

9.3.2 实际多晶体衍射强度

实际多晶体的衍射强度，还与参加衍射的晶粒数、多重因子、单位弧长的衍射强度、吸收因子及温度因子等有关。

9.3.2.1 参加衍射晶粒数

在 n 个小晶粒组成的多晶体中，符合衍射条件的晶粒数为 Δn，它们的倒易点落在图 9-9 倒易球面的一个环带内，环带半径为 $g_{hkl}\sin(90°-\theta)$，g_{hkl} 为 (hkl) 衍射面的倒易矢量长度，环带宽度为 $g_{hkl}\Delta\alpha$。参加衍射的晶粒比例 $\Delta n/n$ 为环带面积（图中阴影区）与倒易球面积之比，即

$$\Delta n/n=[2\pi g_{hkl}\sin(90°-\theta)g_{hkl}\Delta\alpha]/[4\pi(g_{hkl})^2]=(\cos\theta/2)\Delta\alpha \tag{9-21}$$

参加衍射的晶粒数为

$$\Delta n=n(\cos\theta/2)\Delta\alpha \tag{9-22}$$

式中，$\Delta\alpha$ 为衍射畴与倒易原点所形成的夹角，受晶粒尺寸及晶粒中亚晶块方位角的影响。该式表明，布拉格角 θ 越小则参加衍射的晶粒数越多。

式(9-20)与式(9-22)相乘，得到

$$I_s = I_e R^2 \mid F_{hkl} \mid^2 n(\cos\theta/2)\Delta\alpha\int_{\Delta\alpha}\int_{\Delta\Omega} \mid G(g_{hkl}) \mid^2 \mathrm{d}\Omega\mathrm{d}\alpha \tag{9-23}$$

对上式积分，得到实际小晶粒 (hkl) 晶面的积分衍射强度，即

$$I_s=I_e R^2\lambda^3 \mid F_{hkl} \mid^2[(\cos\theta/2)/\sin2\theta](V/V_c^2) \tag{9-24}$$

式中，V 为被照射多晶体的体积，V_c 是晶胞的体积。

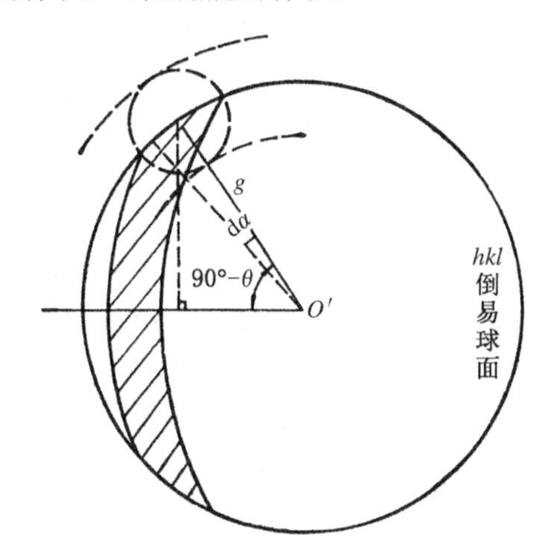

图 9-9 参加衍射晶粒数的求解

9.3.2.2 多重因子

前面已经做过讲述，某族 (hkl) 晶面中等同晶面的数量，即为该晶面的多重性因子 P_{hkl}，这又是一个重要概念。由于多晶体物质中某晶面族 $\{hkl\}$ 的各等同晶面之倒易球面互相重叠，它们的衍射强度必然也会发生叠加。因此，在计算多晶体物质衍射强度时，必须乘以多重因子。通过晶体几何学计算或查表，可获得各类晶系的多重因子。

考虑多重因子 P_{hkl} 的影响，式(9-24)变为

$$I_s=I_e R^2\lambda^3 \mid F_{hkl} \mid^2 P_{hkl}[(\cos\theta/2)/\sin2\theta](V/V_c^2) \tag{9-25}$$

9.3.2.3 单位弧长的衍射强度

在多晶衍射分析中，测量的并不是整个衍射圆环的总积分强度，而是测定衍射环上单位弧长上的积分强度。在图 9-10 中，衍射环距试样的距离为 R，衍射花样的圆环半径为

$R\sin2\theta$,周长为 $2\pi R\sin2\theta$,单位弧长积分强度 I_u 与整个衍射环积分强度 I_s 的关系为

$$I_u = I_s/(2\pi R\sin2\theta) \tag{9-26}$$

结合式(9-2)、式(9-25)及式(9-26),得到单位弧长的衍射强度为

$$I = I_0\frac{\lambda^3}{32\pi R}\left(\frac{e^2}{4\pi\varepsilon_0 mc^2}\right)^2\frac{V}{V_c^2}P_{hkl}|F_{hkl}|^2L_p \tag{9-27}$$

式中,$L_p=(1+\cos^2 2\theta)/(\sin^2\theta\cos\theta)$称为角因子或洛伦兹-偏振因子。

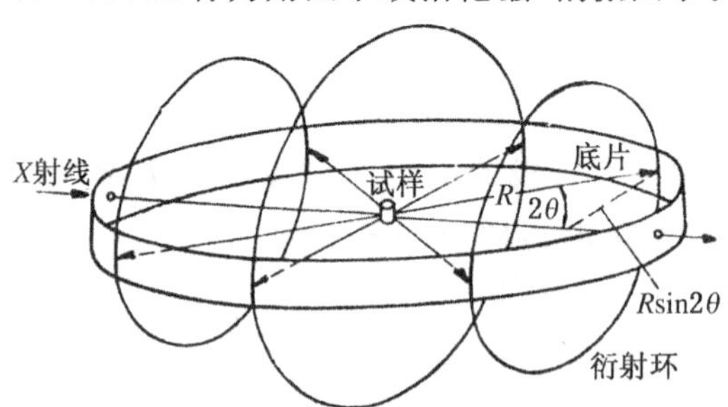

图 9-10 单位弧长积分衍射强度的计算

9.3.2.4 吸收因子

在上述衍射强度公式的导出过程中,均未考虑试样本身对 X 射线的吸收效应。实际上由于试样形状及衍射方向的不同,也由于衍射线在试样中穿行路径的不同,会造成衍射强度实测值与计算值存在差异,而且这种差异随着射线吸收系数的增大而增大。为了校正吸收效应的影响,需要在衍射强度公式中乘以吸收因子 A 值。

1) 柱状或球状试样

在多晶粉末照相法中,试样通常是圆柱形的。如图 9-11 所示,如果小晶体浸在入射平行光束中,则小体积单元 dV 的衍射强度取决于入射线与衍射线在试样中的路程 p 和 q。根据 X 射线吸收理论和此处吸收因子的定义,不难得到吸收因子 A 的表达式:

$$A=(1/V)\int e^{-\mu_l(p+q)}dV \tag{9-28}$$

式中,积分范围为参加衍射的试样体积 V,μ_l 为试样的线吸收系数。此公式是吸收因子的通用计算式,对透射试样和反射试样均适用。

当试样形状比较简单时,可直接利用上式计算其吸收因子。当试样形状比较复杂时,则计算十分困难,只能通过查表获得吸收因子。

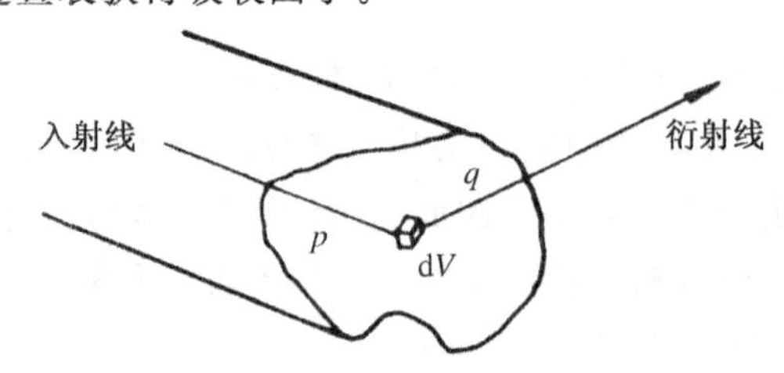

图 9-11 柱状或球状试样的 X 射线吸收

2) 平板反射试样

在衍射仪法中,通常采用平板状的试样。平板试样的反射示意图如图 9-12 所示。图中,入射线束的横截面积为 S_0,其全部能量被试样拦截,故吸收因子 A 可表示为

$$A=\frac{1}{S_0}\int_0^t \mathrm{e}^{-\mu_1\left(\frac{x}{\sin\alpha}+\frac{x}{\sin\beta}\right)}\frac{S_0}{\sin\alpha}\mathrm{d}x=\frac{1}{\mu_1}\left(\frac{\sin\beta}{\sin\alpha+\sin\beta}\right)\left[1-\mathrm{e}^{-u_1\left(\frac{t}{\sin\alpha}+\frac{t}{\sin\beta}\right)}\right] \tag{9-29}$$

式中，μ_1 为线吸收系数，t 为试样厚度，α 为入射角，β 为反射角。此时，衍射角 $2\theta=\frac{1}{2}(\alpha+\beta)$。如果试样厚度远大于射线有效穿透深度，即 $t=\infty$，并且是对称衍射情况，即 $\alpha=\beta$，上式可简化为

$$A=1/(2\mu_1) \tag{9-30}$$

式中，吸收因子只与线吸收系数有关，而与试样厚度及布拉格角无关。

在实际工作中，当试样厚度 t 超过 $3/\mu_1$ 时即近似认为 $t=\infty$，由于常规对称衍射的吸收因子与 θ 角无关，在考察同一试样的各条衍射线之相对强度时，可以忽略吸收因子的影响。

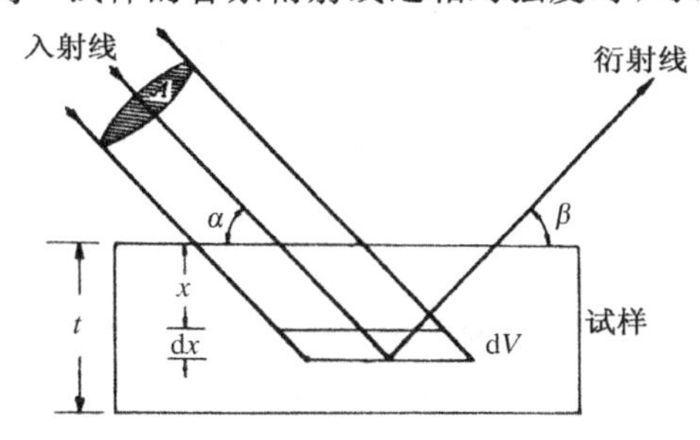

图 9－12　平板反射试样的 X 射线吸收

3) 平板透射试样

平板试样的透射示意图，如图 9－13 所示。利用上述类似的方法，求得吸收因子 A 的表达式：

$$A=(1/\mu_1)[\cos\beta/(\cos\beta-\cos\alpha)](\mathrm{e}^{-\mu_1 t/\cos\beta}-\mathrm{e}^{-\mu_1 t/\cos\alpha}) \tag{9-31}$$

当 $\alpha=\beta$ 为 θ 时，衍射面垂直于试样表面，上式是一个 0/0 型的极限函数。用洛比达法则可求得吸收因子的表达式为

$$A=(t/\cos\theta)\mathrm{e}^{-\mu_1 t/\cos\theta} \tag{9-32}$$

式中，吸收因子仍与线吸收系数、试样厚度及布拉格角有关。该式表明，当 $t=\cos\theta/\mu_1$ 时，吸收因子 A 值最小，可获得最佳的衍射强度，故此时的厚度称为最佳试样厚度。

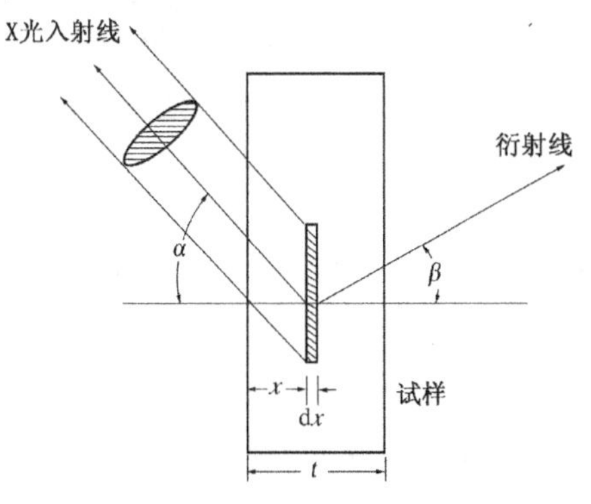

图 9－13　平板透射试样的 X 射线吸收

9.3.2.5　温度因子

晶体中原子总是在平衡位置附近进行热振动，并随着温度的升高，原子振动被加强。由于原子振动频率比 X 射线(电磁波)频率小得多，所以可把原子看成总是处在偏离平衡位置的某个地方，偏离平衡位置的方向和距离是随机的。原子热振动，使晶体点阵排列的周期性

受到破坏，在原来严格满足布拉格条件的相干散射波之间产生附加的周相差，但这个周相差较小，只是造成一定程度的衍射强度减弱。

为了考虑实验温度给衍射强度带来的影响，须在衍射强度公式中乘上温度因子 e^{-2M}，显然这是一个小于1的系数。温度因子的物理意义是：一个在温度 T 下热振动的原子，其散射振幅等于该原子在绝对零度下原子散射振幅的 e^{-M}倍。由于强度是振幅的平方，故原子散射强度是绝对零度下的 e^{-2M}倍。根据固体物理的理论，可以得到的表达式为

$$M=[6h^2T/(m_a k\Theta^2)][\varphi(x)+x/4](\sin\theta/\lambda)^2 \tag{9-33}$$

式中，h 为普朗克常数，m_a 为原子的质量，k 为玻耳兹曼常数，T 为绝对温度，$\Theta=h\nu_m/k$ 即德拜特征温度，ν_m 为原子热振动最大频率，$\varphi(x)$为德拜函数，$x=\Theta/T$，θ 为布拉格角，λ 为射线波长。各种材料的德拜温度 Θ 和函数 $\varphi(x)$ 均可查表获得，其他参数均已知，利用该式即可计算出 M 及温度因子 e^{-2M}的值。

式(9-33)表明，温度 T 越高则 M 越大，即 e^{-2M}越小，说明原子振动越剧烈则衍射强度的减弱越严重。当温度 T 一定时，$\sin\theta/\lambda$ 越大则 M 越大，即 e^{-2M}越小，说明在同一衍射花样中，θ 越大则衍射强度减弱越明显。

晶体中原子的热振动，在减弱布拉格方向上衍射强度的同时，却增强了非布拉格角方向的散射强度，其结果必然造成衍射花样背底的增高，并且随 θ 增加而愈趋严重，这当然对正常的衍射分析是不利的。

需要说明的是，对于圆柱形状的试样，布拉格角 θ 对温度因子与吸收因子的影响相反，两者可以近似抵消，因此在一些对强度要求不很精确的工作中，可以把 e^{-2M}和 A 同时略去。

9.3.2.6 实际多晶体的衍射强度公式

前面已讨论了影响多晶材料 X 射线衍射强度的全部因素，将吸收因子 A 与温度因子 e^{-2M}计入式(9-27)，衍射强度的理论公式为

$$I=I_0\frac{\lambda^3}{32\pi R}\left(\frac{e^2}{4\pi\varepsilon_0 mc^2}\right)^2\frac{V}{V_c^2}P_{hkl}|F_{hkl}|^2L_pAe^{-2M} \tag{9-34}$$

式中，V 为被照射的多晶材料体积，V_c 为晶胞体积，P_{hkl}为(hkl)晶面多重因子，$|F_{hkl}|^2$ 为(hkl)晶面结构因子，$L_p=(1+\cos^2 2\theta)/(\sin^2\theta\cos^2\theta)$为角因子或洛伦兹－偏振因子，$A$ 为吸收因子，e^{-2M}为温度因子，其他的参数已在前面做过介绍。

在实际工作中，通常只需要了解各衍射线的相对强度。在同一条衍射谱线中，I_0，λ 及 R 等均为常数，故可将式(9-34)简化为

$$I=(V/V_c^2)P_{hkl}|F_{hkl}|^2L_pAe^{-2M} \tag{9-35}$$

至此，我们得到了多晶体材料 X 射线衍射相对强度的通用表达式，它是诸如物相含量测定等定量 X 射线衍射分析的理论基础。

9.3.3 多晶体衍射强度计算方法

只要得知某物质的结构特征，就能根据布拉格角、角因子、结构因子和多重因子等预测出该物质各衍射线条的相对强度。

9.3.3.1 列表计算法

当晶体结构比较简单时，可采用列表法来计算其衍射线相对强度。下面将采用这种方法预测铜粉各衍射线条的相对强度。X 射线波长 $\lambda\approx1.540\ 56$ Å，铜点阵常数为$a=3.615$Å。

1) 衍射线的干涉指数

由于铜属于面心立方结构，可知其衍射线指数必定为同奇或同偶，仅能获得八条谱线。

于是将这八条衍射谱线序号及指数按顺序列于表 9－1 的第一列及第二列中。

2）布拉格角 θ 的计算

利用布拉格定律 $2d\sin\theta=\lambda$ 和立方晶系面间距公式 $d=a/\sqrt{h^2+k^2+l^2}$，并根据干涉指数 hkl 和点阵参数 a 即可计算出 $\sin\theta$ 和 θ 值。由于辐射波长及铜点阵参数已知，因而不难计算出 $\sin\theta$ 和 θ，列在表的第三列及第四列中。

3）原子散射因子的获得

计算出 $\sin\theta/\lambda$，结果列在表中第五列。根据 $\sin\theta/\lambda$，查表获得各条衍射线的原子散射因子 f_{Cu}，列在表中第六列。

4）结构因子的获得

对于面心立方结构，当 hkl 同奇或同偶时结构因子 $|F_{hkl}|^2=16f^2$，否则 $|F_{hkl}|^2=0$。于是可由 f_{Cu} 计算各衍射线的 $|F_{hkl}|^2$ 值，列在表中第七列。

5）角因子

计算各衍射线条的角因子 $L_p=(1+\cos^2 2\theta)/(\sin^2\theta\cos^2\theta)$，列在表中第八列。

6）多重因子

各线条的多重因子 P_{hkl} 也是已知的，列在表中第九列。

7）相对强度的计算

式(9－35)进一步简化为 $I=P_{hkl}|F_{hkl}|^2L_p$，将表中数据代入该式，计算各衍射线相对强度，列在表中第十列。规定最大强度为 100，对其他谱线进行标准化，获得相对理论强度，列在表中第十一列。

表 9－1　铜粉试样衍射强度计算实例

线号	hkl	$\sin\theta$	$\theta(°)$	$\sin\theta/\lambda$ (10nm^{-1})	f_{Cu}	F_{hkl}^2	$\frac{1+\cos^2 2\theta}{\sin^2\theta\cos^2\theta}$	P_{hkl}	$I_{相对}$ 理论值	
									计算值	标准化后
1	111	0.369	21.7	0.24	22.1	781.4	12.03	8	7.52×10^5	100
2	200	0.427	25.2	0.27	20.9	698.9	8.50	6	3.56	47
3	220	0.603	37.1	0.39	16.8	451.6	3.70	12	2.10	2.7
4	311	0.707	45.0	0.46	14.8	350.6	2.83	24	2.38	32
5	222	0.739	47.6	0.48	14.2	322.6	2.74	8	0.71	9
6	400	0.853	58.5	0.55	12.5	250.0	3.18	6	0.48	6
7	331	0.930	68.4	0.60	11.5	211.6	4.81	24	2.45	33
8	420	0.954	72.6	0.62	11.1	197.1	6.15	24	2.91	39

9.3.3.2　计算机法

在晶体结构比较复杂的情况下，利用列表法用人工计算其衍射线相对强度是十分困难的，但如果编制相应的计算机程序，则可快速且准确地计算这类复杂结构的 X 射线衍射线的相对强度。在求解过程上，计算机法与人工列表法大致相同，即：①根据晶体结构确定干涉指数；②根据布拉格定律及晶面间距公式计算布拉格角 θ；③计算单类原子或多类原子的散射因子；④计算体系结构因子；⑤计算体系多重因子；⑥计算角因子；⑦最终计算出衍射线的相对强度。

第 10 章　X 射线衍射方法

工程材料大都以多晶体形式存在和使用，研究这类材料的组织结构极为重要，因而陆续发展了各类物理分析方法。与其他方法相比，X 射线衍射分析是非破坏性的，实验结果准确可靠，真正代表检测区域的平均效果，而且对试样没有太严格的要求，可采用粉末或块状试样，甚至可直接对小型零件进行测量。

根据记录衍射信息的方式，X 衍射方法可分为照相法和衍射仪法。照相法最早应用于衍射分析中，例如德拜－谢乐法(简称德拜法)，它是多晶衍射方法的基础。衍射仪法在近几十年中得到了很大发展，出现了粉末衍射仪、四圆衍射仪和微区衍射仪等，其中粉末衍射仪应用最为广泛，它作为一种通用的实验仪器，在大多数场合下取代了照相法。

考虑到衍射仪法是未来发展的趋势，本章只对照相法进行简要介绍，而重点放在对粉末衍射仪法及其测量条件等内容的论述。

10.1　照相法

近一个世纪以来，人们发展了许多晶体衍射的照相方法，各种方法都有自己的特点。下面主要介绍几种多晶试样的照相方法，而单晶劳厄照相法将在后面章节中介绍。

10.1.1　德拜-谢乐法

德拜-谢乐法用于多晶体的衍射分析，此法以单色 X 射线作为光源，摄取多晶体衍射环，是一种经典的但至今仍未失去其使用价值的衍射分析方法，该方法所用试样为细圆柱状，X 射线照射其上，产生一系列衍射锥，用窄条带状底片环绕试样放置，衍射锥与底片相遇，得到一系列衍射环。图 10－1 为德拜相机的示意图，相机主体是一个带盖的密封圆筒，沿筒的直径方向装有一个前光栏和后光栏，试样置于可调节的试样轴座上，丝轴与圆筒轴线重合，底片围绕试样并紧贴于圆筒内壁。入射 X 射线通过前光栏成为近平行光束，经试样衍射使周围底片感光，多余的透射线束进入后光栏被其底部的铅玻璃所吸收，荧光屏主要用于拍摄前的对光。常用的德拜相机的直径有 57.3mm，114.6mm，190mm 几种。

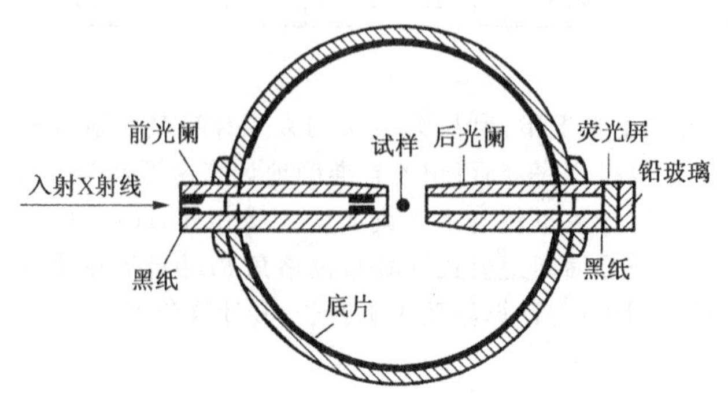

图 10－1　德 拜 相 机

德拜法所用试样多为圆柱形的粉末物质粘合体，也可以是多晶体细丝，其直径为0.2～1.0mm，长约10mm，粉末试样可用胶水粘在细玻璃丝上，或填充于特制的细管中。对粉末粒度有一定要求，最好控制在250～350目(每平方英寸筛孔数)，粒度过粗使衍射环不连续，过细则使衍射线发生宽化。为了避免衍射环出现不连续现象，试样在曝光期间可不断地以相机轴进行旋转，从而增加参加衍射的粒子数。底片裁成长条形，按光栏位置开孔，并贴着相机内壁放置。图10-2示出了底片的三种安放方式及其衍射花样。

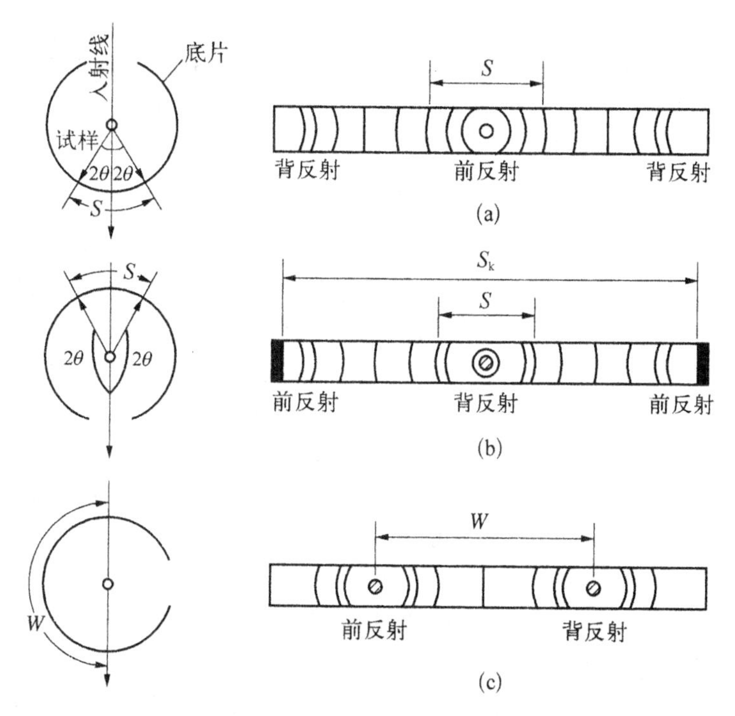

图10-2 底片安装方法及衍射花样

(a) 正装；(b) 倒装；(c) 不对称装

1) **正装法**

如图10-2(a)所示，底片开口在前光栏两侧，衍射花样由一系列弧段构成，靠近底片中部者为前反射衍射线($2\theta<90°$)，背反射($2\theta>90°$)线条位于底片两端。如果测得同一个衍射环上左右两弧段间距离 S，就可计算其衍射角。若相机半径为 R，则 $\theta(°)$为

$$\theta=[S/(4R)](180/\pi) \tag{10-1}$$

当 $2R=57.3$mm 时，$\theta=S/2$；当 $2R=114.6$mm 时，$\theta=S/4$。其中，S 以 mm 为单位。

2) **倒装法**

如图10-2(b)所示，底片开口在后光栏两侧。底片中部的衍射线为背反射，两端为前反射，布拉格角 $\theta(°)$按下式计算：

$$\theta=[\pi/2-S/(4R)](180/\pi) \tag{10-2}$$

当 $2R=57.3$mm 时，$\theta=90°-S/2$。其中，S 以 mm 为单位。

在精确测定线条位置时，为修正底片冲洗后收缩及相机半径误差，可在相机内底片开口两侧设置刀边，对应于固定圆心角 $4\theta_k$，曝光后在底片上留下清晰影像。刀边影像间距离为

S_k,同一个衍射环上左右两弧段间的距离为 S,则消除误差后

$$\theta=(S/S_k)\theta_k \tag{10-3}$$

3) 不对称装法

如图 10-2(c)所示,在无刀边的相机中,用不对称法安装底片也可消除上述误差。底片开有两个小孔,分别让前后光栏穿过,底片开口置于相机一侧。不难看出,前后反射弧对中心点位置相当于 180°圆心角,如果实际弧长为 W,布拉格角 θ (°)可表示为

$$\text{前反射 } \theta=(S/W)(180°/4)\text{,背反射 } \theta=[360°-(S/W)180°]/4 \tag{10-4}$$

德拜法的优点是所需的试样量少,记录的衍射角范围宽,衍射环的形貌能直观地反映晶体内部组织特征,衍射线位的误差分析简单且易于消除,可达到相当高的测量精度。该方法的缺点是衍射强度低,需要较长的曝光时间。

10.1.2 聚焦法

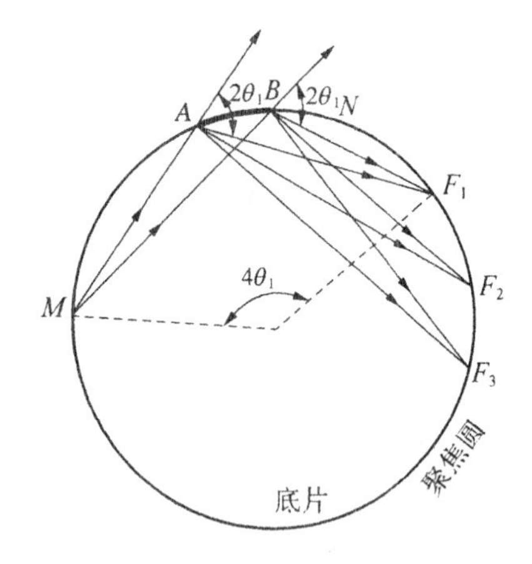

图 10-3 聚焦法衍射几何

将具有一定发散度的单色 X 射线照射到弧形的多晶试样表面,由各(hkl)晶面族产生的衍射束分别聚焦成一细线,此衍射方法称为聚焦法。

图 10-3 为聚焦原理示意图,图中片状多晶试样 AB 表面曲率与圆筒状相机相同,X 射线从狭缝 M 入射照到试样表面,其各点同(hkl)晶面族所产生的衍射线都与入射线相等,夹角都为 2θ,因而聚焦于相机壁上的同一点。

图中 $MABN$ 圆周即为聚焦圆,利用聚焦原理的相机称聚焦相机或塞曼-巴林(Seemann-Bohlin)相机,其布拉格角 θ(°)可按下式计算:

$$4\theta=[(MABN+FN)/R](180/\pi) \tag{10-5}$$

式中,弧长 $MABN$ 是相机的参数,弧长 FN 由底片上测得,R 为相机半径(即聚焦圆半径)。

与德拜法比较,聚焦法的优点是入射线强度高,被照试样面积大,衍射线聚焦效果好,曝光时间短,而且相机半径相同时聚焦法的线条分辨本领高。该方法的缺点是角度范围小,例如背射聚焦相机的角度范围仅 92°~166°。

10.1.3 针孔法

X 射线通过针孔光栏照射到试样上,用垂直于入射线的平板底片接到衍射线上,这种拍摄方法称为针孔法,如图 10-4 所示。该方法又可分为透射法和背射法两种。利用单色 X 射线照射多晶体试样,所形成的针孔像为一系列同心圆环。如果衍射环半径 r 及试样到底片的距离 D 已知,则布拉格角 θ (°)可从下式中获得:

$$\text{透射法 } \theta=[\arctan(r/D)]/2$$
$$\text{背射法 } \theta=[180°-\arctan(r/D)]/2 \tag{10-6}$$

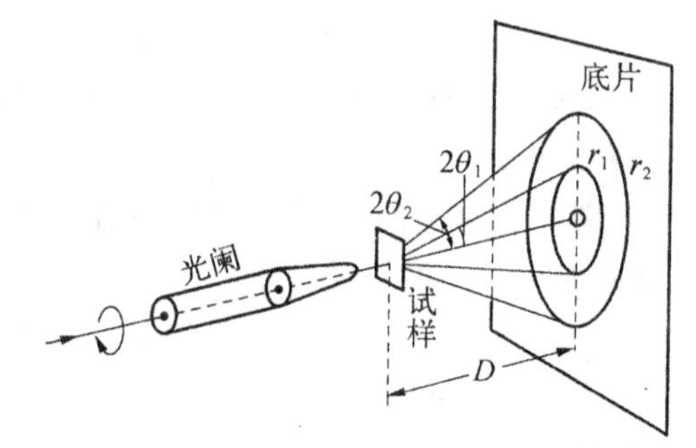

图 10-4 针孔法

由于利用的是单色 X 射线，上述针孔像中只包含少数的衍射环。如果利用连续 X 射线照射单晶体，仍可利用上述针孔平板相机，这样实际已变为劳厄衍射法，劳厄像反映出晶体的取向。这也是单晶定向的一种方法。

10.2　衍射仪法

衍射仪法是利用计数管来接收衍射线，可以省去照相法中的暗室工作，具有快速、灵敏及精确等优点。X 射线衍射仪包括辐射源、测角仪、探测器、控制测量与记录系统等，可以安装各种附件，如高低温衍射、小角散射、织构及应力等测量部件。

一台优良的 X 射线衍射仪，首先应具有足够的辐射强度，例如采用旋转阳极辐射源，可有效增加试样的衍射信息。如果从测量角度讲，仪器性能主要体现在以下方面：一是衍射角测量要准确，二是采集衍射计数要稳定可靠，三是尽可能除掉多余的辐射线并降低背底散射。本节主要介绍与测量有关的仪器部件，包括测角仪、计数器和单色器。

10.2.1　测角仪

粉末衍射仪中均配备常规的测角仪，其结构简单且使用方便，扫描方式可分为 $\theta/2\theta$ 耦合扫描与非耦合扫描两种类型，首先介绍耦合扫描方式。

1）耦合扫描方式

图 10－5 为粉末衍射仪的卧式测角仪示意图，它在构造上与德拜相机有很多相似之处。平板状试样 D 安装在试样台 H 上，二者可围绕 O 轴旋转。S 为 X 射线的光源，其位置始终是固定不动的。一束 X 射线由 S 点发出，照射到试样 D 上并发生衍射，衍射线束指向接受狭缝 F，然后被计数管 C 所接收。接受狭缝 F 和计数管 C 一同安装在测角臂 E 上，它们可围绕 O 轴旋转。当试样 D 发生转动即 θ 改变时，衍射线束 2θ 角必然改变，同时相应地改变测角臂 E 的位置以接收衍射线。衍射线束 2θ 角就是测角臂 E 所处的刻度 K，该刻度制作在测角仪圆 G 的圆周上。在测量过程中，试样台 H 和测角臂 E 保持固定的转动关系，即当 H 转过 θ 角时 E 恒转过 2θ 角，这种连动方式称为 $\theta/2\theta$ 耦合扫描。计数管在扫描过程中逐个接收不同角度下的计数强度，绘制强度与角度的关系曲线，即得到 X 射线的衍射谱线。

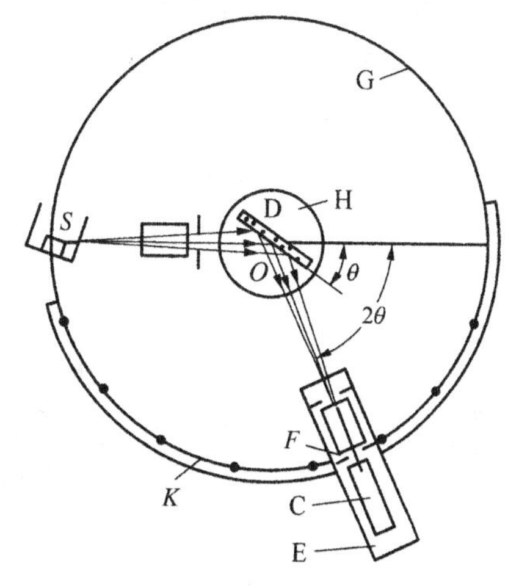

图 10－5　测角仪构造

G—测角仪圆；S—X 射线源；D—试样；H—试样台；F—接收狭缝；C—计数管

采用 $\theta/2\theta$ 耦合扫描，确保了 X 射线相对于平板试样的入射角与反射角始终相等，且都等于 θ 角。试样表面法线始终平分入射与衍射线的夹角，当 2θ 符合某(hkl)晶面布拉格条件时，计数管所接受的衍射线始终是由那些平行于试样表面的(hkl)晶面所贡献，如图 10－6 所示。

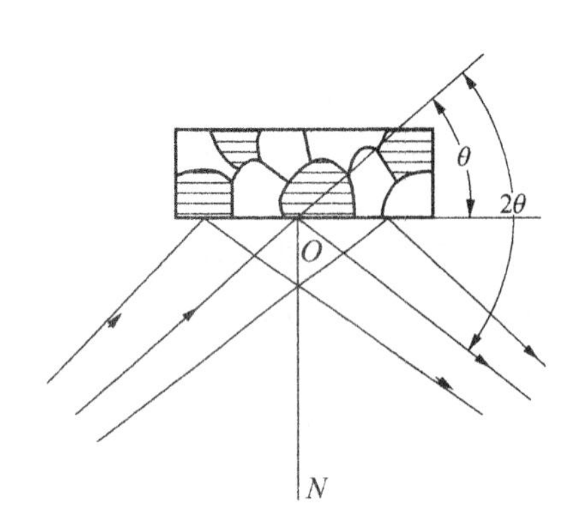

图 10－6　耦合扫描方式下对衍射有贡献的晶面

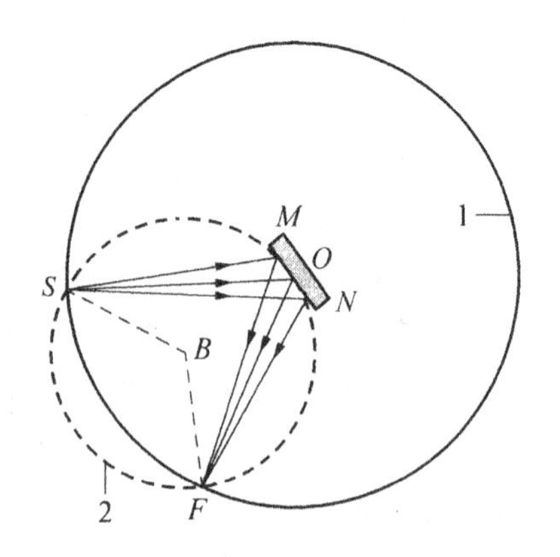

图 10－7　测角仪聚焦几何

图 10－7 为测角仪的聚焦几何关系。根据图中的聚焦原理，光源 S、试样被照表面 MON 以及反射线会聚点 F 必须落到同一聚焦圆上。在实验过程中聚焦圆时刻在变化，其半径 r 随 θ 角的增大而减小。聚焦圆半径 r、测角仪圆半径 R 以及 θ 角的关系为

$$r=R/(2\sin\theta) \tag{10-7}$$

这种聚焦几何要求试样表面与聚焦圆有同一曲率。但因聚焦圆的大小时刻变化，故此要求难以实现。衍射仪习惯采用的是平板试样，在运转过程中始终与聚焦圆相切，即实际上只有 O 点在这个圆上。因此，衍射线并非严格地聚集在 F 点上，而是分散在一定的宽度范围内，只要宽度不大，在应用中是允许的。

这里的聚焦圆，与前面所提到的反射球属于两个不同的概念，反射球是晶体倒易空间中假想的一个半径为 $1/\lambda$ 的球面，代表的是布拉格方程，没有聚焦的含义。而这里的聚焦圆，是由发射焦点、被照射点及接收焦点在实际空间中所组成的几何圆周。

测角仪的光学布置如图 10－8 所示。靶面 S 为线焦点，其长轴沿竖直方向，因此射线在水平方向会有一定发散，而垂直方向则近乎平行。射线由光源 S 发出，经过入射梭拉狭缝 S_1 和发散狭缝 DS 后，照射到垂直放置的试样表面上，衍射线束依次经过防散射狭缝 SS、衍射梭拉狭缝 S_2 及接收狭缝 RS，最终被计数管接收。

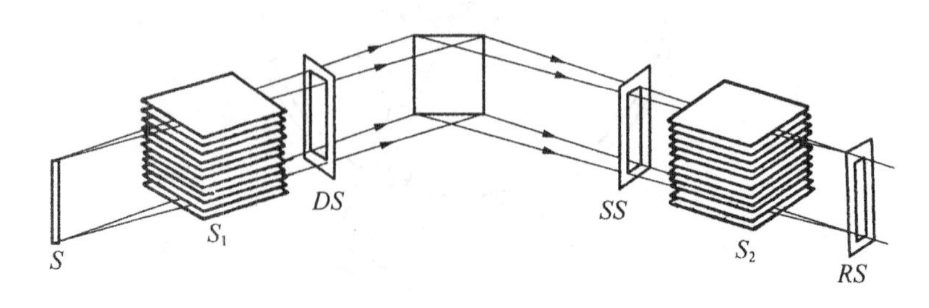

图 10－8　测角仪光学布置

狭缝 DS 限制入射线束的水平发散度，SS 限制衍射线束的水平发散度，RS 限制衍射线束的聚焦宽度，梭拉狭缝 S_1 限制入射线束垂直发散，S_2 限制衍射线束垂直发散。使用上述一系列狭缝，可以确保正确的衍射光路，有效阻挡多余散射线进入计数管中，提高衍射分辨率。

狭缝 DS，SS 和 RS 宽度是配套的，例如 $DS=1°$，$SS=1°$ 和 $RS=0.3$mm，表示入射线束和衍射线束水平发散度为 1°，衍射线束聚焦宽度为 0.3mm。梭拉狭缝 S_1 和 S_2 由一组相互平行的金属薄片组成，例如相邻两片间空隙小于 0.5mm，薄片厚约 0.05mm，长约 30mm，这样梭拉狭缝可将射线束垂直方向的发散限制在 2°以内。

2）非耦合扫描方式

利用图 10－5 所示的测角仪，也可以实现非耦合扫描方式，例如 α 扫描和 2θ 扫描。如果测角臂 E 固定仅让试样架 H 转动，实际是衍射角 2θ 固定而入射角变动，由于此时入射角并非是布拉格角，故改写成 α，这种扫描方式就是 α 扫描。若试样架 H 固定仅让测角臂 E 转动，实际是入射角固定而衍射角 2θ 变动，故称为 2θ 扫描。在图 10－5 所示的耦合扫描方式下，X 射线入射角与反射角始终相等，试样表面法线平分入射线与衍射线的夹角，始终是那些平行于试样表面的晶面发生衍射(见图 10－6)，而在 α 扫描或 2θ 扫描方式下，则不存在这种几何关系。

图 10－9(a)和图 10－9(b)分别示出了 α 扫描过程中的两个试样位置，这两个位置的衍射角 2θ 相同，即被测晶面为同族晶面，但两个位置的 X 射线入射角 α 不同，即参加衍射的晶面取向不同，所测量的是不同取向的同族晶面的衍射强度。考虑到块体试样大都不同程度地存在晶面择优取向问题，故利用这种扫描方式，能够初步判断材料中同族晶面的取向不均匀性。关于这方面内容，还将在后面的织构测量中继续讨论。

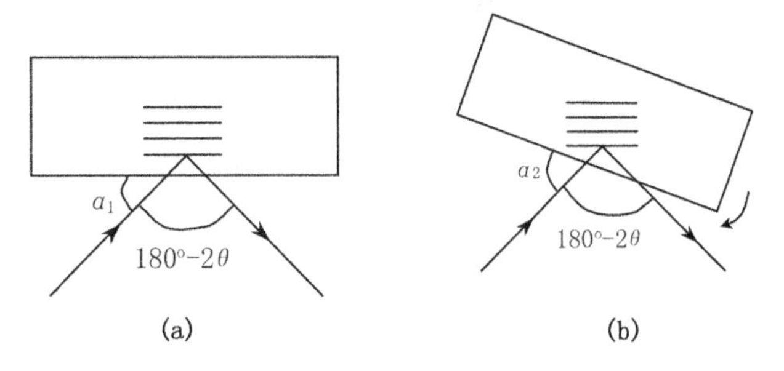

图 10－9　非耦合 α 扫描方式下位置(a)和(b)对衍射有贡献的晶面

图 10－10(a)和图 10－10(b)分别示出了 2θ 扫描过程中的两个衍射位置。两个位置的 2θ 角不同即被测晶面为异族晶面。虽然两位置的入射角 α 相同，但由于 2θ 不同而导致参加衍射的晶面取向不同，因此所测得的是不同取向的异族晶面的衍射强度，这说明 2θ 扫描要比 α 扫描的问题复杂。由于 2θ 扫描方式的入射角固定不变，可以限制 X 射线穿透试样的深度，因此在薄膜材料的掠射分析中被广泛采用。

如 X 射线以 α 角照射试样，则 $0\sim t$ 厚度所产生的衍射强度为

$$I=I_0\left[1-\exp\left(-\mu_l t\,\frac{\sin\alpha+\sin\beta}{\sin\alpha\sin\beta}\right)\right] \tag{10-8}$$

式中，$\beta=(2\theta-\alpha)$为衍射线与试样表面的夹角，μ_l 为线吸收系数，$I_0=I_t\big|_{t=\infty}$为试样总衍射强

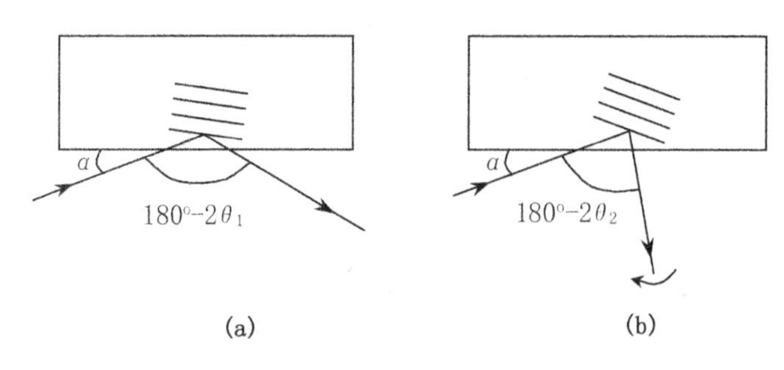

图 10 - 10 非耦合 2θ 扫描方式下(a)和(b)对衍射有贡献的晶面

度。射线有效穿透深度 t_e 定义为衍射强度占整个衍射强度的 80%，即 $I_{t_e}=0.8I_0$，不难证明

$$t_e \approx 1.6\sin\alpha\sin\beta/[\mu_l(\sin\alpha+\sin\beta)] \tag{10-9}$$

当 X 射线入射角 α 很小时即为掠射，式(10 - 9)则变为

$$t_e = 1.6\alpha(\pi/180°)/\mu_l \tag{10-10}$$

式中，α 单位为 (°)，表明入射角 α 越小则有效穿透深度 t_e 越浅，越容易揭示材料的表面信息。

在实际工作中，通常选择不同入射角 α 并分别进行 2θ 扫描，这样就能得到一系列穿透深度不同的衍射谱线，这些谱线代表了试样不同深度的组织结构特征，特别适合薄膜及表面改性等材料的表层衍射分析。这种方法，也称为二维 X 射线衍射分析法。

10.2.2 计数器

衍射仪的 X 射线探测元件为计数管。计数管及其附属电路称为计数器。目前，使用最为普遍的是闪烁计数器。在要求定量关系较为准确的场合下，仍习惯使用正比计数器。近年来，有的衍射仪还使用较先进的位敏探测器及 Si(Li)探测器等。

1) 闪烁计数器

闪烁计数器系利用 X 激发某些固体(磷光体)发射可见荧光，并通过光电管进行测量。由于所发射的荧光量极少，为获得足够的测量电流，须采用光电倍增管放大。因为输出电流与光线强度成正比，即与被计数管吸收的 X 射线强度成正比，故可以用来测量 X 射线强度。

真空闪烁计数管构造及探测原理示意图如图 10 - 11 所示。磷光体一般为加入约 0.5% 铊作为活化剂的碘化钠(NaI)单晶体，射线照射后可发射蓝光。晶体的一面常覆盖一层薄铝，铝上再覆盖一层薄铍。覆盖层位于晶体和计数管窗口之间，铍不能透进可见光，但对 X 射线是透明的，铝则能将晶体发射的光反射回光敏阴极上。

晶体吸收一个 X 射线光子后，在其中即产生一个闪光，这个闪光射进光电倍增管中，并从光敏阴极(一般用铯锑金属间化合物制成)上撞出许多电子。为简明起见，图 10 - 11 中只画了一个电子。在光电倍增管中装有若干个联极，后一个均较前面一个高出约 100V 的正电压，而最后一个则接到测量电路中去。从光敏阴极上迸出的电子被吸往第一联极，该电子可从第一联极金属表面上撞出多个电子(图中只撞出两个)，而每个到达第二个联极上的电子又可撞出多个电子，依次类推。各联极实际增益约 4～5 倍，一般有 8～14 个联极，总倍增将超过 10^6。这样，晶体吸收了一个 X 射线光子以后，便可在最后一个联极上收集到数目众多的电子，从而产生电压脉冲。

闪烁管的速度很快，其分辨时间可达 10^{-8}s 数量级，即使计数率在 10^5次/s 以下时也不

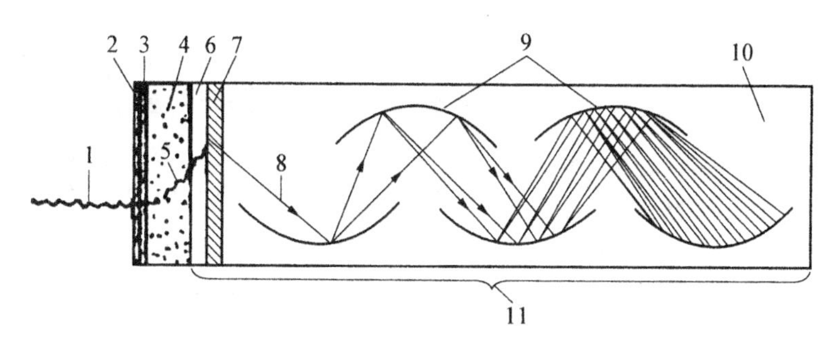

图10-11 真空闪烁计数管

1—射线；2—铍箔；3—铝箔；4—晶体；5—可见光；6—玻璃；
7—光敏阴极；8—电子；9—联极；10—真空；11—光电倍增管

存在计数损失的现象。闪烁计数器的主要缺点在于背底脉冲过高，在没有X射线光子射进计数管时仍会产生无照电流的脉冲，其来源是光敏阴极因热离子发射而产生电子。此外，闪烁计数器价格较贵，体积较大，对温度的波动比较敏感，受振动时亦容易损坏，晶体易于受潮解而失效。

2）正比计数器

正比计数管及其基本电路如图10-12所示。计数管外壳为玻璃，内充诸如氩、氪及氙等惰性气体。计数管窗口由云母或铍等低吸收系数的材料制成。计数管阴极为一金属圆筒，阳极为共轴的金属丝，阴阳极之间保持一定的电位差。X射线光子进入计数管后，使其内部气体电离，并产生电子。在电场力的作用下，这些电子向阳极加速运动。电子在运动期间，又会使气体进一步电离并产生新的电子，新电子运动再次引起更多气体的电离，于是就出现了电离过程的连锁反应。在极短的时间内，所产生的大量电子便会涌向阳极，从而导致可探测到的电流产生。这样，即使少量光子照射，就可以产生大量的电子和离子，这就是气体的放大作用。

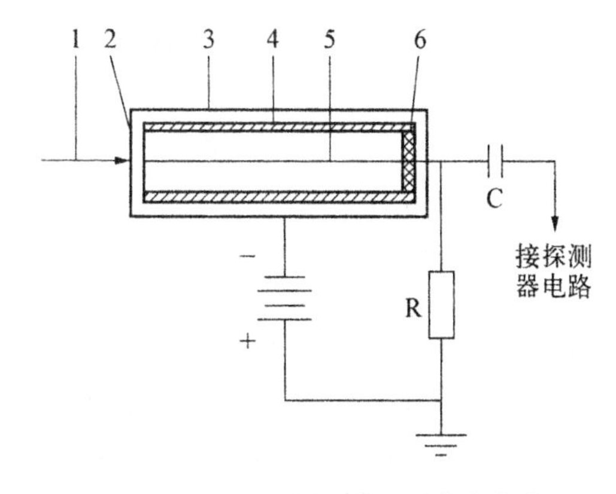

图10-12 正比计数管及其基本电路

1—X射线；2—窗口；3—玻璃壳；4—阴极；5—阳极；6—绝缘体

若X射线光子直接电离气体的分子数为n，则经放大作用后的电离气体分子总数为A^n.，因此，A被称为气体放大因子，它与施加在计数管两极的电压有关。典型的计数管气体放大因子A与两极电压V的关系曲线如图10-13所示。当施加较低电压时，无气体放大作用。当电压升高到一定程度时，一个X射线光子能电离的气体分子数可达电离室的10^3～10^5倍，从而形成电子雪崩现象，在此区间A与V成直线关系，因而这是正比计数器的工作区域，该区间一般为600～900V。如果电压继续升高，例如在1 000～1 500V区间，计数管便处于电晕放电区，此时气体放大因子达10^8～10^9，即已进入盖革计数器的工作区。

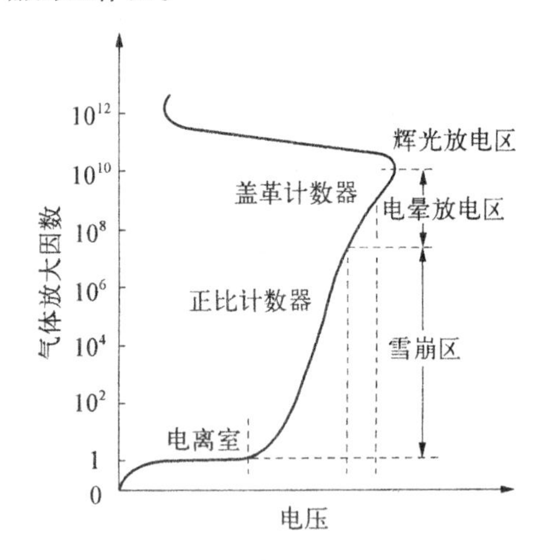

图 10-13 电压对气体放大因子的影响

正比计数器所给出的脉冲大小和它所吸收的X射线光子能量成正比，在进行衍射强度测量时结果比较可靠。正比计数器的反应极快，对两个连续到来的脉冲分辨时间只需 10^{-6} s。它性能稳定，能量分辨率高，背底脉冲低，光子计数效率高，在理想情况下可认为没有计数损失。正比计数器的缺点是对温度比较敏感，计数管需要高度稳定的电压，而且雪崩放电所引起的电压瞬时降落只有几毫伏。

10.2.3 单色器

在X射线进入计数管之前，需要除掉连续辐射线以及 K_β 辐射线，降低背底散射，以获得良好的衍射效果。单色化处理的方法包括：滤波片、晶体单色器以及波高分析器等。

1) 滤波片

前面章节中曾经讨论过，为了滤去X射线中无用的 K_β 辐射线，需要选择一种合适的材料作为滤波片，这种材料的吸收限刚好位于 K_α 与 K_β 波长之间，滤波片将强烈地吸收 K_β 辐射线，而对 K_α 线的吸收却很少，因而可得到基本上是单色的 K_α 辐射。

滤波时，通常是将一个 K_β 滤波片插在衍射光程的接收狭缝 *RS* 处。但某些情况例外，例如用 Co 靶测定 Fe 试样时，Co 靶的 K_β 线可能激发出 Fe 试样的荧光辐射，此时应将 K_β 滤波片移至入射光程的发散狭缝 *DS* 处，这样可以减少荧光X射线，降低衍射背底。使用 K_β 滤波片后难免还会出现微弱的 K_β 峰。

2) 晶体单色器

降低背底散射的最好方法是采用晶体单色器。如图 10-14 所示，在衍射仪接受狭缝 *RS* 后面放置一块单晶体即晶体单色器，此单色器的某晶面与通过接收狭缝的衍射线所成角度等于此晶面对靶 K_α 线的布拉格角。试样的 K_α 衍射线经过单晶体再次衍射后即进入计数管，而非试样的 K_α 衍射线却不能进入计数管。接受狭缝、单色器和计数管的位置相对固定，因此尽管衍射仪在转动，也只有试样的 K_α 衍射线才能进入计数管。利用单色器不仅对消除 K_β 线非常有效，而且由于消除了荧光X射线，大大降低了衍射的背底。

选择单色器的晶体及晶面时，有两种方案，一是强调分辨率，二是强调反射能力即强度。对于前者，一般选用石英等晶体。对于后者，则使用热解石墨单色器，它的(002)晶面的反射效率高于其他单色器。晶体单色器并不能排除所用的 K_α 线的高次谐波，例如 $(1/2)\lambda_{K_\alpha}$ 及 $(1/3)\lambda_{K_\alpha}$ 辐射线与 K_α 线一起在试样上和单色器上发生反射，并进入探测器。然而，由于利用了下面将要介绍的波高分析器，因而可以排除这些高次谐波所贡献的信号。

如果采用晶体单色器，则强度公式中的角因子改为

$$L_p = (1+\cos^2 2\theta_M \cos^2 2\theta)/(\sin^2\theta\cos^2\theta) \quad (10-11)$$

式中，$2\theta_M$ 是单色器晶体的衍射角。

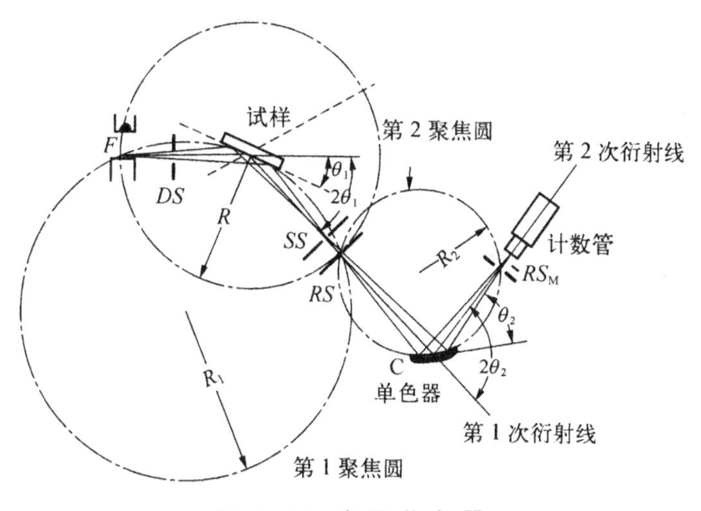

图 10-14　弯 晶 单 色 器

3) 波高分析器

闪烁计数器或正比计数器所接收到的脉冲信号，除了试样衍射特征 X 射线的脉冲外，还将夹杂着一些高度大小不同的无用脉冲，它们来自连续辐射、其他散射及荧光辐射等，这些无用脉冲只能增加衍射背底，必须设法消除。

来自探测器的脉冲信号，其脉冲波高正比于所接收的 X 射线光子能量(反比于波长)，因此，通过限制脉冲波高就可以限制波长，这就是波高分析器的基本原理。如图 10-15 所示，根据靶的特征辐射(如 Cu-K_α)波长确定脉冲波高的上下限，设法除掉上下限以外的信号，保留与该波长相近的脉冲信号(图中 WINDOW 区间)，这就是所需要的衍射信号。

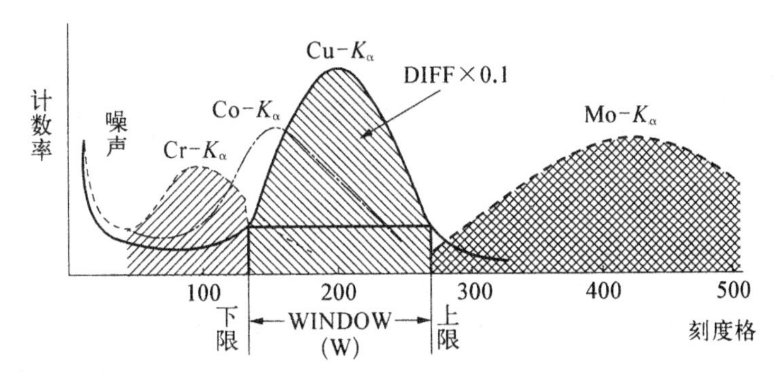

图 10-15　波高值的选择

波高分析器又称脉冲高度分析器，实际是一种特殊的电路单元。脉冲高度分析器由上下甄别器等电路所组成。上下甄别器可以分别限制高度过大或过小的脉冲进入，从而起到去除杂乱背底的作用。上下甄别器的阈值可根据工作要求加以调整。脉冲高度分析器可选择微分和积分两种电路。只允许满足道宽(上下甄别器阈值之差)的脉冲通过的电路称为微分电路；只允许超过下甄别阈高度的脉冲通过的电路称为积分电路。采用脉冲高度分析器后，可以使入射 X 射线束基本上成单色，所得到的衍射谱线峰背比(峰值强度与背底之比) P/B 明显提高，谱线质量得到改善。

在实际应用中，为了尽可能提高单色化效果，一般是滤波片与波高分析器联合使用，或者是晶体单色器与波高分析器联合使用。

10.3 测量条件

在实施X射线衍射分析之前，必须对仪器进行精心调整和校准，以获得最大衍射强度、最佳分辨率和正确的角度读数，这样才能显示出衍射仪法的优点。被测试样必须满足一定要求。根据实验对象及目的，选择合适测量条件。

10.3.1 试样要求

在X射线衍射分析中，常见的试样包括两大类，即块状试样和粉末试样，它们可能是晶体材料也可能是非晶体材料，可能是多晶材料也可能是单晶材料。

对块状试样的尺寸并没有严格的要求，但常规衍射仪的有效照射一般不超过(20×18) mm^2(宽×高)。对块状试样表面状态的基本要求，就是被测表面平整和清洁，这样可确保实验结果的可靠性。块状试样中无法避免晶面择优取向问题即织构问题，必要时可对其相互垂直的三个表面分别进行分析，以得到比较全面的实验结果。

对粉末试样的数量也没有严格要求，一般需要(20×18×0.2) mm^3或(20×18×0.5) mm^3体积，试样太少时由于衍射信号较弱，很难得到较理想的衍射谱线。对粉末试样粒度的要求是，一般定性分析时粒度应小于 40μm 即 350 目，定量分析时粒度应小于 10μm。比较方便的确定粒度方法是，用手指捏住少量粉末并碾动，两手指间没有颗粒感觉的粒度大致为10μm。

10.3.2 影响测量结果的因素

利用衍射仪进行X射线分析，影响测量结果的因素很多，其中包括辐射光源、各类狭缝、测量系统及记录系统等方面。

10.3.2.1 辐射光源

首先讨论辐射光源的问题，与之有关的实验参数包括：X射线管靶材类型、焦点尺寸、管电压与管电流等。

1) 靶材类型与焦点尺寸

为了减少试样荧光辐射，靶材应选择 $Z_{靶} \leqslant Z_{样}+1$ 或 $Z_{靶} >> Z_{样}$，$Z_{靶}$和 $Z_{样}$分别是靶材和试样的原子系数。如果试样中含有多种元素，应在含量较多的几种元素中以原子序数最轻的元素来选择靶材。在实际工作中，靶材选择还必须顾及其他方面。铜是用途最广的靶材。

X光管的表观焦点尺寸主要与辐射线的取出角有关。采用较小的辐射线取出角，表观焦点尺寸就较细，可以有效提高分辨率，但此时的辐射效率即强度较低。兼顾到分辨率与辐射强度，通常在进行衍射实验时选择6°的取出角。

2) 管电压与管电流

管电压影响是比较复杂的问题。当管压较低时特征X射线强度近似与其平方呈正比，当管压超过激发电压5～6倍时射线强度的增加率下降。另一方面，连续X射线强度与管压的平方呈正比，当管电压较低时特征X射线与连续X射线强度之比，随管压的增加接近一个常数，但当管压超过激发电压4～5倍时反而变小。常用的铜靶的最佳管电压范围为35～45kV。

管电流的影响则相对简单。由于X射线辐射强度与管电流成正比，一般是通过调节管电流来增加辐射线的输出功率，但最大负荷(管压与管流之积)不允许超过额定功率的 80%，否则会影响 X 射线管的使用寿命。

10.3.2.2　各类狭缝

在衍射仪中有三个狭缝是经常更换的，分别为发散狭缝(*DS*)、防散射狭缝(*SS*)以及接收狭缝(*RS*)，现介绍如下。

1) 发散狭缝与防散射狭缝

发散狭缝决定了 X 射线水平方向的发散角，限制了试样被照射的面积。如果使用较宽的发散狭缝，X 射线强度虽然增加，但在低角处入射线将超出试样范围，照射到边上的试样架，出现试样架物质的衍射信息，改变了试样的相对衍射强度，给定量分析工作带来不利的影响。因此，有必要按实验目的来选择合适的发散狭缝宽度。可以证明，试样照射宽度为

$$2A=[1/\sin(\theta+\delta/2)+1/\sin(\theta-\delta/2)]R\sin(\delta/2) \quad (10-12)$$

式中，θ 为布拉格角，δ 为发散狭缝的发散角，R 为测角仪半径，普通衍射仪的 $R=185$mm。根据此式即可计算出不同发散狭缝在不同衍射角情况下照射到试样表面的宽度。

在定性分析时常选用 1°发散狭缝。当低角衍射特别重要时可使用(1/2)°或(1/6)°发散狭缝。

采用防散射狭缝，是为了防止空气等物质引起的散射线进入探测器。在一般情况下，防散射狭缝与发散狭缝的开口角相同。

2) 接收狭缝

衍射谱线的分辨率取决于接收狭缝的宽度。采用较细的接收狭缝，衍射分辨率虽高但其强度会降低。接收狭缝宽度的变化还影响衍射线与散射线的强度比，采用较宽的接收狭缝，虽衍射强度提高，但分辨率下降。图 10-16 示出了 $\alpha-SiO_2$ 细粉末的衍射谱线，该谱线中包含了五条非常接近的衍射峰，当接收狭缝 $RS=0.15$mm及 0.30mm 时，这五条衍射峰均能分开，$RS=0.60$mm 时虽然衍射强度最高但却只能分开三条衍射峰。从分辨率和衍射强度综合考虑，选择 $RS=0.30$mm 是比较理想的。

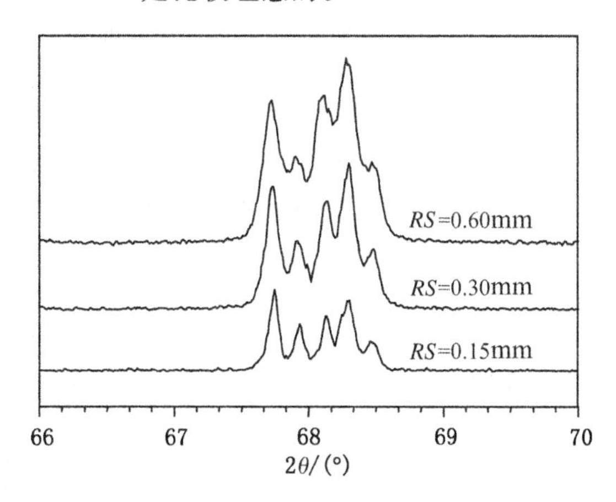

图 10-16　接收狭缝对衍射谱线的影响

在定性分析中，一般采用 0.3mm 的接收狭缝。当分析有机化合物的复杂谱线时，为获得较高分辨率，宜采用 0.15mm 的接收狭缝。

10.3.2.3　测量及记录

与测角仪和计数器有关的测量记录参数，是影响测量结果的重要因素，这些参数包括：

扫描范围、扫描速度、扫描方式及时间常数等

1) *扫描范围与扫描速度*

扫描范围就是 2θ 角的测量范围,通常与被测试样材料和实验目的有关。利用铜靶对无机化合物进行常规定性分析时,扫描范围一般为 2°～90°即可满足要求。在定量分析时,可以只对欲测衍射峰的附近区域进行扫描。在点阵参数及应力测定时,为了减小晶面间距 d 值的测量误差,扫描范围通常取高角衍射区,也可以只对欲测衍射峰的附近区域进行扫描。

扫描速度就是计数管在测角仪圆上均匀转动的角速度,以(°)/min 表示。这是一个十分重要的参数。如果扫描速度太慢,虽然可使衍射峰形光滑,但需要漫长的测试时间,从而浪费仪器资源。如果扫描速度太快,则由于计数强度不足,衍射峰粗糙并出现锯齿状轮廓,这样的结果缺乏准确和可靠性。尤其是当扫描速度太快时,不但造成强度和分辨率下降,同时还导致衍射峰的位置向扫描方向偏移。图 10－17 示出了 Si 粉试样的衍射谱线,扫描速度分别为 1°/min、4°/min 和 20°/min,对照后发现,扫描速度为 1°/min 和 4°/min 时的衍射谱线光滑而对称,20°/min 时的衍射谱线则相对粗糙。

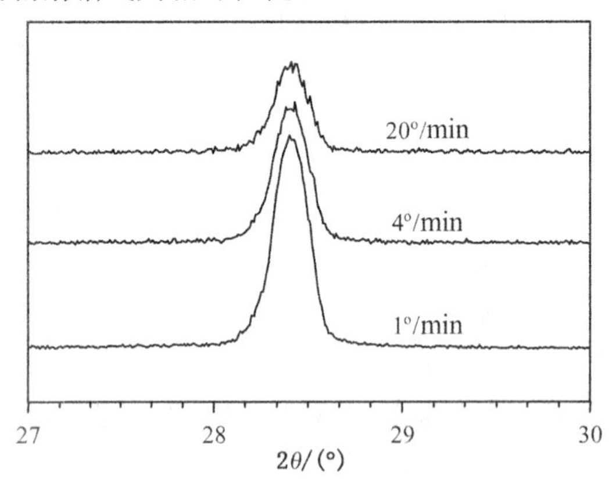

图 10－17　扫描速度对衍射谱线的影响

在定性分析检测试样主要组成相时,常用 2°/min 或 4°/min 的扫描速度。在进行定量分析及点阵参数测定时,一般采用 0.5°/min 或 0.25°/min 的扫描速度。扫描速度的选择,还要根据具体情况而定,当被测物相的衍射强度很高时,一般定性分析允许使用更快的扫描速度,其速度甚至允许超过 20°/min。

2) *扫描方式与时间常数*

扫描方式可分为连续扫描和阶梯扫描。连续扫描方式,是计数管在均匀转动的过程中同时进行计数测量,一定角度间隔内的积累计数即为间隔的强度值,此强度是计数管在角度间隔内连续运动期间测得的。阶梯扫描方式,就是让计数管依次转到各角度间隔位置,停留并采集数据,其积累计数即为该角度的强度值,此强度是计数管在角度间隔停留期间测得的,计数管转动期间并不采集衍射数据。

连续扫描由扫描速度和角度间隔参数来描述,在要求不高的定性分析工作中,一般是采用 4°/min 及角度间隔为 0.02°的连续扫描。阶梯扫描通常要比连续扫描的测量精度高,主要应用于要求较高的分析工作中;这种扫描方式由时间常数和角度间隔参数来描述,时间常数就是计数管在各角度间隔停留的时间。在进行定量分析及点阵参数测定时,可采用时间

常数为2s、角度间隔为0.01°的阶梯扫描。

时间常数,是阶梯扫描方式中的一个重要参数,直接影响衍射谱线质量。时间常数过小则扫描速度太快,虽然可节约测试时间,但由于每个角度的积累计数强度不足,导致衍射谱线的质量较差。时间常数过大则扫描速度太慢,虽然可以提高积累计数强度,使衍射谱线光滑,但需要过长的测试时间。

10.3.2.4 计数强度统计误差

X射线计数强度在本质上属于统计涨落现象,因此存在着一定的计数强度统计误差,下面将对这一问题进行讨论。

假设包含背底的衍射峰值总计数为 n_t,背底计数为 n_b,则净峰值计数 $n_p=(n_t-n_b)$。根据涨落现象的普遍规律,峰值总计数标准偏差 $s_t=n_t^{1/2}$,背底计数标准偏差 $s_b=n_b^{1/2}$,净峰值计数标准偏差则为 $s_p=(s_t^2+s_b^2)^{1/2}=(n_t+n_b)^{1/2}$,因此净峰值计数的相对标准偏差为

$$s_{rp}=s_p/n_p=(n_t+n_b)^{1/2}/(n_t-n_b) \tag{10-13}$$

获得一张衍射谱线后,确定出其衍射峰值总计数 n_t 及背底计数 n_b,根据上式即可计算出谱线中净衍射峰的计数相对标准偏差 s_{rp} 值,s_{rp} 值越小则可信度越高。例如,$n_t=100$ 及 $n_b=30$时的 $s_{rp}=0.16$,而 $n_t=10\ 000$ 及 $n_b=3\ 000$ 时的 $s_{rp}=0.016$,说明通过提高衍射计数强度,可以有效减小相对标准偏差。

10.3.3 测量条件示例

表10-1给出了几种不同实验条件。这些测量条件是利用普通X射线衍射仪,对粉末试样进行分析,仅仅给出了一般性的指导原则。实验对象或实验目的不同,相应的测量条件也会有所变动,因此在实际工作中要灵活应用。

表10-1 衍射仪测量条件示例

条件 \ 目的	未知试样的简单相分析	铁化合物的相分析	有机物高分子测定	微量相分析	定量	点阵常数测定
靶	Cu	Cr,Fe,Co	Cu	Cu	Cu	Cu,Co
管压/kV	35~45	30~40	35~45	35~45	35~45	35~45
K_β 滤波片	Ni	V,Mn,Fe	Ni	Ni	Ni	Ni,Fe
管流/mA	30~40	20~40	30~40	30~40	30~40	30~40
定标器量程(CPS)	2 000~20 000	1 000~10 000	1 000~10 000	200~4 000	200~20 000	200~4 000
时间常数/s	1,0.5	1,0.5	2,1	10~2	10~2	5~1
扫描速度(°/min)	2,4	2,4	1,2	1/2,1	1/4,1/2	1/0~1/2
发散狭缝 *DS*/°	1	1	1/2,1	1	1/2,1,2	1
接收狭缝 *RS*/mm	0.3	0.3	0.15,0.3	0.3,0.6	0.15,0.3,0.6	0.15,0.3
扫描范围/(°)	90(70)~2	120~10	60~2	90(70)~2	需要的衍射线	需要的几条高角度衍射线

第 11 章　多晶物相分析

任何多晶物质都具有特定的 X 射线衍射谱，在此衍射谱中包含大量的结构信息。衍射谱线正如人的指纹一样，是鉴别物质结构及类别的主要标志。根据此特点，国际上建立了相应的标准物质衍射卡片库，收集了大量多晶物质的衍射信息。卡片库中包含了标准物质晶面间距和衍射强度，是进行物相分析的重要参考数据。

X 射线物相分析包括定性分析与定量分析。定性分析就是通过实测衍射谱线与标准卡片数据进行对照，来确定未知试样中的物相类别。定量分析则是在已知物相类别的情况下，通过测量这些物相的积分衍射强度，来测算它们的各自含量。物相分析与化学分析方法不同，化学分析仅仅是获得物质中的元素组分，而物相分析能得到这些元素所构成的物相，而且物相分析还是区分相同物质同素异构体的有效方法。

本章将介绍标准衍射卡片及其索引方法，举例说明利用标准卡片进行定性分析的过程及常见问题，讨论几种主要的定量分析方法及其特点。

11.1　标准卡片及其索引

哈那瓦特(Hanawalt)于 1938 年最早提出建立标准衍射卡片的设想，即在一张卡片上列出标准物质的一系列晶面间距及其对应的衍射强度，用以代替实际的 X 射线衍射图样。1942 年由美国材料试验协会(American Society for Testing Materials)整理并出版了约 1 300张标准衍射卡片，这就是当时的 ASTM 卡片，并且这类卡片数量还在逐年增加。自 1969 年起，国际粉末衍射标准联合委员会(Joint Committee on Powder Diffraction Standards，JCPDS)负责标准衍射卡片的收集、校订和编辑工作，此后的卡片组被称为粉末衍射卡组(Powder Diffraction File，PDF)。目前，这类标准卡片由 JCPDS 与 ICDD(国际衍射资料中心)联合出版。截止 1995 年，已有 45 组 PDF 标准卡片被 JCPDS 收集汇编，共计 60 000 张。

11.1.1　卡片介绍

标准 PDF 衍射卡片的格式都是相同的，如图 11－1 所示。下面就 PDF 卡片中各栏内容以及缩写符号含义介绍如下：

(1) $\boxed{1a}$ $\boxed{1b}$ $\boxed{1c}$为衍射三根最强线的面间距，$\boxed{1d}$为最大面间距。

(2) $\boxed{2a}$ $\boxed{2b}$ $\boxed{2c}$ $\boxed{2d}$为上述线条的相对强度，其中规定最强线的强度为 100。

(3) 第$\boxed{3}$栏为所用的实验条件。其中 Rad 为辐射种类(Cu K_α 或 Mo K_α 等)，λ 为辐射波长(单位是 Å)，Filter 为滤波片的名称，*Dia* 为圆柱相机的直径，*Cut off* 为该设备所能测得的最大面间距，*Coll* 为光阑狭缝的宽度或圆孔尺寸，I/I_1为测量衍射线条相对强度的方法(例如 Calibrated strip——强度标法、Visual inspection——觉估计法、Geiger counter diffractometer——盖革计数器衍射仪法)，$d_{corr,abs}$? 为所测 d 值是否经过吸收校正。

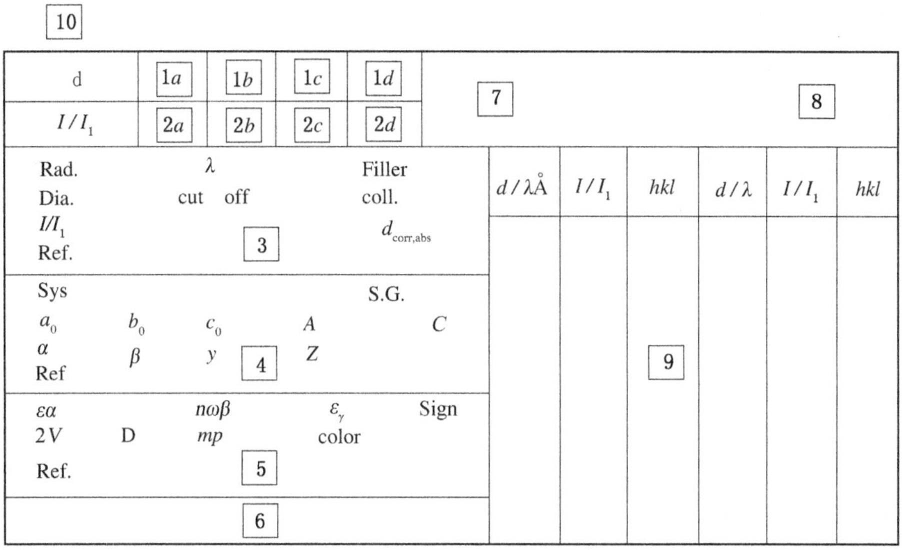

10

<table>
<tr><td>d</td><td>1a</td><td>1b</td><td>1c</td><td>1d</td><td colspan="6" rowspan="2">7   8</td></tr>
<tr><td>I/I_1</td><td>2a</td><td>2b</td><td>2c</td><td>2d</td></tr>
<tr><td colspan="5">Rad.   λ   Filler
Dia.   cut off   coll.
I/I_1 $d_{corr,abs}$
Ref.   3</td><td>$d/\lambda\text{Å}$</td><td>I/I_1</td><td>hkl</td><td>d/λ</td><td>I/I_1</td><td>hkl</td></tr>
<tr><td colspan="5">Sys   S.G.
a_0 b_0 c_0 A   C
α   β   y   Z
Ref   4</td><td colspan="6" rowspan="3">9</td></tr>
<tr><td colspan="5">εα   nωβ ε_γ Sign
2V   D   mp   color
Ref.   5</td></tr>
<tr><td colspan="5">6</td></tr>
</table>

图 11-1 标准 PDF 衍射卡片格式

(4) 第 4 栏为物质的晶体学数据。其中 Sys 为晶系,SG 为空间群符号,a_0、b_0、c_0为单胞三个轴的长度,$A=a_0/b_0$及$C=c_o/b_0$为轴比,α、β 及 λ 为晶胞轴之间夹角,Z 为单位晶胞中化学式单位的数目(对于元素是指单胞中的原子数,对于化合物是指单胞中化学式单位的数目)。

(5) 第 5 栏为物质的光学及其他物理性质数据。其中,ε_a,$n\omega\beta$ 及 ε_γ 为折射率,*Sign* 为光学性质的正或负,2V 为光轴间夹角,D 为密度(若由 X 射线法测得者则标以 D_x),*mp* 为熔点,Color 为颜色。

(6) 第 6 栏列出试样来源、制备方式及化学分析数据等。此外,获得资料的温度以及卡片的更正等进一步的说明,亦列于本栏中。

(7) 第 7 栏为物质的化学式及英文名称,在化学式之后常用数字及大写字母,其中数字表示单胞中原子数,而英文字母(并在其下画上一横道)则表示布拉非点阵的类型。各个字母所代表的点阵是:

C——简单立方 B——体心立方 F——面心立方 T——简单四方
U——体心四方 R——简单菱形 H——简单六方 O——简单斜方
P——体心斜方 Q——底心斜方 S——面心斜方 M——简单单斜
N——底心单斜 Z——简单三斜

例如,(Er_6F_{23})116F 表示该化合物属面心立方点阵,单胞中有 116 个原子。这种表示法也在索引中使用,但字母下不画横道而印成斜体。

(8) 第 8 栏为物质的矿物名称或普通名称。如果有可能,则在名称之上写出其点式(*dot formula*)或结构式。本栏中凡带有☆号者则表明卡片数据高度可靠,○表明其可靠程度较低,无符号者表示一般,*i* 表示经过指标化及强度估计但不如有星号者更可靠,*C* 表示衍射数据来自计算。

(9) 第 9 栏为晶面间距、相对强度及晶面指数。

(10) 第 10 栏为卡片序号。

(11) 各栏中的 *Ref* 均指该栏数据的来源。

图 11 - 2 示出了 NaCl 晶体的实际 PDF 卡片，读者可逐项对照卡片中各栏目的具体内容以及符号含义，进一步理解上述的有关卡片介绍。

05 - 0628　Quality*

d	2.82	1.99	1.63	3.258	NaCl SODIUM CHLORIDE (HALITE)
I/I_1	100	55	15	13	

<table>
<tr><td rowspan="19">Rad.　CuK_α　λ　1.540 5　Filter　Ni
Dia.　cut off　coll.
I/I_1 ∴ G. C. DIFFRACTOMETER d_{corr} · abs?
Ref. SWANSON AND FUYAT.
NBS CIRCULAR 539. VOL. Ⅱ. 41(1953)

Sys. CUBIC　S. G. O_h^5 - Fm3m
a_0　5.6402　b_0　c_0　A　C
α　β　γ　Z4
Ref. IRID.

ε_α　$n\omega\beta$　1.542　ε_γ　Sign
2V　D_x2.164　mp　Color　Colorless
Ref. IBID.

AN ACS REAGENT GR ADI SAMPLE RECRY-
STALL IZED TWICE FROM HYDR OCHLO-
RIC ACID.
X-RAY PATTERN AT 26℃.
REPLACES 1 - 0993, 1 - 0994, 2 - 0818</td><td>d/Å</td><td>I/I_1</td><td>hkl</td><td>d/Å</td><td>I/I_1</td></tr>
<tr><td>3.258</td><td>13</td><td>111</td><td></td><td></td></tr>
<tr><td>2.821</td><td>100</td><td>200</td><td></td><td></td></tr>
<tr><td>1.994</td><td>55</td><td>220</td><td></td><td></td></tr>
<tr><td>1.701</td><td>2</td><td>311</td><td></td><td></td></tr>
<tr><td>1.628</td><td>15</td><td>222</td><td></td><td></td></tr>
<tr><td>1.410</td><td>6</td><td>400</td><td></td><td></td></tr>
<tr><td>1.294</td><td>1</td><td>331</td><td></td><td></td></tr>
<tr><td>1.261</td><td>11</td><td>420</td><td></td><td></td></tr>
<tr><td>1.151 5</td><td>7</td><td>422</td><td></td><td></td></tr>
<tr><td>1.086 6</td><td>1</td><td>511</td><td></td><td></td></tr>
<tr><td>0.996 9</td><td>2</td><td>440</td><td></td><td></td></tr>
<tr><td>0.953 3</td><td>1</td><td>531</td><td></td><td></td></tr>
<tr><td>0.940 1</td><td>3</td><td>600</td><td></td><td></td></tr>
<tr><td>0.891 7</td><td>4</td><td>620</td><td></td><td></td></tr>
<tr><td>0.860 1</td><td>1</td><td>533</td><td></td><td></td></tr>
<tr><td>0.860 3</td><td>3</td><td>622</td><td></td><td></td></tr>
<tr><td>0.814 1</td><td>2</td><td>444</td><td></td><td></td></tr>
</table>

图 11 - 2　NaCl 晶体 PDF 卡片

11.1.2 索引方法

PDF 卡片的数量是巨大的，要想利用这些卡片顺利地进行物相分析，必须借助于索引，只有通过索引才能得到所需要的卡片。常用的索引主要包括无机物和有机物两类，每类又可分为数字索引和字顺索引两种主要方式。

1) 数字索引

当被含物质的化学成分完全未知时需要数字索引，这类索引以衍射线 d 值作为检索依据，按其排列方式的不同，又分为哈那瓦特(Hanawalt)索引和芬克(Fink)索引。

Hanawalt 索引的特点是每个物质条目中列出八条衍射线的 d 值，它们按强度自大至小的次序排列，各 d 值下脚标是以最强线为 10 时的相对强度，最强线脚标为×，前三根强线用黑体字印刷。在 d 值数列的后面，给出物质的化学式及卡片编号。在 Hanawalt 索引中，把排列在第一位最强线的 d 值范围分成 51 个大组，例如 3.31～3.25Å 为一组。在各组内，则将排列在第二位的衍射线 d 值自大至小为序排列。由于强度测量值受诸多因素的影响，为了减少由此造成的漏检，一种物质可以在索引的不同部位多次出现，表中前三根衍射线都要放在首位排列一次。表 11 - 1 示出了 Hanawalt 索引中的一个亚组。

表 11－1　无机物 Hanawalt 索引中的一个亚组

2.　　－2.　　(±0.01)　　Flle No

2.84_{x}	2.20_{8}	1.85_{7}	1.73_{7}	1.59_{5}	1.55_{5}	3.06_{4}	1.42_{4}	$FeBr_3$	5－627
2.89_{x}	2.19_{3}	1.19_{3}	$1.78_{3}7$	1.80_{2}	$2.02_{2}5$	1.39_{2}	2.67_{1}	$CaMg(CO_3)_2$	11－78
2.88_{x}	2.16_{7}	3.25_{x}	1.96_{6}	1.70_{6}	1.66_{6}	4.87_{2}	2.43_{2}	$K_3(MnO_4)_2$	21－997
2.89_{9}	2.15_{5}	3.24_{x}	1.73_{3}	1.95_{3}	1.41_{2}	1.67_{2}	1.44_{1}	$Ba_3(AsO_4)_2$	13－492
2.89_{x}	2.07_{3}	3.00_{x}	4.19_{3}	3.67_{2}	2.28_{2}	2.22_{2}	2.50_{2}	$KHSO_3$	1－864

Fink 数字索引的特点是，在某一物质的条目中，d 值的排列是以大小为序的，在八根列入索引的衍射线中取四强线的 d 值用黑体字印刷，四条强线中每根线 d 值都要在首位排列一次，改变首位线条 d 值时，整个数列的循环顺序不变。Fink 索引的这种排列方式特别适合于电子衍射花样的标定。其分组、条目的排列以及各条目内容等，均与 Hanawalt 索引相类似。表 11－2 示出了 Fink 索引中的一段。

表 11－2　Fink 索引中的一段

3.59—3.50　　Flle No　I/Ie

$3.57_{\times}$	3.47_{7}	3.34_{6}	3.28_{6}	3.02_{6}	$2.83_{\times}$	2.60_{8}	4.97_{6}	$Na_3P_3O_9, H_2O$	15－740	
$3.51_{\times}$	3.47_{8}	2.90_{2}	2.48_{8}	2.41_{2}	1.89_{2}	1.60_{2}	1.66_{3}	$(TiO_2)24O$	16－617	1.10
3.59_{6}	$3.46_{\times}$	3.20_{8}	3.17_{6}	$3.10_{\times}$	$1.63_{\times}$	5.20_{4}	3.68_{4}	$AlVO_4$	18－74	
$3.56_{\times}$	3.46_{7}	3.42_{6}	3.38_{8}	2.70_{8}	5.16_{8}	5.11_{4}	3.03_{8}	$NaHSO_4, H_2O$	22－1379	1.00
$3.56^{\times}$	$3.46_{\times}$	$3.42_{\times}$	2.76_{5}	2.63_{2}	5.18_{4}	5.11_{5}	3.63_{6}	$NaHSO_4, H_2O$	25－834	0.85

2）字顺索引

当已知待测试样的主要化学成分后，可应用字顺索引。字顺索引是按物质化学元素英文名称的第一个字母顺序排列的，在同一元素档中以第二元素或化合物名称的第一个字母为序排列，名称后则列出化学式、三强线的 d 值和相对强度(用脚标表示)，最后给出卡片号。对于含多元素的物质，各主元素都作为检索元素编入，如 Mg_2Si 可分别在 Magnesium silicide，Silicide 和 Magnesium 条目中查找。在字顺索引中，如果结合数字索引即利用衍射谱中强线的 d 值，使查找卡片更为容易，从而提高工作效率。表 11－3 例举了无机物字顺索引中的一段。

表 11－3　无机物字顺索引中的一段

Iron	$Boride_2$	(FeB)εO	$2.19_{\times}2.01_{\times}$	$2.01_{\times}$	$1.90_{\times}$	3－975
Iron	$Boride_2$	$(Fe_2B)12U$	$2.01_{\times}$	2.12_{3}	1.63_{2}	3－1053
Iron	$Bromide_2$	$FeBr_3$	$2.84_{\times}$	2.22_{8}	1.85_{7}	5－627
Iron	$Bromide_2$	$FeBr_2$	$2.87_{\times}$	2.24_{4}	1.87_{5}	15－829
Iron	$Carbide_2$	(Fe—C)H	$3.40_{\times}$	2.06_{8}	1.70_{8}	3－400

有机物索引方式，包括 Hanawalt 索引、字顺索引和化学式索引等。Hanawalt 索引与无机

物基本相同,只是条目中同时给出有机物的化学式和名称。字顺索引以有机物名称的字母为序,分子式索引则以分子式(Formulate)字头为序,条目中包含名称、化学式、三强线及卡片号。

11.2 定性物相分析

定性物相分析需要进行以下三步工作:①利用照相法或衍射仪法获得被测试样的X射线衍射谱线,确定每个衍射峰的衍射角 2θ 和衍射强度 I',规定最强峰的强度为 $I'=100$,依次计算其他衍射峰的相对强度 $I'=100(I'/I'_{max})$ 值;②根据辐射波长 λ 和各个 2θ 值,由布拉格方程计算出各个衍射峰对应的晶面间距 d,并按照 d 由大到小的顺序分别将 d 与 I 排成两列;③利用这一系列 d 与 I 数据进行PDF卡片检索,通过这些数据与标准卡片中数据进行对照,从而确定出待测试样中各物相的类别。

自动X射线衍射仪。该仪器不但能够确定出试样谱线中各衍射峰值强度及衍射角,而且还可以自动计算出晶面间距 d 及相对强度 I,所得数据一般能够满足定性分析的要求。因此,定性分析的核心就是如何运用卡片库,即进行卡片检索的问题。传统的卡片检索工作,都是借助上述卡片索引来完成的。然而随着计算技术的发展,手工检索方式已逐渐被计算机检索所代替,大大提高了检索的速度和准确性。

11.2.1 手工检索

目前,已很少单纯利用手工方法来进行卡片检索工作,但作为一种基础知识,掌握它还是很有必要的。下面将通过两个例子来说明手工检索的过程。

1) 全部元素未知情况

在试样全部元素未知的情况下,只能利用数字索引(如Hanawalt)来进行定性分析,这需要反复查对索引数据,检索难度较大。

表11-4中左边三列给出了某试样的衍射线条序号、晶面间距和相对强度。以表中第一和第二强线为依据查找Hanawalt索引,在包含第一强线2.331Å的大组中找到第二强线2.506Å的条目,将此条目中的其他 d 值与试样衍射谱对照,结果并不吻合,说明2.331Å和2.506Å两根衍射线不属于同一种物相。然后,取试样谱线中的第三强线2.020Å作为第二强线重新检索,可找到Al条目,其 d 值与测量值吻合得较好,按索引给出的卡片号04—0787取出卡片,对照全谱线发现,该卡片中数据与试样的2,4,6,9及10衍射线符合,说明这些衍射线属于Al相。最后,将剩余线条中的最强线2.506Å作为第一强线,次强线1.536Å作为第二强线,按上述方法查找Hanawalt索引,得出试样谱线与SiC的29—1129卡片基本符合,即属于SiC相。至此,整个定性物相分析工作结束,该试样由Al和SiC两相组成。在实际分析中,可能遇到第三相或更多的物相,其分析方法均如上述。

从表面上来看,这种检索方法似乎比较容易,但事实上由于不了解试样的任何信息,只借助衍射数据进行物相检索,必须反复查阅大量索引数据,因而是一项非常烦琐的工作。一般这类检索都要花费很长的时间。

2) 部分元素已知情况

在许多情况下试样中部分元素是已知的,甚至可以通过光谱、能谱及化学分析等方法,事先确定出试样的主要元素,此时利用字顺索引则比较方便。由于此时的索引数据范围缩小,因而检索工作相对容易。

表 11-4　实际定性分析数据表

线号	试样衍射谱		Al 04－0787		SiC 29－1129	
	d/Å	I/I1	d /Å	I/I1	d/Å	I/I1
1	2.506	84			2.520 0	100
2	2.331	100	2.338 0	100		
3	2.170	18			2.180 0	20
4	2.020	64	2.024 0	47		
5	1.536	37			1.541 1	35
6	1.429	36	1.431 0	22		
7	1.311	27			1.314 0	25
8	1.256	5	1.221 0	24	1.258 3	5
9	1.220	55	1.169 0	7		
10	1.168	10				
11	1.087	5			1.089 3	5

仍以表 11-4 中试样为例，首先进行能谱分析，结果主要为 Al 和 Si 元素。由于能谱仪只能分析 Na 以后的重元素，并不能排除 Na 之前轻元素的存在。因此，试样中可存在 Al 单质、Al 化合物、Si 单质及 Si 化合物等。在字顺索引中，单质 Al 的条目共有七条，分别将它们与试样衍射谱线对照，很容易发现 Al 卡片 04－0787 与试样 2，4，6，9 及 10 衍射线符合，因此被确定为 Al 相。剩余线条在字顺索引的单质 Si 条目中没有发现合适的卡片，在扩大范围后，在 Si 化合物条目中发现 SiC 卡片 29～1129 与剩余线条 d 值接近，从而证实了 SiC 相。至此，完成了定性分析工作。显然，这种检索方法的速度相对快一些。

11.2.2　计算机检索

物相分析在许多科学领域中有着广泛的应用。然而当物相组成比较复杂时，需要大量人力和时间来进行卡片检索，为此，人们尝试借助计算机进行自动检索。这种检索就是利用计算机检索程序，根据被测衍射谱中一系列晶面间距与相对强度，快速且准确地检索出与之对应的物相类型。必须建立计算机标准衍射数据库，尽可能贮存全部 PDF 卡片资料。为了方便检索，可将这些资料按行业分成若干个物相分库。

许多 X 射线衍射仪，都配备这类计算机自动检索程序及相应的数据库，目前已有很多这类专业软件，从而促进了 X 射线物相分析的发展。对于全自动 X 射线衍射仪，只需操作者输入必要的检索参数，仪器就可利用衍射谱数据进行自动物相检索工作，实现全自动检索。当然，计算机检索也不是万能的，如果使用不当，难免会出现漏检或误检的现象。

1）检索步骤

计算机检索软件尽管种类繁多，制订的标准和使用方法也有所区别，不过它们的检索基本过程大致相同，现介绍如下：

（1）粗选。将某衍射谱线数据与分库（或总库）的全部卡片数据对照。凡卡片上的强线在试样谱图中有反映者，均被检索出来。这一步可能选出 50～200 张卡片。对实验数据给出合理的误差范围，确保顺利地进行对照。其后，设置各种标准，对粗选出的卡片进行筛选。

（2）总评分筛选。在试样谱图资料角度范围内，每张卡片应有几根线，而试样谱图中实际出现了几根，能与之匹配是强线还是弱线，吻合的程度如何等，按这些项目对各卡片给出拟合度的总评分数。d 和 I 都在标准中时 d 更重要，例如给 d 权重 0.8 和给 I 权重 0.2。对于各个 d 和 I，d 值大的在评分中较重要，I 值高的也较重要。评出各卡片的总分后，将总分较低的淘汰掉。经这次筛选可剩下 30～80 张卡片。

(3) 元素筛选。将试样可能出现的元素输入，若卡片上物相组成元素与之不合则被淘汰。经元素筛选后可保留 20～30 张卡片。若无试样成分资料，则不做筛选。

(4) 合成谱图。试样中不可能同时存在上述 20～30 个物相，只能有其中一二个，一般不超过五至六个，若干个不同卡片谱线的组合就是试样的实测谱图。按此规律，将经元素筛选的候选卡片花样进行组合。但不必取数学上的全部组合，而须予以限制，以减少总的合成谱图数。将各个合成谱图与试样谱图进行对比，拟定若干谱图相似度的评分标准，将分数最高的几个物相卡片打印出来。经过以上处理，一般能给出正确的结果。

2) *检索示例*

选用前面的 Al－SiC 试样，进行 X 射线衍射分析。仪器完成试样衍射谱线的采集之后，进行适当的谱线光滑处理，使粗糙的衍射谱线得以光滑，采用自动寻峰或人工标定的方法，确定出各衍射峰位 2θ 值，计算出它们的晶面间距 d 和相对衍射强度 I 值。试样衍射谱线以及 2θ，d 和 I 值的测量结果，如图 11－3 所示。

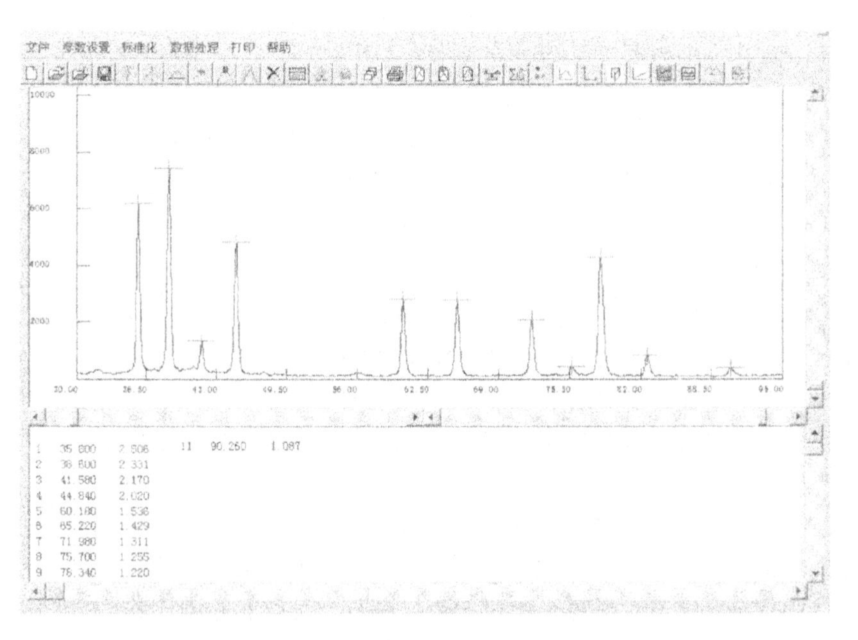

图 11－3　实际衍射谱线及其测量结果

然后，利用以上结果进行计算机物相鉴定工作。借助专用软件对这些 d 和 I 数据进行卡片检索，检索库选择为无机分库，输入可能存在的元素为 Al 和 Si，规定实测衍射谱线 d 值与卡片标准 d 值的最大误差为±0.02Å，检索结果如图 11－4 所示。图中不但提供了所检索到的物相分子式及卡片号，同时还给出了相应的标准卡片谱线。结果表明，该试样中只包括 Al 和 SiC 两种物相，而且标准卡片谱线与实测衍射谱线在 d 值上完全一致，I 值也比较接近。检索过程仅用两分钟时间，其速度大大快于手工检索。

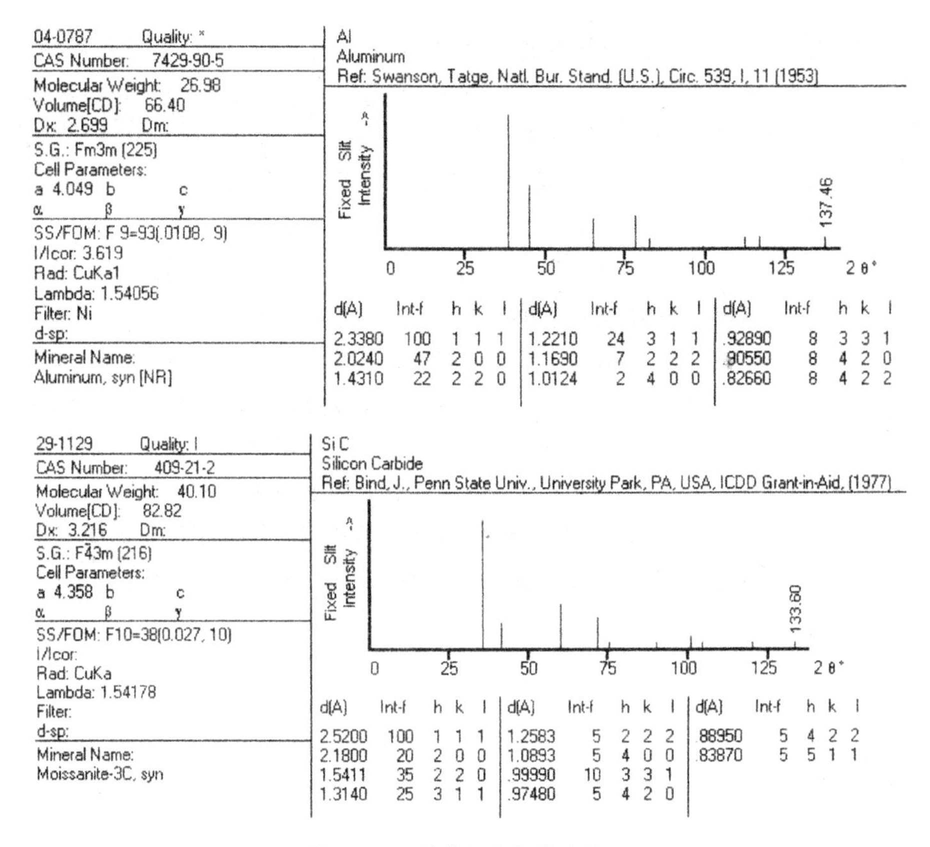

图 11-4　计算机物相检索结果

11.2.3　其他问题

定性分析的原理和方法虽然简单，但在实际工作中往往会碰到很多问题，不但涉及衍射谱线的问题，更主要的是涉及物相鉴别即卡片检索中的问题。

1）关于 d 和 I 值的偏差

晶面间距 d 是定性物相分析的主要依据，但由于试样和测试条件与标准状态的差异，不可避免地存在测量误差，使 d 测量值与卡片上的标准值之间有一定偏差，这种偏差随 d 增大即 2θ 减小而增加，定性分析所允许 d 值偏差可参考索引中 d 值大组的标题处说明。当被测物相中含有固溶元素时，此偏离量可能更大，这就有赖于测试者根据试样本身情况加以判断。

相对衍射强度 I 对试样物理状态和实验条件等很敏感，即使采用衍射仪获得较为准确的强度测量，也可能与卡片中数据存在差异，当测试所用的辐射波长与卡片不同时，相对强度的差别则更为明显。如果不同相的晶面间距相近，必然造成衍射线条的重叠，也就无法确定各物相的衍射强度。当存在织构时，会使衍射相对强度出现反常分布。这些都是导致实测相强度与卡片数据不符的原因。因此，在定性分析中不要过分计较衍射强度的问题。

2）定性分析的难点

在分析多相混合物衍射谱时，若某个相的含量过少，将不足以产生自己完整的衍射谱线，甚至根本不出现衍射线。例如钢中的碳化物、夹杂物就往往如此。这类分析须事先对试样进行电解萃取，针对具体的材料和分析要求，可选择合适的电解溶液和电流密度，使基体溶解掉，而让分析的微量相沉积下来。在分析金属的化学热处理层、氧化层、电镀时，有时由于表面层太薄而观察不到其中某些相的衍射线条，这时，除考虑增加入射线强度，提高探测器灵敏度之外，还应考虑采用能被试样强烈吸收的辐射。

在检索过程中也会遇到很多困难。正如上面所述，不同相的衍射线条会因晶面间距相近而互相重叠，致使谱线中的最强线可能并非是某单一相的最强线，而是由两个或多个相的次强或三强线叠加而成的。若以这样的线条作为某相的最强线条，将查找不到任何对应的卡片，因此必须重新假设和检索。比较复杂的定性物相分析工作往往需经多次尝试方可成功。有时还需要分析其化学成分，并结合试样的来源以及处理或加工条件，根据物质相组成方面的知识，才能得到合理可靠的结论。造成检索困难的另一原因，是待测物质谱线中 d 及 I 值存在误差。为克服这一困难，要求在测量数据过程中尽可能减少误差，并且适当放宽检索所规定的误差范围。标准卡片本身也可能存在误差，但这不是初学者所需解决的问题。

11.3 定量物相分析

如果不仅要求鉴别物相的种类，而且要求测定各相的含量，就必须进行定量分析。多相材料中某相的含量越多，则它的衍射强度就越高。但由于衍射强度还受到其他因素的影响，在利用衍射强度计算物相含量时必须进行适当修正。

11.3.1 基本原理

定量分析的依据，是物质中各相的衍射强度。多晶材料衍射强度由式(11-35)决定，原本它只适用于单相物质，但对其稍加修改后，也可用于多相物质。设试样是由 n 个相组成的混合物，则其中第 j 相的衍射相对强度可表示为

$$I_j=(2\overline{\mu_l})^{-1}[(V/V_c^2)P|F|^2L_p e^{-2M}]_j \tag{11-1}$$

式中，$(2\overline{\mu_l})^{-1}$ 为对称入射即入射角等于反射角时的吸收因子，$\overline{\mu_l}$ 为试样平均线吸收系数，V 为试样被照射体积，V_c 为晶胞体积，P 为多重因子，$|F|^2$ 为结构因子，L_p 为角因子，e^{-2M} 为温度因子。

由于材料中各相的线吸收系数不同，因此当某相 j 的含量改变时，平均线吸收系数 $\overline{\mu_l}$ 也随之改变。若第 j 相的体积分数为 f_j，并假定试样被照射体积 V 为单位体积，则 j 相被照射的体积 $V_j=Vf_j=f_j$。当混合物中 j 相的含量改变时，强度公式中除 f_j 及 $\overline{\mu_l}$ 外，其余各项均为常数，它们的乘积定义为强度因子，则第 j 相某根线条的强度 I_j 和强度因子 C_j 分别为

$$\left.\begin{aligned}I_j&=(C_jf_j)/\overline{\mu_l}\\C_j&=\{(1V_c^2)P|F|^2L_p e^{-2M}\}_j\end{aligned}\right.,j=1,2,\cdots,n \tag{11-2}$$

用试样的平均质量吸收系数 $\overline{\mu_m}$ 代替平均线吸收系数 $\overline{\mu_l}$，可以证明

$$I_j=(C_jw_j)/(\rho_j\overline{\mu_m}) \tag{11-3}$$

式中，w_j 及 ρ_j 分别是第 j 相的质量分数和质量密度。

当试样中各相均为晶体材料时，体积分数 f_j 和质量分数 w_j 必然满足

$$\sum_{j=1}^{n}f_j=1,\sum_{j=1}^{n}w_j=1 \tag{11-4}$$

式(11-2)和式(11-4)就是定量物相分析的基本公式，通过测量各物相衍射线的相对强度，借助这些公式即可计算出它们的体积分数或质量分数。这里的相对强度是相对积分强度，而不是相对计数强度，对此后面还要说明。

11.3.2　分析方法

X射线定量物相分析，又称定量相分析或定量分析，其常用方法包括直接对比法、内标法以及外标法等。

11.3.2.1　直接对比法

直接对比法，也称强度因子计算法。假定试样中共包含 n 种类型的相，每相各选一根不相重叠的衍射线，以某相的衍射线作为参考（假设为第1相）。根据式(11-2)，其他相的衍射线强度与参考线强度之比为 $I_j/I_1=(C_jf_j)(C_1f_1)$，可变换为如下等式：

$$f_j=(C_1/C_j)(I_j/I_1)f_1, j=1,2,\cdots,n \tag{11-5}$$

如果试样中各相均为晶体材料，则体积分数 f_j 满足式(11-4)，此时不难证明

$$f_j=[(C_1/C_j)(I_j/I_1)]/\sum_{j=1}^{n}[(C_1/C_j)(I_j/I_1)] \tag{11-6}$$

这就是第 j 相的体积分数。因此，只要确定各物相的强度因子比 C_1/C_j 和衍射强度比 I_j/I_1，就可以利用上式计算出每一相的体积分数。

直接对比法适用于多相材料，尤其在双相材料定量分析中的应用比较普遍，例如钢中残余奥氏体含量测定，双相黄铜中某相含量测定，钢中氧化物 Fe_3O_4 及 Fe_2O_3 的测定等。

残余奥氏体含量一直是人们关心的问题。如果钢中只包含奥氏体及铁素体（马氏体）两相，则关系式(11-6)可简化为

$$f_\gamma=1/[1+(C_\gamma/C_\alpha)(I_\alpha/I_\gamma)] \tag{11-7}$$

式中，f_γ 为钢中奥氏体的体积分数，C_γ 及 C_α 分别为奥氏体和铁素体的强度因子，I_γ 及 I_α 分别为奥氏体和铁素体的相对积分衍射强度。

必须指出的是，由于高碳钢试样中的碳化物含量较高，此时实际上已变为铁素体、奥氏体和碳化物的三相材料体系，因此不能直接利用式(11-7)来计算钢材中的奥氏体含量，需要对其进行适当的修正。比较简单的修正方法是式(11-7)中分子项减去钢材中碳化物的体积分数 C_c，而分母项保持不变，即奥氏体的体积分数可表示为

$$f_\gamma=(1-C_c)/[1+(C_\gamma/C_\alpha)(I_\alpha/I_\gamma)] \tag{11-8}$$

至于钢中碳化物的体积分数 C_c，可借助定量金相的方法进行测量，或者利用钢中的含碳量加以估算。如果实在不能确定出碳化物的体积分数，只能利用式(11-7)来计算钢中奥氏体与铁素体的相对体积分数。

11.3.2.2　内标法

有时，一些物理常数难以获得，无法计算强度因子 C_j，也就不能采用直接对比法进行物相定量分析。内标法就是将一定数量的标准物质（内标样品）掺入到待测试样中，以这些标准物质的衍射线作为参考，来计算未知试样中各相的含量，这种方法避免了强度因子计算的问题。

1）普通内标法

在包含 n 种相的多相物质中，第 j 相质量分数为 C_j，如果掺入质量分数为 w_s 的标样，则 j 相的质量分数变为 $(1-w_s)w_j$，将此质量分数以及 w_s 分别代入式(11-3)，整理后得到

$$w_j=\{(C_s/C_j)(\rho_j\rho_s)[w_s/(1-w_s)]\}(I_j/I_s)=R(I_j/I_s) \tag{11-9}$$

式中，I_j 为j相衍射强度，I_s 为内标样品衍射强度。该式表明，当 w_s 一定时，第 j 相含量 w_j 只与强度比 I_j/I_s 有关，而不受其他物相的影响。

利用式(11－9)测算第 j 相的含量,必须首先确定常数 R 值。为此,制备不同 j 相含量为 w'_j 的已知试样,它们中都掺入相同含量 w_s 的标样。分别测量不同 w'_j 的已知试样衍射强度比 I_j/I_s。利用测得的数据绘制出 I'_j/I_s 与 w'_j 直线,这就是所谓的定标曲线,如图 11－5 所示。采用最小二乘法求得直线斜率,该斜率即为系数 R 值。

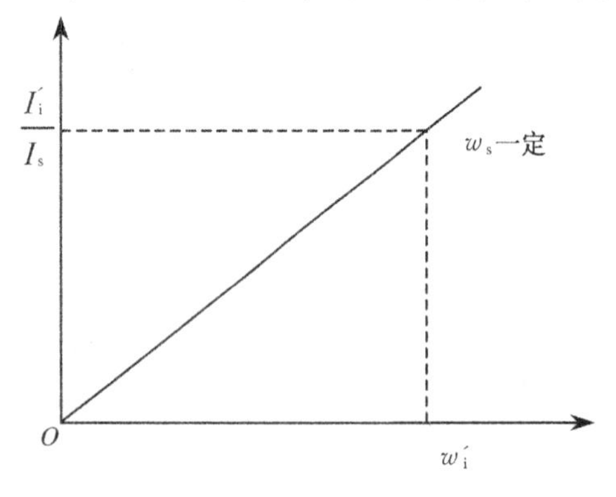

图 11－5　内标法的定标曲线

在上述工作基础上方可测量未知试样中 j 相的含量。在待测试样中掺入与上述含量 w_s 相同的标样,并测得 I_j/I_s 值,根据式(11－9)及系数 R 来计算待测试样中 j 相的含量 w_j 值。需要说明是,未知试样与上述已知试样所含标样质量分数 w_s 必须相同,在其他方面两者之间并无关系,而且也不必要求得到的两类试样所含物相的种类完全一样。

常用的内标样品包括 α-Al_2O_3,ZnO,SiO_2 及 Cr_2O_3 等,它们易于做成细粉末,能与其他物质混合均匀,且具有稳定的化学性质。

上述内标法的缺点是:首先,在绘制定标曲线时需配制多个混合样品,工作量较大;其次,由于需要加入恒定含量的标样粉末,所绘制的定标曲线只能针对同一标样含量的情况,使用时非常不方便。为了克服这些缺点,可采用下面将要介绍的 K 值内标法。

2) K 值内标法

选择公认的参考物质 c 和纯 j 相物质,将它们按 1∶1 质量的比例进行混合,混合物中它们的质量分数为 $w'_j W'_c=0.5$。令式(11－9)中 $w_j=w_s=0.5$,得到此混合物的衍射强度比为

$$I'_j/I'_c=(C_j/C_c)(\rho_c/\rho_j)=K_j \tag{11-10}$$

式中,I'_j 为 j 相的衍射强度,I'_c 为参考物质的衍射强度,K_j 称为 j 相的参比强度或 K 值。K 值只与物质参数有关,而不受各相含量的影响。

目前,许多物质的参比强度已经被测出,并以 I/I_c 的标题列入 PDF 卡片索引中,供人们查找使用,这类数据通常以 α-Al_2O_3 为参考物质,并取各自的最强线计算其参比强度。

在对未知试样进行定量分析时,如果所选内标样品不是上述参考物质 c,则 j 相的含量为

$$w_j=[w_s/(1-w_s)](K_s/K_j)(I_j/I_s) \tag{11-11}$$

式中,K_s 为内标样品的参比强度,w_s 是内标样品质量分数。该式就是 K 值法 X 射线定量分析的基本公式。当所选内标样品是参考物质 c 时,只需令上式中 $K_s=K_c=1$ 即可。另外,式(11－11)要求被测 j 相为结晶材料,但并未要求其他相也必须是结晶材料。

当试样中各相均为晶体材料时,质量分数 w_j 则满足式(11－4),此时不难证明

$$w_j=(I_j/K_j)/\sum_{j=1}^{n}(I_j/K_j) \tag{11-12}$$

在这种情况下,一旦获得各物相的参比强度 K 值,测量出各物相的衍射强度 I,利用上式即可计算出每一相的质量分数。其中各个物相的参比强度为相同参考物质,测量谱线与参比谱线晶面指数也相对应,否则必须对它们进行换算。

由于 K 值法简单可靠,因而应用比较普遍,我国对此也制订了国家标准,从试样制备到测试条件等方面均提出了具体要求。

3) 增量内标法

假设多相物质中第 j 相为待测未知相，第1相为参考未知相。如果添加质量分数为 Δw_j 的纯 j 相物质，则此时第 j 相的含量由 w_j 变为 $(w_j+\Delta w_j)/(1+\Delta w_j)/(1+\Delta w_j)$，第1相的含量由 w_1 变为 $w_1/(1+w_j)$。将这两个质量分数分别代入式(11-3)，整理后得到

$$I_j/I_1=(C_j/C_1)(\rho_1\rho_j)(1/w_1)(w_j+\Delta w_j+\Delta w_j)=B(w_j+\Delta w_j) \tag{11-13}$$

式中，I_j 为 j 相的衍射强度，I_1 为第1相的衍射强度，B 为常数。分别测量不同 Δw_j 试样的衍射强度比 I_j/I_1 值。采用最小二乘法，将测量数据回归为 I_j/I_1 与 Δw_j 的直线，往左下方延长这条直线，直至它与横轴相交，此交点横坐标的绝对值即为待测的 w_j 值，如图11-6所示。

增量内标法不必掺入其他内标样品，避免了试样与其他样品衍射线重叠的可能，通过增量还可以提高被测物相的检测灵敏度，当被测相的含量较低或被分析的试样很少时，用此方法效果明显，为了提高准确度，可取多根衍射线来求解。对于多相物质，仅留一相作为参考相，其余均给予一定的增量，按此方法就能得到全面的定量分析结果。

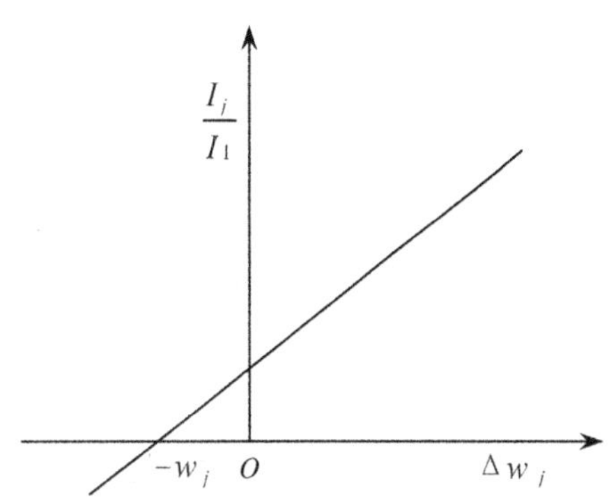

图11-6 增量法的外推曲线

上述三种内标法，特别适合于粉末试样，而且效果也比较理想。尤其是 K 值内标法，在已知各物相参比强度 K 值的情况下，不需要往待测试样中添加任何物质，根据衍射强度及 K 值计算各物相的含量，因此该方法同样对块体试样适用。

11.3.2.3 外标法

如果不能实现 K 值内标法，则块体试样只能采用外标法来进行定量分析。下面根据各相吸收效应的差别，分两种情况进行讨论。

1) 各相吸收效应差别不大时

当试样中各相的吸收效应接近时，则只需测量试样中 j 相的衍射强度并与纯 j 相的同一衍射线的强度对比，即可定出 j 相在试样中的相对含量。若混合物中包含 n 个相，它们的吸收系数及质量密度均接近(例如同素异构物质)，由式(11-2)及式(11-3)可以证明，试样中 j 相的衍射强度 I_j 与纯 j 相的衍射强度 I_{j0} 之比为

$$I_j/I_{j0}=f_j=w_i,\ j=1,2,\cdots,n \tag{11-14}$$

式中表明，在此情况下第 j 相的体积分数 f_j 和质量分数 w_j 都等于强度比 I_j/I_{j0} 值。可见，这种方法具有简便易行的优点。但是，在对试样和纯 j 相进行衍射强度测量时，要求两次的辐照情况及实验参数必须严格一致，否则将直接影响到测量的精度，这是此方法的缺点。

2) 各相吸收效应差别较大时

各相吸收效应差别较大时，可采用以下的外标方法进行定量分析。选择 n 种与被测试样相同的纯相，按相同的质量分数将它们混合，作为外标样品，即 $w'_1:w'_2:w'_3:\cdots:w'_n$。其中，第1相作为参考相。根据式(11-3)，它们的衍射强度比为

$$I'_j/I'_1=(C_j/C_1)(\rho_j/\rho_1),\ j=1,2,\cdots,n \tag{11-15}$$

对于被测试样，相应的衍射强度比为

$$I_j/I_1=(C_j/C_1)(\rho_1/\rho_j)(w_j/w_1),\ j=1,2,\cdots,n \tag{11-16}$$

当各相均为晶体材料时质量分数 w_j 应满足式(11-4)，由式(11-15)及(11-16)得到

$$w_j = w_1[I'_1/I'_j)(I_j/I_1)]/\sum_{j=1}^{n}[(I'_1/I'_j)(I_j/I_1)] \tag{11-17}$$

式中表明，只要测得外标样品的强度比 I'_1/I'_j 和实际试样的强度比 I_1/I_j，即可计算出各相的质量分数。此法不需要计算强度因子，不需要制作工作曲线，也不必已知吸收系数。但是，此方法的前提是可以得到各个纯相物质。

11.3.3 其他问题

X 射线定量物相分析，实际上是测量衍射强度，而影响强度的因素是多方面的，试样要求、测试条件及方法等，都必须予以特殊的关注。

1) *试样要求*

首先，试样应具有足够的大小和厚度，使入射线光斑在扫描过程中始终照在试样表面以内，且不能穿透试样。试样的粒度、显微吸收和择优取向也是影响定量分析的主要因素。粉末试样的粒度应满足以下等式：

$$|\mu_l-\bar{\mu}_l|R\leqslant 100 \tag{11-18}$$

式中，μ_l 为待测相的线吸收系数(cm^{-1})，$\bar{\mu}_l$ 为试样的平均线吸收系数，R 为颗粒半径(μm)。在一般情况下，粒度尺寸的许可范围是 0.1～50μm。一方面，控制粒度是为了获得良好且准确的衍射谱线，颗粒过细时衍射峰比较散漫，颗粒过粗时由于衍射环不连续，而造成测量强度误差较大。另一方面，控制粒度是为了减小显微吸收引起的误差。在定量分析的基本公式中，所用的吸收系数都是混合物的平均吸收系数，如果某相的颗粒粗大且吸收系数也较大，则它的衍射强度将明显低于计算值。各相的吸收系数差别越大，颗粒就要求越细。

择优取向也是影响定量分析的重要因素。择优取向，就是多晶体中各晶粒取向往某方位偏聚，即发生织构现象。显然该现象使衍射强度分布反常，与计算强度不符，造成分析结果失真。必须减少或消除织构的影响。当织构不很严重时，可取多条衍射线进行测量，例如在直接对比法中对 j 相选取 q 根衍射线，此时，$\sum_{i=1}^{q}I_{ij}=\left(\sum_{i=1}^{q}C_{ij}/\bar{\mu}_l\right)f_j$，利用这种处理方法，就可以减少织构的影响。在 X 射线强度测量时，可让织构试样侧倾和旋转，使不同方位的晶面都参与衍射；或者将试样加工成多面体，分别测量其每个面的衍射强度，然后取平均值；还有，可通过极图修正衍射强度，以及借助各相的取向关系，选择合适的衍射线进行计算。这些方法都可以减少织构的影响。

2) *测试方法及条件*

因为衍射仪法中各衍射线不是同时测定的，所以要求仪器必须具有较高的综合稳定性。为获得良好的衍射谱线，要求衍射仪的扫描速度较慢，建议采用阶梯扫描，时间常数要大，最好选用晶体单色器，提高较弱衍射峰的峰形质量。

定量分析所用的相对强度是相对积分强度。多采用衍射仪法进行测量，因为它方便、快速且能准确地获得测量结果。衍射峰积分强度，实际就是衍射峰背底以上的净峰形面积。具体做法是：首先在整个衍射谱线中确定出待测的衍射峰位，在其左右两边分别保留一段衍射背底，以保证该衍射峰形的完整性，如图 11-7 所示。可采用以下公式计算积分强度：

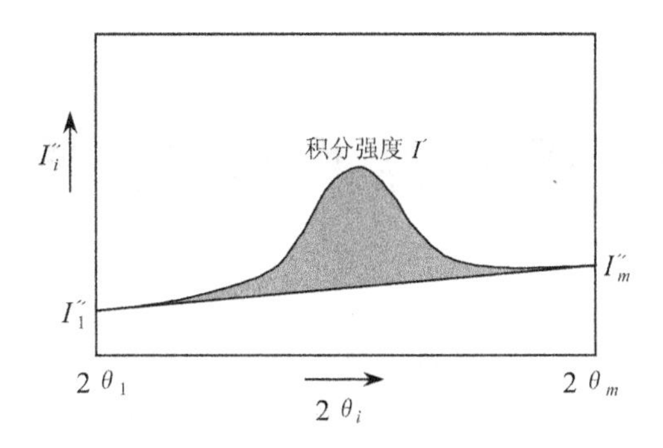

图 11－7　积分强度的计算方法

$$I' = \sum_{i=1}^{m} [I''_i - I''_1)(2\theta_i - 2\theta_1)/(2\theta_m - 2\theta_1)]\delta(2\theta) \tag{11-19}$$

式中，m 为衍射峰形区间的采集数据点数，i 为采集数据点的序号，$i=1$ 及 m 分别为衍射峰左右边的数据点，$2\theta_i$ 及 I''_I 分别对应 I 点的衍射角和计数强度，$\delta(2\theta)$ 为扫描步进角(例如 0.01°)。

式(11－19)并不是相对积分强度，严格意义上的相对积分强度为

$$I_j = 100(I'_j / I'_{max}),\ j = 1, 2, \cdots, n \tag{11-20}$$

式中，n 为谱线中衍射线条总数，j 为衍射线条序号，I'_j 由式(11－19)确定，I'_{max} 为 I'_j 中最大积分强度。由于定量分析计算中都是以强度比值的形式出现的，因此如果利用式(11－19)中的积分强度，其定量分析结果仍然正确。

第12章　晶体结构与点阵参数分析

物质种类及其结构千差万别，即使同种物质，如果经历不同制备或加工过程，其晶体结构也存在较大差别。通过定性物相分析，可以查找实测衍射谱线的PDF卡片，但两者往往不能完全吻合，说明该卡片并不能完全代表衍射谱线的结构信息，甚至有时根本找不到合适卡片与谱线对应。在此情况下，可以根据X射线的衍射理论，利用实测衍射谱线的位置及强度，来分析和计算试样晶体结构参数。

利用X射线衍射方法研究物质的晶体结构，主要内容包括：晶体结构类型、点阵参数、晶胞中原子数及其位置等。通过分析一系列衍射谱线的位置，并结合不同晶系的消光规律，可以判断出晶体结构的类型即晶系，同时也能确定衍射线的晶面指数，故又称为衍射线的指标化。采取一些降低测量误差的有效措施，可精确测得晶面间距并计算出点阵参数，这是研究晶体结构的重要环节。根据不同晶面衍射强度之间的关系，可以确定晶胞中原子数、原子排列以及异类原子在晶胞中位置等结构参数，称为晶体结构模型分析。

鉴于以上所述，本章分别介绍晶体结构识别、点阵参数测定以及晶体结构模型分析等方面的内容，利用这些知识基本能够解决以上所提到的问题。

12.1　晶体结构识别

识别衍射谱线所对应的晶体结构，实际是解决衍射谱线指标化的问题。指标化方法可以分为两大类，即图解法和分析法，前者仅适用于立方晶系、四方晶系、六方晶系，而后者原则上对所有晶系都适用。因此，本节只介绍分析法。

12.1.1　基本原理

下面将通过理论分析，确定出各晶系不同晶面 $\sin^2\theta$ 之间关系。如果衍射谱线满足某晶系的特殊关系，则说明这种衍射谱线就属于该晶系。

1）立方晶系

在立方晶系中，$a=b=c$ 及 $\alpha=\beta=\gamma=90°$，可以证明

$$\sin^2\theta_{hkl}=[\lambda^2/(4a^2)](h^2+k^2+l^2)=A(h^2+k^2+l^2) \tag{12-1}$$

立方晶系中各(hkl)衍射面 $\sin^2\theta_{hkl}$ 除满足上式外，它们的 $\sin^2\theta_{hkl}$ 必然有公因子 A。

2）六方晶系和三方晶系

在分析晶体学问题时，常将三方晶系归并到六方晶系中，即作为六方晶系的一个亚晶系。同时，将三方晶胞基矢量转换为六方晶胞基矢量。

设在三方晶胞中所取基矢量为 $\boldsymbol{a}_3,\boldsymbol{b}_3,\boldsymbol{c}_3$，六方晶胞基矢量为 $\boldsymbol{a},\boldsymbol{b},\boldsymbol{c}$，它们的基矢量之间分别按 $\boldsymbol{a}=\boldsymbol{a}_3-\boldsymbol{b}_3$、$\boldsymbol{b}=\boldsymbol{b}_3-\boldsymbol{c}_3$ 和 $\boldsymbol{c}=\boldsymbol{a}_3+\boldsymbol{b}_3+\boldsymbol{c}_3$ 进行变换。

在六方晶系中，$a=b\neq c$，$\alpha=\beta=90°$ 及 $\gamma=120°$，可以证明

$$\sin^2\theta_{hkl}=[\lambda^2/(3a^2)](h^2+hk+k^2)+[\lambda^2/(4c^2)]l^2=A(h^2+hk+k^2)+Bl^2 \tag{12-2}$$

六方晶系和三方晶系中各(hkl)衍射面 $\sin^2\theta_{hkl}$除满足上式外，$(hk\,0)$面 $\sin^2\theta_{hk\,0}$必然存在共因子 A 值。

3）四方晶系

在四方晶系中，$a=b\neq c$ 及 $\alpha=\beta=90°$，可以证明

$$\sin^2\theta_{hkl}=[\lambda^2/(4a^2)](h^2+k^2)+[\lambda^2/(4c^2)]l^2=A(h^2+k^2)+Cl^2 \quad (12-3)$$

四方晶系中各(hkl)衍射面 $\sin^2\theta_{hkl}$除满足上式外，$(hk\,0)$面 $\sin^2\theta_{hk\,0}$必有共因子 A 值，但各晶面 $\sin^2\theta_{hk\,0}$之比值与六方晶系不同。

4）斜方晶系

在斜方晶系中，$a\neq b\neq c$ 及 $\alpha=\beta=90°$，可以证明

$$\sin^2\theta_{hkl}=[\lambda^2/(4a^2)]h^2+[\lambda^2/(4b^2)]k^2+[\lambda^2/(4c^2)]l^2=Ah^2+Bk^2+Cl^2 \quad (12-4)$$

斜方晶系中各(hkl)衍射面 $\sin^2\theta_{hkl}$除满足上式外，$(h\,00)$面 $\sin^2\theta_{h\,00}$必有共因子 A。另外，$(hk\,0)$面 $\sin^2\theta_{hk\,0}$比值之间还与$(A+B)$存在某种关系。

5）单斜晶系

在单斜晶系中，$a\neq b\neq c$ 及 $\alpha=\gamma=90\neq\beta$，可以证明

$$\sin^2\theta_{hkl}=[\lambda^2/(4a^2\sin^2\beta)]h^2+[\lambda^2/(4b^2)]k^2+[\lambda^2/(4c^2\sin^2\beta)]l^2-[\lambda^2\cos\beta/(2ac\sin^2\beta)]hl=Ah^2+Bk^2+Cl^2-Dhl \quad (12-5)$$

由上式可得

$$\sin^2\theta_{h_1k_1l_1}-\sin^2\theta_{h_2k_2l_2}=2Dhl \quad (12-6)$$

单斜晶系中各(hkl)衍射面 $\sin^2\theta_{hkl}$除满足式(12－5)外，不同$(h0l)$晶面 $\sin^2\theta_{h0l}$差值之比必然满足 $2D:4D:6D:8D:10D=1:2:3:4:5$。

6）三斜晶系

在三斜晶系中，$a\neq b\neq c$ 及 $\alpha\neq\beta\neq\gamma\neq 90°$，由于这类晶体的结构比较复杂，在各$(hkl)$衍射面 $\sin^2\theta_{hkl}$值之间很难寻找到某种关系。根据这一特点，如果能够证实某物质衍射谱线与上述六种晶系都不符合，而且又找不到各晶面 $\sin^2\theta_{hkl}$值之间的确切关系，则可以判断这种物质就是三斜晶系的结构。

利用分析法来识别晶体结构类型，不但结果准确可靠，而且适用于任何类型的晶系。对于比较简单的晶体结构，例如立方晶系，采用人工列表法即可完成分析工作。而对于比较复杂的晶体结构，例如单斜晶系或三斜晶系，因计算量太大而使人工列表法比较困难，此时可采用计算机程序来完成这项分析工作。

12.1.2　立方晶系指标化

下面以 Cs_2TeBr_6 物质为例，介绍立方晶系的指标化过程。首先获得其 X 射线衍射图谱，然后进行数据整理，相应的 $\sin^2\theta$ 数据列在表 12－1 中。

1）晶系识别

根据式(12－1)，立方晶系各个衍射峰的 $q_n=\sin^2\theta_{hkl}$具有公因子 A。试探采用 0.005 0 去除各谱线的 $\sin^2\theta_{hkl}$值，分别得到 3，4，8，11，12，16，19，24，27，32，35，40，44 及 48，这些整数实际上是一系列的$(h^2+k^2+l^2)$。由于衍射谱线各 $\sin^2\theta_{hkl}$之间的确存在共因子，说明该物质肯定是立方晶系。

2) 晶格判断

结合式(12-1)关系,将 Cs_2TeB_{r6}的每一条粉末衍射线进行指标化。从表 12-1 中可以看到,系统消光条件是 hkl 为奇偶混杂,相当于 $h+k=2n+1$,$k+l=2n+1$ 及 $l+h=2n+1$,其中 n 是任意整数,由此说明这种物质的晶格类型是属于面心立方晶格。

表 12-1 Cs_2TeBr_6衍射数据及其指标化结果

序号	2θ(观察值)	$\sin^2\theta$(观察值)$=q_n$	$N^2=h^2+k^2+l^2$	hkl
1	14.023	0.0149	3	111
2	16.219	0.0199	4	200
3	23.033	0.0390	8	220
4	27.045	0.0547	11	311
5	28.285	0.0597	12	222
6	32.839	0.0799	16	400
7	35.845	0.0947	19	331
8	40.483	0.1197	24	422
9	43.063	0.1347	27	333 511
10	47.125	0.1598	32	440
11	49.398	0.1746	35	531
12	53.116	0.1000	40	620
13	55.903	0.2197	44	622
14	58.627	0.2397	48	444

根据面心立方晶格系统消光条件 $N^2=h^2+k^2+l^2$ 应该有 20,36 及 43 这三个数值,即应该有(420),(600),(442)和(533)衍射线出现,但它们在 X 射线衍射图谱中并未出现,这是因为这些衍射线强度太弱,是属于偶然不出现,并不影响晶格的判断。

3) A 值修正

利用 A 值计算出各(hkl)衍射面对应的 $\sin^2\theta$ 值,并与实测值对照。逐渐修正 A 值,直到衍射谱线各个 $\sin^2\theta$ 实测值与计算值接近。计算出的 $\sin^2\theta$ 值称为计算值即$(\sin^2\theta)_c$,衍射测量的 $\sin^2\theta$ 值称为实测值即$(\sin^2\theta)_o$,它们均列在表 12-2 中。对照后发现,$\sin^2\theta$ 实测值与计算值之间最大差值仅为 0.000 2,因此这个指标化是正确的。此时 $A=0.004\ 993$ 及 $\alpha=10.910\pm0.005$Å。

表 12－2　Cs_2TeBr_6 的 $\sin^2 2\theta$ 观察值与计算值比较

hkl	$(\sin^2\theta)_o$	$(\sin^2\theta)_c$
111	0.0149	0.0150
200	0.0199	00200
220	0.0399	0.0399
311	0.0547	0.0549
222	0.0597	0.0599
400	0.0799	0.0799
331	0.0947	0.0949
420	—	0.0000
422	0.1197	0.1198
511 333	0.1357	0.1348
440	0.1598	0.1598
531	0.1746	0.1747
000 442	—	0.1797
620	0.1999	0.1907
533	—	0.2147
622	0.2197	0.2107
444	0.2397	0.2397

12.1.3　其他问题

晶体物质的 X 射线衍射方向必须遵循布拉格方程，但是否会在该方向发生衍射还取决于散射强度的消光条件，而消光条件又与晶体结构有关。只有那些既遵循布拉格方程又不发生消光的方向才发生衍射，此时即在衍射谱线的相应位置出现衍射线条。基于这两个条件，根据衍射谱线上出现衍射线条的位置，可以识别晶体结构的类型，实现衍射谱线的指标化。

衍射谱线指标化的基本要求，是必须收集到足够多的衍射线条（或衍射峰），这是因为晶体的结构越复杂，指标化过程中所需的衍射线条数就越多。对于简单的晶体结构，例如立方晶系，至少也需要七条衍射线。而对于复杂的晶体结构，例如单斜晶系或三斜晶系，由于各谱线 $\sin^2\theta$ 之间关系复杂，故需要通过更多的衍射线条来进行分析。

在实验中，尽可能使用较宽的衍射 2θ 扫描范围，必要时还可以选用波长较短的辐射线，从而获得足够多的衍射线条数。除此之外，为了确保 $\sin^2\theta$ 实测值与计算值之间的一致性，通常要求 $\sin^2\theta$ 测量误差不能超过±0.000 5，尤其对强峰必须达到这个要求。只有这样，才能确保一些复杂晶系指标化的成功。

12.2 点阵参数的精确测定

晶体的点阵参数随晶体的成分和外界条件的改变而变化。所以，在很多研究工作中，例如测定固溶体类型与成分、相图中相界以及热膨胀系数等，都需要测定点阵参数。实验目的不同，对点阵参数的精度要求也不同。精度要求越高，工作难度就越大。例如，对于结晶良好的试样，在一定数量的不相互重叠的高角衍射线情况下，只要工作方法正确，就可达到$\pm 0.0001\times10^{-10}$ m 精度。而若要达到$\pm 0.00001\times10^{-10}$ m 精度，则必须谨慎地处理各种误差。点阵参数测量是一种间接的测量方式，即首先测量衍射角 2θ，由 θ 计算晶面间距 d，再由 d 计算点阵参数。

布拉格定律的微分式为

$$\Delta d/d=-(\cot\theta)\Delta\theta \tag{12-7}$$

可见，当 $\Delta\theta$ 一定时，θ 角越大则 $|\Delta d/d|$ 越小。

对于立方系，有

$$\Delta a/a=\Delta d/d=-(\cot\theta)\Delta\theta \tag{12-8}$$

这说明，选用大 θ 角的衍射线，有助于减少点阵参数的测量误差。

12.2.1 德拜法误差来源

德拜法的主要系统误差来源为底片收缩误差、相机半径误差、试样偏心误差以及试样吸收误差等。但实际上还存在其他的误差来源，如入射光束是否垂直于转轴，以及某些物理偏差等。这里只讨论常见的问题。

1) *底片收缩和相机半径误差*

在前面有关章节中已经讨论过，由于底片收缩所造成的德拜法测量误差，可采用倒装法或不对称装法加以消除。由于相机半径误差与底片收缩误差具有类似的性质，同样可用上述方法来消除这类误差。故对此问题不必重复讨论。

2) *试样偏心误差*

由于机械制造上的误差，会使试样的转动轴线与相机圆柱体的轴线不重合，从而引起所谓的偏心误差，如图 12-1 所示。图中可将该误差分解为两个分量，即平行于入射方向的 Δx 误差和垂直于入射方向的 Δy 误差。

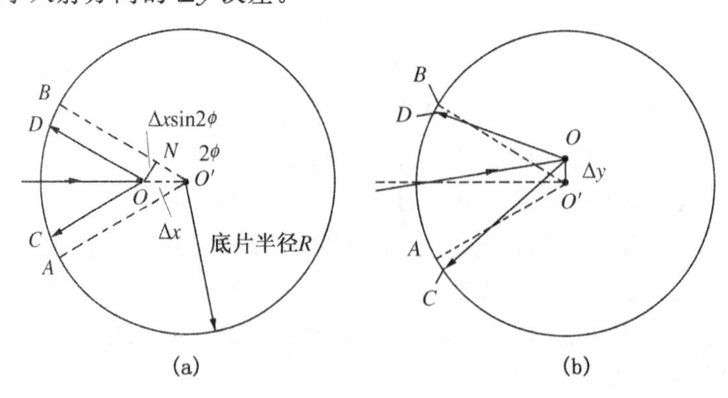

图 12-1 试样偏心误差分析

(a) 水平偏心；(b) 垂直偏心

水平方向偏心误差 Δx 的影响，如图 12－1(a)所示。图中假定水平方向出现 $\Delta x=OO'$ 偏心，则圆周 A 点上移至 C，同时 B 点却下移至 D，因此弧长 CD 肯定小于 AB。此时不难证明，底片上衍射线条之间距离误差为

$$\Delta s=AC+BD=2BD\approx 2ON=2\Delta x\sin 2\phi \tag{12-9}$$

因为ϕ角与 AB 弧长 s 及相机半径 R 的关系为

$$\phi=S/(4R) \tag{12-10}$$

所以有

$$\Delta\phi=\Delta s/(4R)=2\Delta x\sin 2\phi/(4R)=\Delta x\sin\phi\cos\phi/R \tag{12-11}$$

由于$\phi=90°-\theta$，并结合式(12－7)及式(12－11)得到

$$\Delta d/d=-(\cot\theta)\Delta\theta=(\sin\phi/\cos\phi)\Delta\phi=(\Delta x/R)\sin^2\phi=(\Delta x/R)\cos^2\theta \tag{12-12}$$

垂直方向偏心误差 Δy 的影响，如图 12－1(b)所示。图中假定垂直方向出现 $\Delta y=OO'$ 偏心，则圆周 A 点下移至 C，同时 B 点下移至 D。由于 A 及 B 两点都下移，结果是弧长 AB 与 CD 的差别不大。因此，垂直偏心误差 Δy 的影响可以忽略不计。

3) 试样吸收误差

试样对 X 射线的吸收，会影响衍射线的位置和线形，其效果相当于试样沿入射方向发生一定偏心 Δx，故此类误差与 θ 角之关系也可用式(12－12)来表示。这样，可将试样偏心误差及吸收误差归结在一个表达中，即

$$\Delta d/d=K\cos^2\theta \tag{12-13}$$

式中，K 为常数，与相机半径及试样线吸收系数有关。

在实验过程中，为了尽可能消除以上原始误差，需要采用精密加工的相机，并仔细调整试样的位置。采用不对称的底片安装方法，以消除相机半径误差及底片均匀收缩误差。底片上打孔的直径要尽可能小，尽量防止变形，以减小不均匀收缩误差。热胀或冷缩，分别导致晶面间距的增大或减小，因此照相及测量时必须减小温度的波动。

12.2.2　衍射仪法误差来源

衍射仪使用方便，易于自动化操作，且可以达到较高的测量精度。但由于它采用更为间接的方式来测量试样点阵参数，造成误差分析上的复杂性。衍射仪法误差来源主要与测角仪、试样本身及其他因素有关。

12.2.2.1　测角仪引起的误差

测角仪因素，是衍射仪法的重要误差来源，主要包括：2θ 的 0°误差、2θ 的刻度误差、试样表面离轴误差以及入射线垂直发散误差等。

1) 2θ 的 0°误差

测角仪是精密的分度仪器，调整的好坏对所测结果是重要的，在水平及高度等基本准直调整好之后，把 2θ 转到 0°位置，此时的 X 光管焦点中心线、测角仪转轴线以及发散狭缝中心线必须处在同一直线上。这种误差与机械制造、安装和调整中的误差有关，即属于系统误差，它对各衍射角的影响是恒定的。

2) 2θ 刻度误差

由于步进电机及机械传动机构制造上存在误差，会使接收狭缝支架的真正转动角度并不等于控制台上显示的转动角度。测角仪的转动角，等于步进电机的步进数乘以每步所走

过的 2θ 转动角度，因此这种误差随 2θ 角度而变。不同测角仪的 2θ 刻度的误差是不同的，而对同一台测角仪，这种误差则是固定的。

3）试样表面离轴误差

试样台的定位面不经过转轴的轴线、试样板的宏观不平、制作试样时粉末表面不与试样架表面同平面以及试样不正确的安放等因素，均会使试样表面与转轴的轴线有一定距离。假设这种偏差距离为 s，如图 12－2 所示，则图中转轴线为 O，试样的实际位置为 O'。可以证明，由此所造成的 2θ 及 d 的误差为

$$\begin{aligned}\Delta(2\theta) &= O'A/R = -2s\cos\theta/R \\ \Delta d/d &= -(\cot\theta)\Delta\theta = (s/R)(\cos^2\theta/\sin\theta)\end{aligned} \tag{12-14}$$

上式表明，当 2θ 趋近于 180°时，此误差趋近于零。

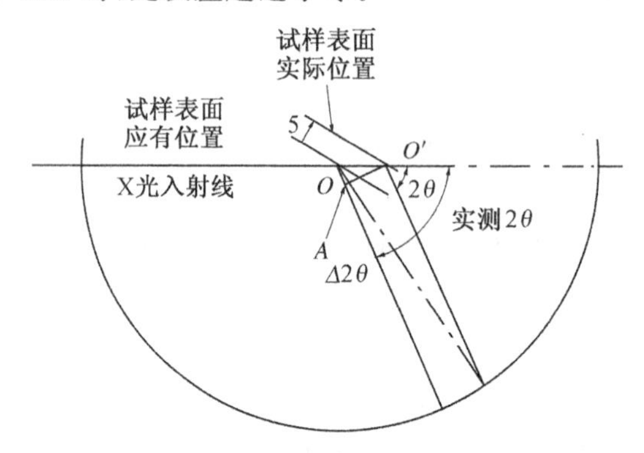

图 12－2　试样表面离轴误差

4）垂直发散误差

测角仪上的索拉狭缝，其层间距不能做得极小，否则 X 光的强度严重减弱。所以入射 X 光并不严格平行于衍射仪的平台，而且有一定的垂直发散范围。在使用线焦点并有前后两个索拉狭缝的情况下，如果两个狭缝的垂直发散度[δ=（狭缝层间距）/（狭缝长度）]相等而且不大，则此时的 2θ 及 d 误差分别为

$$\Delta(2\theta) = -(\delta^2/6)\cot(2\theta),\ \Delta d/d = (\delta^2/24)(\cot^2\theta - 1) \tag{12-15}$$

式中，d 误差可以分为两部分，一部分是恒量 $\delta^2/24$，另一部分为 $\delta^2/\cot^2\theta/24$，当 2θ 角趋近于 180°时后者趋近于零，而当 2θ=90°时总误差为零。

12.2.2.2　试样引起的误差

试样本身的一些因素，也可以引起测量误差，这类误差来源主要包括：试样平面性、试样晶粒大小及试样透明度等。

1）试样平面性误差

如果试样表面是凹曲形，且曲率半径等于聚焦圆半径，则表面各处的衍射线聚焦于一点。但实际上采用的是平面试样，入射光束又有一定的发散度。所以，除试样的中心点外，其他各点的衍射线均将有所偏离。当水平发散角 ε 很小时（$\leqslant 1°$），可以估计出其误差的大小为

$$\Delta(2\theta) = (\varepsilon^2\cot\theta)/12,\ \Delta d/d = (\varepsilon^2\cot^2\theta)/24 \tag{12-16}$$

因此，当 2θ 趋近于 180°时，此误差趋近于零。

2）晶粒大小误差

在实际衍射仪测试中，试样照射面积约 1cm^2。起衍射作用的深度视吸收系数而定，一

般为几微米到几十微米。因而 X 光实际照射的体积并不大。如果晶粒度过粗，会使同时参加衍射的晶粒数过少，个别体积稍大并产生衍射的晶粒，其空间取向对峰位有明显的影响。一般用作衍射分析的粉末试样，常以 325 目为准。但 325 目筛网的孔径近 40μm，因而还是不够细。

3）试样吸收误差

试样吸收误差，也称透明度误差。通常，只有当 X 光仅在试样表面产生衍射时，测量值才是正确的。但实际上，由于 X 光具有一定的穿透能力，即试样内部也有衍射，相当于存在一个永远为正值的偏离轴心的距离，使实测的衍射角偏小。这类误差为

$$\Delta(2\theta) = -\sin 2\theta/(2\mu R),\Delta d/d = \cos^2\theta/(2\mu R) \tag{12-17}$$

式中，μ 为线吸收系数，R 为聚焦圆半径。可见，当 2θ 趋近于 180°时误差趋近于零。

12.2.2.3 其他误差

除测角仪及试样本身所引起的误差外，还有其他引起误差的因素，例如角因子偏差、定峰误差、温度变化、X 射线折射及特征辐射非单色等因素。

1）角因子偏差

角因子包括了衍射的空间几何效应，对衍射线的线形产生一定影响。对于宽化的衍射线，此效应更为明显。校正此误差的方法是：用阶梯扫描法测得一条衍射线，把衍射线上各点计数强度除以该点的角因子，即得到一条校正后的衍射线，利用它计算衍射线位角。

2）定峰误差

利用上述角因子校正后的衍射线来计算衍射线位角，实际上是确定衍射峰位角 2θ 值，确定衍射峰位的误差（定峰误差）这些会直接影响点阵参数的测量结果。为确保定峰的精度，可采用半高宽中点及顶部抛物线等定峰方法。具体定峰方法将在后面章节中讨论。

3）温度变化误差

温度变化可引起点阵参数的变化，从而造成误差。面间距的热膨胀公式为

$$d_{hkl,t} = d_{hkl,t_0}[1 + a_{hkl}(t - t_0)] \tag{12-18}$$

式中，α_{hkl} 为 (hkl) 晶面的面间距热膨胀系数，t_0 及 t 分别为变化前后的温度值。根据 α_{hkl} 以及所需的 d_{hkl} 值测量精度，可事先计算出所需的温度控制精度。

4）X 射线折射误差

通常，X 射线的折射率极小，但在做精确测定点阵参数时，有时也要考虑这一因素。当 X 射线进入晶体内部时，由于发生折射（折射率小于或接近于 1），λ 和 θ 将相应改变为 λ' 和 θ'。此时，需要对点阵参数进行修正，如下式：

$$\alpha = \alpha_0(1 + C\lambda^2) \tag{12-19}$$

式中，α_0 及 α 分别为修正前后的点阵参数，λ 为辐射波长，C 为与材料有关的常数。

5）特征辐射非单色误差

如果衍射谱线中包括 $K_{\alpha 1}$ 与 $K_{\alpha 2}$ 双线成分，在确定衍射峰位之前必须将 $K_{\alpha 2}$ 线从总谱线中分离出去，这样就可以消除该因素的影响。具体分离方法将在后面章节中讨论。

但即使采用纯 $K_{\alpha 1}$ 特征辐射，也并非是绝对单色的辐射线，而是有一定的波谱分布。由于包含一定的波长范围，也会引起一定误差。当入射及衍射线穿透铍窗、空气及滤片时，各部分波长的吸收系数不同，从而引起波谱分布的改变，波长的重心及峰位值均会改变，从而导致误差。同样，X 光在试样中的衍射以及在探测器的探测物质中穿过时，也会产生类似偏

差。可以证明,特征辐射非单色所引起的 2θ 值偏差与 $\tan\theta$ 或 $\tan^2\theta$ 成正比,当衍射角 2θ 趋近于 180°时,此类误差急剧增大。如果试样的结晶较好并且粒度适当,这类误差通常很小。

以上论述了衍射仪法的一些常见重要误差。实际上它们可细分为 30 余项,归类为仪器固有误差、准直误差、衍射几何误差、测量误差、物理误差、交互作用误差、外推残余误差以及波长值误差等。工作性质不同,需要着重考虑的误差项目也不同。例如,一台仪器在固定调整状态和参数下,为了比较几个试样的点阵参数相对大小,只需考虑仪器波动及试样制备等偶然误差。但对于经不同次数调整后的仪器,为了对比仪器调整前后所测得的试样的点阵参数,就要考虑仪器准直(调整)误差。对各台仪器的测试结果进行比较时,还要考虑衍射仪几何误差、仪器固有系统误差以及某些物理因数所引起的误差等。在要求将测试结果与其真值比较,即要获得高精度的结果时,必须考虑全部误差来源。

12.2.3 消除系统误差方法

任何实验误差都包括随机误差和系统误差两大类,采用多次重复测量并取平均值的方法,能够消除随机误差,但却不能消除系统误差。如果对精确度要求不是太高,可利用高角衍射线直接计算试样的点阵参数。为了获得精确的点阵参数,则必须消除有关的系统误差,可分别采用内标法或数据处理法。

12.2.3.1 内标法

内标法就是利用一种已知点阵参数的物质(内标样品)来标定衍射谱线,一般选 Si 或 SiO_2 粉末作为内标样品,如果被测试样点阵参数较大,可选 As_2O_3 粉末。当被测试样是粉末时,只要直接将标样与待测试样均匀混合即可。当试样为块状时,可将少量标样粘附在试样表面即可。利用 X 射线衍射仪可以同时测量试样与标样衍射谱线。从实测衍射谱线上确定试样 $2\theta_{hkl}$ 和已知 d_s 的标样 $2\theta_s$,则被测试样晶面间距为

$$d_{hkl}=(\sin\theta_s/\sin\theta_{hkl})d_s \tag{12-20}$$

这样,根据已知 d_s 和测量的 θ_s 及 θ_{hkl},即可得到经内标修正后的试样晶面间距 d_{hkl} 值。也可利用多条谱线制作 $d_s\sim(\sin\theta_{hkl}/\sin\theta_s)$ 标定直线,利用最小二乘法求得斜率即 d_{hkl} 值。内标法使用方便可靠,缺点是测量精度不可能超过标准物质本身的点阵参数的精度。

12.2.3.2 线对法

线对法,就是利用同一次测量所得到的两根衍射线的线位差值,来计算点阵参数。由于在计算过程中两衍射线的线位相减,因而消除了衍射仪 2θ 的零位设置误差。利用这种方法,仪器在未经精细调整的条件下,即可获得较高的点阵参数测量精度,非常适用于一般性分析工作或者用于点阵参数的相对比较等。

对于立方晶系,取两根衍射线的 θ_1 和 θ_2,根据布拉格方程可得到

$$\begin{aligned}(2a/\sqrt{m_1})\sin\theta_1=\lambda,\ m_1=h_1^2+k_1^2+l_1^2\\(2a/\sqrt{m_2})\sin\theta_2=\lambda,\ m_2=h_2^2+k_2^2+l_2^2\end{aligned} \tag{12-21}$$

由此可推导出点阵参数为

$$a^2=[B_1-B_2\cos(\theta_2-\theta_1)]/[4\sin^2(\theta_2-\theta_1) \tag{12-22}$$

式中,$B_1=\lambda^2(m_1+m_2)$ 及 $B_2=2\lambda^2\sqrt{m_1m_2}$ 为与波长及晶面指数有关的常数。这就是线对法的基本公式,根据两根衍射线的$(\theta_2-\theta_1)$,$(h_1k_1l_1)$ 和 $(h_2k_2l_2)$ 即可计算出点阵参数 a 值。

对式(12-22)取对数再微分,得到的线对法点阵参数相对误差的表达式为

$$\Delta a/a = -[\cos\theta_1\cos\theta_2/\sin(\theta_2-\theta_1)]\Delta(\theta_2-\theta_1) \tag{12-23}$$

式中，θ_1 及 θ_2 误差是同向的，即 $\Delta(\theta_2-\theta_1)$ 是一个很小的值。如果 θ_1 取值较小，同时让 θ_2 接近 90°(即 $2\theta_2$ 接近 180°)。此时，$\cos\theta_2$ 较小，而 $\sin(\theta_2-\theta_1)$ 较大，因此点阵参数相对误差很小。也可采用多线条求值后取平均的方法，进一步提高测量精度。

12.2.3.3　外推法

为了获得试样的精确点阵参数，除改进实验方法及提高测量精度外，还可以通过数学处理的方法，消除实验中的系统误差，最终得到点阵参数的真值。数据处理法包括：图解外推法、柯亨最小二乘法以及线对法等。

1) 图解外推法

衍射仪误差中的衍射几何误差，都有这样的特点，即当 2θ 值趋近于 180°时，这类点阵误差就趋近于零，利用此规律进行数据处理，可以消除其影响。立方晶系 $\Delta a/a=\Delta d/d$，综合上述误差对点阵参数的影响，有

$$\Delta a/a \approx -(\cot\theta)\Delta\theta + (s/R)(\cos^2\theta/\sin\theta) + \cos^2\theta/(2\mu R) + (\varepsilon^2\cot^2\theta)/24 + (\delta^2/24)\cot^2\theta \tag{12-24}$$

式中，右边第一项为 2θ 的 0°误差，第二项为离轴误差，第三项为试样吸收误差，第四项为试样平面性误差，第五项与垂直发散误差有关。对于这些误差，当 2θ 趋向 180°时均趋近于零，并且近似正比于 $\cos^2\theta$。因此，可以测量试样中 2θ 大于 90°的各衍射线的 2θ 值，并分别求出其 a 值，然后以 $\cos^2\theta$ 为横坐标，以 a 为纵坐标，取点作图，外推至 $\cos^2\theta=0$ 即 $2\theta=180°$，最终可得到点阵常数 a_0 值，这就是所谓的图解外推法。

在衍射仪法中，由于式(12-24)中各项函数并不完全相同，用一种函数外推实际上并不能绝对消除系统误差，即仍然存在外推残余误差。选择正确的外推函数，则可减小外推残余误差。对于立方晶系的试样一般以 $\cos^2\theta$ 外推，也可用 $\cos^2\theta/\sin\theta$ 外推。一般是先分析出主要误差，再确定外推函数的类型。例如，式(12-24)第一项及第二项分别对应于 2θ 的 0°误差及离轴误差，如果能够精确调整仪器，原则上应考虑后三项。再如，钨对 Cu-K_α 射线吸收系数极大即第三项极小，而后两项占主要部分，此时应主要考虑 $\cos^2\theta$ 项。但对于线吸收系数较小的试样(例如硅)，则第三项占大部分，故此时应选择 $\cos^2\theta$ 外推函数。

在德拜照相法中，通常以 $\cos^2\theta$ 或 $(\cos^2\theta/\sin\theta+\cos^2\theta/\theta)$ 为外推函数。当 θ 趋近 90°(即 2θ 趋近 180°)时，$\cos^2\theta$ 趋近于 0，故这与衍射仪外推法相类似，也可以用 $\cos^2\theta$ 作为外推函数来消除有关误差。事实上，以 $\cos^2\theta$ 作为外推函数时，仅适合于采用 $\theta \geqslant 60°$ 的衍射线，而 $(\cos^2\theta/\sin\theta+\cos^2\theta/\theta)$ 适用于更低角度的衍射。其中分母中的 θ 项，单位是弧度。

2) 柯亨最小二乘法

柯亨(Cohen)方法，其主要特点是直接利用所得的测 θ 值进行最小二乘法计算，并且它适用于任何晶系和任何外推函数，因而比上述图解外推法更具有普遍性。此方法的缺点是数据庞大且计算复杂，一般是通过计算机程序进行的。

对立方晶系，假设外推函数为某已知函数 $g(\theta)$，则

$$\Delta a/a = \Delta d/d = Kg(\theta) \tag{12-25}$$

式中，K 为常数，外推函数 $g(\theta)$ 可取 $\cos^2\theta$ 或 $\cos^2\theta(1/\sin\theta+1/\theta)$ 等形式。

布拉格方程可变为 $\sin^2\theta=\lambda^2/(4d^2)$，取对数 $\ln(\sin^2\theta)=\ln(\lambda^2/4)-2\ln(d)$，然后对其微分，则 $\Delta(\sin^2\theta)/\sin^2\theta=-2\Delta d/d$，结合式(12-25)可得到

$$\Delta\sin^2\theta = -2K\sin^2\theta g(\theta) \tag{12-26}$$

根据立方晶系的晶面间距公式，衍射角的真实值应满足

$$\sin^2\theta_0 = \lambda^2(h^2+k^2+l^2)/(4a_0^2) \tag{12-27}$$

但事实上存在实验误差，即

$$\Delta\sin^2\theta = \sin^2\theta - \sin^2\theta_0 \tag{12-28}$$

由式(12-26)，(12-27)和式(12-28)得到

$$\sin^2\theta = \lambda^2(h^2+k^2+l^2)/(4a_0^2) - 2K\sin^2\theta g(\theta) = A\xi + D\xi \tag{12-29}$$

式中，$A=\lambda^2/(4a_0^2)$，$\xi=(h^2+k^2+l^2)$，$\xi=\sin^2\theta g(\theta)$，$D=-2K$。对于一系列 n 条实际衍射线条，将上式写成如下形式：

$$A\xi_i + D\xi_i - \sin^2\theta_t = 0, i=1,2,\cdots,n \tag{12-30}$$

定义函数

$$f(A,D) = \sum(A\xi_i D\xi_i - \sin^2\theta_t)^2 \tag{12-31}$$

求系数 A 及 D 的最佳值相当于求函数 $f(A,D)$ 的极值。令函数的一阶偏导$\partial[f(A,D)]/\partial A$ 及$\partial[f(A,D)]/\partial D$ 为零，整理后得到

$$\begin{aligned} A\sum\xi_i^2 + D\sum\xi_i\zeta_i &= \sum\xi_i\sin^2\theta_i \\ A\sum\xi_i\zeta_i + D\sum\zeta_i^2 &= \sum\zeta_i\sin^2\theta_i \end{aligned} \tag{12-32}$$

这是二元正则方程组，解方程组可得

$$A = (\sum\zeta_i^2\sum\xi_i\sin^2\theta_i - \sum\xi_i\zeta_i\sum\zeta_i\sin^2\theta_i)/[\sum\xi_i^2\sum\zeta_i^2 - (\sum\xi_i\zeta_i)^2] \tag{12-33}$$

式中，各 ξ 及 ζ 值分别与相应的衍射线条 hkl，θ 及 $g(\theta)$ 有关，而后面这些都是已知的，因此可以确定上式中的 A 值，再由 $A=\lambda^2/(4a_0^2)$ 计算点阵参数 a_0 值。

柯亨法也适用于非立方晶系的数据处理。下面将分别列举六方晶系、四方晶系、斜方晶系以及单斜晶系的外推关系方程式。考虑到三方晶系可变换为六方晶系的形式，因此它的外推关系方程式无须重复介绍。

对于六方晶系，可得到

$$\sin^2\theta = \lambda^2(h^2+hk+k^2)/(3a_0^2) + \lambda^2 l^2/(4c_0^2) - 2K\sin^2\theta g(\theta) \tag{12-34}$$

对于四方晶系，可得到

$$\sin^2\theta = \lambda^2(h^2+k^2)/(4a_0^2) + \lambda^2 l^2/(4a_0^2) - 2K\sin^2\theta g(\theta) \tag{12-35}$$

利用式(12-34)或式(12-35)，可得到类似式(12-32)的正则方程组，但它却是三元正则方程组，解方程组求得其系数，再由这些系数计算出点阵参数 a_0 和 c_0 值。

斜方晶系

$$\sin^2\theta = \lambda^2h^2/(4a^2) + \lambda^2k^2/(4b)^2 + \lambda^2l^2/(4c^2) - 2K\sin^2\theta g(\theta) \tag{12-36}$$

单斜晶系

$$\begin{aligned} \sin^2\theta = {} & \lambda^2h^2/(4a^2\sin^2\beta) + \lambda^2k^2/(4b^2) + \lambda^2l^2/(4c^2\sin^2\beta) + \\ & \lambda^2 hl\cos\beta/(2ac\sin^2\beta) - 2K\sin^2\theta g(\theta) \end{aligned} \tag{12-37}$$

利用式(12-36)或式(12-37)，也可得到类似式(12-32)的正则方程组，但它却是四元正则方程组，解方程组求出相关的系数，再由这些系数即可计算点阵参数 a_0，b_0 和 c_0 值。对于单斜晶系，还可以计算出晶胞的夹角 β 值。

12.3 晶体结构模型分析

以上两节分别确定了晶体结构类别以及点阵参数。至此，晶胞的 a,b,c,α,β 及 γ 均已确定。下面将利用 X 射线衍射强度，解决晶体结构模型即原子在晶胞中位置的问题。同类原子组成的物质，可利用消光规律来确定其位置，因此比较简单。而异类原子组成的物质，由于不同类原子的散射因子不同，必须通过结构因子来计算，并与实测的衍射强度比较，最终确定出各类原子的位置。

12.3.1 原理与方法

对于异类原子组成的物质，如果晶胞中原子数、晶系类别及点阵参数均已确定，而且采用相同的条件进行 X 射线分析，则式(9－35)中相对衍射强度只与结构因子 $|F_{hkl}|^2$ 有关。这就是用 X 射线衍射法分析晶体结构模型的基础。

根据晶体化学知识和经验规律、衍射强度分布特点以及空间群对原子分布对称性的要求，建立起晶体结构模型。利用尝试法安排各个原子的空间位置坐标，将原子坐标参数的尝试值代入衍射强度公式即结构因子公式(9－10)中，计算出每个衍射线的理论强度值，并约化为相对于最强线的相对强度值。将计算衍射强度值与实测衍射强度值比较，适当地调整参数，最终使计算衍射强度值与实测衍射强度相符。

计算强度 I_a 与实测强度 I_b 的偏差，用偏差因子 R 来衡量，即

$$R = \left(\sum |I_b - I_a|\right) / \left(\sum |I_b|\right) \tag{12-38}$$

式中是对全部衍射线数进行求和。

通过多次试探，观察每次的偏差因子 R 值，偏差因子为最低时的结构，被初步认为是物质的晶体结构模型，在实际分析中当 $R\approx 0.1$ 时结果就相当满意了。然后必须进行校验，首先是检查计算强度的强弱顺序是否与实测强度一致，其次是检查计算强度是否违背了晶体结构的消光规律，再者就是检查晶体结构是否满足晶体化学的经验数据等，最后才能肯定这种晶体结构模型是否正确。否则还要重复上面的工作，直至达到要求。

12.3.2 其他问题

晶体在空间某方向的散射总强度将取决于晶胞中各类原子的散射因子以及原子之间的相对位置。如果晶胞中各原子的散射因子相近，例如元素序号相近的原子，即使异类原子在晶胞中互换位置，也不会在 X 射线衍射谱线上出现明显反映。因此，上述晶体结构模型分析方法，只适用于散射因子差别较大的异类原子体系。

分析晶体结构模型，对试样的要求比较严格。最好采用粉末试样，试样制备应满足定量分析的要求，例如粒度尺寸小于 10μm 并避免试样出现择优取向等。必须注意的是，有些粉末颗粒的形状为长条形，由此填充于普通试样架中，这些长条颗粒将平躺在试样架内，从而造成择优取向效应，可采用特殊试样架加以解决。测量参数也必须满足定量分析的要求，例如要求仪器综合稳定性好、采用慢速阶梯扫描方式、选用晶体单色器等。由于衍射强度理论计算值实际含义是相对积分强度，因此实验时必须测量相对积分强度，确定实测相对积分强度的方法与式(11－19)及式(11－20)相同。有关上述晶体结构模型的分析，是比较烦琐的计算过程，一般都是借助计算机程序来完成的。

第 13 章　应力测量与分析

残余应力是指产生应力的各种因素不存在时(如外力去除、温度已均匀、相变已结束等),由于不均匀的塑性变形(包括由温度及相变等引起的不均匀体积变化),致使材料内部依然存在并且自身保持平衡的弹性应力,又称为内应力。一方面,由于残余应力的存在,对材料的疲劳强度及尺寸稳定性等均造成不利的影响。另一方面,出于改善材料性能的目的(如提高疲劳强度),在材料表面还要人为引入压应力(如表面喷丸)。总之,内应力是一个广泛而重要的问题。

当多晶材料中存在内应力时,必然还存在内应变与之对应,造成材料局部区域的变形,并导致其内部结构(原子间相对位置)发生变化,从而在 X 射线衍射谱线上有所反映,通过分析这些衍射信息,就可以实现内应力的测量。目前,虽然有多种测试应力的方法,但 X 射线应力测量方法最为典型。由于这种方法理论基础比较严谨,实验技术日渐完善,测量结果十分可靠,并且又是一种无损测量方法,因而在国内外都得到普遍的应用。

本章重点讨论平面应力测量原理、测量方法以及数据处理等内容,同时还对三维应力与薄膜应力测量问题进行必要的简述。

13.1　测量原理

在各种类型的内应力中,宏观平面应力(简称平面应力)最为常见。X 射线应力测量原理是基于布拉格方程即 X 衍射方向理论,通过测量不同方位的同族晶面衍射角的差异,来确定材料中内应力的大小及方向。

13.1.1　内应力分类

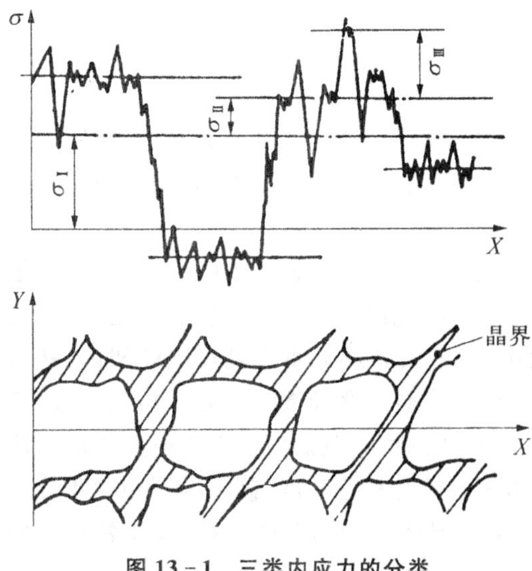

图 13-1　三类内应力的分类

依据 X 射线衍射效应,材料中内应力可分为三类。第Ⅰ类应力引起 X 射线谱线位移,应力平衡范围为宏观尺寸;第Ⅱ类内应力使谱线展宽,应力平衡范围为晶粒尺寸;第Ⅲ类应力使衍射强度下降,应力平衡范围为单位晶胞。三类内应力的区别在于它们作用与平衡范围不同。由于第Ⅰ类内应力的作用与平衡范围较大,属于远程内应力,应力释放后必然要造成材料宏观尺寸的改变。第Ⅱ类及第Ⅲ类应力的作用与平衡范围较小,属于短程内应力,应力释放后不会造成材料宏观尺寸的改变。在通常情况下,这三类应力共存于材料的内部,如图13-1所示,因此其 X 射线衍射谱线会同时产生位移、宽化及强度降低的效应。

1）第Ⅰ类内应力

材料中第Ⅰ类内应力属于宏观应力，其作用与平衡范围为宏观尺寸，此范围包含了无数个小晶粒。在 X 射线辐照区域内，各小晶粒所承受的内应力差别不大，但不同取向的晶粒中同族晶面间距则存在一定差异，如图 13－2 所示。根据弹性力学理论，当材料中存在单向拉应力时，平行于应力方向的(hkl)晶面间距因收缩而减小（即衍射角增大），同时，垂直于应力方向的同族晶面间距因拉伸而增大（即衍射角减小），其他方向的同族晶面间距及衍射角则处于中间状态。当材料中存在压应力时，其晶面间距及衍射角的变化与受拉应力时相反。材料中宏观应力越大，不同方位同族晶面间距或衍射角之差异就越明显，这是测量宏观应力的理论基础。严格意义上讲，只有在单向应力、平面应力以及三向不等应力的情况下，这一规律才正确。

有关宏观应力的研究已比较透彻，其 X 射线测量方法也已十分成熟。本章主要讨论宏观应力测量问题，若不做特别说明，材料内应力均指宏观应力。

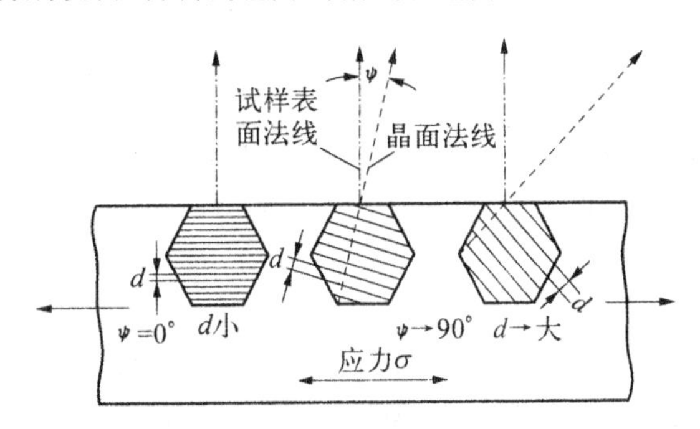

图 13－2　应力与不同方位同族晶面间距的关系

2）第Ⅱ类内应力

材料中第Ⅱ内应力是一种微观应力，其作用与平衡范围为晶粒尺寸数量级。在 X 射线的辐照区域内，有的晶粒受拉应力，有的则受压应力。各晶粒的同族(hkl)晶面具有一系列不同的晶面间距 $d_{hkl} \pm \Delta d$ 值。即使是取向完全相同的晶粒，其同族晶面的间距也不同。因此，在材料的 X 射线衍射信息中，不同晶粒对应的同族晶面衍射谱线位置彼此有所偏移，各晶粒衍射线的总和将在 $2\theta_{hkl} \pm \Delta 2\theta$ 范围内合成一个宽化衍射谱线，如图 13－3 所示。材料中第Ⅱ类内应力（应变）越大，则 X 射线衍射谱线的宽度越大，据此来测量这类应力（应变）的大小，相关内容将在后面的章节中做进一步介绍。

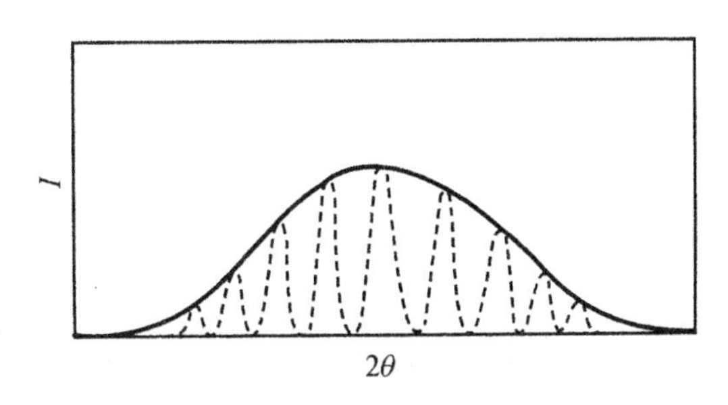

图 13－3　不均匀微观应力造成的衍射线宽化

必须指出的是，多相材料中的相间应力，从其作用与平衡范围上讲，应属于第Ⅱ类应力的范畴。然而不同物相的衍射谱线互不重合，不但造成图 13－3 所示的宽化效应，而且可能导致各物相的衍射谱线位移。因此，其 X 射线衍射效应与宏观应力相类似，故又称为伪宏观应力，可以利用宏观应力测量方法来评定这类伪宏观应力。

3）第Ⅲ类内应力

材料中第Ⅲ类内应力也是一种微观应力，其作用与平衡范围为晶胞尺寸数量级，是原子之间的相互作用应力，例如晶体缺陷周围的应力场等。根据衍射强度理论，当 X 射线照射到理想晶体材料上时，被周期性排列的原子所散射，由于各散射波的干涉作用，使得空间某方向上的散射波互相叠加，从而观测到很强的衍射线。在第Ⅲ类内应力作用下，由于部分原子偏离其初始平衡位置，破坏了晶体中原子的周期性排列，造成了各原子 X 射线散射波周相差的改变，散射波叠加值即衍射强度要比理想点阵的小。这类内应力越大，则各原子偏离其平衡位置的距离越大，材料的 X 射线衍射强度越低。由于该问题比较复杂，目前尚没有一种成熟方法，来准确测量材料中的第Ⅲ类内应力。

13.1.2 测量原理

材料中晶面间距变化与材料的应变量有关，而应变与应力之间遵循虎克定律关系，因此晶面间距变化可以反映出材料中的内应力大小和方向。由于 X 射线穿透深度较浅（约 10μm），材料表面应力通常表现为二维应力状态，法线方向的应力为零。

1）材料中应变与晶面间距

图 13-4(a)示出材料体积单元中的六个应力分量，σ_x，σ_y 及 σ_z 分别为 x，y 及 z 轴方向的正应力分量，τ_{xy}，τ_{xz} 及 τ_{yz} 分别为三个切应力分量。图 13-4(b)为相应的直角坐标系，Φ 及 Ψ 为空间任意方向 OP 的两个方位角，$\varepsilon_{\Phi\Psi}$ 为材料沿 OP 方向的弹性应变。根据弹性力学的理论，应变 $\varepsilon_{\Phi\Psi}$ 可表示为

$$\begin{aligned}\varepsilon_{\Phi\Psi}=&[(1+\nu)/E](\sigma_x\cos^2\Phi+\tau_{xy}\sin^2\Phi+\sigma_y\sin^2\Phi-\sigma_z)\sin^2\Psi+\\&[(1+\nu)/E](\tau_{Xz}\cos\Phi+\tau_{yz}\sin\Phi)\sin2\Psi+[(1+\nu)/E]\sigma_z-\\&(\nu/E)(\sigma_x+\sigma_y+\sigma_z)\end{aligned}\tag{13-1}$$

式中，E 及 ν 分别是材料的弹性模量及泊松比。

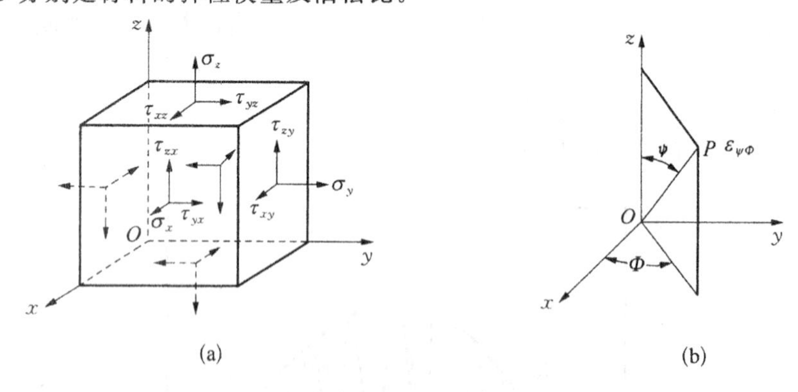

图 13-4 材料中应力分量(a)与应力测量几何(b)

如果 X 射线沿图 13-4(b)中的 PO 方向入射，则应变 $\varepsilon_{\Phi\Psi}$ 还可表示为垂直于该方向的(hkl)晶面间距改变量，根据布拉格方程 $2d_{\Phi\Psi}\sin\theta_{\Phi\Psi}=\lambda$，这个应变为

$$\varepsilon_{\Phi\Psi}=(d_{\Phi\Psi}-d_0)/d_0=-(1/2)(\pi/180°)\cot\theta_0(2\theta_{\Phi\Psi}-2\theta_0)\tag{13-2}$$

式中，d_0 及 $2\theta_0$ 分别是材料无应力状态下(hkl)晶面间距及衍射角。

式(13-1)与式(13-2)都表示应变 $\varepsilon_{\Phi\Psi}$，前者代表了宏观应力与应变之间关系，后者则是代表晶面间距的变化，因此两者将宏观应力(应变)与微观晶面间距变化结合在一起，从而建立了X射线应力测量的理论基础。

2) 平面应力表达式

材料内部的单元体通常处于三轴应力状态，但其表面却只有两轴应力，垂直于表面上的应力为零。由于X射线穿透表面的深度很浅，在测量厚度范围内可简化为平面应力问题来处理，此时，$\sigma_z=\tau_{xz}=\tau_{yz}=0$，将式(13-1)进一步简化并令其与式(13-2)相等，得到

$$[(1+\nu)/E](\sigma_x\cos^2\Phi+\tau_{xy}\sin 2\Phi+\sigma_y\sin^2\Phi)\sin^2\Psi-(\nu/E)(\sigma_x+\sigma_y)$$
$$=-(1/2)(\pi/180°)\cot\theta_0(2\theta_{\Phi\Psi}-2\theta_0) \quad (13-3)$$

当方位角 Φ 为0°、90°及45°时，分别对上式简化，并对 $\sin^2\Psi$ 求偏导，整理后得到

$$\sigma_x=K(\partial 2\theta_{\Phi=0}/\partial\sin^2\Psi),\ \sigma_y=K(\partial 2\theta_{\Phi=90}/\partial\sin^2\Psi)$$
$$\tau_{xy}=K[(\partial 2\theta_{\Phi=45}/\partial\sin^2\Psi)-(\partial 2\theta_{\Phi=0}/\partial\sin^2\Psi+\partial 2\theta_{\Phi=90}/\partial\sin^2\Psi)/2] \quad (13-4)$$

$$K=-\frac{E}{2(1+\nu)}\frac{\pi}{180°}\cot\theta_0 \quad (13-5)$$

式中，K 称为X射线弹性常数或X射线应力常数，简称应力常数。

式(13-4)就是平面应力测量的基本公式，利用应力分量 σ_x，σ_y 和 τ_{xy}，实际上已完整地描述了材料表面的应力状态。由于公式中不包含无应力状态的衍射角 $2\theta_0$，给应力测量带来了方便。

在工程上，往往需要了解最大主应力 σ_1、最小主应力 σ_2 及最大主应力方向(用 σ_1 与 x 轴的夹角 α 表示)，可用以下等式换算：

$$\sigma_1=(\sigma_x+\sigma_y)/2+\sqrt{[(\sigma_x-\sigma_y)/2]^2+\tau_{xy}^2}$$
$$\sigma_2=(\sigma_x+\sigma_y)/2-\sqrt{[(\sigma_x-\sigma_y)/2]^2+\tau_{xy}^2} \quad (13-6)$$
$$\alpha=\arctan[(\sigma_1-\sigma_x)]/\tau_{xy}$$

为了获得 x 轴方向正应力 σ_x，射线应在 $\Phi=0°$ 情况下以不同 Ψ 角照射试样，测量出各 Ψ 角对应相同(hkl)晶面的衍射角 2θ 值。为了获得 y 轴方向正应力 σ_y，射线应在 $\Phi=90°$ 情况下进行照射，测量出各 Ψ 角对应的晶面衍射角 2θ 值。为了获得切应力分量 τ_{xy}，则需要分别在 $\Phi=0°$、$\Phi=45°$ 及 $\Phi=90°$ 情况下进行测量。

式(13-4)中 $\partial(2\theta)/\partial\sin^2\Psi$ 项，实际上是 2θ 与 $\sin^2\Psi$ 关系直线的斜率，采用最小二乘法对它们进行线形回归，精确求解出该直线斜率，代入应力公式中即可获得被测的三个应力分量。在每个入射方位角 Φ 下，必须选择两个以上的 Ψ 角进行测试。所选择的入射角 Ψ 的数量，视具体情况而定。为了节省应力测量的时间，有时只选择两个 Ψ 角进行测试，假设它们分别是 Ψ_1 和 Ψ_2，则该直线斜率为

$$(\partial(2\theta)/\partial\sin^2\Psi)_{\Psi_1,\Psi_2}=(2\theta_{\Psi_2}-2\theta_{\Psi_1})/(\sin^2\Psi_2-\sin^2\Psi_1) \quad (13-7)$$

典型情况为 $\Psi=0°$ 和 45°，这就是所谓的0°～45°法，此时

$$(\partial 2\theta/\partial\sin^2\Psi)_{\Psi=0,45}=2K(2\theta_{\Psi=45}-2\theta_{\Psi=0}) \quad (13-8)$$

如果选择多个 Ψ 角进行测试，假设有 n 个 Ψ 角，则最小二乘法的结果为

$$\partial(2\theta)/\partial\sin^2\Psi=\left[n\sum_{i=1}^{n}2\theta_i\sin^2\Psi_i-\left(\sum_{i=1}^{n}2\theta_i\right)\left(\sum_{i=1}^{n}\sin^2\Psi_i\right)\right]\Big/\left[n\sum_{i=1}^{n}\sin^4\Psi_i-\left(\sum_{i=1}^{n}\sin^2\Psi_i\right)^2\right] \quad (13-9)$$

3）测量实例

下面以某钢材试样的应力测量为例，简要说明平面应力的测量过程。实验中采用 Cr-K_α 特征辐射 X 射线，所选择的衍射晶面为 Fe(211)。设定 Φ 角为 0°，90°和 45°，对于每个 Φ 角，分别在 Ψ 角为 0°，24°，35°及 45°下测量，获得各种情况的衍射谱线。利用半高宽中点或抛物线定峰方法，确定这些衍射谱线的峰位角，结果如表 13-1 所示。有关的定峰方法，将在后面数据处理部分详细介绍。

利用表 13-1 中数据，建立 2θ 与 $\sin^2\Psi$ 关系直线，并通过线形回归分析，即式(13-9)，求出三条直线斜率$\partial(2\theta)_{\Phi=0}/\partial\sin^2\Psi=1.860°$，$\partial(2\theta)_{\Phi=45}/\partial\sin^2\Psi=1.623°$，$\partial(2\theta)_{\Phi=90}/\partial\sin^2\Psi=1.104°$，代入应力测量公式(13-4)中，取钢材应力常数为 $K=-318\text{MPa}/(°)$，得到三个应力分量为 $\sigma_x=-591\text{MPa}$，$\sigma_y=-351\text{MPa}$ 和 $\tau_{xy}=-45\text{MPa}$。

由于切应力分量 $\tau_{xy}\neq0$，说明坐标系中 σ_x 和 σ_y 并不是两个主应力，根据式(13-6)得到主应力 $\sigma_1=-343\text{MPa}$、$\sigma_2=-599\text{MPa}$ 及 $\alpha=-79.7°$，至此完成了整个应力分析工作。

表 13-1　衍射谱线定峰结果

Φ/(°)	$2\theta_{\Phi\Psi}$/(°)			
	$\Psi=0°$	$\Psi=24°$	$\Psi=35°$	$\Psi=45°$
0	155.883	156.128	156.458	156.804
45	155.973	156.163	156.462	156.773
90	156.080	156.217	156.411	156.627

13.2 测量方法

应力测量方法属于精度要求很高的测试技术。测量方式、试样要求以及测量参数选择等，都会对测量结果造成较大影响。

13.2.1 测量方式

根据 Ψ 平面与测角仪 2θ 扫描平面的几何关系，可分为同倾法与侧倾法两种测量方式。在条件许可的情况下，建议采用侧倾法。

13.2.1.1 同倾法

同倾法的衍射几何特点，是 Ψ 平面与测角仪 2θ 扫描平面重合。同倾法中设定 Ψ 角的方法有两种，即固定 Ψ_0 法和固定 Ψ 法。

1）固定 Ψ_0 法

此方法的要点是，在每次探测扫描接收反射 X 射线的过程中，入射角 Ψ_0 保持不变，故称之为固定 Ψ_0 法，如图 13-5 所示。选择一系列不同的入射线与试样表面法线之夹角 Ψ_0 来进行应力测量。根据其几何特点不难看出，此方法的 Ψ 与 Ψ_0 之间关系为

$$\Psi=\Psi_0+\eta=\Psi_0+90°-\theta \tag{13-10}$$

同倾固定 Ψ_0 法既适合于衍射仪，也适合于应力仪。由于此方法较早应用于应力测试中，故在实际生产中的应用较为广泛。其 Ψ_0 角的设置要受到下列条件限制：

$$\Psi_0+2\eta<90°\rightarrow\Psi_0<2\theta-90°$$

$$2\eta<90°\rightarrow 2\theta>90° \tag{13-11}$$

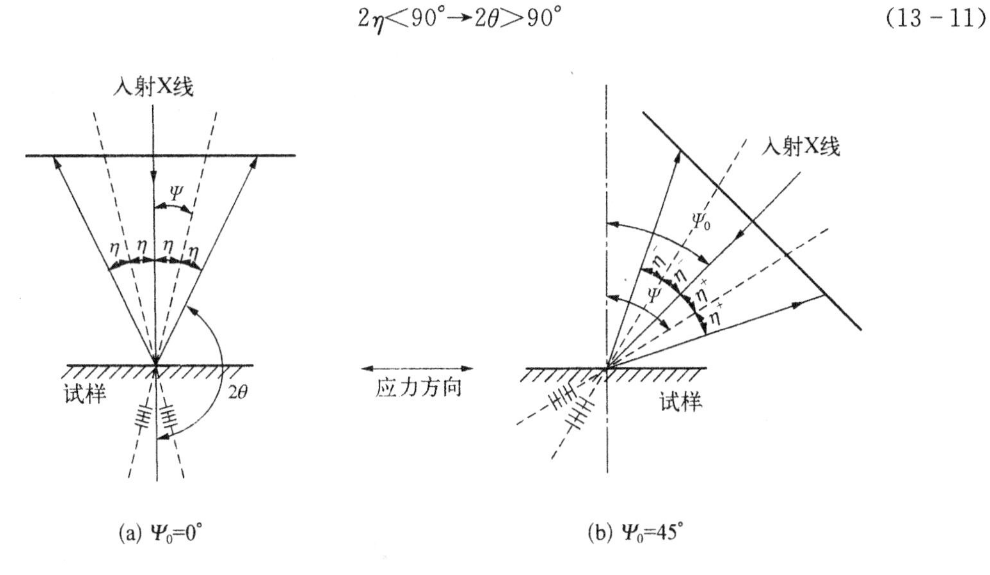

图 13-5　固定 Ψ_0 法的衍射几何

(a) $\Psi_0=0$;(b) $\Psi_0=45°$

2) 固定 Ψ 法

此方法要点是，在每次扫描过程中衍射面法线固定在特定 Ψ 角方向上，即保持 Ψ 不变，故称为固定 Ψ 法。测量时 X 光管与探测器等速相向（或相反）而行，每个接收反射 X 光时刻，相当于固定晶面法线的入射角与反射角相等，如图 13-6 所示。通过选择一系列衍射晶面法线与试样表面法线之间夹角 Ψ 来进行应力测量工作。

同倾固定 Ψ 法同样适合于衍射仪和应力仪，其 Ψ 角的设置要受到下列条件限制：

$$\Psi+\eta<90°\rightarrow\Psi<\theta \tag{13-12}$$

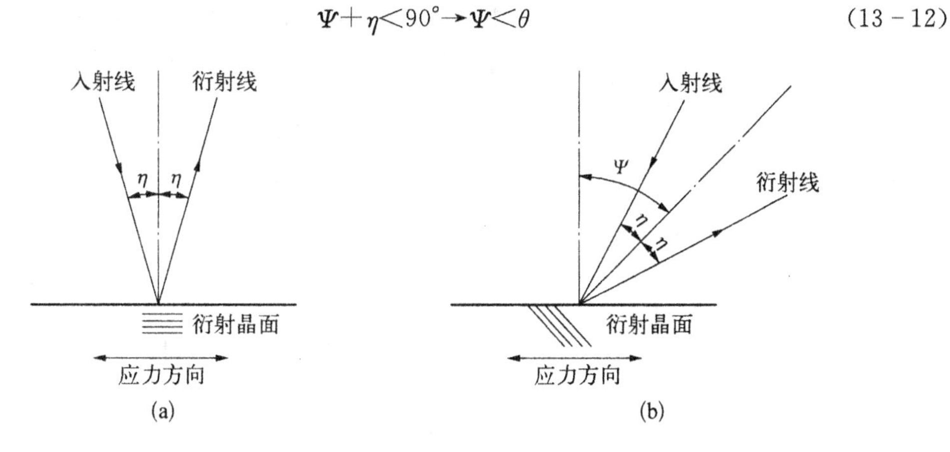

图 13-6　固定 Ψ 法的衍射几何

(a) $\Psi=0°$;(b) $\Psi=45°$

13.2.1.2　侧倾法

侧倾法的衍射几何特点是 Ψ 平面与测角仪 2θ 扫描平面垂直，如图 13-7 所示。由于 2θ 扫描平面不在 Ψ 角转动空间，二者互不影响，Ψ 角设置不受任何限制。在通常情况下，侧倾

法选择了固定 Ψ 扫描方式。

侧倾法主要具备以下优点：①由于扫描平面与 Ψ 角转动平面垂直，故在各个 Ψ 角衍射线经过的试样路程近乎相等，因此不必考虑吸收因子对不同 Ψ 角衍射线强度的影响；②由于 Ψ 角与 2θ 扫描角互不限制，因而增大了这两个角度的应用范围；③由于几何对称性好，可有效减小散焦的影响，改善衍射谱线的对称性，从而提高应力测量精度。

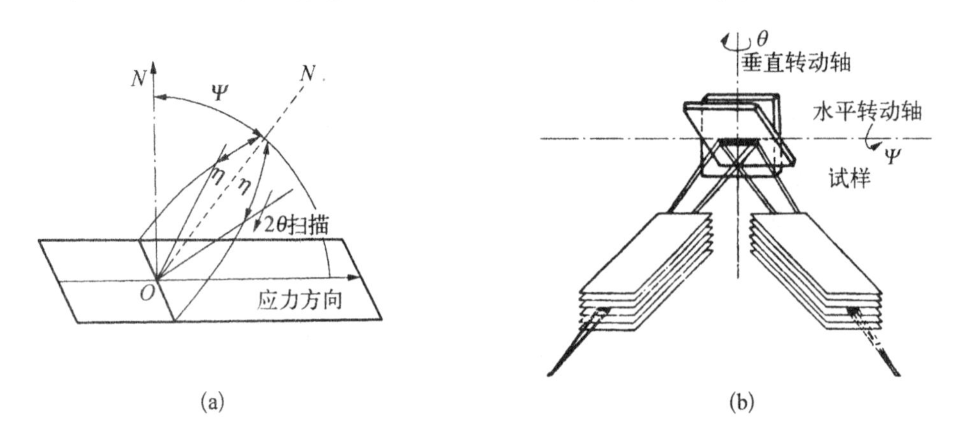

图 13-7　用 X 射线应力仪和衍射仪以侧倾法测定应力衍射几何

(a) 应力仪；(b) 衍射仪

13.2.2　试样要求

为了真实且准确地测量材料中的内应力，必须高度重视被测材料组织结构、表面处理和测点位置的设定等。相关注意事项如下。

1) 材料组织结构

常规的 X 射线应力测量，只是对无粗晶和无织构的材料才有效，否则会给测量工作带来一定难度。对于非理想组织结构的材料，必须采用特殊的方法或手段来进行测试，但某些问题迄今未获得较为圆满的解决。

当一束 X 射线照射到一块晶粒足够细小且无规则取向的多晶体上时，那些满足布拉格方程的晶面将产生多个干涉圆锥，此时可在底片上留下一个个德拜环，如果晶粒细小则这些德拜环是连续的。但如果晶粒粗大，各晶面族对应的德拜环则不连续，当探测器横扫过各个衍射环时，所测得衍射强度或大或小，衍射峰强度波动很大，依据这些衍射峰测得的应力值是不准确的。为使德拜环连续，获得比较满意的衍射峰形，必须增加参与衍射的晶粒数目。为此，对粗晶材料一般采用回摆法进行应力测量。目前的大多数衍射仪或应力仪，都具备回摆法的功能。

材料中的织构，主要是影响应力测量中 2θ 与 $\sin^2\Psi$ 的线性关系，对影响机制的解释有两种观点：一种观点认为，θ 与 $\sin^2\Psi$ 的非线性，是由于在形成织构过程中的不均匀塑性变形所致；另一观点则认为，这种非线性与材料中各向异性有关，不同方位即 Ψ 角的同族晶面具有不同的应力常数 K 值，从而影响到 θ 与 $\sin^2\Psi$ 的线性关系。由于理论认识上的局限，使得织构材料 X 射线应力测量技术一直未获得重大突破。目前唯一没有先决条件并具有一定实用意义的方法是，测量高指数的衍射晶面。选择高指数晶面，增加了所采集晶粒群的晶粒数目，从而增加了平均化的作用，削弱了择优取向的影响。这种方法的缺点是，对于钢材必须采用波长很短的 Mo-K_α 线，而且要滤去多余的荧光辐射，所获得的衍射峰强度较低。

2) 表面处理

对于钢材试样，X 射线只能穿透几微米至十几微米的深度，测量结果实际是这个深度范围的平均应力，试样表面状态对测试结果有直接的影响。要求试样表面必须光滑，没有污垢、油膜及厚氧化层等。特别提醒，由于机加工而在材料表面产生的附加应力层最大可达 100～200μm，因此需要对试样表面进行预处理。预处理的方法，是利用电化学或化学腐蚀等手段，去除表面存在的附加应力层。

如果实验目的就是为了测量机加工、喷丸、表面处理等工艺之后的表面应力，则不需要上述预处理过程，只要小心保护待测试样的原始表面，不进行任何磕碰、加工、电化学或化学腐蚀等影响表面应力的操作就行。

为测定应力沿层深的分布，可以用电解腐蚀的方法进行逐层剥离，然后进行应力测量。或者先用机械法快速剥层至一定深度，再用电解腐蚀法去除机械附加应力层。剥层后，可能出现一定程度的应力释放，可参考有关文献进行修正。

3) 测点位置设定

对于一个实际试样，应根据应力分析的要求，结合试样的加工工艺、几何形状、工作状态等综合考虑，确定测点的分布和待测应力的方向。校准试样位置和方向的原则为：①测点位置应落在测角仪的回转中心上；②待测应力方向应处于 Ψ 平面以内；③测角仪 $\Psi=0°$ 位置的入射光与衍射光之中线应与待测点表面垂直。

13.2.3 测量参数

在常规 X 射线衍射分析中，选择正确的测量参数的目的是为了获得完整且光滑的衍射谱线。而对于 X 射线应力测量，除满足以上要求外，还必须考虑诸如 Ψ 角设置、辐射波长、衍射晶面以及应力常数等因素的影响。

1) Ψ_0 角设置

如果被测材料无明显织构，并且衍射效应良好，衍射计数强度较高，在每一个 Φ 角下只设置两个 Ψ 角即可，例如较为典型的 0°～45°法。这样，在确保一定测量精度的前提下，可以提高测量的速度，节省仪器的使用资源。

一般情况是，在每个 Φ 角下，Ψ 角设置越多则应力测量精度就越高。对于多个 Ψ 角情况的应力测试，Ψ 角间隔划分原则是尽量确保各个 $\sin^2\Psi$ 值为等间隔，例如 Ψ 角可设置为 0°,24°,35°及 45°，这是一种较为典型的 Ψ 角系列。

2) 辐射波长与衍射晶面

为减小测量误差，在应力测试过程中尽可能选择高角衍射，而实现高角衍射的途径则是选择合适的辐射波长及衍射晶面。衍射角的影响可由式(13－5)来说明，由于 X 射线应力常数 K 与 $\cot\theta_0$ 值成正比，而待测应力又与应力常数成正比，因此布拉格角 θ_0 越大则 K 越小，应力的测量误差就越小。此外，选择高角衍射还可以有效减小仪器的机械调整误差等。

对于特定的辐射波长即靶材类型，应结合具体情况综合考虑，如选择合适的衍射晶面，尽量使衍射峰出现在高角区。而对于特定的晶面，波长改变时衍射角也必然变化，通过选择合适的波长即靶材可以使该晶面的衍射峰出现在高角区。此外，辐射波长还直接影响穿透深度，波长越短则穿透深度越大，参与衍射的晶粒就越多。对于某些特殊测试对象，有时要使用不同波长的辐射线。

3）应力常数

晶体中普遍存在各向异性，不同的晶向具有不同的弹性模量，如果将平均弹性模量代入式(13-5)来求解X射线应力常数，势必会产生一定误差。对已知材料进行应力测定时，可通过查表获取待测晶面的应力常数。对于未知材料，只能通过实验方法测量其应力常数。

测量X射线应力常数的最简单方法是采用等强梁，即加工出如图13-8所示的等强梁试样，其悬臂长为l，根部最大宽度为b，悬臂等厚度为h。在悬臂的自由端施加一定载荷P，例如悬吊一定重量的砝码，则梁的上表面应力为

$$\sigma_p = 6Pl/(bh^2) \tag{13-13}$$

在不同Ψ角下，测量出试样某(hkl)晶面的2θ值，由$K=\sigma_p/[\partial(2\theta)/\partial\sin^2\Psi]$，即可计算出该晶面的X射线应力常数。为提高测量精度，分别施加不同的载荷，测得一系列$\partial(2\theta)/\partial\sin^2\Psi$，利用最小二乘法，确定$\sigma_p$与$\partial(2\theta)/\partial\sin^2\Psi$的直线斜率，从而获得精确的应力常数值。

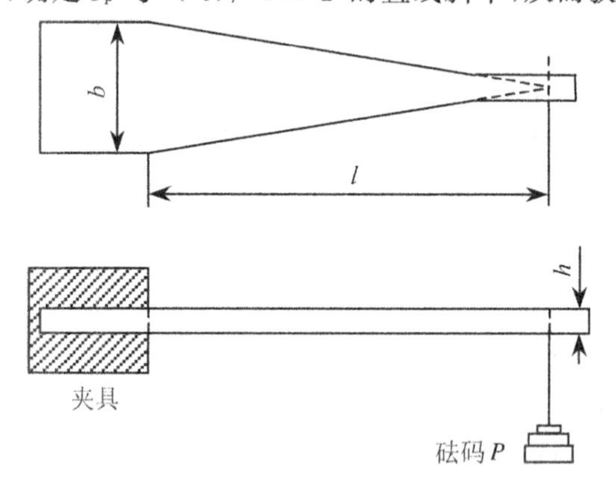

图13-8 等强度梁及其加载方法

如果未知材料的尺寸太小，不能加工出足够长度的等强梁试样，此时只能采用单轴拉伸实验的方法进行测量，即加工出板状拉伸试样，利用力学试验机或其他方法对试样加载σ_p，同样是利用$\sigma_p/[\partial(2\theta)/\partial\sin^2\Psi]$来确定X射线应力常数$K$值。

13.3 数据处理方法

采集到良好的原始衍射数据后，还必须经过一定的数据处理及计算，最终才能获得可靠的应力数值。数据处理包括：衍射峰形处理、确定衍射峰位、应力计算及误差分析等内容。由于目前计算机已十分普及，许多复杂数学计算都变得容易，给数据处理工作带来了方便。

13.3.1 衍射峰形处理

对原始衍射谱线进行峰形处理，例如扣除背底强度、进行强度校正和K_α双线分离等，以得到良好的衍射峰形，有利于提高衍射峰的定峰精度。

但必须指出，当衍射峰前后背底强度接近时（尤其是采用侧倾测量方式时），不必进行强度校正；当谱线K_α双线完全重合时，即使衍射峰形有些不对称，也不需进行K_α双线分离，在此情况下，只需扣除衍射背底即可，简化了数据处理过程。

1）强度校正

如果要进行角因子和吸收因子校正，则角因子为 $L_p=(1+\cos^2 2\theta_j)/\sin^2\theta_i\cos^2\theta_i$，吸收因子可分为两种情况，即同倾法的吸收因子 $A=1-\tan\Psi\cot\theta_i$ 和侧倾法的吸收因子 $A=1$。强度校正公式为 $I_i=I'/(L_pA)$，I'_i 及 I_i 分别为校正前后的强度。

2）扣除背底强度

严格地讲，衍射背底是一条与衍射角有关的曲线。当衍射背底曲线比较平缓时，可将其近似视为一条直线。在保证衍射峰形完整的前提下选择前后背底角（$2\theta_1$ 及 $2\theta_n$），确定这两点衍射强度，连接两点作一条直线，将衍射峰形中各点强度减去该直线强度，即得到一条无背底的衍射线。为减小扣除衍射背底所造成的偶然误差，在前后背底角各取三点进行强度平均，分别作为起始背底强度（I'_1）和终止背底强度（I'_n）。扣除背底前后的衍射强度 I'_i，与 I_i 的关系为

$$I_i=I'_i-I'_1-[(I'_n-I'_1)/(2\theta_n-2\theta_1)],i=1,2,\cdots,n \tag{13-14}$$

3）双线分离

由于 $K_{\alpha1}$ 与 $K_{\alpha2}$ 辐射的波长十分接近，它们的衍射谱线经常重叠在一起，使得衍射谱线宽化且不对称，甚至会出现明显的 $K_{\alpha1}$ 及 $K_{\alpha2}$ 分离峰，此时必须实施 K_α 双线分离操作，以获得对称的纯 $K_{\alpha1}$ 谱线。有关 K_α 双线分离的方法，将在后面章节中讨论。

13.3.2　定峰方法

应力测量，实质是测定同族晶面不同方位的衍射峰位角，其中定峰方法十分关键。定峰方法有多种，如半高宽中点法、抛物线法、重心法、高斯曲线法及交相关函数法。在实际工作中，主要根据衍射谱线的具体情况来选择合适的定峰方法。

1）半高宽中点定峰法

常规的半高宽中点定峰方法，在实际操作中具有随意性，测量误差较大。这里主要介绍改进的半高宽中点定峰法。如图 13－9 所示，首先扣除衍射背底，将衍射峰两侧 $0.3I_{max}$～$0.7I_{max}$ 区间的衍射数据（I_{max} 为峰值衍射强度），分别拟合为左右两条直线，即

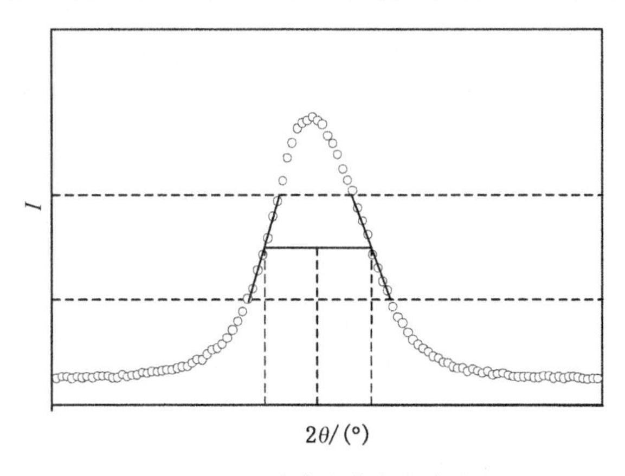

图 13－9　半高宽中点定峰法

$$\begin{aligned}(I_l)_i&=C_1+C_2(2\theta_i), \quad i=1,2,\cdots,n_l\\(I_r)_i&=C_3+C_4(2\theta_i), \quad i=1,2,\cdots,n_r\end{aligned} \tag{13-15}$$

借助最小二乘法线性回归分析，左侧直线方程系数为

$$C_1 = [\sum_{i=1}^{n_l}(I_1)_i - C_2\sum_{i=1}^{n_l}2\theta_l]/n_1$$

$$C_2 = \{n_1\sum_{i=1}^{n_l}2\theta_i(I_1)_i - (\sum_{i=1}^{n_l}2\theta_i)[\sum_{i=1}^{n_l}(I_1)_i]\}/[n_i\sum_{i=1}^{n_l}(2\theta_i)^2 - (\sum_{i=1}^{n_l}2\theta_i)^2] \tag{13-16}$$

式中，n_1 为左侧 $0.3I_{max}$～$0.7I_{max}$区间衍射数据点数。将上式中的 C_1 变为 C_3，C_2 变为 C_4，I_1 变为 I_r 及 n_1 变为 n_r，即得到右侧直线方程的系数。

令式(13-15)中 $I_1=I_r=0.5I_{max}$，得到的相应的衍射角为

$$2\theta_1=(I_{max}/2-C_1)/C_2, 2\theta_r=(I_{max}/2-C_3)/C_4 \tag{13-17}$$

衍射峰位角 $2\theta_p$ 为

$$2\theta_p=(2\theta_l+2\theta_r)/2 \tag{13-18}$$

2）抛物线定峰法

如图 13-10 所示，不需要扣除衍射背底，将图中衍射峰顶部 $0.8I_{max}$～I_{max}区间的衍射数据拟合为一条抛物线，其顶点角度即为衍射峰位 $2\theta_p$。

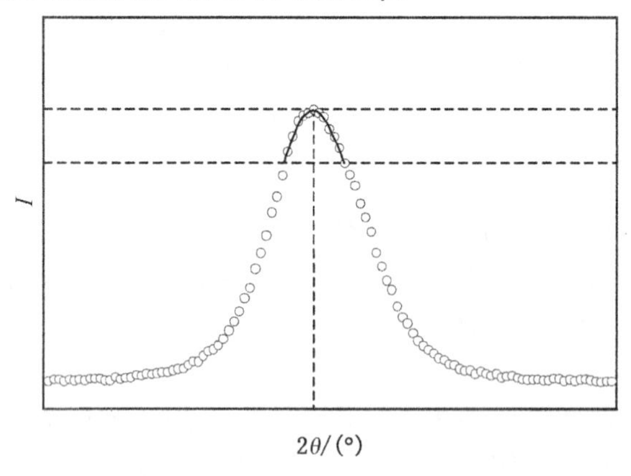

图 13-10 抛物线定峰法

抛物线方程为

$$I_i=C_1+C_2(2\theta_i)+C_3(2\theta_i)^2,\ i=1,2,\cdots,n_m \tag{13-19}$$

经回归分析，确定系数 C_1，C_2 及 C_3，而抛物线顶点角度即衍射峰位角为

$$2\theta_p=-C_2/(2C_3) \tag{13-20}$$

式(13-19)的正则方程组为

$$C_1n_m + C_2\sum_{i=1}^{n_m}(2\theta_i) + C_3\sum_{i=1}^{n_m}(2\theta_i)^2 = \sum_{i=1}^{n_m}I_i$$

$$C_1\sum_{i=1}^{n_m}(2\theta_i) + C_2\sum_{i=1}^{n_m}(2\theta_i)^2 + C_3\sum_{i=1}^{n_m}(2\theta_i)^3 = \sum_{i=1}^{n_m}(2\theta_i)I_i \tag{13-21}$$

$$C_1\sum_{i=1}^{n_m}(2\theta_i)^2 + C_2\sum_{i=1}^{n_m}(2\theta_i)^3 + C_3\sum_{i=1}^{n_m}(2\theta_i)^4 = \sum_{i=1}^{n_m}(2\theta_i)^2I_i$$

解上述方程组，求出系数 C_2 和 C_3，由式(13-20) 得到衍射峰位角 $2\theta_p$ 为

$$2\theta_{p}=\frac{1}{2}\frac{A\sum_{i=1}^{n_m}(2\theta_i)^4+B\sum_{i=1}^{n_m}(2\theta_i)^3+C\sum_{i=1}^{n_m}(2\theta_i)^2}{A\sum_{i=1}^{n_m}(2\theta_i)^3+B\sum_{i=1}^{n_m}(2\theta_i)^2+C\sum_{i=1}^{n_m}(2\theta_i)} \tag{13-22}$$

其中，

$$\begin{aligned}A&=n_m,\sum_{i=1}^{n_m}(2\theta_i)I_i-\sum_{i=1}^{n_m}(2\theta_i),\sum_{i=1}^{n_m}I_i\\B&=\sum_{i=1}^{n_m}(2\theta_i)^2,\sum_{i=1}^{n_m}I_i-n_m,\sum_{i=1}^{n_m}(2\theta_i)^2I_i\\C&=\sum_{i=1}^{n_m}(2\theta_i)\cdot\sum_{i=1}^{n_m}(2\theta_i)^2I_i-\sum_{i=1}^{n_m}(2\theta_i)^2\cdot\sum_{i=1}^{n_m}(2\theta_i)I_i\end{aligned} \tag{13-23}$$

由于抛物线定峰方法仅利用衍射峰顶部附近的数据，并不要求衍射峰形的完整性，从而使扫描角度范围大为缩小，有利于节省测量时间。

3）重心定峰法

对一条扣除背底后的完整衍射峰形，求得其 $0.1I_{\max}\sim I_{\max}$ 区间衍射数据所包围的面积之重心，其重心角度即为衍射峰位角 $2\theta_p$，表示如下：

$$2\theta_p=2\theta_1+\delta(2\theta)\left[\sum_{i=1}^{n}(i-1)I_i/\sum_{i=1}^{n}I_i\right] \tag{13-24}$$

式中，n 为上述区间衍射数据点数，$2\theta_1$ 为该区间第一点的衍射角，$\delta(2\theta)$ 为采样扫描的步进角间隔。

4）高斯曲线定峰法

该方法适合于对称且接近高斯曲线的衍射峰形，或者 K_α 双线分离后的纯 $K_{\alpha1}$ 峰形，必须首先扣除衍射背底。将 $0.1I_{\max}\sim I_{\max}$ 区间数据拟合成高斯曲线，其顶点角度即为衍射峰位。

高斯函数为

$$I_i=I_{\max}\exp[-(2\theta_i-2\theta_p)^2(4\ln 2)/S^2] \tag{13-25}$$

式中，S 为衍射峰的半高宽。

式(13-25)取对数并整理后得到

$$\ln(I_i)=C_1+C_2(2\theta_i)+C_3(2\theta_i)^2 \tag{13-26}$$

式中，实际又转变为二次多项式的回归问题，衍射峰位角即为 $2\theta_p=-C_2/(2C_3)$。

5）交相关函数法

利用交相关函数法，主要是确定两条衍射谱线的峰位之差，而并非是确定每个衍射谱线的绝对峰位值，该方法在许多情况下都十分奏效。

假设有两条完整且扣除背底后的衍射谱线，分别是在 Ψ_1 和 Ψ_2 情况下获得的，每个谱线包含了 n 个衍射数据点，起始角和终止角分别为 $2\theta_1$ 和 $2\theta_n$。利用这两条衍射谱线的数据，可以构造出一个新的函数，称为交相关函数，其表达式为

$$\begin{aligned}H(\xi)&=\sum_{i=1}^{n}I_{\Psi_1}(2\theta_i)I_{\Psi_2}(2\theta_i+\xi)\\\xi&=m\delta(2\theta),\ m=0,\pm1\pm2,\cdots,\pm n\end{aligned} \tag{13-27}$$

式中，ξ 是新引入的变量，$\delta(2\theta)$ 为采样扫描的步进角。可以证明，该函数极值点对应的 ξ 即为两衍射谱线峰位角之差，即

$$\Delta(2\theta)=2\theta_{\Psi_2}-2\theta_{\Psi_1}=\xi|_{\partial[H(\xi)]/\partial(\xi)=0} \tag{13-28}$$

由于式(13－27)中的 ξ 及 H(ξ)均为离散值，无法确定函数的极值点。采用抛物线拟合，将函数顶部 ξ 及 H(ξ)转换为连续形式，则可以确定 H(ξ)的极值点，这实际上是交相关函数与抛物线相结合的一种方法。交相关函数是两个衍射谱线计数强度相乘以后再相加，其峰值肯定明显高于普通 X 射线衍射的计数强度，即交相关函数的随机误差较小。

13.3.3 误差分析

经过衍射峰形处理并确定衍射峰位后，即可进行应力计算工作，然后还要对应力测量结果进行误差分析。由于应力值等于应力常数 K 乘以斜率 $M=\partial 2\theta/\partial\sin^2\Psi$，故应力测量误差直接与斜率 M 的误差有关。在应力测量过程中，同时包括系统误差和随机误差(偶然误差)。消除系统误差的方法，主要是利用已知应力的标样来校准仪器。消除随机误差的方法有两种，即多 Ψ 值法和重复测量法。

1) 多 Ψ 值法

在多 Ψ 值测量中，利用最小二乘法确定斜率 $M=\partial 2\theta/\partial\sin^2\Psi$，其形式为式(13－9)。此斜率误差的表达式则为

$$|\Delta M|=\sum_{i=1}^{n}[Y_i-(A+MX_i)]^2/[(n-2)\sum_{i=1}^{n}(X_i-\overline{X})^2] \tag{13-29}$$

式中，$X_i=\sin^2\Psi_i$，$Y_i=2\theta_i$，$\overline{X}=\sum_{i=1}^{n}X_i/n$，$\overline{Y}=\sum_{i=1}^{n}Y_i/n$，$A=(\overline{Y}-M\overline{X})$，$n$ 为 Ψ 角数。需要指出是，由于织构材料的 2θ 与 $\sin^2\Psi$ 直线关系已被破坏，即使 2θ 测量误差和 Ψ 设置误差为零，仍存在一定的 $|\Delta M|$ 值，若仍利用式(13－9)及式(13－29)计算，其计算值肯定与实际情况不符。

2) 重复测量法

对试样同一测点进行重复应力测量，然后计算多次测量结果的平均值及标准误差。该方法对任何情况都适用，而且对消除随机误差非常有效，取平均应力作为测量结果。假定共进行了 m 次应力测量，应力值分别是 $\sigma_1,\sigma_2,\cdots,\sigma_m$，则平均应力及其标准误差分别为

$$\bar{\sigma}=\sum_{j=1}^{m}\sigma_j/m,\Delta\sigma=\sqrt{\sum_{j=1}^{m}(\sigma_j-\bar{\sigma})^2/[n(n-1)]} \tag{13-30}$$

13.4 三维应力及薄膜应力测量

三维应力及薄膜应力测量，属于特殊的 X 射线应力测量技术，测量原理虽然严密，但其测量方法尚未进入工程实用化阶段，故在此只做简要介绍。

13.4.1 三维应力测量

对于具有强烈织构或经过磨削、轧制及其他表面处理的金属材料，其表层往往存在激烈的应力梯度，造成表面应力分布呈现为三维应力状态。此外，多相材料的相间应力通常是三维的，有些薄膜及表面改性材料也表现出三维应力特征。对这些材料，必须采用三维应力测量方法，需要确定六个应力分量，即三个正应力分量 σ_x、σ_y 和 σ_z，以及三个切应力分量 τ_{xy}、τ_{xz} 和 τ_{yz}，从而正确地评价这类材料中的内应力。

定义参数 b_1 及 b_2 为

$$b_1=(2\theta_{\Phi\Psi+}+2\theta_{\Phi\Psi-})/2, b_2=(2\theta_{\Phi\Psi+}-2\theta_{\Phi\Psi-})/2 \tag{13-31}$$

式中，$2\theta_{\Phi\Psi+}$ 及 $2\theta_{\Phi\Psi-}$ 分别表示在同一 Φ 角平面内，在 Ψ 角大小相等而方向相反的条件下所测得的一对衍射角。由式(13-31)及式(13-1)和式(13-2)可得到

$$\begin{aligned}\partial b_1/\partial\sin^2\Psi&=(\sigma_x\cos^2\Phi+\sigma_{xy}\sin2\Phi+\sigma_y\sin^2\Phi-\sigma_z)/K\\ \partial b_2/\partial\sin2\Psi&=(\sigma_{xz}\cos\Phi+\sigma_{yz}\sin\Phi)/K\end{aligned} \tag{13-32}$$

当 $\Phi=0°$，$90°$ 及 $45°$ 时，由上式分别得到

$$\begin{aligned}\sigma_x-\sigma_z&=K(\partial b_{1,\Phi\approx0}/\partial\sin^2\Psi), \tau_{xz}=K(\partial b_{2,\Phi=0}/\partial\sin2\Psi)\\ \sigma_y-\sigma_z&=K(\partial b_{1,\Phi\approx90}/\partial\sin^2\Psi), \tau_{yz}=K(\partial b_{2,\Phi=90}/\partial\sin2\Psi)\end{aligned} \tag{13-33}$$

当 $\Phi=0°$ 时，令式(13-1)与式(13-2)相等，得到

$$\sigma_z-[\nu/(1+\nu)](\sigma_x+\sigma_y+\sigma_z)=K(2\theta_{\Psi=0}-2\theta_0) \tag{13-34}$$

式中，$2\theta_{\Psi=0}$ 是 $\Psi=0°$ 情况下所测得的衍射角。

将式(13-33)和式(9-34)联立求解，得到正应力分量为

$$\begin{aligned}\sigma_x&=K[S'(2\theta_{\Psi=0}-2\theta_0)-(S''-1)(\partial b_{1,\Phi=0}/\partial\sin^2\Psi)-S''(\partial b_{1,\Phi=90}/\partial\sin^2\Psi]\\ \sigma_y&=K[S'(2\theta_{\Psi=0}-2\theta_0)-S''(\partial b_{1,\Phi=0}/\partial\sin^2\Psi)-(S''-1)(\partial b_{1,\Phi=90}/\partial\sin^2\Psi]\\ \sigma_z&=K[S'(2\theta_{\Psi=0}-2\theta_0)-S''(\partial b_{1,\Phi=0}/\partial\sin^2\Psi)-S''(\partial b_{1,\Phi=90}/\partial\sin^2\Psi]\end{aligned} \tag{13-35}$$

式中，$S'=(1+\nu)/(1-2\nu)$，$S''=-\nu/(1-2\nu)$。

切应力分量为

$$\begin{aligned}\tau_{xy}&=K[\partial b_{1,\Phi=45}/\partial\sin^2\Psi-(\partial b_{1,\Phi=0}/\partial\sin^2\Psi+\partial b_{1,\Phi=90}/\partial\sin^2\Psi)/2]\\ \tau_{xz}&=K[\partial b_{2,\Phi=0}/\partial\sin2\Psi], \tau_{yz}=K[\partial b_{2,\Phi=90}/\partial\sin^2\Psi]\end{aligned} \tag{13-36}$$

式(13-35)～式(13-36)就是材料表层三维应力测量的普遍表达式，共包括六个应力分量。对于平面应力问题，即 $\sigma_z=\tau_{xz}=\tau_{yz}=0$，这些公式可分别简化为式(13-4)的形式，因此二维应力公式是三维应力公式的特例。从式(13-35)中不难发现，在进行三维应力测量时，必须首先精确测定出材料无应力状态下的衍射角 $2\theta_0$，这实质上是要完成点阵常数精确测定的工作，而且在许多情况下无法获得无应力的试样，从而给上述三维应力测量带来一些不便。

13.4.2 薄膜应力测量

薄膜材料中普遍存在内应力问题，这类应力在宏观上常常表现出平面应力特征。理论上讲，当材料结晶状况非常良好时，可以采用平面应力测量方法。然而在实际测量中，由于薄膜材料的衍射强度偏低，常规应力测量方法会遇到一些困难，测量结果误差较大。为了提高测量精度，需要对常规方法进行改进。

考虑到掠射法能够获得更多的薄膜衍射信息，侧倾法可确保衍射几何的对称性，内标法能够降低系统测量误差。因此将掠射、侧倾以及内标等方法有效地结合起来，肯定是薄膜应力测量的最佳方案，如图 13-11 所示。其中，图 13-11(b)代表试样表面附着的一些标准物质粉末，以此作为内标样品，α 为 X 射线的掠射角，Ω 为试样转动的方位角。

采用这种内标方法，仪器系统误差 $\Delta2\theta$ 为

$$\Delta2\theta=\Delta2\theta_{c,0}-\Delta2\theta_c \tag{13-37}$$

式中，$2\theta_c$ 为标样衍射角实测值，$2\theta_{c,0}$ 为标样衍射角真实值。假定薄膜的实测衍射角为 2θ，则其真实值 $2\theta'$ 应该为

$$2\theta' = 2\theta + \Delta 2\theta = 2\theta + \Delta 2\theta_{c,0} - 2\theta_c \tag{13-38}$$

由于 $2\theta_{c,0}$ 为常数即 $\partial 2\theta_{c,0}/\partial \sin^2\Psi$ 为零，结合上式，并假定薄膜中存在平面应力，则

$$\sigma = K(\partial 2\theta'/\partial \sin^2\Psi) = K[\partial(2\theta - 2\theta_c)/\partial \sin^2\Psi] \tag{13-39}$$

另外，由图 13-11 中几何关系不难证明，此时入射线与试样表面法线的夹角即为

$$\Psi \arccos[\cos(\theta - \alpha)\cos\Omega] \tag{13-40}$$

利用式(13-39)及式(13-40)即可计算薄膜中的内应力。由于式中出现了同一衍射谱的薄膜实测衍射角与标样实测衍射角之差，因此有效降低了仪器的系统误差。

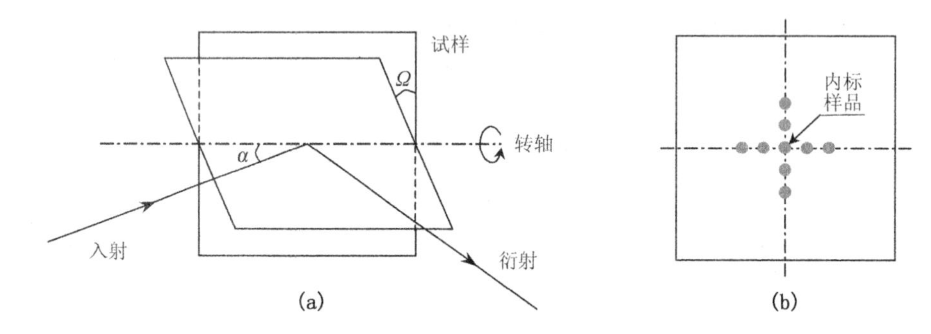

图 13-11 薄膜 X 射线应力测定衍射几何及内标方法

第14章 衍射谱线形分析

大多数物质的晶体结构都不是理想晶体，例如存在亚晶块、显微畸变、位错及层错等，故称为不完整晶体。物质中的不完整性，必然影响X射线空间干涉的强度分布，在偏离布拉格方向上也出现一定的衍射强度，造成X射线衍射峰形状的变化，例如导致衍射峰宽化和峰值强度降低等。衍射峰形分析又称为线形分析，目的就是通过分析X射线衍射峰形状变化(主要是宽化)，来定量揭示不完整晶体中的一些结构信息，如亚晶块尺寸和显微畸变量等。

非晶材料X射线分析，主要是测量物质中原子的径向分布函数，以描述原子间距分布及配位数等统计信息。小角X射线散射分析，是通过测量零度附近的散射强度分布，来分析物质中不均匀性、微小颗粒及孔隙的尺寸与形状等。这两部分内容属于X射线漫散射范畴，与常规晶体物质X射线衍射理论存在本质差别。

本章将重点讨论衍射谱线形分析的内容，例如宽化效应、卷积关系及宽化效应分离等。而非晶体材料X射线分析和小角散射分析，只作为附加内容进行简要介绍。

14.1 谱线宽化效应及卷积关系

实测线形或综合线形，是由衍射仪直接测得的衍射线形，影响因素主要包括：①仪器光源及衍射几何光路等实验条件所导致的几何宽化效应；②实际材料内部组织结构所导致的物理宽化效应；③衍射线形中K_α双线及有关强度因子等。

真实线形或物理线形，是反映材料内部真实情况的衍射线形，仅与材料组织结构有关。这种线形虽无法利用实验手段来直接测量，但可以通过各种校正及数学计算，从实测线形中将其分离出来，这就是衍射线形分析的目的。

14.1.1 几何宽化效应

衍射线几何宽化效应也称仪器宽化效应，主要与光源、光栏及狭缝等仪器实验条件有关，例如X射线源具有一定几何尺寸、入射线发散、平板样品聚焦不良、接收狭缝较宽及衍射仪调正不良等，均造成谱线宽化。即使是其他实验条件都相同，仅接收狭缝发生的变化，也会使同一试样的衍射谱线存在很大区别。如果采用不同仪器测试同一试样的相同衍射面，且狭缝参数完全相同，测得的衍射谱线也有所不同。

图14-1给出了这些因素的六种近似函数形状，称为衍射仪的权重函数。如果只考虑g_1～g_5五个因素，许多情况下的合成函数与实测标样线形并不一致，为此还要引入不重合函数g_6，使最终线形与实际情况相符。

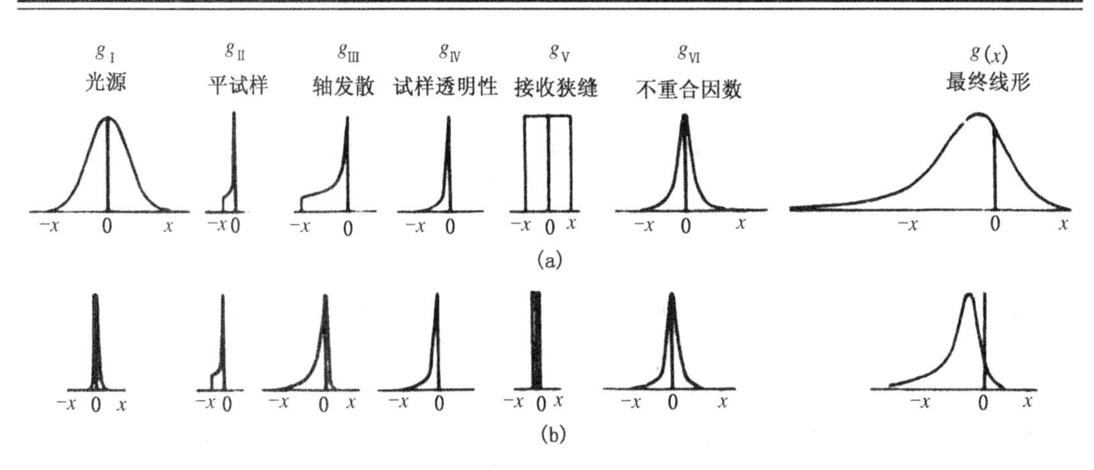

图 14-1 衍射仪的六个权重函数

14.1.2 物理宽化效应

衍射谱线的物理宽化效应,主要与亚晶块尺寸(相干散射区尺寸)和显微畸变有关。亚晶块越细或显微畸变越大,则衍射谱线越宽。此外,位错组态、弹性储能密度及层错等,也具有一定的物理宽化效应。

1) 细晶宽化

对于多晶试样而言,当晶块尺寸比较大时,与每个晶块中的某一晶面{hkl}相应的倒易点近似为一个几何点。由无数晶块中同族晶面{hkl}相应的点组成了一个无厚度的倒易球。根据厄瓦尔德图解法,由于此时衍射锥壁很薄,相应的衍射线十分明锐,如图 14-2(a)所示。由干涉函数特征的分析可知,衍射畴(干涉函数不为零的区域)的形状和大小与晶体的形状和尺寸成倒易关系。材料中亚晶块尺寸越小则衍射畴越大,相应于小晶体中某一平行晶面组{hkl}的各倒易点扩展为具有一定大小的倒易体,并由无数亚晶块中的同族晶面{hkl}相应的倒易体组成了一个具有一定厚度的倒易球,即衍射畴与反射球相交的范围也就越大。此时,在稍偏离布拉格角的方向上也存在衍射,由此造成了衍射线的宽化,如图 14-2(b)所示。

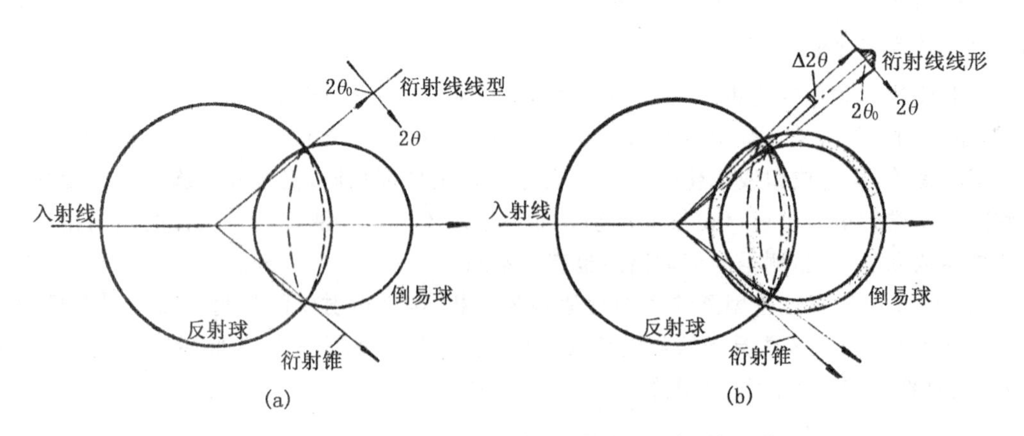

图 14-2 无亚晶细化(a)和有亚晶细化(b)的衍射圆锥

下面将介绍由 Scherrer 导出的计算细晶宽化效应的公式及其适用条件。图 14-3(a)示出某一小亚晶块的(hkl)面，共 N 层，面间距为 d，两相邻晶面反射之间的光程差为 Δl，当该亚晶块包含有无限个晶面即亚晶块尺寸无限大时，应为 $\Delta l = 2d\sin\theta = \lambda$，严格遵循布拉格方程。当亚晶块包含有限个晶面即亚晶块尺寸较小时，即使入射线与布拉格方向呈微小偏移 ε，也能够观测到(hkl)晶面的衍射线，此时的光程差为

$$\Delta l = 2d\sin(\theta+\varepsilon) = \lambda + 2\varepsilon d\cos\theta \tag{14-1}$$

所对应的相位差为

$$\Delta\phi = (2\pi\Delta l)/\lambda = 2\pi + (4\pi\varepsilon d\cos\theta)/\lambda = (4\pi\varepsilon d\cos\theta)/\lambda \tag{14-2}$$

类似于式(9-19)方法计算干涉函数，且衍射强度与干涉函数成正比，由此得到

$$I = I_0[\sin^2(N\Delta\phi/2)/\sin^2(\Delta\phi/2)] \approx I_0[N^2\sin^2(N\Delta\phi/2)/(N\Delta\phi/2)^2] \tag{14-3}$$

式(14-2)～(14-3)表明，当 $\varepsilon=0$ 时衍射强度 $I_{max}=I_0N^2$ 最大，当 $\varepsilon=\varepsilon_{1/2}$ 时衍射线具有半高强度即 $I=I_{max}/2$。如果定义符号 $\alpha=4\pi N\varepsilon_{1/2}d\cos\theta/\lambda$，则有

$$I_{1/2}/I_{max} = 1/2 = \sin^2(\alpha/2)/(\alpha/2)^2 \tag{14-4}$$

可以证明，只有当 $\alpha=2.8$ 时，$\sin^2(\alpha/2)/(\alpha/2)^2=1/2$，即满足式(14-4)。因此，半高衍射强度处的布拉格角偏移量应满足

$$\varepsilon_{1/2} = 0.7/(\pi Nd\cos\theta) \tag{14-5}$$

由图 14-3(b)不难看出，衍射线半高宽度为 $\beta_{hkl}=4\varepsilon_{1/2}$，因此

$$\beta_{hkl} = 0.89\lambda/(D_{hkl}\cos\theta) \approx \lambda/(D_{hkl}\cos\theta) \tag{14-6}$$

式中，半高宽 β 的单位为弧度，$D_{hkl}=Nd_{hkl}$ 为亚晶块尺寸。

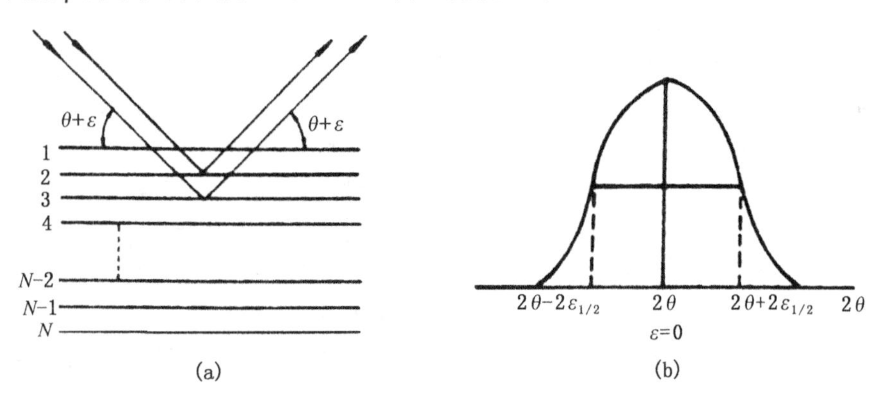

图 14-3　微晶的衍射线宽化效应

2) 显微畸变宽化

显微畸变又称微观应变，其作用与平衡范围很小。在 X 射线辐照区域内，无数个亚晶块参与衍射，有的亚晶块受拉，有的亚晶块受压。各亚晶块同族晶面具有一系列不同的晶面间距，衍射线的总和将合成一定范围内的宽化谱线。由于晶面畸变的相对变化量服从统计规律且没有方向性，即显微畸变造成的宽化效应，峰值位置并不改变。

图 14-4(a)假定为一个实测线形，并且其宽度仅由显微畸变引起，下面将说明其半高宽 β 与显微畸变的关系。图 14-4(b)示出了相应试样中的某一晶面，无应力状态晶面间距 d_0 对应于衍射角 $2\theta_0$，假定晶面间距增大至 d_1，或减小至 d_2 时，衍射强度为半高强度，即 $I=I_{max}/2$，分别对应于图 14-4(a)中衍射角 $2\theta_1$ 或 $2\theta_2$，这两个衍射角之差 $\beta=2\theta_2-2\theta_1=4\Delta\theta$ 即为谱线半高宽。考虑到平均显微畸变为 $\bar{\varepsilon}=|\overline{\Delta d/d}|$ 及 $\Delta d/d=-(\cot\theta)\Delta\theta$，于是就有

$$\bar{\varepsilon}=\varepsilon\cot\theta/4 \tag{14-7}$$

式中,半高宽 β 的单位为弧度。平均显微应力等于弹性模量与平均应变之积,即

$$\bar{\sigma}=E\cdot\bar{\varepsilon}=E\beta\cot\theta/4 \tag{14-8}$$

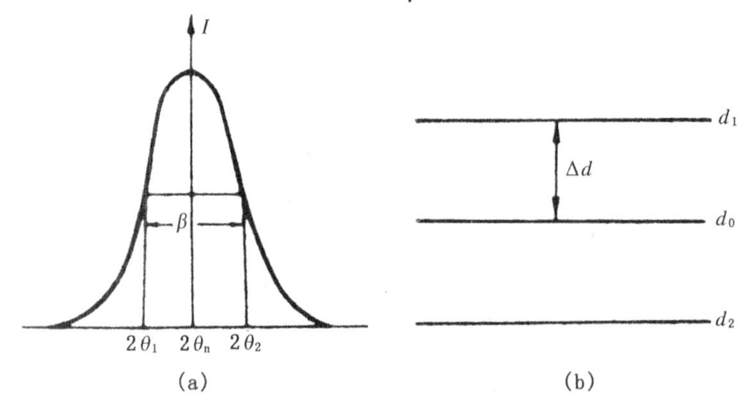

图 14-4 衍射线宽化效应与微观应变

14.1.3 谱线卷积关系

实测衍射谱线中同时存在几何宽化与物理宽化效应,而真实衍射谱线中又同时存在细晶宽化与显微畸变宽化效应。这些线形宽化效应之间,并非是简单乘积或求和的关系,而必须遵循一定的卷积关系。

1) 几何宽化与物理宽化的卷积关系

首先引入三个重要的线形函数,即实测线形函数 $h(x)$、几何宽化线形函数 $g(x)$以及物理宽化线形函数 $f(x)$,三个函数都规定 $x=0$ 时最大值为 1,这样将给分析和计算带来方便。

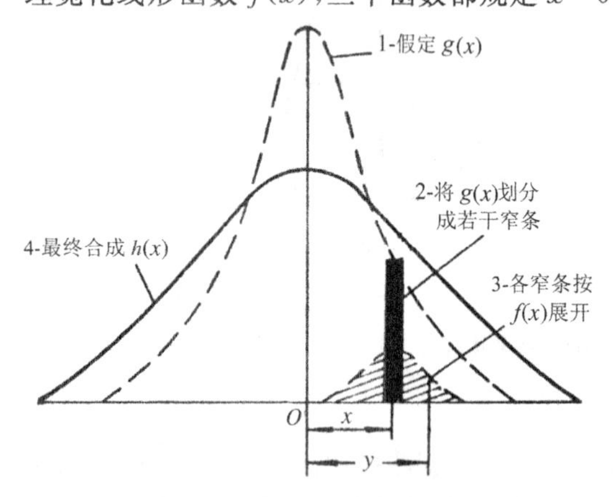

图 14-5 衍射线形的卷积合成

实测线形函数,反映的是试样实际 X 射线衍射谱线,包含了全部衍射线形宽化效应。物理宽化线形函数,仅代表与材料组织结构有关的真实线形。仪器宽化线形函数,则仅是仪器参数所造成的图 14-1 中几何宽化线形。

几何宽化线形函数在物理宽化因素影响下进一步增宽,同时峰值降低,即不改变整个衍射曲线的积分强度(积分面积)。如图 14-5 所示,将几何宽化线形曲线下的面积分成若干无穷窄的长条面积元,各面积元按物理宽化线形函数展宽且面积不变。将这些展宽线形函数进行叠加,即得到综合实测线形 $h(x)$。按照上述思路,可以建立三个函数之间的卷积关系,等式如下:

$$h(x)=\int_{-\infty}^{+\infty}g(y)f(x-y)\mathrm{d}y \tag{14-9}$$

式中,综合实测线形 $h(x)$可通过实际测量来获得,同时,几何宽化线形 $g(x)$又可通过无物理宽化的标样来测得,因此,这三个函数中有两个是已知的,通过函数分离即可确定出未知的物理宽化线形 $f(x)$函数。

分别定义这三个函数的积分宽度。积分宽度等于衍射峰形面积除以曲线中的最大强度值。积分宽度虽不等于谱线强度的半高宽度，但与半高宽度成正比。实测线形函数 $h(x)$ 积分宽度(综合宽度)以 B 表示，标样衍射线形函数 $g(x)$ 积分宽度(仪器宽度)以 b 表示，真实物理线形函数 $f(x)$ 积分宽度(真实宽度)以 β 表示。同样可以证明，三个积分宽度的卷积关系为

$$B = b\beta / \int_{-\infty}^{+\infty} g(x)f(x)\mathrm{d}x \tag{14-10}$$

2) 细晶宽化与显微畸变宽化的卷积关系

在真实物理宽化线形函数中，包括了全部与材料组织结构有关的宽化衍射信息。如果物理宽化线形只包含了细晶宽化及显微畸变宽化效应，则物理宽化函数 $f(x)$ 与细晶宽化函数 $m(x)$ 和显微畸变宽化函数 $n(x)$ 的卷积关系为

$$f(x) = \int_{-\infty}^{+\infty} m(y)n(x-y)\mathrm{d}y \tag{14-11}$$

式中，物理宽化函数 $f(x)$ 是从式(14-9)中分离出来的，即 $f(x)$ 可以确定，而细晶宽化函数 $m(x)$ 和显微畸变宽化函数 $n(x)$ 均未知，甚至这两个函数的具体形式都无法确定，给分离带来一定难度。

细晶宽化函数 $m(x)$ 积分宽度为 β_D，显微畸变宽化函数 $n(x)$ 积分宽度为 β_ε，它们与物理宽化函数 $f(x)$ 积分宽度 β 的卷积关系为

$$\beta = \beta_D\beta_\varepsilon / \int_{-\infty}^{+\infty} m(x)n(x)\mathrm{d}x \tag{14-12}$$

14.2　谱线宽化效应分离

线形分析步骤主要包括：①测量出试样和标样的衍射线；②对两衍射线进行强度校正和 K_α 双线分离，得到各自的纯 $K_{\alpha1}$ 线形；③进行几何宽化与物理宽化分离，得到物理宽化线形；④进行细晶宽化与显微畸变宽化分离，计算亚晶块尺寸和显微畸变量等。

当物理宽度中只包含细晶宽化或者只包含显微畸变效应时，可分别用式(14-6)或式(14-7)来计算亚晶块尺寸或显微畸变量。如果物理宽度中同时包括细晶宽化与显微畸变宽化，必须通过卷积关系加以确定。当不存在细晶与显微畸变时，则物理宽度与位错及层错等有关，可参考有关的文献资料，计算这些组织结构参数。

14.2.1　强度校正与 K_α 双线分离

如果衍射谱线的背底比较平缓，可不进行强度校正，但必须扣除衍射背底。当衍射谱线 K_α 双线完全分开时，可直接利用 $K_{\alpha1}$ 线形，否则必须进行 K_α 双线分离。

14.2.1.1　衍射强度校正

关于扣除背底强度、角因数校正及吸收因数校正等内容，前面已做过讨论。这里只补充温度因子校正和原子散射因子校正。

1) 温度因子校正

分析式(9-33)可发现，在特定实验条件下，温度因子 e^{-2M} 中 M 总与 $\sin^2\theta$ 成线性关系，因此简化为如下形式

$$\mathrm{e}^{-M} = \mathrm{e}^{-K\sin^2\theta} \tag{14-13}$$

式中，常数 K 可以由已知数据确定。计算结果表明，在通常情况下温度因子几乎为常数，因此它对线形的影响很小。

2）原子散射因子校正

结构因子中的原子散射因子，也是 θ 角的函数，其形式如下：

$$f(\theta)=\sum_{j=1}^{z}a_j e^{-b_j\sin^2\theta/\lambda^2}+c \tag{14-14}$$

式中，z 为原子所包含的电子数，系数 a_j，b_j 和 c 值可从有关手册中查阅。计算结果表明，原子散射因子的影响，将导致衍射线高 θ 角部分的强度下降。

14.2.1.2 衍射谱线 K_α 双线分离

实验中常用的 K_α 辐射线，实际上包含了 $K_{\alpha1}$ 与 $K_{\alpha2}$ 双线，它们各自产生的衍射线形将重叠在一起。即使是无物理宽化因素的标准样品，其衍射线形也往往不能将双线分开，实测曲线宽度是 K_α 双线的增宽效果。为了得到单一 $K_{\alpha1}$ 衍射线形，需要进行 $K_{\alpha1}$ 与 $K_{\alpha2}$ 双线分离工作。

双线分离的最常用方法是 Rechinger 法，这种方法假定 K_α 双线的衍射线形相似且底宽相等，谱线 $K_{\alpha1}$ 与 $K_{\alpha2}$ 的峰值强度比值为 2∶1。根据布拉格方程不难证明，当辐射线的波长存在 $\Delta\lambda$ 的偏差时，则衍射角 2θ 的分离度为

$$\Delta(2\theta)=2\Delta\lambda\tan\theta/\lambda \tag{14-15}$$

式中，$\Delta\lambda=\lambda_{\alpha1}-\lambda_{\alpha2}$ 为谱线 $\lambda_{\alpha2}$ 与 $\lambda_{\alpha1}$ 波长的差值，$\lambda=(2\lambda_{\alpha1}+\lambda_{\alpha2})/3$，为两谱线的平均波长。由此得到两谱线对应衍射角 2θ 的分离度为

$$\Delta(2\theta)=6(\lambda_{\alpha2}-\lambda_{\alpha1})\tan\theta/(2\lambda_{\alpha1}+\lambda_{\alpha2}) \tag{14-16}$$

利用 X 射线衍射仪，可获得一系列 2θ 角及对应的衍射计数强度。首先根据式（14-16）计算双线分离度 $\Delta(2\theta)$，然后定义如下 m 整数：

$$m=\text{int}[\Delta(2\theta)/\delta(2\theta)] \tag{14-17}$$

式中，$\delta(2\theta)$ 为扫描步进角度间隔。

假设衍射曲线共包含 n 个数据点，若分离前某点衍射计数强度为 I_i，则分离后的 $K_{\alpha1}$ 线强度及 $K_{\alpha2}$ 线强度可表示为

$$\begin{aligned}&(I_{\alpha_1})_i=2I_i/3 \quad ,i\leqslant m\\&(I_{\alpha_1})_i=I_i-(I_{\alpha_1})_{i-m}/2,i>m,i=1,2,\cdots,n\\&(I_{\alpha_1})_i=I_i-(I_{\alpha_1})_i\end{aligned} \tag{14-18}$$

图 14-6(a)为某试样的实测衍射谱线，可见其峰形很不对称。图 14-6(b)为经过 K_α 双线分离后的衍射谱线，表明其 $K_{\alpha1}$ 峰形比较对称。

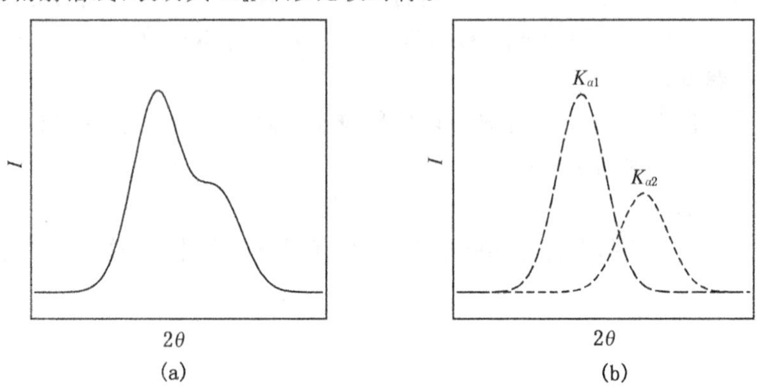

图 14-6 实测衍射线形与纯 $K_{\alpha1}$ 线形

14.2.2　几何宽化与物理宽化的分离

完成对实测衍射谱线的 K_α 双线分离后，接下来即进行几何宽化线形与物理宽化线形的分离工作。从 $h(x)$，$g(x)$ 及 $f(x)$ 之间的卷积关系看，用实验测得的 $h(x)$ 及 $g(x)$ 数据，通过傅里叶变换求解卷积关系，可以精确求解物理宽化线形数据 $f(x)$ 及物理宽度 β，只是计算工作量大且繁，必须借助计算机技术。

为了避开必须求解 $f(x)$ 的困难，另一途径便是直接假设各宽化线形为某种已知函数，这便是所谓的近似函数法。从数学角度看，近似函数法似乎不很严谨，但它确实因绕开了求解物理宽化线形函数的困难，而使工作大为简化。

必须强调，标样的选择十分关键。利用没有任何物理宽化因素的标准样品，采用与待测试样完全相同的实验条件，测得标样的衍射线形，并以其峰宽定为仪器宽度。标样应选用与待测样品成分相同或相近的材料，进行充分退火以消除显微畸变，并使晶块长大到不致引起增宽线形尺寸为止。达到此状态的标志是衍射峰 $K_{\alpha1}$ 与 $K_{\alpha2}$ 双线明显分开，峰形窄而明锐。如果找不到合适的退火样品，也可用无物理宽化因素的参考物质(如 Si 或 SiO_2 粉)，但所选衍射峰角应与待测试样衍射角的位置接近。标样粒度应在 350 目左右。

1）傅里叶变换法

省略傅里叶变换的数学推导过程，这里只介绍它的应用方法。在实际衍射线形中，有值区间是有限的，$h(x)$ 及 $g(x)$ 均选取 n 个偶数数据点，先计算出

$$H_r(t)=\sum_{x=-n/2}^{n/2}h(x)\cos(2\pi xt/n),H_i(t)=\sum_{x=-n/2}^{n/2}h(x)\sin(2\pi xt/n),$$
$$H_r(t)=\sum_{x=-n/2}^{n/2}g(x)\cos(2\pi xt/n),H_i(t)=\sum_{x=-n/2}^{n/2}g(x)\sin(2\pi xt/n),\quad(14-19)$$

再计算

$$F_r(t)=[H_r(t)G_r(t)+H_i(t)G_i(t)]/[G_r^2(t)+G_i^2(t)]$$
$$F_i(t)=[H_i(t)G_r(t)-H_r(t)G_i(t)]/[G_r^2(t)+G_i^2(t)]\quad(14-20)$$

最后，得到物理宽化线形函数 $f(x)$，即

$$f(x)=\sum_t F_r(t)\cos(2\pi xt/n)+\sum_t F_i(t)\sin(2\pi xt/n)\quad(14-21)$$

2）近似函数法

在常规的分析中近似函数图解法被广泛采用，并积累了不少经验，已发展成为一种比较成熟的方法。有三种常见的近似函数可供选择，分别为高斯函数、柯西函数及柯西平方函数，即

$$e^{k_1x^2},\ 1/(1+k_2x^2),\ 1(1+k_3x^2)^2\quad(14-22)$$

三种函数的积分宽度 W 由下式确定

$$k_1=\pi/W_2,\ k_2=\pi^2/W^2,\ k_3=\pi^2/(4W^2)\quad(14-23)$$

由于近似函数法认定 $g(x)$，$f(x)$ 符合某种钟罩函数，所以将式(14－22)三种钟罩函数按不同组合代入式(14－9)及式(14－10)，便可解出实测综合宽化曲线积宽 B、标样的仪器宽化曲线积分宽 b 和物理宽化积分宽 β 之间的关系式。

利用这三种近似函数进行组合，包括两个相同函数组合或两个不同函数组合，可有九种组合方式。表 14－1 列出了五种典型组合方式及其积分宽度关系式。这样，根据实测线形

强度数据，经双线分离并得到待测试样及标样的纯 $K_{\alpha1}$ 曲线，分别确定它们的积分宽 B 和 b，利用表中积分宽度关系式，即可计算出物理宽化积分宽 β 值。例如，若确定 $h(x)$ 与 $g(x)$ 为高斯分布，由表中可知 $\beta=\sqrt{B^2-b^2}$，只要确定 B 和 b 就可计算 β；若它们为柯西分布，则 $\beta=B-b$。同样，由 B 和 b 就可计算出 β 值。

表 14-1 五种 $f(x)$ 和 $g(x)$ 的函数组合及其 B，β 和 b 之间关系

	$f(x)$	$g(x)$	B,β,b 之间关系式
1	$e^{-k_1x^2}$	$e^{-k_2x^2}$	$\frac{\beta}{B}=\sqrt{1-(\frac{b}{B})^2}$
2	$\frac{1}{1+h_1x^2}$	$\frac{1}{1+k_2x^2}$	$\frac{\beta}{B}=1-\frac{b}{B}$
3	$\frac{1}{(1+h_1x^2)^2}$	$\frac{1}{1+k_1x^2}$	$\frac{\beta}{B}=\frac{1}{2}\left(1-\frac{b}{B}+\sqrt{1-\frac{b}{B}}\right)$
4	$\frac{1}{1+k_1x^2}$	$\frac{1}{(1+k_2x^2)^2}$	$\frac{\beta}{B}=\frac{1}{2}\left(1-4\frac{b}{B}+\sqrt{\delta-\frac{b}{B}+1}\right)$
5	$\frac{1}{(1+k_2x^2)^2}$	$\frac{1}{(1+k_2x^2)^2}$	$B=\frac{(b+\beta)^3}{(b+\beta)^2+b\beta}$

用近似函数法进行各种宽化分离的过程中，选择线形近似函数类型是关键。因此，最好对近似函数与实测谱线进行拟合离散度检验，$h(x)$ 与 $g(x)$ 的离散度为

$$S_h^2=\sum_{i=1}^{n}[I_h(x_i)-I_{h_0}h(x_i)]^2/n$$

$$S_g^2=\sum_{i=1}^{n}[I_g(x_i)-I_{g_0}g(x_i)]^2/n \tag{14-24}$$

式中，$I_h(x)$ 及 $I_g(x)$ 分别为试样与标样实测强度，I_{h_0} 及 I_{g_0} 分别为试样与标样实测峰值强度。利用该式进行离散度检验，判定试样及标样 $K_{\alpha1}$ 曲线分别与哪一种钟罩形函数吻合，以确定所采用的钟罩形函数类型。

由于 $h(x)$ 与 $g(x)$ 仅考虑衍射线形，忽略强度绝对值，即函数最大值为 1，而且相应 $x=0$ 点即对应于衍射峰位。然而严格地讲，实际衍射计数强度应为

$$I_0e^{-k_1(2\theta-2\theta_p)^2},I_0/[1+k_2(2\theta-2\theta_p)^2],I_0/[1+k_i(2\theta-2\theta_p)^2]^2 \tag{14-25}$$

式中，I_0 为实际峰值强度，$2\theta_p$ 为实际峰值衍射角。

14.2.3 细晶宽化与显微畸变宽化的分离

当试样只包括细晶宽化时，将物理宽度 β 代入 $D=\lambda/(\beta\cos\theta)$ 来求解亚晶块尺寸 D；对于只包括显微畸变或晶块尺寸粗大的情况，将 β 代入 $\varepsilon=\beta\cot\theta/4$ 即可求出显微畸变值 ε。判断细晶宽化或显微畸变宽化，主要是观察试样在不同衍射级的衍射线物理宽度 β，如果 $\beta\cos\theta$ 为常数就说明线宽是由细晶所引起的，当 $\beta\cot\theta$ 为常数时说明是由显微畸变引起的，如果两者都不为常数则说明两种因素都存在。

1) 近似函数的选择

如果待测样品中细晶宽化和显微畸变宽化两种因素同时存在，则物理宽化函数 $f(x)$ 为细晶宽化 $m(x)$ 和显微畸变宽化 $n(x)$ 卷积。通常，由于无法确定 $m(x)$ 和 $n(x)$ 的具体函数形式，给两种宽化效应的分离造成困难。

切实可行的方法仍是走简化法的道路，设定细晶线形宽化函数 $m(x)$ 和显微畸变线形宽化函数 $n(x)$ 分别为某一已知的函数，如高期函数、柯西函数或柯西平方函数，然后将钟罩函数代入式(14－11)～(14－12)，求出 β，β_D 及 β_ε 之间的代数关系，利用实验数据建立方程组，求解出 β_D 及 β_ε 值。严格确定 $m(x)$ 和 $n(x)$ 的近似函数类型也比较困难，目前仍凭经验来选定，这也是近似函数法的不足之处。表 14－2 列出了五种典型组合的结果，对于钢材，采用表中前三种近似函数组合，尤其是第三种组合较为常用。

表 14－2　五种 $m(x)$ 和 $n(x)$ 的函数组合及其 β，β_D 和 β_ε 之间的关系

	$m(x)$	$n(x)$	β，β_D，β_ε 之间关系式
1	$\dfrac{1}{1+k_1x^2}$	$\dfrac{1}{1+k_2x^2}$	$B=\beta_D+\beta_\varepsilon$
2	$e^{-k_1x^2}$	$e^{-k_2x^2}$	$\beta=\sqrt{\beta_D{}^2+\beta_\varepsilon{}^2}$
3	$\dfrac{1}{1+k_1x^2}$	$\dfrac{1}{(1+k_2x^2)^2}$	$\beta=\dfrac{(\beta_D+3\beta_\varepsilon)^2}{\beta_D+4\beta_\varepsilon}$
4	$\dfrac{1}{(1+k_1x^2)^2}$	$\dfrac{1}{1+k_2x^2}$	$\beta=\dfrac{(2\beta_D+\beta_\varepsilon)^2}{4\beta_D+\beta_\varepsilon}$
5	$\dfrac{1}{(1+k_1x^2)^2}$	$\dfrac{1}{(1+k_2x^2)^2}$	$\beta=\dfrac{(\beta_D+\beta_\varepsilon)^2}{(\beta_D+\beta_\varepsilon)^2+\beta_D\beta_\varepsilon}$

2）高斯分布法

对于实际试样，如果细晶和显微畸变两种效应所造成的衍射强度分布都接近于高斯分布，即 $m(x)=e^{-k_m1x^2}$，亦即 $n(x)=e^{-k_n1x^2}$，于是 $\beta^2=\beta_D^2+\beta_\varepsilon^2$，结合式(14－6)～式(14－7)得到

$$(\beta\cos\theta/\lambda)^2=(1/D)^2+(4\varepsilon\sin\theta/\lambda)^2 \tag{14-26}$$

上式表明，只要测量二条以上的衍射谱线，得到每条谱线的物理宽度 β 和衍射角 θ，确定出 $(\beta\cos\theta/\lambda)^2$ 与 $(\sin\theta/\lambda)^2$ 的直线关系，直线纵坐标之截距为 $1/D^2$，直线的斜率为 $16\varepsilon^2$，从而可以确定亚晶块尺寸 D 和显微畸变值 ε。

3）柯西分布法

如果试样中细晶宽化线形和显微畸变宽化线形都接近于柯西分布，即 $m(x)1/(1+k_{m2}x^2)$ 和 $n(x)=1/(1+k_{n2}x^2)$，于是 $\beta=\beta_D+\beta_\varepsilon$，结合式(14－6)～式(14－7)，得到

$$\beta\cos\theta/\lambda=1/D+4\varepsilon\sin\theta/\lambda \tag{14-27}$$

利用 $(\beta\cos\theta/\lambda)$ 与 $(\sin\theta/\lambda)$ 直线关系，计算直线截距及斜率，即可确定出亚晶块尺寸 D 和显微畸变度值 ε。

4）测量微晶形状

当不存在显微畸变时，X 射线不但可以测量微晶体尺寸，而且还可以测量其形状。由于 X 射线衍射所测得的微晶尺寸实际上是与衍射面垂直方向的尺寸，只要测试几条衍射线，就可以初步判断微晶的形状。某些微单晶是以特定方向自由生长的，不同晶面对应不同的微晶尺寸，分析这些微晶组成的粉末，由公式 $D=\lambda/(\beta\cos\theta)$ 分别确定垂直于 $(h_1k_1l_1)$ 面方向的尺寸 D_1 和垂直于 $(h_2k_2l_2)$ 面方向的尺寸 D_2，整理后得到

$$D_1/D_2=(\beta_2\cos\theta_2)/(\beta_1\cos\theta_1) \tag{14-28}$$

式中，θ_1 及 θ_2 分别是这两晶面的布拉格角，β_1 及 β_2 分别是这两晶面衍射线的物理宽度。这

样就可以估算出这种微单晶的大致形状。应当指出,利用上述方法获得的微晶形状,可能与X射线小角散射或电子显微镜测量结果有所不同,这主要是由于各种实验方法的原理不同所致。

14.3 非晶材料X射线分析

晶体材料的最基本特点是原子排列的长程有序性,在三维空间点阵方向上,原子有规则地重复出现,这就是通常所说的晶体结构的周期性,其X射线衍射方向满足布拉格方程。而在非晶态材料中原子排列没有这种周期性,原子排列从总体上讲是无规则的,因此在非布拉格方向上也产生散射,称为漫散射。

14.3.1 径向分布函数

理论和实验都证明,非晶态材料的原子排列不是绝对无规则的,其邻近原子的数目和排列是有规则的。一般来说,非晶态结构短程有序区的线度约为15Å。因为非晶态材料的结构不存在三维空间的周期性,所以无法利用X射线衍射法精确测量其原子的排列方式。目前,大都是通过径向分布函数来了解非晶态结构中原子配置的统计性质的。

1) 径向分布函数

为简便起见,下面讨论由一个相同原子组成的非晶态材料。如果体积 V 中包含有 N 个原子,则平均原子密度为

$$\rho_0 = N/V \tag{14-29}$$

选择某一原子中心作为原点,距原点 r 至 $r+\mathrm{d}r$ 的两个球面之间球层体积为 $4\pi r^2\mathrm{d}r$,定义径向分布函数为

$$F_r = 4\pi r^2 \rho_r \tag{14-30}$$

式中,ρ_r 表示距原点 r 处单位体积中的原子数,实际是取所有原子为原点的统计平均值。

如果只考虑非晶态材料对X射线是相干散射,即散射波长与入射波长相同,而且认为是各向同性的。基于X射线散射理论,可以得出相干散射的累计强度为

$$I_N = Nf^2\{1+\int_0^{\infty} 4\pi r^2[\rho(r)-\rho_0][\sin(kr)/(kr)]\mathrm{d}r\} = Nf^2(1+I_k) \tag{14-31}$$

式中,f 为原子散射因子,$k=(4\pi\sin\theta)/\lambda$,$I_k$ 为干涉函数。

干涉函数 I_k 可通过从X射线的散射强度求出。利用傅里叶变换可得到径向分布函数,即

$$F_r = 4\pi r^2\rho_0 + (2r/\pi)\int_0^{\infty} kI_k\sin(kr)\mathrm{d}k \tag{14-32}$$

式(14-32)就是用X射线散射方法测量非晶态结构的基本公式。

径向分布函数 F_r 为近程有序的一维描述,是许多原子在相当长时间内的统计平均效果。函数各个峰的位置相应于某配位球壳的半径,峰下面积表示各配位球壳内的原子数,峰的宽度反映原子位置的不确定性。

径向分布函数 F_r 曲线上第一个峰下的面积,即表示配位数 Z。这是非晶态结构中的一个重要参量,测量径向分布函数的目的就是要测量配位数。多数非晶合金 $Z\approx11$,而过渡元素Si及P等形成的非晶态材料则 $Z\approx13$,说明非晶态材料中原子排列是很紧密的。

另一种非晶态结构的描述形式为双体分布函数 $g_r=\rho_r/\rho_0$,利用双体分布函数曲线上的

峰位置可确定各原子壳层距中心原子的距离。双体分布函数的傅里叶表达式为

$$g_r = 1 + (1/2\pi^2 r\rho_0)\int_0^\infty kI_k \sin(kr)\mathrm{d}k \tag{14-33}$$

还常用约化分布函数 $G_r = 4\pi r(\rho_r - \rho_0)$ 来描述非晶态结构，其表达式为

$$G_r = (2/\pi)\int_0^\infty kI_k \sin(kr)\mathrm{d}k \tag{14-34}$$

显然，利用干涉函数 I_k 求解 G_r 最为简便，所以一般先计算 G_r，再计算 F_r 及 g_r 函数。三个分布函数的关系如下：

$$F_r = 4\pi r^2 \rho_0 g_r = 4\pi r^2 \rho_0 + rG_r \tag{14-35}$$

几种常见物质形态的径向双体分布函数如图 14-7 所示。其中，r_0 为原子的半径。对于非晶态材料的双体分布函数 g_r 曲线，当 r 较大时均有 $g_r \to 1$，而 $g_r = 1$ 时则认为是具有完全无序结构的特征。规定用 r_s 来标志短程有序的范围，即 $r \geqslant r_s$ 时 $g_r = \pm 1.02$，由此定义非晶质度参数：

$$\xi = r_s / r_1 \tag{14-36}$$

式中，r_1 对应第一峰的峰位。许多非晶材料的 $\xi = 5.7$，而对于液体一般 $\xi = 4.2$。

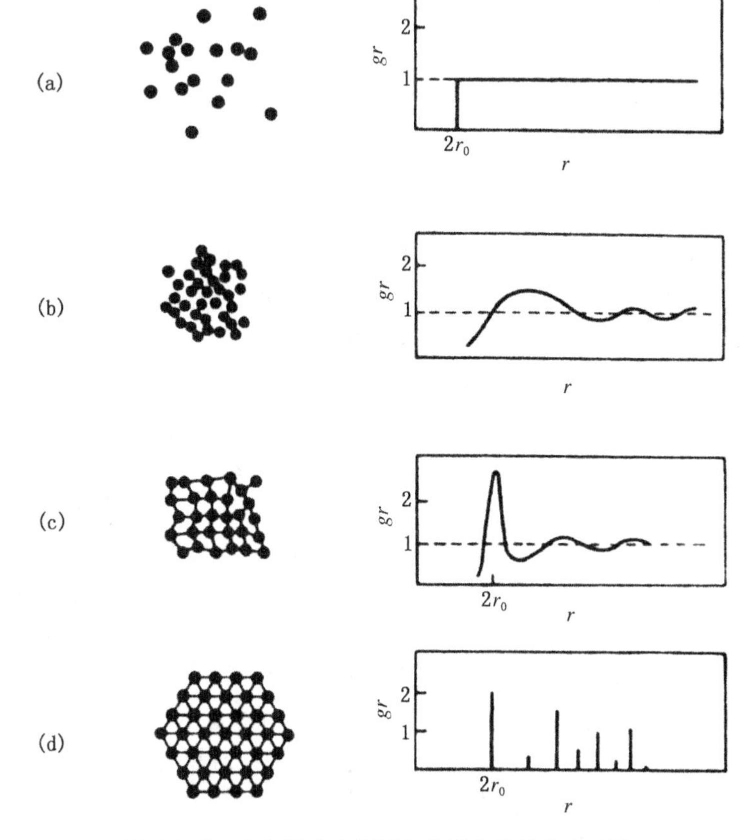

图 14-7 几种常见物质形态的径向双体分布函数

至于分布函数曲线的形状，如峰的宽度，可以反映一些结构情况。分布函数曲线上第一个峰的半高宽，反映结构的无序程度，包括热振动的影响。

2）测量注意事项

目前，大都利用 X 射线衍射仪获得非晶体系的散射强度数据。在测量过程中，要求 X 射线源的稳定性好，有足够的强度，故采用波长较短的 Mo 靶或 Ag 靶。为减少寄生散射等干扰，获得较准确的散射数据，最好利用单色器。若无单色器或光源较弱时，也可采用平衡滤波片。样品的安装可分为反射法和透射法两种。

利用非晶态材料的 X 射线散射强度曲线，经数据处理得出干涉函数 I_k，再经过计算获得约化分布函数 G_r，进而计算出径向分布函数 F_r 和双体分布函数 g_r。考虑到所测得的数据中可能包含相干散射、非相干散射和其他寄生散射等，所以在计算干涉函数 I_k 和分布函数之前，必须扣除无关的散射信息，并进行强度的校正。其主要步骤包括：空气散射的扣除、康普顿散射与多重散射的校正、吸收与偏振的校正、强度数据的标准化等。由于上述数据处理的具体步骤比较复杂，一般都采用计算机处理。

14.3.2 结晶度计算

对于晶态与非晶态结构共存的材料，结晶度定义为晶态部分的质量或体积占材料整体质量或体积的百分比。利用 X 射线衍射法测量材料的结晶度，其前提是相干散射的总强度仅与原子种类及原子总数有关，是一恒量，而不受结晶度的影响，即

$$\int_0^\infty s^2 I(s)\mathrm{d}s = \text{常数} \tag{14-37}$$

式中，$s=2\sin\theta/\lambda$，$I(s)$为材料的总相干散射强度。

结晶度的表达式为

$$X_\mathrm{c} = \int_0^\infty g^2 I_\mathrm{c}(s)\mathrm{d}s \Big/ \int_0^\infty s^2 I(s)\mathrm{d}s \tag{14-38}$$

式中，$I_c(s)$为结晶部分的散射强度。在实际应用中，必须从原始测量数据中扣除非相干散射和来自空气的背景散射强度等，同时还必须进行吸收校正、洛伦兹因子及偏振因子校正等。因此，准确测定材料结晶度是一个比较棘手的问题。

1）积分强度法

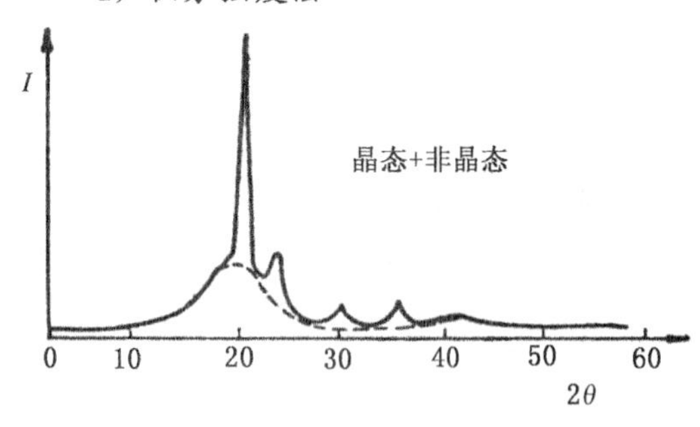

图 14－8 积分强度法计算结晶度

根据待测样品的 X 射线衍射谱线，区分出结晶与非晶的线形轮廓，如图 14－8 所示。区分结晶与非晶线形轮廓的方法有多种，人为因素较大。通常是基于两个假设：①半结晶样品中非晶谱线轮廓与完全非晶材料在形状上相同；②半结晶样品中两邻近结晶衍射峰相距 $2\theta \geqslant 3°$ 时，两峰之间的峰谷是非晶散射的轮廓。进行强度校正，扣除相干散射强度以外的各种寄生干扰。计算非晶衍射轮廓的积分强度 I_a 和结晶衍射峰的积分强度 I_{hkl}。材料结晶度的表达式为

$$X_\mathrm{c} = \sum C_{hkl}(\theta) I_{hkl} \Big/ \left[\sum C_{hkl}(\theta) I_{hkl} + C_\mathrm{a}(\theta) I_\mathrm{a}\right] \tag{14-39}$$

式中，系数 $C_a(\theta)$是非晶衍射轮廓的校正因子，$C_{hkl}(\theta)$是结晶 hkl 面衍射峰的校正因子，这些系数可通过理论计算或查表获得。

2) Ruland 法

Ruland 法在测量材料结晶度时，考虑了结晶衍射峰由于晶格畸变所造成的强度丢失现象并对此有所补正，因而被认为是目前理论基础最好的方法。基本公式为

$$X_c = K\left[\int_{s_0}^{s_p} s^2 I_c(s)\mathrm{d}s \Big/ \int_{s_0}^{s_p} s^2 I(s)\mathrm{d}s\right]$$

$$K = \int_{s_0}^{s_p} s^2\,\overline{f^2(s)}\mathrm{d}s \Big/ \int_{s_0}^{s_p} s^2\,\overline{f^2(s)}D\mathrm{d}s \tag{14-40}$$

$$D = \mathrm{e}^{-ks^2}$$

式中，K 为结晶度的校正因子，D 为无序函数，$\overline{f^2(s)}$ 为基元内原子散射因子的平方平均值。当固定积分下限为 s_0 时，选择一系列不同的无序常数 κ，同时不断改变积分的上限 s_p，使其 X_c 为一常数，这就是经过校正后的结晶度。

Ruland 法用手工计算工作量比较大，而且实验数据收取的 2θ 角高，对实验强度的各种修正也要求比较精细。如果用计算机来进行这些工作，用优选迭代法求解，使一组不同 s_p 所求出 X_c 中最大与最小差 ΔX_c 对应最小的 κ 值。这样，不但计算速度快，而且能得到更为精确的结果。

14.4　小角 X 射线散射分析

小角 X 射线散射(SAXS)通常是指 $2\theta<5°$ 时的漫散射现象，其物理本质在于散射体和周围介质的电子密度存在差异。在一定的实验条件下，X 射线小角散射强度分布与散射体大小及形状等存在某种对应关系，可以揭示 2～100nm 尺寸上的结构不均匀性。

14.4.1　基本原理

根据 X 射线散射的基本原理，通常认为 X 射线散射和衍射都是由物质中分布于各个原子中的电子所引起的散射和干涉的叠加，物质中的电子密度与其所散射的 X 射线电磁波振幅之间的傅里叶变换为

$$A(\boldsymbol{S}) = \int \rho(\boldsymbol{r})\mathrm{e}^{i2\pi\boldsymbol{S}\cdot\boldsymbol{r}}\mathrm{d}r \tag{14-41}$$

式中，$\boldsymbol{S}$ 为入射单位矢量，其绝对值为 $S=2\sin\theta/\lambda$，$\boldsymbol{r}$ 为位置矢量，$\rho(\boldsymbol{r})$ 为距原点 r 处物质电子密度。如果 $\rho(\boldsymbol{r})$ 为常数即电子密度均匀，则上式成为 $S=0$ 的狄拉克函数，此时电子只对 $S=0$ 即 $\theta=0°$ 方向的散射有贡献，其他方向散射强度为零，因此不会出现小角散射现象。

在均匀电子密度 ρ 的物质中，存在一些均匀电子密度 ρ_c 的另一类粒状物质，所构成总体系的 X 射线电磁波振幅为

$$A(S) = \int \rho\mathrm{e}^{-i2\pi S\cdot r}\mathrm{d}r - \int \rho\omega(r)\mathrm{e}^{-i2\pi S\cdot r}\mathrm{d}r + \int \rho_c\omega(r)\mathrm{e}^{-i2\pi S\cdot r}\mathrm{d}r \tag{14-42}$$

式中，$\omega(r)$ 是反映粒状形状的因子。考虑到电子密度均匀的物质不存在小角散射现象，即上式右边第一项为零，因此得到

$$A(S) = \Delta\rho\int\omega(r)\mathrm{e}^{-i2\pi S\cdot r}\mathrm{d}r,\ \Delta\rho = \rho_c - \rho \tag{14-43}$$

可见，$A(S)$ 曲线形状取决于粒子形状因子 $\omega(r)$，其大小与电子密度差 $\Delta\rho$ 成正比，当 $\Delta\rho=0$ 时不出现小角散射现象。

X 射线的散射强度就是上式电磁波振幅与其共轭复数的乘积，即 $I=A(S)A^*(S)$。如果测得散射强度 I 随 $S=2\sin\theta/\lambda$ 的变化曲线，就可确定物体内异类粒子(或微孔)的大小及

形状。这就是X射线小角散射的基本原理。

14.4.2 吉尼叶公式及应用

对于均匀物质中存在形状相同且大小均一的稀疏粒子(或微孔)体系,其X射线小角散射的强度表达式可简化为

$$I(S)=I(0)\mathrm{e}^{-(4\pi^2S^2R^2)/3} \tag{14-44}$$

上式被称为吉尼叶(Guinier)公式,$I(0)$为零θ角方向散射强度,R为粒子内电子回旋半径。由于2θ较小,令$S\approx 2\theta/\lambda$,上式可用散射角2θ表示,即

$$I(2\theta)=I(0)\mathrm{e}^{-[4\pi^2R^2(2\theta)^2]/(3\lambda^2)} \tag{14-45}$$

取对数后得到

$$\begin{aligned}\ln[I(S)]&=\ln[I(0)]-(4\pi^2S^2R^2)/3\\ \ln[I(2\theta)]&=\ln[I(0)]-[4\pi^2R^2(2\theta)^2])/(3\lambda^2)\end{aligned} \tag{14-46}$$

上式表明,当体系严格符合Guinier公式时,如果用$\ln[I(2\theta)]$对$(2\theta)^2$作图,可得到一直线,由其斜率求出回旋半径R值。当然R值本身并不能充分描述粒子几何形状,只能说提供了关于粒子几何性质的信息。为此,表14-3列出了各种形状颗粒尺寸与回旋半径的关系。

表14-3 简单几种物质颗粒的回旋半径

半径为r的球体	$R=\sqrt{3/5}r$
半轴为a和b的椭圆	$R=\frac{1}{2}(a^2+b^2)^{1/2}$
半径为r_1和r_2的空心球	$R^2=\frac{3}{5}(r_2^5-r_2^5)/(r_1^3-r_2^3)$
半轴为a,b,c的三轴椭球体	$R^2=(a^2+b^2+c^2)/5$
边长为A,B,C的棱柱	$R^2=(A^2+B^2+C^2)/12$
高为h及横截面半轴为a和b的椭圆柱	$R^2=(a^2+b^2+h^2/3)/4$
高为h、底面的回旋半径为R_c的椭圆柱及棱柱	$R^2=R_2^2+h^2/12$
高为h、半径为r_1和r_2的空心圆柱	$R^2=(r_1^2+r_2^2)/2+h^2/12$

在测定物质内部颗粒(或微孔)时,由于颗粒形状及尺寸不尽相同,因此$\ln[I(2\theta)]$与$(2\theta)^2$之间常常表现为曲线关系,通过此曲线可获得粒子尺寸分布这一个重要参数。

假定体系中颗粒形状相同且均为球形,但其尺寸不同,实验测得的$\ln[I(2\theta)]$与$(2\theta)^2$为上凹的曲线,如图14-9所示。将颗粒半径由最小至最大共划分为N级,$w(r_i)$是半径r_i颗粒占全体颗粒的质量分数,则小角散射强度可表示为

$$I(2\theta)=I(0)\sum_{i=1}^{N}\{w(r_i)r_i^2\exp[-(4\pi r_i^2)(2\theta_i)^2/(5\lambda^2)]\} \tag{14-47}$$

上式表明,体系总的散射曲线为具有各半径颗粒的散射曲线之和,而各级颗粒的r_i及$w(r_i)$可以通过逐级切线法求出。

图 14-9 给出了逐级切线法步骤的示意图，具体步骤为：①在对数坐标纸上制作 $\ln[I(2\theta)]$ 与 $(2\theta)^2$ 曲线；②在曲线高角端引一切线 A 交纵轴于 K_1 处；③曲线各点减去 A 线后得到新的曲线；④在 P 曲线高角端引切线 B 交纵轴 K_2；⑤依次重复②～④过程得到一组 K_i 与 $2\theta_i$ 值；⑥求得颗粒半径 $r_i=0.54\lambda\ \sqrt{\ln k_i}/(2\theta_i)$；⑦求得各级质量分数 $w(r_i)=(k_i/r_i^3)/\sum(k_i/r_i^3)$；⑧平均颗粒半径为 $\bar{r}=\sum r_i w(r_i)$。另外，小角散射通常采用透射方式，试样厚度一般取 $t=1/\mu$，μ 为试样的线吸收系数。

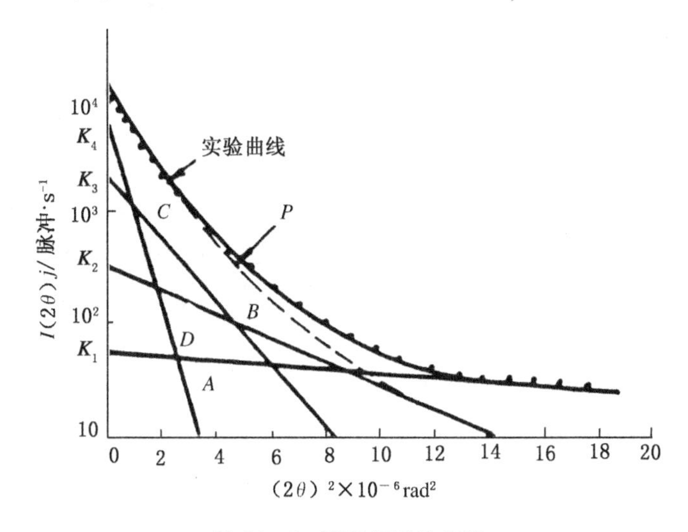

图 14-9　逐级切线法步骤

第15章　多晶织构测量和单晶定向

多晶材料由无数小晶粒(单晶体)组成,材料性能则与各晶粒的性能及其取向有关。晶粒取向可能是无规则的,但在很多场合下其晶面或晶向会按某种趋势有规则排列,这种现象称为择优取向或织构。材料中各向性能的差异,往往与晶粒择优取向有关。因此,织构测量是材料研究的一个重要课题。测量多晶织构的方法,主要以X射线衍射法最为普遍,其理论基础仍然是衍射方向和衍射强度的问题。

单晶中的各向异性程度更为明显。所谓单晶定向,就是测定晶体不同部位与该晶体的结晶几何参数之间的关系,以确定晶体材料性能的最佳方位。除测定其晶体学方位外,有时还需要测定某特定晶面的生长方向等。不同类型的晶系,其定向的难易程度不同,晶系的对称性越高,越容易定向,对称性越低则越难进行定向。

无论是织构测量还是单晶定向,均包括两方面的工作,一是进行X射线衍射实验,二是利用晶体学投影来描述织构和单晶取向。

15.1　多晶体织构测量

由于织构的存在,材料衍射效应将发生明显改变,某些晶面衍射强度增大,同时其他晶面衍射强度减弱。描述材料中晶面择优取向即织构的方法有三种,包括正极图、反极图和三维取向分布函数。

15.1.1　织构分类

实际上多晶体材料往往存在与其加工成型过程有关的择优取向。即各晶粒的取向朝一个或几个特定的方位偏聚,这种组织状态就是织构。例如材料经拉拔、轧制或挤压等加工后,由于塑性变形中晶粒转动而形成变形织构,经退火后又产生不同于冷加工状态的退火织构(或称再结晶织构),铸造金属能形成某些晶向垂直于模壁的取向晶粒,电镀、真空蒸镀、溅射等方法制成的薄膜材料也具有特殊的择优取向。因此可以说,择优取向在多晶材料中几乎是无所不在,制造完全无序取向的多晶材料是比较困难的。

织构分类方法有很多,但直接与X射线衍射相关的则是其晶体学特征。由此出发,按择优取向的分布特点,织构可分为两大类,即丝织构和板织构。丝织构是一种轴对称分布的织构,存在于各类丝棒材及各种表面镀层或溅射层中,特点是晶体中各晶粒的某晶向<*uvw*>趋向于与某宏观坐标(丝棒轴或镀层表面法线)平行,其他晶向则对此轴呈旋转对称分布;织构指数定义为与该宏观坐标轴平行的晶向<*uvw*>,如铁丝<110>织构,铝丝<111>织构。板织构存在于用轧制、旋压等方法成形的板、片状构件内,特点是材料中各晶粒的某晶向<*uvw*>与轧制方向(*RD*)平行;织构指数定义为与轧制平面平行的晶面(*hkl*)和与轧制方向平行的该面上的晶向<*uvw*>。如冷轧铝板有{110}<112>织构。

15.1.2　极图及其测量

多晶体材料中，某族晶面法线之空间分布概率可在极射投影图中表示出来这样的极射投影图称为极图。通常取某宏观坐标面为投影面，例如丝织构材料取与丝轴(FA)垂直的平面，板织构材料取轧面(RD)等。极图表达了多晶体中晶粒取向的偏聚情况，由极图还可确定织构的指数。极图测量大多采用衍射仪法。由于晶面法线分布概率直接与衍射强度有关，可通过测量不同空间方位的衍射强度，来确定织构材料的极图。为获得某族晶面极图的全图时，可分别采用透射法和反射法来收集该族晶面的衍射数据。为此，需要在衍射仪上安装织构测试台。

1) *反射法*

图 15-1 给出了极图反射测量方法的衍射几何。其中，2θ 为衍射角，α 和 β 分别为描述试样位置的两个空间角。当 $\alpha=0°$ 时试样为水平放置，当 $\alpha=90°$ 时试样为垂直放置，并规定从左往右看时，α 逆时针转向为正。对于丝织构材料，若测试面与丝轴平行，则 $\beta=0°$ 时丝轴与测角仪转轴平行；板织构材料的测试面通常取其轧面，即 $\beta=0°$ 时轧向与测角仪转轴平行；规定面对试样表面时，β 顺时针转向为正。反射法是一种对称的衍射方式，理论上讲，该方式的测量范围为 $0°<|\alpha|\leqslant 90°$，但当 α 太小时，由于衍射强度过低而无法进行测量。反射法的测量范围通常为 $30°\leqslant|\alpha|\leqslant 90°$，即适合于高 α 角区的测量。

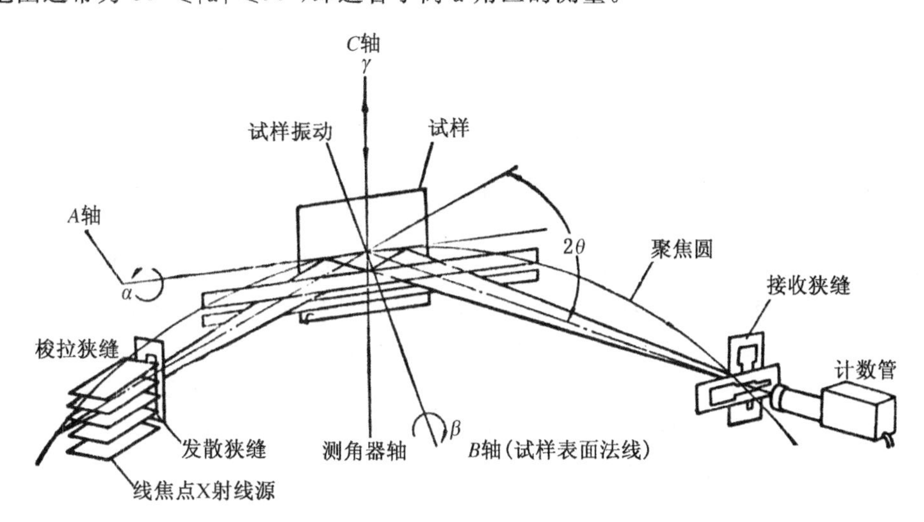

图 15-1　极图反射测量方法的衍射几何

实验之前，首先根据待测晶面$\{hkl\}$选择衍射角 $2\theta_{hkl}$。在实验过程中，始终确保该衍射角不变，即测角仪中计数管固定不动。依次设定不同的 α 角，在每一 α 角下试样沿 β 角连续旋转 360°，同时测量衍射计数强度。

对于有限厚度试样的反射法，$\alpha=90°$ 时的射线吸收效应最小即衍射强度 $I_{90°}$ 最大。可以证明，$\alpha<90°$ 时的衍射强度 I_α 吸收校正公式为

$$R=I_\alpha/I_{90°}=(1-e^{-2\mu t/\sin\theta})/[1-e^{-2\mu t/(\sin\theta\sin\alpha)}] \tag{15-1}$$

式中，μ 为 X 射线的线吸收系数，t 为试样的厚度。该式表明，如果试样厚度远大于射线有效穿透深度，则 $I_\alpha/I_{90°}\approx 1$，此时可以不考虑吸收校正问题。

对于较薄的试样，必须进行吸收校正，在校正前要扣除衍射背底，背底强度由计数管在

$2\theta_{hkl}$附近背底区获得。

经过一系列测量及数据处理后，最终获得试样中某族晶面的一系列衍射强度 $I_{\alpha,\beta}$的变化曲线，如图 15－2 所示。图中每条曲线仅对应一个 α 角，α 由 30°每隔一定角度变化至 90°，而角度 β 则由 0°连续变化至 360°即转动一周。

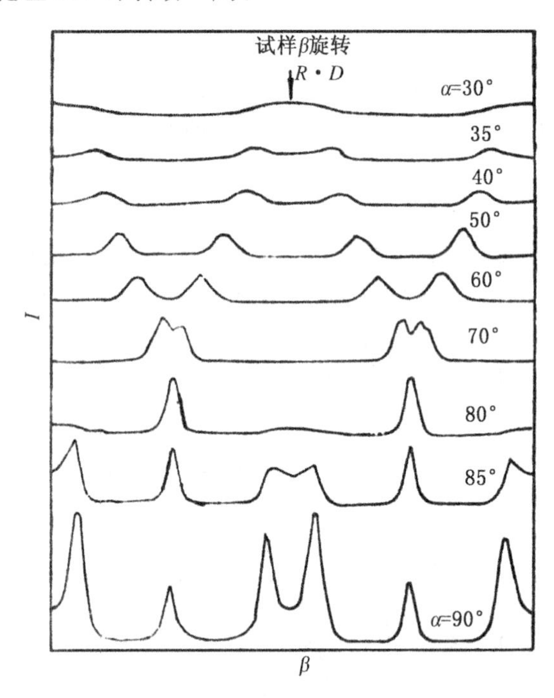

图 15－2 铝板{111}极图测量中的一系列 $I_{\alpha,\beta}$ 曲线

将图 15－2 曲线中的数据，按衍射强度进行分级，其基准可采用任意单位，记录下各级强度的 β 角度，标在极网坐标的相应位置上，连接相同强度等级的各点成光滑曲线，这些等极密度线就构成了极图。目前，绘制极图的工作大都由计算机程序来完成。反射法所获得的典型极图，如图 15－3 所示，极图中心位置对应最大 α 角即 90°，最外圈对应最小 α 角。极图 RD 方向为 $\beta=0°$，顺时针旋转一周即 β 由 0°连续变化至 360°。极图中一系列等密度曲线，表示被测晶面衍射强度的空间分布情况，也代表该族晶面法线在各空间角的取向分布概率。这是最常见的描述织构方法。

以图 15－3 为例，借助于标准晶体投影图，可确定板织构的指数{hkl}$<uvw>$。铝属于立方晶系，应选立方晶系的标准投影图与之对照（基圆半径与极图相同），将两图圆心重合，转动其中之一，使极图上{111}极点高密度区与标准投影图上的{111}面族极点位置重合，不能重合则换图再对。最后，发现此图与（110）标准投影图的 111 极点正好吻合，则轧制面指数为（110），与轧制方向重合的点的指数为[$\bar{1}$12]，故此织构指数为{110}$<112>$。

有些试样不仅具有一种织构，即用一张标准晶体投影图不能使所有极点高密度区都得到较好的吻合，须再与其他标准投影图对照才能使所有高密度区都能得到归宿，显然，这种试样具有双织构或多织构。

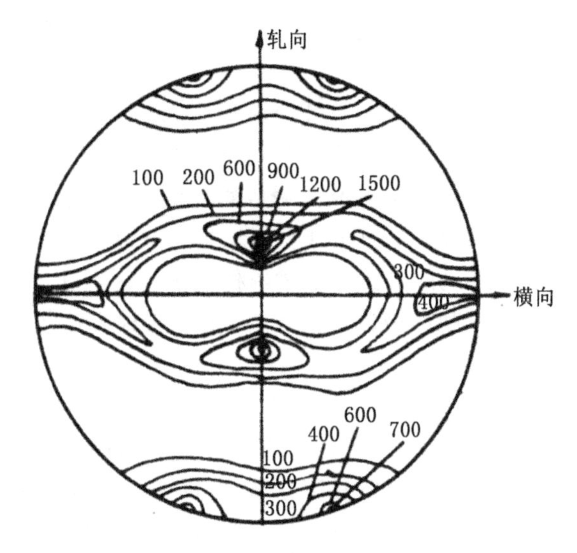

图 15-3　冷轧铝板的{111}极图

2) 透射法

透射法的试样须足够薄，以便使 X 射线能穿透，但又必须提供足够的衍射强度，例如可取试样厚度为 $t=1/\mu$。其中 μ 为试样的线吸收系数。

图 15-4 给出了极图透射测量方法的衍射几何。当 $\alpha=0°$时，入射线和衍射线与试样表面夹角相等，并规定从上往下看时 α 逆时针转向为正。β 角的规定与反射法相同。透射法是一种不对称的衍射方式，可以证明，这种方式的测量范围为 $0°\leqslant|\alpha|<(90°-\theta)$，当 α 接近 $(90°-\theta)$时已很难进行测量。因此，透射法适合于低 α 角区的测量。

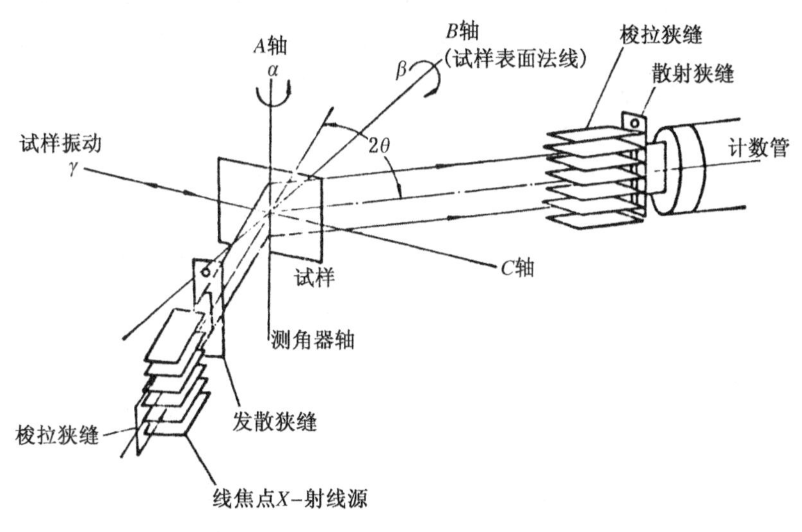

图 15-4　极图透射测量方法的衍射几何

与反射法类似，在实验过程中，始终确保 $2\theta_{hkl}$ 不变，即测角仪与计数管固定不动。依次设定不同的 α 角，在每一个 α 角下试样沿 β 角连续旋转 360°，同时测量衍射计数强度。

从透射法的衍射几何不难发现，当 $\alpha\neq0°$时，入射线与衍射线所经过的材料的路径要比

$\alpha=0°$时的长，即 $\alpha\neq0°$时材料对 X 射线吸收比 $\alpha=0°$时更为明显。如果对所采集的衍射数据进行强度校正，可采用下面的公式：

$$R=I_\alpha/I_0=\cos\theta[e^{-\mu t/\cos(\theta-\alpha)}-e^{-\mu t/\cos(\theta+\alpha)}]/\{\mu te^{-\mu t/\cos\theta}[\cos(\theta-\alpha)/\cos(\theta+\alpha)-1]\} \quad (15-2)$$

由于透射法中的吸收效应不可忽略，必须进行强度校正。将不同 α 角条件下测量得到的衍射强度用相应的 R 去除，就能得到消除了吸收影响的衍射强度。

利用上述实验及数据处理方法，最终也能获得试样中某族晶面的一系列衍射强度 $I_{\alpha,\beta}$的变化曲线，并可绘制出该 α 角区间的极图。上述两种方法的区别在于，反射法得到高 α 角区间的极图，透射法得到低 α 角区间的极图。因此，如果将两种方法结合起来，则可得到材料晶面取向概率的完整空间极图。

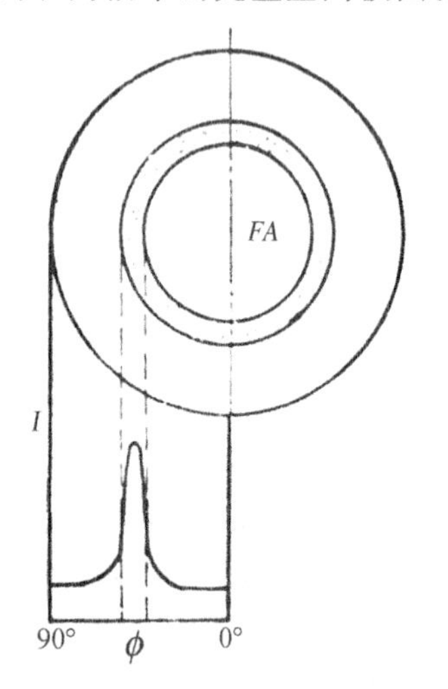

图 15-5　垂直于丝轴方向的丝织构极图

3）丝织构简易测量法

丝织构的特点是所有晶粒的各结晶学方向对其丝轴呈旋转对称分布，若投影面垂直于丝轴，则某{hkl}晶面的极图为图 15-5 所示的同心圆。在此情况下，不需要在衍射仪上安装织构测试台附件，仅利用普通测角仪的转轴，让试样沿 φ 角转动（φ 为衍射面法线与试样表面法线之夹角），并进行测量。

在实验过程中，衍射角 $2\theta_{hkl}$ 固定不变，同时测量出衍射强度随 φ 角的变化。极网中心为 $\varphi=0°$。为了解 $\varphi=0°\sim90°$整个范围内的极点分布情况，需要选用两种试样，分别用于低 φ 区和高 φ 区的测量。

高 φ 角区测量：试样是扎在一起的一捆丝，扎紧后嵌在一个塑料框内，丝的端面经磨平、抛光和浸蚀后作为测试面，如图 15-6(a)所示。以图中 $\varphi=90°$为初始位置，试样连续转动即 φ 连续变化，同时记录衍射强度随 φ 的变化情况，得到极点密度沿极网径向的分布。这种方式的测量范围为 $0°<|\varphi|<\theta_{hkl}$。

高 φ 角区测量：将丝并排黏在一块平板上，磨平、抛光并浸蚀后作为测试面，丝轴与衍射仪转轴垂直，X 射线从丝的侧面反射，如图 15-6(b)所示。以图中 $\varphi=90°$为初始位置，试样连续转动，同时记录衍射强度随 φ 的变化情况。这种方式的测量范围为$(90°-\theta_{hkl})<|\varphi|<90°$。

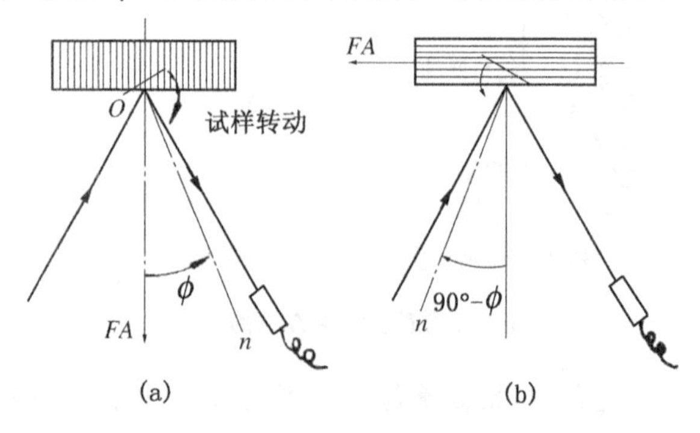

图 15-6　测定丝织构的简易方法

(a) 低 φ 区；(b) 高 φ 区

可以证明，如果 φ 角不同，则入射线及反射线走过的路程不同，即 X 射线的吸收效应不同。由此可以证明，当试样厚度远大于 X 射线有效穿透深度时，任意 φ 角的衍射强度与 $\varphi=90°$ 的衍射强度之比（I_φ/I_0）为

$$R=1-\tan\varphi\cos\theta（低\ \varphi\ 区），R=1-\cot\varphi\cos\theta（高\ \varphi\ 区） \qquad (15-3)$$

将各不同 φ 条件下测得的衍射强度被相应的 R 除，就得到消除了吸收影响而正比于极点密度的 I_φ。将修正后的高 φ 区和低 φ 区数据绘成 $I_\varphi \sim \varphi$ 曲线，如图 15-7 所示，以描述丝织构。使用该曲线中数据，并换算出 α 角（$\alpha=90°-\varphi$），也可以绘制丝织构的同心圆极图。

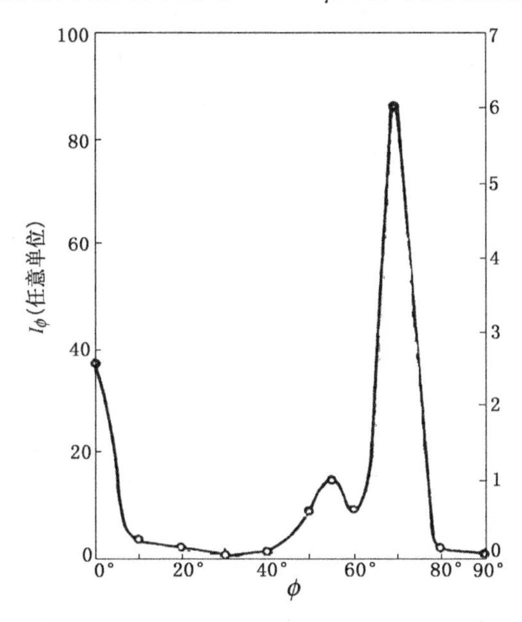

图 15-7　挤压铝丝{111}极分布的 $I_\varphi \sim \varphi$ 曲线

4）其他注意事项

首先，当试样晶粒粗大时，如果入射光斑不能覆盖足够多晶粒，则衍射强度测量就失去统计意义。此时，利用极图附件的振动装置，让试样在做 β 转动的同时做 γ 振动（图 15-1 及图 15-4），以增加参加衍射的晶粒数。其次，当织构存在梯度时，表面和内部择优取向程度有所不同，由于不同 α 对应不同的 X 射线穿透深度，可造成织构测量误差。再者，为了实现透射法和反射法测量结果的衔接，它们的 α 范围应有 10°左右的重叠。

15.1.3　反极图及其测量

首先介绍标准投影三角形。从立方晶系单晶体(001)面的标准极图可知，(001)，(011)和(111)晶面及其等同晶面的投影，将上半球面分成 24 个全等的球面三角形，每个三角形的顶点都是这三个主晶面（轴）的投影。从晶体学角度来看，这些三角形是完全一样的，任何方向都可以表示在任一个三角形内。习惯上采用图 15-8 所示的标准投影三角形。

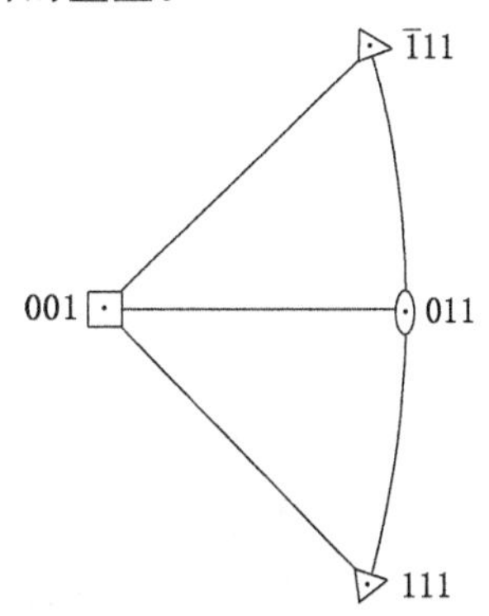

图 15-8　立方晶系标准投影三角形

极图是表达某结晶学方位相对于试样宏观坐标的

投影分布。而织构还可以用另一种表达方式即反极图表达，它表示某一选定的宏观坐标，如丝轴、板料轧面法向(*ND*)或轧向(*RD*)等，相对于微观晶轴的取向分布。所以反极图投影面上的坐标是单晶体的标准投影图。由于晶体的对称性特点，只需取其单位投影三角形。反极图可用于描述丝织构和板织构，而且便于做取向程度的定量比较。

在反极图中，通常以一系列轴密度等高线来描述材料中的织构。轴密度代表某{*hkl*}晶面法线与宏观坐标平行的晶粒占总晶粒的体积分数。用以下等式来确定轴密度 W_{hkl}。

$$W_{hkl} = (I_{hkl}/I_{hkl}^0)\left[\sum_{i}^{n} P_{(\mathrm{hkl})_i}/I_{(hkl)_i}^0\right] \tag{15-4}$$

式中，I_{hkl} 为织构试样的衍射强度，I_{hkl}^0 为无织构标样的衍射强度，P_{hkl} 为多重因子，n 为衍射线条数，下标 i 是衍射线条序号。

测量反极图远比(正)极图简单，取样要求是，将待测轴密度宏观坐标轴的法平面作为测试平面，光源则选波长较短的 Mo 靶或 Ag 靶，以便能得到尽可能多的衍射线，取与有织构试样和无织构试样完全相同的条件测量。扫描方式用常规的 $\theta/2\theta$，记下各{*hkl*}衍射线积分强度。在扫描过程中，最好是试样以表面法线为轴旋转(0.5～2r/s)，以便更多的晶粒参加衍射，达到统计平均的效果。将测试数据代入式(15－4)，计算出 W_{hkl} 并将其标注在标准投影三角形的相应位置上，绘制等轴密度线，就得到反极图。当存在多级衍射时，如 111，222 等，只取其中之一进行计算，重叠峰也不能计入其中，例如体心立方中的(411)与(330)线等。

反极图特别适用于描述丝织构，只需一张轴向反极图就可表达其全貌。例如，由图 15－9 中轴密度高的部位可知该挤压铝棒有＜001＞＜111＞双织构。对板织构材料，则至少需要两张反极图才能较全面地反映出织构的形态和指数。

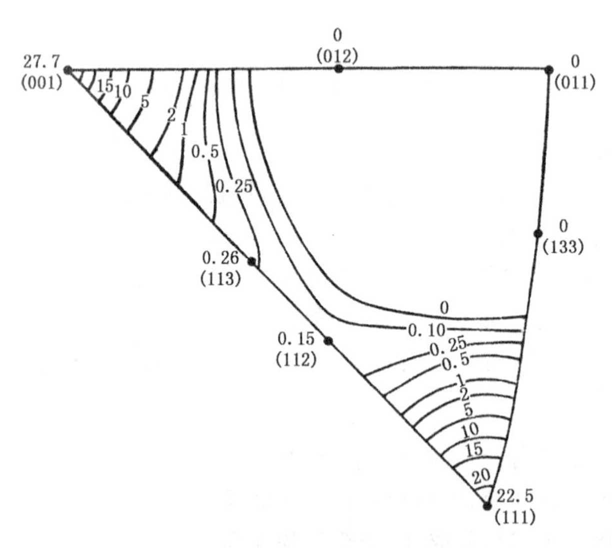

图 15－9 挤压铝棒的反极图

15.1.4 三维取向分布函数

描述一个晶体的方位需要三个参数，但极图实质上是三维坐标在二维的投影，即只有两个参数。由于极图方法的局限性，使得在很多场合下无法得出确定的结论。为克服极图和反极图的不完善，需要建立三个参数表示织构的描述方法，即三维取向分布函数(ODF)。

晶粒相对于宏观坐标的取向，可用一组欧拉角来描述，如图 15－10 所示。图中 O-ABC 是宏观直角坐标系。OA 为板料轧向（RD），OB 为横向（TD），OC 为轧面法向（ND）；O-XYZ 是微观晶轴方向坐标系，OX 为正交晶系[100]，OY 为[010]，OXZ 为[001]；坐标系 O-XYZ 相对于 O-ABC 的取向，由一组欧拉角（ψ，θ，ϕ）的转动获得。

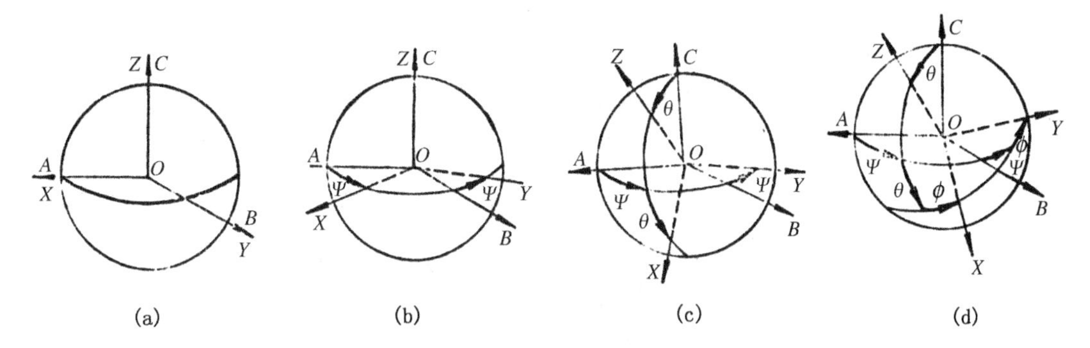

图 15－10　空间坐标系中的欧拉角

(a) ABC 与 XYZ 重合；(b) XYZ 转动 ψ 角；(c) XYZ 转动 ψ 和 θ 角；(d) XYZ 转动 ψ，θ 及 ϕ 角

由这三个角的转动完全可以确定 O-XYZ 相对于 O-ABC 的方位，因此多晶体中每个晶粒都有可用一组欧拉角表示其取向的 $\Omega(\psi,\theta,\phi)$。建立坐标系 O-$\psi\theta\phi$，每种取向则对应图形中的一点，将所有晶粒的 $\Omega(\psi,\theta,\phi)$ 均标注在该坐标系内，就得到如图 15－11 所示的取向分布图。

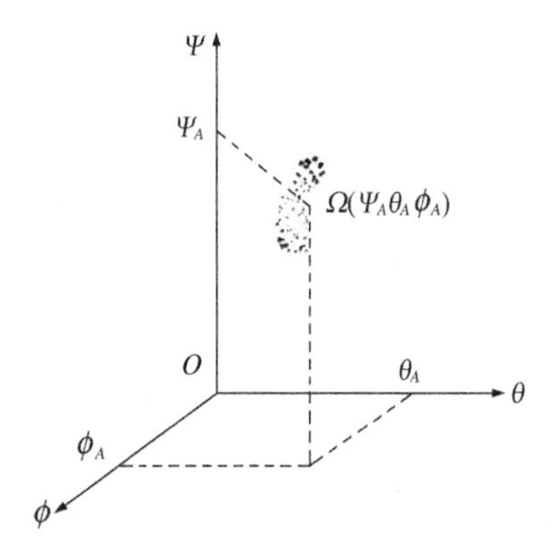

图 15－11　取向分布

通常以取向密度来描述晶粒的取向分布情况，取向密度 $\omega(\psi,\theta,\phi)$ 表示如下：

$$\omega(\psi\theta\phi)=K(\Delta V/V)/(\Delta\psi\Delta\theta\Delta\phi\sin\theta) \quad (15-5)$$

式中，$\Delta\psi\Delta\theta\Delta\phi\sin\theta$ 为包含 $\Omega(\psi,\theta,\phi)$ 的取向单元，$\Delta V/V$ 为取向落在该单元内的晶粒体积 ΔV 与总体积 V 之比。习惯上令无织构材料的 $\omega(\psi,\theta,\phi)=1$，不随取向变化。由 $\omega(\psi,\theta,\phi)$ 在整个取向范围内积分得 $K=8\pi^2$。由于 $\omega(\psi,\theta,\phi)$ 确切地表现了材料中晶粒的取向分布，故称为取向分布函数，简称 ODF 函数。

ODF 函数不能直接测量，而需由定量极图数据来计算。设由{hkl}极图所得的极密度为 $q(\chi,\eta)$，χ 及 η，分别是极点的经度和纬度，若将各晶粒{hkl}面法线设为 OZ' 轴，并以（ψ'，θ'，ϕ'）表示 $O-X'Y'Z'$ 相对于 O-ABC 的欧拉角，由式（15－5）和图 15－10 可得

$$\int_0^{2\pi}\omega(\psi',\theta',\phi')\mathrm{d}\phi' = q_{hkl}(\psi',\theta') \quad (15-6)$$

上式即为 ODF 函数与晶面{hkl}极图的关系。将式（15－6）两边均展成无穷级数（球谐函数的级数），则 $\omega(\psi,\theta,\phi)$ 归结为从极图极数系数来计算 ODF 级数系数。计算 ODF 函数至少需两张极图的数据，应用较复杂的数学方法，全部工作由电子计算机完成。

$\omega(\psi,\theta,\phi)$ 图是立体的，不便于绘画和阅读，通常以一组恒 ψ 或恒 ϕ 截面图来代替，如图 15－12所示，截面图组清晰地给出了哪些取向上 $\omega(\psi,\theta,\phi)$ 有峰值以及与之相应的那些织构组分的漫散情况。ODF 函数本身已经确切地体现了晶粒的取向分布，但人们仍然习惯用

织构指数$\{hkl\}<uvw>$来表示择优取向。织构的这种表示法可由 ODF 函数上取向峰值$\Omega(\psi,\theta,\phi)$得到，如对立方晶体能方便地由一组(ψ,θ,ϕ)得到相应的$\{hkl\}<uvw>$。

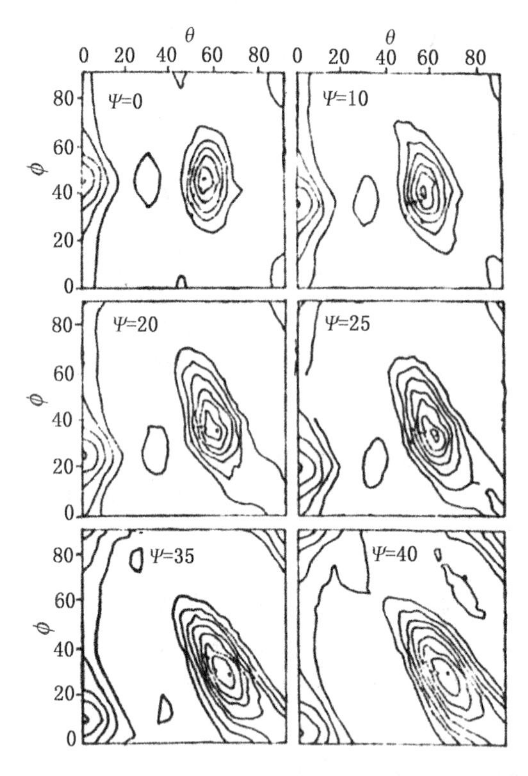

图 15-12 钢板织构的 ODF 函数

15.2 单晶定向

单晶体具有各向异性的特点，无论是制造、使用还是研究单晶体都必须知道其取向，如半导体 Si 单晶器件，须用面为{111}的基片。在晶体缺陷和相变的研究中也要涉及单晶体的位向问题。利用 X 射线衍射方法，不仅可以完整精确且无损地完成单晶的定向工作，同时能获得晶体内部完整微观的信息。

15.2.1 单晶劳厄法的特点

劳厄法是以连续 X 射线为光源，照射到不动的单晶体上，用与入射线垂直的底片接收衍射线，按光源(A)、试样(C)、底片(F)三者的位置关系分透射劳厄法和背射劳厄法，如图 15-13所示。根据劳厄法的特点，各个晶面衍射角θ及自身d值将各自选择入射 X 射线中符合布拉格方程的波长，在底片上接收到规则排列的劳厄斑点，如图 15-14 所示。显然，在一个劳厄斑点内包含一组晶面对波长为$\lambda,\lambda/2,\lambda/3,\cdots$各谐波的衍射，也可视为相互平行但面间距不等的各组晶面$(d,d/2,d/3,\cdots)$的衍射。

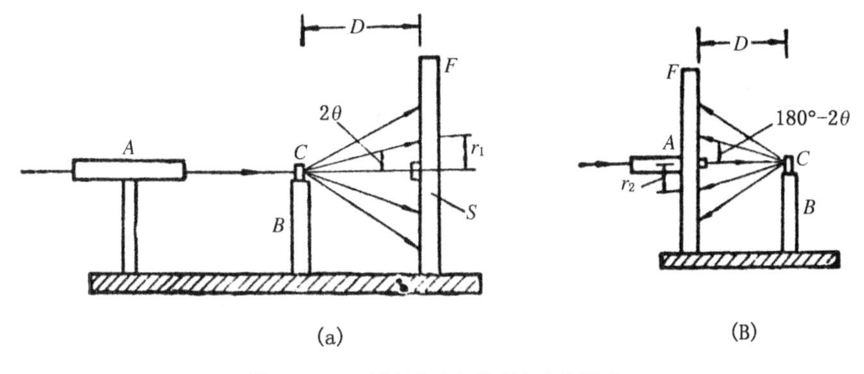

图 15－13　透射(a)和背射(b)劳厄法

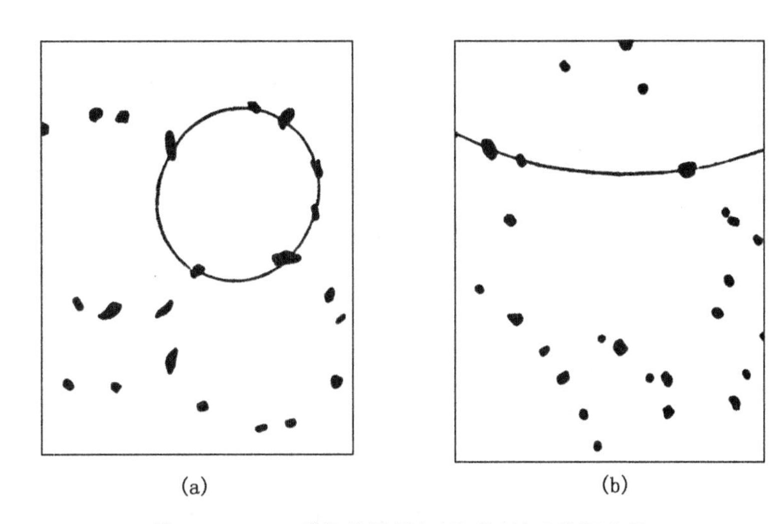

图 15－14　Al 单晶的透射(a)和背射(b)劳厄花样

根据图 15－13 中的几何关系，根据斑点到底片中心的距离 r 和试样到底片的距离 D，可以计算衍射角 2θ，即

$$\tan(2\theta)=r/D\ (\text{反射法}),\tan(180°-2\theta)=r/D\ (\text{透射法}) \tag{15-7}$$

用倒易点阵的概念和爱瓦尔德图解，能更深入且直观地解释单晶劳厄花样的特点。它不仅能说明同一斑点内包含多种晶面和多种波长的衍射，更重要的是它揭露了劳厄斑点规则排列的本质，为劳厄图像的解释和进行单晶定向打下了基础。图 15－14 表明，单晶劳厄斑点排列成一系列二次曲线，如椭圆、抛物线、双曲线以及直线，可以证明，在一单晶体中属于同一晶带的各共带面，其劳厄衍射斑点排列在同一根二次曲线上。

在劳厄法中入射束包含连续变化的 X 射线，它们对应一系列半径连续变化的反射球，这些反射球在倒易原点相切，最短波长为 λ_0，即最大反射球半径为 $1/\lambda_0$，最长波长为 λ_m，即最小反射球半径为 $1/\lambda_m$，凡倒易点落在这两个反射球面之间的晶面都可能发生衍射，衍射线的方向为从反射球心到倒易点的矢量方向。由晶体学原理可知，属于同一晶带的所有晶面倒易阵都应处于通过倒易原点并垂直于晶带轴的同一平面上，此平面与反射球相交于一通过倒易原点的小圆，此晶带中所有晶带面的衍射线都在以此小圆为底，以 ϕ(晶带轴 ZA 与入射线的夹角)为半顶角的圆锥面上，如图 15－15 所示。若将底片垂直于入射线放置，则在不同

ϕ 角条件下可得到各种不同形式的二次曲线,列在表 15-1 中。

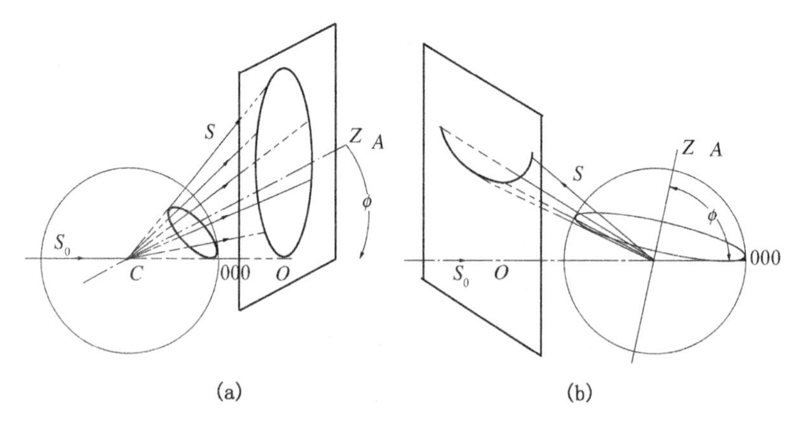

图 15-15 透射(a)和背射(b)劳厄法衍射花样的形成

表 15-1 劳厄法花样中的二次曲线

ϕ	在透射底片上	在背射底片上
<45°	椭 圆	无
45°	抛物线	无
45°<ϕ<90°	双曲线	双曲线
90°	直 线	直 线

15.2.2 单晶定向方法

单晶定向的常规方法,主要是劳厄照相法和衍射仪法。目前,还有专门用于单晶定向的定向仪,但其原理与衍射仪法相似。

1) 劳厄照相法

背射劳厄法方便易行,可用于单晶定向,所用工具是格仑宁格网。图 15-16 为背射劳厄法的衍射几何。首先应确定试样 C 相对于底片的方位,并标注在底片上,因此图中包括 Γ 形参考线和右上方的底片切角。X 射线沿 OZ 入射,虚线 G 表示 OYZ 平面内的一晶带轴,AB 是此晶带倒易平面与底片的交线,其投影为一经线大圆,N 是 AB 上一点,CN 为晶带面的法线(倒易矢量方向),其极点坐标为 α 及 β,此晶带的衍射斑点分布在 HK 二次曲线上,S 是法线为 CN 的晶面衍射斑点,其坐标为 x 及 y。根据图 15-16 中几何关系,可以证明

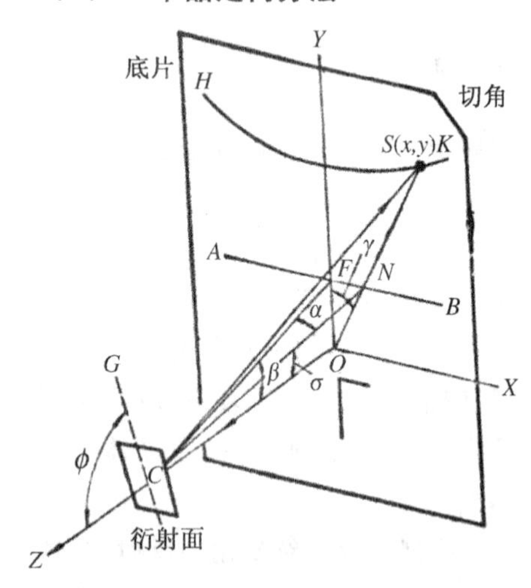

图 15-16 背射劳厄法的衍射几何

$$x = OS\sin\gamma,\ y = OS\cos\gamma,\ OS = OC\tan 2\sigma$$
$$\tan\gamma = \tan\alpha/\sin\beta,\ \tan\sigma = \tan\alpha/(\sin\eta\cos\beta) \tag{15-8}$$

根据式(15-8),对任何给定的极点位置 α、β 和拍摄距离 D,即可求得相应的衍射斑点的

位置，此关系图就是格仑宁格网，如图 15－17 所示，横方向的双曲线是恒 α 线，纵向双曲线是恒 β 线，此坐标网对应的拍摄距离 $D=30\text{mm}$。显然，此网是进行劳厄图像和衍射面投影间相互转换的标尺。

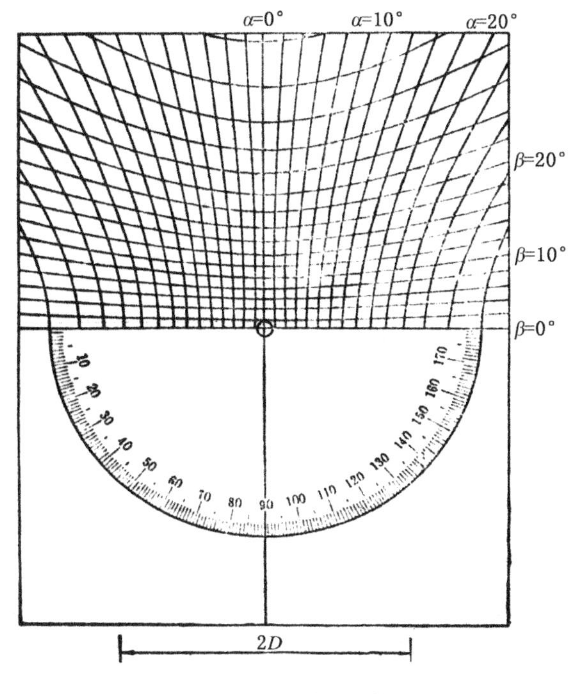

图 15－17　格仑宁格网

利用格仑宁格网与乌氏网的操作，将底片上单晶劳厄斑点转化为相应衍射面和晶带轴的极点，利用晶体标准投影图将这些斑点指标化，得到待测晶体的投影图，最终确定宏观坐标与主要结晶学方位之间的夹角。

2）衍射仪法

用劳厄法进行单晶定向的测量误差较大，主要决定于试样设置及劳厄斑点的大小。斑点漫散可能造成读数的误差，若欲获得高精度的取向，需要在劳厄法初步定向的基础上用衍射仪法来精确定向。

将被测单晶体以反射法的方式安装在织构附件上，利用类似于织构测量方法，进行单晶定向工作。根据单晶材料的晶体结构，选定待测量取向的晶面，将衍射仪的计数管固定在相应衍射角 $2\theta_{hkl}$ 处，测量过程中衍射角固定不变，参见图 15－1 衍射几何。分别设定一系列的 α 角，在每一 α 角位置均做 0°～360°的 β 转动，同时记录下每一时刻的衍射计数强度，直至出现衍射强度最大为止，此时对应的 α 和 β 即为待测晶面的取向角，如图 15－18 所示。角度 α 和 β 的扫描范围，可根据劳厄法的初步定向结果来确定。采用衍射仪法进行单晶定向，其测量精度明显高于劳厄照相法。

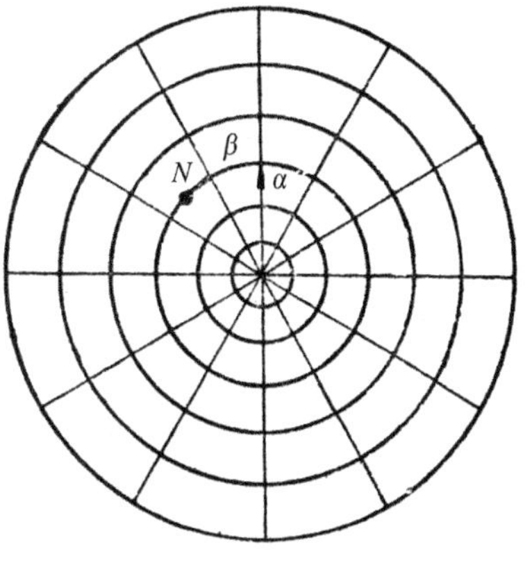

图 15－18　衍射仪法单晶取向的标注

第 3 篇　电子显微分析

第 16 章　透射电子显微镜的原理和构造

16.1　入射电子在固体样品中所激发的信号及其体积

16.1.1　激发的信号

高能入射电子束照射到固体样品上，与样品中原子的相互作用将产生各种信号，如图 16－1所示。透射电子显微镜、扫描电子显微镜、电子探针 X 射线显微仪主要应用以下几种信号：

1) 二次电子

入射电子与样品内原子核外层电子发生非弹性散射时，使一部分核外电子获得能量逸出样品表面，这些电子称为二次电子。

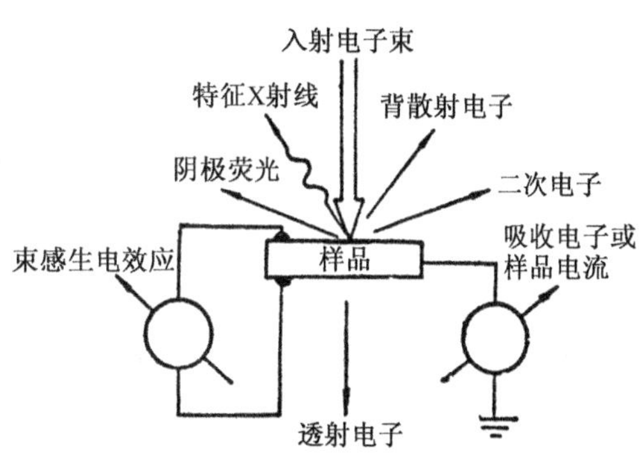

图 16－1　电子束与固体样品相互作用产生的各种物理信号

由于价电子结合能很小，对于金属来说大致在 10eV 左右。因此二次电子能量比较低，一般小于 50eV，大部分为 2～3eV。在入射电子和样品中原子的相互作用过程中，其他方式也能产生逸出表面的低能量电子，它们与二次电子是不能区分的，因此，习惯上把样品上方检测到的、能量低于 50eV 的自由电子都称为二次电子。由于二次电子对样品表面形貌敏感，并具有高空间分辨率和高信号收集率的特点，成为扫描电子显微镜成像的主要信号。

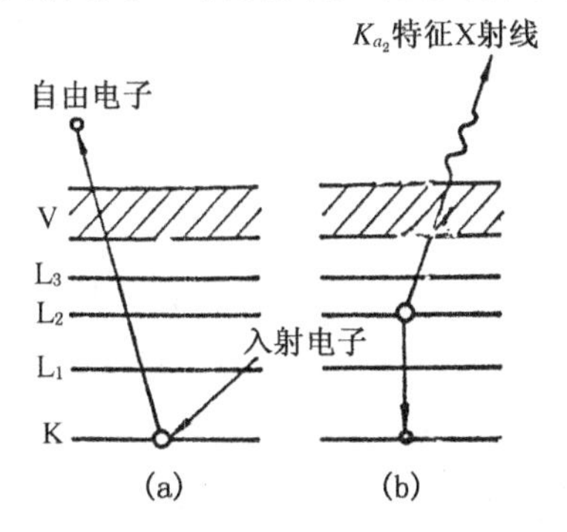

图 16－2 原子的 K 电离激发及其后的跃迁过程

(a) K 激发态；(b) 发射 K 光子

2) 背散射电子

这是入射电子在样品中受原子核卢瑟福散射后，被原子反射出样品表面的一部分电子，它们的能量损失很小，其能量接近入射电子，但相对于二次电子的划分，通常把能量大于 50eV 的电子通称为背散射电子。背散射电子与二次电子不同，除了对样品形貌敏感外，还对样品的原子序数敏感，以其作为调制信号可显示由微区化学成分差异产生的衬度像。

3) 吸收电子

随着入射电子与样品中原子发生非弹性散射次数增多，其能量损失殆尽，不能再逸出表面，这部分就是吸收电子，如果样品与地之间接上一个高灵敏的电流放大器，所检测到的电流信号，就是吸收电子或称样品电流信号。吸收电子也是对样品中原子序数敏感的一种物理信号，其用途与背散射电子相同，但图像衬度正好与背散射电子像相反。

4) 特征 X 射线

特征 X 射线是原子的内层电子受到激发后，在电子跃迁过程中直接释放出的一种具有特征能量和波长的电磁辐射波。

当入射电子照射到固体样品上，若使样品内原子的内层电子激发，这时原子由基态变为不稳定激发态，外层电子就要向内层电子空位方向跃迁，在能级跃迁过程中可直接释放出具有特征能量和波长的 X 射线(也可能将核外另一电子打出，该电子脱离原子后成为具有特征能量的二次电子，称为俄歇电子)。如果 K 内层电子被激发，L_2层(L 层中的某一亚层)电子向 K 层跃迁，那么所释放的 X 射线的特征能量就等于两能级的能量差：$E_K-E_{L_2}$，这样的辐射称为 K_{α_2} 辐射(见图 16-2)。此时 X 射线的波长为

$$\lambda_{K\alpha_2}=\frac{h\cdot c}{E_k-E_{L_2}} \tag{16-1}$$

式中，h 为普朗克常数；c 为光速。

由于对一定的元素，E_k，E_{L2}，…都有确定的特征值，所以发射的 X 射线波长也有特征值，叫做特征 X 射线(见附录 12)。特征 X 射线的波长 λ 与光子能量 E(或用 ΔE 表示)之间的关系为

$$\lambda=\frac{hc}{E}\text{或}E=\frac{hc}{\lambda} \tag{16-2}$$

如果把 $h=6.62\times10^{-34}\times6.25\times10^{18}\text{eV}\cdot\text{s}$，$c=3.0\times10^{8}\text{m/s}$ 代入，则得

$$\lambda(\text{nm})=\frac{1.2396}{E(\text{keV})}\text{或}E(\text{keV})=\frac{1.2396}{\lambda(\text{nm})}$$

E 就是相应跃迁过程始、终态的能量差，这表明特征 X 射线的波长或光子能量是不同元素的特征之一。通过鉴别不同的特征 X 射线波长(应用于波谱仪)或光子能量(应用于能谱仪)就可判别样品中不同元素的存在。

5) 透射电子

当样品的厚度远小于入射电子的有效穿透深度时，就有相当数量的入射电子能穿透试样，这些电子成为透射电子，具有弹性散射或特征能量损失的透射电子能被用于透射电子显微镜分别进行形貌、结构和成分的观察和分析。

16.1.2 电子束激发体积

高能入射电子束进入样品后，与样品中的原子相互作用后可产生各种物理信号，利用这些信号可以获得关于样品的各种信息。各种信号在样品中的分布情况，即信息源的大小是各不相同的，定性地了解这一点，对正确利用各种信号是极为重要的。

经聚焦的高能入射电子受到样品中原子多次(几十，几百次)散射后，由于散射的累加，使电子偏离原入射方向，即入射电子束在样品中会扩展。入射电子束在样品中穿透的深度正比于它们的能量，反比于样品原子序数。入射电子在样品中扩展后的形状仅取决于样品的原子序数，其本身的能量(与加速电压有关)仅改变扩展体积的大小。对于轻元素样品，入射电子束在样品中的激发体积似“梨形”，如图 16-3(a)所示。由于轻元素原子对入射电子的散射能力较小，入射电子经过许多次小角度散射，在尚未达到较大散射角之前已深入到样

品内部的一定深度，然后随散射次数的增多，散射角增大。当入射电子散射到达一定深度时，电子在各个方向散射概率相等，这种情况称为漫散射。因此，电子束激发体积形状为"梨形"。对于重元素，由于入射电子在样品表面不很深的地方就达到漫散射的程度，因此电子束激发体积形状呈"半球形"，如图 16-3(b)所示。

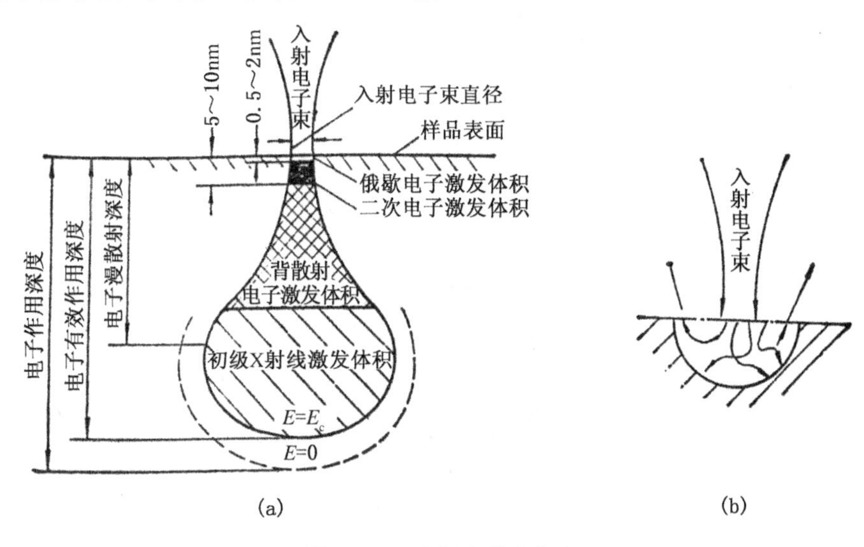

图 16-3　电子束激发体积

入射电子束在它的整个样品激发体积内均有可能产生各种信号，但由于各种信号所具有的能量不同和样品对信号的阻止能力不同，决定了它们能逸出表面的深度也不同。二次电子能量比较低(小于 50eV)，只有从样品表层 5～10nm 深度范围内激发的二次电子才能逸出样品表面被检测器所检测。而俄歇电子虽然能量比二次电子大，但在逸出样品表面过程中太多的碰撞会失去其特征能量，因此有效逸出表层距离约为 1nm 左右。在这样浅的表层里，入射电子与样品原子只发生次数很有限的散射，基本上未有侧向扩展。因此，可以认为在样品上方检测到的二次电子和俄歇电子主要来自直径与扫描束斑相当、深度分别为 5～10nm 和 0.5～2nm 的样品体积内。在理想情况下，二次电子像和俄歇电子像分辨率约等于束斑直径。因此，获得小束斑尺寸的电子束是提高扫描电子显微镜分辨本领的必要条件。

背散射电子能量很高，穿透能力比二次电子强得多，可以从样品较深的区域逸出(约为有效穿透深度的 30%左右)。在这样的深度范围，入射电子已经有了相当宽度的侧向扩展。在样品上方检测到的背散射电子是来自比二次电子大得多的体积，所以背散射电子像分辨率要比二次电子像分辨低，一般为 50～200 nm。

至于吸收电子、X 射线信号来自整个电子激发体积，使所得到的扫描像的分辨率更低，一般在 100 nm 或 1μm 以上。

16.2　透射电子显微镜的构造

透射电子显微镜是一种以电子束为照明源，将穿过样品的电子(即透射电子)经电磁透镜聚焦成像的电子光学仪器。图 16-4 是透射电子显微镜的剖面图。

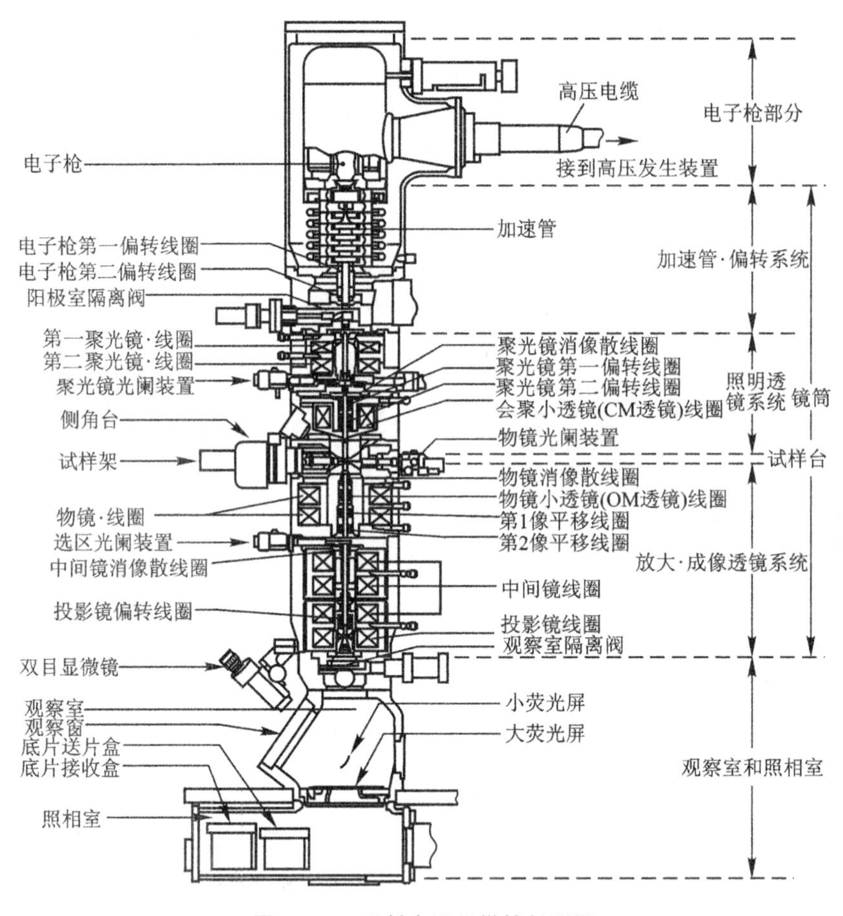

图 16-4 透射电子显微镜剖面图

电子束照明源和电子透镜是透射电子显微镜有别于光学显微镜的两个最主要的组分。

16.2.1 电子波长

1924 年,德布罗意(de Broglie)鉴于光的波粒二象性提出这样一个假设:运动的实物粒子(静止质量不为零的那些粒子:电子、质子、中子等)都具有波动性质,后来被电子衍射实验所证实。运动电子具有波动性使人们想到可以用电子束作为电子显微镜的光源。对于运动速度为 v,质量为 m 的电子波长为

$$\lambda = h/mv \tag{16-3}$$

式中,h 为普朗克常数。

一个初速度为零的电子,在电场中从电位为零处开始运动,因受加速电压 u(阴极和阳极的电位差)的作用获得运动速度为 v,那么加速每个电子(电子的电荷为 e)所做的功(eu)就是电子获得的全部动能,即

$$eu = \frac{1}{2}mv^2$$

$$v = \sqrt{\frac{2eu}{m}} \tag{16-4}$$

加速电压比较低时,电子运动的速度远小于光速,它的质量近似等于电子的静止质量,

即 $m \approx m_0$，合并式(16－3)和式(16－4)得

$$\lambda = h/\sqrt{2em_0u} \tag{16-5}$$

把 $h = 6.62\times10^{-34}\,\mathrm{J\cdot s}$，$e = 1.60\times10^{-19}\,\mathrm{C}$，$m_0 = 9.11\times10^{-31}\,\mathrm{kg}$ 代入式(16－5)(见附录13)得

$$\lambda = (1.5/u)^{1/2} \tag{16-6}$$

式中，λ 以 nm 为单位，u 以伏为单位。上式说明电子波长与其加速电压平方根成反比；加速电压越高，电子波长越短。

对于低于 500eV 的低能电子来说，用式(16－6)计算波长已足够准确，但一般透射电子显微镜的加速电压为 80～200kV 或更高，而超高压电子显微镜的电压为 1 000～2 000kV。对于这样高的加速电压，上述近似不再满足，因此必须引入相对论校正，即

$$m = \frac{m_0}{\sqrt{1-\left(\frac{v}{c}\right)^2}} \tag{16-7}$$

式中，c 为光速。相应的电子动能为

$$eu = mc^2 - m_0c^2 \tag{16-8}$$

整理式(16－1)、式(16－5)、式(16－6)得

$$\lambda = h/\sqrt{2em_0u(1+eu/2m_0c^2)} \tag{16-9}$$

与式(16－5)相比，式(16－9)中$(1+eu/2m_0c^2)$为相对论校正因子。在加速电压 u 为 50kV、100kV 和 200kV 时，这个修正值分别约为 2%，5%，10%。表 16－1 中列出了不同加速电压下电子的波长和速度。从表中可知，电子波长比可见光波长短得多。以电子显微镜中常用的 80～200kV 的电子波长来看，其波长仅为 0.004 18～0.002 51nm，约为可见光波长的十万分之一。

表 16－1　不同加速电压下的电子波长和速度

u/kV	λ/nm	v/(10^{11} mm · s^{-1})
40	0.006 01	1.121 6
60	0.004 37	1.338
80	0.004 18	1.506
100	0.003 70	1.644
200	0.002 51	2.079
500	0.001 42	2.587
1 000	0.000 87	2.822

16.2.2 电子透镜

一定形状的光学介质界面(如玻璃凸透镜旋转对称的弯曲折射界面)可使光波聚焦成像，而特殊分布的电场、磁场，也具有玻璃透镜类似的作用，可使电子束聚焦成像，人们把用静电场和磁场做成的透镜分别称之为“静电透镜”(Electrostatic Lens)和“电磁透镜”(Electromagnetic Lens)，统称为“电子透镜”(Electron Lens)。最初，静电透镜既用于电子枪以获得会聚的电子束作为点光源，又用于照明系统的聚光镜和成像系统的物镜、中间镜和投影

镜，后来，考虑到安全，照明系统和成像系统中的透镜均为电磁透镜。下面分别讨论静电透镜和电磁透镜的聚焦原理和特点。

16.2.2.1 静电透镜

在电荷或带电物体的周围存在一种特殊的场，称为电场，若电场不随时间变化，称为静电场。

在电位梯度变化的电场中存在许多相同的点电位，而这些电位相同的点构成等位面。电场强度与电位梯度的关系为

$$E=-\frac{\mathrm{d}u}{\mathrm{d}n}\boldsymbol{n} \tag{16-10}$$

式中，E——电场强度，其定义为电场对单位正电荷产生的作用力；

$\boldsymbol{n}$——沿等位面法线朝着电位增大方向的单位矢量；

$\mathrm{d}u/\mathrm{d}n$——沿电场等位面法线方向的电位变化率，即电位梯度。

式(16-10)表明电场强度在数值上等于电位梯度的绝对值，因此，电场强度的方向就是电位变化率最大的方向。式中的负号表示电场强度方向与电位增加方向相反。

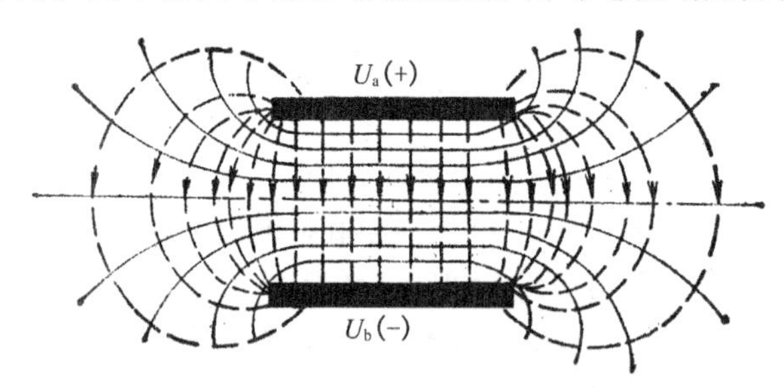

图 16-5　平行板电极电场

如果两块电位分别为 u_a和 u_b的平行板电极，当电极尺寸远大于它们的间距(l)时，除边缘外，电极之间形成均匀电场并呈现以下特征：等电位面是一系列与电极平面平行的平面；电场中任意一点的电场强度方向垂直于该点的等位面，并从高电位指向低电位，如图 16-5 所示。显然，均匀电场中的任意一点的电场强度相等，因为等位面均垂直于电场强度方向，故电场强度的数值可直接用下式计算：

$$E=\frac{u_b-u_a}{l} \tag{16-11}$$

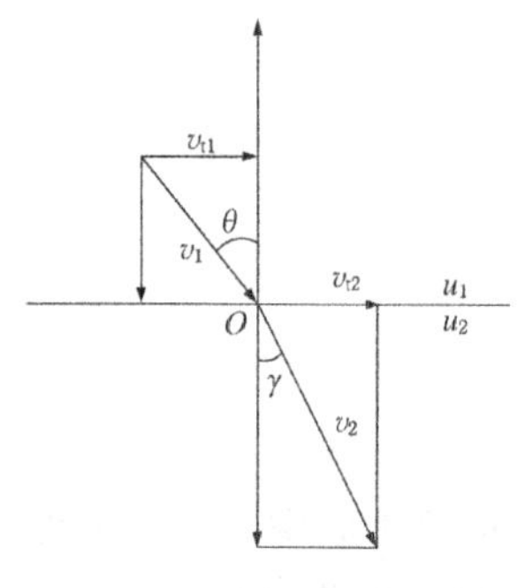

图 16-6　电场对电子的折射

当一个速度为 v_1 的电子，沿着与等位面法线成一定角度方向运动时，如图 16-6 所示，并由上方 u_1电位区通过等电位面进入下方 u_2电位区的瞬间，在交界点 O 处的运动方向发生突变，电子速度从 v_1变为 v_2。由于电场对电子作用力的方向总是沿着电子所处点的等位面的法向，从低电位指向高电位(因为电子是负电荷)，所以该点等位面切线方向上电场的分量为零，即该方向的电子速度保持不变，由此得到 $v_{t1}=v_{t2}$。从图16-6所示的几何关系可得

$$\frac{\sin\theta}{\sin\gamma}=\frac{v_{t1}/v_1}{v_{t2}/v_2}=\frac{v_2}{v_1} \tag{16-12}$$

如果起始电位和电子初始速度均为零,由式(16-4)可得

$$v_1=\sqrt{\frac{2eu_1}{m}},v_2=\sqrt{\frac{2eu_2}{m}}$$

将它们代入式(16-12)可得

$$\frac{\sin\theta}{\sin\gamma}=\sqrt{\frac{u_2}{u_1}} \tag{16-13}$$

由于

$$\lambda\propto\frac{1}{\sqrt{u}}$$

所以式(16-13)可进一步写为

$$\frac{\sin\theta}{\sin\lambda}=\sqrt{\frac{u_2}{u_1}}=\frac{\lambda_1}{\lambda_2} \tag{16-14}$$

上式与光的折射定律类似,其中,$\sqrt{u_i}$等同于折射率 n_i，由此表明电场中等位面对电子的折射等同于光学系统中两种介质的界面对光的折射。

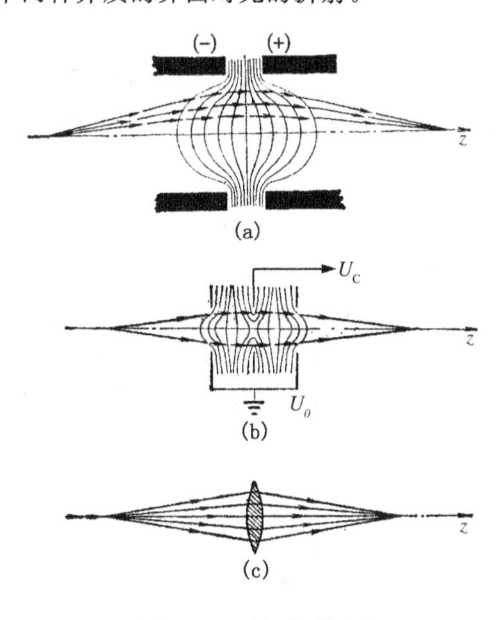

图 16-7　静 电 透 镜

(a) 双圆筒静电透镜;(b) 静电单透镜;(c) 光学玻璃凸透镜

可以想象,一定形状的光学介质界面可使光波聚焦成像,那么类似形状的等电位曲面簇也可使电子波成像,这样的等电位曲面簇就称为静电透镜,如图 16-7(a)所示的双圆筒静电透镜。在电子枪中,由阳极、阴极和栅极组成静电单透镜,如图 16-7(b)所示。由图可知,静电透镜主轴上物点散射的电子沿直线轨迹向电场运动,受到电场的作用被折射,最后被聚焦到透镜光轴上,其类似于光学玻璃透镜的作用(见图 16-7(c))。

16.2.2.2　电磁透镜

磁场 $\boldsymbol{B}$ 对电荷量为 e 和速度为 v 的电子的作用力,即洛伦兹力,其矢量表达式为

$$\boldsymbol{F}=-e(\boldsymbol{v}\times\boldsymbol{B}) \tag{16-15}$$

力的大小为 $$F = evB\sin(\boldsymbol{v},\boldsymbol{B}) \tag{16-16}$$

$\boldsymbol{F}$ 力垂直于电荷运动速度 $\boldsymbol{v}$ 和磁感应强度 $\boldsymbol{B}$ 所决定的平面，$\boldsymbol{F}$ 力的方向按矢量叉积($\boldsymbol{B}\times\boldsymbol{v}$)的右手法则来确定。为了便于分析电磁透聚焦原理，把透镜磁场中任意一点的磁感应强度 $\boldsymbol{B}$ 分解为平行于透镜主轴的轴向分量 $\boldsymbol{B}_z$和与之垂直的径向分量 $\boldsymbol{B}_r$，如图 16－8(a)所示。

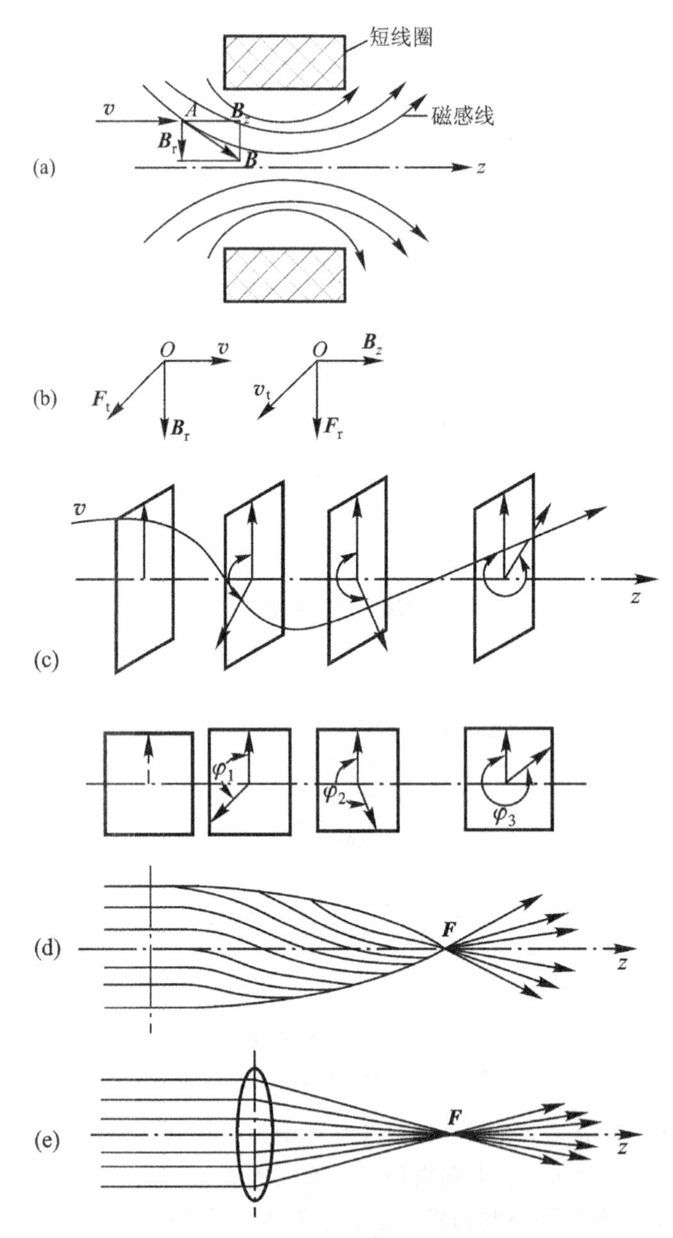

图 16－8　电磁透镜聚焦原理

如果一束速度为 $\boldsymbol{v}$ 的电子沿着透镜主轴方向射入透镜，如图 16－8(a)所示，其中精确的沿主轴运动的电子不受磁场力作用而不改变运动方向，轴线上磁感应强度径向分量为零。而其他与主轴平行的入射电子将受到电子所处位置磁感应强度径向分量 $\boldsymbol{B}_r$的作用，产生切向力 $\boldsymbol{F}_t = e\boldsymbol{v}\boldsymbol{B}_r$，使电子获得切向速度 $\boldsymbol{v}_t$，如图 16－8(b)所示。一旦电子获得切向速度 $\boldsymbol{v}_t$，开始做圆周运动的瞬间，由于 v_t 垂直于 $\boldsymbol{B}_z$，产生径向作用力 $\boldsymbol{F}_r = ev_t\boldsymbol{B}_z$，使电子向轴偏转。结果使电子做如图 16-8(c)、(d)所示的那样的圆锥螺旋运动。一束平行于主轴的入射电子，通过电磁透镜后被聚焦在轴线上的一点，即焦点。这与光学玻璃凸透镜对平行于轴线入射的平行光聚焦作用十分相似(见图 16-8(e))。

上述分析了短线圈磁场的聚焦成像原理。由于短线圈的磁感应强度较低，若把它装在由软磁材料制成的具有内环形间隙的壳子里(见图 16-9)，这样的短线圈所产生的磁力线都集中在内环间隙附件的区域，显著提高该区域的磁场强度。图 16-9(a)、(b)分别画出了电磁透镜中磁力线和等磁位面的分布，并显示出旋转对称的不均匀磁场对电子的聚焦作用。

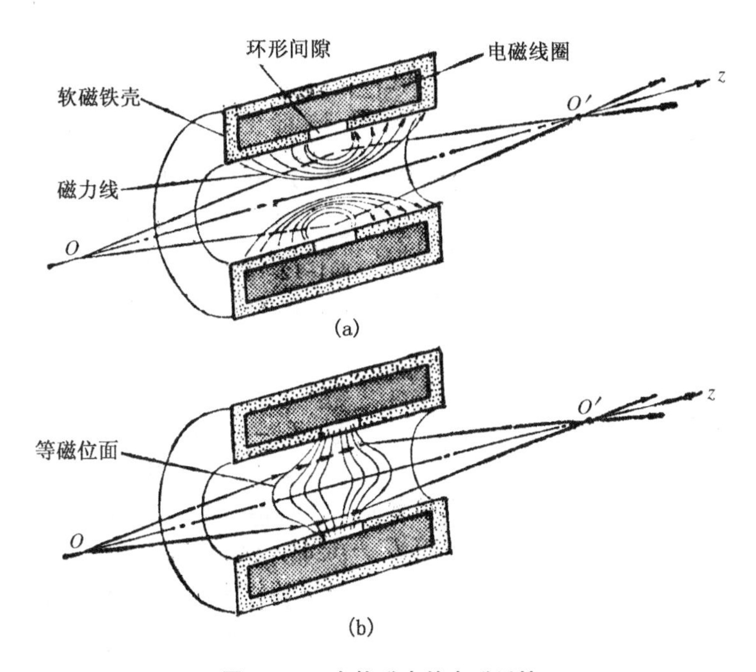

图 16-9　有软磁壳的电磁透镜

(a) 磁力线分布；(b) 等磁位面分布

实验和理论证明，电子束在电磁透镜中的折射行为和可见光在玻璃透镜中的折射相似，满足下列性质：

(1) 通过透镜光心的电子束不发生折射。

(2) 平行于主轴的电子束，通过透镜后聚焦在主轴上一点 F，称为焦点；经过焦点并垂直于主轴的平面称为焦平面。

(3) 一束与某一副轴平行的电子束，通过透镜后将聚焦于该副轴与焦平面的交点上。

电磁透镜与玻璃透镜一个显著不同的特点是它的焦距(f)可变；经验公式表明：

$$f = K\frac{U_r}{(IN)^2} \tag{16-17}$$

式中，K 是常数，其与软磁极靴几何因数相关，U_r 是经相对论校正后的电子加速电压。从式(16-17)可知，电磁透镜焦距与激磁安匝数(IN)的平方成反比，也就是说，无论激磁电流(I)方向如何改变，焦距总是正的，这表明电磁透镜总是会聚透镜。激磁线圈匝数(N)是固定不变的，只要调节激磁电流就可方便地改变电磁透镜的焦距。

16.2.2.3 电磁透镜的像差

电磁透镜像玻璃透镜一样，也要产生像差，即使不考虑电子衍射效应对成像的影响，也不能把一个理想的物点聚焦为一个理想的像点。电磁透镜的像差也分为两类，一类是因透镜磁场的几何缺陷产生的，叫做几何像差，它包括球面像差（球差）、像散等。另一类是由电子的波长或能量非单一性引起的色差。

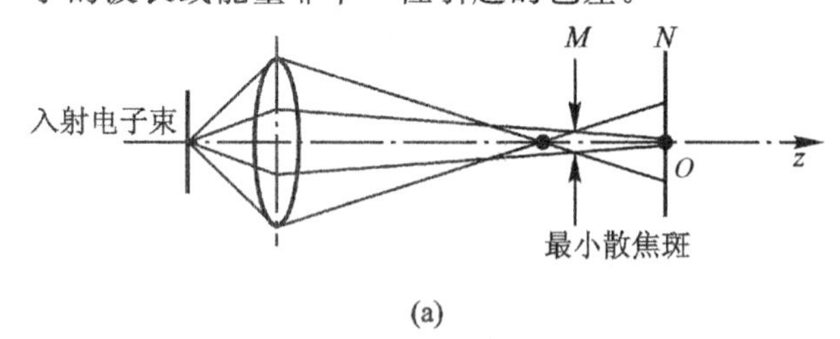

(a)

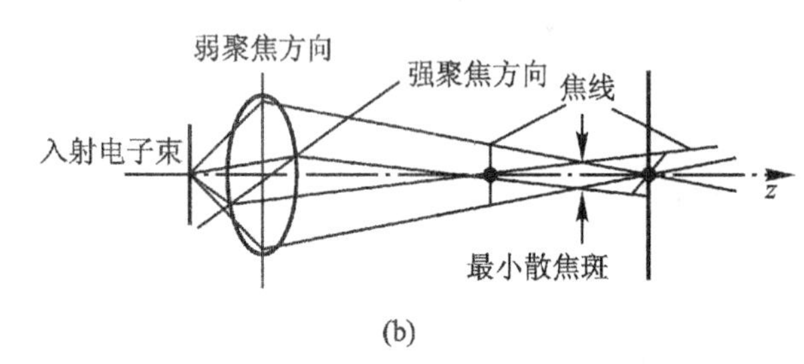

(b)

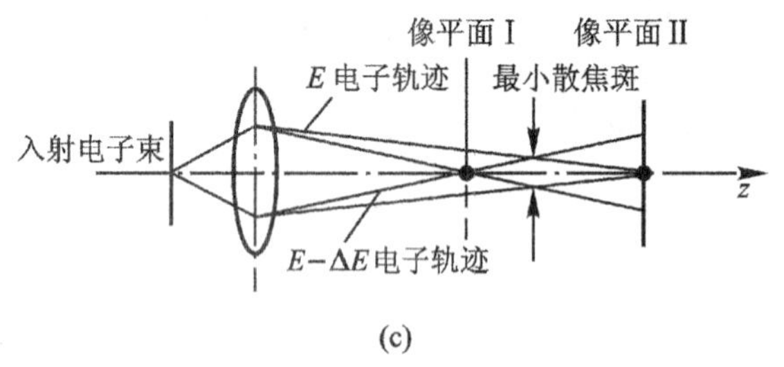

(c)

图 16-10 电磁透镜的像差

(a) 球差；(b) 像散；(c) 色差

1）球差

球差是因在电磁透镜磁场中，近轴区域（也称旁轴区域）对电子束的折射能力与远轴区域不同而产生的。图 16-10(a)示意地表现出这种缺陷。当一个理想的物点所散射的电子经过有球差的透镜后，近轴电子聚焦在光轴的 O 点，如果在 O 点作一平面 N 垂直于光轴，此平面称为高斯像平面。所有近轴电子在高斯像平面上得到清晰的像，而远轴电子和近轴电子不交在一点上，而分别被会聚在一定的轴向距离上。因此，无论平面 N 位于何处，对所有参加成像的电子而言，我们不能得到清晰的图像，在平面 N 上仅呈现一个模糊的圆斑。但在这聚焦距离内可以找到一个适当位置，如垂直于光轴的 M 平面，在此平面获得的比较清晰、具有最小直径的圆斑称为"最小散焦斑"。最小散焦斑的半径为 $\Delta r'_s = C_s\alpha^3 \cdot M$，当折算到透镜物平面时，

$$\Delta r_s = \Delta r'_s / M = C_s\alpha^3 \tag{16-18}$$

式中，M 为透镜的放大倍率，C_s为球差系数。α 为透镜孔径半角。由此可见，随着 α 增大，因球差的增大而使透镜的分辨率迅速变差，为减小球差，孔径半角 α 宜取得小。

2）像散

像散是由于透镜的磁场非旋转对称引起的一种缺陷。电磁透镜极靴圆孔有点椭圆度，或者极靴孔边缘的污染等都会引起透镜磁场的非旋转对称。此时，在透镜磁场，同样的径向距离，在不同方向上对电子的折射能力却不一样。一个物点散射的电子，经过透镜磁场后不能聚焦在一个像点，而交在一定的轴向距离上，如图 16-10(b)所示。在该轴向距离内也存在一个最小散焦斑，称为像散散焦斑。其半径（折算到透镜物平面）可由下式确定：

$$\Delta r_A = \Delta f_A \alpha \tag{16-19}$$

式中，Δf_A 为由透镜磁场非旋转对称产生的焦距差。像散是像差中对电子显微镜获得高分辨本领有严重影响的缺陷，但它能通过消像散器有效地加以补偿矫正。

3) 色差

色差是由于成像电子波长(或能量)变化引起电磁透镜焦距变化而产生的一种像差。波长较短、能量较大的电子不易被折射;波长较长、能量较小的电子易被折射。一个物点散射的具有不同波长的电子进入透镜磁场后,将沿着各自的轨迹运动,结果不能聚焦在一个像点,而分别在一定的轴向距离范围内,如图 16-10(c)所示。其效果与球差相似。在该轴向距离范围内也存在着一个最小散焦斑,称为色差散焦斑。其折算到透镜物平面上的半径由下式确定:

$$\Delta r_0 = C_0 \cdot \alpha \cdot \left|\frac{\Delta E}{E}\right| \tag{16-20}$$

式中,C_0为电子透镜的色差系数。$\Delta E/E$ 为成像电子束能量变化率。造成电子束能量变化的原因很多,主要有两方面的因素:①电子枪加速电压的不稳定,引起照明电子束的能量波动,但目前电子显微镜的高压稳定度在一分钟内 $|\Delta u/u|$ 小于 $10^{-5} \sim 10^{-6}$,能够获得近单一能量的电子;②即使单一能量的电子束通过样品后,也将与样品原子的核外电子发生非弹性散射而造成能量损失。样品越厚,电子能量损失幅度越大,色差散焦斑越大。尽管在电子显微镜下观察到的样品厚度通常小于 200nm,但由此引起的色差仍然是影响图像分辨率的主要因素之一。

另外,透镜的波动电流 ΔI 虽然与电子速度无关,但 ΔI 也影响焦距的变化,同样造成像的失焦现象。因此也必须保持透镜电流很好的稳定度以使焦距的变化引起的色差可忽略不计,目前电子显微镜的设计已满足这一要求

透射电子显微镜一般由电子光学系统(又称镜筒)、真空系统和供电系统三大部分组成。

镜筒是透射电子显微镜的主体部分,其内部的电子光学系统自上而下顺序地排列着电子枪、聚光镜、样品室、物镜、中间镜、投影镜、荧光屏和照相机等装置。根据它们的功能不同又可将电子光学系统分为照明系统、样品室、成像系统和图像观察及记录系统。

(1) 照明系统:照明系统由电子枪、聚光镜和相应的平移对中、倾斜调节装置组成,其作用是提供一束亮度高、相干性好和束流稳定的照明源。为满足中心暗物成像的需要,照明电子束可在 2°～3°范围内倾斜。

电子枪　电子枪是透射电子显微镜的光源,要求发射的电子束亮度高、电子束斑的尺寸小,发射稳定度高。早期用的是发射式热阴极三极电子枪,它是由阴极、阳极和栅极组成,见图 16-11。

阴极为 0.1～0.95mm 的"V"形钨丝。当加热时,钨丝的尖端温度可高达 2 000℃,甚至更高,产生热发射电子现象。阴极与阳极之间加有高电压,电子在高电压的作用下加速从电子枪中射出,形成电子束。在阴极与阳极之间有一栅极(又称控制极),它比阴极还负几百至几千伏的偏压,起着对阴极电子束流发射和稳定控制的作用。同时,由阴极、栅极、阳极所组成的三极静电透镜系统对阴极发射的电子束起着聚焦的作用。在阳极孔附近形成一个直径小于 50μm 的第一交叉点,即通常所说的电子源,或称点光源。

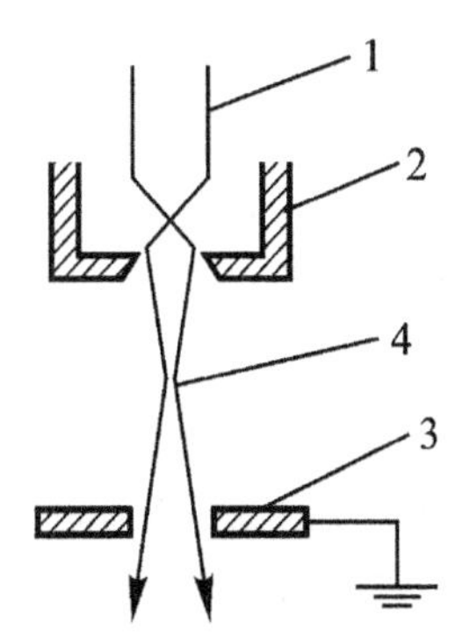

图 16-11　电子枪结构

1—阴极;2—栅极;3—阳极;4—电子束交叉点

为了提高照明亮度,随后发明了电子逸出功小的六硼化镧(LaB_6)做阴极。它比钨丝阴极的亮度高 1～2 个数量级,而且使用寿命增长。LaB_6

电子枪的结构原理见图 16－12。

阴极为 LaB_6 杆，其尖端半径仅为几个微米，另一段浸入油散热器中。LaB_6 被环绕其周围的 W 丝圈加热升温，W 丝圈相对阴极保持负电位，以大电流通过 W 丝圈。LaB_6 通过 W 丝线圈加热而发射电子，在阳极附近形成电子源。

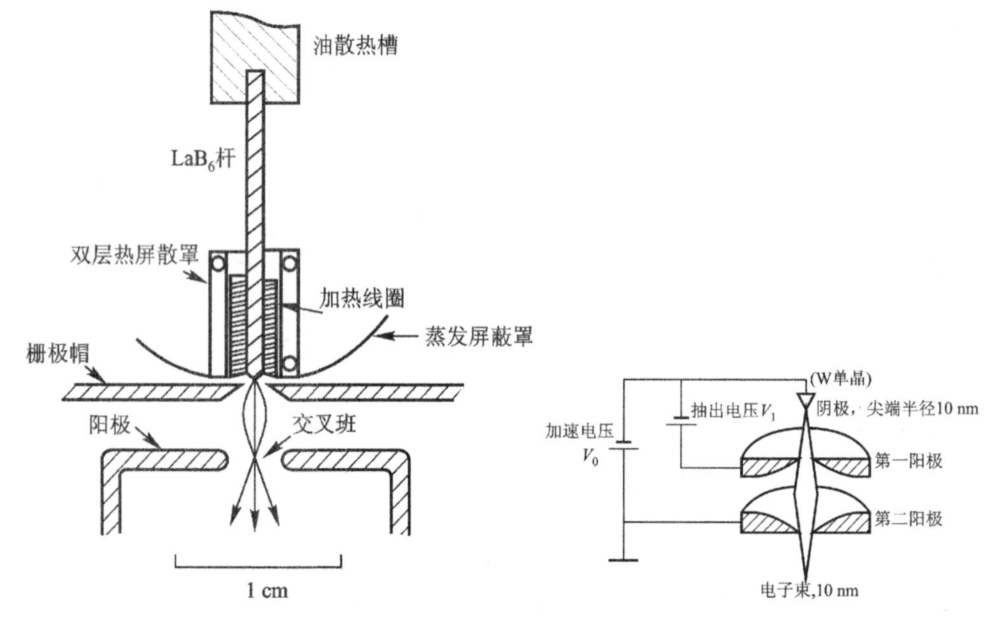

图 16－12　LaB_6 电子枪的结构原理　　**图 16－13　场发射电子枪结构原理**

目前，亮度最高的电子枪是场发射电子枪（FEG），其结构原理如图 16－13 所示。冷场发射不需要任何热能，阴极中的电子在大电场作用下可直接克服势垒离开阴极（称为隧穿效应），因此，发射的电子能量发散度很小，仅为 0.3～0.5eV。阴极为有一尖端（曲率半径＜10nm）的 W＜111＞位向的单晶杆，以便获得低功函数和高发射率。这样低的功函数只能在清洁的表面上获得，即表面上无其他种类的外来原子。所以场发射需要极高的真空度，应为 $10\mu Pa$ 或更高。但发射在室温下进行，所以在发射极上就会产生残留气体分子的离子吸附而产生发射噪声，同时，伴随着吸附分子层的形成而使发射电流逐渐下降，因此，每天必须进行一次瞬时大电流去除吸附分子层的闪光处理，因而不得不中断研究，这是它的一个缺点。阴极对阳极为负电压，其尖端电场非常强（$>10^7 V\cdot cm^{-1}$），以致电子能够借助“隧道”穿过势垒离开阴极。场发射电子枪不需要偏压（栅极），在阴极灯丝下面加一个第一阳极，此电压不能加得太高（只加 5kV），以免引起放电把灯丝打钝。在其下再加几十千伏的第二阳极作静电系统，聚焦电子束并加速。

热阴极 FEG 可克服冷阴极 FEG 的上述缺点。在施加强电场的状态下，如果将发射极加热到比热电子发射低的温度（1 600～1 800K），由于电场的作用，电子越过变低的势垒发射出来，这被称为肖特基效应。由于加热，电子的能量发散为 0.6～0.8eV，较冷阴极稍大，但发射不产生离子吸附，发射噪声大大降低，而且不需要闪光处理，可以得到稳定的发散电流。

高亮度的 LaB_6 和场发射电子枪特别适用于高分辨成像和微区成分分析，尽管它们的价格昂贵，尤其是场发射电子枪，而且为了保持电子枪的寿命和发射率，它们需要很高的真空度，但是两者已成为现在透射电子显微镜的主要配置，尤其是场发射电子枪。各种电子枪特性的比较列于表 16-2 中。

表 16-2　各种电子枪特性比较

类型	W 丝	LaB_6	热场发射	冷场发射
亮度/$A \cdot cm^{-2} \cdot sr^{-1}$	10^6	10^7	10^8	10^9
源直径/nm	$10^4 \sim 10^5$	$10^3 \sim 10^4$	$<10^2$	<10
阴极温度/K	2800	1800	1800	200
工作真空/Pa	10^{-3}	10^{-5}	10^{-6}	10^{-7}
寿命/h	60～200	1 000	>5 000	>5 000
稳定性	好	好	好	较好
能量发散(eV)	3.0	1.5	0.7	0.3

聚光镜　在光学显微镜中，旋转对称的玻璃透镜可使可见光聚焦成像，而特殊分布的电场、磁场，也具有玻璃透镜类似的作用，可使电子束聚焦成像。人们把静电场做成的透镜称为“静电透镜”(如电子枪中三极静电透镜)；把用电磁场做成的透镜称为“电磁透镜”。透射电子显微镜的聚光镜、物镜、中间镜和投影镜均是“电磁透镜”。图 16-14是一个典型的电磁透镜的剖面图。它是一个软磁铁壳、一个短线圈和一对中间嵌有环形黄铜的极靴组成的。软磁体可以屏蔽磁力线，减少漏磁；高磁导率材料制成的极靴在环形间隙中可获得更强的磁场，形成近似理想的“薄透镜”。聚光镜的作用是会聚从电子枪发射出来的电子束，控制束斑尺寸和照明孔径角。现在的高性能透射电子显微镜都采用双聚光镜系统。第一聚光镜为一个短焦距强磁透镜，其作用是缩小束斑，通过分级固定电流，使束斑缩小约为 0.2～0.75μm；第二聚光镜是一个长焦距弱磁透镜，以致使它和物镜之间有足够的工作距离，用以放置样品室和各种探测器附件。第二聚光镜可将束斑放大，它给出的在样品上的束斑尺寸约为 0.4～1.5μm。在第二聚光镜下方，常有不同孔径的活动光阑，用来选择不同照明孔径角。为了消除聚光镜的像散，在第二聚光镜下方装有消像散器。另外，为了能方便地调整电子束的照明位置，在聚光镜与样品之间设有一个电子束对中装置，实施电子束平移和倾斜调整。它是通过电磁激励的偏转线圈来实现调节的，其原理见图 16-15。

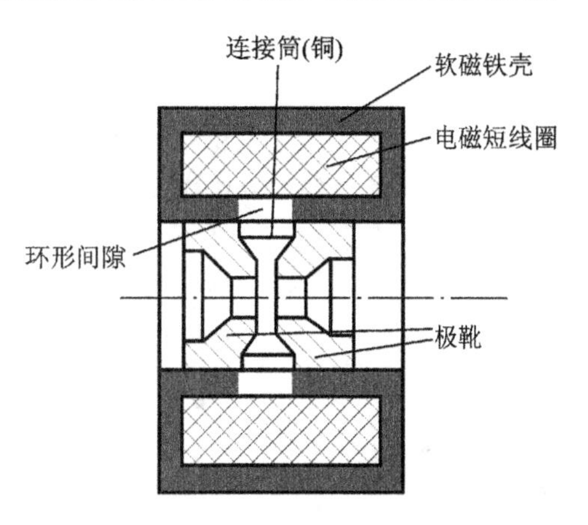

图 16-14　典型的磁透镜剖面图

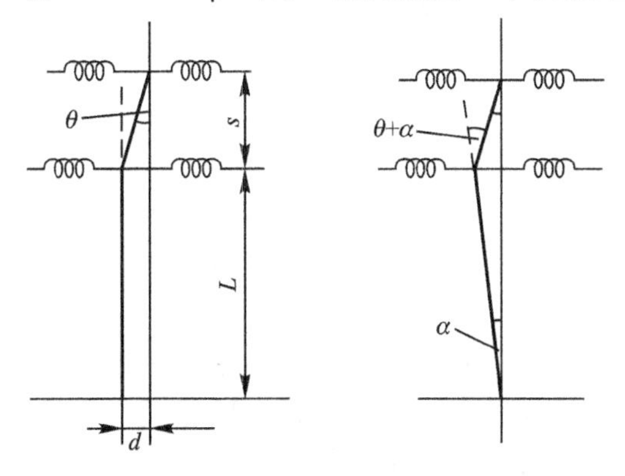

图 16-15　聚光镜电子束对中系统工作原理

如果下线圈和上线圈均使电子束偏转相同

角度，但两者偏转方向相反，则会得到单纯的平移，移动距离 $d=s\theta$。如果下线圈反向偏转角度大于上线圈，其为 $\theta+\alpha$，可得 $s\theta=L\alpha$，则可使照明束斑不移动，仍在光轴上。

(2) 样品室。它的主要作用是通过样品室承载样品台，并能使样品平移，以便选择感兴趣的样品视域，再借助双倾样品座(见图 16-16(a))，以使样品位于所需的晶体位向进行观察。样品室内还可分别装上具有加热、冷却或拉伸等各种功能的侧插式样品座(见图 16-16(b))，以满足相变、形变等过程的动态观察，但动态拉伸观察样品座原先只具有单倾功能，即只能使样品绕样品杆长轴方向旋转。样品台及其双倾旋转方向示意图如图 16-16(a)所示。

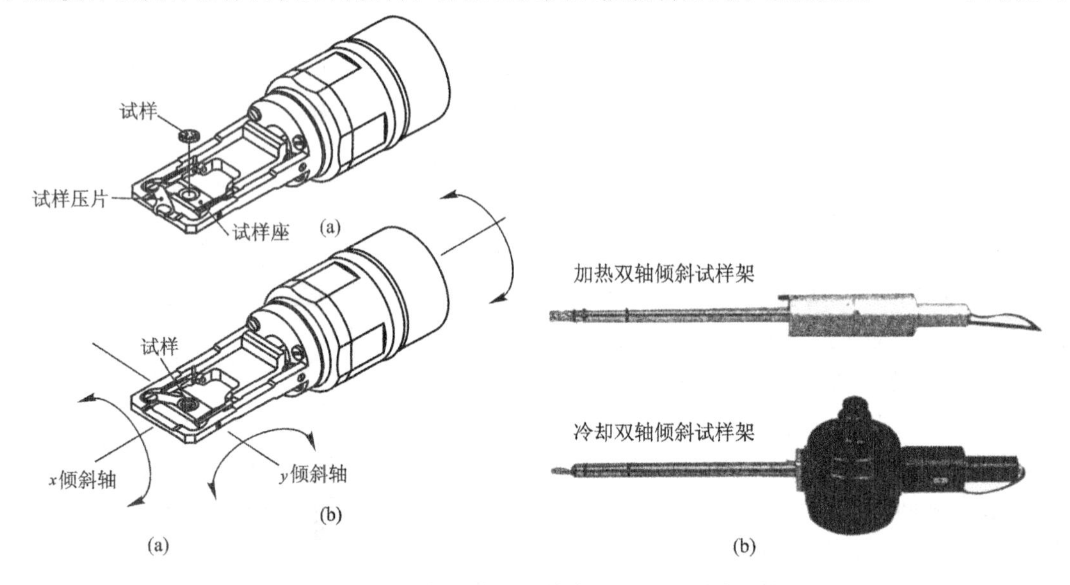

图 16-16 双倾样品座倾旋转方向和加热、冷却双倾座

(3) 成像系统。成像系统是由物镜、中间镜和投影镜组成。物镜是成像系统的第一级透镜，它的分辨本领决定了透射电子显微镜的分辨率。因此，为了获得最高分辨、高质量的图像，物镜采用强激磁、短焦距透镜以减少像差，借助物镜光阑进一步降低球差，提高衬度，配有消像散器消除像散。中间镜和投影镜是将来自物镜给出的样品形貌像或衍射花样进行分级放大。

(4) 图像观察与记录系统。该系统由荧光屏、照相机和数据显示器等组成。投影镜给出的最终像显示在荧光屏上以被观察，当荧光屏被竖起时，就被记录在其下方的照相底片上。

(5) 真空和供电系统。真空系统是为了保证电子在镜筒内整个狭长的通道中不与空气分子碰撞而改变电子原有的轨迹，同时为了保证高压稳定度和防止样品污染。不同的电子枪要求不同的真空度。一般常用机械泵加上油扩散泵抽真空，为了降低真空室内残余油蒸汽含量或提高真空度，可采用双扩散泵或改用无油的涡轮分子泵。

供电系统主要提供稳定的加速电压和电磁透镜电流。为了有效地减少色差，一般要求加速电压稳定在每分钟为 $10^{-5}\sim10^{-6}$；物镜是决定显微镜分辨本领的关键，对物镜电流稳定度要求更高，一般为 2×10^{-6}/min，对中间镜和投影镜电流稳定度要求可比物镜低些，约为 5×10^{-6}/min。

16.3 成像方式和变倍原理

根据电磁透镜对电子束的折射行为的上述性质，可用作图法确定物体成像后的位置和大小。当电磁透镜的物镜、像距、焦距分别为 L_1，L_2，f 时，三者之间的关系以及放大倍率 M 均与玻璃透镜相同：

$$1/L_1+1/L_2=1/f \tag{16-21}$$

$$M=L_2/L_1 \tag{16-22}$$

将式(16-21)和式(16-22)分别整理得到

$$M=f(L_1-f) \tag{16-23}$$

$$M=(L_2-f)/f \tag{16-24}$$

但电磁透镜在成像时与玻璃透镜不同，成像电子在透镜磁场中将产生旋转，导致一个附加的磁转角 Φ。因此，电磁透镜成像时，物与像的相对位向对于实像来说为 $180°\pm\Phi$，因为成像是倒置的，故为 180°；对于虚像来说为 $\pm\Phi$。电磁透镜磁转角是加速电压和透镜激磁电流的函数。磁转角 Φ 的存在对衍衬图像上的晶体学方向分析带来不便，需加以消除。

在透射电子显微镜中，物镜、中间镜、投影镜是以积木方式成像的，即上一透镜（如物镜）的像就是下一透镜（如中间镜）成像时的物，也就是说，上一透镜的像平面就是下一透镜的物平面，这样才能保证经过连续放大的最终像是一个清晰的像。

在这种成像方式中，如果电子显微镜是三级成像，那么总的放大倍率就是各个透镜倍率的乘积：

$$M_3=M_oM_iM_p \tag{16-25}$$

式中，M_o——物镜放大倍率，数值在 50～100 范围；

M_i——中间镜放大倍率，数值在 0～20 范围；

M_p——投影镜放大倍率，数值在 100～150 范围；

M_3——总的放大倍率，在 1 000～200 000 倍内连续变化。

透射电子显微镜是如何进行变倍的？变倍中光路是如何调整的？我们以图 16-17 中所示的三级透镜成像系统为例来说明。图中所示的机械设计位置：物镜的物距 L_{01}，物镜主平面至中间镜主平面的距离 Z_{oi}、中间镜主平面至投影镜主平面的距离 Z_{ip}，以及投影镜主平面至荧光屏（或照相底片）的距离（L_{p2}）都是固定值。同时，投影镜的激磁电流也是个固定值。由式(16-7)可知，在一定的加速电压下观察，投影镜的焦距 f_p 是个常数，由成像公式得

$$\frac{1}{f_p}=\frac{1}{L_{p2}}+\frac{1}{L_{p1}}$$

可得。投影镜物距 L_{p1} 不能变化，是个定值。中间镜至投影镜的距离 Z_{ip} 是常数，所以中间镜的像距 $L_{i2}=Z_{ip}-L_{p1}$ 也是固定的。而中间镜的激磁电流可在一定范围改

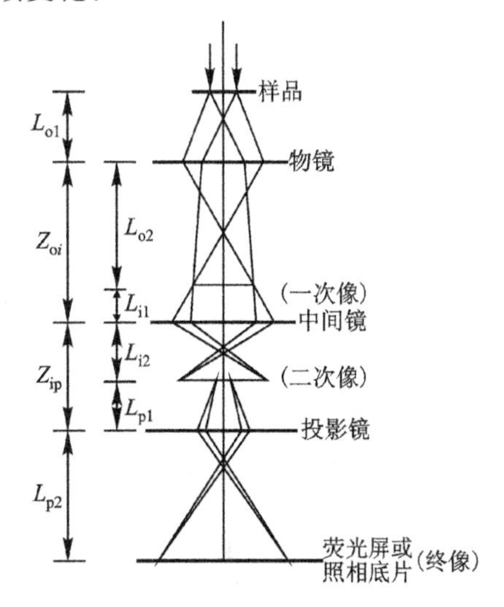

图 16-17 三级透镜成像原理

变，即其焦距 f_i 可变，由成像公式

$$\frac{1}{f_i}=\frac{1}{L_{i2}}+\frac{1}{L_{i1}}$$

可知，当 f_i 改变时，中间镜的物距 L_{i1} 也随之变化。当选择某一 f_i 值时，则 L_{i1} 也就被唯一地确定下来。这时，物镜的电流（即对应焦距 f_0）被限制为某一确定的值。因为物镜像距 $L_{o2}=Z_{oi}-L_{i1}$，由于 L_{i1} 被确定为某值，而使 L_{o2} 也成为一个确定值。物镜的物距 L_{o1} 是机械设计的固定值，由成像公式

$$\frac{1}{f_0}=\frac{1}{L_{02}}+\frac{1}{L_{01}}$$

可得物镜的焦距 f_0，此时不能变化，否则得不到清晰的像。从上面的变倍光路分析中可知，首先改变中间镜电流，在实际光路中使中间镜物平面上下移动，从而改变了中间镜的倍率；当中间镜物平面移动时造成它与物镜像平面的分离，使原清晰的图像变得模糊；随后，通过改变物镜电流，使物镜像平面重新与中间镜物平面重合，从而使模糊的像变成清晰的像。物镜这时的倍率也有所变化，但变化很小，由于它的放大倍率很大，可近似认为是个常数。所以说，中间镜起着变倍的作用，它的倍率从 0～20 内改变，使总的倍率可在 1 000～200 000 内变化。物镜主要起着聚焦的作用，它的电流是由中间镜的电流所决定的，不是独立变量。三级透镜总的放大倍率 M_3 是中间镜电流 I_i 的函数：

$$M_3=M_oM_iM_p=\left(\frac{L_{i2}}{f_i}-1\right)M_0\cdot M_p \tag{16-26}$$

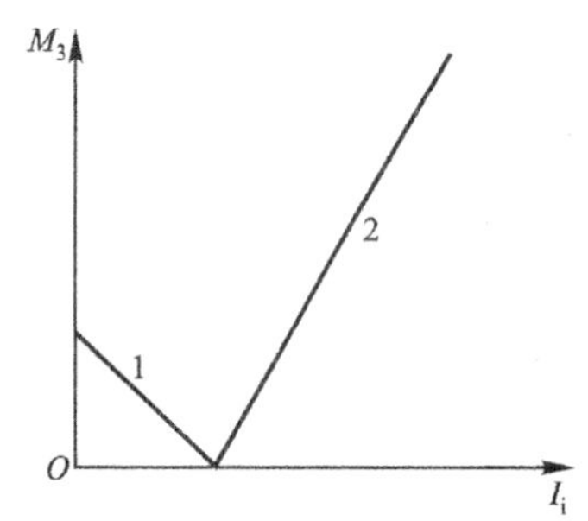

图 16-18　总倍率与中间镜电流的关系

由式(16-17)和式(16-26)可得，当中间镜电流 I_i 增大时，中间镜的焦距 f_i 变小，而总的倍率 M_3 提高；反之，M_3 就下降。总倍率 M_3 与中间镜电流 I_i 呈抛物线关系，但近似于线性关系，如图 16-18 中直线 2 所示。直线 1 显示出低放大倍率时的情况。此时，物镜成像于中间镜之下，中间镜以物镜像为“虚物”（此时成像条件：$\frac{1}{f_i}=\frac{1}{L_{i2}}-\frac{1}{L_{i1}}$），将其形成缩小的实像位于投影镜之上。这种成像方式的目的是为了减少低倍成像时的畸变问题。根据上述低倍成像条件可推出：

$$M_3=\left(1-\frac{L_{i2}}{f_i}\right)M_0\cdot M_p \tag{16-27}$$

显然，当 I_i 增大，M_3 就下降，反之 M_3 提高。又可知，当 $L_{i2}=f_i$ 时，$M_3=0$。因此，在实际操作中，通过中间镜电流的数值，查预制的 M_3-I_i 图就可确定观察图像的倍率，现在的电子显微镜已不采用此法，而直接通过数码管显示倍率。

16.4　透射电子显微镜的理论分辨本领极限

分辨本领是透镜最重要的性能指标，它是由像差和衍射误差的综合影响所决定的。对于光学玻璃透镜来说，因为可以采用会聚透镜和发散透镜的组合或设计特殊形状的折射面来矫正像差，使之减至相对于衍射误差来说可以忽略的程度，所以它的分辨本领可以认为仅仅取决于光的衍射效应。光学玻璃透镜最大孔径半角 $\alpha=70°\sim75°$，在最佳情况下，分辨本

领可达到照明波长的一半，即半波长。

电子束的波长比可见光的小五个数量级，如果能使电磁透镜像差（特别是球差）远小于衍射误差，那么电磁透镜的极限分辨本领也能达到照明电子束半波长约 0.002nm。实际上，目前电子显微镜的分辨本领是 0.2nm 左右，与其极限值还差 100 倍，这是什么原因呢？

电磁透镜的分辨本领受到透镜像差的影响。由于在像差中，像散可由消像散器加以足够的补偿，照明电子束波长和透镜电流的波动所引起的色差已由供电系统的稳定性所解决，但电磁透镜中的球差至今无法通过某种方法得到有效的补偿，以致球差便成为限制电磁透镜分辨本领的主要因素。提高透镜分辨本领的可行的方法之一是采用很小的孔径角成像，通过物镜背（后）焦平面上插入一个小孔径光栏来实现的，如图 16－19 所示。孔径半角 α 与光栏直径 D、透镜焦距 f 之间的近似关系为

$$\alpha \approx D/2f \qquad (16-28)$$

孔径光栏直径越小，孔径半角 α 越小，那么球差将大大下降。但孔径半角也不能无限制地小，因为当孔径半角缩小到一定程度时，由电子波动性所引起的衍射误差对成像质量的影响便不可忽略。因此，透镜的分辨本领应综合考虑孔径半角对球差和衍射误差的影响。一种粗略的方法是通过球差和衍射误差之和来求出透镜的分辨本领：

$$d = C_s\alpha^3 + (0.61\lambda/n\sin\alpha) \qquad (16-29)$$

因为照明电子束处于真空介质中，所以 $n=1$，同时，电磁透镜成像的孔径半角很小，所以 $\sin\alpha \approx \alpha$，上式成为

$$d = C_s\alpha^3 + 0.61\lambda/\alpha \qquad (16-30)$$

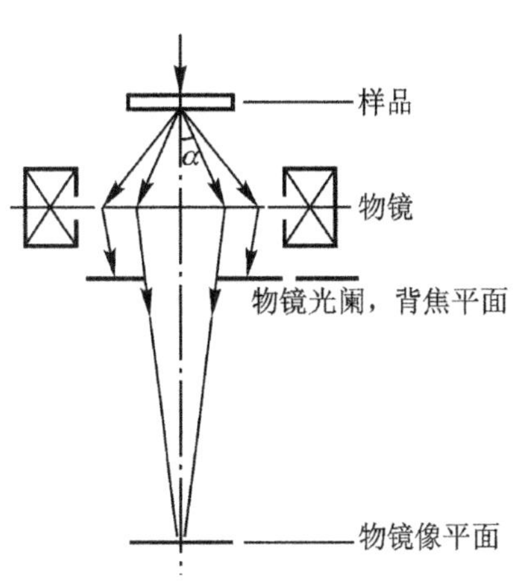

图 16－19 小孔径角成像

对 α 求导并求极值，这个最小的 d 值就称为透射电子显微镜的理论分辨极限，此时对应的孔径半角就称为最佳孔径半角，其值为

$$\alpha_{opt} = (0.61\lambda/3C_s)^{1/4} \qquad (16-31)$$

把值代入式(16－30)，就获得了理论分辨本领极限：

$$d_{min} = A(C_s\lambda^3)^{1/4}, A = 1.2 \qquad (16-32)$$

电子显微镜中物镜的球差系数是 1mm 数量级，当在 100kV 加速电压下，电子波长 $\lambda=0.0037$nm，那么最佳孔径半角 $\alpha_{opt}=5\times10^{-3}$ 弧度。如果物镜焦距 $f=2800\mu$m，那么由式(16－28)可得物镜光栏直径是 28μm。因此，在电子显微镜中实际使用的物镜光栏直径是 20，30 或 50μm。一个 50μm 的孔径对应的 $\alpha=10^{-2}$ 弧度。

以更精确的方法计算获得理论分辨本领极限是式(16－32)中的 $A=0.43$。采用这个数据，在 100kV 加速电压下的电子束，当 $C_s=1$mm 时，理论分辨本领极限为 $d_{min}=0.2$nm。以上分析说明，虽然电子波长仅为可见光波长的十万分之一，但电磁透镜分辨本领并没有因此而提高十万倍，这主要是受球差的限制。要进一步改善电子显微镜的分辨本领，从式(16－32)可知，提高加速电压和研制低球差系数的物镜是两个不同的途径。

要说明和估计一台电子显微镜的分辨本领，是通过拍摄点分辨率和线分辨率的照片来验证的。图 16－20(a)显示了通常进行点分辨率测定的试样，即在碳支撑膜上均匀蒸发铂、

铂-依或铂-钯等金属或合金等细小颗粒，粒子粒度 0.5～1nm，间距 0.2～1nm。在电镜下拍摄其像后再经光学放大，在照片上找出粒子间最小间距，以其除以总放大倍率（要预先用某种晶体晶格条纹像来精确测定高放大倍率），即表征了相应电子显微镜的点分辨本领。图 16-20(b)是一个线分辨率的例子。它是利用外延生长方法制得的定向单晶薄膜作为标样，拍摄其晶格条纹像。这种方法的优点是不需要知道仪器的放大倍率，因为事先已知道该样品的晶面间距精确值。例如，图 16-20(b)中，金的(200)晶面间距为 0.204nm，(220)晶面间距为 0.144nm，(400)晶面间距为 0.102nm，表明该仪器的晶格分辨率为 0.102nm。

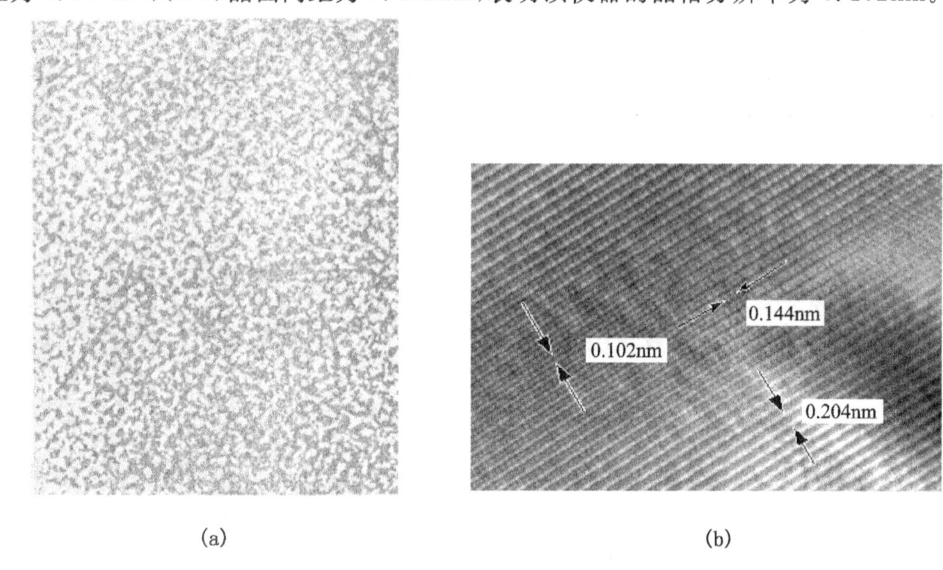

图 16-20　点分辨率和线(晶格)分辨率的测定

(a) 点分辨率；(b) 线分辨率

第 17 章　透射电子显微镜的样品制备

17.1　表面复型技术概述

透射电子显微镜利用穿透样品的电子束成像，这就要求被观察的样品对入射电子束是“透明的”。电子束穿透固体样品的能力，主要取决于加速电压和样品物质原子序数。一般来说，加速电压越高，样品原子序数越低，电子束可以穿透样品厚度就越大，如图 17 - 1 所示。对于透射电子显微镜常用的加速电压为 100kV，如果样品是金属，其平均原子序数在 Cr 的原子序数附近，因此适宜的样品厚度约为 200nm。

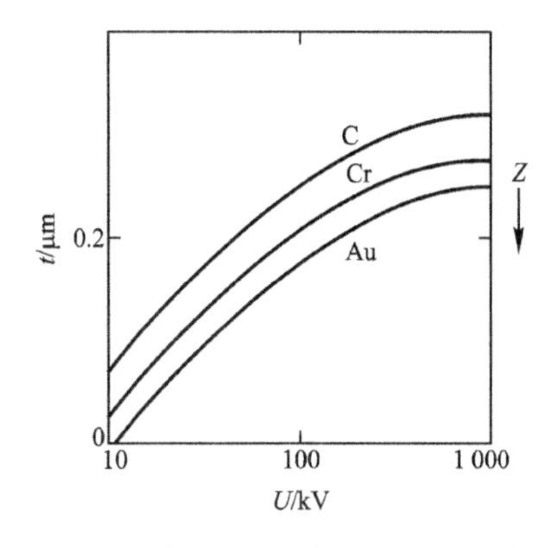

图 17 - 1　可穿透厚度 t 与加速电压 u 的关系

显然，要制备这样薄的金属样品不是一件轻而易举的事情。因此，当透射电子显微镜诞生后，首先被应用于观察医学生物样品上，而金属样品，遇到的困难就是样品制备问题。20 世纪 40 年代初期才出现了“复型”技术，即把金相试样表面经浸蚀后产生的显微组织浮雕复制到一种很薄的膜上，然后把复制薄膜(叫做“复型”)放到透射电子显微镜中去观察分析，这样才使透射电子显微镜应用于显示金属材料的显微组织有了实际的可能。

用于制备复型的材料本身必须是“无结构”的(或“非晶体”的)，也就是说，为了不干扰对复制表面形貌的观察和分析，要求复型材料即使在高倍(如十万倍)成像时，也不显示其本身的任何结构细节。常用的复型材料是塑料和真空蒸发沉积碳膜，它们都是非晶体。

根据复型所用的材料和制备方法，常见的复型有以下四种：塑料一级复型、碳一级复型、塑料-碳二级复型和抽取复型，如图 17 - 2 所示。塑料一级复型和碳一级复型经常碰到的困难就是膜与样品的分离，尤其是粗糙表面或具有裂纹的表面更难分离。在这种情况下，必须采用二级复型方法，不论是塑料或碳一级复型，还是塑料-碳二级复型，都只能提供样品表面形貌的信息，而抽取复型能够提供样品中第二相析出粒子的晶体结构信息。

在应用复型技术研究材料表面形貌和显微组织时，为了得到好的复制效果，首先要注意制备好金相试样。金相试样表面必须仔细抛光，避免引起表层组织的变化；通常可以沿用光学显微镜分析所用的、能产生浮雕的浸蚀剂和规范，但以浸蚀得浅些为好，因为这样有利于保留显微组织的细节，避免晶界、相界的过浸蚀，引起组成相粒子形状失真，甚至造成腐蚀坑等在光学显微镜中未必能显示的缺陷和假象，它们在透射电子显微镜下却可能被显示。所以常用活性或浓度较低的浸蚀剂，这样也能使浸蚀过程比较容易控制。

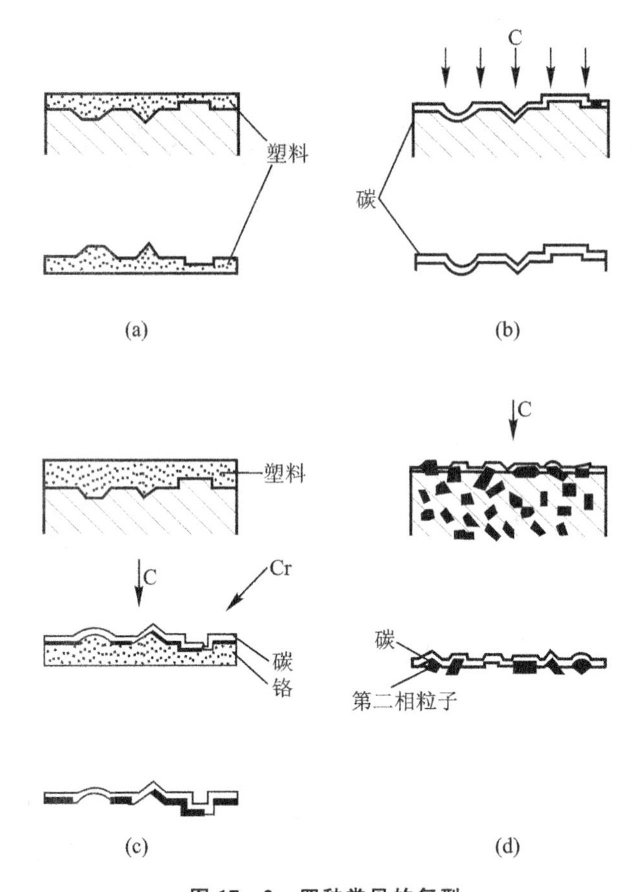

图 17-2 四种常见的复型

(a) 塑料一级复型;(b) 碳一级复型;(c) 塑料-碳二级复型;(d) 抽取复型

其次,要注意各种复型方法对样品表面浮雕的复制能力,碳一级复型分辨率最高,可达2nm;塑料分子尺寸比碳粒子大得多,约10nm,所以只能复制大于这一尺寸的显微组织细节。塑料-碳二级复型的分辨率主要取决于第一级塑料复型,它的分辨率与塑料一级复型相当。另外,也应了解在透射电子显微镜下的观察对复型材料的要求。复型材料除了对电子束足够的“透明”,即要求材料物质原子序数低之外,还必须具有足够的强度和刚度,在复制过程中不致破碎或畸变,以及具有良好的导电性,耐电子束轰击。从上述几方面来看,碳复型比塑料复型要好。

20世纪50年代后,随着金属薄膜技术的发展,复型技术的应用逐渐减少,尽管如此,由于复型技术能较简便地复制和显示试样表面的形貌细节,而且在一般情况下不损坏原始试样表面,至今在金属材料显微镜组织分析以及断口分析方面仍有一定范围的应用,尤其在一些特殊情况下(例如大件破坏的失效分析),能显示出其独特的优点。

17.2 质厚衬度原理

质厚衬度是建立在非晶体样品中原子对入射电子的散射和透射电子显微镜小孔径角成像的基础上的,这是解释非晶态样品(如复型)电子显微图像衬度的理论依据。

17.2.1　单个原子对入射电子的散射

当一个电子穿透非晶体薄膜样品时，将与样品发生相互作用，或与原子核相互作用，或与核外电子相互作用，由于电子的质量比原子核小得多，所以原子核吸引入射电子产生散射作用，一般只引起电子改变运动方向，而无能量变化（或变化甚微），这种散射叫做弹性散射。散射电子运动方向与原来入射方向之间的夹角叫做散射角，用 α 来表示，如图 17－3 所示。散射角 α 的大小取决于瞄准距离 r_n，原子核电荷 Ze 和加速电压 U。它们的关系如下：

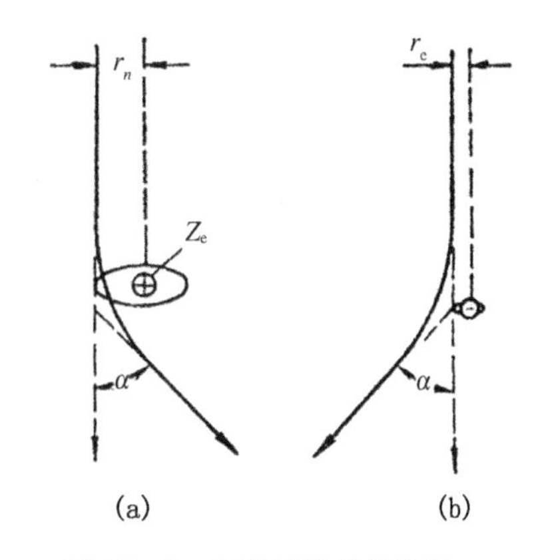

图 17－3　电子受原子的散射

(a) 被原子核弹性散射；(b) 被核外电子非弹性散射

$$\alpha=\frac{Ze}{Ur_n} \text{或} \ r_n=\frac{Ze}{U\alpha} \tag{17-1}$$

由此可见，所有瞄准以原子核为中心、r_n 为半径的圆内的入射电子将被散射到大于 α 角度以外的方向上去。所以可用 πr_n^2 来衡量一个孤立的原子核把入射电子散射到比 α 角度大的方向上去的能力，习惯上称为弹性散射截面，用 σ_n 来表示，即 $\sigma_n=\pi r_n^2$。

但是，当一个电子与一个孤立的核外电子发生散射作用时，由于两者质量相等，两者的排斥产生的散射不仅使入射电子改变运动方向，还发生能量变化，这种散射叫做非弹性散射。散射角可由下式来定：

$$\alpha=\frac{e}{Ur_e} \text{或} \ r_e=\frac{e}{U\alpha} \tag{17-2}$$

式中，r_e——入射电子对核外电子的瞄准距离；

e——电子电荷。

所有瞄准以核外电子为中心、r_e 为半径的圆内的入射电子，也将被散射到比 α 角大的方向上去。所以也可用 πr_e^2 来衡量一个孤立的核外电子把入射电子散射到比 α 角大的方向上去的能力，习惯上称为核外电子非弹性散射截面，用 σ_e 来表示，即 $\sigma_e=\pi r_e^2$。

一个原子序数为 Z 的原子有 Z 个核外电子。因此，一个孤立原子把电子散射到 α 以外的散射截面，用 σ_0 来表示，等于原子核弹性散射截面 σ_n 和所有核外电子非弹性散射截面 $Z\sigma_e$ 之和，即 $\sigma_0=\sigma_n+Z\sigma_e$。原子序数越大，产生弹性散射的比例（$\sigma_n/Z\sigma_e=Z$）就越大。弹性散射是透射电子显微成像的基础；而非弹性散射引起的色差将使背景强度增高，图像衬度降低。

17.2.2　质厚衬度成像原理

衬度是指在荧光屏或照相底片上，眼睛能观察到的光强度的差别。电子显微镜图像的衬度取决于投射到荧光屏或照相底片上不同区域的电子强度差别。对于非晶体样品来说，入射电子透过样品时碰到的原子数目越多（即样品越厚），样品原子核库仑电场越强（即样品原子序数越大或密度越大），被散射到物镜光阑外的电子就越多，而通过物镜光阑参与成像的电子强度也就越低。下面讨论非晶体样品的厚度、密度与成像电子强度的关系。如果忽略原子之间的相互作用，则每立方厘米包含 N 个原子的样品的总散射截面为

$$Q=N\sigma_0 \tag{17-3}$$

式中，N ——单位体积样品包含的原子数，$N = N_0\frac{\rho}{A}$（ρ 为密度；A 为原子量；N_0为阿伏加德罗常数）；

σ_0——原子散射截面。

所以

$$Q=N_0\frac{\rho}{A}\sigma_0$$

那么在面积为 1cm^2，厚度为 dt 的样品体积内散射截面为

$$\sigma=Q\mathrm{d}t=N_0\frac{\rho}{A_\sigma}\sigma_0\mathrm{d}t$$

如果入射到 1cm^{2}样品表面积的电子数为 n_1，当其穿透 dt 厚度样品后有 dn_1 个电子被散射到光阑外，即其减小率为 dn_1/n_1，因此有

$$-\frac{dn_1}{n_1}=\sigma=Q\mathrm{d}t \tag{17-4}$$

若入射电子总数为 $n_0(t=0)$，由于受到 t 厚度的样品散射作用，最后只有 n 个电子通过物镜光阑参与成像。将式(17-4)积分得到

$$n=n_0\mathrm{e}^{-Qt} \tag{17-5}$$

由于电子束强度 $I=ne$（e 为电子电荷），因此上式可写为

$$I=I_0\mathrm{e}^{-Qt} \tag{17-6}$$

上式说明强度为 I_0的入射电子穿透总散射截面为 Q、厚度为 t 的样品后，通过物镜光阑参与成像的电子束强度 I 随 Qt 乘积增大而呈指数衰减。

当 $Qt=1$ 时，

$$t=t_c=\frac{1}{Q} \tag{17-7}$$

t_c叫临界厚度，即电子在样品中受到单次散射的平均自由程。因此，可以认为，$t\leqslant t_c$的样品对电子束是透明的，相应的成像电子强度为

$$I=\frac{I_0}{e}\approx\frac{I_0}{3} \tag{17-8}$$

还由于

$$Qt=(\frac{N_0\sigma_0}{A})(\rho t) \tag{17-9}$$

若定义 ρt 为质量厚度，那么参与成像的电子束强度 I 随样品质量厚度 ρt 增大而衰减。

当 $Qt=1$ 时，

$$(\rho t)_c=(\frac{A}{N_0\sigma_0}) \tag{17-10}$$

我们把$(\rho t)_c$叫做临界质量厚度。随加速电压的增加，临界质量厚度$(\rho t)_c$增大。

下面来推导质厚衬度表达式。

如果以 I_A 表示强度为 I_0 的入射电子通过样品 A 区域(厚度 t_A，总散射截面 Q_A)后，进入物镜光阑参与成像的电子强度；I_B 表示强度为 I_0 的入射电子通过样品 B 区域(厚度 t_B，总散射截面 Q_B)后，进入物镜光阑参与成像的电子强度，那么投射到荧光屏或照相底片上相应的电子强度差 $\Delta I_A = I_B - I_A$(假定 I_B 为像背景强度)。习惯上以 $\Delta I_A / I_B$ 来定义图像中 A 区域的衬度(或反差)，因此，

$$\frac{\Delta I_A}{I_B}=\frac{I_B-I_A}{I_B}=1-\frac{I_A}{I_B} \tag{17-11}$$

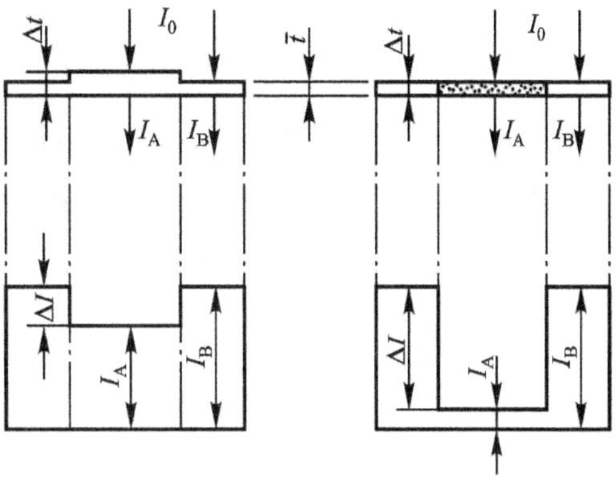

图 17-4　质厚衬度原理

(a) 区域厚度不同的复型；(b) 区域密度不同的复型

因为

$$I_A = I_0 e^{-Q_A t_A}$$

$$I_B = I_0 e^{-Q_B t_B}$$

所以

$$\frac{\Delta I_A}{I_B}=1-e^{-(Q_A t_A - Q_B t_B)} \tag{17-12}$$

这说明不同区域的 Qt 值差别越大，复型的图像衬度越高。倘若复型是同种材料制成的，如图 17-4(a)所示，则 $Q_A = Q_B = Q$，那么上式可简化为

$$\frac{\Delta I_A}{I_B}=1-e^{-Q(t_A-t_B)}=1-e^{-Q\Delta t}\approx Q\Delta t \quad (\text{当 } Q\Delta t \ll 1 \text{ 时}) \tag{17-13}$$

这说明用来制备复型的材料总散射截面 Q 值越大或复型相邻区域厚度差别越大(后者取决于金相试样相邻区域浮雕高度差)，复型图像衬度越高。

一般认为肉眼能辨认的最低衬度不应小于 5%，由式(17-13)可知，复型必须具有的最小厚度差为

$$\Delta t_{\min}=\frac{0.05}{Q}=0.05t_c \tag{17-14}$$

如果复型是由两种密度不同、厚度相同材料(A，B)组成的两个区域，如图 17-4(b)所示。假定 A 部分总散射截面为 Q_A，则此时复型图像衬度为

$$\frac{\Delta I_A}{I_B}=1-e^{-(Q_A-Q_B)t}\approx t\Delta Q \quad (\text{当 } t\Delta Q_A \ll 1 \text{ 时}) \tag{17-15}$$

显然，当两个相近区域的密度相差越大时，则衬度越高。

17.3　一级复型与二级复型

一级复型方法有三种：塑料、碳和氧化物复型。氧化物复型主要用于铝和铝合金，在电解减薄金属方法成熟之后已很少应用，故不加讨论。

17.3.1　塑料一级复型

塑料一级复型是最简单的一种表面复型，是用预先配制好的塑料溶液在已浸蚀好的金相试样上直接浇铸而成的。表 17-1 给出几种常用的塑料一级复型材料及其浓度。塑料一级复型的具体制备方法如下。

表 17-1 常用的塑料一级复型材料及其浓度

商品名称	化学名称	溶　剂	浓度/%
Collodion	低氮硝酸纤维素(火棉胶)	醋酸戊酯	0.5～4
Pormvar	聚醋酸甲基乙烯酯	二氧陆圜(二恶烷)或氯仿	1～2
Farlodion	低氮硝酸纤维素	醋酸戊酯	0.5～4

(1) 用液管在金相试样表面放一滴塑料溶液，用清洁玻璃棒轻轻地将其刮平，静置、干燥后形成厚度约 100nm 的塑料薄膜。其浮雕与金相试样表面正好相反，这种复型又叫负复型。

(2) 在透明胶纸上放几块略小于样品铜网(ϕ=3mm)的纸片，再在其上放置样品铜网，这样仅使其边缘粘贴在胶纸上。

(3) 对已干燥的塑料表面呵一口气，使之稍湿润，把贴有样品铜网的胶纸平整地压贴上去，利用胶纸的黏性把塑料一级复型从金相试样表面干剥下来，如图 17-5 所示。

(4) 用针尖或小刀在铜网边缘划一圈，将塑料薄膜划开，再用镊子把样品铜网连同贴附在它上面的塑料一级复型取下，即可放到透射电子显微镜中去观察。

塑料一级复型制备成败的关键在于能否顺利地将复型从金相样品表面上剥离下来，有时为了防止塑料膜的破裂，常采用背膜增强方法。例如，在 Formvar 复型膜干燥后，再在其上浇铸一层较厚的 Collodion 膜，后者可适当提高浓度。当复合膜从金相试样表面剥离下来后，剪成略小于样品铜网的小方块，放在醋酸戊酯中把 Collodion 背膜溶解掉，最后用样品铜网把 Formvar 一级复型捞起，仔细地把它放在滤纸上，把水吸下即成。图 17-6 显示了用 Formvar 一级复型获得的珠光体组织的形貌。

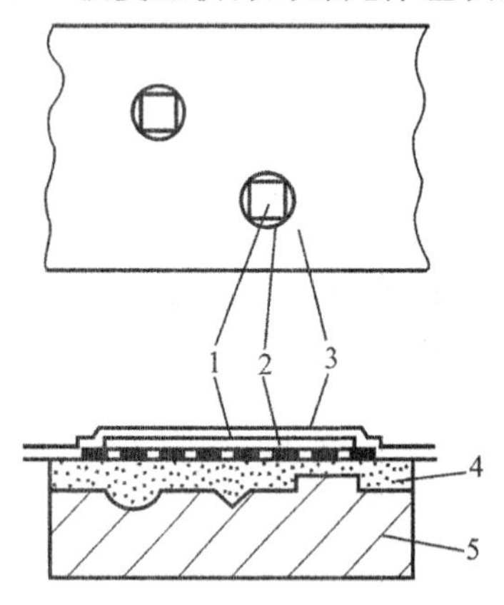

图 17-5 塑料一级复型干剥方法

1—纸片；2—样品铜网；3—透明胶纸；4—塑料一级复型；5—金相试样

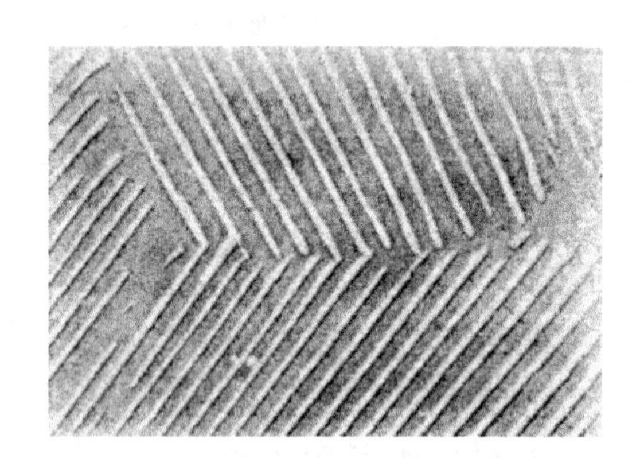

图 17-6 珠光体组织的塑料一级复型电子像

17.3.2 碳一级复型

由于塑料一级复型分辨率较低和耐电子束照射性较差，常常不能满足研究需要，此时可以采用碳一级复型(又称直接碳复型)。它是对已制备好的金相试样表面直接蒸发沉积碳膜制成的，蒸发碳膜的物质是光谱纯碳。具体制备方法如下：

(1) 在真空镀膜装置中，如图 17-7(a)所示，以垂直的方向在已浸蚀好的金相试样表面上直接蒸发沉积一层厚度约数十纳米的碳膜(简称喷碳)。蒸发沉积碳膜的厚度，由放在金相试样旁边的乳白色瓷片(或玻璃片)表面在喷碳前后颜色的变化来估计，一般认为变成浅棕色为宜。

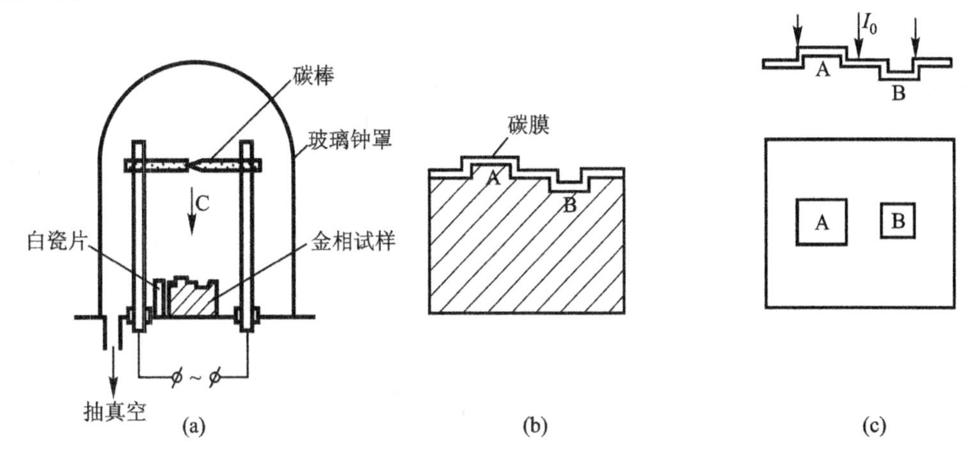

图 17-7　碳一级复型制备及其图像衬度

(2) 用针尖或小刀把喷过碳的金相试样表面划成略小于样品铜网的小方格，然后浸入适当的化学试剂中做第二次浸蚀或电解抛光，使碳膜与金相试样表面分离。对于金属来说，原则上任一适用于金属电解抛光的电解液都能使碳膜成功地与样品表面分离。例如，对于普通的碳钢或合金钢，可采用 10%硝酸酒精溶液、10～15mA/mm^{2}电流密度电解抛光 15s 左右使碳膜分离，然后放到浓度为 30%～40%的硝酸中洗涤 10min 左右，再用蒸馏水洗涤约 5min。

(3) 用样品铜网将碳复型捞起烘干即可放到透射电子显微镜中观察。

由于垂直蒸发沉积的碳粒子几乎以均等的概率蒸发到金相试样表面上，同时不像塑料液体有流动性，因此所得的碳膜厚度基本上是均匀的，如图 17-7(b)所示。碳一级复型与塑料一级复型在这点上的不同，就决定了它们在显示试样表面浮雕方式的不同。图 17-8 是 K-3 镍基高温合金中 σ 相的碳一级复型图像。

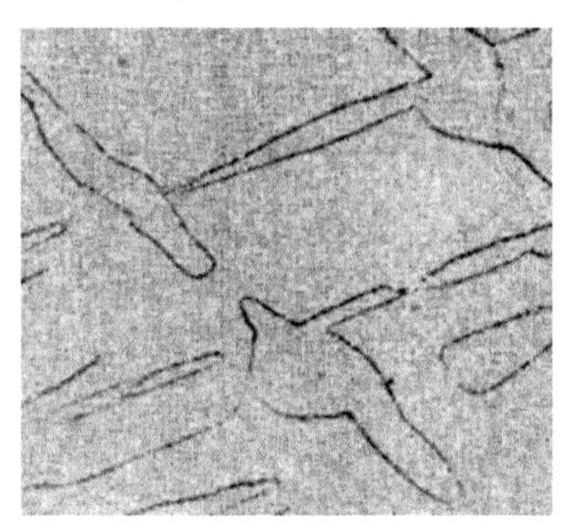

图 17-8　K-3 镍基高温合金中 σ 相的碳一级复型图像

在所有复型中，碳一级复型具有最高的分辨率，而且在电子束照射下比较稳定。但是，其制备方法比较麻烦，尤其是需要用化学或电化学方法来分离碳膜，破坏了金相试样的原始表面，如果控制不当还会使碳膜破碎，所以在分辨率要求不高的情况下，宁可采用塑料一级复型或塑料-碳二级复型，后者还兼有制备简单和耐电子束照射等特点。

17.3.3 塑料-碳二级复型

塑料-碳二级复型是目前最常用的复型方法之一，它兼有塑料一级复型和碳一级复型的某些优点。在材料研究领域内，它主要应用于金相组织和断口形貌的观察，尤其对断口样品，它比一级复型有更多的应用。具体制备方法如下：

(1) 在经过浸蚀的金相试样(或不需浸蚀的断口试样)表面上滴一、二滴丙酮(或醋酸甲酯)，然后贴上一小块醋酸纤维薄膜(简称 A,C 纸，厚度约 30～80μm。)，如图 17－9(a)所示。注意不要留下气泡和折皱。如果表面粗糙(如断口试样)，可以在溶剂完全蒸发之前用软橡皮适当加压，静置片刻后，在热灯泡下烘一刻钟左右使之干燥。

(2) 小心地揭下已经干燥的塑料复型(即第一级复型)，剪去周围多余的部分，然后将复制面朝上平整地贴在衬有纸片的胶纸上，如图 17－9(b)所示。

(3) 将固定好的塑料复型放在真空镀膜装置中，先以倾斜方向"投影"重金属，再以垂直方向喷碳(即第二级复型)，如图 17－9(b)所示。膜厚也以乳白色瓷片表面颜色变化来估计，一般认为变成浅棕色为宜。结果得到两级复型叠在一起的"复合复型"。由于第一级复型较厚，约 30～80μm，对电子不透明，需要将其溶解掉。

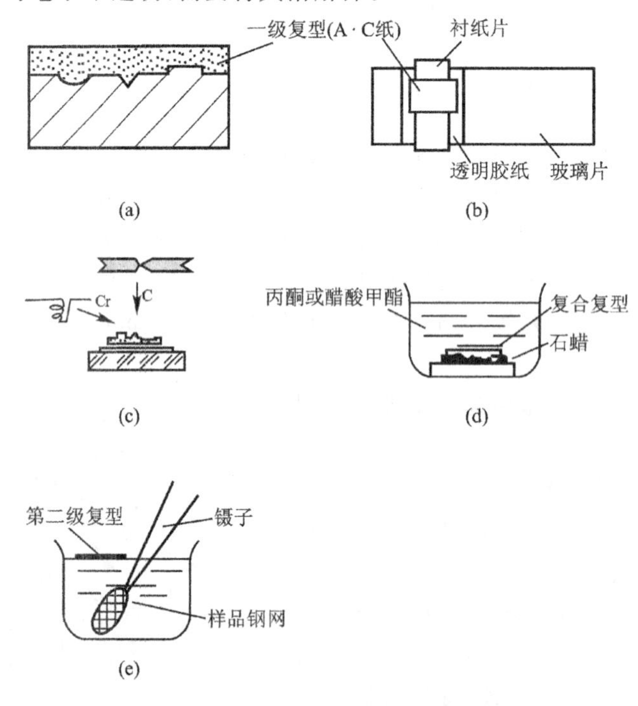

图 17－9 塑料一碳二级复型的制备步骤

(4) 把复合复型剪成略小于样品铜网的小方块，将生物切片石蜡(注意石蜡熔点在 42℃左右为宜)溶化后滴在小玻璃片上，然后将小方块一边喷碳一边贴在烘热的小玻璃片的石蜡上。待玻璃片冷却和石蜡凝固后，放到盛有两碗酮或醋酸甲酯的有磨口盖的容器中，如图 17－9(d)所示，将第一级复型慢慢溶解。为了加速第一级复型和石蜡的溶解，可放在烘箱或水浴内加热至高于石蜡熔点、低于丙酮(或醋酸甲酯)沸点的温度，55℃左右，保温 15～20min。第一级复型和石蜡溶解后，第二级复型就漂浮在丙酮溶液中。

(5) 用铜网布制成的小勺把第二级复型转移到清洁的丙酮中洗涤(也可适当加热,保温 15min);最后转移到蒸馏水中,依靠水的表面张力使第二级复型平展并漂浮在水面上,再用摄子夹住样品铜网把第二级复型捞起来(见图 17-10(e)),放到滤纸上,干燥后即可供观察。

塑料—碳二级复型的最大优点在于制备过程中不破坏金相试样原始表面,必要时可重复制备;由于第一级复型用较厚的塑料膜来制备,即使对粗糙的断口样品,剥离也比较容易,膜也不易损坏;供观察的第二级复型是碳膜,故导热导电性好,在电子束照射下较为稳定。图 17-10 是 K-3 铜基高温合金中 σ 相的二级复型电子像。

在塑料—碳二级复型的第一级复型上进行重金属“投影”,这样,除了大大提高复型图像的衬度外,还可借助它判别样品表面凹凸的情况,这对显微组织的分析是十分重要的。为了由复型图像判别样品表面的凹凸,首先必须正确辨认投影方向,通常,“白亮影子”尾部呈不规则锯齿状;如在复型上有明显的污物粒子,则影子总在粒子的后部。通过投影判别凹凸的方法如下:顺着投影方向看,投影金属堆积造成的暗区域在前,影子在轮廓线的后部,表明该部分在原始金相(或断口)样品表面是凹下去的;反之,若影子在前,堆积暗区在后,样品表面则是凸起来的。由此可见,投影方向的判别是最重要的,方向判别错了,样品表面的凹凸判别也错了。有时在一张照片上,投影方向不能判别,上述方法就失效了。但如果某部分的轮廓线很清楚,则不需要知道投影方向只要根据“白亮影子”是在轮廓线外还是在内,就可确定;如果影子在轮廓线内,则该部分对应的原始样品表面是凸的,反之是凹的。这种情况与自然光照射到凹凸物上的情况正好相反,其原因是因为投影是在“负复型”上进行的。由此可知,图 17-10 中的 σ 相在样品上是凸的;而在图 17-8 中 σ 相的碳一级复型像则不能鉴别其凹凸。

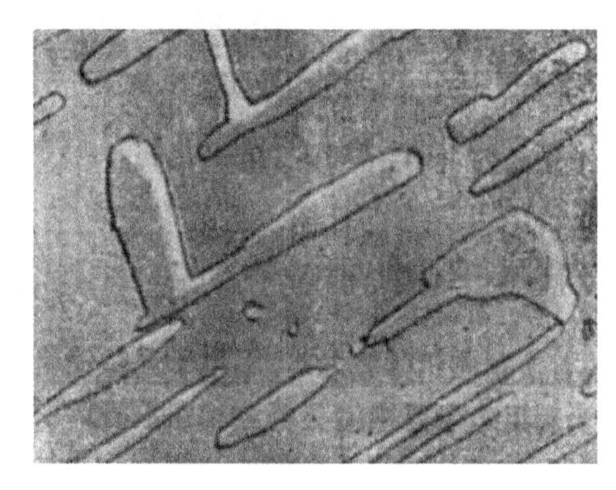

图 17-10　K-3 镍基合金中 σ 相的二级复型电子像

17.4　抽取复型

对一级复型步骤稍加改进,就不仅能用复型显示样品表面浮雕而且可用膜抽取某些细小的组成相,例如第二相粒子,并能保持它们在样品中原有的分布。这个方法与其他复型方法相比,它的最大优点是这些小粒子除了能在透射电子显微镜下被观察其大小、形态分布之外,还能通过电子衍射的方法确定其物相。抽取复型可以用碳蒸膜也可以用塑料膜,目前常用碳蒸发膜,其具体制备方法如下:

(1) 选择合适的浸蚀剂,使其溶解样品的基体材料(如铁素体基体)比第二相粒子要快,以致这些粒子突出于样品表面上。

(2) 在深浸蚀过的金相试样表面上,蒸发沉积一层较厚的碳膜(20nm 以上),然后用针尖或小刀把碳膜划成小于样品铜网的小方块。

(3) 将喷碳、划过格的试样放到盛有浸蚀剂的器皿中进行第二次浸蚀(或进行电解抛光),使基体材料进一步溶解。但要注意不应对抽取的粒子有太大的浸蚀,这样会使碳膜连同凸出试样表面的第二相粒子与基体分离。

(4) 将分离后的碳膜转移到某种化学试剂中洗涤,溶去残留的基体,最后移到酒精中去洗涤,用样品铜网捞起,干燥后即可供观察。

有时,为了避免碳膜在第二次深浸和尔后的洗涤过程中发生破碎,可以在喷碳之后,在碳膜上浇涛一层塑料背膜,待复合膜从试样表面分离后,再用溶剂把背膜溶解。图 17-11是奥氏体钢塑性断裂断口的碳抽取复型,断口上的微坑特征依稀可见。经电子衍射鉴定,被抽取的粒子是$(Cr,Fe)_7C_3$型碳化物。

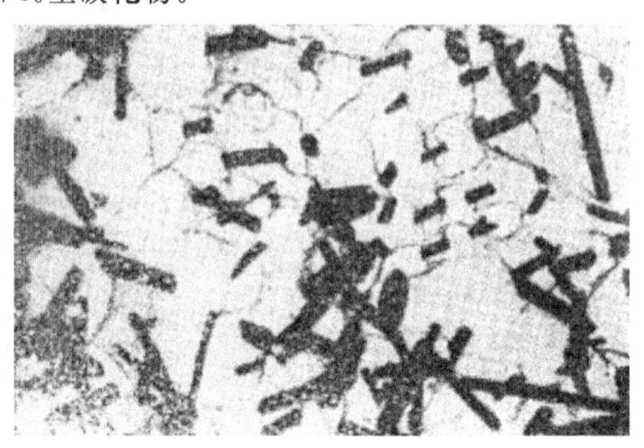

图 17-11 奥氏体钢(0.3%C,36%Ni,1.0%Cr)

1 473K 1h+水淬+1 173K30h+水淬,在-77K 拉伸断裂,碳抽取复型,10 000×

17.5 粉末样品

粉末样品的制备包括支持膜的制备和粉末均匀分布于支持膜上。对于细小的粉末或颗粒,因为不能直接地用电镜样品铜网来承载,故需在铜网上预先埋附一层连续而且很薄(约 20~30nm)的支持膜,细小的粉末样品放置于支持膜上而不致从铜网孔中漏掉,才可放到电镜中观察。较多使用的是火棉胶—碳复合支持膜。制备方法如下:

(1) 配制质量分数约为 3%的火棉胶的醋酸戊酯溶液。

(2) 在一个直径>100mm 的玻璃培养皿中注入蒸馏水,然后将铜网适距放在培养皿底部,铜网的粗糙面朝上。

(3) 将火棉胶溶液滴入水中,将溶在水面上展开的第一次膜除去,采用第二次干净的膜,将吸管沿培养皿边缘伸入水中,将蒸馏水慢慢吸干,铜网就吸附在火棉胶薄膜上。

(4) 将附着铜网的火棉胶放在真空镀膜台中,喷一层很薄的碳,用针尖划开铜网周围的膜,这样,火棉胶—碳复合支持膜就制成了。

有了支持膜,粉末样品制备的关键是使细小的粉末均匀地分散在支持膜上,方法有多种。最简单有效的方法是将少许粉末放在存有蒸馏水或丙酮的烧杯中,用超声波振动使之成为悬浮液,然后用吸管吸少许溶液滴在有支持膜的铜网上,铜网被其底部预放的滤纸吸干后即可放入电镜中观察。

17.6　薄膜样品的制备方法

17.6.1　直接制得薄膜样品

直接制成可用于透射电子显微镜观察的薄膜样品有多种方法，如真空蒸发、磁控溅射、溶液凝固等方法。图 17－12 是 Al－4%Cu 多晶薄膜的 TEM 像。它是通过磁控溅射仪把 Al－4%Cu靶溅射到 KCl 基片上，然后将溅射后的 KCl 基片放入含有一点丙酮(减小表面张力，不致使 Al－4%Cu 膜破碎)的去离子水(或蒸馏水)中，待 KCl 溶解后，Al－4%Cu 膜漂浮在水面上，然后用铜网捞起后待水分蒸发后，即可放入透射电子显微镜中观察。

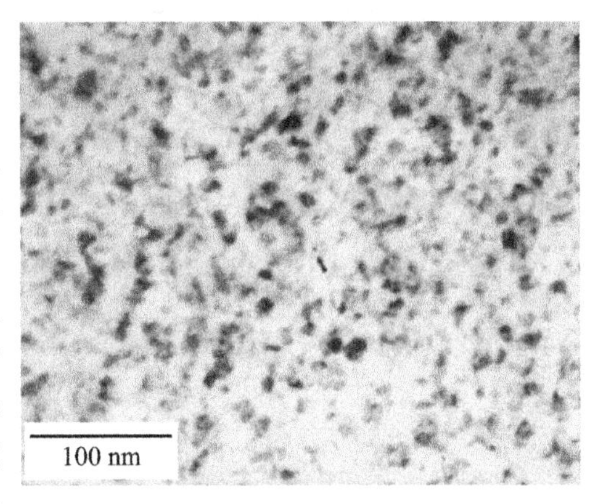

图 17－12　Al－4%Cu 多晶薄膜的 TEM 像

17.6.2　大块晶体样品制成薄膜的技术

1) 金属块体样品

在用电解抛光方法首次制成铝薄膜之前，用电子显微镜研究材料是通过复型方法来实现的。尽管复型技术曾为利用电子显微镜分析金相组织开辟了一条实际可行的途径，但由于它依赖于浸蚀浮雕的复制，与传统的光学金相方法相比，只是在较高分辨率条件下显示样品的表面形貌特征，两者没多少本质的差别。复型技术不仅限制了电子显微镜高分辨率性能的发挥，而且不能获得材料中大量的重要信息——晶体结构和亚结构等。以金属材料本身制成的薄膜作为电子显微镜观察分析的样品就解决了复型的局限性，它已成为直接观察和研究材料的晶体结构、晶体缺陷、显微组织、相变和形变过程以及它们之间内在联系的重要手段。

对用于透射电子显微镜观察的试样要求是：它的上下底面应该大致平行，厚度应在 50～500nm之间，表面清洁。制备这样的薄膜除了可采用上述用真空沉积等直接制成薄膜的方法外，更普遍的方法是须用块体材料制成薄膜试样。

由大块样品制成薄膜试样一般需要经历以下三个步骤：

(1) 利用砂轮片、金属丝或电火花切割方法切取厚度小于 0.5mm 的“薄块”。由于电火花切割适用于一切导电的样品，即使是半导体等导电性差的材料，浸入加热的油介质中也可以进行切割；同时它的热损伤深度也较小，一般在几十个微米以下，因此它是一种广泛应用的切割方法。对于陶瓷等绝缘体则需用金刚石砂轮片切割。

(2) 用金相砂纸研磨，把薄块预减薄成 0.1～0.05mm 左右的薄片，这种机械研磨具有易控制厚度的优点，但难免发生应变损伤和样品升温。当研究涉及材料中的位错组态、密度和个别相变问题时，这种方法就不可取，必须采取化学抛光方法。化学抛光是无应力的快速减薄过程，它和电解抛光的基本电化学机制是类似的，但由于不使用外加电压来促进试样的溶解，化学抛光溶液就需要比电解抛光溶液反应要剧烈些，而且一般是在较高的温度下(50～100℃)进行的。这些特点使得化学抛光制膜法在表面平整方面不如电解抛光容易控制。因此，它在大块金属试样制备薄膜中不作为最终减薄方法。它的特长适于减薄不导电的陶瓷和金属陶瓷材料。表 17－2 列出了若干种金属材料预减薄用的化学抛光配方，供参考。

表 17－2 金属材料预减用的化学抛光配方

材 料	溶液配方	备 注
铝和铝合金	(1) 40%HCl+60%H_2O+5g/l $NiCl_2$ (2) 200g/l$NaOH$ 水溶液	70℃
铜	(1) 80%HNO_3+20%H_2O (2) 50%HNO_3+25%CH_3COOH+25%H_3PO_4	20℃
铜合金	40%HNO_3+10%HCl+50%H_2O	
镁和镁合金	(1) 稀 HCl 酒精溶液 (2) 6%HNO_3+94%H_2O	体积浓度 2%～15% 3℃
Ni 钢和不锈钢	50ml60%H_2O_2+50mlH_2O+7mlHF	将样品放在 H_2O_2 溶液中，然后加 HF 直到开始反应。制取 100nm 厚度的薄膜，而后用标准的铬酸－醋酸溶液电解抛光方法
铁和钢	(1) 30%HNO_3+15%HCl+10%HF+45%H_2O (2) 50%HCL+10%HNO_3+5%H_3PO_4+35%H_2O (3) 34% HNO_3 + 32% H_2O_2 + 17% CH_3COOH + 17%H_2O (4) 60%H_3PO_4+40%H_2O_2	 热溶液 热溶液 H_2O_2 用时加入

注：表中数据均为体积浓度。

(3) 用电解抛光的方法进行最终减薄，在孔洞边缘获得厚度小于 200nm 的“薄膜”。简单的电解抛光装置由直流电源、电压表、电流表、电解液容器、样品(作阳极)和阴极(如不锈钢)组成，如图 17－13 所示。

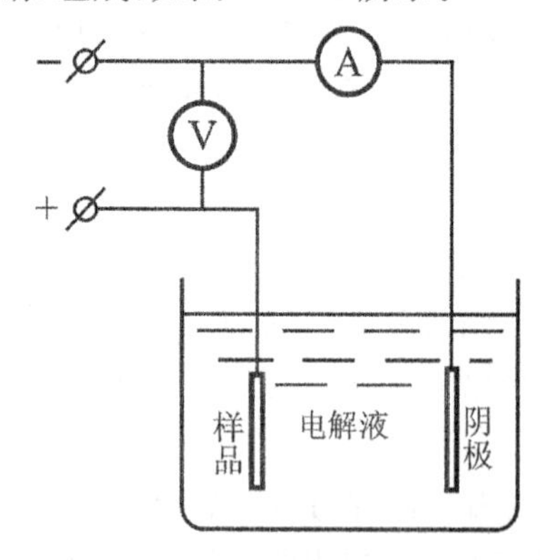

图 17－13 电解抛光装置

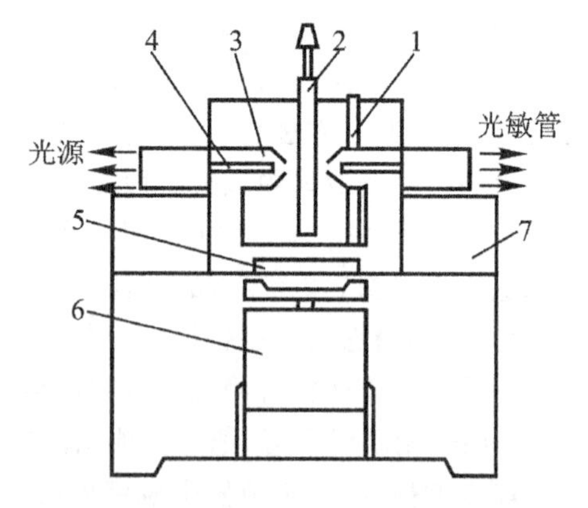

图 17－14 磁力驱动双喷电解减薄装置原理

1—阴极；2—样品夹座(阳极)；3—喷嘴；4—导光管；5—转子；6—马达；7—冷却管

在研究电解抛光槽内电极尺寸和形状对抛光质量影响的过程中，相继形成了窗口法、博尔曼法和双喷电解抛光法。双喷电解抛光法是目前最为流行的方法。图 17－14 是磁力驱动双喷电解减薄装置原理图。事先用冲剪方法得到ϕ 3mm 圆片，然后把它装入样品夹座中，电解液通过两侧对称的喷嘴向圆片中心喷射进行抛光，同时通过磁力驱动转子来搅拌电解液。当样品穿孔时，由样品一侧的光源发出的光线通过孔洞被另一侧光信号触发光敏电阻接收而报警，此时仪器迅速自动关掉电源，停止抛光。抛光后的样品必须放在乙醇中清洗多次，以致洗掉样品表面残留的抛光液。由此制得的薄膜样品在穿孔附近有较大的透明度，并使周边较厚便于夹持，可供直接观察。双喷电解抛光法与早期常用的窗口法和博尔曼法相比，不仅有减薄速度快的优点(双喷电解抛光法使一个样品穿孔只需 1～5min，而窗口法和博尔曼法使一个试样抛光将花费 10min 至 1h 以上)，而且减薄后的试样不需要用小刀切割成可供观察的尺寸，也不需要用铜网支撑，这样既避免了切割时难免发生的一些机械损失，又避免了使用铜网支撑时对观察面积的遮蔽。双喷电解抛光法对电化学条件不是很苛刻，采用 1%～5%的高氯酸酒精电解液能适用大部分的金属和合金，而且难制备的材料也容易抛光。表 17-3 中列出了几种金属和合金最终减薄用的电解抛光条件。

表 17-3　某些金属和合金最终减薄的电解抛光方法

材　料	方　法	技术条件
铝和铝合金	B 或 W	62%H_3PO_4+24%H_2O+14%H_2SO_4+160g/lCrO_3，9～12V，70℃
	J	10%$HClO_4$+90%CH_3OH，20V，<20℃
铜和铜合金	W	33%HNO_3+67%CH_3OH，4～8V，<30℃
	B	同上，4～7V，30～40℃
	J	5%$HClO_4$+95%酒精，50～75V，<－30℃
碳钢和低合金钢	W	135mlCH_3COOH+7mlH_2O+25gCrO_3，25～30V，<30℃，不锈钢阴极，依次在醋酸和甲醇中漂洗
	J	5%$HClO_4$+95%酒精，75～100V，－(20～30)℃
不锈钢	J	5%$HClO_4$+95%酒精，75～100V，－(20～30)℃
镍合金钢	J	(1) 5%$HClO_4$+95%酒精，75～100V，－(15～30)℃ (2) 5ml$HClO_4$+95mlCH_3COOH+2gCrO_3+1g$NiCl_2$，50～80V，10℃
镍-锆	J	20%$HClO_4$+80%酒精，75～100V，－20℃
铜-锆	J	1%H_2SO_4+99%甲醇，20V，－20℃
钯-硅	J	15%HF+30%$HClO_4$+55%酒精，20V，室温
铌	W	15%HF+85%HNO_3，8V，50℃，白金或碳合金
	J	20%H_2SO_4+80%CH_3OH

注：W 为窗口法，B 为博尔曼法，J 为双喷电解抛光法。

把大块试样成功地制成可观察的薄膜，最终的电解抛光是个关键。影响电解抛光质量的因素很多：电解液成分、浓度、抛光电压、温度和样品成分。虽然对电解抛光的真实机制仍不清楚，但许多不同成分试样的抛光范围，从有关书籍和手册中可查到。如果制备的是一种新材料，必须通过试验来确定最佳电解抛光条件，这时，了解电解抛光的一般结论是很有益的。

电解抛光液实质是一种含有氧化剂和氧化产物的溶液。在抛光过程中，氧化剂对样品表面产生腐蚀，由于样品“毛面”上突出点的缓解速率大于低凹处的缘故，因此这种腐蚀使样品表面越变越平。几乎所有的氧化剂都能起到阳极(样品)平整的作用,但只有不多的氧化剂能够起到阳极抛光作用,而且即使这样,氧化剂也只有在一定的电位和电流密度条件下,才能使阳极(样品)表面光亮。这些氧化剂通常是强酸(盐酸、硝酸、硫酸、高氯酸和氢氟酸等)、中强酸(正磷酸)和弱酸(醋酸和铬酸)。根据样品中原子的活泼性来选择不同的酸类和配比浓度。例如,对碳钢和低合金钢既可用高浓度的弱酸,135ml 醋酸,7ml 水,25g 铬酸,也可用低浓度的强酸,如 5%的高氯酸酒精溶液。但对于 Pd - Si 合金,由于样品原子活泼性极差,因此必须使用高浓度强酸,如 30%高氯酸十 15%氢氟酸的酒精溶液。当然,这样的思路没有考虑合金相与纯金属的差异,因此也有其不足之处。对于一种特定的材料,决定一种电解液的最适当的成分条件还不十分清楚,但根据上述的基本原理和书或手册中介绍的若干种基本电解液,往往能从这些电解液中找到一个满意的衍生物。电解液中除氧化剂外,有时还需添加剂,它们是:①盐类,用以改进导电率,从而提高电解抛光速度,例如在醋酸为基的电解液中加镍的氯化物;②黏滞流体,如甘油或纤维素等成分,它们增加电解液的黏滞性。当材料含有电化学性质不同的较大第二相粒子时,这种添加剂特别有用。

抛光电压一般是根据预先测定的电压—电流曲线来确定的,如图 17 - 15 所示。一般选择曲线 1 中 c 点附近的电压或比它稍高的电压。但是对某些材料(如不活泼材料做阳极),只能获得图 17 - 15 中曲线 2 给出的电压,这就给正确选择电流密度增添了困难。但根据图中所示的原理,最佳的抛光电压、电流可借助光学显微镜检查抛光表面的情况来决定。如果表面浸蚀明显,应提高电压;如果仍处浸蚀状态,应考虑适当降低电解液浓度。这样,不需要做电压—电流曲线,就可较快地找到合适的抛光电压。

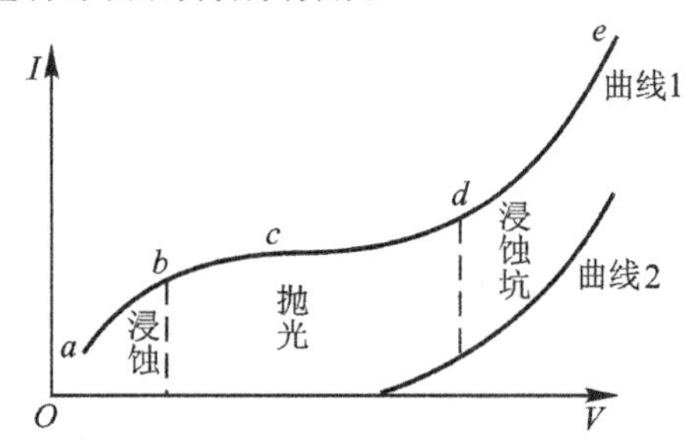

图 17 - 15 电解抛光时的电压-电流曲线

电解抛光液的温度也是需要考虑的重要因素,它不仅受电解液成分控制,还和电解抛光方法有关。双喷电解抛光法减薄速率很快,其原因是因用了更高的电压和相当高的电流密度,也就是图 17 - 15 中曲线 1 上的 d 段,这是通过喷射过程中电解液快速流动以保持较薄的黏滞层来实现的。在这种方法中,电解液冷却到 0℃以下是有益的,通常为 −15℃,降温除可防止氧化外,还可增加黏滞性,电解抛光效果好得多。虽然黏滞性的增加会减慢抛光速率,但抛光速率不是双喷电解抛光法的主要问题。窗口法和博尔曼法采用较低的抛光电压和电流密度(即图 17 - 15 中曲线 1 上 c 点附近的电压和电流),抛光速率就是一个主要问题。为了提高抛光速度,必须采用较高的温度,使电解液的导电率和化学活泼性增加,同时降低电解液的黏滞性,窗口法和博尔曼法通常使用的温度范围是 0～20℃,甚至是更高的温度范围。

对于某些材料来说,当电解抛光液成分选定后,抛光电压、抛光电流和温度三个因素中只有两个是独立变量。如果把抛光电压和温度设置在某个值,则抛光电流就不能变化了。

2) 陶瓷块体样品

上述电解抛光减薄法适用于金属材料。化学抛光减薄方法适用于在化学试剂中能均匀减薄的单质材料,如半导体 Si,Ge,氟化物等。对于多相的无机非金属材料,上述方法均不适用。20 世纪 60 年代出现的离子减薄特别适用于陶瓷块体材料的薄膜制备。

陶瓷块体薄膜制备方法是用专用金刚石切片机将块体样品割成薄片，再经机械减薄抛光等过程预减薄至 30～40μm。用超声波打孔机或其他方法把薄片钻成φ 2.5～3mm 的小圆片。将小圆片装入离子减薄仪中进行离子轰击减薄和离子抛光。离子减薄仪的结构如图 17－16 所示。

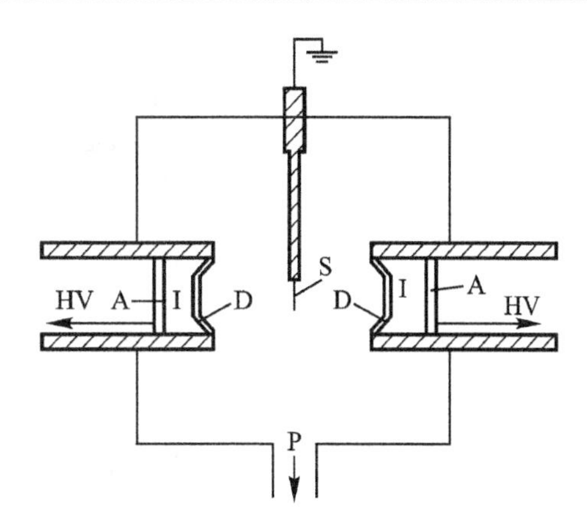

图 17－16　离子轰击减薄装置结构

S—试样；I—电离室；A—离子枪阳极；D—离子枪阴极；P—泵系统；HV—高压

离子减薄原理是，在高真空中，两个相对的冷阴极离子枪，提供 1～10keV 的高能量的氩离子流，以一定角度（一般为 10°～15°）对旋转中样品的两面进行轰击。当轰击能量大于样品材料表层原子的结合能时，样品表层原子受到氩离子激发而溅出，经较长时间的连续轰击，最终在样品中心部分穿孔，孔边缘很薄，对电子束来说是透明的，这个样品就成了薄膜样品。离子减薄的最大优点是制得的样品厚度较为均匀，薄区面积大，样品表面清洁，这种方式几乎适用于所有固体材料的样品制备。其缺点是因为离子束对样品的减薄速度较慢，制备一个样品往往要几个小时或几十小时，制作成本较高。

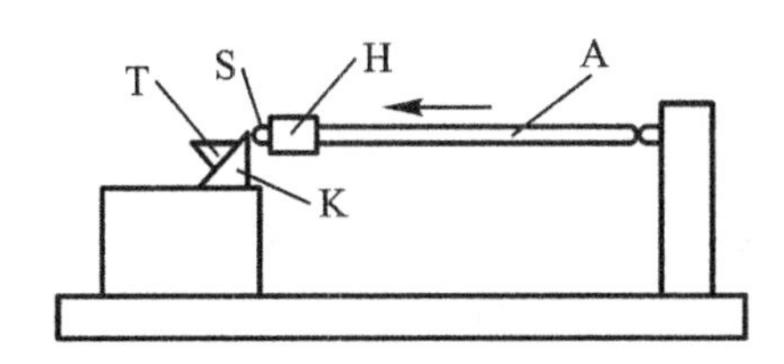

图 17－17　超薄切片制备金属薄膜装置

S—样品；H—样品夹持器；A—待推进装置的枢轴；K—刀；T—薄膜收集槽

3）高分子块体样品

用超薄切片机可获得 50nm 左右的薄试样。这种方法已广泛地应用于生物样品和高分子样品的制备上。高分子样品超薄切片机与陶瓷超薄切片机一样，只是将制备生物样品和高分子样品的玻璃刀取代可切割陶瓷材料的金刚石刀。超薄切片机的原理是装在枢轴上的样品向切刀逐渐推进，装置示意图如图 17－17 所示。

用超薄切片机切割生物样品或高分子样品时，往往将切好的薄片从刀刃上取下时会发生变形或弯曲。为克服这一困难，可以将样品在液氮中冷冻，或把样品镶嵌在一种可以固化的介质中（如环氧树脂），镶嵌后再切片就不会引起薄片样品的变形。高分子样品由于组成的原子是轻元素，对电子的散射能力不强，故在透射电子显微镜中形成的像衬度很差，因此常需要用“染色”的方法来增加衬度，即将某种重金属原子选择性地引入试样的不同部位，利用重金属散射能力大的特点，提高超薄切片样品的像衬度。常用的金属有锇、钨、银等组成的盐类。不同高分子可用不同的染色方法，如含有双键的橡胶，可用四氧化锇（OsO_4）染色。

17.6.3　聚焦离子束方法

聚焦离子束（focused ion beam, FIB）仪器用离子束扫描样品，通常的加速电压为 5～50kV。在操作中，高能离子束轰击样品，使样品表面溅射出二次离子，通过探测器的检测可形成样品的高清晰、大景深的扫描离子像。

FIB 系统主要组成部分有：离子源、离子束聚焦/扫描系统和样品台。图 17－18 所示为 FIB 仪器中镓液态金属离子源和透镜系统。

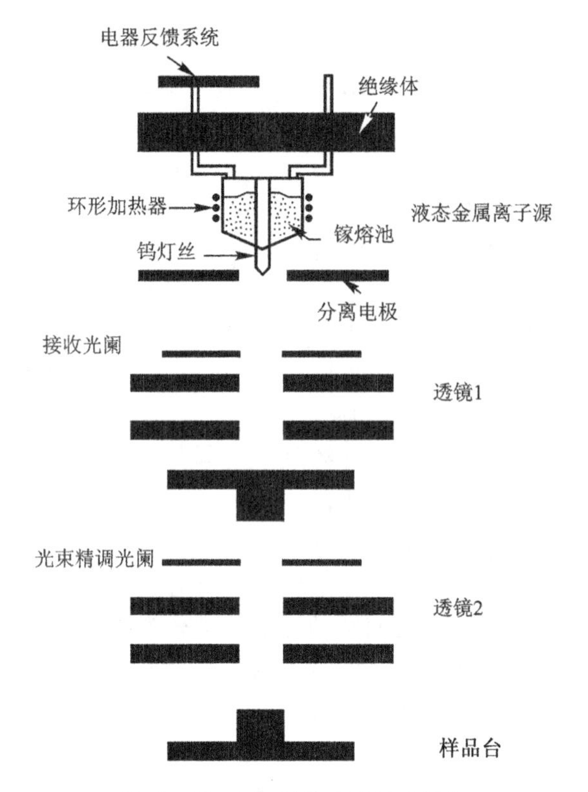

图 17－18　FIB 系统主要组成部分

FIB 方法最初用于半导体器件的线路修复，现在也被用于 TEM 样品的制备。它的特点就是可对样品特定区域进行样品制作，并且制备速度快。目前有两种方法。第一种方法是传统的“刻槽法”，具体过程见图 17－19(a)；第二种方法是“取出法”。图 17－19(b)表示的是材料表面制备 TEM 样品过程。

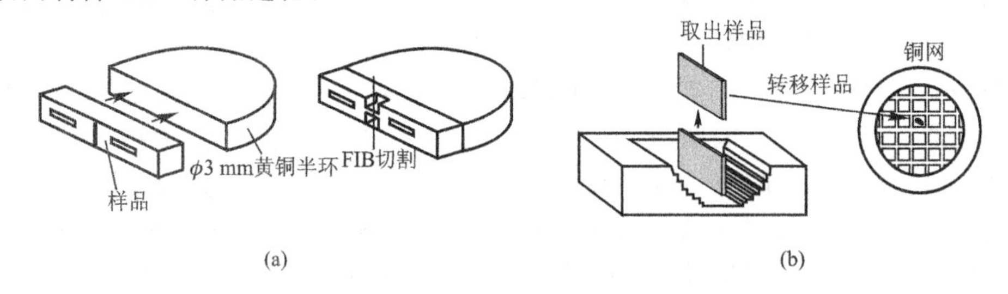

图 17－19　FIB 法制备 TEM 样品

(a) 刻槽法；(b) 取出法

图 17－20(a)中是用“取出法”获得的样品，其通过在 FIB 中首先找到界面，然后就在此位置制备样品，尺寸为 10 μm×5 μm。利用 Seiko SMI2200 FIB 的二次离子像可以观察到钛基复合材料的微观形貌，图 17－20(b)中的黑色组织为稀土增强体，图 17－20(c)显示的是该样品在 TEM 下的微观组织。

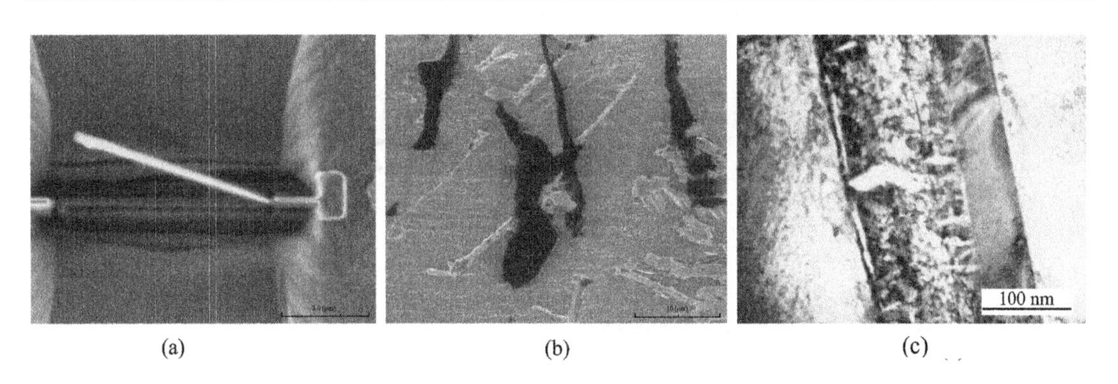

图17-20　Seiko SMI2200 FIB制备的钛基复合材料及其透射电子显微像

(a) 取出法制备的样品；(b) 二次离子像；(c) 透射电子显微像

第 18 章　电子衍射和衍衬成像

18.1　电子衍射与 X 射线衍射的比较

晶体对电子的衍射与对 X 射线一样，也要满足衍射几何条件(布拉格公式)和物理条件(结构因子)，所获得的衍射花样对多晶体则为一系列半径不同的同心衍射环，而对单晶体是一系列规则排列的衍射斑点，如图 18-1 所示。电子衍射和 X 射线衍射的相似性和差异性的主要方面列在表 18-1 中，其中最重要的是用于衍射的电子波长比 X 射线波长短得多，导致了电子衍射角很小，使单晶电子衍射花样在结构分析方面比 X 射线容易得多。

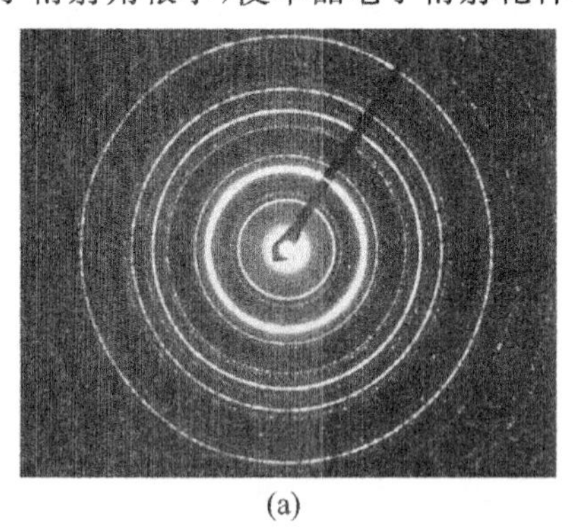

(a)

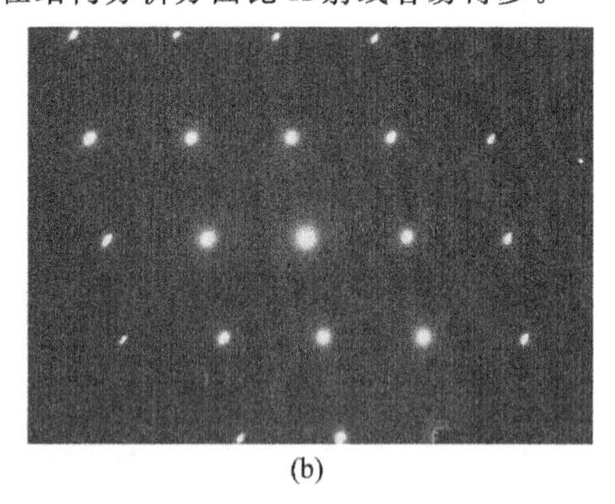

(b)

图 18-1　电子衍射花样

(a) 金蒸发膜的多晶花样；(b) Fe-Mn-Si-Al 合金中 ε 相的单晶花样

表 18-1　电子衍射与 X 射线衍射的比较

相似性	差异性
1. 波的叠加性符合： 布拉格公式； 结构因子； 消光规律 2. 衍射花样类型： 单晶花样； 多晶花样 3. 单晶花样能确定晶体位向	1. 单原子散射的特性：(E)：受原子核散射，(X)：受核外电子散射 2. 衍射波长及衍射角： (E)：$\lambda=10^{-3}$ nm，衍射角 2θ 从 0°～3° (X)：$\lambda=10^{-1}$ nm，衍射角 2θ 从 0°～180° 3. 衍射斑点强度：$I_E/I_X\approx10^6\sim10^7$ 4. 辐射深度：(E)低于 1μm 数量级，(X)：低于 100μm 数量级 5. 作用样品体积： (E)：$V\approx1\mu m^3=10^{-9}mm^3$ (X)：$V\approx0.1\sim5mm^3$ 6. 晶体位向测定精度： (E)：用斑点花样测定，约±3° (X)：优于 1°
备注：(E)表示电子衍射，(X)表示 X 射线衍射	

电子衍射花样分析包括两个方面：

(1) 衍射几何：即电子束经晶体散射后所产生的相干涉线或斑点的位置。

(2) 衍射强度：即电子束经晶体散射后所产生的相干涉线或斑点的强度。

单从衍射几何方面的分析就可获得大量的信息，本章重点讨论这一内容，对衍射强度分析只略加讨论。

18.2　衍射产生的条件

电子衍射产生的条件与 X 射线衍射相同。本节主要以 X 射线衍射为基础做进一步的分析。

布拉格公式是衍射几何条件在正空间中的表示法，爱瓦尔德球构图则是对衍射几何条件在倒易空间中的描述。图 18－2 是应用爱瓦尔德反射球构图来表示衍射条件。以晶体点阵原点 O 为球心，以 $1/\lambda$ 为半径作球。沿平行于入射方向，从 O 点作入射波波矢 $\boldsymbol{k}$，并且使 $|\boldsymbol{k}|=1/\lambda$，其端点 O^* 作为相应的倒易点阵的原点，该球称为爱瓦尔德球，或称为反射球。当倒易阵点 G 与爱瓦尔德球面相截时，则相应的晶面组 (hkl) 与入射束的方位必满足布拉格条件，而衍射束的方向就是 $\boldsymbol{OG}$，或者写成衍射波的波矢 $\boldsymbol{k}$，其长度也等于爱瓦尔德球的半径 $1/\lambda$。根据倒易矢量定义，$\boldsymbol{O^*G}=\boldsymbol{g}$，则可得

$$\boldsymbol{k'}-\boldsymbol{k}=\boldsymbol{g} \qquad (18-1)$$

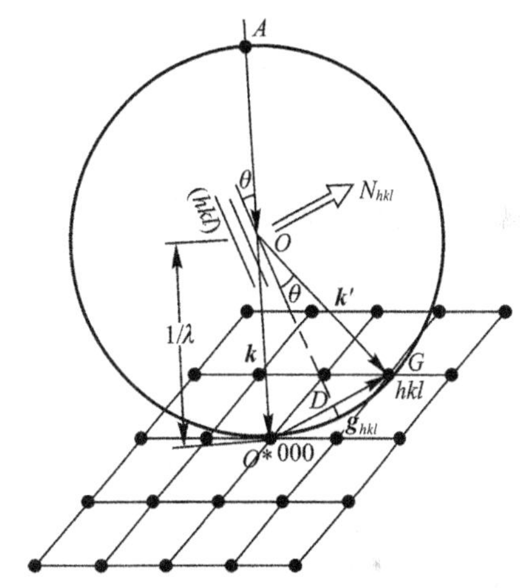

图 18－2　爱瓦尔德球构图

式(18－1)就是衍射几何条件在倒易空间中的表示法。从几何上很容易证明它与布拉格公式是等价的。可以说，爱瓦尔德球构图是布拉格公式的图解，其优点是直观明了，只需从倒易阵点(图 18－2 的 G)是否落在爱瓦尔德球球面上，就能判断是否能产生衍射，并能直接显示出衍射方向。

当晶体的某 (hkl) 晶面满足衍射几何条件 $2d\sin\theta=\lambda$ 或 $\boldsymbol{k'}-\boldsymbol{k}=\boldsymbol{g}$ 时，是否一定产生衍射呢？由 X 射线衍射理论知道，还必须满足结构振幅 F_{hkl}(也常用 F_g 表示)不能等于零，也就是说，一个晶胞内所有原子的散射波在衍射方向上的合成振幅不能等于零，否则也不能产生衍射。需注意的是，在第 2 篇式(9－8)中，f_j 是 X 射线的原子的散射振幅，它不同于电子的原子的散射振幅(见附录 12)。

如果把那些 F_{hkl} 等于零所对应的倒易阵点从倒易点阵中去掉，借助于倒易矢量的两个基本性质($\boldsymbol{g}_{hkl}/\!/\boldsymbol{N}_{hkl}$，$\boldsymbol{N}_{hkl}$ 是 (hkl) 晶面的法线，$|\boldsymbol{g}_{hkl}|=1/d_{hkl}$)不难画出：点阵常数为 a 的简单立方正点阵的倒易点阵也是简单立方，其点阵常数 $a_0^*=1/a$；点阵常数为 a 的体心立方正点阵的倒易点阵则是点阵常数的 $a_0^*=2/a$ 的面心立方点阵；而面心立方正点阵的倒易点阵则是体心立方，其点阵常数也是 $a_0^*=2/a$。并且，立方正点阵的三个轴向与立方倒易点阵是平行的。图 18－3 画出了体心立方正点阵的倒易点阵。

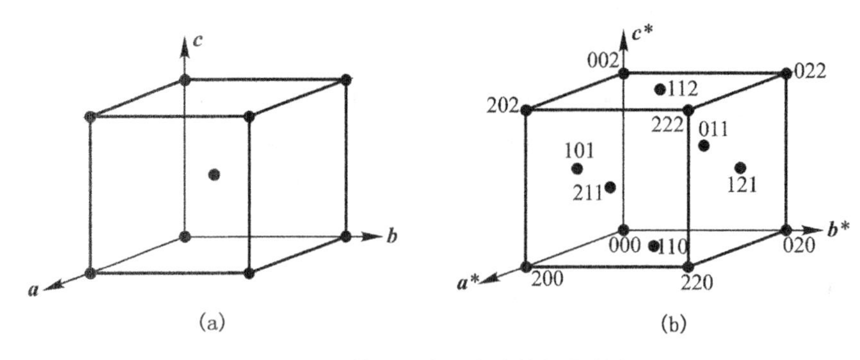

图 18-3 体心立方正点阵的倒易点阵

(a) 正点阵;(b) 倒易点阵

上述讨论指出,只有当入射束与点阵平面的夹角 θ 正好满足布拉格公式时才能产生衍射,否则衍射强度为零。在爱瓦尔德球构图中,倒易阵点应严格落在球面上,而倒易阵点则是几何意义上的点。实际并非如此,一则真实晶体的大小是有限的,二则晶体内部还含有各式各样的晶体缺陷,因此衍射束的强度分布有一定的角范围,相应的倒易阵点也是有一定的大小和几何形状的。这意味着在尺寸很小的晶体中,倒易阵点要扩展,扩展量与晶体的厚度(考虑一维的情况)成反比,当厚度为 t,扩展量等于 $2/t$ 时,倒易阵点扩展为倒易杆。考虑三维空间的情况,不同形状的实际晶体扩展后的倒易阵点也就有不同的形状。对于透射电子显微镜中经常遇到的样品,薄片晶体的倒易阵点拉长为倒易"杆",棒状晶体为倒易"盘",细小颗粒晶体则为倒易"球",如图 18-5 所示。这时,即使倒易阵点中心不落在爱瓦尔德球球面上,只要倒易阵点的扩展部分与爱瓦尔德球相截也能产生衍射,只是衍射强度减弱而已。当偏离布拉格公式产生衍射时,由图 18-4 可得到倒易空间中的衍射几何条件为

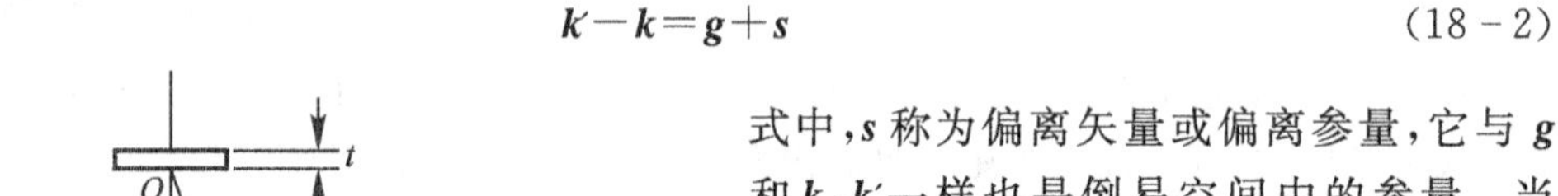

$$\boldsymbol{k}'-\boldsymbol{k}=\boldsymbol{g}+\boldsymbol{s} \tag{18-2}$$

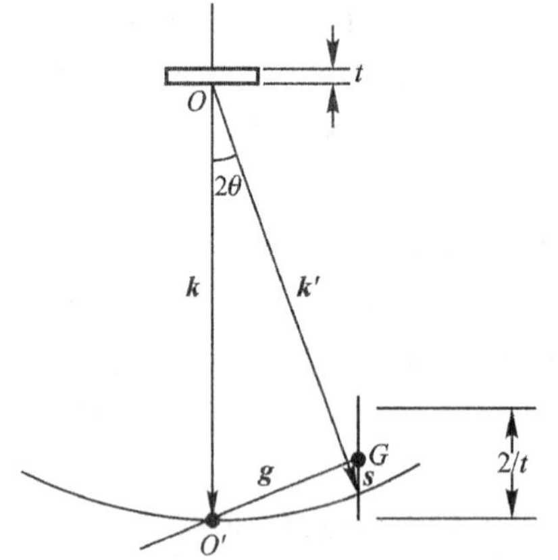

图 18-4 与衍射条件存在偏差时的爱瓦尔德球构图

式中,$\boldsymbol{s}$ 称为偏离矢量或偏离参量,它与 $\boldsymbol{g}$ 和 $\boldsymbol{k}$,$\boldsymbol{k}'$一样也是倒易空间中的参量。当 $\boldsymbol{s}=0$ 时,为精确地符合布拉格条件,式(18-2)就成为式(18-1),此时在倒易阵点中心处有最大的衍射强度。$\boldsymbol{s}$ 是以倒易阵点的中心作为该矢量的原点,由倒易阵点中心指向球面为其方向。一般规定:$\boldsymbol{s}$ 方向平行于 $\boldsymbol{k}$,其值取正;$\boldsymbol{s}$ 方向与 $\boldsymbol{k}$ 反向平行则取负。或者说,倒易阵点中心在爱瓦尔德球内,$\boldsymbol{s}$ 值取正;若在球外,取负。由于 $\Delta\theta$ 很小,根据几何关系可得

$$s_g \approx |\boldsymbol{g}_{hkl}| \cdot \Delta\theta \tag{18-3}$$

式中,$\Delta\theta$ 以弧度为单位。由于$|\boldsymbol{g}_{hkl}|$恒为正值,所以当 $s<0$ 时,$\Delta\theta<0$($\Delta\theta$ 定义为实际入射角 θ 减去布拉格角 θ_B所得角度差),表示实际入射角 θ 小于布拉格角;当 $\boldsymbol{s}>0$ 时,则 $\Delta\theta>0$,即 $\theta>\theta_B$。

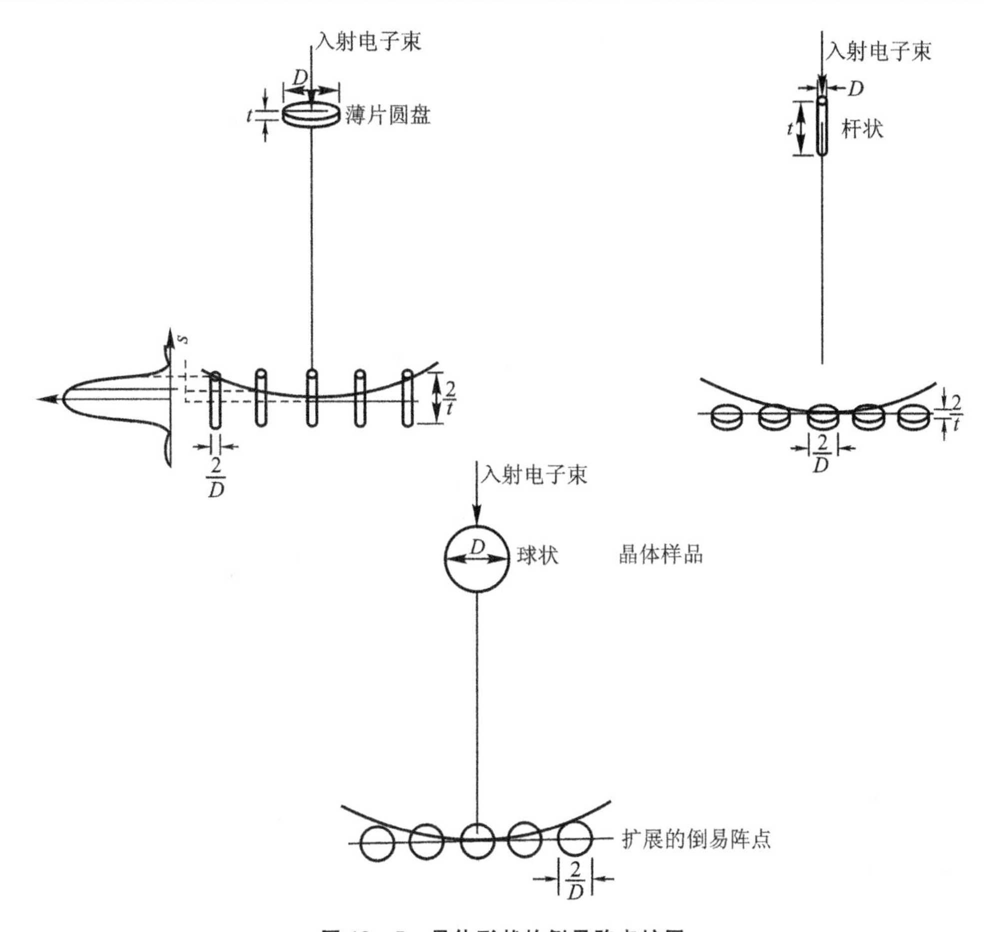

图 18-5　晶体形状的倒易阵点扩展

18.3　电子衍射几何分析公式及相机常数

图 18-6 是普通电子衍射仪装置示意图。电子枪发射电子，经聚光镜会聚后照射到样品上。若样品内某(hkl)晶面满足布拉格条件，则在与入射束呈 2θ 角方向上产生衍射。透射束(零级衍射)和衍射束分别与离开样品距离为 L 的照相底片相交于 O'和 P'点。O'称为衍射花样的中心斑点或称透射斑点，用 000 表示；P'点则以产生该衍射的晶面指数来命名，称为 hkl 衍射斑点。衍射斑点与中心斑点之间的距离用 R 表示。由图可得

$$R/L=\tan 2\theta$$

对于高能电子，2θ 很小，近似有

$$\tan 2\theta \approx 2\sin\theta$$

代入布拉格公式得

$$\lambda/d=2\sin\theta=R/L$$

$$Rd=\lambda L \tag{18-4}$$

这就是电子衍射几何分析公式。当加速电压一定时，电子波长 λ 就是恒定值，这时相机长度 L 与电子波长 λ 的乘积为常数：

$$K=\lambda L \tag{18-5}$$

K 称为电子衍射相机常数。若已知相机常数 K,即可从花样上斑点(或环)的 R 值计算出衍射晶面组(或晶面族)的 d 值:

$$d=\lambda L/R=K/R \tag{18-6}$$

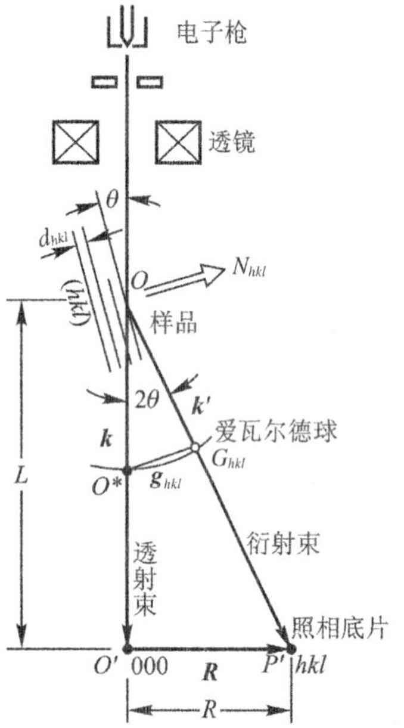

目前,λ,d 以纳米(nm)为单位,但有些书还保留了用埃(Å,1Å=0.1nm)为单位的习惯;L,R 以 mm 为单位,所以 K 的单位应是毫米·纳米(mm·nm)。该式是衍射花样指数化的基础。由于 K 是常数,所以 R 反比于 d。由此可见,在电子衍射中,晶体参数 d 与衍射斑点距离 R 之间的关系比 X 射线衍射中相应的关系简单。

利用爱瓦尔德球构图推导电子衍射几何分析公式可进一步说明电子衍射花样的物理意义。参看图 18-6 可知,因为 2θ 很小,发生衍射的晶面(hkl)近似平行于入射束方向,或者说其倒易矢量 $\boldsymbol{g}$($/\!/ \boldsymbol{N}_{hkl}$)近似垂直于入射波矢量 $\boldsymbol{k}$,而底片上斑点 P'的坐标矢量 $\boldsymbol{R}=\boldsymbol{OP'}$也垂直于入射束方向,于是近似有

$$\Delta OO^* G \sim \Delta OO'P'$$

所以

$$R/g=L/k=\lambda L$$

$$R=(\lambda L)g=Kg \tag{18-7}$$

图 18-6 普通电子衍射装置示意

因为 $g=1/d$,式(18-7)就是倒易空间中的电子衍射几何分析公式。考虑到 $\boldsymbol{R}$ 近似平行于 $\boldsymbol{g}$,故上式可进一步写成矢量表达式:

$$\boldsymbol{R}=(\lambda L)\boldsymbol{g}=K\boldsymbol{g}$$

这就是说,衍射斑点 $\boldsymbol{R}$ 矢量就是产生这一斑点晶面组的倒易矢量 $\boldsymbol{g}$ 的比例放大。于是,对单晶样品而言,衍射花样就是落在爱瓦尔德球球面上所有倒易阵点中满足衍射条件的那些倒易阵点所构成图形的放大像。所以,相机常数 K 有时也被认为是电子衍射花样的"放大倍率"。如果仅就花样的几何性质而言,它与满足衍射条件的倒易阵点图形完全一致。单晶花样中的斑点可以直接被看成是相应衍射晶面的倒易阵点,各个斑点的 $\boldsymbol{R}$ 矢量也就是相应的倒易矢量 $\boldsymbol{g}$。因此,我们可得到:

两个衍射斑点坐标矢量 $\boldsymbol{R}$ 之间的夹角就等于产生衍射的两个晶面之间的夹角。

20 世纪 50 年代以来,电子显微镜发展很快,电子衍射仪已逐渐被电子显微镜所代替。在透射电子显微镜中除了有双聚光镜的照明系统外,还有由三个以上透镜组成的成像系统。如果待观察的试样是晶体,我们不但可以获得结构信息的衍射花样,还可以获得形貌和亚结构信息的电子显微像,借助选区电子衍射可使晶体的电子显微形貌像和其结构在微米数量级内一一对应.这种选区电子衍射方法在物相分析和金属薄膜的衍衬分析中用途很广。

在透射电子显微镜中是如何得到电子衍射花样的呢?利用薄透镜的性质,可从几何上来说明在物镜背焦面处形成第一幅衍射花样的过程,参看图 18-7。

(1) 未被样品散射的透射束平行于主轴,通过物镜后聚焦在主轴上的一点,形成 000 中心斑点。

(2) 被样品中某(hkl)晶面衍射后的衍射束平行于某一副轴,通过物镜后将聚焦于该副

轴与背焦平面的交点上，形成 hkl 衍射斑点。

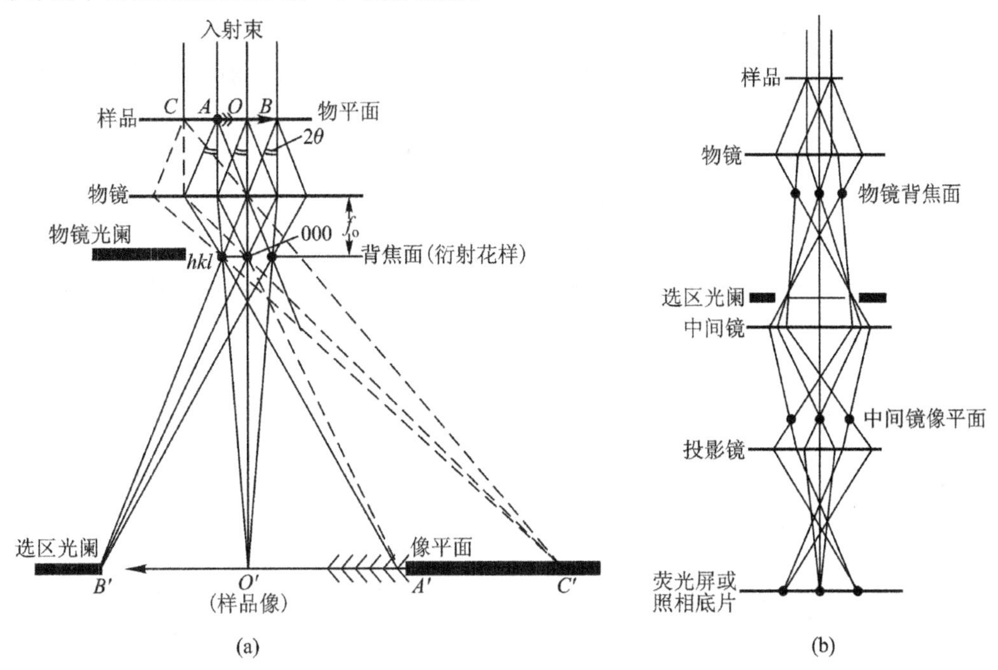

图 18－7　透射电子显微镜中衍射花样的形成方式

(a) 第一幅衍射花样的形成和选区电子衍射原理；(b) 三透镜衍射方式原理图(不考虑磁转角)

由于通过透镜中心的光线不发生折射，故有

$$r=f_0\tan 2\theta$$

式中，f_0是物镜的焦距，r 是 hkl 斑点至 000 斑点的距离。代入布拉格公式可得

$$rd=f_0\lambda$$

由于底片上(或荧光屏上)记录到的衍射花样是物镜背焦面上第一幅花样的放大像。若中间镜与投影镜的放大倍率分别为 M_i 和 M_p，则底片上相应衍射斑点与中心斑点的距离 R 应为

$$R=rM_iM_p$$

因为
$$(R/M_iM_p)d=\lambda f_0$$

则
$$Rd=\lambda f_0M_iM_p$$

如果我们定义 $L'=f_0M_iM_p$ 为“有效相机长度”，则有

$$Rd=\lambda L'=K' \tag{18-8}$$

其中，$K'=\lambda L'$称为“有效相机常数”。这样，透射电子显微镜中得到的电子衍射几何分析公式仍然与式(18－4)相一致，但是式中 L'并不直接对应于样品至照相底片的实际距离。只需记住这一点，我们习惯上不加区别地使用 L 和 L'这两个符号，并用 K 代替 K'。

因为 f_0、M_i 和 M_p 分别取决于物镜、中间镜和投影镜的激磁电流，因而有效相机常数 $K=\lambda L$ 也将随之变化。为此，我们必须设法使三个透镜的电流固定，在这一条件下来标定仪器的相机常数，使 R 和 $1/d$ 之间保持确定的比例关系。

鉴于物镜、中间镜、投影镜磁场的作用，使电子束除了径向折射以外，还使其绕光轴转动，因此显微图像和衍射花样存在一个相对磁转角 $\varphi(\varphi=\varphi_i-\varphi_d$，$\varphi_i$ 是成像时产生的磁转角，φ_d 是衍射时产生的磁转角)。其中，φ_d 使斑点 $\boldsymbol{R}$ 矢量与衍射晶面的法线方向(即 $\boldsymbol{g}$ 方向)之间不再保持近似平行关系，因此 $\boldsymbol{R}_{hkl}$ 方向应加上或减去 φ_d。经磁转角校正后的方向才平行于 $\boldsymbol{g}_{hkl}$。但是两个斑点坐标矢量 $\boldsymbol{R}$ 之间的夹角等于两个衍射晶面之间的夹角关系仍然成立。目前，先进的透射电子显微镜都有自动电子补偿器，使显微图像和衍射花样不存在相对磁转角，这给在显微图像上显示出晶体学方向提供了便利。

比较成像光路和衍射光路可清楚地看到，成像方式与衍射方式不同仅在于中间镜所处的状态不同而已：中间镜的物平面与物镜的像平面重合即为成像方式，而与物镜的背焦面重合即为衍射方式。由前述的三透镜变倍原理可知，只要改变中间镜的电流就可使中间镜的物平面上下移动。显然，由成像方式转变为衍射方式，只要降低中间镜电流，使中间镜物平面由物镜像平面处上升到物镜背焦面处。反之，由衍射方式转变为成像方式，只要提高中间镜电流，使其物平面由物镜背焦面下降到物镜像平面处。

18.4 选区电子衍射的原理及操作

材料大多为多晶体，其晶粒尺寸在几十微米或几个微米尺度，如何从多晶样品获得单晶的晶体学信息，选区电子衍射技术的发展解决了该问题。正如我们所知，单晶材料的制备是极其困难的，而单晶电子衍射比多晶电子衍射提供了更多的结构信息，因此，选区电子衍射是极其重要的技术。为了在电子显微镜中使选择成像的视域范围对应于产生衍射晶体的范围，所采用的方法是在物镜像平面处插入一个限定孔径的选区光栏，大于光栏孔径 $A'-B'$ 的成像电子束会被挡住，不能进入下面的透镜系统继续被聚焦成像，如图 18-7(*a*)所示。虽然物镜背焦面上第一幅衍射花样可由受到入射束辐照的全部样品区域内晶体的衍射所产生，但是其中只有在 $A-B$ 微区以内物点散射的电子束可以通过选区光栏孔径进入下面透镜系统，这就相当于选择了试样 $A-B$ 范围的视域，从而实现了选区形貌观察和电子衍射结构分析的微区对应，这种方法称为选区电子衍射。显然，如果物镜的放大倍率为 M_0，则样品上分析的微区尺寸($A-B$区域)等于它的像($A'-B'$)除以物镜的放大倍率(M_0)。通常，$M_0\approx50\sim200$ 倍，利用孔径为 50～100μm 的选区光栏，即可对样品上 0.5～1μm 的微区进行电子衍射分析。

选区电子衍射技术由于受到物镜聚焦的精度(即物镜像平面与选区光栏重合的程度)和透镜的球差影响，会产生选区误差，使样品上被选择分析的范围以外物点的散射电子束仍然对衍射花样有所贡献。典型的情况下，物镜的聚焦误差(即失焦量)$\Delta f_0\approx3\mu m$，球差系数 $C_s=3.5mm$，孔径半角 $\alpha(\alpha=2\theta)\approx0.03rad$，则选区误差为

$$\delta=\Delta f_0\alpha+C_s\alpha^3\approx0.2\mu m$$

由此可见，在这种情况下，想要通过缩小选区光栏的孔径使样品上被分析的范围小于 0.5μm，这时分析的误差将接近 50%，这就失去了选区的意义。

为了保证物镜像平面和选区光栏的重合，获得选区电子衍射花样，必须遵循下面的标准操作步骤：

(1) 插入选区光栏，调节中间镜电流使荧光屏上显示出该光栏边缘的清晰像。此时意味着中间镜物平面和选区光栏重合。

(2) 精确调节物镜电流，使所观察的样品形貌在荧光屏上清晰显示，这就意味着物镜像

平面与中间镜物平面重合，也就是与选区光栏重合。

(3) 移去物镜光栏，降低中间镜电流，使中间镜的物平面上升到物镜的背焦面处，使荧光屏显示出清晰的衍射花样(中心斑点成为最细小、最圆整)。此时获得的衍射花样仅仅是选区光栏内的晶体所产生的。

采用这样的标准操作步骤，同时也使相机长度和磁转角保持恒定，对于三级透镜成像的电子显微镜，其选区放大倍率和选区电子衍射相机长度是唯一的，不可变的。现在，先进的电子显微镜大多采用四级透镜成像系统，以致使我们可以在任一档选放倍率下采用不同的选区衍射相机长度，以适应点阵常数不一的晶体均可获得足够数量或足够分散的斑点或环花样。要了解四级透镜成像与三级透镜成像系统在这一方面存在差异的原因，我们在分析两者光路时，须注意下面几个条件：①每个透镜必须满足成像基本公式 $\frac{1}{f}=\frac{1}{L_1}+\frac{1}{L_2}$；②透镜之间必须满足：下一透镜的物平面必须是上一透镜的像平面；③每个透镜的主平面、样品以及照相底片位置都是固定的；④投影镜电流一般是不可变的；⑤选区光栏与物镜像平面重合。这样，我们就能分析清楚为什么四透镜成像系统、选区放大倍率和相机常数是可变的。

18.5　多晶电子衍射花样的标定及其应用

18.5.1　多晶衍射花样的产生及几何特征

电子衍射花样的标定指的是：对多晶样品，确定其产生衍射环的晶面族 $\{hkl\}$ 指数；对单晶样品，确定其衍射斑点的晶面组 (hkl) 和它们的晶带轴 $[uvw]$ 指数。花样指数化后，可获得晶体点阵类型和点阵常数。

多晶衍射花样的产生及其几何特征示于图 18－8 中。平行的入射电子束照射到晶体取向杂乱的多晶样品上，使各个晶粒中 d 值相同的 $\{hkl\}$ 晶面族内符合衍射条件的晶面组所产生的衍射束，构成以入射束为轴、2θ 为半项角的圆锥面，它与底片相交获得圆环，其半径 $R=\lambda L/d$。由此可见，晶面间距不同的晶面族产生衍射得到以中心斑点为圆心的不同半径的圆心环，并使具有大 d 值的低指数晶面族的衍射环在内，小 d 值的高指数晶面族的衍射环在外。事实上，属于同一晶面族、但取向杂乱的那些晶面组的倒易阵点在空间构成以 O^* 为中心、$g(=1/d)$ 为半径的球面，它与爱瓦尔德球面的交线是一个圆，记录到的衍射环就是这一交线的投影放大像。

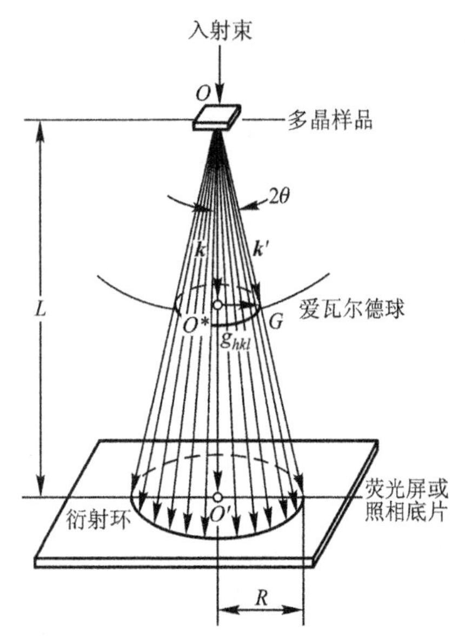

图 18－8　多晶体样品电子衍射花样的产生

立方晶系结构是材料科学研究中最常碰到的晶体结构，也是最简单的晶体结构，本书讨论的只涉及这一晶系的问题。

立方晶体的晶面间距为

$$d=a/\sqrt{h^2+k^2+l^2}=a/\sqrt{N}$$

式中,a 是点阵常数,$N=h^2+k^2+l^2$,于是

$$1/d^2=N/a^2 \propto N$$

花样中各个衍射环的半径之比为

$$R_1 : R_2 : \cdots : R_j : \cdots = \sqrt{N_1} : \sqrt{N_2} : \cdots : \sqrt{N_j} : \cdots$$

或

$$R_1^2 : R_2^2 : \cdots : R_j^2 : \cdots = N_1 : N_2 : \cdots N_j : \cdots \tag{18-9}$$

因为 N 都是整数,所以立方晶体中电子衍射花样具有这样一个特点:

各个衍射环半径的平方比值一定满足整数比。

由于结构振幅的原因,立方晶系中不同结构类型对应于衍射可能出现的 N 值:

简单立方结构:1,2,3,4,5,6,8,9,10,…

体心立方结构:2,4,6,8,10,12,14,16,…

面心立方结构:3,4,8,11,12,16,19,20,…

立方晶系包括上述三种不同类型的常见结构。根据结构消光原理,不同结构有各自不同的消光条件,因而显示出自己固有的特征衍射环,这是鉴别不同结构类型晶体的依据。根据晶体结构的点阵常数不同,又可以把即使同种晶体结构的不同物相鉴别出来。

多晶衍射花样的分析是非常简单的。如果衍射晶体的晶体结构和点阵常数是已知的,根据已知的相机常数可计算出不同衍射环对应的 d 值,然后以该晶体的 ASTM 卡片中给出的 d 值最接近的晶面族$\{hkl\}$指数作为该衍射环的指数。如果衍射晶体是未知的,则可采用下列方法:

测量环的半径 R;

计算 R_i^2 及 R_i^2/R_1^2(R_1——最内环半径),找出最接近的整数比规律,由此确定了晶体的结构类型,并可写出衍射环的指数;

根据 K 和 R_i 值可计算出不同晶面族的 d_i。根据前面八个最大 d 值和衍射环的估计强度,借助《芬克索引》,就可找到相应的 ASTM 卡片。全面比较 d 值和强度,就可最终确定衍射晶体是什么物相。

18.5.2 多晶电子衍射花样的主要应用

多晶电子衍射花样的主要用途有两个方面:利用已知晶体标定仪器的相机常数和大量弥散粒子的物相鉴定。

1) 相机常数的标定及影响因素

如前如述,在一定的加速电压下,遵循标准操作步骤时选区电子衍射的相机常数是固定的。要正确地分析未知晶体的选区电子衍射花样,必须精确地标定仪器的相机常数。利用已知晶体的衍射花样,经指数化后,测得的衍射环半径 R 与相应的晶面间距 d 的乘积就是 K 值。常用的标定样品有:

氯化铊(TlCl):简单立方结构,$a=0.384\ 1$nm;

金(Au):面心立方结构,$a=0.407\ 9$nm;

铝(Al):面心立方结构,$a=0.404\ 1$nm。

它们均可以通过真空蒸发沉积得到颗粒细小的多晶薄膜。例如,图 18-1 就是为标定相机常数而拍摄的金蒸发膜多晶电子衍射花样。加速电压 100kV($\lambda=0.003\ 70$nm),花样的

测量和分析计算结果如表 18 - 2 所示。

花样的测量和分析的结果表明，相机常数 K 随花样上的环半径 R 不同稍有变化，画成曲线如图 18 - 9 所示。要对未知相进行正确标定，清楚地了解相机常数的误差来源是非常重要的。引起误差的原因，除了与 R 的测量有关外，还受下面一些因数影响：

表 18 - 2　利用金多晶花样标定相机常数的分析计算

衍射环编号(i)	1	2	3	4	5	6
R/mm	9.92	11.46	16.13	19.03	19.88	25.10
R_1^2	98.41	131.33	261.15	362.14	395.21	630.01
R_i^2/R_1^2	1	1.33	2.65	3.68	4.02	6.40
$(R_i^2/R_1^2)\times 3$	3	3.99	7.95	11.04	12.06	19.21
N	3	4	8	11	12	19
$\{hkl\}$	111	200	220	300	222	331
d/nm	0.235 5	0.203 9	0.144 2	0.123 0	0.117 8	0.0935 8
$K=Rd$(nm · nm)	2.336	2.337	2.330	2.341	2.342	2.349

注：$\bar{k}=\sum_{i=1}^{6}R_id_i/6=2.339(\text{mm}\cdot\text{nm})$。

(1) 由 $\lambda L=\lambda f_0 M_i M_p$ 可得

$$\frac{\Delta(\lambda L)}{\lambda L}=\frac{\Delta\lambda}{\lambda}+\frac{\Delta f_0}{f_0}+\frac{\Delta M_i}{M_i}+\frac{\Delta M_p}{M_p} \tag{18-10}$$

从上式可看到相机常数随波长 λ、物镜焦距 f_0、中间镜放大倍率 M_i 和投影镜放大倍率 M_p 的误差而变化。高压不稳定会引起波长有 $\Delta\lambda$ 的变化，由于高性能电子显微镜的高压稳定度优于 10^{-5}，所以由此引起的 $\Delta\lambda/\lambda$ 很小。投影镜的放大倍率较大，而且在有些仪器中是固定值，相对变化很小，一般可不考虑。对中间镜来说，只要保证透射斑小而圆，其变化也不大。因此，就光学系统而言，影响电子衍射重复性的主要因素是物镜的焦距 f_0。由于采用了选区衍射的标准操作，即使不能保持 f_0 恒定，其变化值也很小。

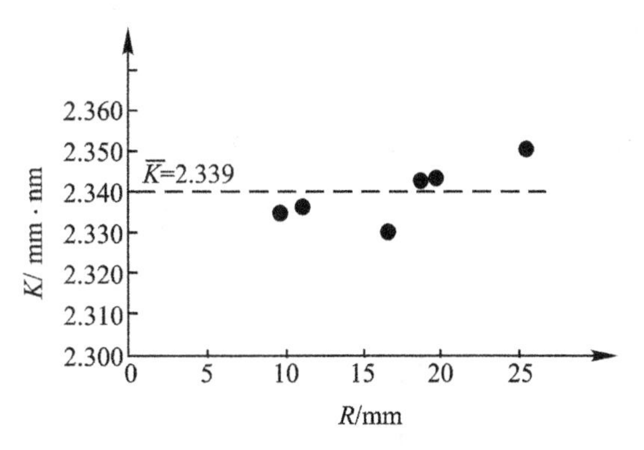

图 18 - 9　*K-R* 标定曲线

在推导公式时引入近似关系 $\tan 2\theta\approx 2\sin\theta$，如果要得到更精确的关系，应用下列公式：

$$Rd=L\lambda\left(1+\frac{3R^2}{8L^2}\right) \tag{18-11}$$

由公式可知，随着衍射角 θ 的增大（即 R 的增大），R 的实际测量值比真实值要长一些。底片上径向的 λL 并不是一个恒定值。当 $L=400\text{mm}$，$R=25\text{mm}$ 时，上式括号中的修正项仅为 0.15%。因此，在鉴别相结构的电子衍射分析中应用 $Rd=\lambda L$ 的精度已经足够，而测定晶体的点阵常数仍以采用精度更高的 X 射线衍射技术为宜。

(2) 相机常数的标样和实际观察样品的厚度差别一般较大,这就带来了物镜的聚焦误差 Δf_0。尤其是标定相机常数的多晶衍射花样是在样品台零倾斜条件下拍摄的,而在拍摄实际样品的单晶花样时都需要倾动样品。样品倾动时,与电子束正交的倾转轴如果不通过电子束,将会引起样品位置有较大的变化,这也相当于试样的高度变化。当 f_0 为 3mm 时,样品高度变化 0.1mm 就会使 λL 有 3.3%的误差。

实验表明,对于同一张底片上的同一衍射环,由于方向不同,其衍射环直径 D 也略有差别,从而使 λL 也有所不同,这是由于中间镜和投影镜(特别是中间镜)的像散造成的。实验还表明,相机常数 K 值随衍射环半径 R 增大而增大,表明透镜有正球差。如果分析要求精度不高,一般采用平均值作为标定的相机常数。

要克服上述引起相机常数不恒定的因素,内标是一种行之有效的方法。在分析单晶衍射花样时,把金、铝或其他标样直接蒸发到待测样品上。这种方法的缺点是在待测晶体上有几十纳米厚的内标物质,将减弱晶体的衍射强度。另一种内标方法就是利用待测样品中的某一已知晶体作为内标,求出相机常数,由此来测定样品中其他未知晶体,这样可以保证内标和待测晶体在仪器、操作和样品状态上的完全一致。

2) 小尺寸颗粒的物相鉴定

由于弥散粒子颗粒极小(直径远小于 1μm),分布较密,选区光栏套住的不是一个粒子(即一个小晶体)而是大量的粒子;即使能套住一个粒子,其衍射强度也是不够的。如果弥散粒子足够多,就能获得比较完整、连续的环花样。如果粒子不十分多,得到的是不连续的环花样,在标定前,可用圆规在正片上使之成为连续环。至此,利用前述的未知晶体测定方法就可以鉴别弥散粒子所属的物相。在实际分析中,了解样品的化学成分、热处理工艺等其他资料有利于对物相的鉴定。

18.6 单晶电子衍射花样的分析

我们进行观察的样品大半是多晶体,但通过选区电子衍射方法,用选区光栏套住某一晶粒,获得的就是单晶电子衍射花样。单晶花样比多晶花样能提供更多的晶体学信息,所以它是本章主要研究对象。

18.6.1 单晶电子衍射花样的几何特征和强度

本章第一节就强调了用于衍射的电子波长很短,导致衍射角很小。例如,在 100kV 加速电压下(λ=0.003 70nm),铝的(111)晶面反射的衍射角 2θ 只有 0.92°。对于更高指数的反射,衍射角 2θ 在 1°~3°范围内。因此 θ 为 0~1.5°。布拉格公式在电子衍射的具体运用中,导致了下面的结论:

反射点阵平面几乎平行于入射束。

在晶体学中,平行于某一方向 $\boldsymbol{r}=[uvw]=u\boldsymbol{a}+v\boldsymbol{b}+w\boldsymbol{c}$ 的所有晶面组构成[uvw]晶带。它们共有的方向 $\boldsymbol{r}$ 称为晶带轴(见图 18-10)。因此上述结论又可表达如下:

晶带轴方向几乎平行于入射电子束的晶带才能产生衍射。

从上述概念出发,我们不能清楚地理解单晶电子衍射花样中斑点为什么是规则排列的。如果用倒易点阵概念和爱瓦尔德球构图则可得到清楚的解释。

根据倒易矢量 **g** 的两个基本性质，用作图法不难得到：在倒易点阵内，$[uvw]$晶带中的晶面所对应的倒易阵点或倒易矢量必然都垂直于$[uvw]$方向，并且位于通过倒易原点 O^* 的一个平面内，这个平面就称为$(uvw)_0^*$ 零层倒易平面（见图（18－12））。其下标“0”表示平行的倒易平面组$(uvw)^*$中通过倒易原点 O^* 的那一个平面。零层倒易平面的法线即为正点阵中$[uvw]$的方向。

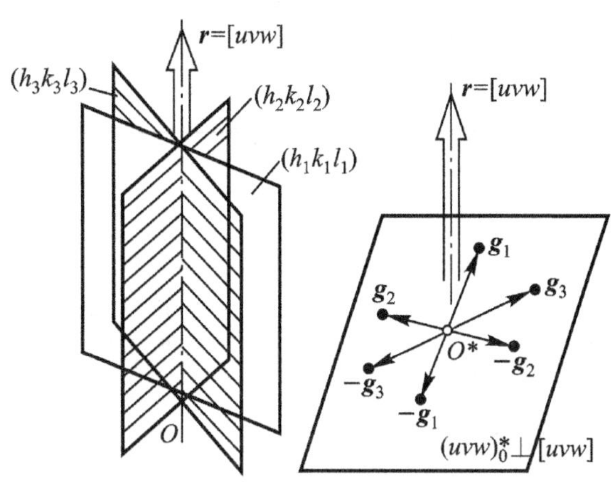

图 18－10　$[uvw]$晶带与$(uvw)_0^*$ 零层倒易平面

倒易点阵中的一个零层倒易平面对应正点阵中垂直于该倒易平面的晶带轴所构成的晶带。因为$(uvw)_0^*\perp[uvw]$，则$(uvw)_0^*$ 中 **g** 垂直于 $\boldsymbol{r}=[uvw]$，所以

$$\boldsymbol{g}\cdot\boldsymbol{r}=0$$

即

$$(h\boldsymbol{a}^*+k\boldsymbol{b}^*+l\boldsymbol{c}^*)\cdot(u\boldsymbol{a}+v\boldsymbol{b}+w\boldsymbol{c})=0$$

得

$$hu+kv+lw=0 \tag{18-12}$$

这就是“晶带定理”，也称为 Weiss 晶带定律，它描述了晶带轴指数$[uvw]$与该晶带内所有晶面指数(hkl)之间的关系。

由于倒易点阵中的倒易矢量 **g**（或倒易阵点 G）对应于正点阵中的一组(hkl)晶面，零层倒易平面$(uvw)_0^*$ 是垂直于正点阵中晶带轴的，所以电子衍射的几何条件又可这样表述：

只有当某个$(uvw)_0^*$ 几乎垂直于入射电子束时，该面上所有倒易矢量 **g** 才满足衍射几何条件。

由 $R=Kg$ 所表达的物理意义可知：电子衍射花样就是满足衍射条件的倒易点阵图形的放大像。现在我们可获得比此更明确的结论：单晶电子衍射花样实质上是满足衍射条件的某个$(uvw)_0^*$ 零层倒易平面的放大像。电子衍射花样对应的是一个简单的二维倒易平面，而不像 X 射线衍射花样那样对应的是一个复杂的三维倒易体。对于这一点，从爱瓦尔德球与倒易矢量的相对大小，可以得到进一步的理解。在高能电子衍射中，若取加速电压为 100kV，则 $\lambda=0.003\ 7\text{nm}$，$k=270\text{nm}^{-1}$；常见的晶体，取 $d=0.2\text{nm}$，则 $g=5\text{nm}^{-1}$，那么 $k/g=50$，$k>>g$。这就是说，爱瓦尔德球对于能产生衍射的 **g** 来说是一个很大的球，真正能产生衍射的球面，只是倒易原点 0^* 周围极小部分的球面，这么小部分的球面对于一个半径很大的球来说可近似认为是垂直于 **k** 的平面，因而在确定的样品位向下，倒易点阵中也只有近似地垂直于 **k** 并且通过 0^* 的一个平面内的倒易阵点，有可能与球面接触而满足衍射几何条件。图 18－11 综述了单晶电子衍射花样的产生及其几何特征。图中以面心立方单晶为例，其[001]方向平行于入射束，那么[001]晶带将满足衍射几何条件。虽然(100)，(010)，(110)晶面属于[001]晶带，由于它们的结构振幅等于零，不能产生衍射，所获得的衍射花样就是去除了那些结构振幅等于零的倒易阵点后的$(001)_0^*$零层倒易平面的放大像。图中的 **B** 矢量称为入射电子束方向，但它定义为实际电子束入射方向 ***k*** 的反方向矢量，它是金属薄膜衍射衬度成像中的一个重要参数。我们所研究的晶体具有对称性和平移性，这种对称性和平移性决定了其对应的倒易点阵的对称性和平移性。然而，单晶电子衍射花样的规则排列则又是倒易平面中阵点的对称性和平移性的直接反映，因此它的特征是由衍射晶体的对称性和平移性所决定的。

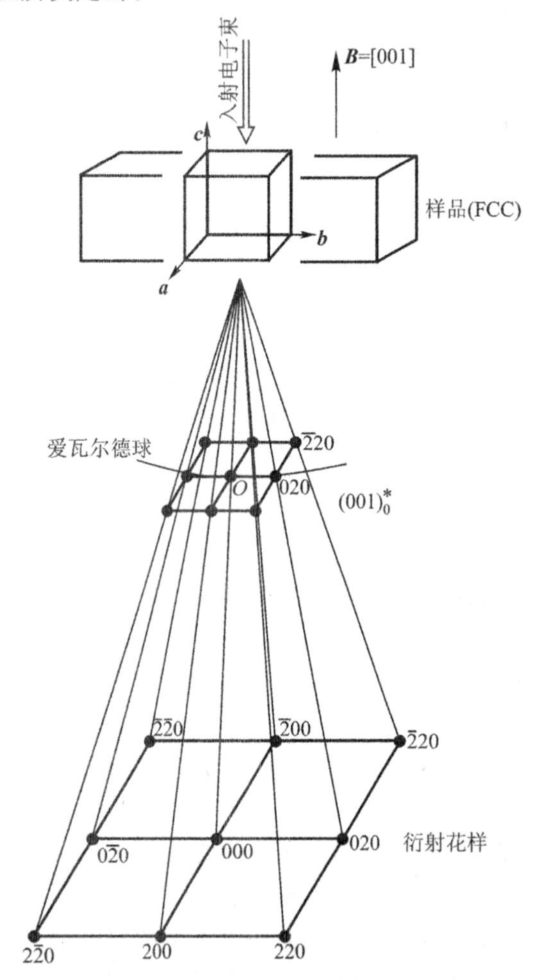

图 18－11 单晶电子衍射花样的产生及几何特征(忽略磁转角)

单晶电子衍射花样除了其斑点按一定规则排列外，另一个重要特点是，花样中出现了大量的、强度不同的衍射斑点，如图 18－1(b)所示。如果晶体是无限大，倒易阵点不扩展，那么无论电子束与晶带轴［*uvw*］严格平行（相当于$(uvw)_0^*$与爱瓦尔德球面相切，这种情况称为对称入射），还是两者稍偏差(相当于$(uvw)_0^*$与球面相割)，只可能是少量倒易阵点正好落在爱瓦尔德球面上而满足衍射条件，因而斑点总不会很多。由于观察试样是薄晶体样品，其尺寸在入射方向上很小，倒易阵点扩展为倒易杆并沿着入射束方向扩展(见图 18－5)，大大增加了与爱瓦尔德球面的接触机会，导致了单晶花样中出现大量的衍射斑点。此外，由于加速电压不够稳定，入射电子束波长略有波动，使爱瓦尔德球面具有一定的厚度；入射电子束不是严格平行的，说明 ***k*** 方向略有变化，也使球面变厚，这些因素也增加了衍射的概率。

电子衍射斑点的强度一方面与晶体本身结构有关。若(*hkl*)晶面的结构振幅大，所获衍射强度大；若结构振幅小，则衍射强度弱；如果结构振幅等于零，则不能产生衍射。例如，$M_{23}C_6$碳化物(面心立方点阵，晶胞中部有 116 个原子)，它的(333)晶面组的$|F_{hkl}|^2$假定为 100，则(111)和(222)晶面组相对值只有 5。这三者的斑点在同一点列上，在花样中明显呈现出它们的弱、弱、强的特征。衍射斑点强度除了与其晶体结构本身有关外，还受实验条件所

影响，即受到偏离参量 s 值的影响。s 值的大小表征着入射电子束与衍射晶面之间 θ 角满足布拉格条件的精确程度。某个操作反射 g_{hkl}，当具有大的 s 值，即表示它偏离布拉格条件程度大，衍射强度就弱；反之就强。如果当它处于 s 值等于零时，则表示精确满足布拉格条件，此时它具有最大的衍射强度。当倾动样品台使样品朝某一方向转动时，样品中的各晶面与入射电子束的相对位向随之在变化，原来精确满足布拉格条件的反射晶面，它由 s 值等于零逐渐变大，其衍射斑点也由强变弱，当 s 值大于 $\frac{1}{t}$ 时，衍射斑点将消失；而原来不满足布拉格条件的晶面将有可能逐渐满足之，其衍射斑点强度将由弱变强（对应 s 值由大变小的过程）。当样品倾动角较大时，就能使某个晶带从满足衍射几何条件到不满足而消失，可能使另一个晶带从不满足到满足衍射几何条件而在荧光屏上呈现其晶带的衍射花样。电子衍射斑点强度十分灵敏地与实验条件有关，这一特点在电子衍射衬度成像中有着十分重要的应用，但它也给运用衍射斑点强度信息带来一定的困难。

18.6.2 单晶电子衍射花样的标定方法

如前所述，单晶电子衍射花样就是近似垂直于入射电子束方向的某个二维的零层倒易平面放大像。因此，电子衍射花样的许多几何特征都可借助倒易点阵平面加以说明，利用其性质可使单晶花样分析工作大为简化。

倒易点阵平面可由任意两个不共方向的初基倒易矢量 $\boldsymbol{g}_1$ 和 $\boldsymbol{g}_2$ 确定，平面上所有点阵平移关系均可由此导出：

$$\boldsymbol{g}(m,\ n)=m\boldsymbol{g}_1+n\boldsymbol{g}_2 \tag{18-13}$$

m，n 是任意整数。但如选倒易点阵中最短的矢量为 $\boldsymbol{g}_1$，不与它在一条直线上的次最短的矢量为 $\boldsymbol{g}_2$，此时，倒易阵点就排列在由 $\boldsymbol{g}_1$ 和 $\boldsymbol{g}_2$ 确定的平行四边形的角上，这些阵点进行 $m\boldsymbol{g}_1+n\boldsymbol{g}_2$ 平移就构成一个无穷尽的二维点阵平面。显然，由 $\boldsymbol{R}=\lambda L\boldsymbol{g}$ 式可知，衍射斑点之间也应有与此相似的几何关系（见图 18-12）：

$$\boldsymbol{R}_3=\boldsymbol{R}_1+\boldsymbol{R}_2$$

$\boldsymbol{R}_1$ 和 $\boldsymbol{R}_2$ 是衍射花样中两个最短、次最短的衍射斑点矢量，作为描述整个衍射花样的基本矢量。值得注意的是，由于结构消光的原因，$\boldsymbol{R}_1$ 和 $\boldsymbol{R}_2$ 是实际衍射花样的基本矢量，并不一定是倒易点阵平面的基本矢量。三个衍射斑点间的几何关系 $R_3^2=R_1^2+R_2^2+2R_1R_2\cos\varphi$，$\varphi$ 是 $\boldsymbol{R}_1$ 与 $\boldsymbol{R}_2$ 之间的夹角。因此，我们既可以用 R_1、R_2 和 R_3 三个长度，也可以用 R_1、R_2 两个长度和其夹角 φ 作为二维网格或平行四边形的基本参量。从上式还可得出下列指数关系：

$$h_3=h_1+h_2,k_3=k_1+k_2,l_3=l_1+l_2$$

同时它们都应满足晶带定律：

$$h_iu+k_iv+l_iw=0,i=1,2,3,\cdots$$

式中，$[uvw]$ 在对称入射条件下是与 $\boldsymbol{B}$ 方向平行的。下面介绍两种标定单晶衍射花样的方法。

1）尝试——校核法

下面通过具体例子来说明这种方法的步骤。图 18-13 是某低碳合金钢薄膜样品中基体的选区电子衍射花样的示意图。

(1) 选择靠近中心斑点而且不在一条直线上的几个斑点 A，B，C，D。测得 $\boldsymbol{R}$ 值分别为

$$R_{\mathrm{A}}=7.1\mathrm{mm},R_{\mathrm{B}}=10.0\mathrm{mm}$$

$$R_C=12.3\text{mm}, R_D=21.5\text{mm}$$

R 矢量之间夹角的测量值为

$\boldsymbol{R}_A$与 $\boldsymbol{R}_B$约 90°，$\boldsymbol{R}_A$与 $\boldsymbol{R}_C$约 55°，$\boldsymbol{R}_A$与 $\boldsymbol{R}_D$约 71°。

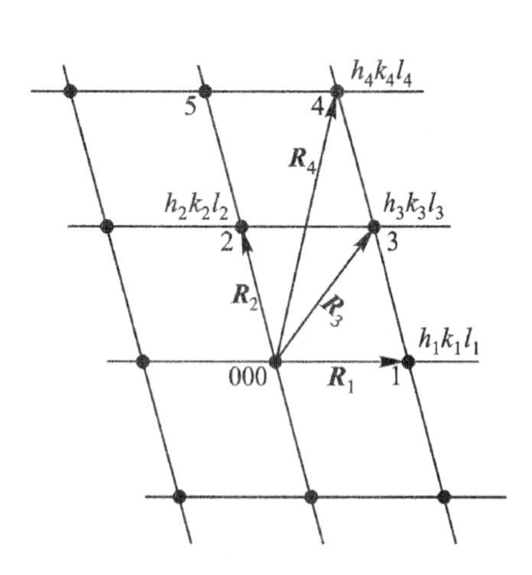

图 18-12 单晶花样指数化方法

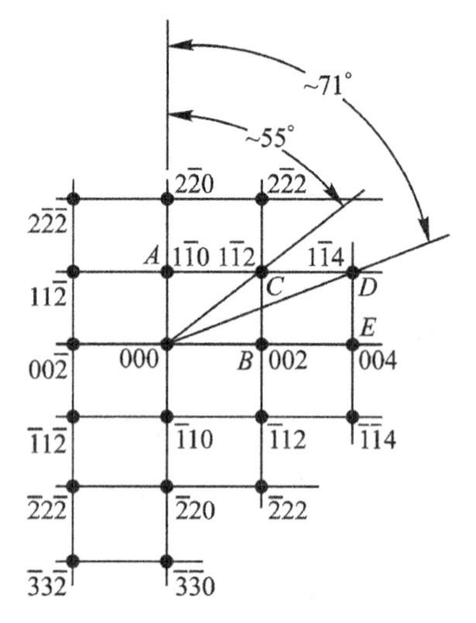

图 18-13 由照片的负片描制的花样示意及其指数化(相机常数 K=1.41mm·nm)

(2) 求 R^2 比值，找出最接近的整数比，由此确定各斑点所属的衍射晶面族。

$$R_A^2 : R_B^2 : R_C^2 : R_D^2 \approx 2:4:6:18$$

这是体心立方结构的 N 值。当然也可写成 1:2:3:9 作为简单立方结构的比值，这是在指数化过程中经常遇到的情况。解决这一问题可以通过多种渠道：

一是按简单立方结构比值标定，继续用下面的夹角和 N 值来校核。在极大多数情况下，斑点指数不能自洽被否定。但有时斑点指数可能自洽，本例花样就属此情况。如果一幅花样可同时被标定为两种不同结构类型的指数或标定为同一结构类型的不同晶带的斑点指数，这被称为花样的“耦合不唯一性”。

二是花样指数的“耦合不唯一性”在不考虑晶体的点阵常数时容易出现。我们对研究的对象一般不会一无所知，如果遇到上述情况，可把研究对象限制在可能出现的几种物相中，通过晶面间距的校核就可判断出哪一种标定是正确的。

三是一幅衍射花样的“耦合不唯一性”的根本原因是它仅提供了晶体的二维信息。如果绕衍射斑点中某点列转动，获另一晶带电子衍射花样，两个晶带的组合就提供了三维信息。通过对它们的指数化以及比较两个晶带之间的夹角计算值和倾动测量值，即使晶体是未知的，也能排除这种“耦合不唯一性”。

因为 A,B,C,D 斑点的 N 值分别为 2,4,6,18，所以它们的晶面族指数是{110}，{200}，{211}，{411}类型。

(3) 尝试斑点的指数，最短矢量的 A 斑点对应的晶面族{110}共有 12 个晶面(包括正反符号)：

$$(110),(101),(011),(\bar{1}10),(\bar{1}01),(0\bar{1}1)$$

$$(\bar{1}\bar{1}0),(\bar{1}0\bar{1}),(0\bar{1}\bar{1}),(1\bar{1}0),(10\bar{1}),(01\bar{1})$$

可以任选一指数，这样就有 12 种选法。假设 A 的指数为 $(1\bar{1}0)$。B 斑点的 $\{200\}$ 晶面族共有六个晶面：(200)，(202)，(002)，$(\bar{2}00)$，$(0\bar{2}0)$，$(00\bar{2})$。如果尝试 B 的指数为 200，代入立方晶体的晶面夹角公式得

$$\cos\varphi=\frac{h_1h_2+k_1k_2+l_1l_2}{\sqrt{N_1}\sqrt{N_2}}$$

$$=\frac{1\times2+\bar{1}\times0+0\times0}{\sqrt{(1)^2+(-1)^2+0^2}\sqrt{(2)^2+0^2+0^2}}=\frac{1}{2}$$

$$\therefore\varphi=45°$$

显然，这与实际测得 $\boldsymbol{R}_A$ 和 $\boldsymbol{R}_B$ 之间夹角等于 90°不符，尝试失败。再用其他指数尝试，或者通过查表（附录 13）可知，当 $\boldsymbol{B}$ 的指数取 002 时，$\varphi_{A-B}=90°$，与实测相符。如果 $\boldsymbol{B}$ 指数取 $00\bar{2}$ 时，同样相符。这说明 $\boldsymbol{B}$ 斑点指数有两种取法。因此花样按这一顺序标定就有 $12\times2=24$ 种标法，它们是等价的，其原因是由于立方晶体的高对称性。

(4) 按矢量运算求出 C 和 D 的指数：

$$\boldsymbol{R}_C=\boldsymbol{R}_A+\boldsymbol{R}_B$$

因为 $h_C=h_A+h_B=1+0=1$，$k_C=k_A+k_B=(-1)+0=-1$，$l_C=l_A+l_B=0+2=2$

所以 C 为 $1\bar{1}2$，同理求出 D 为 $1\bar{1}4$。

(5) 对求出的指数继续用 N 和 φ 校核：$N_C=h_C^2+k_C^2+l_C^2$，与实际 $\boldsymbol{R}^2$ 比值所得 N 值相符；$(1\bar{1}0)$ 与 $(1\bar{1}2)$ 的夹角为 54.74°，与实测 55°相符（一般允许有±2°误差），说明上述的斑点指数化是自洽的。

(6) 求晶带轴 $[uvw]$。在电子衍射分析中，可用两个不共线的斑点 $(h_1k_1l_1)$ 和 $(h_2k_2l_2)$ 求出晶带轴方向。由晶带定律得

$$\begin{cases}h_1u+k_1v+l_1w=0\\h_2u+k_2v+l_2w=0\end{cases}$$

三个未知数，两个方程有不定解。对[uvw]，我们只需知道三个指数的比例，用行列式表示：

$$u:v:w=\begin{vmatrix}k_1 & l_1\\k_2 & l_2\end{vmatrix}:\begin{vmatrix}l_1 & h_1\\l_2 & h_2\end{vmatrix}:\begin{vmatrix}h_1 & k_1\\h_2 & k_2\end{vmatrix}$$

一种易记的方法：

$$\begin{array}{c|cccc|c}h_1 & k_1 & l_1 & h_1 & k_1 & l_1\\ & \searrow\swarrow & \searrow\swarrow & \searrow\swarrow & & \\h_2 & k_2 & l_2 & h_2 & k_2 & l_2\\ & u & v & w & & \end{array}\tag{18-14}$$

在本例中，由于图 18－13 对应负片时的花样，通常我们选择 N 值小的为 $\boldsymbol{g}_1$，大的为 $\boldsymbol{g}_2$，则 $\boldsymbol{g}_2=\boldsymbol{g}_B=\boldsymbol{g}_{002}$，$\boldsymbol{g}_1=\boldsymbol{g}_A=\boldsymbol{g}_{1\bar{1}0}$。采用右手定则，本例中的 $\boldsymbol{g}_1$ 位于 $\boldsymbol{g}_2$ 的逆时针方向上，于是晶带轴方向或当对称入射时 $\boldsymbol{B}$ 的方向为

$$\boldsymbol{B}=[uvw]=[002]\times[1\bar{1}0]=[220]$$

由此求得 $\boldsymbol{B}$ 方向是[220]，应化成互质整数比，所以 $\boldsymbol{B}=[110]$，这是 24 种标法中的一种结果。24 种标法所获得的全部可能结果就是<110>晶向族中所包含的所有晶向，共有 12 个。

根据已知的相机常数 $K=1.41\text{mm}\cdot\text{nm}$ 计算相应的晶面间距，发现与 α－Fe 的标准 d 值符合得很好。由此可以确定样品上该微区为铁素体。

2）标准花样对照法

前面已论述了单晶电子衍射花样实质就是符合衍射条件的某一晶带对应的零层倒易平面的放大像。如果我们预先画出各种晶体点阵主要晶带的倒易平面，以此作为不同入射条件下的标准花样，则实际观察、记录的衍射花样可以直接通过与标准花样对照，写出斑点指数和晶带轴方向。书中附录 14 给出了面心立方、体心立方和密排六方晶体的几个主要低指数的零层倒易平面，但在实际研究中常常出现其他晶带指数的衍射花样，这时掌握标准花样的作图方法就显得尤为重要。现以画出体心立方晶体的 $\boldsymbol{B}=[uvw]=[110]$ 晶带的标准衍射花样为例，也就是画出 $(110)_0^*$ 零层倒易平面。其步骤如下：

（1）满足晶带定律：

$$hu+kv+lw=0$$

因为 $[uvw]=[110]$，所以

$$h\times1+k\times1+l\times0=0,k=-h$$

所以 h,k,l 指数必属 $\{h\bar{h}l\}$ 晶面族类型，l 可以为任意指数。

（2）满足 F_g 不等于零：

对于体心立方晶体(b. c. c)，不消光的条件为 $h+k+l=$ 偶数，所允许取的 N 值和晶面族为

N	2	4	6	…
$\{hkl\}$	{110}	{200}	{211}	…

在{110}晶面族中，$(\bar{1}10)$，$(1\bar{1}0)$ 满足晶带定律，而在{200}晶面族中，(002)，$(00\bar{2})$ 满足，{211}中有四个晶面满足。

（3）取模最小的两个 $\boldsymbol{g}_1$ 和 $\boldsymbol{g}_2$ 作为零层倒易平面的基矢，$(\boldsymbol{g}_2\geqslant\boldsymbol{g}_1)$，若取 $\boldsymbol{g}_1=110$，$\boldsymbol{g}_2=002$，则

$$\boldsymbol{g}_2/\boldsymbol{g}_1=\sqrt{h_2^2+k_2^2+l_2^2}\,/\sqrt{h_1^2+k_1^2+l_1^2}$$

所以

$$\boldsymbol{g}_{002}/\boldsymbol{g}_{110}=1.414$$

（4）求 $\boldsymbol{g}_1$ 和 $\boldsymbol{g}_2$ 之间的夹角，并使 $\boldsymbol{g}_1\times\boldsymbol{g}_2$ 或 $\boldsymbol{g}_2\times\boldsymbol{g}_1$ 与 $\boldsymbol{B}$ 方向一致。由晶面夹角公式或查表求出对 $\boldsymbol{g}_{002}$ 和 $\boldsymbol{g}_{1\bar{1}0}$ 之间夹角为 90°，尝试得到 $\boldsymbol{g}_2\times\boldsymbol{g}_1$ 与 $\boldsymbol{B}=[uvw]=[110]$ 晶带轴方向一致。对于负片（它与荧光屏上观察到的花样方位一致）用右手定则，故 $1\bar{1}0$ 应在 002 的逆时针方向上。

（5）根据矢量运算，求出其余倒易阵点指数。利用下面两个性质有助于指数标定：

一是通过倒易原点直线上位于其两侧等距的两个倒易阵点，其指数相同，符号相反；

二是由倒易原点出发，在同一直线方向上与倒易原点的距离为整数倍的两个倒易阵点，其指数也相差同样的整数倍。此含意的数学表达式为

如果 $$\frac{\boldsymbol{g}_{h'k'l'}}{\boldsymbol{g}_{nkl}}=n\text{，则 }\boldsymbol{g}_{h'k'l'}=\boldsymbol{g}_{nhnknl}$$

因为 $\boldsymbol{g}_{nhnknl}=n\boldsymbol{g}_{hkl}$。

根据上述的结果就可以画出体心立方 $(110)_0^*$ 零层倒易平面，如图 18－14 所示。

这与前面的体心立方的 α 铁素体的[110]晶带电子衍射花样几何上完全相似，也就是标准花样中两个倒易矢量 $\boldsymbol{g}_i$ 和 $\boldsymbol{g}_j$ 的模之比和夹角与衍射花样中对应衍射斑点矢量 $\boldsymbol{R}_i$ 和 $\boldsymbol{R}_j$ 模之比和夹角分别相等。反之，在应用标准花样来指数化时，必须确保实际衍射花样中斑点

之间关系满足上述条件，才能把标准花样中 $\boldsymbol{g}_i$ 和 $\boldsymbol{g}_j$ 的指数标定到实际衍射花样中 $\boldsymbol{R}_i$ 和 $\boldsymbol{R}_j$ 上去。

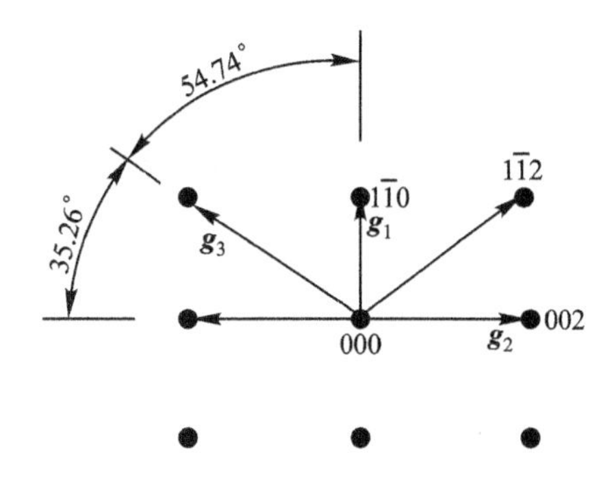

图 18－14　体心立方点阵[110]晶带标准电子衍射花样

从标准花样作图过程中可看出，立方晶体只有一个待定的点阵常数 a，而对 g_1/g_2 的比值及它们之间的夹角 φ 都与 a 无关，所以绘制的标准衍射花样适用于所有立方晶体，使用起来比较方便。对于两个点阵常数不同而结构类型相同的立方晶体，它们相同的晶带指数的衍射花样是相似的，只是大小比例不同而已，与标准花样对照，就可直接确定衍射花样中每个斑点的指数，再通过 d 值的计算就可把两者区分出来。

在标定衍射花样时，尝试一校核法具有普遍性，它不仅适用于立方晶系的晶体，而且适用于任何晶系的晶体，但是它的计算量大，比较繁琐，标准花样对照法就弥补了这一缺点。但是一般书中只给出少数几个结构类型的、有限的几个低指数晶带的标准花样，往往不能满足实际研究的需要。而要作出不同结构类型的不同晶带的标准花样，就需要花费大量的时间。因此，对于这两种方法存在的问题，借助电子计算机是最好的解决方法。

18.6.3　单晶电子衍射花样的应用

单晶电子衍射花样在材料科学的研究中应用很广，其中物相鉴定和晶体取向分析是最基本的研究，本书仅讨论这两方面的内容。

1）物相鉴定

X 射线衍射一直是物相分析的主要手段，但是电子衍射的应用日益增多，与 X 射线物相分析相辅相成。一方面，电子衍射物相分析的灵敏度非常高，就连一个小到几十甚至几个纳米的微晶也能通过现代的微纳米衍射技术给出清晰的电子衍射花样。因此它特别适用于：①待定物相在试样中含量很低，如晶界的微量沉淀物，第二相在晶内的早期析出过程等；②物相的颗粒非常小，如结晶或相变开始时生成的微小产物等。另一方面，选区电子衍射都给出单晶电子衍射花样，当出现未知的新结构时，可能比 X 射线多晶衍射花样易于分析。不仅如此，单晶花样还可以得到有关晶体取向关系的信息，如晶体生长时的择优取向，析出相与基体的取向关系，在基体中析出的惯习面等。电子衍射物相分析可以与形貌观察同时进行，还能得到物相大小、形态、分布等重要信息，这是 X 射线物相分析所不能比拟的。此外，透射电子显微镜中加上 X 射线能谱仪等附件，能直接得到所测物相的化学成分。因此，电子衍射物相分析已成为研究材料的重要方法。

单晶电子衍射花样鉴别物相的原理与多晶电子衍射花样（或多晶 X 射线衍射）物相鉴别原理相同，即利用晶面间距 d 值和衍射强度两方面的信息。但它与多晶花样有所不同，在利用信息时将遇到一些特殊的问题。在确定未知晶体时，需要获得前面八个最大的 d 值。单晶花样一般只包含某一晶带的衍射斑点，由此获得的 d 值是不完整的。例如，面心立方晶体中几个低指数晶带能够得到 d 值的情况示于表 18－3 中。从表中可知，在这几个低指数晶带中，任何一个晶带均不能获得前面八个全部 d 值。解决这一问题并不难，只需倾动晶体样品，拍摄不同晶带的衍射花样。比如面心立方晶体，拍摄[110]和[100]或[112]等两个晶带的衍射花样,就可获得完整的八个晶面间距 d 值。通过《芬克索引》找到待测物相的 ASTM 卡片,d 值大的斑点一定是低指数的,所以尽可能拍摄含有较多大 d 值的低指数晶带花样。

表 18-3 面心立方晶体中几个低指数晶带可能获得的前八个 d 值

$F.C.C$		$\overline{B}=[uvw]$			
N	$\{hkl\}$	[100]	[110]	[111]	[112]
3	111		√		√
4	200	√	√		
8	220	√	√	√	√
11	311		√		√
16	400	√	√		
19	331		√		
20	420	√			√

单晶电子衍射花样中斑点强度和 X 射线衍射粉末照相中衍射环强度的计算方法差别很大,而且单晶衍射斑点的强度灵敏地随晶体位向不同而变化,当偏离参量 s 值增大时,强度迅速下降。因此,ASTM 粉末 X 射线衍射卡片中的强度数据常常与单晶电子衍射斑点实际强度相差甚远,造成应用强度信息作为物相鉴别依据的困难。尽管如此,在某些特殊情况下,衍射斑点强度分析在物相分析中起着决定性的作用。例如有两种晶体具有同样的点阵类型,而且点阵常数的差别在电子衍射的实验误差附近,这时通过结构振幅的计算可以分析相同晶带的衍射花样中两者衍射强度的差异,以此鉴别物相。例如高温合金中常见的两种碳化物 $M_{23}C_6$ 和 M_6C,它们都是面心立方点阵晶体,$M_{23}C_6$ 的点阵常数约为 1.06nm(晶胞中有 116 个原子),M_6C 约为 1.10nm(晶胞中有 112 个原子),由于电子衍射测量点阵常数的准确度不如 X 射线衍射高,较难从衍射花样的几何配置来区别它们,这时衍射花样的强度分析就成为区分两种碳化物的重要依据。在进行强度分析时,必须使电子衍射花样处于对称入射条件,这样可减小偏离参量 s 值对强度的影响,使实际的衍射斑点相对强度接近理论计算值。又如,在前述的"耦合不唯一性"中,同一斑点可用不同指数标定,由于计算获得的 d 值相同或非常接近而无法从几何上判别何种标定正确,此时,应用强度的信息就可能有助于确定之。

在大部分的实际研究中,我们一般对被分析样品的显微组织与结构都是有一定的了解的,根据已知的样品化学成分、热处理工艺等,常可把待测物相限制在为数不多的几种可能性之中。此时,只需根据下面三个条件,由一幅衍射花样就可以从中把物相鉴别出来。物相验证的三个条件是:①由衍射花样确定的点阵类型必须与 ASTM 卡片中物相符合;②衍射斑点指数必须自洽;③主要低指数晶面间距与卡片中给出的标准 d 值相符,允许的误差约为 3%左右。

2) 晶体取向关系的验证

晶体取向分析一般分为两种情况,一种是已知两相之间可能存在的取向关系,用电子衍射花样加以验证,另一种是对未知晶体取向关系的预测,比较复杂,本书对此不加讨论。在相变过程中,两相之间常有固定的取向关系,这种关系常用一对互相平行的晶面及面上一对平行的晶向来表示。例如奥氏体(γ)转变为马氏体(α)的一种 N-W 取向关系为:$(1\bar{1}0)_\alpha /\!/ (1\bar{1}\bar{1})_\gamma$,$[001]_\alpha /\!/ [0\bar{1}1]_\gamma$。由于两者均属立方晶系,这种取向关系也可写成两对平行的方向或平行的面。现举例说明如何用电子衍射花样来进行取向关系验证。某低碳钒钢金属薄膜样品,已知 α 铁素体(体心立方晶体,点阵常数 a=0.286 6nm)和 V_4C_3 析出相(面心立方晶体,点阵常数 a=0.413 0nm),两相的选区电子衍射花样负片示意如图 18-15 所示。对两相花样分别指数化,计算过程列于表 18-4(已知相机常数 K=2.065mm·nm)中。

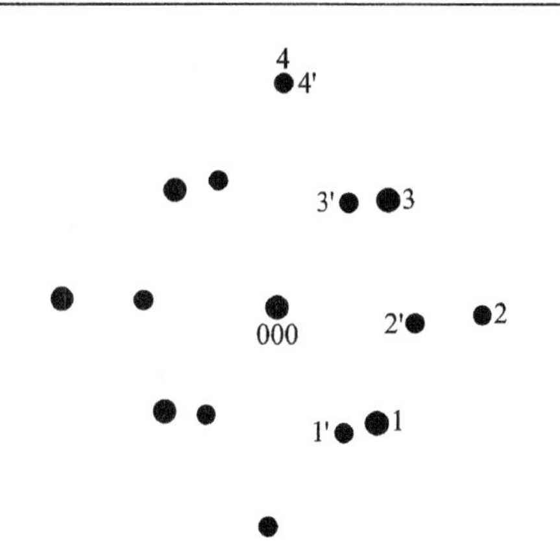

图 18-15 某低钒钢中基体与析出相的选区电子衍射花样示意图

由单晶电子衍射花样产生的几何条件可知,这两套衍射花样的晶带轴方向都近似地平行于电子束,因此可得$[001]_{\alpha\text{-Fe}} /\!/ [011]_{V_4C_3}$。从两套衍射花样中可知,某一对斑点的 **R** 矢量在同一方向上,即表示对应晶面法线平行,也就是晶面平行,由此得到$(020)_{\alpha\text{-Fe}} /\!/ (0\ 2\ \bar{2})_{V_4C_3}$,简写为$(010)_{\alpha\text{-Fe}} /\!/ (01\bar{1})_{V_4C_3}$。这就获得了一对平行的晶面及面上一对平行的晶向。从衍射花样看出,α-Fe 的 020 斑点而且与 V_4C_3的 $02\bar{2}$ 斑点重合,由 d 值的计算表明,两者有一定的错配度,存在半共格的关系,这种错配度对材料有应变强化的作用。

表 18-4(a) α-Fe 的[001]晶带衍射花样分析计算(已知 K=2.065mm·nm)

斑点	$\boldsymbol{R}$/mm	$\boldsymbol{R}_j^2/\boldsymbol{R}_1^2$	N	$\{hkl\}$	(hkl)	φ(测量)	φ(标准)	$d_{计算}=\dfrac{K}{\boldsymbol{R}}$	$d_{标准}$ (α-Fe)/nm
1	10.1	1	2	110	$1\bar{1}0$			0.2044	0.2044
2	14.4	2.032	4	200	200	$45°_{1\text{-}2}$	$45°_{1\text{-}2}$	0.1434	0.1434
3	10.1	1	2	110	110	$90°_{1\text{-}3}$	$90°_{1\text{-}3}$	0.2044	0.2027
4	14.4	2.032	4	200	020	$135°_{1\text{-}4}$	$135°_{1\text{-}4}$	0.1434	0.1434

表 18-4(b) V_4C_3的[011]晶带衍射花样分析计算

斑点	$\boldsymbol{R}$/mm	$\boldsymbol{R}_j^2/\boldsymbol{R}_1^2$	N	$\{hkl\}$	(hkl)	φ(测量)	φ(标准)	$d_{计算}=\dfrac{K}{\boldsymbol{R}}$	$d_{标准}$ (α-Fe)/nm
1′	8.7	1	3	111	$1\bar{1}1$			0.2374	0.2385
2′	10.1	1.35	4	200	200	$55°_{1'\text{-}2'}$	$54.74°_{1'\text{-}2'}$	0.2045	0.2065
3′	8.7	1	3	111	$11\bar{1}$	$110°_{1'\text{-}3'}$	$109.47°_{1'\text{-}3'}$	0.2374	0.2385
4′	10.1	2.63	8	220	$02\bar{2}$	$145°_{1'\text{-}4'}$	$144.74_{1'\text{-}4'}$	0.1464	0.1460

在上述取向关系验证的实际研究中,最简便而有效的方法是采用标准花样对照法,即根据两相间可能存在的取向,预先画出对应的衍射花样合成图,其方法如下:

(1) 将平行面上的一对平行方向分别作为两相衍射花样的晶带轴方向,根据晶带定理和结构振幅等就可作出对应晶带轴的标准衍射花样,花样的比例大小由操作仪器的相机常数来决定或任意设定。

(2) 让两者的倒易原点(即中心斑点)000 重合,并使一对平行面所对应的衍射斑点处于同一方向上。

在电子显微镜操作中，倾动样品，使一相（衍射斑点强的一相）位于所要求的晶带轴方向，并使斑点强度力求对称均匀，即尽可能接近对称入射条件。根据荧光屏上出现的两者衍射斑点之间的配置与标准花样合成图进行比较，即在操作过程中就可以确认两相间是否存在这种取向关系。

18.7 复杂电子衍射花样的特征和识别

至此，我们讨论的花样均属于简单电子衍射花样，它们是由单质或均匀（无序）固溶体中的某一晶带衍射所产生的。可是实际遇到的单晶电子衍射花样并非如此简单，常常还会出现一些“额外”的斑点，构成所谓的复杂电子衍射花样。通常，简单电子衍射花样提供的信息是最重要的，额外斑点的出现常常干扰对电子衍射花样的正确分析。为了识别和排除之，必须首先了解各种复杂电子衍射花样的特征，这是本节的目的。关于如何利用复杂花样获得更多的信息，可参看有关专著。

18.7.1 高阶劳厄区斑点

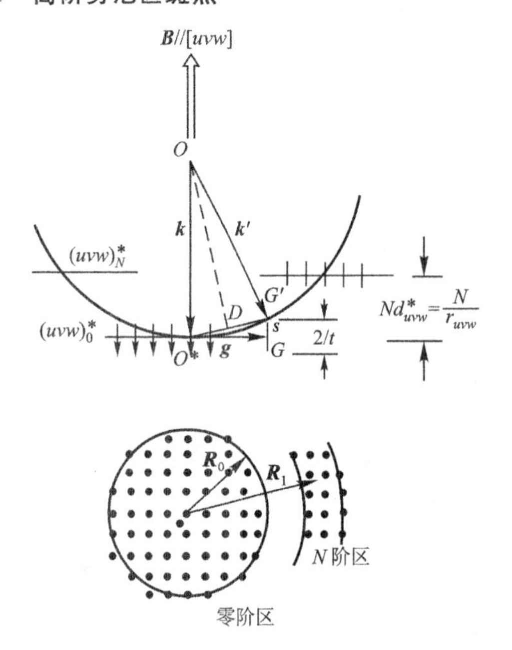

图 18-16 对称入射和不对称入射时的高阶劳厄带斑点分布

(a) $\boldsymbol{B}$//[uvw]；(b) $\boldsymbol{B}$ 不平行于[uvw]

在电子衍射中，爱瓦尔德球半径远大于能产生衍射的倒易矢量 $\boldsymbol{g}$ 的模，因而在倒易原点附近能产生衍射的这部分爱瓦尔德球面可近似地看作是一个平面，实际是一个弯曲的球面。在这基础上，如果衍射晶体的点阵常数较大，倒易空间中倒易平面的间距就较小；如果晶体很薄，倒易阵点扩展成很长的倒易杆，此时与爱瓦尔德球面相接触的并不只是零层倒易平面，而是与之平行的上层或下层的倒易平面上的倒易杆均有可能和爱瓦尔德球面相接触，由此还可能形成所谓的高阶劳厄区，如图 18-16(a)所示。上一层倒易平面与球面相交时形成的斑点叫＋1 阶劳厄斑点；上二层就称＋2 阶劳厄斑点，以此类推。反之下一层、下二层的斑点就分别称－1 阶和－2 阶劳厄斑点。在对称入射条件下，零阶劳厄斑点区构成围绕中心斑点对称排列的圆盘状，而高阶劳厄斑点区表现为同心圆环状排列。不对称入射时，零阶劳厄斑点区呈偏心圆盘，而高阶劳厄斑点区表现为偏心的弧段，见图 18-16(b)。在零阶区和高阶区之间常常出现无斑点区。由于晶体的周期性（即平移性），高阶劳厄斑点和零阶斑点具有完全相同的配置，只是存在一个相对位移。N 阶劳厄区上的 hkl 斑点满足下面广义晶带定律：

$$hu+kv+lw=N \tag{18-15}$$

其中，$N=0,\pm1,\pm2,\cdots$。必须注意的是，当 $N\neq0$ 时，即同一高阶劳厄斑点所对应的晶面组 (hkl) 并不构成一个晶带。根据不同晶体结构的高阶劳厄区斑点特征(见附录 15)，就不难识别和排除它们在衍射花样指数化过程中的影响。但高阶劳厄斑点提供了有益的三维结构信息。

18.7.2　超点阵斑点

原子有序分布的固溶体或类似的化合物称为有序固溶体或超点阵。超点阵内各类原子将分别占据固定的位置，此时的结构因子计算与所对应的无序结构时就不同。例如，镍基高温合金中 $\gamma'[Ni_3(Al,Ti)]$ 是一种重要的沉淀强化相，它和基体(γ)都是面心立方结构晶体，但 γ' 为有序金属间化合物，其 Ni 原子分布在面心位置，而 Al 或 Ti 在立方体晶胞八个角上(假定 Ti 只取代 Al 的位置)，γ 和 γ' 晶胞中的原子分布如图 18 - 17 所示。

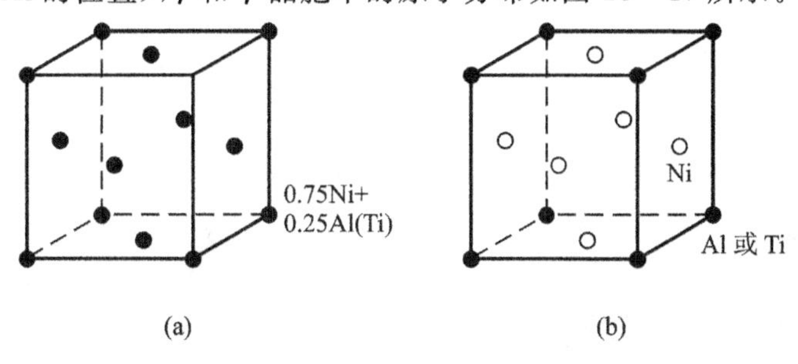

图 18 - 17　Ni 固溶体(γ)与 γ' 相晶胞中各类原子占据的位置

(a) Ni 固溶体(γ 相)；(b) γ'- $Ni_3(Al,Ti)$ 相

面心立方结构晶胞中有四个原子。在无序的情况下，对 h,k,l 全奇或全偶的晶面组，结构振幅 $F_\gamma=4f_{平均}$。例如，含 0.25Al(或 Ti)的 Ni 固溶体，$f_{平均}=0.75\ f_{Ni}+0.25f_{Al(Ti)}$。当 h,k,l 有奇有偶时，$F_\gamma=0$，发生消光。

可是在 γ' 相中，晶胞内这四个位置分别确定地由一个 Al(Ti)和三个 Ni 原于所占据。γ' 相的结构振幅为

$$F_{\gamma'}=f_{Al(Ti)}+f_{Ni}[e^{\pi i}(h+k)]+e^{\pi i}(h+l)]+e^{\pi i}(k+l)]]$$

所以，当 h,k,l 全奇全偶时，$F_{\gamma'}=f_{Al(Ti)}+3f_{Ni}$；而当 h,k,l 有奇有偶时，$F_{\gamma'}=f_{Al(Ti)}-f_{Ni}\neq0$，并不消光。在无序固溶体的衍射花样中不出现的斑点在有序超点阵中出现了。这些额外斑点就称为超点阵斑点，它们的强度较弱。图 18 - 18 是镍基高温合金中基体 γ 和 γ' 相的[001]晶带的电子衍射花样示意图，图中 010，110，100 即为 γ' 相的超点阵斑点，γ' 的基本反射斑点分别与同指数的 γ 相的斑点(200)，(020)，(220)等相重合。

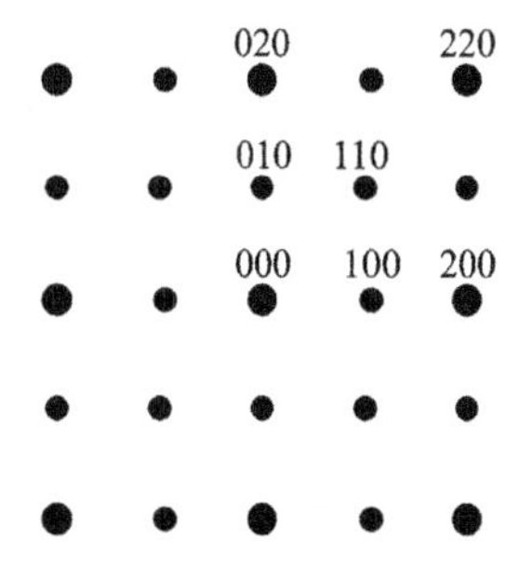

图 18 - 18　镍基高温合金中基体 γ 和 γ' 相的[001]晶带的电子衍射花样示意图

如果间隙原子在空间有序地排列，会形成间隙型超点阵(如 Fe_4N，Fe_3N 等)。它和置换型超点阵一样也会产生超点阵斑点。

18.7.3　孪晶衍射花样

孪晶是由同一物质的两个晶体按特定的对称关系结合在一起的双晶体。晶体在凝固、相变和变形过程中可以形成孪晶。通常把孪晶面任一侧的晶体称为基体，另一侧就称为孪晶。基体和孪晶的阵点排列是以孪晶面呈镜面反映。面心立方晶体的孪晶面是{111}，体心

立方晶体的孪晶面是{112}。若以孪晶面的法线为轴，把基体点阵旋转 180°可与孪晶点阵相重合。在正空间中孪晶与基体存在着这种对称关系，在倒易空间中孪晶和基体同样存在这种对称关系。在一般衍射取向下，孪晶衍射花样并无一定的特征，孪晶斑点的出现给花样指数化带来困难。如果孪晶面正好与入射电子束方向平行，这时基体和孪晶斑点具有相同的配置，两套花样显示出明显的对称性，它们是以孪晶轴(即中心斑点与孪晶面斑点的连线)为旋转轴，呈 180°旋转对称关系。图 18-19 和图 18-20 分别显示出当孪晶面平行入射电子束时，面心立方结构和体心立方结构的孪晶花样。此时孪晶斑点指数化非常容易，若确定基体斑点为(hkl)，如奥氏体中的 $11\bar{1}_r$，或马氏体中的 $\bar{2}1\bar{1}_M$，则与孪晶轴呈 180°旋转对称的孪晶斑是与基体同指数的，如奥氏体中的 $11\bar{1}_t$，或马氏体中的 $\bar{2}1\bar{1}_t$。

虽然在一般衍射取向下，孪晶花样无一定的特征，但由于孪晶和基体的取向不同，而且孪晶面是平直的，因此孪晶的衍衬像有较明显的特征(见后一节)。通过衍衬像的特点可以得到初步的判断，然后可通过花样标定来确定；如能倾动样品，使孪晶平面平行于电子束入射方向，这时根据衍射花样的特征可容易地确定是否存在孪晶。

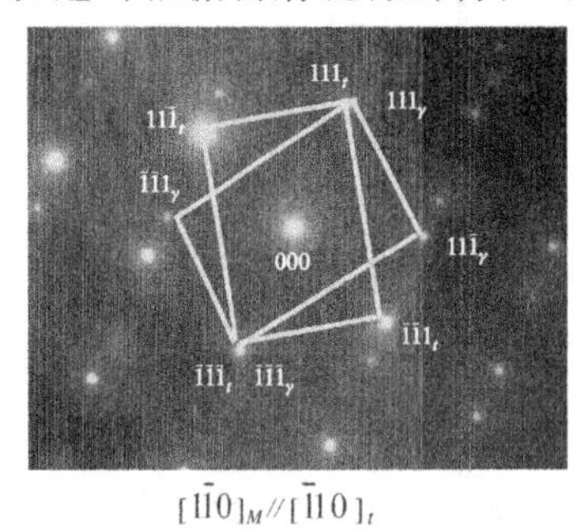

$[1\bar{1}0]_M//[\bar{1}10]_t$

图 18-19 退火不锈钢中的奥氏体(fcc)的孪晶花样

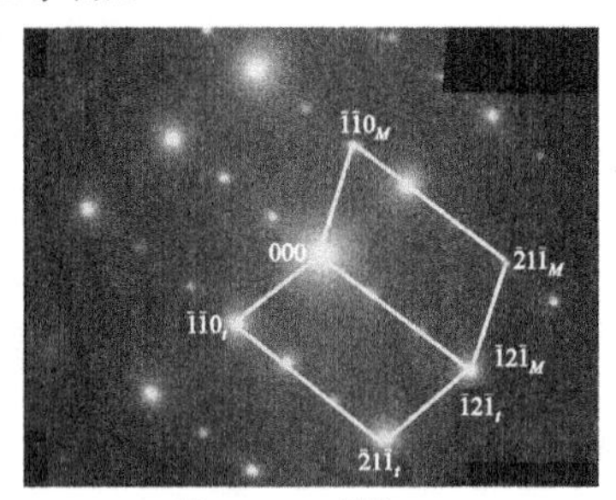

$[\bar{1}13]_M//[1\bar{1}\bar{3}]_t$

图 18-20 钢中马氏体(bcc)的孪晶花样

18.7.4 二次衍射斑点

双衍射是一种动力学现象。由于原子对电子的散射作用远强于 X 射线衍射，晶体的衍射束强度往往可与透射束相仿。参看图 18-21(a)，当电子束在晶体中传播时，晶面组$(h_1k_1l_1)$的衍射束 D_1 可以作为新的入射束使另一晶面组$(h_2k_2l_2)$发生衍射，这就是双衍射或二次衍射现象。显然，如果$(h_1k_1l_1)$和$(h_2k_2l_2)$之间发生了双衍射，则在花样中除了透射斑点 $T(000)$和这两组晶面的一次衍射斑点 $D_1(h_1k_1l_1)$和 $D_2(h_2k_2l_2)$以外，还有二次衍射斑点 D'，如图 18-21(c)所示。

在爱瓦尔德球作图法中，以 D_1 为入射束使 $\boldsymbol{g}_2$ 发生二次衍射，相当于将倒易原点移至 G_1 处，并将 $\boldsymbol{g}_2$ 平移至 G_1G'，其端点 G' 恰在反射球面上，所以二次衍射束 D' 的出现，就好像是在晶体的倒易点阵中本来就存在一个“权重”不为零的倒易阵点 G'，其倒易矢量为 $\boldsymbol{g}'=O^*G'$。由图 18-21(b)和图 18-21(c))显见：

$$\boldsymbol{g}'=\boldsymbol{g}_1+\boldsymbol{g}_2$$

在衍射花样中，$\boldsymbol{R}'$ 和 $\boldsymbol{R}_1$、$\boldsymbol{R}_2$ 之间也必有同样的关系。于是，双衍射斑点 D' 的指数为

$$h'=h_1+h_2, k'=k_1+k_2, l'=l_1+l_2$$

如果晶体的$(h'k'l')$晶面组的结构振幅为零(消光)，即阵点 G' 的权重原来为零，那末双

衍射将导致花样出现额外的衍射斑点。例如，在金刚石立方晶体中，{200}晶面原来是消光的，但是在$(011)_0^*$截面上由于

$$[11\bar{1}]+[1\bar{1}1]=[200]$$
$$[\bar{1}\bar{1}1]+[\bar{1}1\bar{1}]=[\bar{2}00]$$

使 200 和 $\bar{2}00$ 斑点也获得某些强度。又如对于密排六方晶体$(\bar{2}110)^*$。截面上类似$[0\bar{1}10]+[01\bar{1}1]=[0001]$这样的双衍射，使本来消光的{0001}晶面组也有额外的斑点发生。

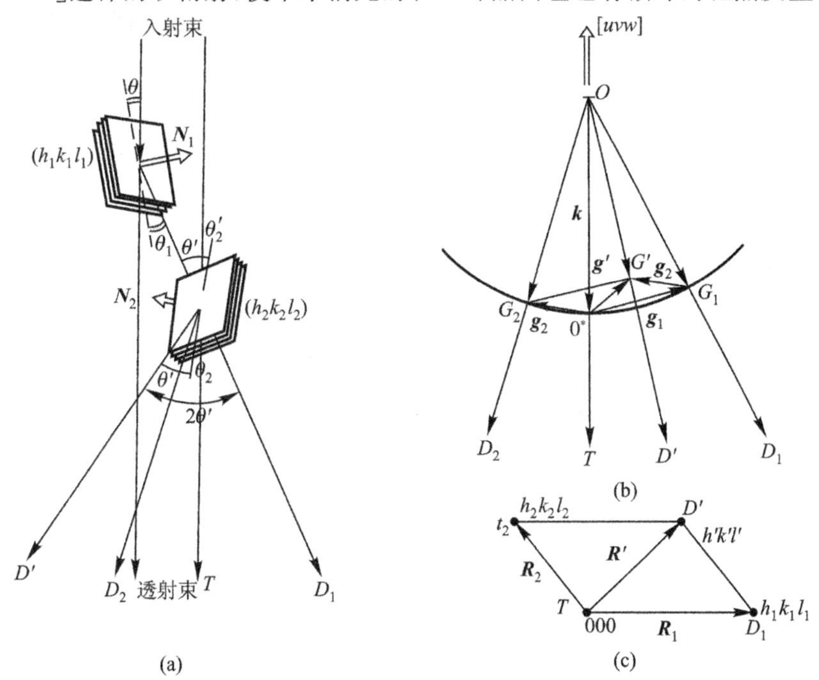

图 18－21　双衍射斑点的产生及其几何特征($g'=g_1+g_2$)

图 18－22(a)显示出密排六方晶体的$[2\bar{1}\bar{1}0]$晶带中的{0001}(图中用 A 表示)，结构振幅为零，但通过双衍射可产生(见图 18－22(b))。而面心立方和体心立方晶体中的二次衍射斑点和一次衍射斑点重合，不出现额外的斑点，仅使衍射斑点的强度发生变化。但存在孪晶时则不同，二次衍射将产生额外的斑点。图 18－23 (a)，(b)和(c)分别表示体心立方<011>位向双衍射产生前后的孪晶花样的示意图和实际的衍射花样。

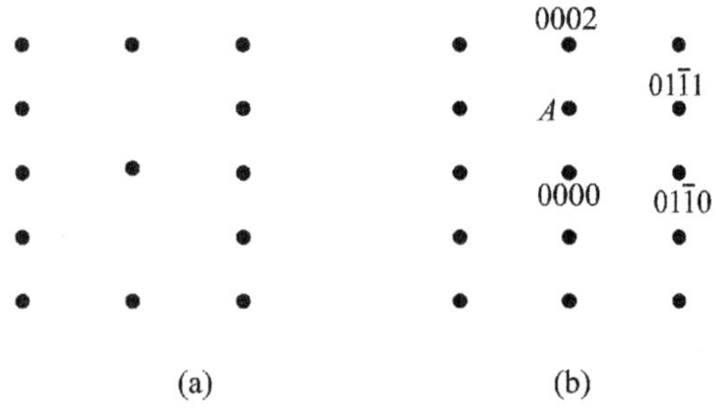

0002　$01\bar{1}1$　A　0000　$01\bar{1}0$

(a)　(b)

图 18－22　密排六方晶体中双衍射产生额外的禁射斑点

若在基体和析出物中产生二次衍射将使花样变得更加复杂。例如，在 Al－Mg－Si 合金中，基体 α(Al)固溶体和时效析出的 Mg_2Si 共存时的初次衍射如图 18－24(a)所示。图中大的斑点代表 α(Al)固溶体反射，小的斑点代表 Mg_2Si 的反射；若以 α(Al)固溶体的 P 斑点作为二次衍射源，则原始花样变成图 18－24(b)所示的花样。同理，如图中 α(Al)固溶体的每个衍射斑点做一回二次衍射源，则总的合成花样如图 18－24(c)所示。

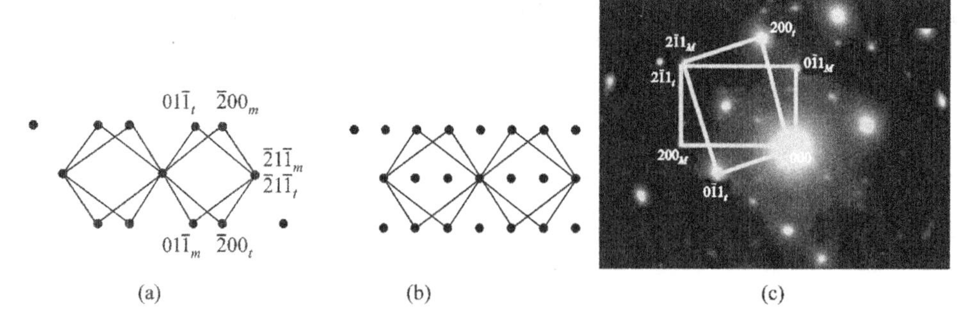

图 18-23 体心立方<011>位向

(a),(b) 双衍射产生前后的孪晶花样示意图;(c) 孪晶马氏体的衍射花样

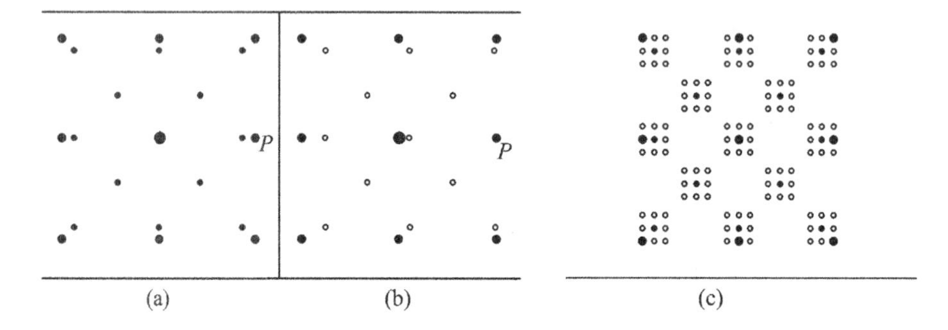

图 18-24 Al-Mg-Si 合金中基体 α(Al)与析出相 Mg_2Si 共存时的双衍射花样形成过程

18.7.5 菊池衍射花样

当电子束穿透较厚、缺陷较少的单晶样品时,在衍射花样中,除了规则的斑点以外,还常出现一些亮/暗成对的平行线条,这就是菊池线。由此构成的衍射花样称为菊池衍射花样。因菊池(S. Kikuchi)首先发现并对这种衍射现象做了定性的解释,故此命名。菊池线的形成原理可由图 18-25 说明。入射电子在样品内受到两类散射,一类是相干的弹性散射,由此产生衍射环或衍射斑点;另一类是非弹性散射,即入射电子不仅改变了方向,而且有能量损失,这就形成了衍射花样中的背景强度。非弹性散射电子的强度角分布如图 18-25(a)所示。图中的散射位矢的长度表示强度,由此可见,散射角愈大,强度愈低。

通常,原子对电子的单次非弹性散射,只引起入射电子极少的能量损失(<100eV),相对于 100keV(当加速电压为 100kV 时)的入射电子能量,可认为其波长没有发生变化。由于非弹性散射电子在晶体内呈三维空间分布,在符合布拉格条件下,它们将发生相干散射而产生晶面的衍射,如图 18-25(b)所示。如果在 OP 方向上传播的非弹性散射波(散射角为 β_2,强度为 $I(\beta_2)$)恰与$(\overline{hkl})$晶面成布拉格角 θ,则产生的衍射波方向平行于 OQ;如果在 OQ 方向上传播的非弹性散射波(散射角为 β_1,强度为 $I(\beta_1)$)必然导致(hkl)晶面的衍射,其衍射方向平行于 OP。由于 $\beta_2>\beta_1$,所以 $I(\beta_2)< I(\beta_1)$。同时,由于衍射强度正比于入射强度,所以 $I_P'>I_Q'$,因此,在 OP 方向上的背景强度为 $I(\beta_2)-I_Q'+I_P'=I(\beta_2)+(I_P'-I_Q')$,而在 OQ 方向上的背景强度为 $I(\beta_1)-I_P'+I_Q'=I(\beta_1)-(I_P'-I_Q')$。显然,前者净增了强度,后者净减了强度,如图 18-25(c)所示。考虑到非弹性散射波在三维空间方向上传播,由此产生的(hkl)和$(\overline{hkl})$晶面的衍射波分别是分布在以它们的法线为轴,半顶角为$(90°-\theta)$的圆锥面上。

这两个圆锥面与荧光屏（或照相底片）相截为成对的双曲线，P 为亮线，Q 为暗线，如图 18－25(d)所示。由于样品至荧光屏（或照相底片）的距离（即相机长度 L）很大，故交线近似为一对平行的亮、暗线，称为菊池线对，而且在非对称入射条件下，菊池线对中靠近中心斑点的线为暗线，远离中心斑点的为亮线，这就是菊池衍射花样的形成原理。

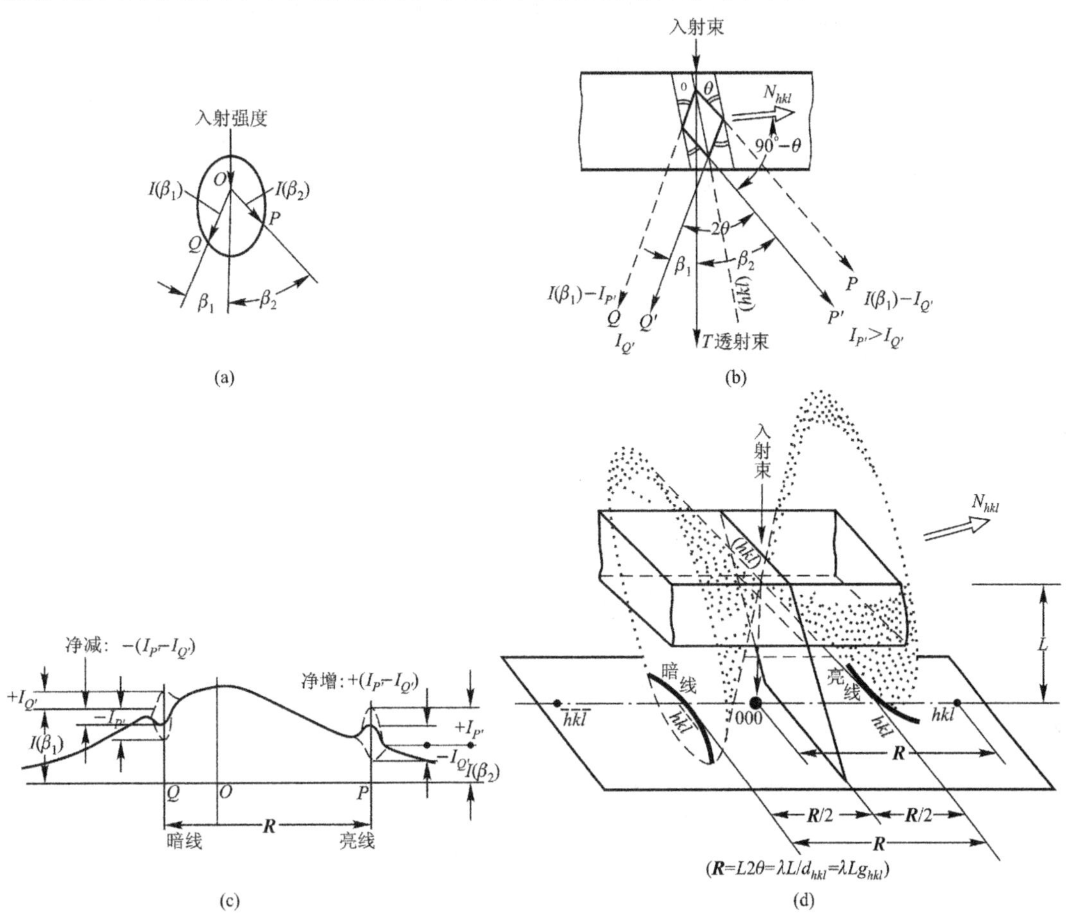

图 18－25　菊池线对的产生及其几何特征

(a) 非弹性散射电子强度的角分布 $\beta_2>\beta_1$，$I(\beta_2)<I(\beta_1)$；(b) 晶面(hkl)对非弹性散射电子的衍射；(c) 菊池衍射引起的背景强度变化；(d) 菊池线对的产生及其衍射几何

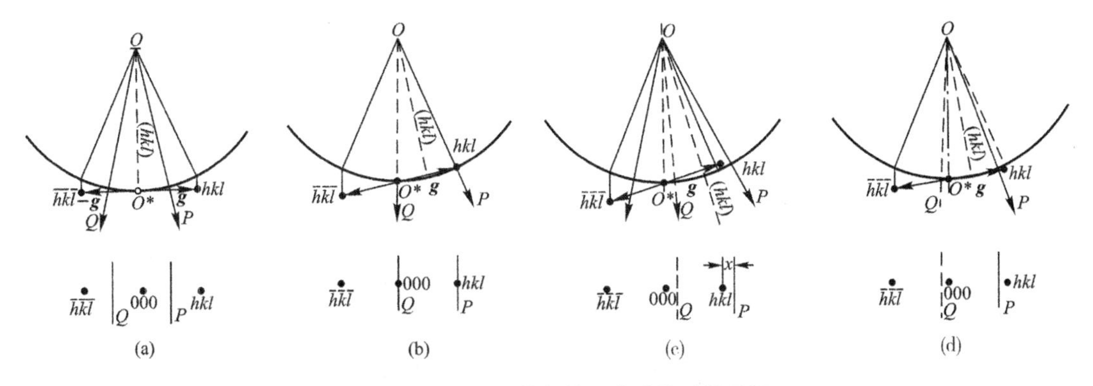

图 18－26　不同入射条件下菊池线对的位置

由图 18－25(d)可见，菊池线间距 $R = L \cdot 2\tan\theta \approx L \cdot 2\sin\theta = L \cdot \frac{\lambda}{d}$，所以菊池线对的间距 $\boldsymbol{R}$ 就等于相应衍射斑点 hkl（或 $\overline{hkl}$）至中心斑点的距离。线对的垂线与斑点矢量 $\boldsymbol{R}$ 平行。同时，菊池线对的中线，即(hkl)晶面与荧光屏的(或相机底片)的交线，亦称迹线(花样中并不显示)。由此可见，菊池花样的指数化与单晶斑点花样相同，如果已知相机常数为 K，则可通过测出线对距离 $\boldsymbol{R}$ 计算晶面间距 d。

图 18－26 显示出不同入射条件下菊池线对的位置。应指出的是，在对称入射条件下，因 $\beta_1 = \beta_2 = \theta, I_P = I_Q, I_P = I_Q, I_P{}' = I_Q,{}'$，背景强度的净增和净减为零，故则不应出现菊池线对。实际上在线对之间出现暗带，称为菊池带，可能是由于“反常”吸收的效应。

由于菊池线对总是分布在晶体的(hkl)晶面两侧，该晶面与荧光屏(或相机底片)的交线总是分别与对应的亮、暗线保持 $\boldsymbol{R}/2$ 的距离，所以样品的倾转改变了(hkl)晶面与入射电子束的方向，菊池线将在荧光屏上随之扫动，显示出菊池衍射花样线对位置十分灵敏地随晶体位向而改变的特点，这与单晶花样中斑点随晶体位向改变、仅发生斑点强度明显变化，而斑点位置基本保持不动的特点不同。可以证明，如果晶面(hkl)位向由双光束条件($\boldsymbol{s} = 0$)转动角度，则斑点的位移为

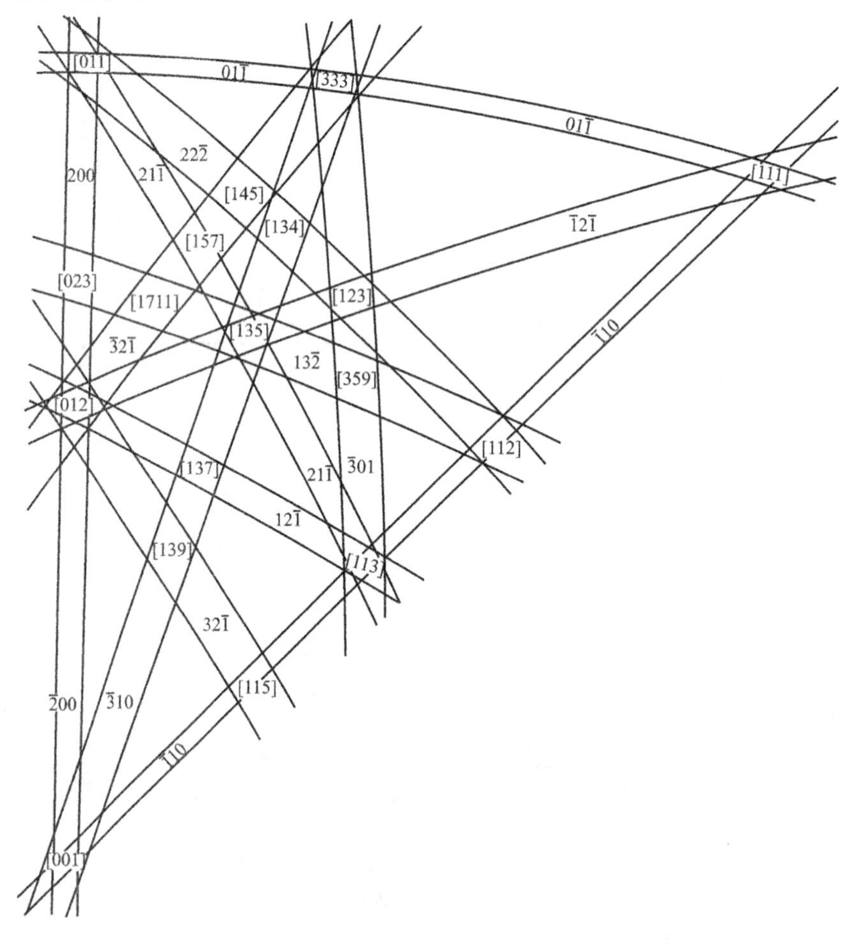

图 18－27　体心立方菊池图

$$x_s = L(\frac{g}{k})(\Delta\theta)^2 = L(\frac{\lambda}{d})(\Delta\theta)^2 \tag{18-16}$$

由于$\frac{\lambda}{d} \ll 1$，$\Delta\theta \ll 1$，故 x_s 极小以致不能观察到。菊池线对的位移为

$$x_K \approx L \cdot \Delta\theta \tag{18-17}$$

故在相同的 $\Delta\theta$ 下，$x_K \gg x_s$。

若有几个不同晶面的菊池线对相交，它们中线（迹线）的相交点，称为菊池极，它是晶带轴在荧光屏上的投影点。通常，在荧光屏上可看到几个晶带的菊池极，或者说，在一张底片上可以包括有几个菊池极的菊池线（由此给出晶体的三维信息），把具有各种确定位向下的菊池花样拼接起来，就可得到如图 18－27 所显示的以[001]、[011]和[111]三个极点为顶点的单位极射投影三角形标准花样，称为菊池图。利用菊池图与实际菊池衍射花样对照可直接确定其中菊池极的指数，以及晶体相对于入射电子束的位向，并能据此方便地确定样品应采取的倾动方式和角度，以达到预期的晶体的另一个新位向。所以，菊池图在晶体样品的透射电子显微分析中是一个非常有用的工具。

18.8　衍射衬度成像原理及应用

18.8.1　透射电子像衬度的分类

透射电子像衬度有三类：质量厚度衬度（简称质厚衬度〕、衍射衬度（简称衍衬）和相位度。

(1) 质厚衬度。复型和非晶物质试样的衬度是质厚衬度。质厚衬度的基础是原子对电子的散射和小孔径角成像。样品中相邻区域由于原子序数或厚度的不同，引起对电子吸收和不同散射方向上分布的不同。原子序数大的或厚度大的区域不仅对入射电子吸收大，而且散射能力强，从而被散射的电子能通过物镜光栏孔参与成像的少，被散射到光栏孔外的多，因此用物镜光栏套住透射束成像，在电子像上该区域显示暗的衬度；相反，原子序数小的或厚度薄的区域，则呈现亮的衬度。质量衬度原理已在第 17 章论述。

(2) 衍射衬度。晶体样品中各部分相对于入射电子束的方位不同或它们彼此属于不同结构的晶体，因而满足布拉格条件的程度不同，导致它们产生的衍射强度不同，用物镜光栏套住透射束（见图 18－28(a)）或某一衍射束成像（见图 18－28(b)），由此产生的衬度称为衍射衬度。衍射衬度对试样方位十分敏感。在某一方位下不能看到的结构细节，当倾动样品改变方位时，就有可能显示出该细节的衬度。利用透射束成像称为明场像，利用某一衍射束成像称为暗场像。这种衍衬技术已成为研究晶体内部结构的有力手段。本章将叙述衍衬成像的原理及其应用。

(3) 相位衬度。如果除透射束外还同时让一束或多束衍射束参加成像（见图 18－28(c)），就会由于各束的相位相干作用而得到晶格（条纹）像或晶体结构（原子）像。前者是晶体中原子面的投影，后者是晶体中原子或原子集团电势场的二维投影。用来成像的衍射束越多，得到的晶体结构细节越丰富。衍射衬度像的分辨率不能优于 1.5nm，而相位衬度像能提供小于 1.5nm 的细节。因此，这种图像称为高分辨像。用相位衬度方法成像，不仅能提供样品中研究对象的形态（在通常的倍率下相当于明场像），更重要的是提供了它的晶体结构信息（高分辨成像原理将在第 19 章中叙述）。

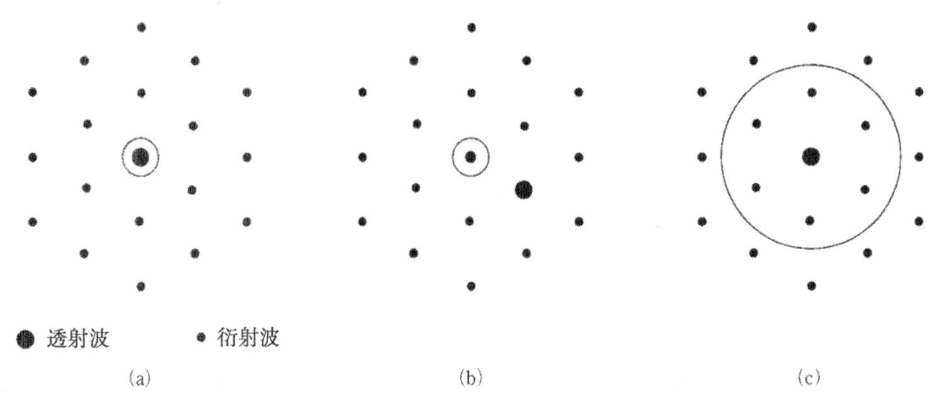

图 18－28　衍衬成像和高分辨成像的方式

(a) 明场成像；(b) 中心暗场成像；(c) 高分辨成像

18.8.2　衍衬成像的方法和原理

现以厚度均匀的单相多晶金属薄膜样品为例来说明衍射衬度的来源。设想薄膜内有两颗晶粒 A 和 B，它们没有厚度差，同时又足够的薄，以致可不考虑吸收效应，两者的平均原子序数相同，唯一的差别在于它们的晶体位向不同。在这种情况下不存在质厚衬度。在强度为 I_0 的入射电子束照射下，假设 B 晶粒中仅有一个(hkl)晶面组精确满足衍射条件，即 B 晶粒处于"双光束条件下"，故得到一个强度为 I_{hkl} 的 hkl 衍射斑点和一个强度为(I_0-I_{hkl})的 000 透射斑点。同时，假设在 A 晶粒中的任何晶面均不满足衍射条件，因此 A 晶粒只有一束透射束，其强度等于入射束强度 I_0。

由于在透射电子显微镜中，第一幅电子衍射花样出现在物镜的背焦面处，若在这个平面上插入一个尺寸足够小的物镜光栏，把 B 晶粒的 hkl 衍射束挡掉，只让透射束通过光栏孔成像，在物镜的像平面上获得样品形貌的第一幅放大像。此时，两颗晶粒的像亮度不同，因为 $I_A \approx I_0$，$I_B \approx I_0 - I_{hkl}$，这就产生衬度。通过中间镜、投影镜进一步放大的最终像，其相对强度分布依然不变。因此，我们在荧光屏上将会看到，B 晶粒较暗而 A 晶粒较亮。在这种只让透射束成像的明场中，如果以未发生衍射的 A 晶粒像亮度 I_A 作为背景强度 $\bar{I}$，则 B 晶粒的像衬度为

$$\left(\frac{\Delta I}{\bar{I}}\right)_B = \frac{I_A - I_B}{I_A} = \frac{I_0 - (I_0 - I_{hkl})}{I_0} = \frac{I_{hkl}}{I_0} \tag{18-18}$$

$\left(\frac{\Delta I}{\bar{I}}\right)_B$ 中下标 B 表示明场。明场原理见图 18－29。

如果我们把图 18－29 中物镜光栏位置平移一下，使物镜光栏孔套住 hkl 斑点而把透射束挡掉。在这种方式下，衍射束倾斜于光轴，故这种暗场又称离轴暗场。离轴暗场像的质量差，因为物镜的球差($\Delta\gamma_s = C_s\alpha^3$)限制了像的分辨能力，此时，$\alpha = 2\theta_B$。因此，随后就出现了另一种方式产生暗场像，即通过倾斜照明系统使入射电子束倾斜 $2\theta_B$，让 B 晶粒的($\overline{hkl}$)晶面处于布拉格条件下，产生强衍射，而物镜光栏仍在光轴位置上，此时只有 B 晶粒的 $\overline{hkl}$ 衍射束正好沿着光轴通过光栏孔，而透射束被挡掉，如图 18－30 所示。这种方式称为中心暗场成像方式。在具体操作中要特别注意的是，把透射斑点移到 hkl 衍射斑点位置，随之透射束另一侧对称位置上的 $\overline{hkl}$ 斑点移至原透射斑点位置(位于光轴上)，在倾斜电子束过程中，$\overline{hkl}$

斑点强度逐渐增大至或接近原 hkl 强度值。在暗场成像中，B 晶粒的像亮度为 $I_B = I_{hkl}$，而 A 晶粒像亮度等于零，图像的衬度特征正好与明场像相反，B 晶粒亮而 A 晶粒很暗。由衬度公式推知，暗场像的衬度显著地高于明场像。

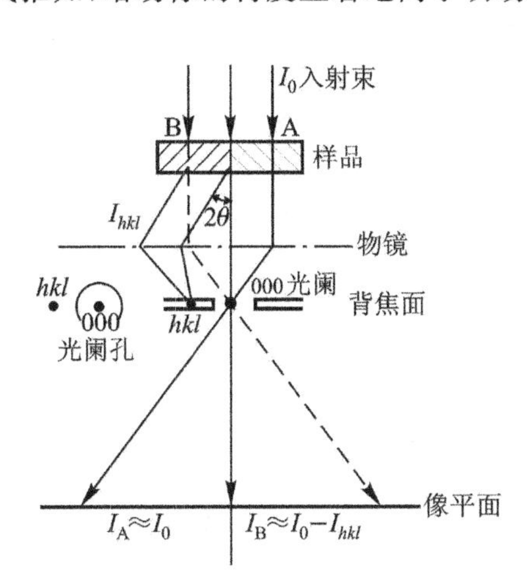

图 18-29 明场成像

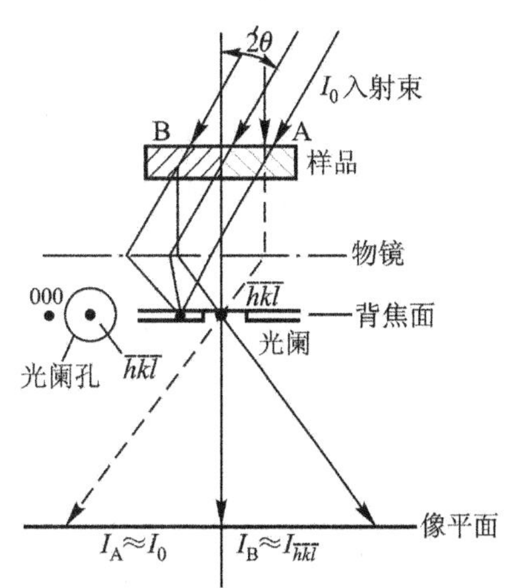

图 18-30 中心暗场成像

在暗场成像中还有一种非常有用的暗场技术，即弱束暗场像技术，它获得的图像的分辨率远高于双束的中心暗场像的分辨率。例如，用一般中心暗场方式获得的位错像宽度约 20nm，而弱束暗场显示出位借像宽度约 2nm 左右。其操作方法正好与中心暗场相反，它是让强衍射斑点 hkl 移到透射斑点（即光轴位置）上。此时，hkl 衍射斑点强度极大地减弱，而 $3h3k3l$ 晶面正好满足布拉格条件而产生强衍射，让很弱的 hkl 衍射束（具有大的偏离参量 s 值）通过物镜光栏成像，获得的图像称为弱束暗场像，上述的方法又称 $\boldsymbol{g}_{hkl}/3\boldsymbol{g}_{hkl}$ 操作法。

18.8.3 衍衬运动学理论

衍射衬度理论简称衍衬理论。衍衬理论包括运动学理论和动力学理论，前者不考虑入射波和衍射波的相互作用，后者则需要考虑。当样品足够薄，使入射电子受到多次散射的机会减少到可以忽略的程度，或者让衍射处于足够偏离布拉格条件的位向，使衍射束强度远小于透射束强度，这时基本认为满足衍衬运动学条件。衍衬运动学理论较简单，而且能很好地解释绝大部分缺陷衬度像的特征，故本书只涉及完整晶体和缺陷晶体的衍衬运动学理论。

18.8.3.1 完整晶体的衍射强度

完整晶体是指不存在缺陷（如位错、层错等）的理想晶体。为了简化衍衬理论的推导，将引入两个“近似”处理，即“双光束”近似和“柱体”近似。“双光束”近似认为只有一个强的透射束和众多衍射束中的一个强衍射束，并且该衍射束强度远小于透射束强度，其余衍射束强度可近似为零。所谓“柱体”近似，被认为是试样下表面坐标为 (x, y, t) 处的衍射波振幅 ϕ_g，是由试样平面内位于坐标 (x, y) 处、高度等于 t 厚度、截面足够小的一个柱内原子和晶胞的散射振幅叠加而成的。如图 18-31(a) 所示的是 OA 柱体内所产生的衍射振幅叠加，该柱体外的散射不影响 ϕ_g，由柱体内距离上表面 r 处平行于上表面的一层原子面，每单位面积产生的衍射方向 $\boldsymbol{k}'$ 上的散射振幅为

$$\mathrm{d}\,\phi_g = \frac{\mathrm{i}n\,\lambda F_g}{\cos\theta} \mathrm{e}^{-2\pi \mathrm{i} K' \cdot r} \tag{18-19}$$

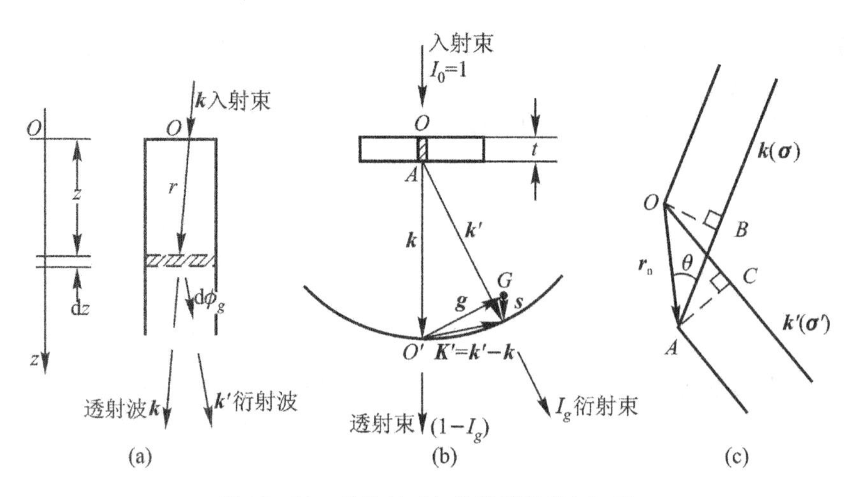

图 18-31 晶体柱 OA 的衍射强度($s>0$)

式中，n 为单位面积的晶胞数，F_g为结构振幅，而$-2\pi K'\cdot r$ 是 r 处原子面散射波相对于晶体上表面原子面散射波的相位差 $\varphi(z)$。其推导如下：

由图 18-31(c)可知：

$$\overline{AB}=r_n\cos\theta=\boldsymbol{r}_n\cdot\boldsymbol{\sigma}$$

$$\overline{OC}=r_n\cos\theta=\boldsymbol{r}_n\cdot\boldsymbol{\sigma}'$$

其中，$\boldsymbol{\sigma}$ 和 $\boldsymbol{\sigma}'$分别为 $\boldsymbol{k}$ 和 $\boldsymbol{k}'$的单位矢量，并有 $\boldsymbol{\sigma}=\lambda\boldsymbol{k}$，$\boldsymbol{\sigma}'=\lambda\boldsymbol{k}'$，则光程差为

$$\Delta=\overline{AB}-\overline{OC}=\boldsymbol{\sigma}\cdot\boldsymbol{r}_n-\boldsymbol{\sigma}'\cdot\boldsymbol{r}_n=(\boldsymbol{\sigma}-\boldsymbol{\sigma}')\cdot\boldsymbol{r}_n$$

$$\lambda(\boldsymbol{k}-\boldsymbol{k}')\boldsymbol{r}_n=-\lambda\boldsymbol{K}'\cdot\boldsymbol{r}_n$$

式中，$\boldsymbol{K}'=\boldsymbol{k}'-\boldsymbol{k}$，$r_n$ 为第 n 层原子面与上表层原子面之间的距离，故为点阵矢量的整数倍。因此相位差为

$$\varphi(z)=\frac{2\pi}{\lambda}\Delta=-2\pi\boldsymbol{K}'\cdot\boldsymbol{r}_n$$

上式中的 $\boldsymbol{r}_n$ 在以下的公式中用 $\boldsymbol{r}$ 表示。考虑到在偏离布拉格条件时(图 18-31(b))，衍射矢量 $\boldsymbol{K}'$为

$$\boldsymbol{K}'=\boldsymbol{k}'-\boldsymbol{k}=\boldsymbol{g}+\boldsymbol{s}$$

则上式中的位向因子为

$$\begin{aligned}\exp(-2\pi i\boldsymbol{K}'\cdot\boldsymbol{r})&=\exp[-2\pi i(\boldsymbol{g}+\boldsymbol{s})\cdot\boldsymbol{r}]\\&=\exp(-2\pi i\boldsymbol{s}\cdot\boldsymbol{r})\\&=\exp(-2\pi i\boldsymbol{s}z)\end{aligned}$$

式中，$\boldsymbol{g}\cdot\boldsymbol{r}=$整数，$\boldsymbol{s}/\!/\boldsymbol{r}/\!/\boldsymbol{z}$，且 $r=z$。如果该原子面的间距为 d，则在厚度元 dz 范围内，即 dz/d 层数内原子面的散射振幅为

$$d\phi_g=\frac{in\lambda F_g}{\cos\theta}\exp(-2\pi i\boldsymbol{s}z)dz/d \tag{18-20}$$

引入消光距离参数 ξ_g，其定义为

$$\xi_g=\frac{\pi V_c\cos\theta}{\lambda F_g} \tag{18-21}$$

其中，晶胞体积 $V_c=d\left(\frac{1}{n}\right)$，则得到衍射运动学理论的基本方程：

$$d\phi_g=\frac{i\pi}{\xi_g}\exp(-2\pi isz)dz \tag{18-22}$$

因此,柱体 OA 内所有厚度元的散射振幅按它们的位相关系叠加,于是得到试样下表面 A 点处衍射波的合成振幅:

$$\phi_g=\frac{i\pi}{\xi_g}\int_0^t\exp(-2\pi isz)dz \tag{18-23}$$

其中的积分部分为

$$\begin{aligned}\int_0^t\exp(-2\pi isz)dz&=\frac{1}{2\pi is}(-e^{-2\pi ist}+1)\\&=\frac{1}{\pi s}\cdot\frac{e^{\pi ist}-e^{-\pi ist}}{2i}\cdot e^{-\pi ist}\\&=\frac{1}{\pi s}\cdot\sin(\pi st)\cdot e^{-\pi ist}\end{aligned}$$

将其代入式(18-23),则得到

$$\phi_g=\frac{i\pi}{\xi_g}\frac{\sin(\pi st)}{\pi s}e^{-\pi ist} \tag{18-24}$$

而衍射强度为

$$I_g=\phi_g\cdot\phi_g^*=\frac{\pi^2}{\xi_g^2}\cdot\frac{\sin^2(\pi st)}{(\pi s)^2} \tag{18-25}$$

上式表示出完整晶体的衍射强度 I_g 随样品厚度 t 和偏离参量 s 变化的规律。用衍射束 I_g 成像得到暗场像,当入射束强度为 I_0 时,用透射束 $I_T(=I_0-I_g)$ 成像得到明场像。因此,在暗场像中亮的区域在明场像中为暗区域,反之亦然。下面将分别讨论 I_g 随 t 和 s 变化的两种情况。

1) I_g 随 t 的变化

如果试样保持确定的晶体位向,则衍射晶面的偏离参量 s 保持恒定,此时,式(18-25)可以改为

$$I_g=\frac{1}{(s\xi_g)^2}\cdot\sin^2(\pi ts) \tag{18-26}$$

把 I_g 随 t 的变化画成曲线,如图 18-32 所示。显然,当 s=常数,I_g 随 t 发生周期性的振荡,振荡的深度周期为

$$t_g=1/s \tag{18-27}$$

这就是说,当 $t=n/s$(n 为整数)时,$I_g=0$;而当 $t=(n+\frac{1}{2})/s$ 时,衍射强度为最大:

$$I_{g\max}=\frac{1}{(s\xi_g)^2} \tag{18-28}$$

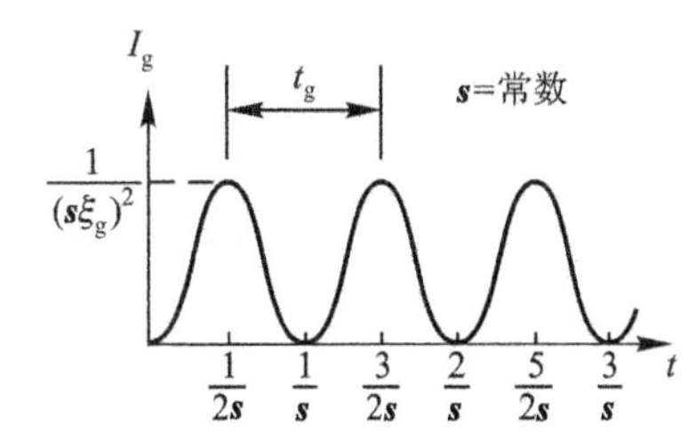

图 18-32 I_g 随 t 的变化

样品孔洞边缘是楔形状的,其厚度由边缘向中心逐渐增厚。这种厚度的变化使衍射强度随之发生周期性振荡,产生明、暗相间的条纹,称为厚度消光条纹。由于样品的吸收,使这种强度衰减至消失,因此在衍衬像中通常仅能看到几条厚度条纹(见图 18-33)。

当晶界、孪晶界以及相界倾斜于薄晶体样品表面时，衍射像中常常出现类似楔形边缘的厚度消光条纹，这类界面两侧的晶体，或是位向不同，或是成分、结构不同(如相界面两侧的基体和第二相)。在通常情况下，当一边晶体发生强烈衍射时，另一边晶体常常不能同样满足衍射条件，它们的衍射强度可视为零，仅有透射束，此处等价于一个空洞。而发生衍射的晶体的倾斜界面处类似于一个楔形边缘，因而产生厚度消光条纹。判别孪晶界条纹区别于其他界面条纹的最根本依据是其两侧的晶体衍射花样呈现孪晶对称关系，而其他界面两侧晶体无此关系。孪晶面是严格的晶体学平面，故它的条纹是平直的，而晶界和相界一般是曲折的，即使某些晶界是平直的，如退火晶界，但退火晶粒两侧的晶粒取向不同，而孪晶两侧的基体的晶体取向相同(在无高次孪晶的情况下)，故它们的衬度相同，这一特征有别于退火晶界。

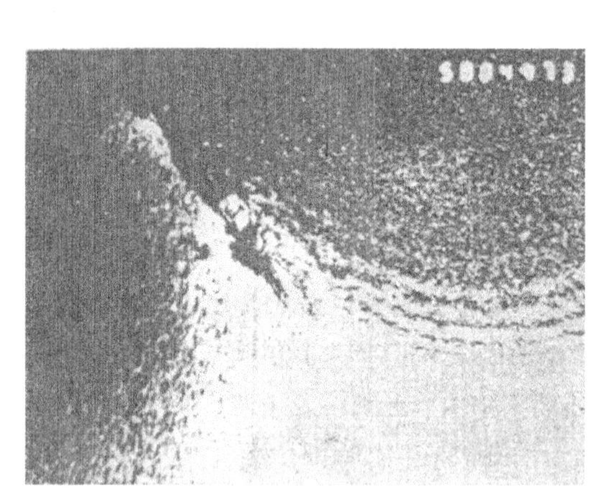

图 18－33　孔洞边缘的厚度消光条纹(明场像)

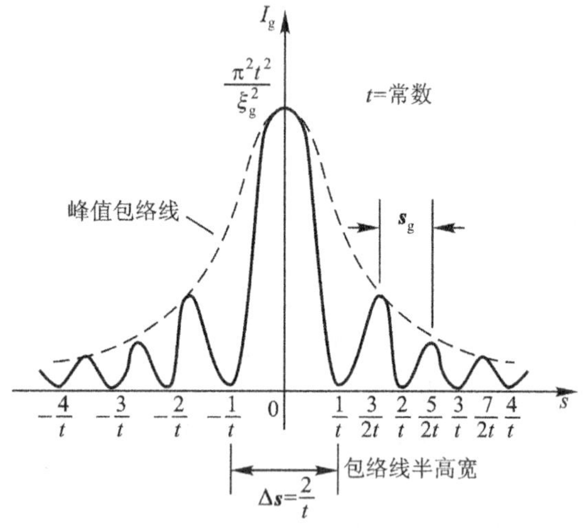

图 18－34　I_g随 s 的变化

2) I_g随 s 的变化

把式(18－25)改写为

$$I_g=\frac{\pi^2 t^2}{\xi_g^2}\cdot\frac{\sin^2(\pi st)}{(\pi ts)^2} \tag{18-29}$$

当 t=常数时，I_g随 s 变化的曲线如图 18－34 所示。由此可见，I_g随 s 绝对值的增大也发生周期性振荡，振荡周期为

$$s_g=1/t \tag{18-30}$$

如果 $s=\pm 1/t, 2/t, \cdots$ $I_g=0$；而 $s=0, \pm 3/2t, \pm 5/2t\cdots$时，$I_g$有极大值，但随着$|s|$的增大，极大值的峰值迅速衰减。如果衍射晶面的位向精确符合布拉格条件，即 $s=0$ 时，I_g为最大，即

$$I_{g_{\max}}=\frac{\pi^2 t^2}{\xi_g^2} \tag{18-31}$$

从上述的讨论可定性地解释倒易点阵在晶体尺寸最小方向上的扩展(见 18.2 节)，当只考虑衍射程度主极大值的衰减周期(从$-\frac{1}{t}$到$+\frac{1}{t}$)时，倒易阵点的扩展范围为 $2/t$，这就是通常认为晶面发生衍射所能容许的最大偏离范围($|s|<1/t$)。

若薄晶体样品厚度均匀但略有弯曲时，将使得同一晶面组中的不同晶面与入射束的相对方位稍有变化，结果不同方位的晶面满足布拉格条件的程度不同，造成衍射强度周期性振荡，由此产生的条纹称为弯曲消光条纹。这种振荡与厚度引起的振荡不同。在精确满足布拉格条件的区域具有最大的衍射强度，此为主极大值。邻近两侧区域随着偏离布拉格条件的增大，其衍射强度发生周期性振荡，峰值急剧下降。主极大值两侧的第一个极大值强度峰约为其的$\frac{1}{25}$。因此，主极值两侧的次峰有时很难看到。图 18－35 是[001]取向时的弯曲消光条纹。图中不同的消光条纹是不同晶面弯曲所产生的。从其衍射花样(见图 18－35 插入图)可看出，弯曲消光条纹分布特征与花样特征有对应的关系。识别弯曲消光条纹的方法只要倾动样品，改变该晶面与入射束的相对方位，使精确满足布拉格条件的位置改变，在荧光屏上就可看到弯曲消光条纹随样品倾动而快速移动。

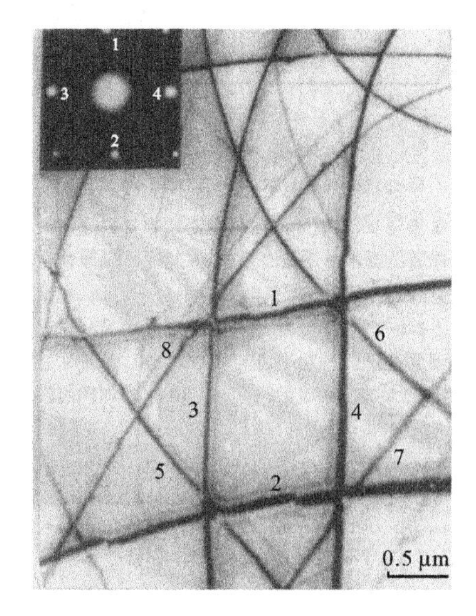

图 18－35　[001]取向时的弯曲消光条纹和衍射花样

18.8.3.2　缺陷晶体的衍射强度

与完整晶体相比，不论是何种缺陷的存在，都会引起附近某个区域内点阵发生畸变，则相应的柱体也发生某种畸变，如图 18－36 所示。此时，柱体内深度 z 处厚度元 dz 因受缺陷的影响发生位移 $\boldsymbol{R}$，其坐标矢量由理想位置的 $\boldsymbol{r}$ 变为 $\boldsymbol{r}'$

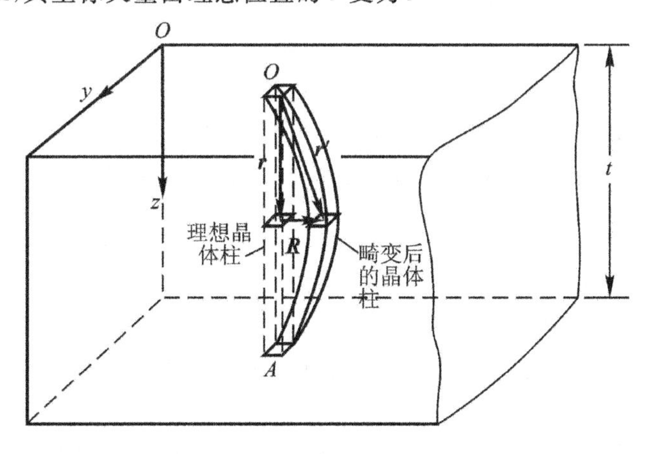

图 18－36　缺陷附近晶体柱的畸变

$$\boldsymbol{r}'=\boldsymbol{r}+\boldsymbol{R} \tag{18-32}$$

晶体发生畸变后，位于 $\boldsymbol{r}'$ 处的厚度元 dz 的散射振幅为

$$d\phi_g=\frac{i\pi}{\xi_g}\exp(-2\pi i\boldsymbol{K}'\boldsymbol{r}')dz \tag{18-33}$$

其中位相因子为

$$\begin{aligned}\exp(-2\pi i\boldsymbol{K}'\boldsymbol{r}')&=\exp[-2\pi i(\boldsymbol{k}'-\boldsymbol{k})\cdot\boldsymbol{r}']\\&=\exp[-2\pi i(\boldsymbol{g}+\boldsymbol{s})\cdot(\boldsymbol{r}+\boldsymbol{R})]\\&=\exp[-2\pi i(\boldsymbol{g}\cdot\boldsymbol{r}+\boldsymbol{s}\cdot\boldsymbol{r}+\boldsymbol{g}\cdot\boldsymbol{R}+\boldsymbol{s}\cdot\boldsymbol{R})]\end{aligned}$$

因为 $\boldsymbol{g}\cdot\boldsymbol{r}$=常数，$\boldsymbol{s}\cdot\boldsymbol{R}$ 很小，可以忽略，$\boldsymbol{s}\cdot\boldsymbol{r}=sz$，则得

$$\exp(-2\pi i\boldsymbol{K}'\cdot\boldsymbol{r})=\exp(-2\pi isz)\exp(-2\pi i\boldsymbol{g}\cdot\boldsymbol{R})$$

代入式(18－33)，得

$$d\phi_g=\frac{i\pi}{\xi_g}\exp(-2\pi isz)\exp(-2\pi i\boldsymbol{g}\cdot\boldsymbol{R})dz$$

对于厚度为 t 的试样，畸变晶体柱下表面的衍射波振幅为

$$\phi_g=\frac{i\pi}{\xi_g}\int_0^t\exp(-2\pi isz)\exp(-2\pi i\boldsymbol{g}\cdot\boldsymbol{R})dz \tag{18-34}$$

令

$$\alpha=2\pi\boldsymbol{g}\cdot\boldsymbol{R} \tag{18-35}$$

则

$$\phi_g=\frac{i\pi}{\xi_g}\int_0^t\exp(-2\pi isz)\exp(-i\alpha)dz \tag{18-36}$$

与完整晶体的公式(18－23)相比，可发现由于晶体中的缺陷存在导致衍射振幅的表达式中出现了一个附加的位相因子 $\exp(-i\alpha)$，其中附加的位向角 $\alpha=2\pi\boldsymbol{g}\cdot\boldsymbol{R}$。所以，一般地说，附加位相因子的引入使缺陷附近点阵发生畸变的区域(应变场)内的衍射程度有别于无缺陷的区域(完整晶体部分)，从而在衍射图像中获得相应的衬度。

对于给定的缺陷，$\boldsymbol{R}(x,y,z)$是确定的，$\boldsymbol{g}$ 是用以获得衍衬图像的某一发生强衍射的晶面的倒易矢量，即操作反射。通过样品台的倾转获得不同 $\boldsymbol{g}$ 成像，同一缺陷将出现不同的衬度特征，尤其是当选择的操作反射满足

$$\boldsymbol{g}\cdot\boldsymbol{R}=n\quad(\text{整数}) \tag{18-37}$$

时，则 $\exp(-i\alpha)=1$，此时有缺陷的ϕ_g 与完整晶体的ϕ_g 相同，故此时缺陷衬度将消失，即在图像中缺陷不可见。由(18－37)式所表达的“不可见判据”是缺陷的晶体学定量分析的重要依据。例如，对于各向同性的面心立方晶体中的$\frac{1}{2}\langle 110\rangle$螺型位错，通过选择两个不属于同一晶面组的 $\boldsymbol{g}_1$ 和 $\boldsymbol{g}_2$，使之满足 $\boldsymbol{g}_i\cdot\boldsymbol{R}=0(i=1,2,\cdots,n)$，致使螺型位错像消失，由此通过 $\boldsymbol{g}_1\times\boldsymbol{g}_2$ 的叉积就可确定该位错的具体柏氏矢量 $\boldsymbol{b}(\boldsymbol{R})$的方向。

如果选择两个不同的操作衍射，使它们处于双光束条件或近似双光束条件并满足 $\boldsymbol{g}\cdot\boldsymbol{R}=n$，就可把缺陷的性质确定。例如，在面心立方晶体中，在各个双束条件下全位错的可见和不可见的衍射像如图 18－37 所示，图中右下角插入衍射成像所用的操作反射 $\boldsymbol{g}$。由图可知，用 $\boldsymbol{g}_{020}$成像，出现 A,B,C,D 位错像，用 $\boldsymbol{g}_{200}$成像，则 C,D 位错消失，但出现了 E 位错；再用 $\boldsymbol{g}_{11\bar{1}}$ 成像，A,C 位错消失，仅存 B,D,E 位错成像。根据上述不同操作的反射$\overrightarrow{g}$ 的衍射像，结合面心立方位错的类型，列表进行判断，可方便地确定出衍射像中位错的柏氏矢量。

如表 18－5 所示，对于面心立方全位错，式(18－37)中 $\boldsymbol{R}$ 就是全位错的柏氏矢量$\boldsymbol{b}$，共有六种类型。表中列出 $\boldsymbol{g}\cdot\boldsymbol{b}=0$ 时，表示位错不可见条件，而 $\boldsymbol{g}\cdot\boldsymbol{b}\neq 0$ 是位错可见条件。根据

表中的位错不可见判据和图 18－37 中各位错像出现和消失的情况，可确定出 A 位错的柏氏矢量为$\frac{1}{2}[\bar{1}10]$，B 为$\frac{1}{2}[110]$，C 为$\frac{1}{2}[011]$，D 为$\frac{1}{2}[0\bar{1}1]$和 E 为$\frac{1}{2}[10\bar{1}]$。

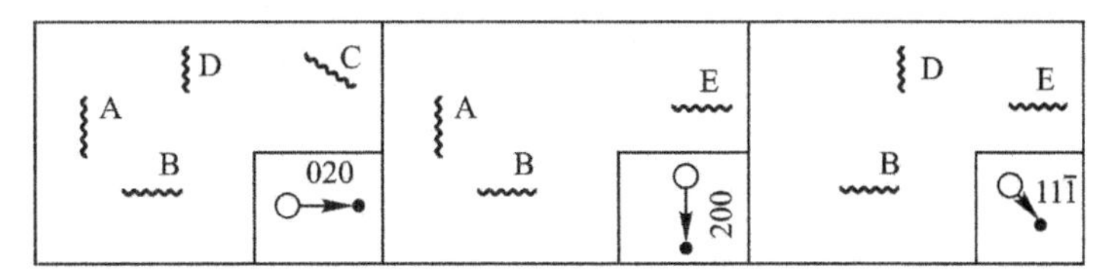

图 18－37　不同操作反射 g 下的位错像

表 18－5　面心立方晶体全位错柏氏矢量的确定

g \ b	$\frac{1}{2}[110]$	$\frac{1}{2}[101]$	$\frac{1}{2}[011]$	$\frac{1}{2}[10\bar{1}]$	$\frac{1}{2}[\bar{1}10]$	$\frac{1}{2}[0\bar{1}1]$
020	1	0	1	0	1	$\bar{1}$
200	1	1	0	1	$\bar{1}$	0
$11\bar{1}$	1	0	0	1	0	$\bar{1}$

18.8.3.3　位错衍射像产生的定性解释

位错是晶体中常见的缺陷之一，由于位错的存在，在位错线附近的点阵将发生畸变，其应力和应变场的性质是 $\boldsymbol{b}$ 决定的。位错有螺位错、刃位错和混合位错。不管什么类型的位错，都会引起在它附近某些晶面发生一定程度的局部转动，位错线两边晶面的转动方向相反，且离位错线愈远转动量愈小。如果采用这些具有畸变(hkl)晶面作为操作反射，不同区域衍射强度不同而产生衬度。

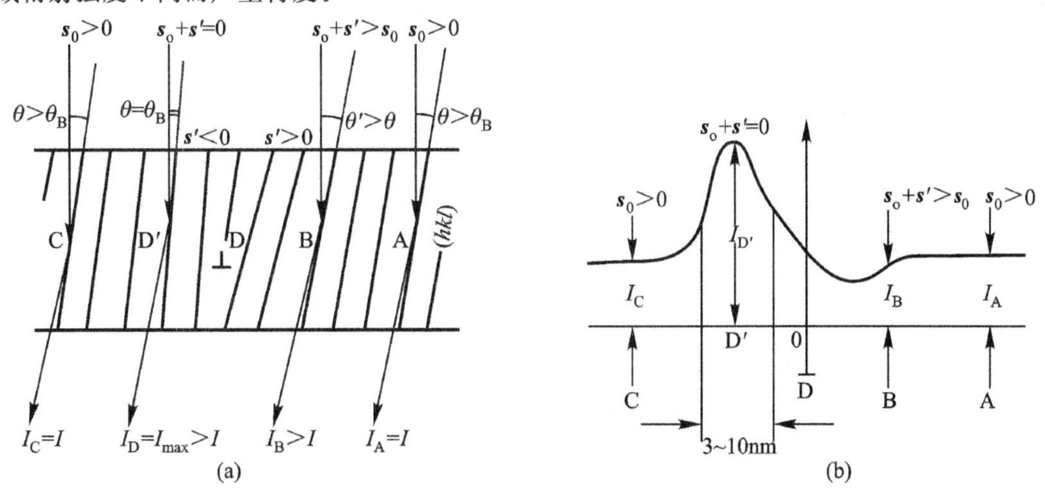

图 18－38　位错衬度的产生及其特征

位错衬度产生的原理具体参看图 18－38。如果(hkl)是由于位错线 D 而引起的局部畸变的一组晶面，并以它作为操作反射用于成像，若该晶面与布拉格条件的偏离参量为 s_0，并假定 $s_0>0$，则在远离位错 D 的区域(例如 A 和 C 位置，相当于理想晶体)衍射波强度为 I(即暗场像中的背景强度)。位错引起它附近晶面的局部转动，意味着在此应变场范围内，(hkl)

晶面存在着额外的附加偏离量 s'。离位错愈远，$|s'|$愈小。在位错线的右侧，$s'>0$，在其左侧 $s'<0$。于是在右侧区域内(例如 B 位置)，晶面的总偏差 $s_0+s'>s_0$，使衍射强度 $I_B<I_A$，而在左侧，由于 s'与 s_0 符号相反，总偏差 $s_0+s'<s_0$ 且在某位置(例如 D)恰使 $s_0+s'=0$，衍射强度 $I'_0=I_{max}$。这样，所产生的位错线像在实际位错的左侧(位错线像在暗场像中为亮线，明场像中为暗线)。

用中心暗场方式获得的位错像宽度约 20nm，而用其后发展起来的弱束暗场技术，可显示出位错宽度约 2nm。其操作方法正好与中心暗场相反。它是让强衍射斑点 hkl 移到透射斑点(即光轴)位置上，此时，hkl 斑点强度因对应偏离参量 s 变大而减弱，而 $3h3k3l$ 晶面正好满足布拉格条件而产生强衍射，让很弱的 hkl 衍射束经物镜光栏成像，这种弱束暗场像可得到高分辨的位错像，如图 18-39(b)所示。

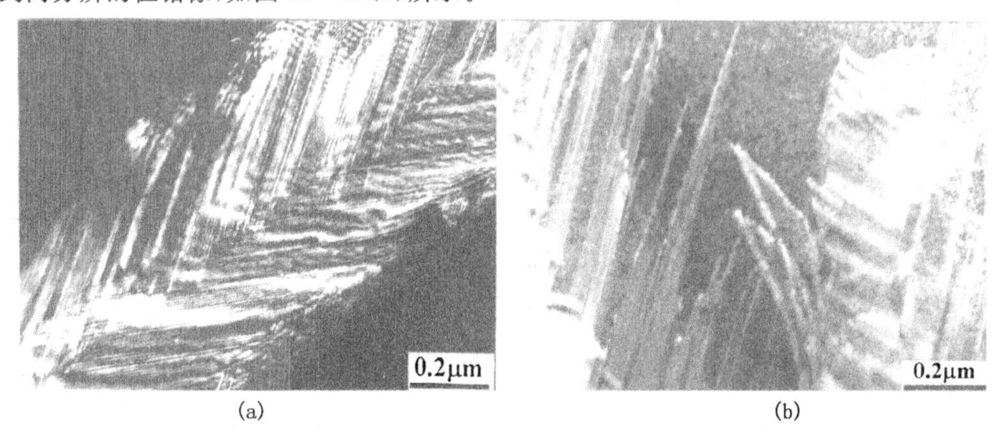

图 18-39 β-SiC 晶须层错和位错的衍衬像

(a) 中心暗场像；(b) 弱束暗场像

18.8.4 衍衬成像的应用举例

1) 复杂组织的鉴别

衍衬成像方法通常和选区电子衍射方法结合使用，它的应用范围很广，但最基本的应用是复杂组织的鉴别。明场像是透射束贡献获得的像。样品中不论是位向不同的晶粒，还是结构不同的相，在任何入射条件下都有电子束透射束产生，因为透射束是零级衍射。换言之，在电子束辐照区域的任何晶粒和物相都会产生透射束，只是透射束的强度不同而已，满足衍射条件的晶粒或物相的透射束弱，故在明场像中呈现较暗的衬度。而不满足衍射的则透射束强，在明场像中呈较亮的衬度。因此可以说，明场像给出研究对象的全貌，而暗场像显示出仅对衍射强度有贡献的那些区域的形貌。通过暗场像和明场像的比较，结合选区电子衍射花样，我们就很容易把复杂组织中的各种相鉴别出来，并清楚地显示出各自的形态。下面以淬火-分配-回火(Q-P-T)钢中残留奥氏体的鉴别来说明之。

高强度钢的强、韧性的最佳配合始终是研究这类材料首先考虑的问题之一。许多工作者的研究表明，高强度钢中残留奥氏体形态分布对材料的强韧性有很大的影响。残留奥氏体是一韧性相，若以块状存在，则降低材料的硬度和强度。而以薄膜网状包围在马氏体外面，则对提高韧性是有利的。Fe-Mn-Si 基的钢从高温奥氏体化淬火至马氏体开始转变温度(M_s)和结束温度(M_f)之间的某一温度(通常远高于室温)，进行碳从马氏体分配(扩散)到残留奥氏体中去，使富碳奥氏体在随后冷却到室温仍能稳定存在，由此可获得足够的残留奥氏体，从而比经传统的淬火（至室温）—回火工艺后的马氏体钢具有更好的塑性和韧性。如果同时使稳定合金碳化物回火析出，可进一步提高强度，并仍保持较高的塑性和韧性。透射电子显微镜观察表明：Fe－0.2C－1.5Mn－1.5Si－0.05Nb－0.13Mo 钢经 Q－P－T 处理后主要组织为板条状位错型马氏体和薄片状残留奥氏体，如图 18－40(a)、(b)和(c)所示。通过选区电子衍射（见图 18－40(d)）可得，钢中马氏体和残留奥氏体之间可能存在两种确定的取向关系：Kurdjumov－Sachs(K－S)和 Nishiyama－Wassermann(N－W)关系。K－S 关系为$[\bar{1}\bar{1}\bar{1}]_\alpha // [101]_\gamma$，$(1\bar{1}0)_\alpha // (\bar{1}11)_\gamma$；N－W 关系为$[\bar{1}00]_\alpha // [101]_\gamma$，$(011)_\alpha // (\bar{1}11)_\gamma$。图 18－40(c)是利用$(020)_\gamma$衍射束得到的暗场像，它清楚地显示了残留奥氏体的形貌特征，它以薄片状分布于马氏体条间，大多是连续的，有些是断续的。

在选区电子衍射花样中（见图 18－40(d)）如何在众多的斑点中区分出哪些斑点属某相中一个晶带的斑点，这是衍射花样指数化的重要一步。一个方法是通过选区光栏套住某一相或某一晶粒，这样得到是该相（或晶粒）的一套花样。但有些相很小，以致选区光栏不能单独套住它，上述残留奥氏体就是一例。另一方法是根据一个晶带中的斑点必定构成同样的平行四边形的法则来区分不同晶带的斑点，但这个方法在许多组织混合在一起的情况下也很难判断之，这时利用暗场技术就可使复杂组织的选区电子衍射花样的注释变得很容易。我们只要对衍射斑点逐个进行中心暗场成像，则显示同一区域并呈同一四边形的衍射斑点必属于同一晶带的衍射斑点。用这样方法很容易确定分属于马氏体和残留奥氏体的斑点以及同一马氏体中不同晶带的斑点。

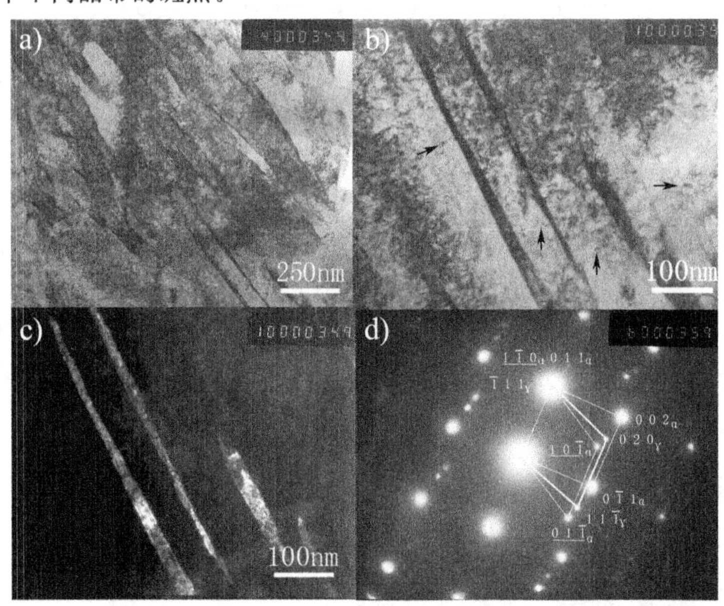

图 18－40　马氏体和残余奥氏体的形态和选区电子衍射花样

(a) 明场像；(b) 放大的明场像；(c) 放大的残留奥氏体的暗场像；(d) 选区电子衍射花样

上例用选区衍射和衍衬成像方法鉴别各种相、验证两相之间的取向关系，显示各相的形貌，其操作和分析步骤大致归纳如下：

(1) 在明场的方式下，选择所需研究的视域，注意调整放大倍率，使视域大小最佳。

(2) 根据标准操作获得选区电子衍射花样,然后通过样品倾转台倾动晶体样品,使所需研究的晶带处于衍射位置,并注意使衍射花样尽可能处于对称入射条件,这样不仅在标定中便于构出平行四边形,而且在取向关系分析时可提高精度。此时记录衍射花样。

(3) 插入物镜光栏并套住中心斑点,然后调节中间镜电流,使衍射方式转为成像方式。再调节物镜电流使图像聚焦,最后调节物镜消像器使图像最清晰,此时拍摄明场像。

(4) 采用各相中的衍射斑点,借助于照明倾斜装置分别进行中心暗场成像,至少每相选择与中心斑点能构成平行四边形的两个衍射斑点,分别拍摄它们的暗场像。

衍射花样的指数化可以采用尝试一核核法,也可采用标准花样对照法。在这基础上,进一步根据两相的晶带轴平行和一对斑点位于同一方向上就可验证取向关系。为了进一步确定这种验证的正确性,必须对若干视域进行类似的操作和分析,只有获得同样的结果,才能最终确定初次的验证是正确的。由暗场像和衍射花样的配合分析,可确定各相的形貌;由明场和暗场像的对照,就可全面了解各种相的分布情况。

2) 晶界析出相与一侧基体共格性的显示

在相变过程中,析出相与基体除了保持一定的晶体学取向关系外,还经常保持着部分共格或完全共格的关系。GH33 镍基高温合金中 $M_{23}C_6$ 晶界析出相与基体 γ 之间的关系就属其中一例。图 18-41(a)是该合金中晶界碳化物和基体的选区电子衍射花样。由花样指数化(见图 18-41(b))表明,密排的弱斑点是 $M_{23}C_6$ 碳化物的[001]晶带衍射花样,强斑点是基体 γ 的[001]晶带衍射花样。两者都是面心立方点阵,$M_{23}C_6$ 的点阵常数 $a_0^M=1.059\text{nm}$,γ 的点阵常数 $a_0^{\gamma}=\frac{1}{3}a_0^M$。所以两者相重叠的斑点的 $\boldsymbol{R}$ 必满足:$\boldsymbol{R}_{hkl}^{\gamma}=\boldsymbol{R}_{3h3k3l}^{M}$。由取向关系分析可得:$\{100\}_M /\!/ \{100\}_{\gamma}$,$\langle 100\rangle_M /\!/ \langle 100\rangle_{\gamma}$,两者具有简单立方关系。两套花样中某些斑点的完全重叠意味着它们具有共格界面。由于 $M_{23}C_6$ 碳化物在大角度晶界上析出,因此它只能与一侧的基体具有上述的取向关系和共格关系。确定析出相与哪侧基体具有共格关系有两种方法:一种方法是让选区光栏只套住析出相与一侧基体,如果只出现一套花样,说明析出相与该侧基体花样相重叠,则两者具有共格关系;如果出现两套花样,说明两者无共格关系。这种方法的缺点是未能把两者的共格性直接在衍衬图像中显示出来。另一种方法就是在上述方法的基础上进一步选用基体和碳化物重叠斑点成暗场像,就能清楚地显示出碳化物与哪一侧的基体共格。图 18-42(a)是 $M_{23}C_6$ 晶界碳化物的明场像。图 18-42(b)(c)是分别对两颗碳化物和基体进行选区电子衍射后,用两者重叠斑点(即图18-41中的强斑点)

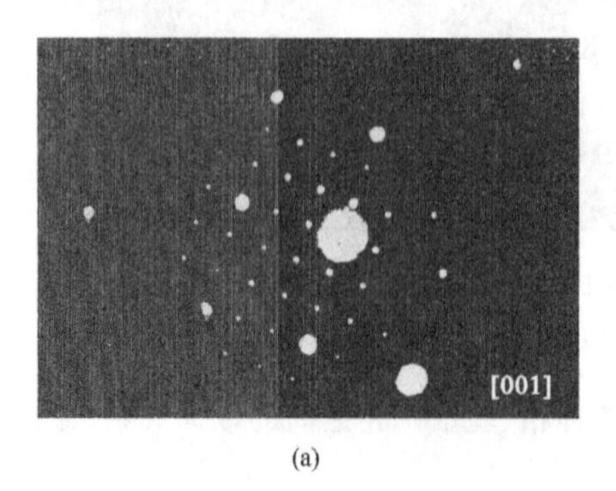

(a)

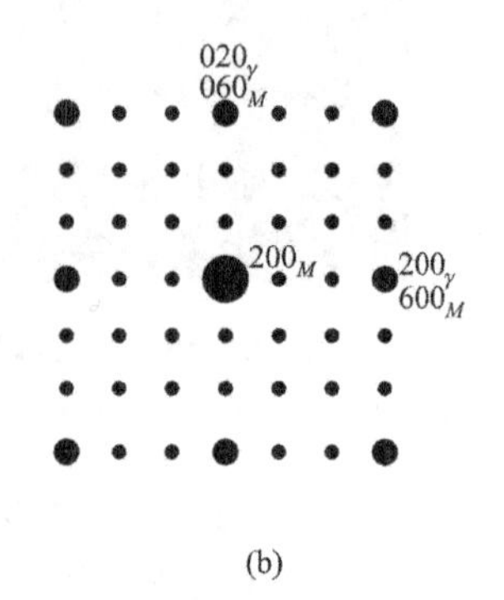

(b)

图 18-41 GH33 镍基高温合金中的晶界碳化物和基体的选区电子衍射花样以及花样的指数化

所得到的中心暗场像。显然，碳化物与其共格的基体均呈亮的衬度，由此发现在一条晶界上的碳化物可以分别和两侧某一基体具有上述关系，同时也清楚地显示出晶界的弯曲形态。这一实验事实显示出碳化物析出对弯曲晶界形成的作用。

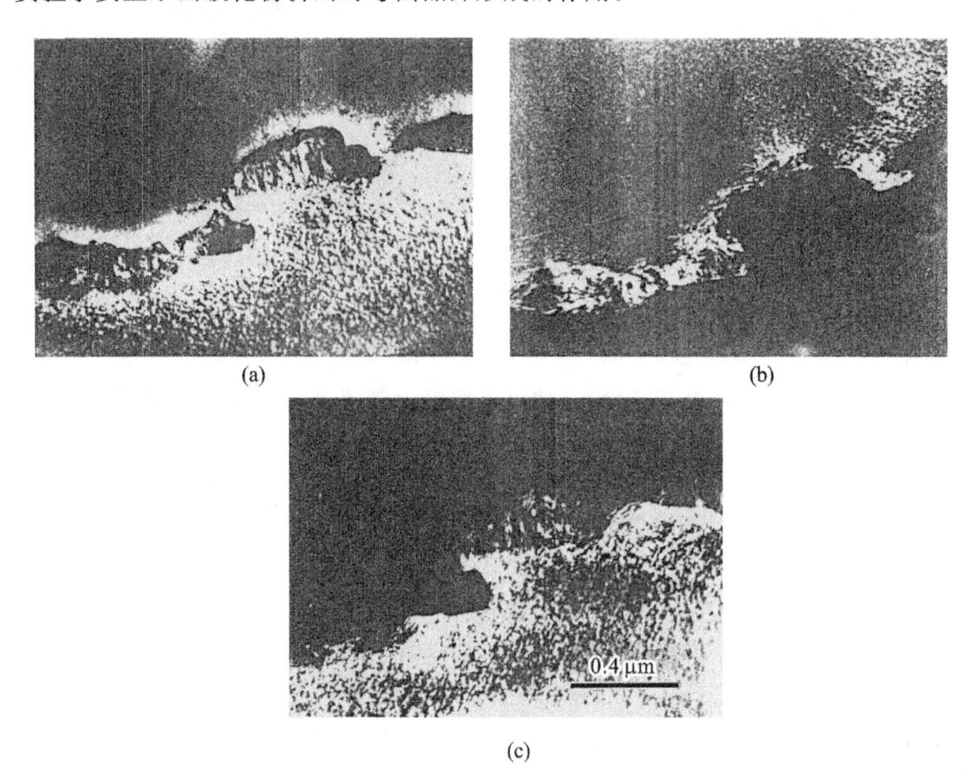

图 18 - 42　$M_{23}C_6$ 晶界碳化物分别与两侧基体共格关系的显示

(a) 明场像；(b) 中心暗场像；(c) 中心暗场像

18.8.5　透射电子显微镜动态观察

1) 动态拉伸观察

动态拉伸可以观察位错的运动、位错的分解和应力诱发相变等，这对研究材料的各种微观机制非常重要。下面以 Fe－30Mn－6Si 形状记忆合金为例加以论述。该合金具有低的层错能，在室温具有大量层错的 fcc 奥氏体，因此，通过外应力产生应力诱发密排六方(hcp)ε-马氏体，从而导致形状改变，然后再加热到奥氏体转变终结温度以上，马氏体可逆转变为奥氏体，使形状恢复到原奥氏体状态，由此达到形状记忆效应。但是对于应力诱发 hcpε－马氏体的机制具有不同的观点，因此利用 TEM 动态拉伸观察有助于该机制的研究。TEM 拉伸样品尺寸为 7mm×3mm×0.05mm。动态观察表明，在层错面上(见图 18－43(a)中标记 A)或杂质(见图 18－43(a)中标记 I)附近存在许多位错，在外应力作用下，全位错分解为不全位错(见 A 层错面上的位错)和新的层错在预存的层错(如 A 层错)附近形成，并与之部分重叠(见图 18－43(b))。当外应力增加，位错的分解和扩展使更多与 A 层错平行的层错形成，层错的重叠导致 hcp ε-马氏体的形成。处于外应力不利取向的层错(如图 18－43(c)、(d)中的 E、F 层错)不扩展，几乎保持不变。动态观察说明，hcp ε-马氏体的形成是上述的“层错化”机制，而不是曾经有人提出的极轴机制。

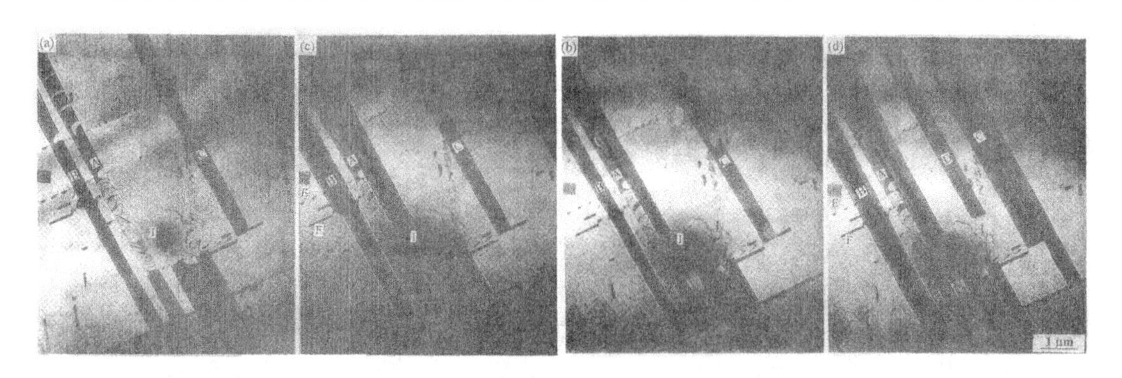

图 18 - 43　在拉伸过程中位错的分解及层错和 hcpε-马氏体的形成

2）动态加热观察

动态加热可以研究加热过程中的晶粒生长、形变晶体的动态恢复和再结晶，还可以研究相变。动态加热可以有两种方法，一种是通过聚焦电子束加热，另一种是通过电阻加热。前者加热的温度不会超过 200℃，而且是局部加热同时产生热应力；后者是均匀加热，几乎不产生热应力，加热温度至少可达 800℃。下面仍以 Fe－30Mn－6Si 形状记忆合金为例，通过动态加热来研究低温马氏体向高温奥氏体的转变过程，称为马氏体逆相变。观察样品的直径为 3mm。电子束加热的 TEM 观察表明，通过不全位错的回缩（比较图 18－44(a)和(b)），层错逐层回缩（见图 18－44(c)）或层错带的分离（见图 18－44(d)）相续消失。电阻加热的动态观察表明，随着加热温度从 400℃提高到 600℃，层错和 hcp ε-马氏体逐层消失（比较图 18－45(a)和(d)），由此揭示了马氏体逆相变依赖于肖克莱不全位错的可逆运动。从 600℃冷却到室温，层错和 hcp ε-马氏体不再重现（见图 18－45(e)），表明 Fe－30Mn－6Si 合金仅具有单程形状记忆效应。

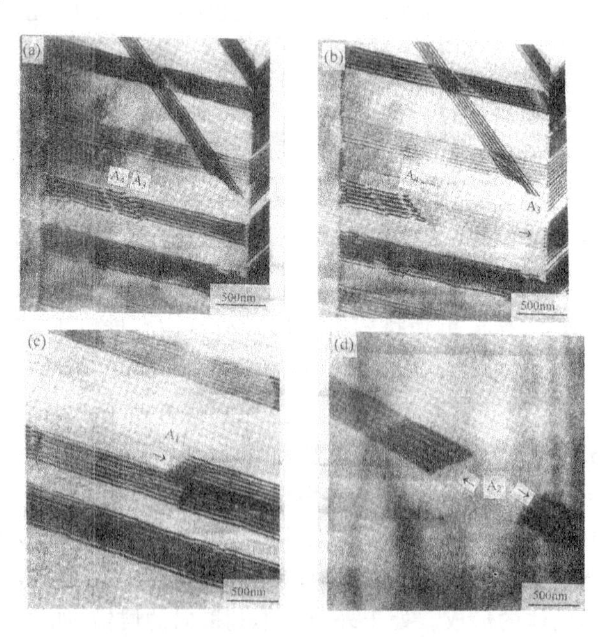

图 18 - 44　在电子束照明下的层错演变

(a) 空冷态；(b) 不全位错回缩伴随层错的湮灭；(c) 层错逐层回缩；(d) 层错带的分离

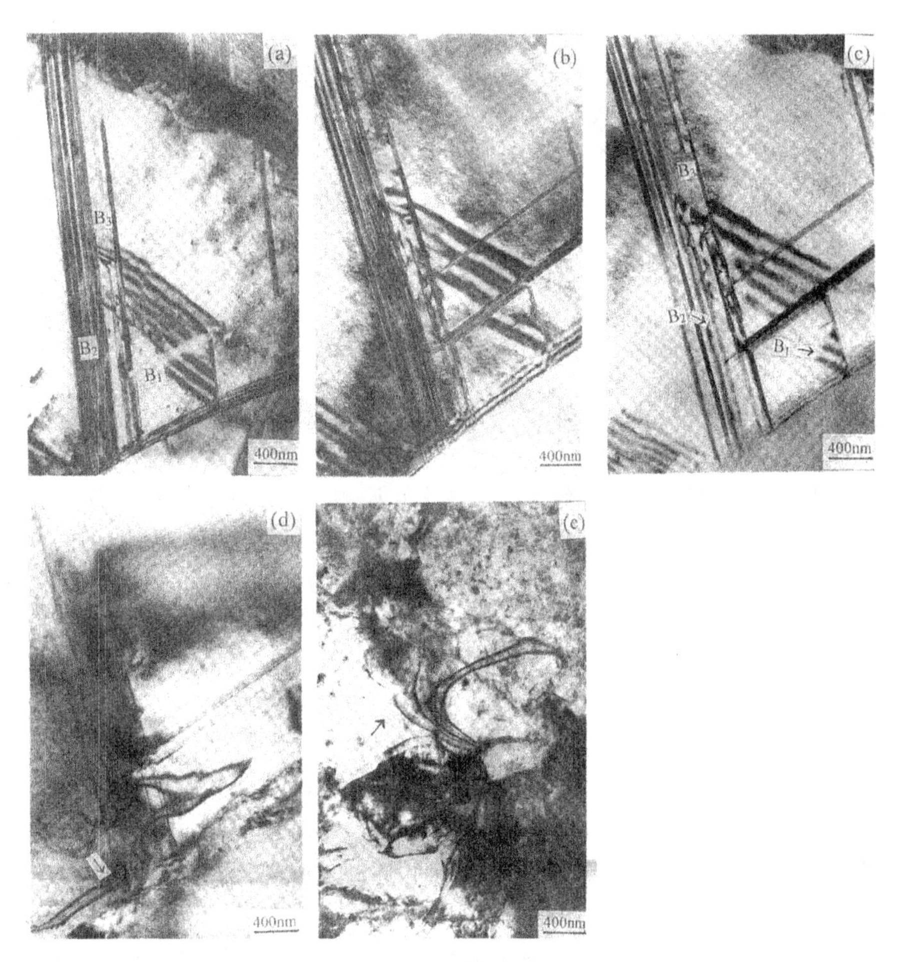

图 18-45 电阻加热过程中层错和 hcp ε-马氏体的湮灭

(a) 淬火态;(b) 400℃;(c) 450℃;(d) 500℃;(e) 从 600℃冷却到室温

第 19 章　分析电子显微镜

19.1　分析电子显微镜特点

分析电子显微镜(analytical electron microscope, AEM)及其相关的各种实验技术和理论基础是 20 世纪 70 年代末在透射电子显微镜、扫描电子显微镜和电子探针的理论和实验技术基础上发展起来的。它是具有多功能分析方法的透射电子显微镜。分析电子显微镜利用高能电子束照射样品来激发各种信号,运用各种成像技术和检测方法来获得试样中微小区域的化学成分、晶体结构和组织形态一一对应的信息。因此,分析电子显微镜具有如下特点。

(1) 由于采用和透射电子显微镜相同的薄试样和高的加速电压,因此,它具有 TEM 的全部功能,可以对薄晶体进行选区电子衍射和衍射成像以及高分辨结构成像。

(2) 采用物镜前置场作为第三聚光镜可将入射电子束会聚成直径极小的探针束(probe),其直径可小至 1nm 左右,因此可进行纳米衍射和会聚束衍射得到几纳米区域的三维晶体学信息。

(3) 由于电子束斑点小并在薄样品中几乎无横向扩展,因此分析电子显微镜具有高空间分辨率,采用 X 射线能谱仪或电子能量损失谱仪可对几纳米的微区进行元素的定性和定量分析,而扫描电子显微镜的能谱仪和电子探针的波谱仪对块体样品分析的空间分辨率约为 1μm。

(4) 若配有电子束扫描功能,可使电子束对样品进行逐点扫描,经各种电子检测器对扫描电子束产生的各种信号进行检测并在阴极射线管显示,由此可观察扫描透射像、二次电子像、背散射电子像,并可得到分析元素的 X 射线能谱和电子能量损失谱以及线分布和面分布图。

(5) 分析电子显微镜对真空度的要求较高,以减轻细微电子束对样品产生的污染。

19.2　高分辨电子显微术的基本原理

高分辨电子显微术是一种基于相位衬度原理的成像技术。入射电子穿过很薄的晶体试样,被散射的电子经相长干涉在物镜的背焦面处形成携带晶体结构信息的衍射花样,随后衍射花样中的透射束和衍射束的干涉在物镜的像平面重建晶体点阵的像。这与单色可见光对光栅的衍射和成像是相似的(见第一篇 1.4.1 节),这样两个过程对应着数学上的傅里叶变换和逆变换。因此,了解电子散射和傅里叶变换的关系,对于理解本节中“高分辨电子显微像的形成”是非常重要的。

19.2.1　电子散射和傅里叶变换

由电子枪发射的电子,在真空中行走时可视为波矢 $\boldsymbol{k}(2\pi/\lambda)$的平面波 $\exp(\mathrm{i}\boldsymbol{kr})$,当其入射到试样上将发生散射。试样对平面波的作用设为 $q(x,y)$,如图 19 - 1 所示。从试样上的

(x,y)点到距离 r 的(s,t)点的散射振幅可表示为

$$G(s,t)=c\iint q(x,y)\frac{\exp(\mathrm{i}kr)}{r}\mathrm{d}x\mathrm{d}y \tag{19-1}$$

式中，c 为常数。考虑到与试样大小比较而言，观察处位于很远的地方(夫琅和费衍射条件)。

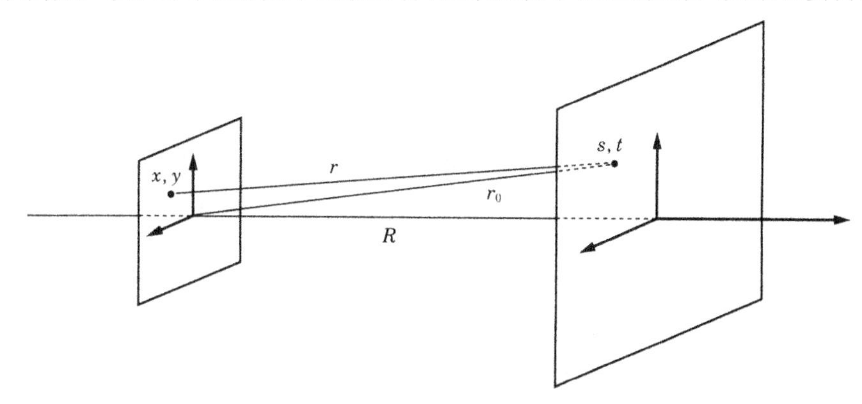

图 19-1　电子散射示意图

式(19-1)表明，散射振幅是以一个球面波扩展的。此时，$R\gg$x, y，因此可做如下近似处理：

$$\begin{aligned}r&=[R^2+(s-x)^2+(t-y)^2]^{1/2}\\&\approx[R^2+s^2+t^2-2(sx+ty)]^{1/2}\\&=[r_0^2-2sx-2ty]^{1/2}\\&\approx r_0-sx/r_0-ty/r_0\end{aligned} \tag{19-2}$$

这样，散射振幅可以近似写成：

$$G(h,k)\approx c'\iint q(x,y)\exp[-2\pi\mathrm{i}(hx+ky)]\mathrm{d}x\mathrm{d}y \tag{19-3}$$

式中

$$c'=c\ \exp(\mathrm{i}kr_0)/r\approx c\ \exp(\mathrm{i}kr_0)/r_0,h=s/\lambda r_0,k=t/\lambda r_0 \tag{19-4}$$

式(19-3)右侧与傅里叶变换一致，这就表明 $G(h,k)$能够用 $q(x,y)$的傅里叶变换来得到。可简写为

$$G(h,k)=F\{q(x,y)\} \tag{19-5}$$

上述傅里叶变换表达式是在夫琅和费衍射条件式(19-2)下成立的。由于电子显微镜中存在电磁透镜，电磁透镜可把平行光束会聚在背焦面上，相当于使平行束在无穷远处相交，因此该条件在透镜的背焦面处是成立的。

如果把衍射波 $G(h,k)$视为次级波源，再进行一次傅里叶变换，即逆变换，便得到物镜像平面上的散射振幅 $q(x,y)$，即

$$q(x,y)=F\{G(h,k)\} \tag{19-6}$$

由此可见，通过傅里叶逆变换，在像平面上获得了晶体试样中的全部结构信息。这从数学上描述了阿贝光栅衍射成像的原理。需要说明的是，本节中入射电子的波函数采用 $\exp(\mathrm{i}\boldsymbol{k}\cdot\boldsymbol{r})$，其中$|\boldsymbol{k}|=2\pi/\lambda$，并定义三维函数 $f(r)$的傅里叶变换 $G(k)$为

$$G(k)=\int f(r)\mathrm{e}^{\mathrm{i}kr}\mathrm{d}r$$

其逆变换为 $f(r)=\int G(k)\mathrm{e}^{-ikr}\mathrm{d}k$，其一维，二维也是如此，与数学教课书中的定义不同，目的是为了强调变数间的函数关系，而不是严格的数的对应性。上面仅从电子散射与傅里叶变换之间的关系，给出了高分辨电子显微像形成的基本概念，下面结合实际情况进行数学描述。

19.2.2 高分辨像形成过程描述的两个重要函数

1) 透射函数(transmission function)$q(x,y)$

以平面波(位相相同)出现的入射电子受晶体势场的调制，在试样下表面形成了携带结构信息的振幅和相位均不同的电子波。在加速电压 u 下，入射电子在轰击晶体试样前的波长为

$$\lambda=\frac{h}{\sqrt{2meu}} \tag{19-7}$$

式中，h 为普朗克常数，m 为电子质量，e 为电子电荷。晶体由原子作三维周期性排列，原子由原子核和周围的轨道电子组成，因此晶体中存在一个周期分布的势场 $V(x,y,z)$，电子通过晶体试样的过程中必然同时受到 u 和 V 的作用，使波长由 λ 变成 λ'：

$$\lambda'(x,y,z)=\frac{h}{\sqrt{2me[u+V(x,y,z)]}}=\frac{\lambda}{\sqrt{1+V/u}} \tag{19-8}$$

如果电子束通过试样时，其振幅无变化，只发生相位变化，这样的试样称为相位体。在加速电压很高，试样非常薄的情况下，此时散射电子的振幅呈现很小的变化，该试样可看成弱相位体。若进一步假定电子束仅沿其入射方向(Z)运动，通过一个 $\mathrm{d}Z$ 薄层的电子波在势场作用下将产生一个相位移 $\mathrm{d}\chi(x,y,z)$，则

$$\mathrm{d}\chi(x,y,z)=2\pi\frac{\mathrm{d}z}{\lambda'}-2\pi\frac{\mathrm{d}z}{\lambda}\approx\frac{\pi}{\lambda}\cdot\frac{V(x,y,z)}{u}\mathrm{d}z \tag{19-9}$$

上式考虑到 $\frac{V}{u}\ll1$，由此运用 $\sqrt{1+V/u}\approx1+\frac{1}{2}V/u$ 级数展开。到达试样下表面时，各点的电子波相位不同，考虑下表面某一点(x,y)处，电子波在厚度为 t 的试样内产生的总相位移为

$$\chi(x,y)=\sigma\int V(x,y,z)\mathrm{d}z=\sigma\varphi(x,y) \tag{19-10}$$

式中，$\sigma=\frac{\pi}{\lambda u}$ 称为相互作用系数，$\varphi(x,y)$ 是试样中势场在 Z 方向的投影。试样起着一个“纯”相位体的作用。这时到达下表面$(x,\ y)$处的透射波可以用一个透射波函数 $q(x,y)$ 来表示：

$$q(x,y)=\exp[\mathrm{i}\sigma\varphi(x,y)] \tag{19-11}$$

它是一个携带晶体结构信息的透射波。如果考虑试样对电子的吸收使之衰减，则式(19-11)的函数中，还应引入一个衰减因子 $\exp[-\mu(\mathrm{x},\mathrm{y})]$，于是式(19-11)变为

$$q(x,y)=\exp[\mathrm{i}\sigma\varphi(x,y)-\mu(x,y)] \tag{19-12}$$

对于满足上述弱相位体的试样，指数项值远小于 1，故展开上式，略去高次项，可得

$$q(x,y)\approx1+\mathrm{i}\sigma\varphi(x,y)-\mu(x,y) \tag{19-13}$$

按照上述弱相位体近似，试样下表面处的透射电子波与试样中晶体势场沿电子束方向投影分布呈线性关系。如果在以后的成像过程中，物镜是一个理想的无像差透镜，则它可以

将 $q(x,y)$ 在像平面处还原成真实反映晶体结构的散射波。然而实际情况并非如此，物镜存在球差和非正聚焦的离焦量，这就要考虑它们对 $q(x,y)$ 的调制。下面讨论这种调制和其他因素对成像过程的影响。

2) 衬度传递函数(contrast transfer function，CTF)

物镜对试样下表面的散射波 $q(x,y)$ 进行傅里叶变换，得到物镜背焦面上的衍射波函数 $G(h,k)$，即

$$G(h,k)=G(g)=F\{q(x,y)\} \tag{19-14}$$

将式(19－13)代入式(19－14)，可得

$$\begin{aligned}G(h,k)&=F\{q(x,y)\}\\&=\delta(h,k)+\mathrm{i}\sigma\varphi(h,k)+M(h,k)\end{aligned} \tag{19-15}$$

式中

$$\begin{aligned}\delta(h,k)&=F\{1\}\\\varphi(h,k)&=F\{\varphi(x,y)\}\\M(h,k)&=F\{\mu(x,y)\}\end{aligned} \tag{19-16}$$

携带结构信息的透射函数经傅里叶变换后，在高分辨成像时，还必须考虑物镜的球差(C_s)和离焦量(Δf)的影响，因此衍射波函数 $G(h,k)$ 需乘上一个修正项，即“衬度传递函数” $\exp[\mathrm{i}\chi(g)]$：

$$G(h,k)=F\{q(x,y)\}\exp[\mathrm{i}\chi(g)]=[\delta(h,k)+\mathrm{i}\sigma\varphi(h,k)+M(h,k)]\exp[\mathrm{i}\chi(g)]$$

式中

$$\begin{aligned}\chi(g)&=\chi_d+\chi_s=-\pi\Delta f\lambda g^2+\frac{\pi}{2}C_s\lambda^3g^4\\&=\pi(0.5C_s\lambda^3g^4-\Delta f\lambda g^2)\end{aligned} \tag{19-17}$$

式中，χ_d，χ_s 分别表示由离焦量和球差引起的相位移。衬度传递函数是一个对高分辨成像质量至关重要的因子。根据尤拉公式得

$$\exp[\mathrm{i}\chi(g)]=\cos\chi+\mathrm{i}\sin\chi$$

在像平面处的波函数 $\psi(x,y)$，可通过对 $G(h,k)$ 的傅里叶变换得到，即

$$\psi(x,y)=F\{G(h,k)\} \tag{19-18}$$

将式(19－16)代入式(19－18)，得

$$\begin{aligned}\psi(x,y)&=F\{[\delta(h,k)+i\sigma\varphi(h,k)-M(h,k)]\exp[\mathrm{i}\chi(g)]]\}\\&=1-\sigma\varphi(x,y)*F\{\sin\chi\}-\mu(x,y)*F\{\cos\chi\}+\mathrm{i}\sigma\varphi(x,y)*F\{\cos\chi\}-\mathrm{i}\mu(x,y)*F\{\sin\chi\}\end{aligned} \tag{19-19}$$

式中，* 是卷积的符号。上式运用了卷积原理：二个函数相乘后的傅里叶变换等于该两个函数的卷积。在像平面上强度分布是 $\psi(x,y)$ 与其共轭 $\psi*(x,y)$ 的乘积：

$$I(x,y)=\psi(x,y)\cdot\psi*(x,y)=\{1-\sigma\varphi(x,y)*F\{\sin\chi\}-\mu(x,y)*F\{\cos\chi\}\}^2+\{\sigma\varphi(x,y)*F\{\cos\chi\}-\mu(x,y)*F\{\sin\chi\}\}^2 \tag{19-20}$$

略去所有与 $\sigma\varphi(x,y)$ 和 $\mu(x,y)$ 有关的高次项，得

$$I(x,y)=1-2\mu(x,y)*F\{\cos\chi\}-2\sigma\varphi(x,y)*F\{\sin\chi\} \tag{19-21}$$

若试样足够薄，可不考虑吸收，则有：

$$I(x,y)=1-2\sigma\varphi(x,y)*F\{\sin\chi\} \tag{19-22}$$

由此可见,像的强度与试样投影势呈线性关系被函数 $\sin\chi$ 所干扰,因此 $\sin\chi$ 决定了图像的分辨率。只有在 $\sin\chi=\pm1$ 的理想情况下,像的强度与试样投影势呈线性关系,因而能直接反映出试样的结构。

19.2.3 谢尔策欠焦

从式(19-2)可知,衬度传递函数 $\exp[i\chi(g)]$中,对像衬度有实际影响的是 $\sin\chi$,它是倒易矢量 $\boldsymbol{g}$ 的函数。图 19-2 是以倒易矢量的长度 $\boldsymbol{g}$ 为横坐标,$\sin\chi$ 为纵坐标,显示出 $\sin\chi$ 与 $\boldsymbol{g}$ 有复杂的对应关系(参看 19-17 式)。图 19-2 中的曲线是在加速电压和物镜球差均固定的条件下计算得到的。可以看出,衬度传递函数随成像时的离焦条件不同发生急剧变化。值得注意的是,在 $\Delta f=87\text{nm}$ 的欠焦条件下(在图 19-2 中定义欠焦为"正",过焦为"负"),$\sin\chi\approx-1$ 处有一个较宽的平台(称为"通带"),说明像在此范围内受到传递函数干扰很小,这时能够得到清晰、可分辨的、不失真的像,这种聚焦条件下的 $\sin\chi\approx-1$ 的平台是电镜操作时所追求的目标,这就是通常所谓的最佳聚焦条件,称为谢尔策聚焦,因该聚焦处在欠焦状态,故也称为谢尔策欠焦(Scherzer defocus)。

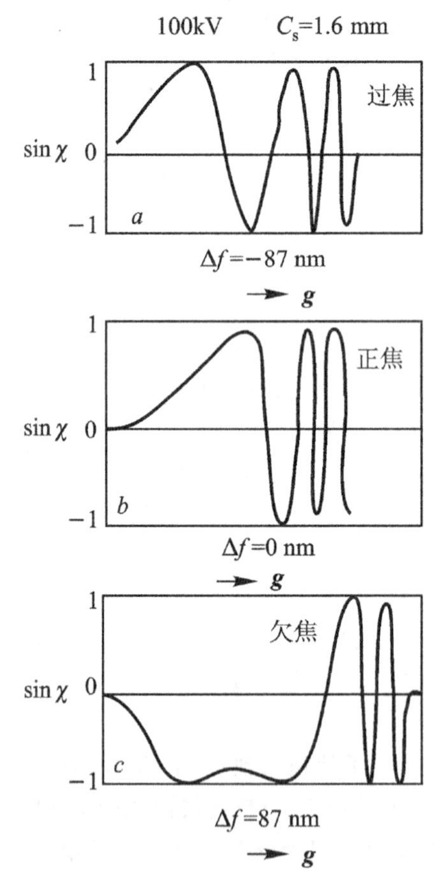

图 19-2 在不同离焦量下 $\sin\chi$ 随 g 的变化

图 19-2 中 $\sin\chi$"平台"的右侧对应着大的 $\boldsymbol{g}\left(=\frac{1}{d}\right)$,说明它们对应于较小的晶面间距 d,它就是在此成像条件下获得不失真像所能达到的分辨能力。平台的左端 $\boldsymbol{g}$ 值小,对应的

晶面间距大，在偏离 $\sin\chi \approx 1$ 平台时，大尺寸晶体结构细节可以在电镜中被看到，但它反而可能是失真的。

19.2.4　弱相位体高分辨像的直接解释

根据式(19-22)，我们知道像的强度与弱相位体在 Z 方向投影势成正比的关系被 $\sin\chi$ 函数所干扰，但在谢尔策欠焦条件下，这种对应关系保持成立，因而根据图像的衬度可以了解弱相位体的投影势，从而获得样品的结构信息。反之，根据弱相位体的不同投影势的特征，可预测图像衬度的特征。

弱相位体由不同原子构成，在电子束方向上重原子列具有较大的势，轻原子列具有较小的势，如图 19-3(a)所示。由式(19-22)可知，在重原子列的位置，像强度弱，如图 19-3(b)所示。

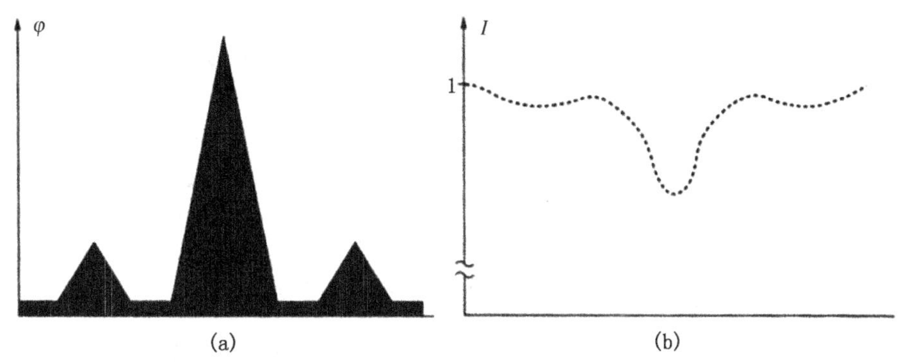

图 19-3　晶体势与高分辨电子显微像衬度对应示意图

图 19-4 示出了 400kV 拍摄的超导氧化物 $TlBa_2Ca_3Cu_4O_{11}$ 的高分辨电子显微像。对比插入的原子分布图与高分辨像可知，重原子 Tl 和 Ba 的位置出现大黑点，而这些金属原子周围相对来说是明亮的，尤其是没有氧原子存在的空隙，即势最低的区域最明亮，与式(19-22)预测有很好的对应。

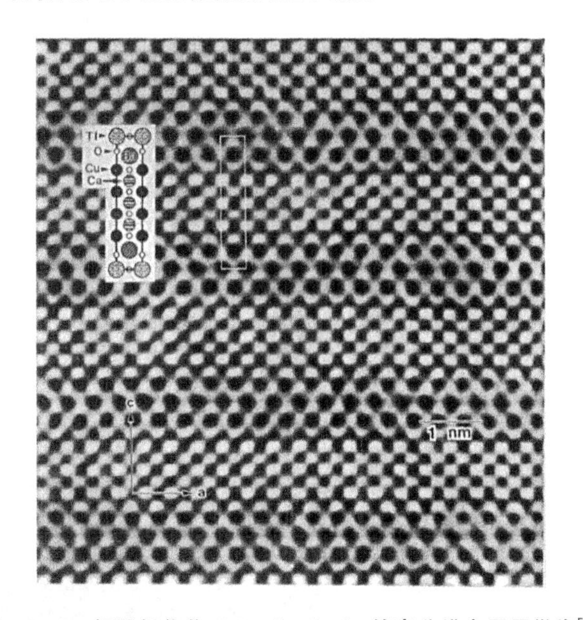

图 19-4　超导氧化物 $TlBa_2Ca_3Cu_4O_{11}$ 的高分辨电子显微像[1]

如果用物镜光栏选择物镜背焦面上的两个波来成像(一个透射波，一个衍射波)，由于两个波的干涉，可得到一维方向上强度呈周期变化的条纹花样，这种花样被称为晶格条纹像(lattice fringe image)。图 19-5 的高分辨条纹像显示出由小取向差亚晶结合而成的 $M_{23}C_6$ 碳化物，这种亚晶不能被衍衬暗场像所揭示，仅显示为一个晶粒的碳化物。

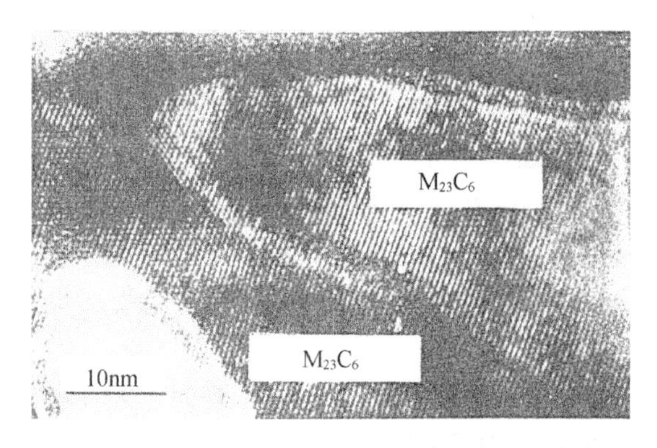

图 19－5　GH33 镍基高温合金中 $M_{23}C_6$ 的晶格条纹像

若样品中同时存在非晶体和晶体，由于它们的投影势不同，也将导致高分辨像有不同的衬度特征。图 19－6(a)(b)分别示出了薄样品的非晶投影势和晶体的投影势。在非晶样品中，原子的自由重叠导致投影势的分布与其平均势有较小的偏离。而在晶体中，原子的规则排列、投影势由既明锐又高的峰所主导，其分布与平均势有显著的差异。由此不难想象，非晶势的分布将导致一个弱的衬度，而晶体势的分布将导致一个强的衬度。图 19－7 是 823K 溅射的 FeCo(41%Vol)－Al_2O_3 颗粒膜中非晶基体 Al_2O_3 的高分辨像及其傅里叶变换(右下角插图)。

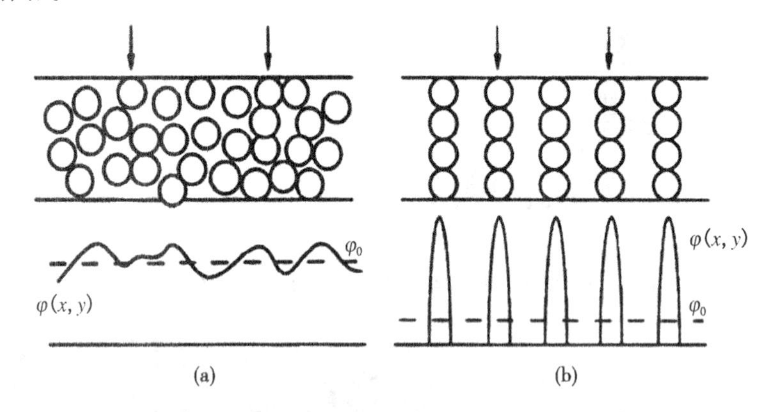

图 19－6　非晶体和晶体原子分布及其对应势分布

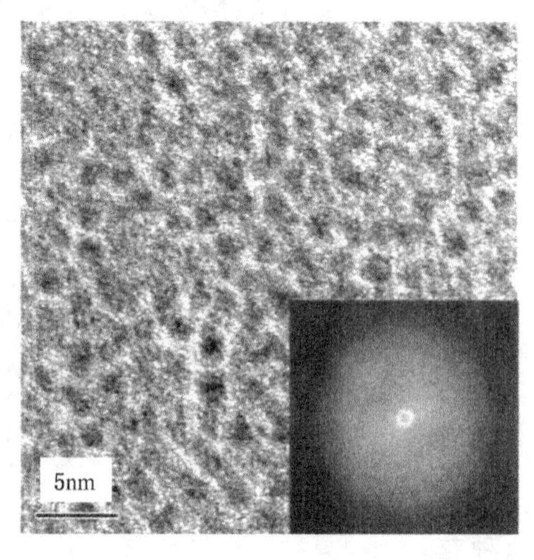

图 19－7　Al_2O_3 颗粒膜中非晶基体 Al_2O_3 的高分辨像及其傅里叶变换

19.3　薄膜样品的X射线能谱分析

X射线能谱仪是分析电子显微镜的最基本配置，因为它提供了在薄样品条件下高空间分辨率的微区化学成分测定功能，避免了在扫描电子显微镜（见第20章）和电子探针（见第21章）中的块体样品为分析对象时入射电子束的侧向扩展效应，从而极大地提高了成分分析的空间分辨率。同时，由于薄样品中的背散射，电子能量损失、荧光激发和吸收等影响X射线强度的诸多事件较少发生而常可忽略，使定量分析校正变得容易。当然，用高能电子束对薄样品的成分分析也有其弱点，由于激发体积小使X射线信号计数率低，而且样品容易污染。

19.3.1　薄样品分析原理

理论研究表明，高能入射电子在试样中激发某元素A的K系（或L系、M系）的特征X射线强度 I_A，如果忽略薄样品的背散射电子的影响，可以表达为

$$I_A = \frac{K}{A_A}\alpha_A C_A \omega_A \int_{E_C}^{E_0} \frac{\sigma_A}{dE/dx} dE \tag{19-23}$$

式中，A_A——元素A的原子量；

C_A——元素A在试样中的浓度（质量分数）；

α_A——元素A的 K_α 辐射在K系辐射中所占的分数；

ω_A——荧光产额。对于元素A的K系X射线，其荧光产额为

$$\omega_A = \frac{\text{K系X射线光子的数目}}{\text{元素A的K层被电离的总数}}$$

E_0——入射电子的能量；

E_c——元素A的K层电子临界激发能；

σ_A——元素A的K层电离截面，即给定能量的一个入射电子在试样中前进单位路程所引起元素A的K层电离概率，它是入射电子能量 E 的函数；

dE/dx——入射电子在试样中前进 dx 距离时发生的平均能量变化。

对于分析电子显微镜的薄样品，假定电子在试样中的运动路程等于试样厚度，那么，式（19-23）可简化为

$$I_A = \frac{K}{A_A}\alpha_A C_A \omega_A \sigma_A t \tag{19-24}$$

鉴于样品厚度 t 的精确测定存在困难，并且实际样品厚度常不均匀，更主要的是常数 K 难以计算，因此，人们采用样品中元素A和B的强度比 I_A/I_B 来进行定量分析，称为比例法。从式（19-24）可得

$$\frac{C_A}{C_B} = \frac{A_A \omega_B \sigma_B \alpha_B}{A_B \omega_A \sigma_A \alpha_A} \cdot \frac{I_A}{I_B}$$

令　　$K_A = \omega_A \sigma_A \alpha_A / A_A$，$K_B = \omega_B \sigma_B \alpha_B / A_B$，则

$$K_{AB} = \frac{K_B}{K_A} = \frac{A_A \omega_B \sigma_B \alpha_B}{A_B \omega_A \sigma_A \alpha_A} \tag{19-25}$$

则有

$$\frac{C_A}{C_B} = K_{AB}\frac{I_A}{I_B} \tag{19-26}$$

式中，K_{AB}（称为Cliff-Lorimer因子）是一个与样品厚度和浓度无关的因子，仅与待分析元素A和B的物理特征有关。K_{AB}因子的理论计算或实验测定均较容易。对于实验测定，可用

化学成分为 C_A 和 C_B 的已知标准薄膜试样，I_A 和 I_B 可以通过在和分析试样相同的实验条件下采集标样的能谱直接测得，根据式(19－26)可求出 K_{AB}。

19.3.2 薄样品厚度的判据

式(19－24)可适用的条件是薄样品，那么什么厚度的样品可称为薄样品呢？下面给出了薄样品厚度 t_s 的判据：

$$t_s=(\rho t)\mu_A \csc \alpha<0.1 \tag{19-27}$$

式中，(ρt)——样品的质量厚度；

μ_A——元素 A 的特征 X 射线在样品中的质量吸收系数；

α——出射角，即试样表面和被检测 X 射线接收方向之间的夹角。

当样品厚度 $t<t_s$ 时，可忽略 X 射线在试样的吸收校正，其定量分析误差不大于 10%；对于较厚的样品，除了需进行吸收校正，还需进行荧光校正。

19.3.3 薄样品的空间分辨率

假设每个入射电子在薄试样中仅发生单次散射，并人为地规定在试样的 90%厚度处的散射电子所形成的圆锥底面直径 b 为电子束扩展尺寸，则有：

$$b=7.21\times10^5(\rho/A)^{1/2}(Z/E_0)t^{3/2} \tag{19-28}$$

式中，t 为试样厚度(cm)；ρ 为试样密度(g/cm^3)；A 为元素的原子量，Z 为原子序数；E_0 为入射电子能量(keV)。如果入射电子束直径为 d，则分析的空间分辨率近似为

$$D=\sqrt{d^2+b^2} \tag{19-29}$$

当电子束斑尺寸很大时(如大于 100 nm)，束斑扩展效应可以不考虑。电子束扩展尺寸和空间分辨率还有其他的一些表达公式。

19.3.4 薄样品的检测灵敏度

纯元素薄样品微区 X 射线能谱分析的检测灵敏度可以用最小检测质量(*MDM*)表示，并有

$$MDM=\frac{1}{\sigma_A\omega_A\alpha_A P\tau J} \tag{19-30}$$

式中，P 为探头效率，τ 为计数时间，J 为电子束电流密度，由公式(19－30)可知，为获得尽量低的最小检测量，应提高计数时间和电流密度。图 19－8 给出了不同加速电压和电流密度下 *MDM* 与原子序数 Z 的关系曲线。由图可知，对于原子序数为 10 至 40 之间的样品，计数时间 100s，使用电流密度为 $20A/cm^2$ 时，其最小检测量是 $5\times10^{-20}g$ 左右。如使用场发射电子枪，其电流密度可高达 $104A/cm^2$，有可能使最小检测量达到 $2\times10^{-21}g$ 的水平。

对于多元素样品，检测灵敏度则用最小质量百分数(*MMF*)表示，并有：

$$MMF=\frac{1}{[(P/B)\cdot P\cdot\tau]^{1/2}} \tag{19-31}$$

式中，P 为元素特征峰的净计数率，P/B 是元素的峰/背比(即元素特征峰计数率与其背景计数率之比)；τ 是采集能谱所用的计数时间(s)。由式(19－31)可知，延长采集能谱的时间可提高灵敏度，但时间的延长受到样品污染的限制。另外，增加电流密度可以增加峰计数率 P。升高加速电压可以增加峰/背比。对于薄样品，不同加速电压下峰/背比与样品原子序数的关系，如图 19－9 所示。由图可见，用增大加速电压提高峰/背比，效果很明显。图中曲线显示，在原子序数为 45 左右时，P/B 变得低平，这反映 K 线到 L 线的变化。

MMF 也可由下述方法进行测定，实验结果得到的表达式为

$$MMF=C_{\mathrm{A}}\frac{3(2I_{\mathrm{b}}^{\mathrm{A}})^{1/2}}{I_{\mathrm{A}}-I_{\mathrm{b}}^{\mathrm{A}}} \tag{19-32}$$

式中，C_{A}为元素 A 在薄样品中的浓度；I_{A}为测量时元素 A 的计数；$I_{\mathrm{b}}^{\mathrm{A}}$ 为元素 A 背景的计数。

例如，对铁元素薄样品进行测量，样品厚度为 150nm，仪器的加速电压为 100kV，电子束直径采用 5nm，计数时间为 1 000s，实验测得背景计数 $I_{\mathrm{b}}^{\mathrm{Fe}}=350$，测得 $I_{\mathrm{Fe}}-I_{\mathrm{b}}^{\mathrm{Fe}}=10\ 000$，代入公式(19－32)，得 $MMF=0.79\%$(质量)。

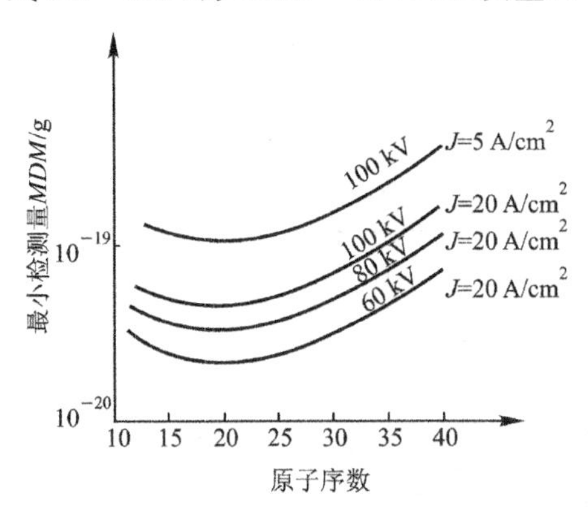

图 19－8 最小检出量与原子序数的关系

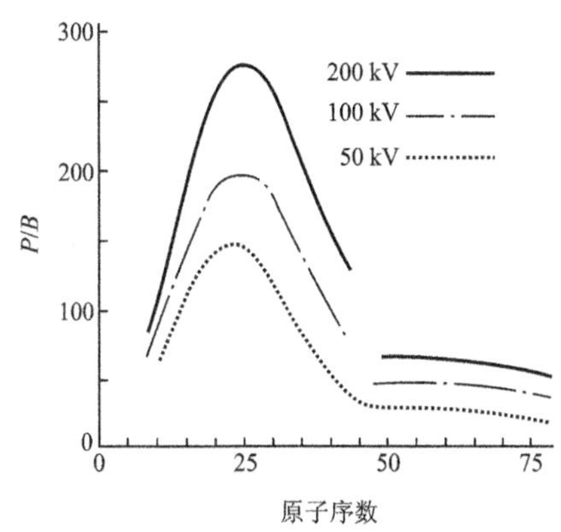

图 19－9 峰背比的计算值与原子序数的关系

19.4 微衍射花样与会聚束电子衍射

会聚束电子衍射(convergent beam electron diffraction, CBED)是采用更大会聚角的微衍射技术来获得菊池花样的，因此会聚束电子衍射花样的理论基础是菊池花样，实验基础是微衍射。菊池花样的形成原理已在第 18 章叙述过，下面将分别叙述微衍射和会聚束电子衍射原理。

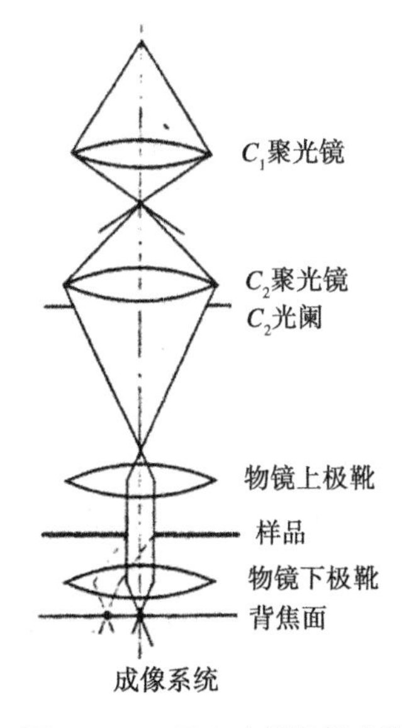

图 19－10 固定束微衍射光路图

19.4.1 微衍射花样

前述的选区电子衍射因受到球差和失焦的限制，使选区有效分析区域最小约为 0.5μm。如果用很细的电子束直接在样品上选择衍射区域，这种选区范围几乎由电子束斑尺寸决定。目前最小的选区尺寸约为 1nm。通常把信息来自直径<0.5μm 区域的电子衍射称为微衍射(μ－diffraction)，小于 10nm 的称为纳米衍射(nano－diffraction)。

不同方式的微衍射都是采用最早发展起来的三聚光镜系统，或者称为双聚光镜加物镜前置场系统，图 19－10 所示是其光路原理图。以下用固定束微衍射说明其原理。该方法将物镜分成两部分，即样品上方的物镜上极靴(前置场)和样品下方的物镜下极靴(后置场)。物镜前置场起着第三聚光镜的作用，或附加一个小透镜起第三聚光镜的作用。通过

第二聚光镜光阑的发散束经物镜前置场或小透镜，聚焦后可得到平行光束(会聚角约小于 10^{-4} rad)。

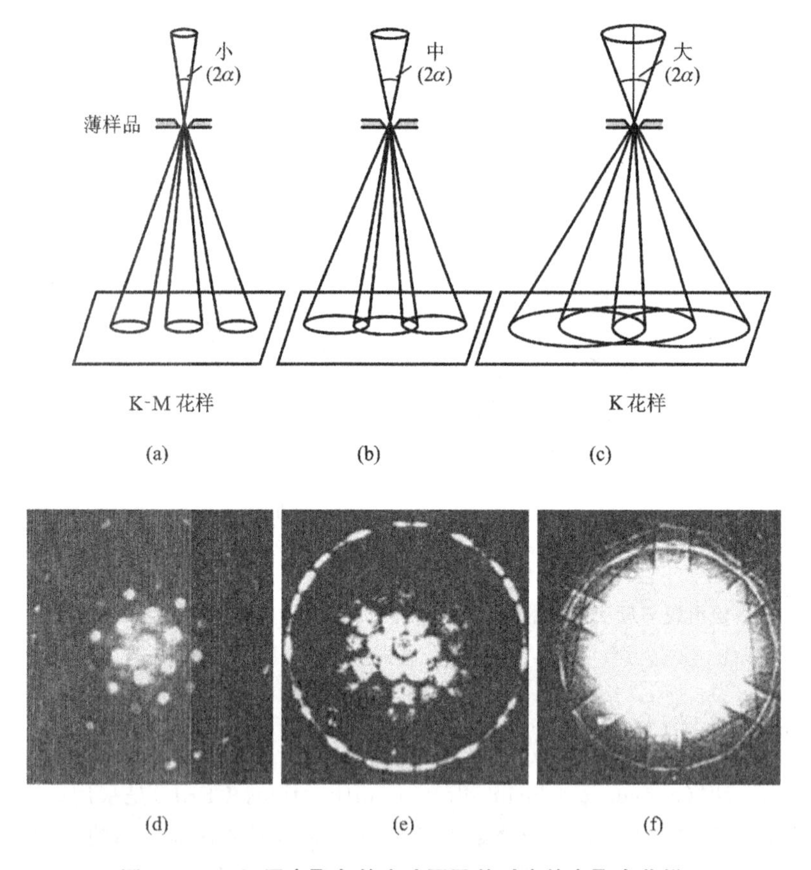

图 19-11　不同会聚角的光路图及其对应的会聚束花样

19.4.2　会聚束电子衍射

19.4.2.1　不同会聚角的花样形成和特征

会聚束电子衍射是一类倒锥形电子束(会聚束)照射样品，锥顶恰在样品表面，穿透样品后，发散的光束使透射斑点和衍射斑点分别扩展为圆盘，获得会聚束的方法与微衍射相同。利用物镜前置场做第三聚光镜，使会聚角更大，并利用第二聚光镜光阑控制会聚角。通过第二聚光镜光阑不同孔径的选择，可获得不同会聚半角，由此确定了衍射盘的尺寸，如图 19-11所示。

当会聚角 α 小于样品中某$\{hkl\}$晶面布拉格衍射角 θ_B，即会聚角 $2\alpha < 2\theta_B$，这时得到衍射盘呈现不重叠花样(见图 19-11(a)，(d))，称为 K-M 花样。当 2α 远大于 $2\theta_B$时，圆盘重叠部分超过圆盘半径，成为 K 花样(见图 19-11(c)，(f))。图 19-11(b)显示出两者之间中等会聚角的会聚束电子衍射花样的形成及对应的衍射花样(图 19-11(e))。一般第二聚光镜光阑孔径为 200μm 时获得 K 花样，并适用透射电子显微术和电子能量损失谱；50～70μm 孔径适用于 X 射线能量色散谱，10～20μm 的孔径适用于 K-M 花样。

19.4.2.2 零阶劳厄带，高阶劳厄带、会聚束花样及其菊池线

1) 零阶劳厄带会聚束花样(ZOLZ)

如果把相机长度 L 增加到约800mm，仅中心圆盘及其周围几个衍射盘可见，如图 19－12 所示。它和选区衍射花样中斑点的配置相似。由于衍射盘对应的衍射晶面 hkl 满足晶带定律：$hu + kv + lw = 0$，式中 uvw 为电子束方向，故称零阶劳厄带花样。显然用选区衍射花样指标化方法，可从零阶劳厄带花样获得晶面距离，晶面夹角和晶带轴方向。

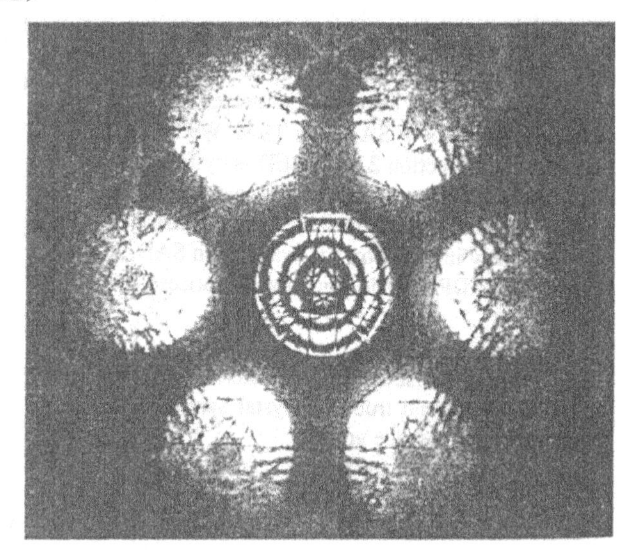

图 19－12 零阶劳厄带会聚束花样

2) 高阶劳厄带会聚束花样(HOLZ)

在会聚束电子衍射花样中，中心圆盘附近亮区是由小角度散射所致。当高角度散射时，零阶劳厄带强度下降，原子散射振幅 $f(\theta)$ 随散射角度的增大而减小，但高阶劳厄带将出现，这是由于高角度散射导致了高阶劳厄倒易平面与 Ewald 球(爱瓦尔德球)相截。正是此原因，会聚束电子衍射花样中总是出现高阶劳厄带花样，而在选区电子衍射中很少见。当选择小的会聚半角时，在会聚束电子衍射花样中可见由分离斑点构成的高阶劳厄环(见图 19－11(d))，而选择大的会聚半角，则为相交线构成的劳厄环(见图 19－11(f))。高阶劳厄带强度来自弱的高角度散射，而不是平行于电子束的强散射，故其斑点或线强度较弱。

高阶劳厄倒易平面与 Ewald 球相截，故为一圆环。当 hkl 衍射满足 $hu + kv + lw = 1$ 时，称为正一阶劳厄带，依次类推，为负一阶、正二阶劳厄带等。高阶劳厄带花样提供了三维晶体的信息。

19.4.2.3 会聚束电子衍射中的菊池线

在会聚束电子衍射花样中几乎总是可以看见明锐的菊池线，而在选区电子衍射中菊池线通常是模糊的或不可见的，其原因是会聚电子束束斑尺寸很小，比选区电子衍射束束斑小2个数量级，如此小的电子衍射照射到样品体积内，通常很少或没有由样品弯曲造成的弹性应变或由缺陷造成的塑性变形。如果在对称入射条件下获得会聚束电子衍射花样称为带轴图(ZAP)。零阶劳厄带菊池线为明亮菊池带，当增加会聚半角时，菊池带的强度和清晰度会增加，因为会聚束包含会聚半角 α 大于电子的入射角 θ_B。因此，当这些电子满足布拉格条件时，它们的弹性散射也将对菊池线有所贡献。图 19－13 是由平行电子束中非弹性散射和会聚束中弹性散射产生菊池线的比较示意图。

在会聚束电子衍射花样中除了有零阶劳厄带菊池线外，还有高阶劳厄菊池线，我们把由弹性散射产生的高阶劳厄菊池线称为高阶劳厄线，以区分之。它们对点阵参数的变化更敏感，其原因是高阶劳厄菊池线是由很大的 Bragg 角(对应于大的 g)衍射产生的，因为当采用高阶劳厄菊池线对应的晶面时，它们通常都是高指数晶面(d 值小)，所以在同样的点阵常数变化下，Δg 就有很大的变化，如下式所示：

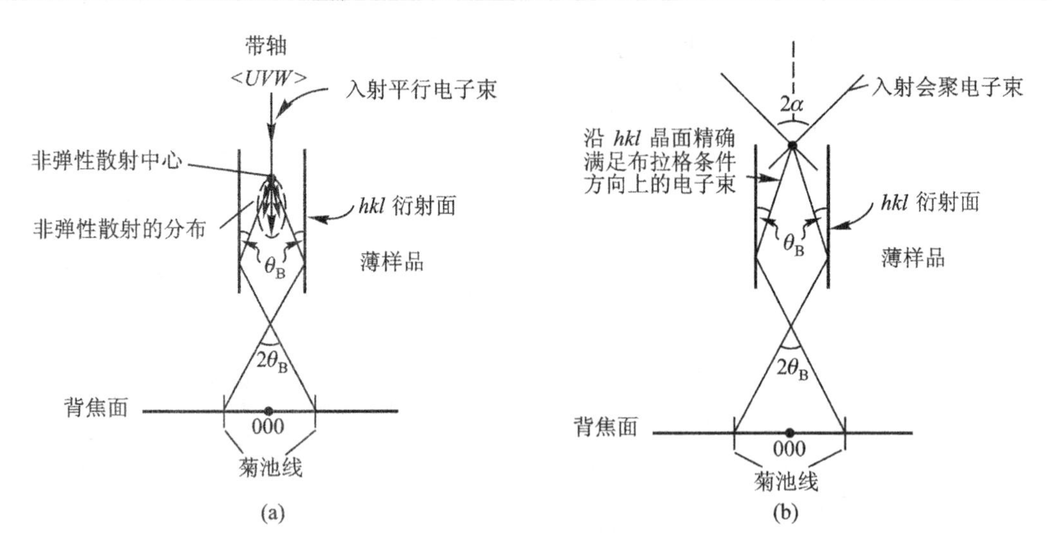

图 19-13 平行电子束中非弹性散射与会聚束中弹性散射产生菊池线的对比示意图

$$|g|=\frac{1}{d},|\Delta g|=-\frac{\Delta d}{d^2} \tag{19-33}$$

19.4.2.4 会聚束电子衍射精确测定点阵常数的方法

会聚束电子衍射花样已被广泛应用于膜厚、消光距离、点阵常数、结构因子、点群、空间群、位错的柏氏矢量以及应力场等的测定。本节仅对点阵常数的精确测定方法加以论述。点阵常数的精确测定不仅是确定晶体结构的基础，还可以研究晶体点阵常数微小变化所产生的应变量或所对应的成分变化。例如，相变诱发塑性(TRIP)钢中的残余奥氏体的稳定性对 TRIP 钢的使用极其重要，它与其固溶的碳含量有关，而碳含量可通过点阵常数计算出来。因此，通过精确测定碳含量就可研究残余奥氏体的稳定性。

利用会聚束电子衍射测定点阵常数的方法就是通过模拟不同点阵常数的晶体在某确定的加速电压下的高阶劳厄菊池花样，将其与实际拍摄的高阶劳厄菊池花样相比较即可。常见的晶体结构的高阶劳厄菊池花样的模拟程序见附录 16。下面举例说明测定方法。

1) 加速电压的影响和确定

以 fcc 结构的纯 Al[113]带轴为例，其点阵常数 $a=0.4050$nm，加速电压为 100kV、120kV 和 200kV 时，HOLZ 花样分别如图 19-14(a)、(b)和(c)所示。

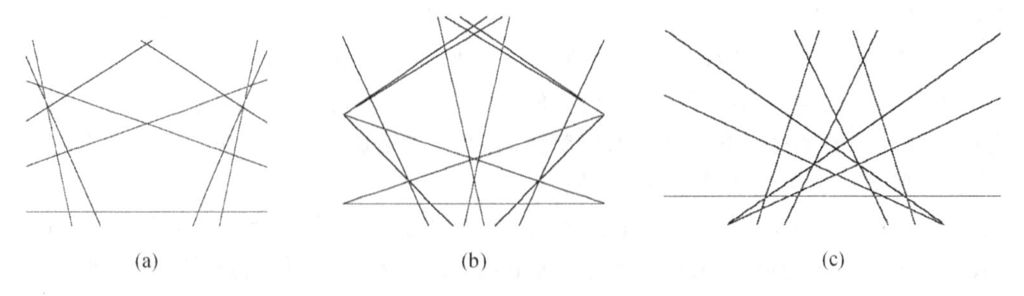

图 19-14 纯 Al[113]带轴在不同加速电压下的 HOLZ 线

(a) 100kV;(b) 120kV;(c) 200kV

从图 19 - 14(a)、(b)和(c)中可以看出加速电压对 HOLZ 线花样有很大的影响，随着加速电压的变化，HOLZ 线的位置发生了很大的移动。因此可以保持其他条件不变，通过将 TEM 实验获得的 HOLZ 线花样与计算机模拟花样相比较，当两者相差最小时，就可以认为模拟使用的加速电压就是 TEM 实际的加速电压。

2) *点阵常数的影响和精确测定*

以 TRIP 钢残留奥氏体[113]带轴为例，模拟的加速电压为 100kV。假设 TRIP 钢不同的残留奥氏体微区点阵常数由于碳含量的不同而分别为 0.360 0nm、0.360 4nm、0.360 8nm和 0.361 2nm，具有点阵常数 0.000 4nm 差异的模拟 HOLZ 花样分别如图 19 - 15(a)～(d)所示。从图中可以看出，随着点阵常数的增大，中间由 HOLZ 线围成的"五角星"区域在不断缩小，这说明 HOLZ 线随着点阵常数的变化发生了偏移，向着透射盘中心靠拢了。根据这种变化，我们就可以通过将 TEM 实验获得的 HOLZ 线花样与模拟的花样进行对比，在保持其他条件不变的情况下，调节模拟花样的点阵常数，当与实验花样最为接近时，该点阵常数就可以认为是最为精确的点阵常数值。

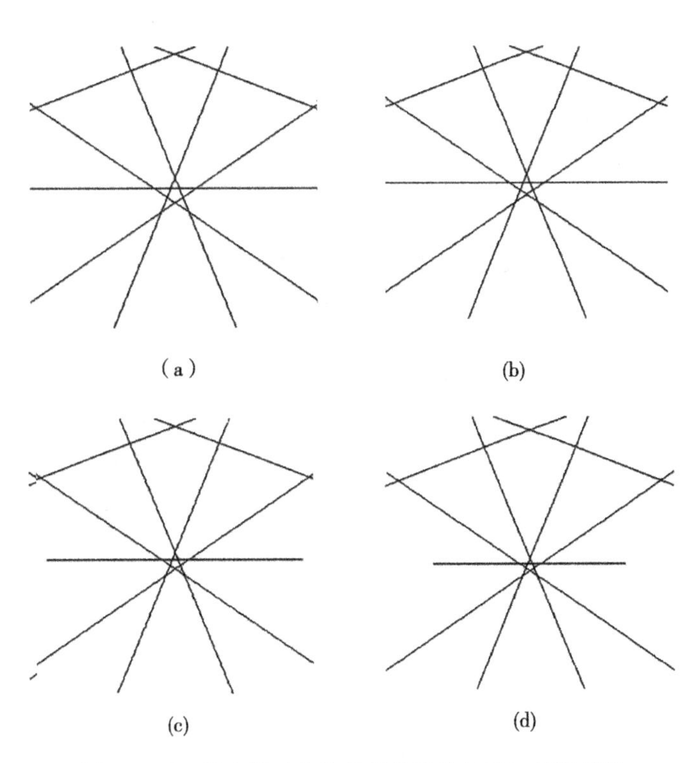

图 19 - 15　具有微小点阵常数差异的 HOLZ 模拟花样

19.4.3　电子能量损失谱

在入射电子束在与薄样品相互作用的过程中，由于非弹性散射而损失一部分能量，$\Delta E = E_0 - E_{in}$(E_0 为与样品交互作用前的入射电子能量，它由加速电压所决定；E_{in}为与薄样品产生非弹性散射后的透射电子能量，它由交互作用的类型所决定)。其中一部分电子所损失的部分能量值是样品中某个元素的特征值，采集透射电子信号强度，并按损失能量大小展示出来，这就是电子能量损失谱(electron energy loss spectroscopy，EELS)，其中具有特征能量损失的透射电子的信号是电子能量损失谱进行微区分析的基础。

19.4.3.1 电子能量损失谱仪

电子能量损失谱仪有两种商业产品，一类是磁棱镜谱仪；另一类是 Ω 过滤器。前者安装在透射电子显微镜照相系统下面，故可以随时选择是否需要安装；而后者是安装在镜筒内，故是一种特殊技术，分析电子显微镜出厂前必须事先安装好。下面仅介绍在分析电子显微镜中应用最普通也最方便的磁棱镜谱仪。图 19－16 是磁棱镜谱仪的示意图。磁棱镜实质上是一个扇形铁磁块，它对电子的作用和玻璃棱镜对白色光的色散作用相似，故称磁棱镜。透过试样的电子在磁棱镜内沿半径为 R 的弧形轨迹前进，能量较小的电子（即能量损失较大的电子，因为 $E_{in}=E_0-\Delta E$）其运动轨迹的曲率半径 R 较小，而能量较大的电子，其轨迹的曲率半径 R 也较大。相同能量的电子则聚焦在接受狭缝平面处的同一位置。具有能量损失 ΔE 的电子在聚焦平面上和没有能量损失的电子（称为零损失电子）有位移 ΔX。ΔX 的大小由下式确定：

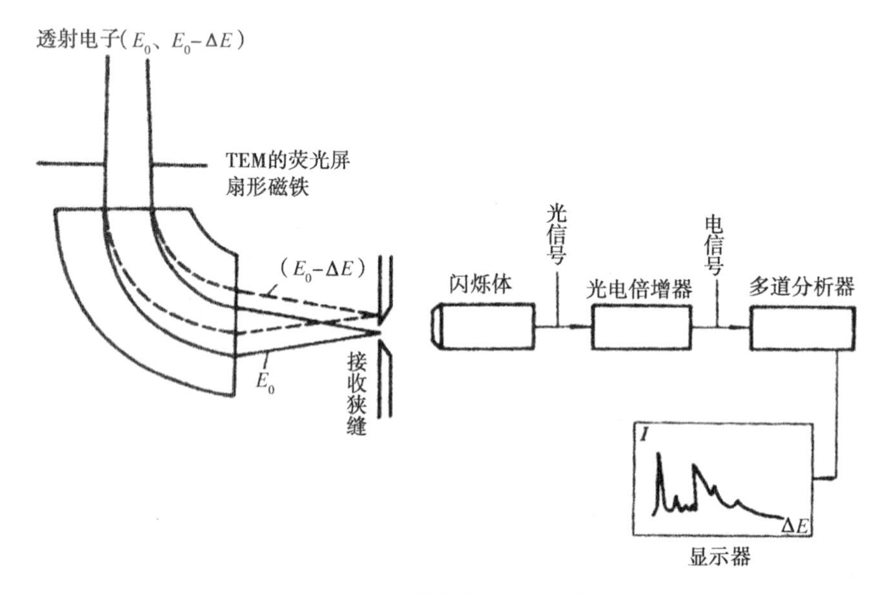

图 19－16 磁棱镜谱仪示意图

$$\Delta X=\Delta E\frac{4R}{E_0}\left(\frac{1+E_0/m_0c^2}{2+E_0/m_0c^2}\right) \tag{19-34}$$

式中，m_0c^2 为电子的静止能量，等于 511keV；$\frac{\Delta X}{\Delta E}$ 称为色散度。通过不同 ΔX 处的平面可以选择不同能量的电子进行检测和计算。

19.4.3.2 电子能量损失谱

图 19－17 是典型的硅的电子能量损失谱。以电子损失的能量 ΔE 为横坐标，而以电子信号的强度 I 为纵坐标，根据电子损失能量的大小和机制，可将谱分为三个区域，即零损失、低能损失和高能损失。

1）零损失峰（The Zero-Loss Peak）

零损失峰由未发生交互作用或受到原子核散射的弹性电子，以及引起样品中原子振动而导致声子激发的非弹性散射电子所产生的。声子激发的能量损失很小，小于 0.1eV，由于我们不能分辨声子激发损失的能量，同时电子束的实际能量也是在名义能量周围有一个很小的波动，故把它归属于零损失内。零损失峰总是强度最大，在图19-14中用字母A表示。

通常零损失峰在电子能量损失谱不在特殊情况下，是不会收集它的，因为它的强度太大以致易损坏闪烁器，或损坏饱和光电二极管列阵。零损失峰主要用于谱仪的能量标定和仪器调整，以其半高宽定义为谱仪能量分辨率，以其有对称的高斯分布为谱仪良好状态的标志。

2）低能损失区

能量损失在0～50eV范围的低能区是入射电子与样品内价电子交互作用引起的电子云集体振荡的等离子(plasma)峰，在图19-17中用字母B表示低能损失区。引起等离子激发的入射电子能量损失为

$$\Delta E_p = \frac{\hbar}{2\pi}\omega_p \tag{19-35}$$

式中，$\hbar = \frac{h}{2\pi}$，h为普朗克常数；ω_p为等离子振荡频率。等离子振荡引起第一个强度$P(1)$与零损失峰强度$P(0)$之比与样品的厚度t有关：

$$\frac{P(1)}{P(0)} = \frac{t}{\lambda_p} \tag{19-36}$$

式中，λ_p是等离子振荡的平均自由程，它与入射电子能量和样品成分有关。在入射电子能量为100keV时，λ_p为50～150nm，据此可以用来测定样品的厚度t，尤其是样品很薄时，在小于1～2个消光距离时，用其他方法，如会聚束等厚条纹法都较难测定，唯有用等离子峰的方法能有效测出很薄样品的厚度。

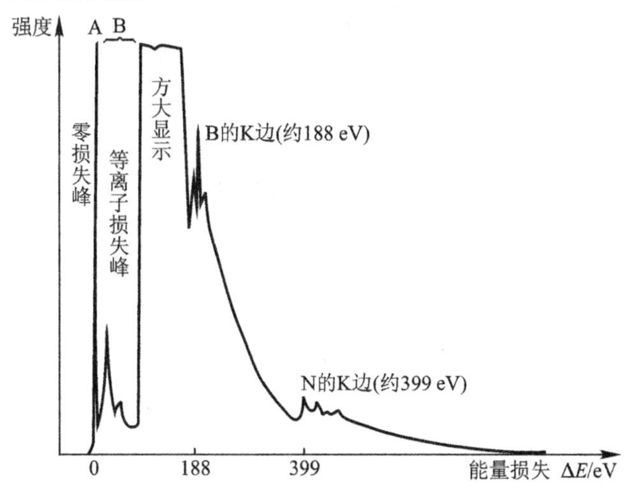

图19-17　电子能量损失谱的示意图

等离子振荡频率ω_p是参与振荡的自由电子数目n_E的函数：

$$\omega_p \propto (n_E)^{1/2} \tag{19-37}$$

所以等离子激发能量损失ΔE_p也是样品组成元素和成分的特征量，可以从自由电子数目的变化(即ΔE_p的变化)来推测元素浓度的变化。

3）高能损失区

能量损失约在50eV以上的高能区域称为高能损失区，它是由入射电子使试样中的K、

L、M等内层电子被激发而造成的。由于内层电子被激发的概率要比等离子激发概率小2～3个数量级，所以其强度很小，因此在记录一个电子能量损失谱时，应将内层电离损失区的谱放大几十倍再和零损失区、低能损失区一起显示出来，如图19-17所示。在电子能量损失谱中，电离损失峰(理想峰形为三角形或锯齿形，真实的峰形近似三角或锯齿形)的始端能量(电离边，ionzation edge)等于内壳层电子电离所需的最低能量，因而成为元素鉴别的唯一特征能量(见附录17)。例如，图19-17中能量损失约为188eV的电离边是硼元素的K层电子激发所形成，而能量损失约为399eV的电离边是氮原子的K层电子激发引起的。

(1) 电离损失峰。在电子能量损失谱(EELS)中，正是由于这种电离损失峰，成为微区化学成分分析在轻元素范围的重要手段，弥补了X射线能量谱(EDS)分析在轻元素定量分析中的不足。由于EELS是测量透射电子能量变化的，其接受的是电子激发的初次信号(与EDS的二次信号不同)，故EELS的信号强度远高于EDS，从而可测出的元素序数和含量比EDS低。而对重元素分析时，若利用K系，即在高能损失部分由于背景及其他因素影响，信噪比(P/B)比较差；若利用L、M系，即在低能损失部分，则易被轻元素强烈的K系电离损失峰混淆，故电子能量损失谱对重元素的定量分析不如轻元素。而在X射线能量谱中，情况正好相反，由于特征X射线的荧光产额随光子能量的增大而增加，故对于重元素检测效率高，但在轻元素范围内产生的光子能量较低，特征X射线的荧光产额也低，检测效率不高。所以这两种技术在元素分析时，可以互为补偿，电子能量损失谱宜做轻元素分析，而X射线能量谱宜做重元素分析。

(2) 能量损失近边结构。电子能量损失谱中电离损失峰阈值附近(比阈值能量损失小一些的能量损失部分)，电子能量损失谱的形状是样品中原子空位束缚态电子密度的函数。原子被电离后产生的激发态电子可以进入束缚态，成为谱形的预电离精细结构或能量损失的近边结构(ELNES)。通过谱形分析，可以提供样品的能带结构和元素的化学价态等重要信息，如无定形态、石墨态、金刚石和碳化硅中的碳，但虽然同是碳，由于它们的电子能级精细结构不同，谱中的预电离精细结构也不同，以此可鉴别之。

(3) 广延精细结构。从电离损失峰向更高能量损失的数百电子伏范围内，还存在微弱的振荡，称为广延精细结构(EXELFS)。它是样品中近邻原子之间由电离而被激发的电子概率波的散射和位相干涉(散射波和被激发的电子概率波之间的干涉)所产生的。它能提供近邻原子的距离及其性质等信息。广延精细结构对于非晶态和短程有序材料的研究将是非常有用的。

广延精细结构的原理与X射线吸收谱精细结构(EXAFS)的原理基本相同，但由于X射线通量比电子束通量小4～5个数量级，所以进行EXAFS分析需要强功率的X射线激发源，如同步辐射源。故EXELFS较EXAFS经济。EXELFS分析能方便地在配有电子能量损失谱仪的分析电镜中进行，得到的有关信息还可以和透射电子显微镜所提供的形貌、结构等综合起来加以分析，这是EXAFS方法无法比拟的。

19.4.3.3 能量过滤成像

电子能量损失谱仪除了能对薄试样的微区进行上述的定点化学成分分析外，还能通过选择接收具有一定能量损失的电子成像，在扫描单元的显示器上可以看到该能量损失对应元素的面分布，图像上较亮的区域表明该区中此元素的含量较高。基于强烈朝前散射(不同元素的电离能量损失的电子角分布小于10～15mrad散射半角)的电子能量损失谱信号，具有近似于被100%探测的效率，因此电子能量损失谱元素成分像的信号要远好于薄样品的X

射线能谱像。

仅利用弹性散射电子透射束(即零损失电子)成像和衍射是另一类能量过滤操作方式。通过能量过滤去掉非弹性散射电子参与成像,有效地排除或降低了色差的影响,提高了像的分辨率,也增强了图像的衬度。进行电子衍射或会聚束衍射时,用能量过滤零损失电子所得到衍射花样的衬度明显得到改善,一些弱的斑点或菊池线原来在未经能量过滤衍射时不出现或很模糊,但经能量过滤的透射束的(一般用 5～10eV 过滤宽度)衍射中则清晰可见,从而获得更多的晶体学信息。

19.4.4　分析电子显微术应用举例

FeCo(41%Vol)-Al_2O_3是铁磁金属和绝缘体组成的巨磁电阻颗粒膜。具有巨磁电阻(GMR)效应的颗粒膜铁磁金属和非铁磁性金属或绝缘体不能相容,也就是说必须有相分离。室温磁控溅射和在 823K 被溅射的颗粒膜的相分离情况可用分析电子显微术进行研究。用于分析电子显微镜的样品制备如下:通过改变 FeCo(质量比为 1∶1)靶的功率和恒定 Al_2O_3的功率,交替溅射在 KCl 基片上,约 7min,由此得到不同体积分数的 FeCo - Al_2O_3颗粒膜,厚度约 50nm。把溅射后的基片放在含有一点丙酮的蒸馏水中,待 KCl 溶解于水中后,FeCo - Al_2O_3薄膜即漂浮在水面上,然后用ϕ3 铜网把它捞起,用滤纸把水吸干后即可放于分析电子显微镜上进行观察。

对于室温溅射的 FeCo - Al_2O_3颗粒膜,图 19 - 18 中的(a)为明场像,(b)为暗场像,(c)为选区电子衍射花样。从衍射花样指数标定中可知,中心暗场像显示的颗粒为 bcc 结构,颗粒尺寸为几个纳米。选区衍射花样中环的宽化可能是由于颗粒尺寸的细小所引起的,也可能是非晶存在引起的,如图 19 - 7 所示。对每个颗粒用 X 射线能谱进行成分分析,发现每个颗粒同时含有 Fe 和 Co 元素(见图 19 - 19),进一步用电子能量损失过滤成像,显示出 Fe,(见图 19 - 20(a),Co(见图 19 - 18(b)几乎均匀分布在薄膜中,与 X 射线能谱的分析结果一致。结晶的颗粒应为 α - Fe(Co),根据 Fe - Co 二元相图,该成分(Fe∶Co=1∶1)的合金在 973K 以下,由一个混溶间隙,即 α - Fe(Co)分解为 α - Fe(bcc)和 α - Co(hcp),没有产生这种相分离的原因可能是低温(室温)溅射下 Fe 和 Co 的扩散被抑止所致。为此,对在 823K 溅射相同成分的 FeCo - Al_2O_3颗粒膜进行相分离研究。图 19 - 21 是一组元素电子能量损失谱扫描像。其中,(a)为 Fe,(b)为 Co,(c)为 O,(d)为 Al。比较这些图可发现 Co 和 Fe(亮衬度)分别形成于 Al_2O_3基体中,表明 α - Fe(Co)的相分离已产生,这归因于 Fe,Co 原子在 823K 时扩散速率的增加。值得注意的是,Fe,O 元素分布图部分亮区的重叠,表明 Fe 形成了部分氧化物,而 Co 不存在这种现象,揭示了 Fe 与 Al_2O_3之间的相分离不如 Co 和 Al_2O_3的相分离倾向强。这可能是 Fe - Al_2O_3颗粒膜的巨磁电阻效应不如 Co - Al_2O_3好的重要原因之一,尽管 Fe 的磁矩大于 Co 的磁矩。在上述四种元素种,Al 是最均匀分布在 Al_2O_3基体中的。在这个基础上,进一步对 Co 和 Fe 颗粒进行高分辨成像(见图 19 - 22(a),(b)),它们的点阵条纹或二维结构像表明,这些颗粒均已结晶,颗粒的尺寸约为 20nm。选区电子衍射花样(图 19 - 22(c))的标定表明,存在 α - Fe(bcc)和 α - Co(hcp)以及氧化物。通过上述研究可以想象,如果把室温溅射的 FeCo - Al_2O_3颗粒膜在不同温度退火,其应经历两个阶段的相分离,首先是 FeCo 团簇通过非晶晶化形成含 Co 的 α - Fe(Co)(bcc)固溶体,促进了 α - Fe(Co)与 Al_2O_3基体的相分离,随着退火温度的提高,α - Fe(Co)将析出 α - Co(hcp),进一步产生

Fe 和 Co 的相分离。

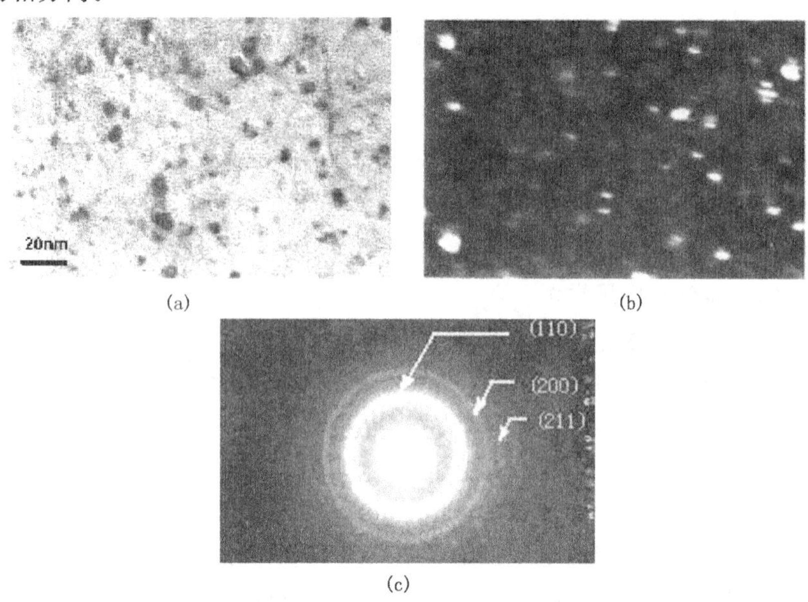

图 19－18 室温溅射的 FeCo－Al_2O_3 颗粒度

(a) 明场像;(b) 暗场像;(c) 选区电子衍射花样

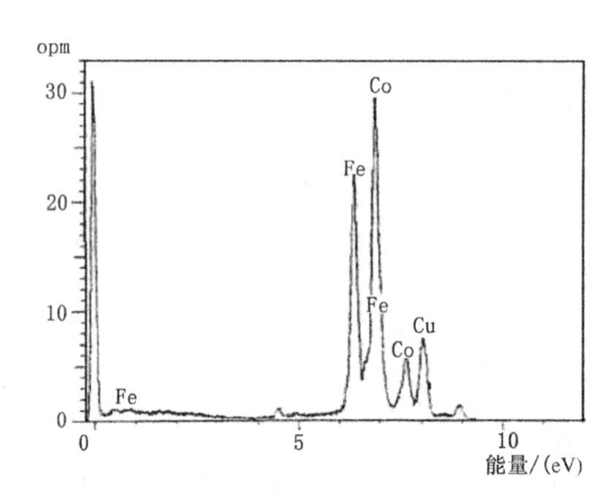

图 19－19 一颗粒的 X 射线能谱(Cu,来自铜网)

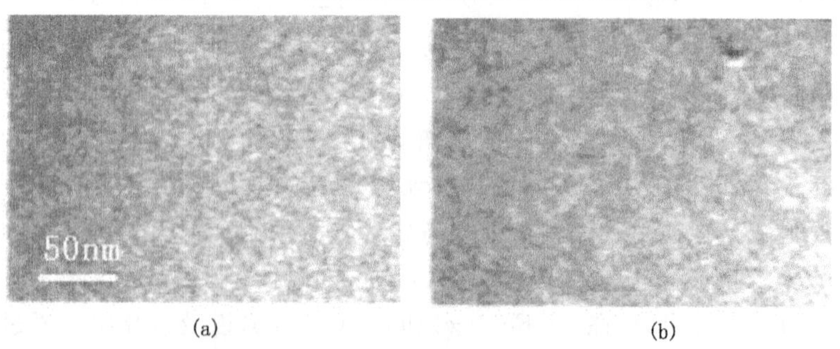

图 19－20 室温溅射条件下 Co 和 Fe 的电子能量损失谱扫描像

(a) Co;(b) Fe

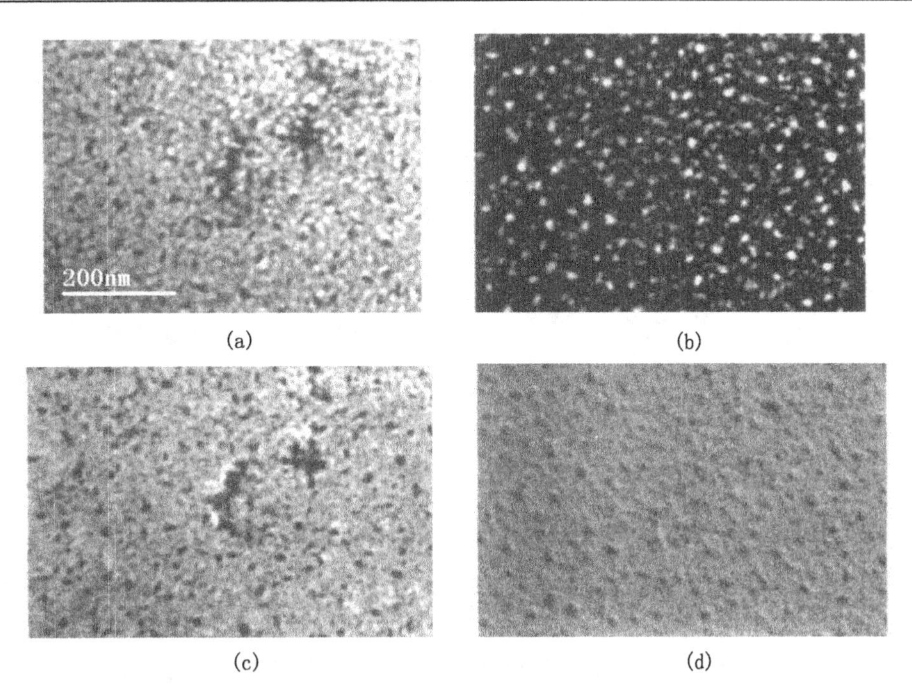

图 19－21　823K 溅射条件下的不同元素的电子能量损失谱扫描像

(a) Fe;(b) Co;(c) O;(d) Al

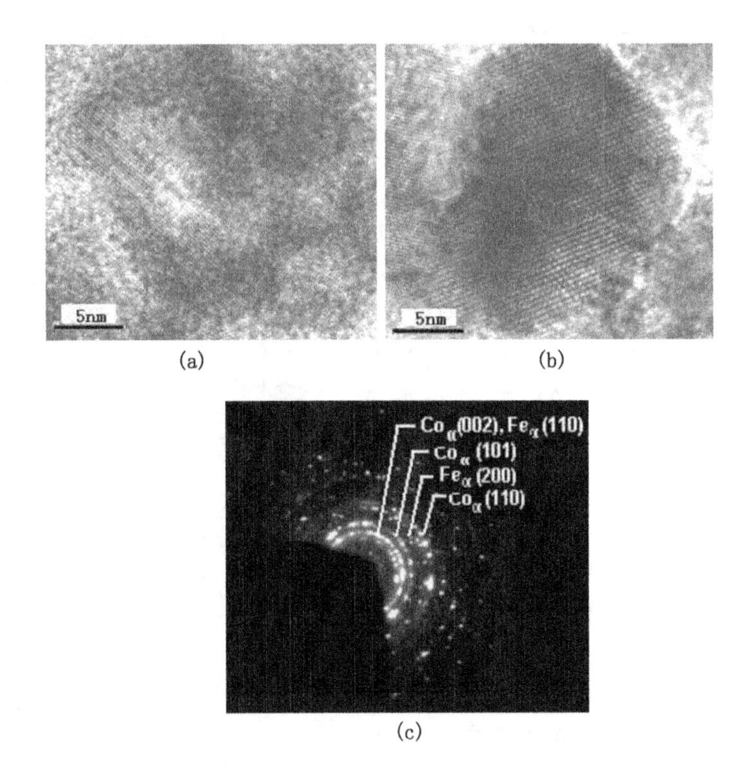

图 19－22　Fe 和 Co 颗粒的二维结构像和衍射花样

(a) Fe 颗粒;(b) Co 颗粒;(c) 衍射花样(未标定的为氧化物的环)

19.4.5 分析电子显微镜的进展及其分析新技术简介

19.4.5.1 可调物镜球差透射电子显微镜

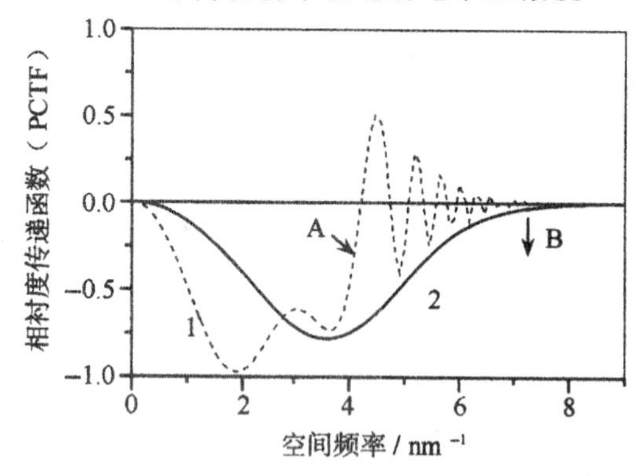

图 19－23 物镜球差校正前后的相衬度传递函数

谢尔策(Scherzer)在1943年提出了用四极-十极电磁系统来校正球差和色差的设想。直到20世纪90年代末，海德(Haider)等成功地制造出六极校正器系统来补偿200kV透射电子显微镜的球差。球差校正器的问世为提高透射电子显微镜点分辨率开辟了一条全新的途径。物镜球差校正可由两组六极电磁透镜来完成。其光学原理是：由第一组六极电磁透镜所产生的非旋转对称的二级像差可被第二组六极电磁透镜补偿，而六极电磁透镜会产生附属的旋转对称三级球差，但这种附属三级球差系数的符号与物镜球差系数相反，因此，施加合适的激磁电流就可完全补偿物镜的球差，从而使物镜球差系数从正值通过零值到达负值，成为可调的球差系数，这与传统的物镜球差系数是正的、固定的完全不同。上述物镜球差校正系统首次装入到了德国Juelich研究中心的200kV Philips CM 200FEGST透射电子显微镜上并成功运行。装入球差校正系统后的电子显微镜的点分辨率由原来的0.24nm提高到0.13nm。图19－23给出了物镜球差校正前后的相位衬度传递函数。电压200kV，半会聚角0.2mrad，焦散7nm，球差校正前(曲线1)：球差 $C_s=1.23$mm，欠焦 $\Delta f=-68$nm。A：点分辨率；B：信息分辨极限，球差校正后(曲线2)：球差 $C_s=0.05$mm，欠焦 $\Delta f=-14$nm。由于物镜球差的校正，高分辨率透射电子显微镜中由衬度离位造成的假象也可最大限度地被避免。

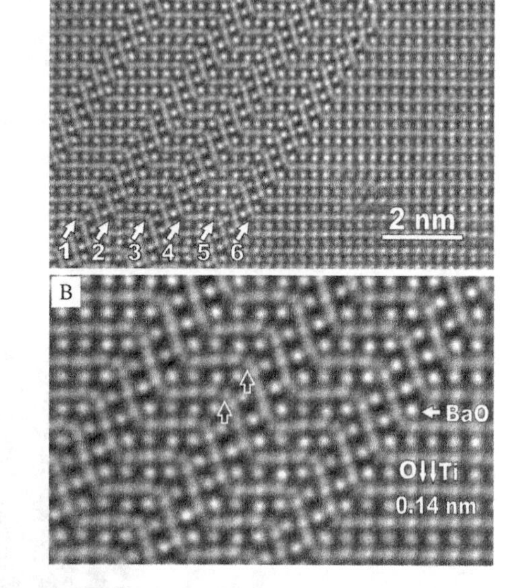

图 19－24 用负球差系数成像技术获得的 $BaTiO_3$[011]的原子结构像和孪晶区的放大像

图19－24中的A图显示出用负球差系数成像技术获得 $BaTiO_3$[110]取向的高分辨图像。图中标为Ⅰ是基体位向，而标为Ⅱ和III分别是嵌入到基体中的纳米尺度的($\bar{1}$11)和(1$\bar{1}$1)孪晶层片，箭头指出氧原子列。在图19－24的B图中的放大像表明位于电子束方向的两个Ti原子列之间的氧原子列具有很强衬度地被成像。因通过对氧原子图像强度的精确测量，最终获得氧占位率为0.68±0.02。该值表示，从平均意义上说，Σ3{111}孪晶界上的氧位置的68%是被占据了，其余的(也就是三个位置中的一个)是空缺的。上述的负球差成像技术不

限于氧化物，而且可应用到氮化物和硼化物上，尤其对于氧(氮、硼)低于化学计量比的化合物更为适用，至今尚未有其他的实验技术可确定晶界上的氧原子含量。

19.4.5.2 定量扫描透射电子显微术

扫描透射电子显微术(Scanning Transmission Electron Microscopy，STEM)涉及细小电子束在样品上的扫描，通过收集某角度范围内经散射的透射电子束来形成图像，由此显示出散射电子可作为电子束在样品上的位置的函数。如果这个角度范围包括零散射角，那么，由此获得的图像称为明场STEM像，经常简称为STEM像。如果探测器是环形的，那么所得图像称为环形暗场(Annular Dark Field，ADF)像，也称为原子分辨率原子序数成像(Atomic Resolution Z-contrast Imaging)。如果环形探测器接收高角度非相干散射电子，那么就得到高角度环形暗场(HAADF：hign angle annular dark field)图像。这三种情况示于图19－25中。

在不存在布拉格散射的情况下，电子散射基本是由卢瑟福(Rutherford)散射(核)所决定的(具有大原子序数的材料比具有小原子序数的材料具有更多的散射，因此，散射强度正比于样品的原子序数)。曲熙(Treacy)等提出，如果环形探测器的内孔径角是大于强衍射的布拉格角的，可减小布拉格衍射对图像的贡献(见图19－25)，因此，所形成的HAADF像基本来自经历卢瑟福散射的电子。这种Z衬度成像技术产生的非相干高分辨像不同于相干相位衬度高分辨像，相位衬度不会随样品的厚度及电镜的聚焦有很大的变化。像中的亮点总是反映真实的原子，并且点的强度与原子序数平方成正比，由此得到原子分辨率的化学成分信息。像的解释简明直接，一般不需要复杂繁锁的计算机模拟。

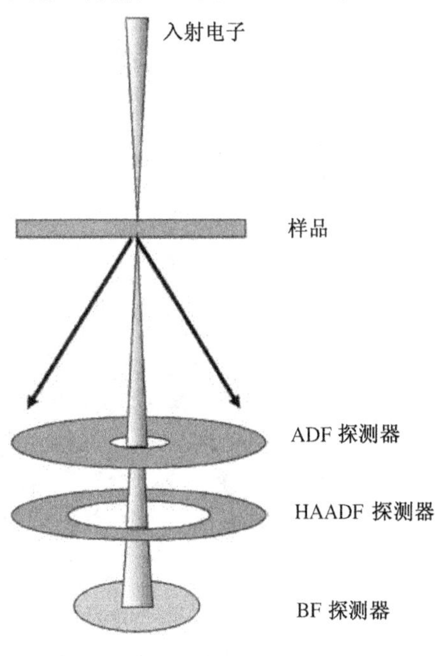

图 19－25 STEM模式中探测器

同时，通过检测穿过环形探测器内孔的透射电子能量就能得到单个原子列的电子能量损失谱，这样就可以在一次实验中得到原子分辨率的材料晶体结构和电子能带结构的信息。目前在商业化的场发射透射电子显微镜上(如：JEOL－2010F，Philips Technai 系列)，不仅可以得到高分辨的Z衬度像、原子分辨率电子能量损失谱，而且各种普通透射电子显微术，如衍衬成像、普通高分辨相位衬度像、选区电子衍射、会聚电子衍射和微区成分分析等均可在一次实验中完成。

图19－26(a)，(b)分别给出了电压为300kV、球差为1mm的透射电子显微镜在相干和不相干成像条件下的衬度传递函数。从图19－26(b)可知，Z衬度成像的衬度传递函数总是正值，不随空间频率振荡，所以像无衬度反转的性质，像中的亮点总是对应着原子列的位置。与此相比，相干像的衬度传递函数(见图19－26(a))从正到负振荡，原子列的衬度则从白点变成黑点，需要计算机模拟才能确定原子列的位置，最后得到样品晶体结构信息。由于Z衬度像是非相干成像，像在频率空间任何频率处都与样品一一对应，因此其分辨率比相干像高得多，见图19－26(a)中的黑点和图19－26(b)中的黑点所对应的分辨率。图19－27给出了[0001]GaN的高分辨Z衬度像和其相应的普通高分辨像。对比两图可明显看出，Z衬度像

的分辨率高于普通高分辨像。此外，不需任何模拟，Z 衬度像直接给出了 GaN 晶体沿[0001]方向投影的原子结构，像中亮点是 Ga－N 原子列沿[0001]的投影，排列成六角对称图形。而其普通高分辨像须经计算机模拟后，才能确定亮点实际上代表的是由六个 Ga－N 原子列围起来的空隙处。

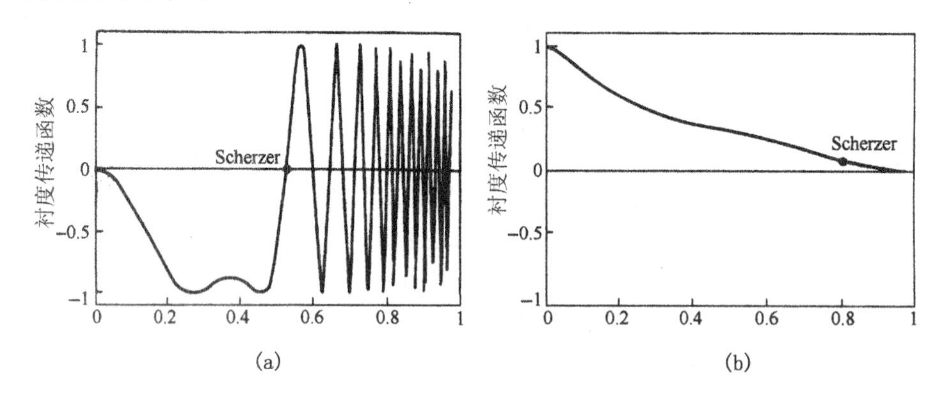

图 19－26　电压为 300kV，球差为 1mm 时，电镜在相干及不相干成像条件下的衬度传递函数

(a) 空间频率/nm^{-1}；(b) 空间频率/nm^{-1}

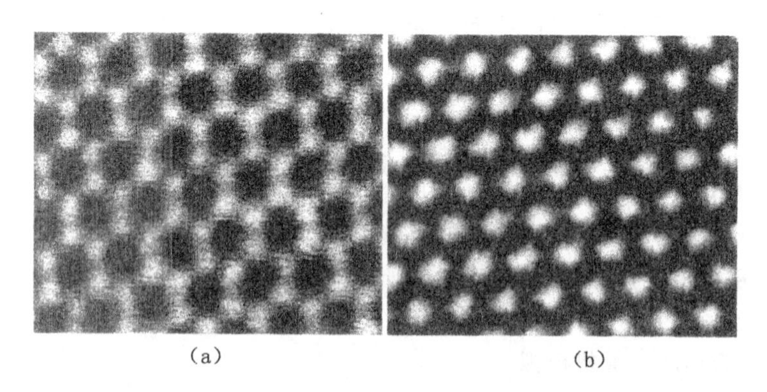

图 19－27　Z 衬度像与普通高分辨像的对比[10]

(a) 在 VG STEM HB603U 扫描透射电镜上得到的[0001]GaN 的高分辨 Z 衬度像，像中的白点是 Ga－N 原子；(b) JEOL－4000EX 透射电镜普通高分辨像。像中白点实际上是由六个 Ga－N 原子列围起来的空洞

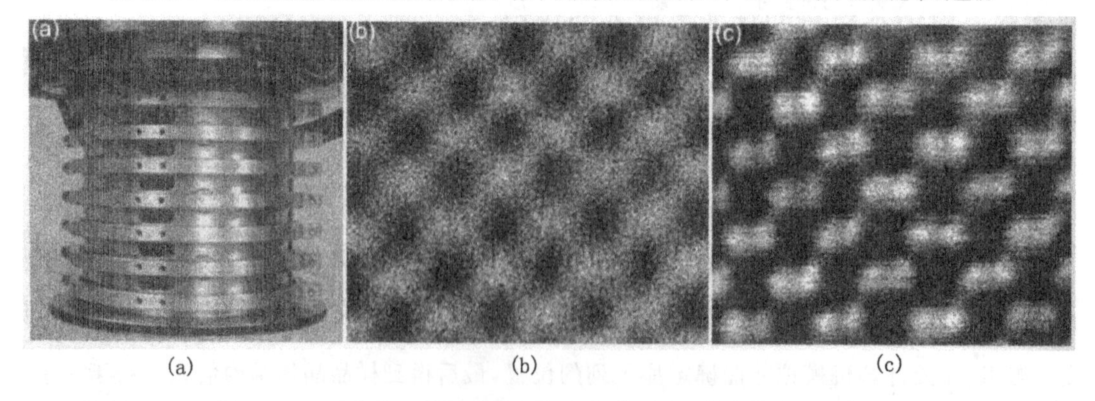

图 19－28　球差矫正器及安装和未安装球差矫正器所得的 Z 衬度像

(a) 具有 60 个光学配件的球差矫正器；(b) 在 VG STEM HB501 扫描透射电镜上得到的[110]Si 的 Z 衬度像；(c) 装上球差矫正器以后得到的[110]Si 的 Z 衬度像

配置多极磁透镜组成的球差矫正器，已使分析电子显微镜的 Z 衬度分辨率从 0.2nm 提高到 0.13nm。同时电子束强度增加了一个数量级，从而显著提高了信/噪比。图 19－28(a)是具有 60 个光学配件的球差矫正器，图 19－28(b)是在 VGSTEM HB501 扫描透射电子显微镜上得到的[110]Si 的 Z 衬度像，分辨率为 0.2nm 左右，不能分辨 Si 的哑铃结构；图 19－28(c)装上球差矫正器以后得到的[110]Si 的 Z 衬度像，能够清晰地看到 Si 的哑铃结构，而且像的信噪比增大，分辨率为 0.13nm。

19.4.5.3　电子全息术

盖柏(Gabor)在 1948 年提出了相干衍射的概念——全息成像的原理，用这种方法可以显示电子波函数的相位和振幅，以便消除电磁透镜传递函数引起的出射面波函数的变化。全息术(holography)利用物体所产生的菲涅耳衍射与相干本底叠加而形成的干涉，所得到的全息图并不像物体，但它包含了重现物体所需的全部信息：振幅和相位。因此为了重现物体的像，全息术成像由两步完成：

(1) 受照射物体发出的散射波(亦称物波)与参考波形成的相干本底发生干涉，并记录在底片(或其他介质)上，获得全息图。

(2) 用一束单色光沿平行于参考波的方向照射全息图，重现物体的像，利用电子全息术可以将出射电子波函数的相位和振幅分离开，分别得到完全的相位衬度像和振幅衬度像。

在具有相干性好的场发射电子枪问世后，电子全息术才在电子显微镜分析上得到实际应用。

1) 离轴全息成像原理

全息像可通过两种几何光路获得，一种是参考波和受照射物体发出的散射波沿着相同的光轴方向传播，并在像平面上发生干涉，称为同轴全息；另一种是受照物体发出的散射波沿光轴方向传播，而参考波的传播方向与光轴呈一个夹角，这种方法称为离轴全息术(off－axis holography)。由于同轴全息重现时，0 级、±1 级衍射重叠在一起，产生所谓的孪生像效应，而要消除这种孪生像效应比较困难。而对于离轴全息，只要满足一定的条件，重现时各级衍射在像平面上就会彼此分离，互不干扰，因而电子全息术主要利用离轴全息的方式来实现。电子全息的几何光路图示于图 19－29 中。由场发射电子枪发出的电子波分成两束，一束在真空中传播，另一束穿透样品传播。静电双棱镜使样品下表面的出射波与真空中的参考波相互偏转而会聚，在重叠部分发生干涉，从而在像平面上形成电子全息图。静电双棱镜是一根二氧化硅细丝，表面蒸镀一层金，它与一个直流电源相连。电源的电压一般在 0～500V，可调节，而且极性可反转。目前常用的场发射枪电子显微镜如 Philips-CM200，Hitach-H200F 和 JEOL-2010F 等均是在物镜的像平面处安装静电双棱镜，实际上就是安装

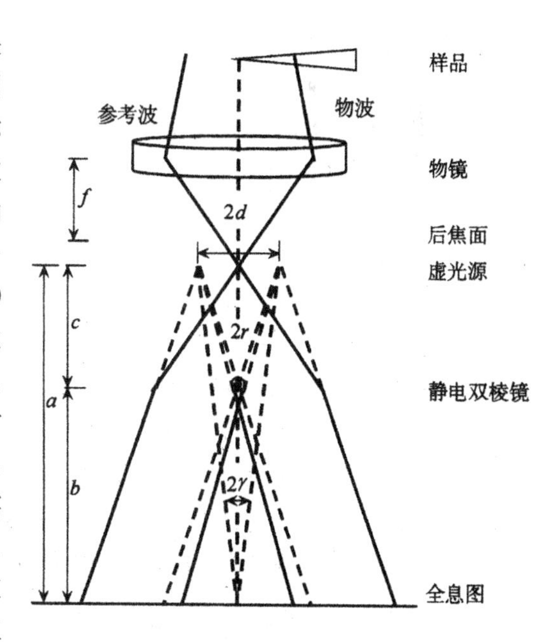

图 19－29　电子全息的几何光路

在选区光栏支架上，如图 19－30 所示。在选区光栏支架上除有两个选区电子衍射使用的光栏孔径外，还有一个置放静电双棱镜。静电双棱镜方向可调。散射波和参考波可看成是从二个虚光源发出的，它们的位置可通过改变物镜的电流来调节。从上述成像过程可见，全息术是利用衍射现象获得物体像的方法，并不需要透镜成像，因此与传统的透镜成像过程完全不同，在支架尖端的两个位置是常规选区光栏，第三个位置是用于放置双棱镜线的。

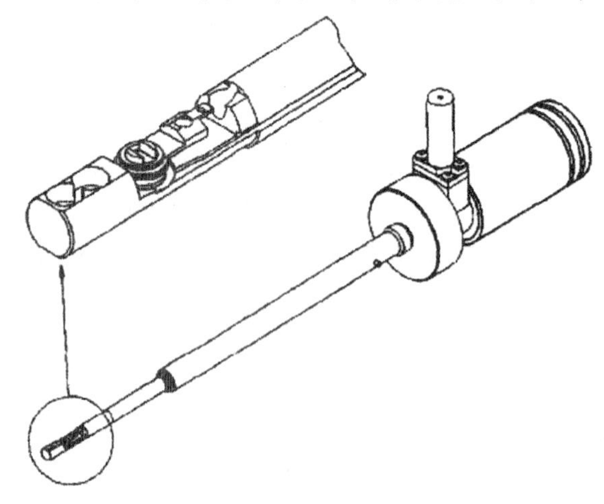

图 19－30　可旋转双棱镜支架示意图

2）电子全息图的特征

在离轴电子全息光路中物波和参考波相对于电磁透镜的光轴是对称分布的，静电双棱镜对物波和参考波的作用完全类似于双狭缝衍射的功能，所以离轴电子全息图由物波和参考波产生的干涉条纹组成。干涉条纹的方向与二氧化硅丝的方向一致。由双狭缝衍射可知，干涉条纹间距与电子束偏转角度成反比；偏转角越大，条纹间距越小。

在离轴全息术中，按成像方式的不同，全息图可分为多种形式，其中常见的有菲涅耳全息图、傅里叶全息图和像面全息图。当物波以菲涅耳衍射方式与参考波相干涉时，得到菲涅耳全息图。当像平面上物波和参考波的曲率相同时得到的全息图称为傅里叶全息图。虽然在真空中传播的电子波可视为平面波，然而在样品中传播的电子波由于受到样品势场的调制，波振面不再是平面，所以离轴全息图既不是菲涅耳全息图，也不是傅里叶全息图。当物波与参考波通过透镜后，在像面相干涉时，得到所谓的像面全息图。图 19－31 是 Philips-CM200 型场发射电子显微镜拍摄的离轴电子全息图，它由平行的干涉条纹（图中的窄条纹）构成，与双狭缝衍射得到的干涉条纹非常相似。

在图 19－31 左侧看到一些很宽的条纹是菲涅耳条纹。菲涅耳衍射条纹的方向与静电双棱镜平行，与全息干涉条纹取向一致。

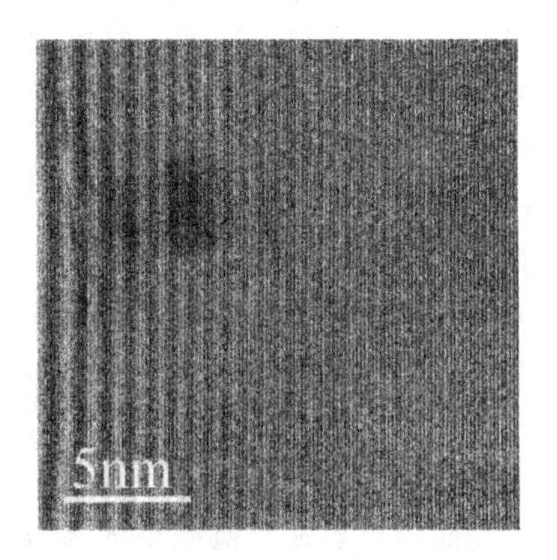

图 19－31　静电双棱镜偏压为 150V 时获得的电子全息图[10]

在电子全息术中物波是透射波，电子束的衍射角度很小，最大约为 2°，漫散射程度有限，由样品上一点发出的衍射波只局限在非常小的范围内，这时可以认为干涉条纹与样品上发生的衍射波的区域之间存在一一对应关系，而不是全部样品的像，这不同于光学全息中由于入射光的漫散射使每一点发出的散射波形成覆盖全部样品的像。图 19－32 是绕[001]晶轴旋转 24°生长的钛酸锶双晶的电子全息图，双晶的结合面为(100)面。

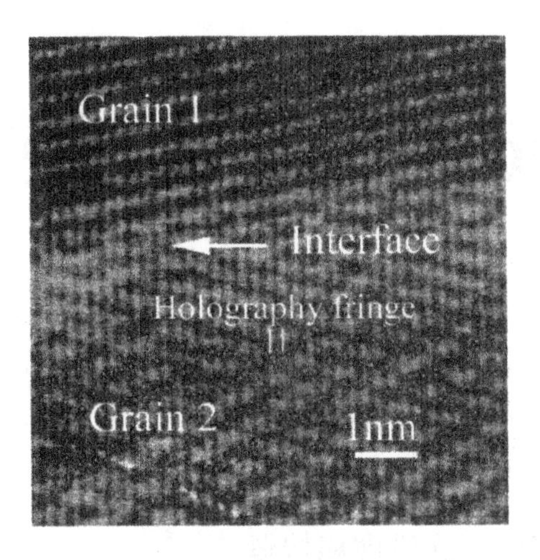

图19－32 24°[100]钛酸锶界面的电子全息图

第 20 章　扫描电子显微镜

扫描电子显微镜是一种工作原理完全不同于透射电子显微镜的一种电子光学仪器，它具有较高的分辨率和大的景深，主要用于观察厚的金相样品形貌和凹凸不平表面的断口样品；通过配置各种附件可以进行成分和结构的分析。扫描电子显微镜广泛地应用于冶金、矿物、半导体材料、生物医学、物理、化学等各个领域。

20.1　扫描电子显微镜的工作原理和构造

20.1.1　工作原理

图 20－1(a)是扫描电子显微镜的系统方框图。从电子枪阴极发射出的电子受 1 至 50kV 高压加速，经过三个磁透镜的三级缩小，形成束斑直径为 5～10nm 的细电子束聚焦在样品表面。在第二聚光镜和第三聚光镜（又称物镜）之间有一组扫描线图，使电子束在样品表面扫描。由于高能电子束与固体样品的相互作用产生各种信号：二次电子、背散射电子、

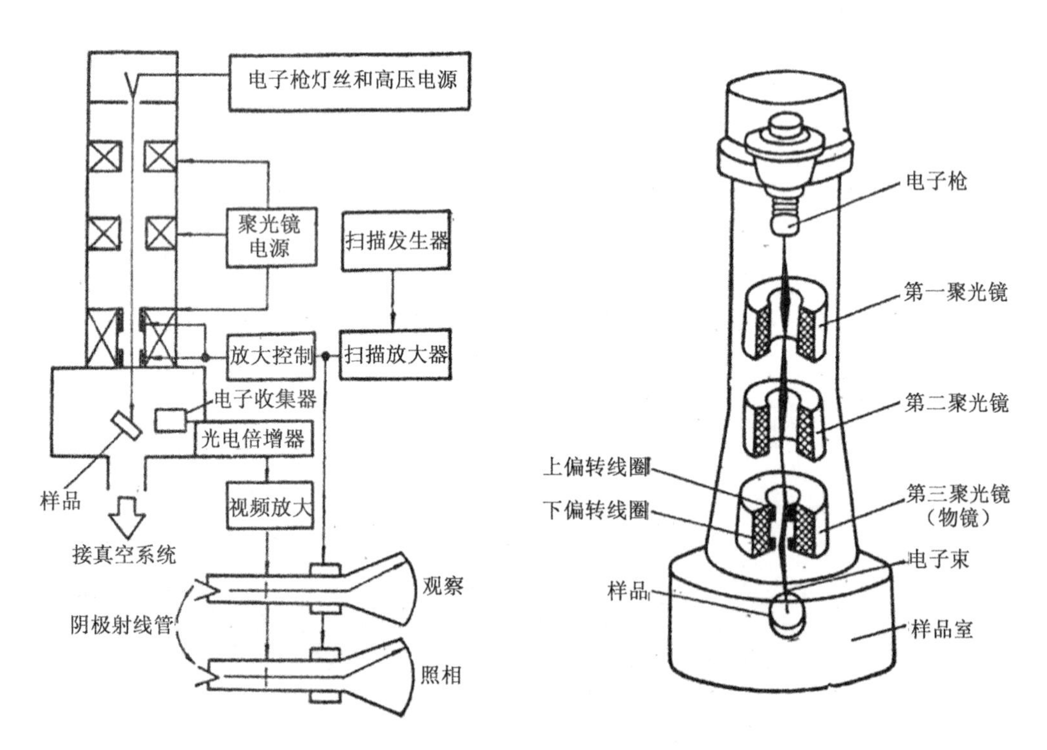

图 20－1　扫描电子显微镜构造示意

(a) 系统方框图；(b) 电子光学系统(镜筒)

吸收电子、特征X射线等。这些信号被相应的检测器检测，经视频放大器进一步放大后再调制阴极射线管的亮度，由于阴极射线管偏转线圈和镜筒中扫描线圈的扫描电流是严格同步的，因此样品表面任意点发射的信号与阴极射线管的荧光屏上相应亮点的亮度是一一对应的。也就是说，电子打到试样上的一点时，在阴极射线管的荧光屏上就出现一个对应亮点。我们观察样品上的一定范围的区域，扫描电子显微镜像电视一样采用逐点扫描法将图像显示出来。

扫描电子显微镜改变倍率很方便。由于阴极射线管的荧光屏宽度尺寸(A_c)是固定值，一般为100mm，如果调节扫描线圈电流，从而改变入射电子在样品上的扫描范围A_s(也称为扫描振幅)，则可获得不同的放大倍率：

$$M=A_c/A_s=\text{常数}/A_s \qquad (20-1)$$

当扫描范围减小，则倍率提高，反之则降低。

扫描电子显微镜有一个显著特点就是景深(场深)很大。这是由于扫描电子束发射度β很小所致，从图20-2可看出：

$$F_f=\frac{d_0}{\tan\beta}\approx\frac{d_0}{\beta} \qquad (20-2)$$

式中d_0是扫描像分辨率；F_f是景深。景深F_f是指在保持像清晰度的前提下，即不降低分辨率的前提下，样品在物平面上下沿光轴可移动的最大距离。

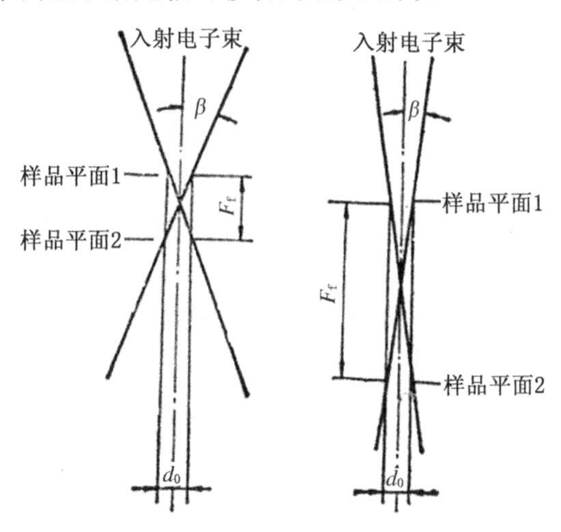

图20-2　扫描电子显微镜景深与束发散度的关系

表20-1给出了在不同放大倍率下，扫描电子显微镜分辨率和相应的景深值($\beta=1\times10^{-3}$rad)。为了便于比较，也给出了相应放大倍率下光学显微镜的景深值。表中的分辨率d_0被定义为；

$$d_0=\text{肉眼分辨率}/\text{仪器放大倍率} \qquad (20-3)$$

在表中肉眼的分辨率取值为0.1mm。在上述定义中的放大倍率又称为有效放大倍率。从表中可知，扫描电子显微镜的景深比光学显微镜大得多，所以它特别适用于粗糙表面的观察和分析。

表 20－1　扫描电子显微镜的分辨率和景深

放大倍率 M	分辨率 $d_0/\mu m$	景深 $F_f/\mu m$	
		扫描电子显微镜	光学显微镜
20	5	5 000	5
100	1	1 000	2
1 000	0.1	100	0.7
5 000	0.02	20	—
10 000	0.01	10	—

20.1.2　构造

扫描电子显微镜由电子光学系统(镜筒)、信号检测放大系统、图像显示和记录系统以及电源系统和真空系统等部分组成。主要部分简介如下：

1）电子光学系统

电子光学系统由电子枪、聚光镜、扫描线圈、光栏、样品室等部件组成，如图 20－1(b)所示。它的作用与透射电子显微镜不一样，仅仅用来获得扫描电子束，作为使样品产生各种物理信号的激发源。为了获得较高的信息强度和扫描像(尤其是二次电子像)分辨率，扫描电子束应具有较高的亮度和尽可能小的束斑直径。

普通热阴极电子枪由于受到钨丝阴极发射率较低的限制，当经三个聚光镜缩小后照射到样品表面的束流强度为 $10^{-11}\sim10^{-13}$A 时，扫描电子束最小直径才能达到 5～7nm。由此可见，要尽可能减小扫描电子束斑直径，只有在确保适当的扫描电子束流强度前提下才有实际意义。因此，为了获得一种亮度更高、直径更小的电子流，以后相继出现了六硼化镧(LaB_6)和场发射电子枪。

以扫描线圈为核心组成的扫描系统，其作用是提供入射电子束在样品表面上以及阴极射线管电子束在荧屏上的同步扫描信号；改变入射电子束在样品表面扫描振幅，以获得所需放大倍率的扫描像。

样品室中主要部件之一是样品台。它除了能进行二维平面上的移动，还能倾斜和转动，样品台移动范围一般可达 40mm，倾动范围至少±50°左右，转动 360°。样品台还可带有多种附件，例如使样品在样品台上加热、冷却，或拉伸等，可进行动态观察。

2）信号检测放大系统

其作用是检测样品在入射电子作用下产生的物理信号，然后经视频放大，作为显像系统的调制信号。不同的物理信号，要用不同类型的检测系统。它大致可分为三类，即电子检测器、阴极荧光检测器和 X 射线检测器。

在扫描电子显微镜中最普遍使用的电子检测器是由闪烁体，光导管和光电倍增器所组成，如图 20－3 所示。闪烁体多由含磷光物质的闪烁塑料制成。在闪烁体上加上约 10kV 的正高压来加速电子。因塑料闪烁不导电，故在其上面喷镀几十纳米厚的铝膜作为高压电极，又可作为反光层阻挡杂散光的干扰。闪烁体上的正高压会使入射束位移或引起像散，为此其外套着一个有栅网的法拉第罩，其电位接近零电压. 在法拉第罩栅网上接＋200V 左右的正偏压(相对样品)可以进一步有效地吸收二次电子。若要排斥二次电子，则在法拉第罩栅网上加 50V 负偏压。法拉第罩栅网上施加这样低的正负偏压不会给入射电子束带来明显的不利影响。

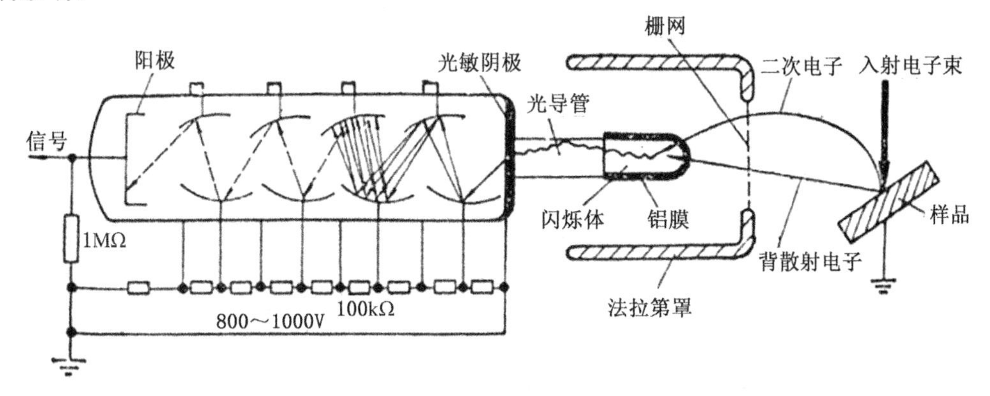

图 20-3 电子检测器

当信号电子撞击并进入闪烁体时,将引起电离,当离子与自由电子复合时产生可见光,其沿无吸收的光导管送到光电倍增器进行放大,输出电信号可达 10mA 左右,经视频放大器放大后作为调制信号。这种检测系统的特点是在很宽的信号范围内具有正比于原始信号的输出,具有很宽的频带(10Hz～1MHz)和高的增益(10^5～10^6),而且噪声很小。

阴极荧光检测器由光谱仪、光导管和光电倍增器所组成。当半导体、磷光体和一些绝缘体在高能电子照射下产生阴极荧光时,由样品发射的阴极荧光信号通过椭圆镜面反射聚焦到光导管上,然后通过光导管直接送到光电倍增器进行放大,再经视频放大器放大后即可作为调制信号。阴极荧光信号主要用于矿物、半导体和生物样品的研究。

在扫描电子显微镜中可配备 X 射线检测仪,它分为能谱仪和波谱仪,有关内容在下一章电子探针 X 射线显微仪中详细介绍。

3) 显示与记录系统

该系统的作用是把信号检测系统输出的调制信号,转换为在阴极射线管荧光屏上显示样品某种特征的放大像,供观察和照相记录。

扫描电子显微镜的扫描速度可以变化,从数十秒的慢速扫描变到快速的电视扫描,其间分成几档,供不同操作目的使用。显示装置一般有两个显示通道:一个用来观察,另一个供照相记录。前者采用长余辉显像管,便于观察;后者则为高分辨率的短余辉管子。观察时为便于调焦,采用相对快的扫描速度,而拍照时为了得到分辨高的图像,要求采用尽可能慢的扫描速度。

20.2 扫描电子显微镜的像衬度原理及其应用

20.2.1 表面形貌衬度的原理

表面形貌衬度是扫描电子显微镜最经常遇到的衬度机制。它是利用对样品表面形貌变化敏感的物理信号作为调制信号得到的一种像衬度。二次电子和背散射电子对样品微区刻面相对于入射电子束的位向十分敏感,因此它们都能用于显示样品表面形貌特征。二次电子像的分辨率比背散射电子像高得多,而且当样品中微区的原子序数大于 20 时,二次电子的产额随原子序数无明显变化(见图 20 - 4),也就是说,在这种情况下获得的二次电子像,其衬度完全表征出样品形貌的特征。由此可见,二次电子像尤其适用于显示形貌衬度。

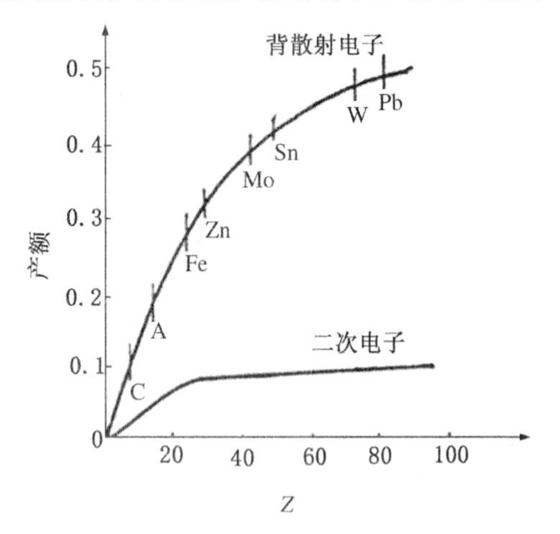

图 20 - 4 二次电子、背散射电子与原子序数的关系

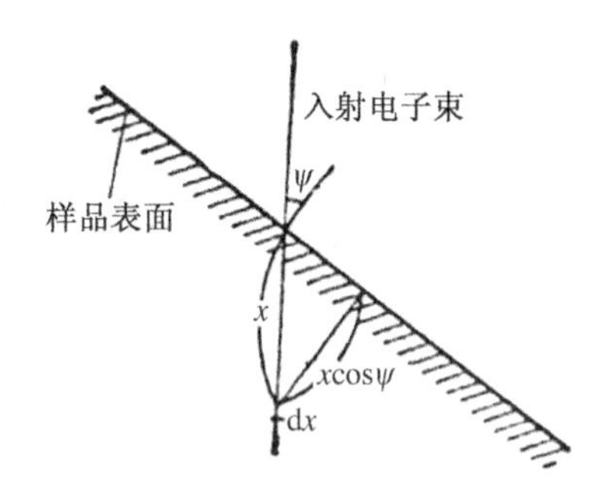

图 20 - 5 关于二次电子量与 ψ 之间关系的说明图

下面讨论样品表面的微观形貌与二次电子发射量之间的关系。二次电子与 X 射线的情况不同,它只要考虑入射电子在其入射点附近的行径就可以了。因此设入射电子在样品中的轨迹是沿图 20 - 5 中的 x 轴上方向,并且入射电子的能量损失可以忽略不计,这时由相距电子束入射点为 x 的 dx 处所产生的二次电子量,在 x 轴的各点上都是相同的。令样品表面的法线方向与 x 轴之间夹角为 ψ,则 dx 处所产生的二次电子到达样品表面所通过的最短距离便为 $x\cos\psi$,而达到样品表面的二次电子量 dI_s即可表示为

$$\mathrm{d}I_s = K_1 \mathrm{e}^{-\mu x\cos\psi}\mathrm{d}x \tag{20-4}$$

式中,K_1为比例常数,μ 为样品物质对电子的吸收系数,对于能量很低的二次电子来说,μ 值是非常大的,如果 $x\cos\psi$ 的值不是非常小,那么 dx 处所产生的二次电子就几乎不能达到样品表面而被物质所吸收。对式(20 - 3)进行积分则得:

$$I_s = \int_0^a K_1 \mathrm{e}^{-ux\cos\psi}\mathrm{d}x \approx K_2/\cos\psi \tag{20-5}$$

式中,K_2为比例常数。虽然上面考虑的是二次电子通过最短距离达到样品表面的情况,但在一般情况下,式(20 - 4)也成立。实验结果与此结论相符。在扫描电子显微镜中,二次电子检测器装在样品上方一侧。如果一个平面样品,将其逐渐倾斜,使它的法线与入射电子束轴线之间夹角 ψ 从 0°逐渐增大,二次电子检测器连续地检测样品在不同倾斜情况下发射的二次电子信号。结果表明,当入射电子电流 i_p 为一定值时,二次电子电流 i_s 随样品倾斜角 ψ 增大而增大。若用二次电子产额(或称二次电子发射系数)δ 来表示每个入射的初始电子能激发出的二次电子数目,即 $\delta = i_s/i_p$,则 δ 与 ψ 之间的关系如图 20 - 6 所示。当入射电子能量大于 1keV 时,二次电子产额 δ 与样品倾斜角 ψ 的关系:

$$\delta = i_s/i_p \propto \frac{1}{\cos\psi} \tag{20-6}$$

如果样品是由图 20 - 7(a)所示那样的三个小刻面 A、B、C 所组成的,由于 $\psi_C > \psi_A > \psi_B$,所以 $\delta_C > \delta_A > \delta_B$或 $i_{sC} > i_{sA} > i_{sB}$,如图 20 - 7(b)所示,结果在荧光屏或照片上 C 小刻面的像

比 A 和 B 亮，A 又比 B 亮，如图 20-7(c)所示。

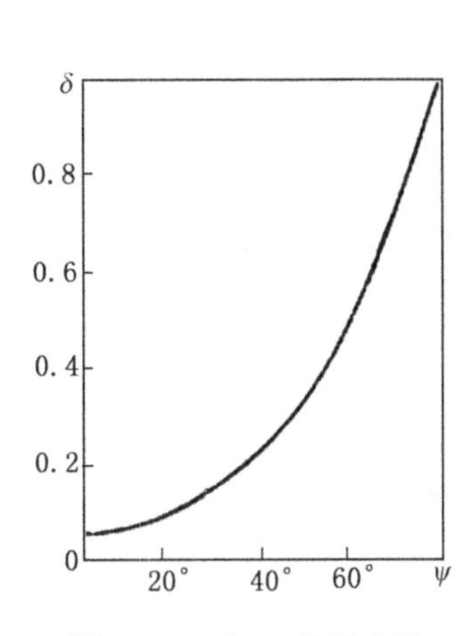

图 20-6　δ-ψ 关系曲线

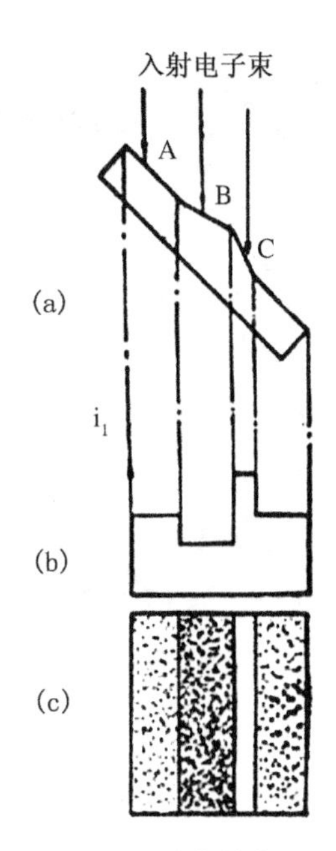

图 20-7　形貌衬度原理

值得注意的是，二次电子检测器装在样品上方的一侧，二次电子图像的亮度不仅与二次电子的发射数目有关(即与 ψ 角有关)，而且与能否被检测器检测到有关。例如在样品上的一个"小山峰"的两侧，背向检测器一侧区域所发射的二次电子有可能不能到达检测器，此处在二次电子像中就可能成为阴影，如图 20-8(a)所示。为了解决这个问题，在电子检测器的法拉第罩上加 200～500V 正偏压，吸引低能二次电子，使背向检测器的那些区域产生的二次电子仍有相当一部分可以通过弯曲轨迹到达检测器(见图 20-8(b))，有利于显示背向检测器的样品区域细节，大大减小了阴影对形貌显示的不利影响。

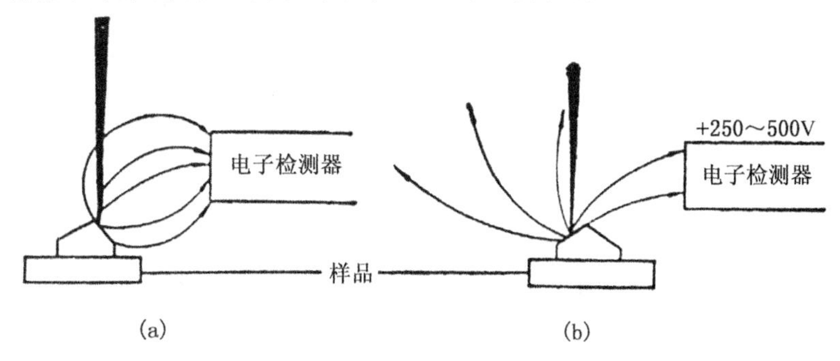

图 20-8　二次电子像阴影的改善

若在电子检测器上加 50 V 左右负偏压，就能阻挡低能二次电子进入检测器，只有高能量的背散射电子才能进入。这样就仅让背散射电子信号显示样品的表面形貌。但背散射电子像分辨率不如二次电子像；背散射电子能量比较高，离开样品表面后沿直线轨迹运动，只能检测朝向检测器的背散射电子，背向检测器的那些区域产生的背散射电子不能到达检测器，结果在图像上形成阴影，掩盖了这些部分的细节，如图 20－9(b)所示。

图 20－9 $Ge_{38}P_8I_8$ 晶体颗粒

(a) 二次电子像；(b) 背散射电子像

样品形貌对入射电子束激发区域的影响，也是与二次电子发射有关的另一重要因素。当入射电子束激发体积靠近、甚至暴露于表层时，激发体积内产生的大量自由电子离开表层的机会就多，如图 20－10 所示。因此，样品表面尖棱(*A*)、小粒子(*B*)、坑穴边缘(*C* 和 *D*)等部位，在电子束作用下产生比样品其余部位高得多的二次电子信号强度，所以在扫描像上这些部位显示异常亮的衬度，如图 20－11 所示。图 20－11 是铝基碳纤维复合材料断口形貌，入射电子束在暴露出的碳纤维上可激发更多的二次电子，所以显示出特别亮的衬度。

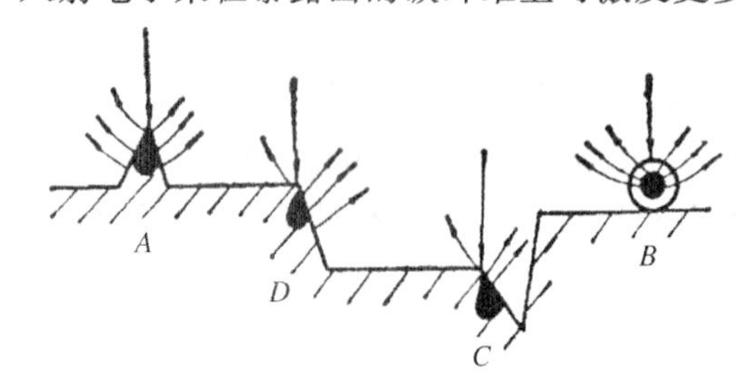

图 20－10 样品形貌对入射电子束激发区的影响

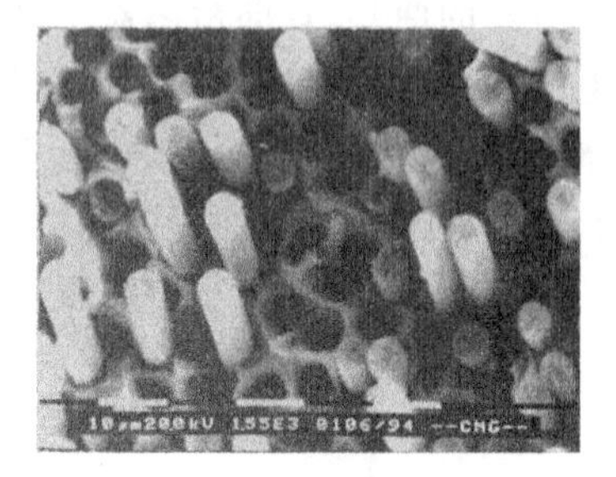

图 20－11 铝基碳纤维复合材料断口形貌

20.2.2 表面形貌衬度改善的电子减速技术

二次电子像具有高的分辨率用于表面形貌的观察，但在高的加速电压下，由于电子束的深度和扩展范围随加速电压的提高而扩大，因此，影响样品浅表面形貌图像的分辨率。为此，日立公司近几年在场发射扫描电子显微镜开发了他们的电子减速技术。通过电子束控制技术，将 1kV 下的分辨率提高了 30%。工作原理见图 20－12。由于在低的加速电压下色差增大((见式(16－20))，使得入射电子束照射样品的束斑增大，从而降低了分辨率。保持原有的高加速电压从而避免低的加速电压下色差增大而使分辨率降低的缺点。在样品上接可调节的负电压(－2 000V 至－4 000V)，对负电子排斥，由此在样品和物镜之间形成减速场，从而起到对初始电子束到达样品前的减速作用，因此样品上的负电压称为减速电压。当电子束到达样品时的电压称为着陆电压。着陆电压等于加速电压减去减速电压的绝对值。当低着陆电压的电子束轰击样品在浅表面产生二次电子,这些二次电子收到减速场的排斥而加速向上运动而被二次电子检测器所接受,因此,采用电子减速技术与直接采用降低加速电压的方法相比,前者不仅具有更高的分辨率而且具有更高的接受率,其表现为图像更清晰更明亮。图 20－13 显示出日立 S-4800 扫描电子显微镜采用着陆电压为 500V 和加速电压为 500V 时对磁带上蒸发的金颗粒观察的比较,前者的颗粒分辨率显著高于后者。着陆电压降低有利显示浅表面的真实形貌。图 20－14 显示出在上述同样扫描电子显微镜下采用着陆电压分别为 500V 和 100V 时的氟化树脂层的表面形貌,前者由于较大的梨形体积的二次电子激发导致白亮边缘的衬度,干扰了表面形貌的真实显示。

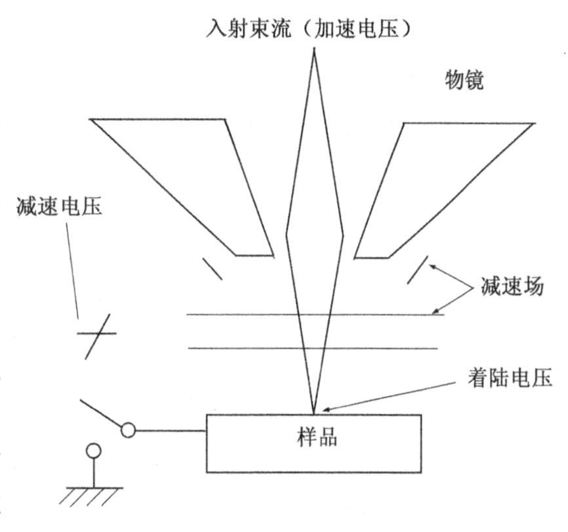

图 20－12　电子减速技术工作原理

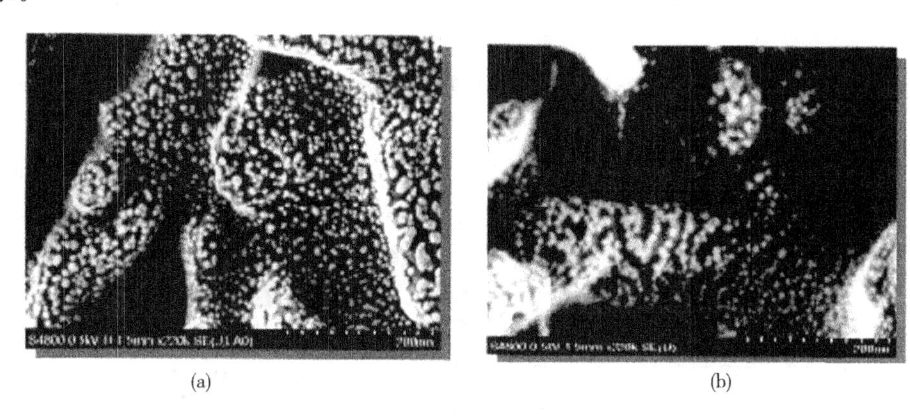

图 20－13　着陆电压为 500V(a)和加速电压为 500V(b)时对金颗粒观察的比较

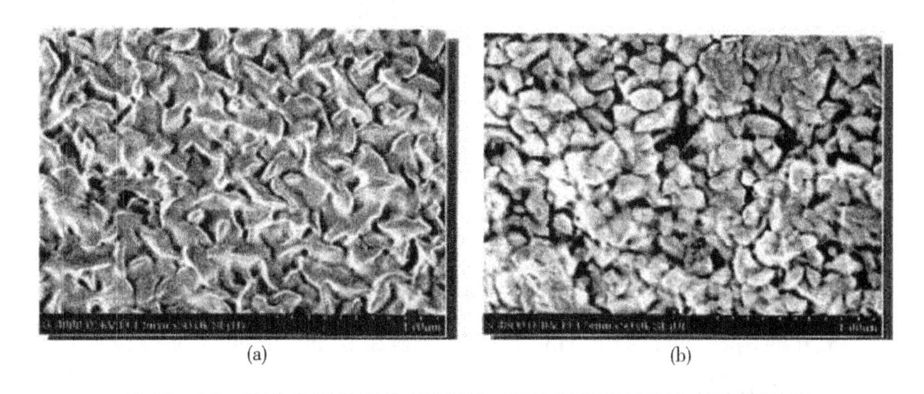

图 20－14　着陆电压分别为 500V 和 100V 时氟化树脂层的表面形貌

减速技术的应用受到加速电压和着陆电压相互关联的限制,因此减速技术通常在小于

5kV 加速电压下使用。更大的限制在于样品不能倾转，必须使样品表面与入射电子束方向垂直，否则倾斜的表面将破坏减速场的对称分布，从而使图像变形，甚至不能获得图像。

20.2.3 原于序数衬度原理

原子序数衬度是利用对样品微区原子序数或化学成分变化敏感的物理信号作为调制信号得到的一种显示微区化学成分差异的像衬度。

如图 20-4 所示，背散射电子与二次电子不一样，它对原子序数的变化是很敏感的。背散射系数 η（$\eta=i_b/i_p$，i_b 是背散射电子电流）随元素原子序数 Z 的增大而增大。对于 $Z<40$ 的元素，背散射系数随原子序数的变化较为明显；例如在 $Z=20$ 附近，原子序数每变化 1，引起背散射系数变化约为 5%。如果样品中两相的原子序数相差 3，那么这两相足以在背散射电子像中区别出来。由于背散射电子信号强度与 η 成正比，样品表面平均原子序数较高的区域，产生较强的信号，在背散射电子像上显示较亮的衬度。因此，根据背散射电子像（成分像）亮暗衬度可以判别对应区域平均原子序数的相对高低，有助于对金属和合金进行显微组织的分析。

背散射电子与二次电子一样，其发射量与样品形貌有关。因此，利用背散射电子信号可获得样品形貌的信息。由此可见，背散射电子可以同时带来关于样品的原子序数和形貌信息。由于背散射电子能量较高，离开样品表面后沿直线轨迹运动，检测到的背散射电子信号强度要比二次电子低。所以粗糙表面的原子序数衬度往往被形貌衬度所掩盖。因此，用来显示原子序数衬度的样品，一般只需抛光而不必进行浸蚀。此外，在电子检测器上加 50V 左右负偏压，可阻止二次电子到达检测器，削弱形貌衬度的干扰，有利于成分衬度的显示。

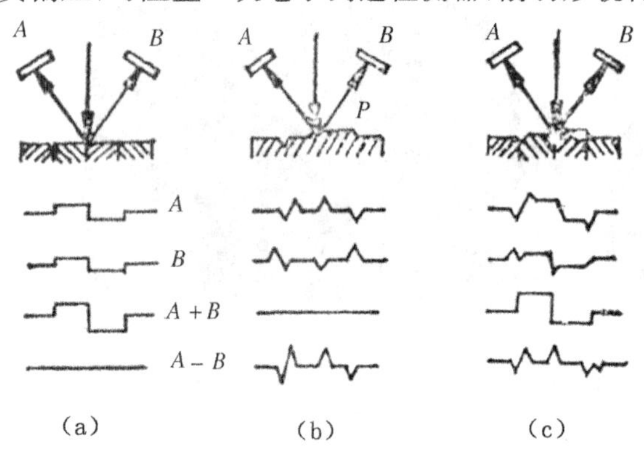

图 20-15 半导体硅对检测器工作原理

(a) 成分有差别，形貌无差别；(b) 形貌有差别，成分无差别；(c) 成分形貌都有差别

对有些既要进行形貌观察又要进行成分分析的样品，可采用一种新型的背散射电子检测器，它由一对硅半导体组成，以对称于入射束的方位装在样品上方，将左右两个检测器各自得到的电信号，进行电路上的加、减处理，便能得到单一信息。对于原子序数信息来说，进入左右两个检测器的信号，其大小和极性相同，而对浮雕信息，两个检测器得到的信号绝对值相同，其极性恰相反。根据这种关系，如果将两个检测器得到的信号相加，便得到反映样品的原子序数信息；如果相减，便得到反映样品的浮雕信息。上述背散射电子信息的分离原理如图 20-15所示。图 20-16 是用一对背散射电子检测器对铝合金抛光表面进行检测的情况。图 20-16(a)采用 A+B 方式，获得成分像，而图 20-16(b)则采用 A-B 的方式，获得形貌像。图 20-17 给出了高铬高镍奥氏体钢的背散射电子(成分)像，它清楚地显示出晶界上金属间化合物和氮化铬两种不同的相，而在扫描电子显微镜的二次电子显微像或光学显微镜照片上是无法区分两者的。

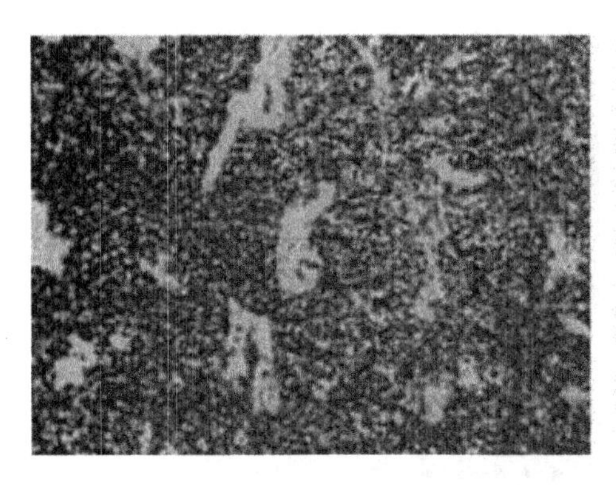
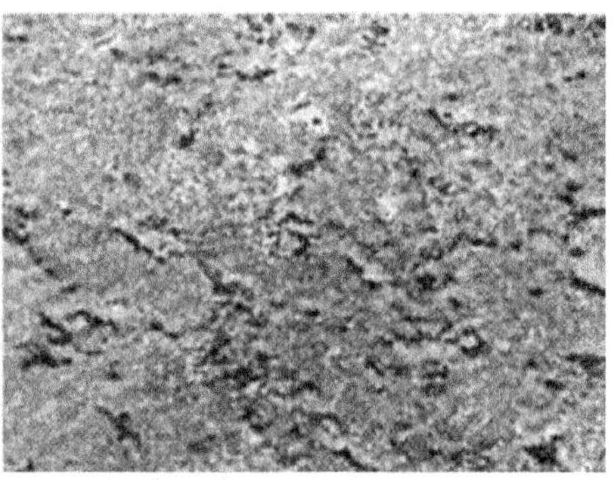

图 20－16　铝合金抛光表面的背散射电子像

(a) 成分像；(b) 形貌像

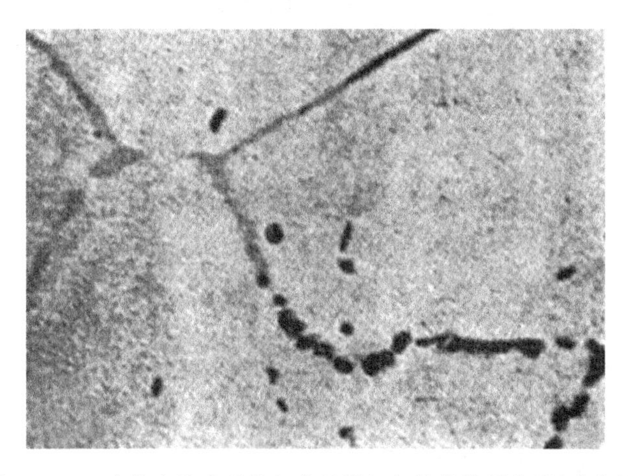

图 20－17　高镍高铬奥氏体钢中显微组织的背散射电子(成分)像

吸收电子也是对样品中原子序数敏感的一种物理信号。由入射电子束与样品的相互作用可知：

$$i_I = i_B + i_A + i_T + i_S \tag{20-7}$$

式中，i_I 是入射电子电流，i_B、i_T 和 i_S 分别代表背散射电子、透射电子与二次电子的电流，而 i_A 为吸收电子电流。对于样品厚度足够大时，入射电子不能穿透样品，所以透射电子电流 $i_T = 0$，这时的入射电子电流可表示为

$$i_I = i_B + i_A + i_S \tag{20-8}$$

由于二次电子信号与原子序数($Z>20$ 时)无关，为了简便起见，可设二次电子电流 $i_s = C$ 为一常数，则吸收电子电流 i_A 即为

$$i_A = (i_I - C) - i_B \tag{20-9}$$

在一定的实验条件下，入射电子束电流 i_I 是一定的，所以吸收电子电流与背散射电子电流存在互补关系。因此可以认为，样品表面平均原子序数高的微区，背散射电子信号强度较高，而吸收电子信号强度较低，背散射电子像与吸收电子像衬度正好相反，如图 20－18 所示。从图上看出，奥氏体铸铁(5.7%Si，19.8%Ni，3.3%Cr)中石墨(低原子序数)呈条片状，在背散电子像中石墨条呈现暗的衬度，而在吸收电子像中石墨条呈现亮的衬度。

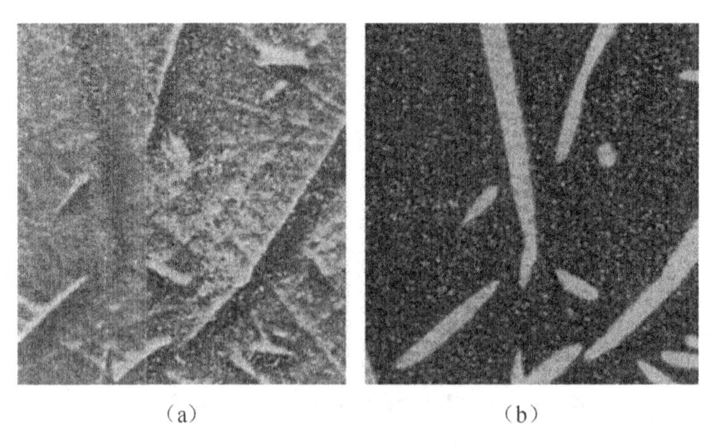

图 20－18　奥氏体铸铁的显微组织

(a) 背散射电子像;(b) 吸收电子像

20.2.4　二次电子和背散射电子任意混合的 ExB 技术

近几年,日立公司在高端场发射扫描电镜里采用了 ExB 专利技术,见图 20－19。ExB 磁场产生的洛伦兹力使入射电子束偏向图 20－19 中的左方(背向 SE 检测器方向)。这样,不但可以消除二次电子检测器所加偏压对入射电子轴向轨迹的吸引影响,由此保证电子束以直线方向入射于样品上。而且入射束激发的二次电子,其运动方向与入射电子方向相反,故受到洛伦兹力作用而偏向右方,即二次电子检测器的方向,因此提高了二次电子的检测效率。ExB 探测器允许用户根据样品的不同情况以任意比例混合二次电子信号和背散射电子信号成像,以此充分利用二次电子的高分辨和背散射电子的成分信息最佳衬度的图像。并可以消除边界效应及样品荷电带来的影响。

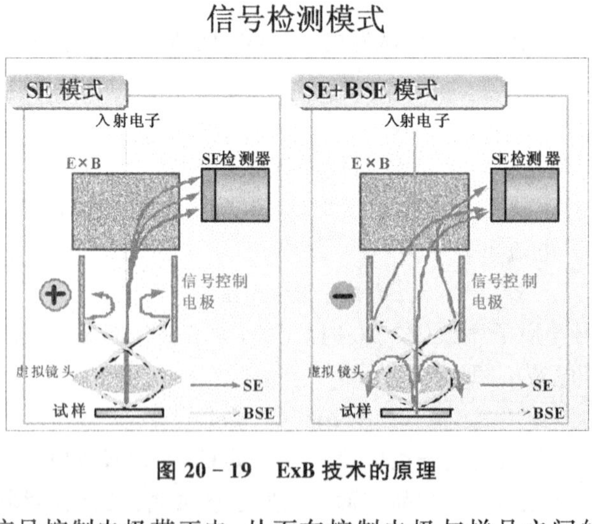

信号检测模式

SE 模式
入射电子
E×B
SE检测器
信号控制电极
虚拟镜头
试样
SE
BSE

SE+BSE 模式
入射电子
E×B
SE检测器
信号控制电极
虚拟镜头
试样
SE
BSE

图 20－19　ExB 技术的原理

在 SE 模式中,信号控制电极带正电,从而在控制电极与样品之间的电场分布形成一个虚拟镜头(透镜),使在样品上产生小散射角的二次电子(SE)进入上部的二次电子检测器。当能量较高和散射角大的背散射电子(BSE)与该电极碰撞时产生的二次电子信号被正电极板吸回,此时上部的二次电子检测器检测到的只有来自样品的二次电子信号。

在SE+BSE模式中，信号控制电极带负电，且电位可调节，这是改变了控制极与样品之间的电场分布，形成一个与SE模式中不同的虚拟透镜。能量较低的二次电子将无法通过电极板空间，而能量较高的二次电子仍可以穿越电极板，被上部的二次电子检测器检测到。对能量较高的背散射电子而言，与信号控制电极碰撞所产生的二次电子将受到负电极的排斥，因此它们可以被上部二次电子检测器收集到。这部分电子可以代表背散射电子信号的强弱。这时检测器检测的信号可以认为是SE+BSE信号的混合像。当极板电压调节到更低的电位时，将有更多的二次电子无法进入上部二次电子检测器，所以混合像里面SE信号和BSE信号的比例就改变了，而这种混合比例超过100种。当极板电位低到一定程度后，所有来自样品的二次电子都将无法通过极板空间，这时可以得到纯的背散射电子图像。图20-20是日立S—4800扫描电子显微镜分别用SE模式和SE+BSE模式显示同样深槽截面的不同效果，后者显示出更多的细节。

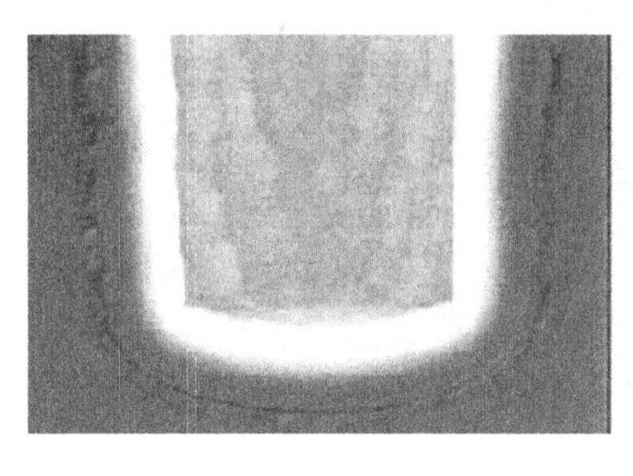

(a)

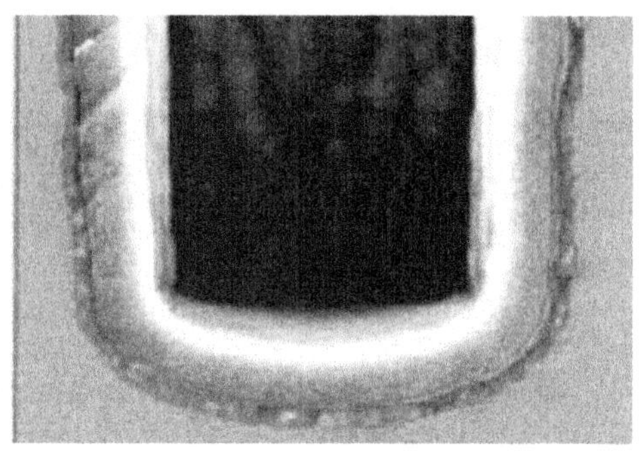

(b)

图20-20 SE模式(a)和SE+BSE(b)模式显示的深槽截面

20.2.5 扫描透射电子显微术

当样品足够薄时，在扫描电子显微镜中还可利用透射电子成像。扫描透射电子显微术(scanning transmission electron microscopy, STEM)是采用细聚焦电子束在薄样品上扫描，在样品的上、下方放置不同的探测器，以接受不同的信号成像，如图20-21所示的日立公司的S—4800扫描电子显微镜。在薄样品的上方放置二次电子和背散射电子探测器(称为高位探头)，由此可呈现二次电子像和背散射电子像。在样品垂直下方放置透射探头，由此获得STEM明场像，在样品的侧下方放置低位探头，由此获得STEM暗场像。图20-21显示出利用不同信号对碳纳米管成像的特征。通常，先用二次电子像确定视域，从二次电子像可清晰显示碳纳米管的尺寸和形态，但不能确定碳纳米管中的颗粒存在。当利用STEM明场像和暗场像时，尤其后者能清晰的确认颗粒的存在，并被能谱仪确定为铁颗粒。STEM明场像和暗场像的衬度来自质厚衬度，即由于铁颗粒的原子序数远大于碳纳米管，因此被铁散射的电子具有较大的散射角，仅有少数小角散射电子被透射探头所接受，因而在STEM明场像中铁颗粒显示暗的衬度，碳纳米管显示亮的衬度。在STEM暗场像中两者衬度相反，因为被铁散射更多的高角度电子被低位探头所接受，所以显示亮的衬度。

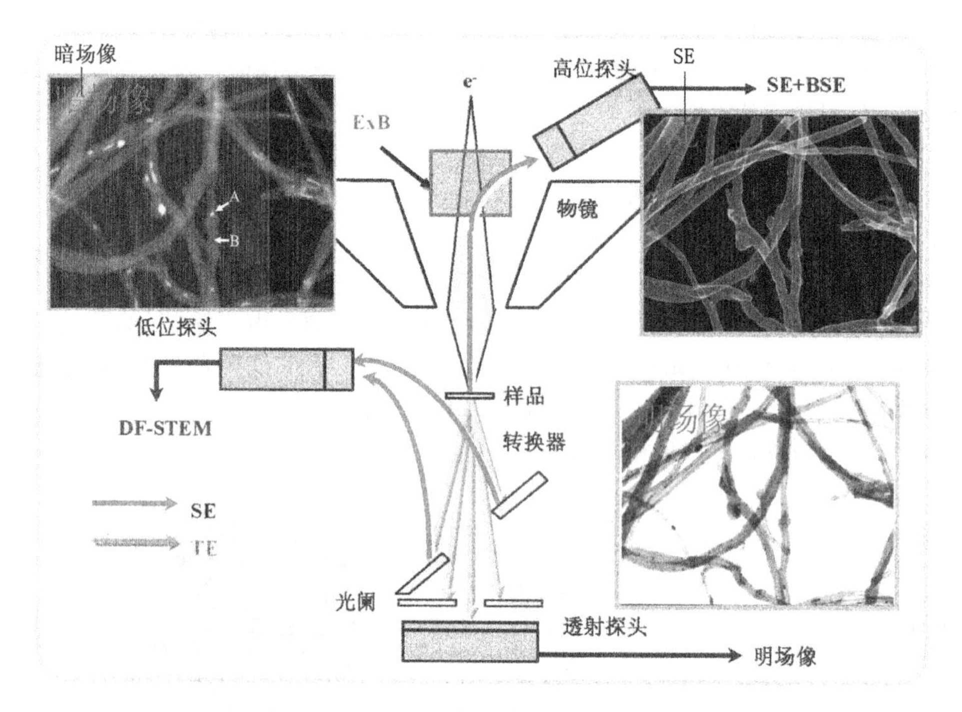

STEM成像原理

图 20－21　日立公司的 S－4800 扫描电子显微镜的 STEM 配置及对碳纳米管的观察

20.3　电子背散射衍射分析及其应用

电子背散射衍射(electron backscatter diffraction,EBSD)装置是 20 世纪 80 年代发展起来的一项新技术,现已成为扫描电子显微镜和电子探针的重要附件。该技术的特点是能快速、准确地测定块体样品内亚微米区域晶体学位向,在这基础上,若对相邻两个晶粒的位向进行测定,可获得晶界类型;若对大量晶体位向测定,可判断所研究的材料是否存在织构,并可确定织构的分布和类型。用 EBSD 也可对物相进行鉴别。EBSD 既可以得到微观的晶体结构、形貌和取向信息,又可获得宏观的统计信息,前一特点是 X 射线衍射所不具有的,后一特点是透射电子显微镜不具有的。扫描电子显微镜或电子探针配备 EBSD 附件,使它们能对块体(厚)试样的显微组织,微区成分和晶体结构信息进行综合分析,极大地拓宽了扫描电子显微镜和电子探针的应用范围。

20.3.1　电子背散射衍射工作原理和仪器结构

1) 工作原理

当细小的入射电子束进入试样时,在入射点产生非弹性散射的背散射电子,它们的散射方向分布于整个空间。对于非弹性散射引起电子能量损失一般只有几十电子伏特,它与入射电子能量几万或几十万电子伏特相比是很小的,因此电子波长可认为基本不变;这些不同方向的非弹性散射电子在符合布拉格条件下,它们将发生相干散射而使晶面产生衍射,由此产生的(hkl)和$(\overline{hkl})$晶面衍射波将分别构成以它们的法线 N_{hkl} 和 $N_{\overline{hkl}}$ 为轴,半顶角为$(90°\sim\theta)$的圆锥面,这两个圆锥面与荧光屏相交得到近似平行的一对衍射线。这与透射电子显微镜薄样品的菊池花样完全相同(见图18-25),故电子背散射衍射又称为背散射菊池衍射。图20-22为电子束在一组(hkl)和($\overline{hkl}$)晶面上产生背散射衍射的示意图。

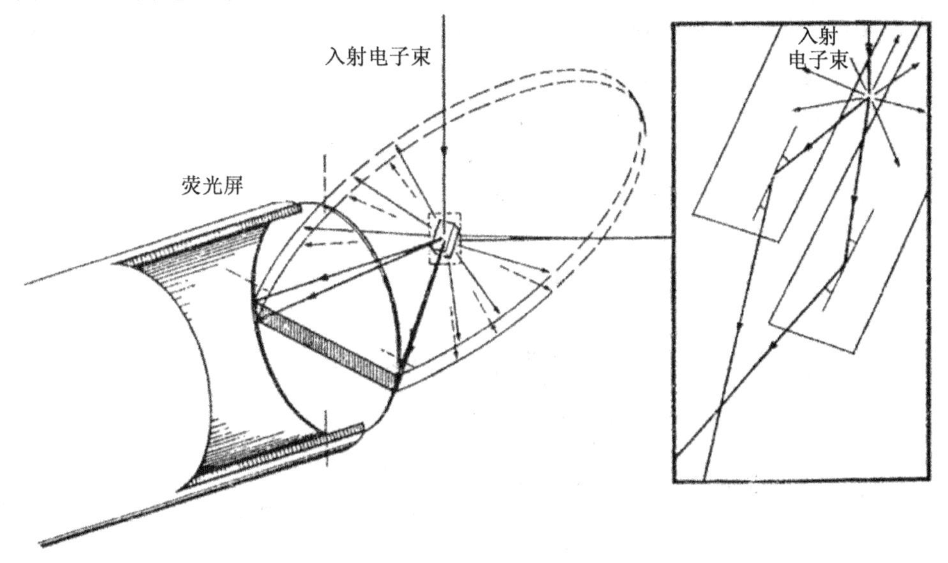

图20-22　电子束在一组晶面上被散射菊池衍射示意图

电子背散射衍射花样的性质和指标化与菊池花样相同。在电子背散射衍射系统中,由于样品与荧光屏的距离(衍射相机长度)一般比透射电子显微镜中的电子衍射要短得多,接受立体角显著增大,所以可以记录到更大角度范围的菊池衍射花样,即可得到一幅包含若干个单位三角形的菊池图(kikuchi map),可以更加直观和正确地反映晶体的三维对称性质。进行EBSD晶体取向测定时,样品需经倾转后使其表面法线呈70°夹角,以致极大地提高了角覆盖范围,约可达65°,如图20-23所示。在图20-23所示锗的EBSD花样中,可见[010]晶带轴和[323]晶带轴,两者的夹角为64.8°,这是TEM中菊池花样不可望其项背的。

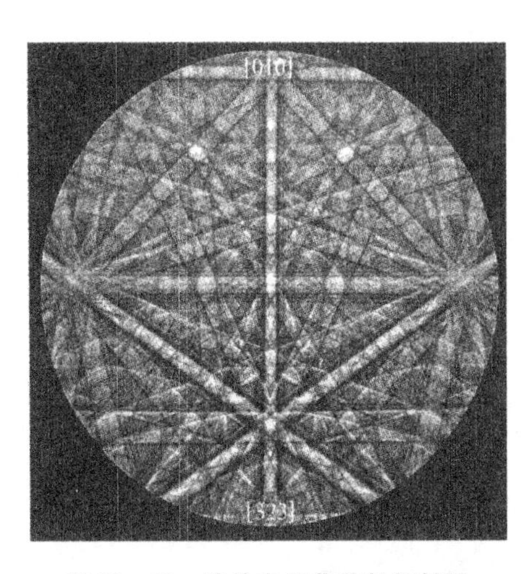

图20-23　锗的电子背散射衍射图

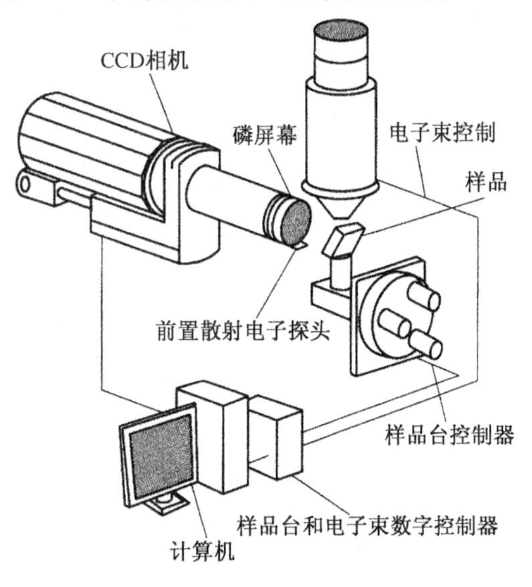

图20-24　电子背散射系统的结构

2）电子背散射系统的结构

图 20－24 是电子背散射系统的结构示意图。入射电子照射在高角度倾斜（约 70°）试样，能量损失仅几十电子伏特的非弹性电子在经晶体衍射获得电子背散射花样（EBSP），经透镜前置散射电子探头放大投射到 CCD 相机前端的荧光屏（磷屏幕）上，被 CCD 相机摄下，经图像处理（如信号放大、加和平均、扣除背底等），由抓取图像卡采集到计算机中，计算机通过 hough 变换，自动识别进行谱线标定，每个取向的标定只需几秒钟。当电子束在样品某区域进行面扫描，可获得各点的晶体位向以及扫描区域内晶体的生长形态和尺寸分布。

样品被固定倾斜约 70.5°，其主要原因有以下两点：

（1）高角度提高了衍射电子的接受率和角覆盖范围。

（2）在检测待分析样品前，先必须用锗标样对仪器状态进行校正，锗标样在 70.5°状态下，其[114]晶带轴正好在花样的中心，以此能方便来校正仪器。

20.3.2 电子背散射花样晶体取向和织构分析原理

应用 EBSD 技术进行最主要的研究就是快速确定晶体取向和织构分析，并用极图、反极图和欧拉角表示出来的，因此本节将对其原理进行详细描述，以致为掌握 EBSD 技术打下基础。

1）极图

在织构表示中，极图是表示晶胞中被测定的某一晶面（hkl）法向在由轧向－侧向－法向（RD－ND－TD）构成的样品坐标系中的极射赤面投影图（标准投影图）中的位置，具体地说，样品的轧面和标准投影图的投影面相重合，所测定的晶面（hkl）法向应落在标准投影图中所示的位置。该极图就被称为（hkl）极图。需要注意两点：①极图的命名和标准投影图的命名是不同的，前者是以测定的晶面所命名的，而后者是以投影面的指数命名的；②在极图测定中，通常测定$\{hkl\}$中各晶面法向的分布，因此，极图也常被命名为$\{hkl\}$极图。

已知某（hkl）晶面法线的极点 P 与由 RD(X)－TD(Y)－ND(Z)构成的样品坐标系中 X 轴的夹角为β，与 Y 轴的夹角为γ，与 Z 轴夹角为α，求 P 点在投影图上的 P'点坐标(x,y)的方法如下。

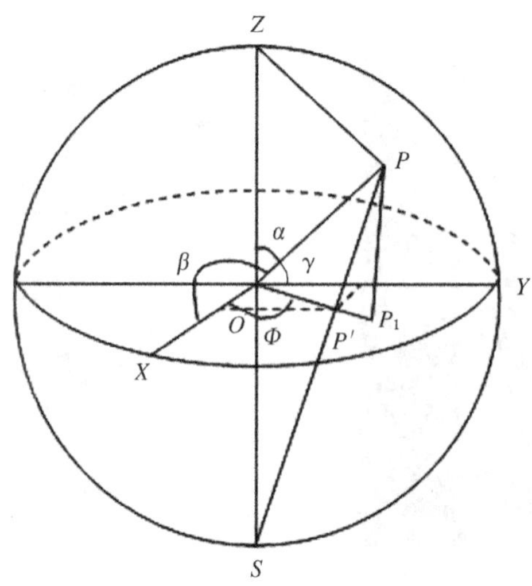

图 20－25 极点在投影图上的坐标(x,y)

假设参考球的半径为 1(见图 20－25),则有 $\cos^2\alpha+\cos^2\beta+\cos^2\gamma=1$,那么 P 点坐标 (x',y',z') 在参考球中以 α,β 表示为 $(\cos\beta, \sqrt{1-(\cos^2\alpha+\cos^2\beta)}, \cos\alpha)$,$P$ 点在投影面的垂足为 $P_1(OP_1=OP\sin\alpha)$,而 OP_1 直线与 x 轴的夹角为 Φ。因此 P 点坐标 (x',y',z') 中的 x',y' 又可表示为

$$x'=OP\sin\alpha\cos\Phi \qquad y'=OP\sin\alpha\sin\Phi$$

由于

$$\angle ZSP=\frac{\alpha}{2}$$

所以

$$OP'=OS\tan\frac{\alpha}{2}=\tan\frac{\alpha}{2}, OP_1=OP\sin\alpha=\sin\alpha$$

根据图 5－25 可知,P 点在投影面上的投影点为 $P'(x,y)$,所以有

$$x'=OP_1\cos\Phi \quad y'=OP_1\sin\Phi$$

$$\frac{OP'}{OP_1}=\frac{\tan\frac{\alpha}{2}}{\sin\alpha}=\frac{\frac{\sin\frac{\alpha}{2}}{\cos\frac{\alpha}{2}}}{2\sin\frac{\alpha}{2}\cos\frac{\alpha}{2}}=\frac{1}{2\cos^2\frac{\alpha}{2}}=\frac{1}{1+\cos\alpha}$$

由图 20－25 可知:$x=OP'\cos\Phi$,$y=OP'\sin\Phi$,所以

$$x=\frac{OP_1\cos\Phi}{1+\cos\alpha}=\frac{x'}{1+\cos\alpha}=\frac{\cos\beta}{1+\cos\alpha}$$

$$y=\frac{OP_1\sin\Phi}{1+\cos\alpha}=\frac{y'}{1+\cos\alpha}=\frac{\sqrt{1-(\cos^2\alpha+\cos^2\beta)}}{1+\cos\alpha} \tag{20-10}$$

值得指出的是,上述推导是假设极点 OP 与 TD(Y 轴)的夹角 γ 小于 90°,即 $\cos\gamma$ 的值大于零。当 $\cos\gamma\leqslant 0$ 时,即极点 OP 与 TD 的夹角 γ 大于 90°,根据对称性则有

$$y=\frac{y'}{1+\cos\alpha}=\frac{-\sqrt{1-(\cos^2\alpha+\cos^2\beta)}}{1+\cos\alpha}$$

例 1: 对于立方取向板织构(100)[010],即轧面为(100),轧向为[010],画出{111}极图。

解: {111}晶面族有(111),$(11\bar{1})$,$(\bar{1}11)$,$(1\bar{1}1)$ 四个极点。已知 ND=[hkl]=[100],RD=[uvw]=[010],则侧向 TD=[qrs]=[hkl]×[uvw]=[100]×[010]=[001],求(111)极点的坐标。

假设(111)的法向[111]与[100],[010],[001]的夹角为 α_1,β'_1,γ_1,则根据晶向间夹角公式,有

$$\cos\theta=\frac{u_1u_2+v_1v_2+w_1w_2}{\sqrt{u_1^2+v_1^2+w_1^2}\sqrt{u_2^2+v_2^2+w_2^2}}$$

可得

$$\cos\alpha_1=\frac{[111]\cdot[100]}{\sqrt{3}\cdot 1}=\frac{\sqrt{3}}{3} \qquad \cos\beta'_1=\frac{\sqrt{3}}{3} \qquad \cos\gamma=\frac{\sqrt{3}}{3}$$

根据式(20－10)可得:$x_1=\dfrac{1}{1+\sqrt{3}}$,$y_1=\dfrac{1}{1+\sqrt{3}}$。

{111}极图的其他 3 个取向也可用同样方法在半径为 1 的极图画出,由此得到立方取向

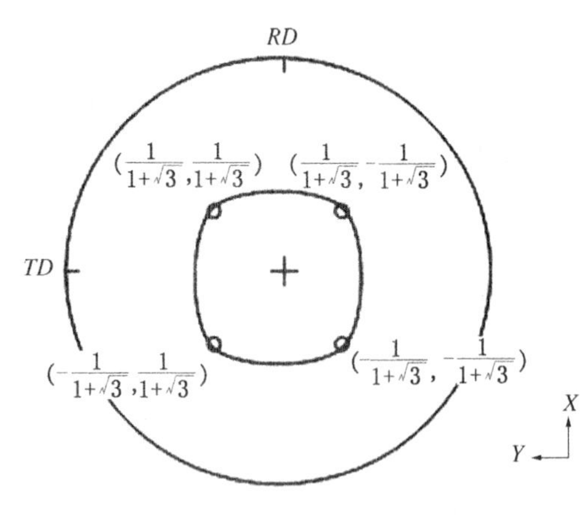

图 20－26 立方取向的{111}极图

的{111}极图，如图 20－26 所示。

显然，只有用立方晶体(100)标准投影图(根据对称性，也可用(001)标准投影图)与所测的{111}极图的投影面(即轧制面)重合，并且[010]方向与轧制方向(*RD*)重合，所测得{111}极点的分布与(100)标准投影图中的{111}极点重合，由此可以确定板织构为(100)[010]。用其他{*hkl*}标准投影图与上述{111}极图对照，是不具有图 20－26中{111}极点分布的特征。不难想象，对于同一立方取向织构，不同的{*hkl*}极图具有不同分布的特征。当然，如果没有织构存在，{111}极点应均匀分布在投影面上。各种低指数立方标准投影图见附录 18。

2) 反极图

反极图(inverse pole figures)是描述多晶体材料中平行于样品某一外观特征方向(如 *ND*)的晶向在晶体坐标系的空间分布的图形，参考的晶体坐标轴一般取晶体的三个低指数晶轴。反极图反映了外观特征方向在晶体学空间的分布。

反极图通常用以标准投影图中<100>－<110>－<111>三个晶轴组成的单位三角形来表示，这是将取向对称化处理的结果，如图 20－27 所示。下面用例子具体说明反极图的原理。

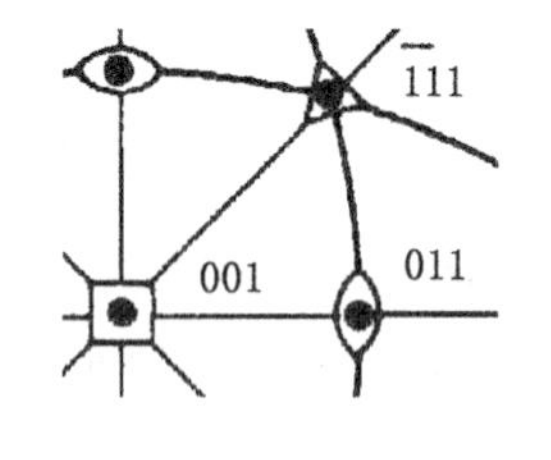

图 20－27

• 选择所需要的样品的外观特征方向，通常选择法向 *ND* (normal direction)。

• 选择一晶粒，看这个晶粒的 *ND* 与晶体中哪个晶向平行，在标准投影图中标出该晶向。

• 对所有晶粒中的 *ND* 均重复此操作。

例 2: 用反极图表示铜型取向(211)$[\bar{1}11]$。

对于铜型取向，*ND* 方向为[211]，归一化为$[\frac{\sqrt{6}}{3}\frac{\sqrt{6}}{6}\frac{\sqrt{6}}{6}]$。首先计算[100]分别与[110]和[111]夹角和它们之间的长度，相除可得单位长度对应的角度；再计算出任意一晶向[*uvw*]分别与[100]、[110]和[111]的夹角，由此可确定[*uvw*]在<100>－<110>－<111>取向三角形中的位置。由于[211]、[100]、[111]在$(01\bar{1})$晶面(大圆弧)上，并根据三者的夹角关系，*ND* 应该在(100)及(111)直线(圆弧)间，如图 20－28 所示。

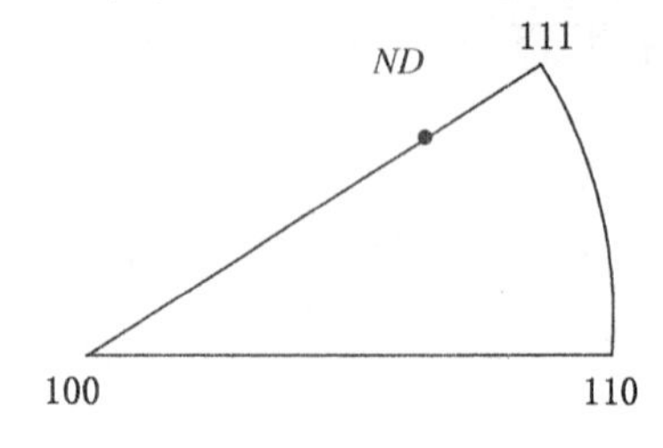

图 20－28 铜型取向(211)$[\bar{1}11]$的反极图

值得指出的是，如果是$(1\bar{1}2)[\bar{1}11]$织构，该织构的法向$[1\bar{1}2]$不在图 20－28 的球面三角形内，则可以根据立方晶体的对称性，从<112>选出某个晶向，使之满足在由三个极点[100]、[110]和[111]构成的单位球面三角形内或边上。显然，{112}<111>织构均表示为图 20－28 中的(211)$[\bar{1}11]$。

图 20－28 是一张反映轧面法向(*ND*)的反极图,如果要确定铜型板织构(211)[$\bar{1}$11],还需测定一张轧向(*RD*)的反极图。根据二张反极图,并按晶带定理组合就可以确定之。

3) 欧拉取向空间的表示

极图和反极图分别表示出三维取向的二维投影。具有三维信息取向的表示法就是用所谓欧拉角坐标系来表示,即晶体取向可通过晶体基矢相对于 *RD*(*X*)－*TD*(*Y*)－*ND*(*Z*)坐标轴的三次转动所对应的夹角(欧拉角)来表示。先使两坐标系重合(两者在图中是倾斜圆的位置),得初始取向,再按如下方法转动。欧拉角转动及其转换矩阵描述如下。

固定 *RD*(*X*)－*TD*(*Y*)－*ND*(*Z*)坐标轴,首先绕晶体的[001](也是法向 *ND* 方向)转动 φ_1,然后绕转动后的[100]轴转动 Φ 角,最后绕转动后的[001]再转动 φ_2 角。以三个欧拉角为坐标,就构成了三维取向空间,参考图如图 20－29 所示。

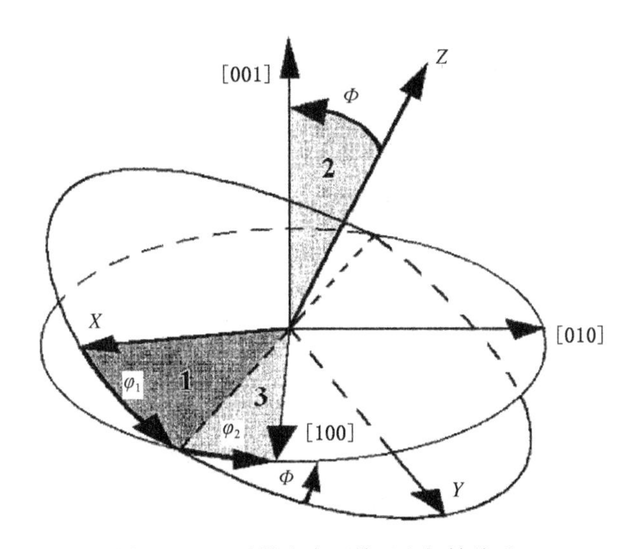

图 20－29 欧拉角表示的两坐标轴关系

(1) 绕晶体中任意基矢方向(如[001])转动 θ 角的变换矩阵(见图 20－30):

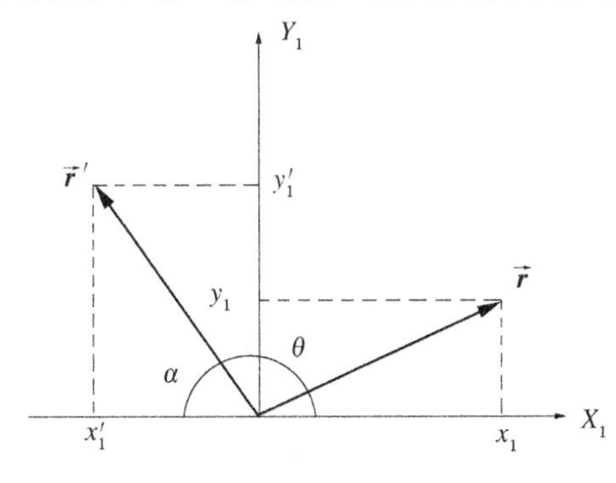

图 20－30 $\vec{r}$ 与 $\vec{r}'$ 的关系

$$x_1 = -|\boldsymbol{r}|\cos(\theta + a) = -|\boldsymbol{r}|(\cos\theta\cos\alpha - \sin\theta\sin\alpha)$$

$$y_1 = |\boldsymbol{r}|\sin(\theta + a) = |\boldsymbol{r}|(\sin\theta\cos\alpha + \cos\theta\sin\alpha)$$

$$\cos\alpha=\frac{-x'_1}{|\boldsymbol{r}|},\sin\alpha=\frac{y'_1}{|\boldsymbol{r}|}$$

所以

$$x_1=x'_1\cos\theta+y'_1\sin\theta$$

$$y_1=-x'_1\sin\theta+y'_1\cos\theta$$

所以，从 $\boldsymbol{r}$ 到 $\boldsymbol{r}'$ 变换的解析式为

$$\begin{bmatrix}x_1\\y_1\\z_1\end{bmatrix}=\begin{bmatrix}\cos\theta & \sin\theta & 0\\-\sin\theta & \cos\theta & 0\\0 & 0 & 1\end{bmatrix}\begin{bmatrix}x'_1\\y'_1\\z'_1\end{bmatrix}$$

(2) 根据上述旋转矩阵的一般表达式，可得到相续旋转 φ_1，Φ，φ_2 后分别对应的矩阵：

第一次转换：

$$\boldsymbol{g}_{\varphi_1}=\begin{bmatrix}\cos\varphi_1 & \sin\varphi_1 & 0\\-\sin\varphi_1 & \cos\varphi_1 & 0\\0 & 0 & 1\end{bmatrix}$$

第二次转换：

$$\boldsymbol{g}_{\Phi}=\begin{bmatrix}1 & 0 & 0\\0 & \cos\Phi & \sin\Phi\\0 & -\sin\Phi & \cos\Phi\end{bmatrix}$$

第三次转换：

$$\boldsymbol{g}_{\varphi_2}=\begin{bmatrix}\cos\varphi_2 & \sin\varphi_2 & 0\\-\sin\varphi_2 & \cos\varphi_2 & 0\\0 & 0 & 1\end{bmatrix}$$

(3) 相续转动后的晶体取向矩阵 $\boldsymbol{g}$ 为

$$\boldsymbol{g}=\boldsymbol{g}_{\varphi_2}\cdot\boldsymbol{g}_{\Phi}\cdot\boldsymbol{g}_{\varphi_1}$$

$$\boldsymbol{g}=\begin{bmatrix}\cos\varphi_1\cos\varphi_2-\sin\varphi_1\sin\varphi_2\cos\Phi & \sin\varphi_1\cos\varphi_2+\cos\varphi_1\sin\varphi_2\cos\Phi & \sin\varphi_2\sin\Phi\\-\cos\varphi_1\sin\varphi_2-\sin\varphi_1\cos\varphi_2\cos\Phi & -\sin\varphi_1\sin\varphi_2+\cos\varphi_1\cos\varphi_2\cos\Phi & \cos\varphi_2\sin\Phi\\\sin\varphi_1\sin\Phi & -\cos\varphi_1\sin\Phi & \cos\Phi\end{bmatrix}$$

(20-11)

在图 20-29 中的 $X-Y-Z$ 对应样品坐标系的 $RD-TD-ND$。板织构一般用$(HKL)$$[UVW]$表示，即为轧制面$(HKL)$上的$[UVW]$方向表示。对于立方晶系，$(HKL)$的法向就是同指数的晶向$[HKL]$，因此$[HKL]\times[UVW]=[RST]$，则$[HKL]$、$[UVW]$和$[RST]$分别表示 ND，RD 和 TD。它们与晶体坐标的转换矩阵为

$$\boldsymbol{G}=\begin{bmatrix}U & R & H\\V & S & K\\W & T & L\end{bmatrix}$$

对该矩阵归一化就得到欧拉角坐标转换的另一种表示：

$$\boldsymbol{g}=\begin{bmatrix}u & r & h\\v & s & k\\w & t & l\end{bmatrix}\tag{20-12}$$

例 3：对于立方晶系中的铜取向(112)$[\overline{1}\overline{1}1]$，即 $ND=[112]$，$RD=[\overline{1}\overline{1}1]$。画出其欧拉取向空间的表示。

解：

$[HKL]=[112]$ 归一化$[hkl]=[0.408, 0.408, 0.817]$

$[UVW]=[\overline{1}\overline{1}1]$ 归一化$[uxw][-0.577, -0.577, 0.577]$

$[rst]=[hkl]\times[uvw]=[0.707, -0.707, 0]$

根据(20-12)式，可求出铜型取向的矩阵：

$$\boldsymbol{g}=\begin{bmatrix} -0.577 & 0.707 & 0.408 \\ -0.577 & -0.707 & 0.408 \\ 0.577 & 0 & 0.817 \end{bmatrix}$$

再根据(20-11)，可知

令 Φ 的范围为$(0\sim 2\pi)$，对照式(20-11)和式(20-12)和上式可得：

$\cos\Phi=0.817$　　所以 $\Phi=35.26°$或 $\Phi=324.74°$

当 $\Phi°=35.26°$时，　$\sin\varphi_1\sin\Phi=0.577$　$\therefore\varphi_1=90°$

$\cos\varphi_2\sin\Phi=0.408$　且 $\sin\varphi_2\sin\Phi=0.408$　$\therefore\varphi_2=45°$

此时，立方晶系中的铜取向$(\varphi_1, \Phi, \varphi_2)$为$(90°, 35.26°, 45°)$。

当 $\Phi=324.74°$时，　$\sin\varphi_1\sin\Phi=0.577$　$\therefore\varphi_1=270°$

$\cos\varphi_2\sin\Phi=0.408$　且 $\sin\varphi_2\sin\Phi=0.408$　$\therefore\varphi_2=225°$

此时，立方晶系中的铜取向$(\varphi_1, \Phi, \varphi_2)$为$(270°, 324.74°, 225°)$。

这两种结果(见图 20-31)，到底取哪种呢？其实欧拉取向还存在关系：$f(\varphi_1, \Phi, \varphi_2)=f(\varphi_1+\pi, 2\pi-\Phi, \varphi_2+\pi)$，即在 $\Phi=\pi$ 时存在一个镜面对称性，所以欧拉空间缩小为$(0\sim 2\pi)$、$(0\sim\pi)$、$(0\sim 2\pi)$。由于立方晶系的高对称性，欧拉角均可在$(0\sim\pi/2)$空间范围内表示。因此，立方晶系中的铜取向欧拉角为$(90°, 35.26°, 45°)$。

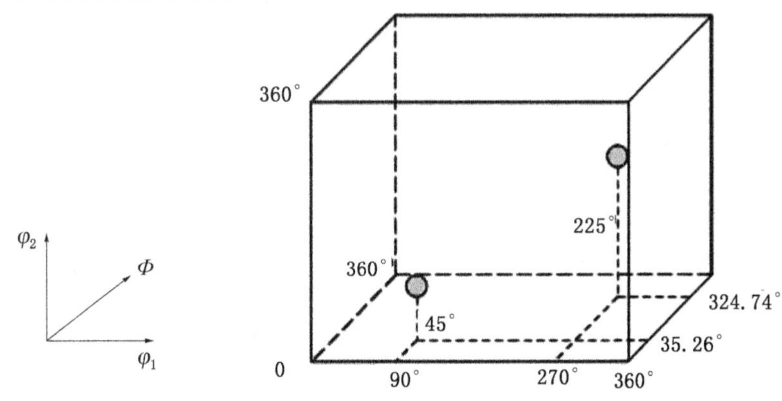

图 20-31 欧拉取向空间的表示

用欧拉空间表示取向的优点在于任何织构取向均可通过三个欧拉角明确地在三维坐标系表示为一个点，但其缺点就是该点仅表示了与原点(即样品坐标和晶体坐标重合点)的关系，故仅表示了晶体织构在抽象的欧拉空间的分布，此外，其难于描述晶粒之间取向关系(misorientation)。但是，式(20-11)中的(ϕ_1, Φ, ϕ_2)与式(20-12)中的$[uvw]$和(hkl)有以下的解析关系：

$$H:K:L(h:k:l)=\sin\varphi_2\sin\Phi:\cos\varphi_2\sin\Phi:\cos\Phi$$

$$U:V:W(u:v:w)=(\cos\varphi_1\cos\varphi_2-\sin\varphi_1\sin\varphi_2\cos\Phi):(-\cos\varphi_1\sin\varphi_2-\sin\varphi_1\sin\varphi_2\cos\Phi):(\sin\varphi_1\sin\Phi) \qquad (20-13)$$

$\Phi=\text{arc}\cos l, \Phi_2=\text{arc}\cos\left(\frac{k}{\sqrt{h^2+k^2}}\right)=\text{arc}\sin\left(\frac{h}{\sqrt{h^2+k^2}}\right), \Phi_1=\text{arc}\sin\left(\frac{w}{h^2+k^2}\right)$。其中，$h^2+k^2+l^2=1$(归一化)

因此，已知织构$[uvw](hkl)$，就可求出对应的ϕ_1,Φ,ϕ_2，反之亦然。表 20－2 和表 20－3 分别给出面心立方晶体和体心立方晶体的织构组分，描述了$\{hkl\}\langle uvw\rangle$与$\phi_1,\Phi,\phi_2$之间的对应关系。表 20－2 给出了面心立方不同织构组分的命名。对于表 20－3 中体心立方晶体织构组分的命名是，α 取向线是 $\varphi_1=0°,\Phi=0°\rightarrow 90°,\varphi_2=45°$；$\gamma$ 取向线是 $\varphi_1=0°\rightarrow 90°,\Phi=54.7°,\varphi_2=45°$。

表 20－2　面心立方织构组分

组分，符号	$\{hkl\}$	$\{uvw\}$	φ_1	Φ	φ_2
铜，C 取向	112	111	90	35	45
S 取向	123	634	59	37	63
高斯，G 取向	011	100	0	45	90
黄铜，B 取向	011	211	35	45	90
立方取向	001	100	0	0	0

表 20－3　体心立方织构组分

$\{hkl\}$	$\{uvw\}$	φ_1	Φ	φ_2
001	110	0	0	45
112	110	0	35	45
111	011	60	54.7	45
111	112	90	54.7	45
110	110	0	90	45

4）织构的表示法

上述中我们给出了单个空间取向、轧向和取向类型分别在极图、反极图和欧拉取向空间的表示方法。但是织构是多晶体中各晶粒的取向分布，因此不可能用一组数据来表示，这样不直观。一般将测到的所有取向散点表示在极图、反极图和欧拉取向空间，根据这些散点在某方向的密集程度来确定主要的择优取向。但更多的是以等高线的方式来表示，该方法是将每个单点数据看成有一定半高宽的高斯分布函数，相互叠加，计算出 C 系数和极密度分布，然后在相应的图上表示出来。等高线方法的优点是可清楚显示各织构的强度差别和锋锐程度。例如，图 20－32 显示出高层错能金属（如 Al，Ni 等）的所谓铜型织构，它主要包含三种织构，C$\{112\}\langle 1\bar{1}1\rangle$，S$\{123\}\langle 6\bar{3}4\rangle$，B $\{110\}\langle 1\bar{1}2\rangle$，图中的数字表示极密度。在实际取向中这三种织构集中在二条取向管道上，称为 β 线和 α 线，如图图 20－33所示。三种织构意味着必须分别用（112）、（123）和（110）三张标准投影图进行对照才能确定之。图 20－34是 Cu－30％Zn 合金冷拔织构的反极图，其反映出轧面法向（ND）的织构取向集中分布在[111]和[001]晶体学方向上。

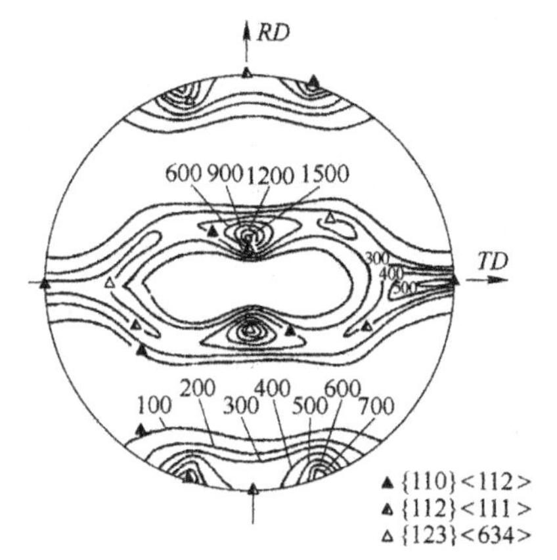

图 20－32　高层错能金属的铜型织构的极图

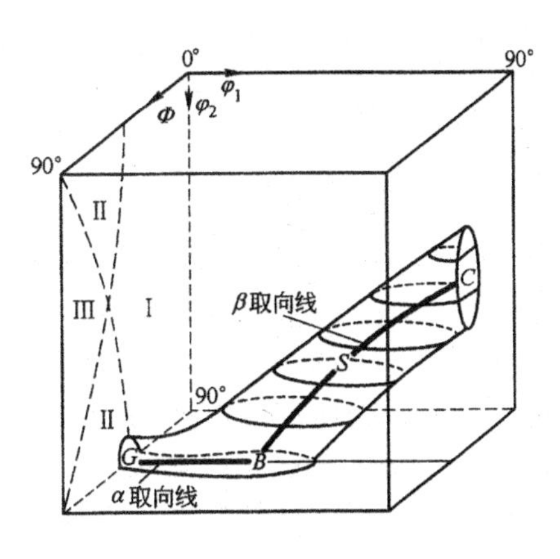

图 20－33　面心立方金属晶粒取向在取向空间的聚集区域

上述极图和反极图是用二维图形来表示三维空间取向分布的，它们有局限性。采用欧拉角的分布密度则可表达整个空间的取向分布，这称为空间取向分布函数（ODF）。ODF 是根据至少二张极图的极密度分布计算出来的，因此测量若干个极图（极密度分布），就可计算出 ODF。ODF 是三维图形，用立体图表示不方便，因此，一般用固定间隔的 φ_2 一组截面来表示，如图 20－35 表示了工业纯铝经 95％形变量冷轧后的织构，它以 5°间隔 φ_2 的 ODF 图表示出来（密度水平：2，4，7，12，20，30，最大密度为 27.0）。

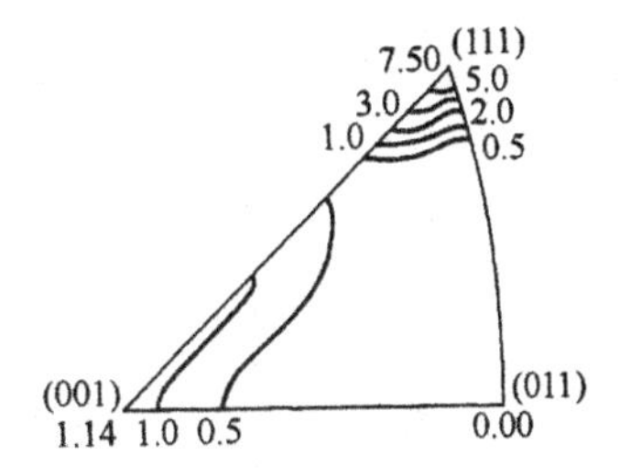

图 20－34　Cu－30％Zn 合金冷拔织构的反极图

空间取向分布函数（ODF）图仍然不易确定织构的组分。根据式(20－13)中的 φ_1，Φ，φ_2 与 $[uvw]$ 和 (hkl) 的解析关系，因此可以用 ODF 取向线表示某一织构组分随外界因素的变化。图 20－36(a)和(b)分别是工业纯铝冷轧变形过程 α 和 β 取向线上各取向强弱的变化。α 取向定义为 φ_1 是 0°→35°，Φ＝45°，φ_2＝90°(或 0°)，即 G 取向至 B 取向的变化。β 取向的定义为：φ_2 是 45°→

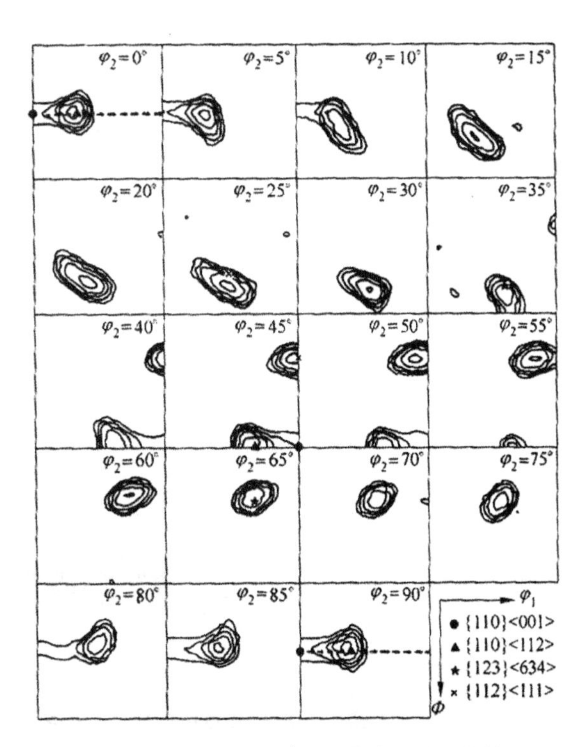

图 20－35　工业纯铝经 95％形变量冷轧后织构的 ODF 图

90°，而 φ_1 和 Φ 不确定，即 C 取向至 S 取向再至 B 取向的变化，图 20 - 33所示。从图可以看出，β 取向线的取向随变形量的增大而逐渐增强(见图 20 - 36(b))，各晶粒取向转到 C 和 B 取向，同时也有部分转动到 S 取向。而图 20 - 36(a)显示出，G 取向是一个中间的较稳定取向，许多晶粒在轧制过程中会转向到 G 取向，但更多晶粒随后又沿着 α 取向转至 B 取向。图 20 - 37(a)和(b)分别是工业纯铁冷轧变形过程中 α 和 γ 取向线的变化。由图 20 - 37(a)可知，当形变量小于 25%时，各晶粒的取向主要集中在{100}<110>取向附近；当形变量高于 55%后，α 取向线上的取向密度较显著增加；当形变量增至 92%，晶粒取向主要集中到{100}<110>和{112}<1$\bar{1}$0>取向附近，并且{112}<1$\bar{1}$0>取向在更大的形变量下才增加。γ 取向线上的密度增加不明显(见图 20 - 37(b))。在体心立方金属中 α 取向线和 γ 取向线在取向空间的分布如图图 20 - 38所示。

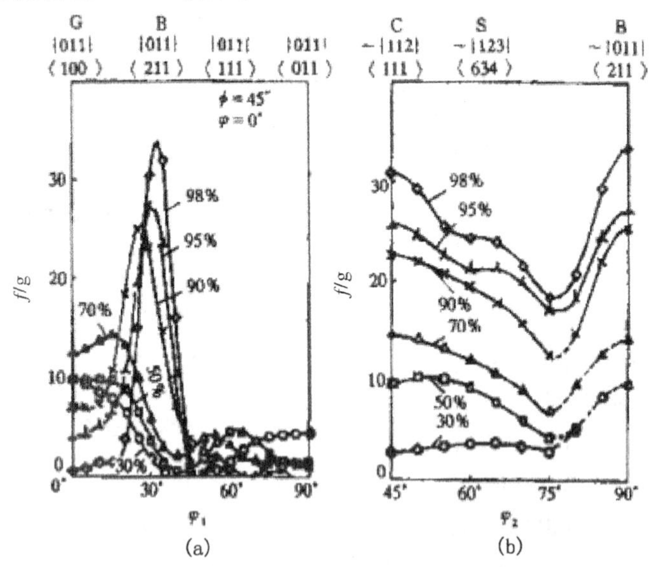

图 20 - 36　工业纯铝轧制过程中的 ODF 取向线的分析

(图中的%为轧制形变量)

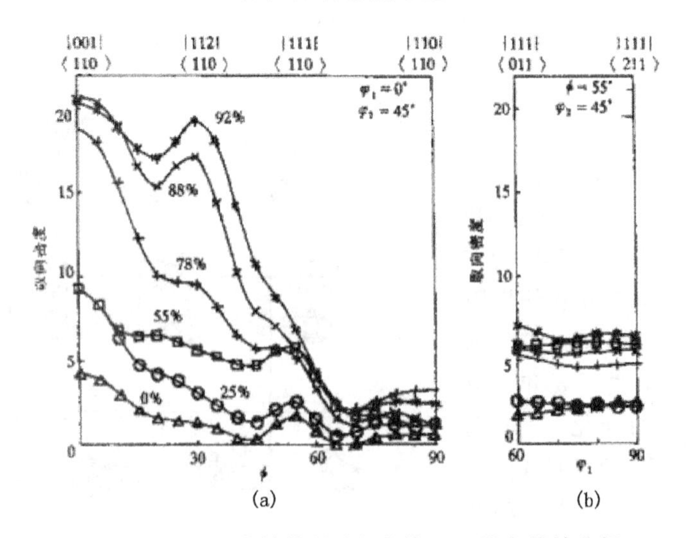

图 20 - 37　工业纯铁轧制过程中的 ODF 取向线的分析

(图中的%为轧制形变量)

5）晶体间位向差的测定原理

（1）晶体间的重位点阵。晶界两侧的晶粒中，当一个晶粒的某（hkl）晶面以另一晶粒同指数晶面的法线方向为轴（l）旋转某个特殊角度（θ）时，两者不仅公共的原点重合，其他的某些阵点也重合而构成的超点阵就是重位点阵（CSL：coincidence site lattice）。例如，选择简单立方的两个晶体，以[$1\bar{1}0$]作为旋转轴，然后画出与之垂直的两个（$1\bar{1}0$）晶面点阵图。操作时，先使其重合，晶粒 A 不动，然后将晶粒 B 绕轴旋转 70.53°，可发现两晶粒（$1\bar{1}0$）晶面中的部分阵点重合，则它们构成了一个新的点阵——重位点阵，如图 20－39 所示。图中重合阵点连接成的最小重复单元（此时为最小矩形）即为 CSL 单胞。该单胞内有晶体 A 或晶体 B 的两个阵点，4 个角上是两个晶体的重合阵点，每个阵点为 4 个单胞共有，所以单胞中某一晶体的阵点数为 $2+4\times(1/4)=3$，而 CSL 的重合阵点数为 $4\times(1/4)=1$。引入 Σ 参数，其定义为 CSL 单胞内一个晶体单胞阵点总数与 CSL 单胞重合阵点数之比，故上述例子中 $\Sigma=3$，$1/\Sigma=1/3$ 即为重位密度。$\Sigma=3$ 表示晶体 A 与晶体 B 呈孪晶关系，孪晶轴方向为[111]。重位点阵的概念对大角度晶界理论的发展有重要的影响。

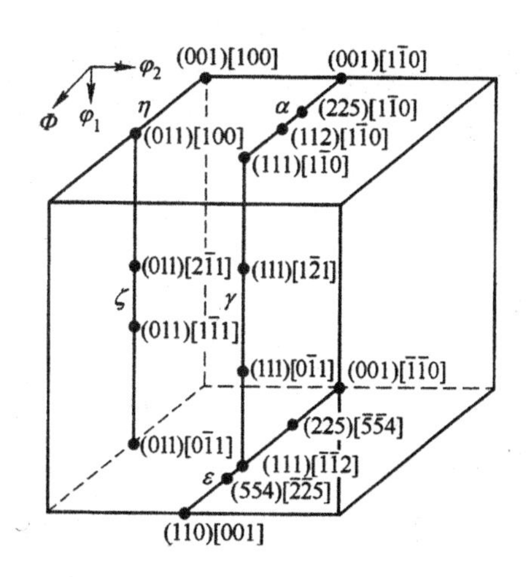

图 20－38　体心立方金属晶粒取向在取向空间的聚集区域

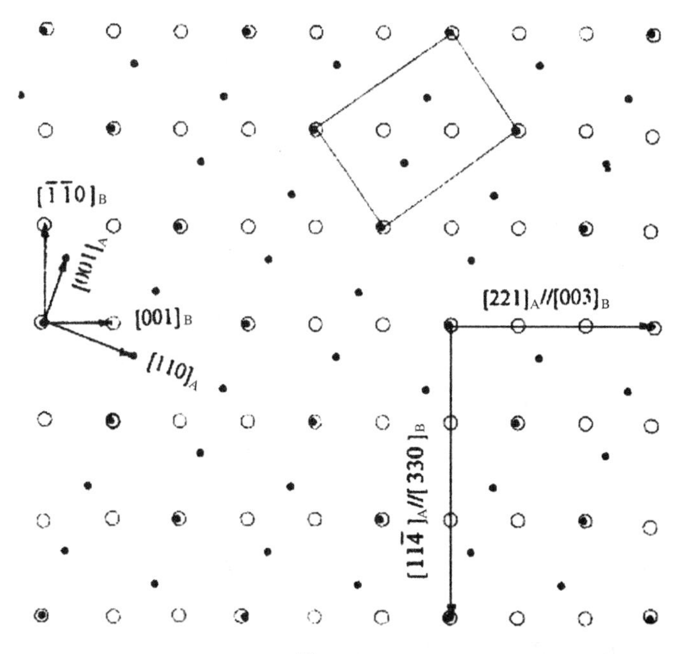

图 20－39　简单立方双晶（$1\bar{1}0$）晶面旋转 70.53°的重位点阵单胞

Warrington 等人给出重位点阵数学和物理意义的描述，具体如下：令 $\boldsymbol{R}$ 是两立方晶体之间对应的 CSL 旋转矩阵，该矩阵的三个列矢量表示 B 晶体基矢在 A 晶体基矢中的坐标。每一个列矢量必须具有 h/n ，k/n ，l/n 的形式，h，k ，l 和 n 均是整数，并有 $h^2+k^2+l^2=n^2$，或$\sqrt{\left(\frac{h}{n}\right)^2+\left(\frac{k}{n}\right)^2+\left(\frac{l}{n}\right)^2}=1$，即每个列矢量指数的模是归一化指数，则旋转矩阵的形式表示如下：

$$\boldsymbol{R}_{\mathrm{CSL}}=\frac{1}{n}\begin{pmatrix} h_1 & h_2 & h_3 \\ k_1 & k_2 & k_3 \\ l_1 & l_2 & l_3 \end{pmatrix} \tag{20-14}$$

式中，$h_3k_3\ l_3=h_1k_1l_1\times h_2k_2\ l_2$. 当 h，k ，l 和 n 没有公因子时，则 $n\equiv\Sigma$(立方晶体重位点阵特征参数之间关系见附录 19)。以图 20 - 39 为例来说明式(20 - 14)矩阵中的 $h_ik_il_i(i=1,2,3)$更具体的数学含意。在图中寻找两个合适的重合阵点矢量，分别标出晶体 A 和 B 对应的矢量，例如$[221]_{\mathrm{A}}//[003]_{\mathrm{B}}$和$[11\bar{4}]_{\mathrm{A}}//[330]_{\mathrm{B}}$，两者叉积得$[\bar{1}10]_{\mathrm{A}}//[\bar{1}10]_{\mathrm{B}}$，并且对应矢量的模相等. 晶粒 B 的[003]为[001]的基矢方向，而[330]又可分解为[300]和[030]两个基矢方向，相应的晶粒 A 的$[11\bar{4}]$也对应地分解为$[\bar{2}\bar{1}2]$和$[\bar{1}2\bar{2}]$，因而晶粒 A 的$[\bar{2}\bar{1}2]$、$[\bar{1}2\bar{2}]$和[221]分别对应晶粒 A 的[300]、[030] 和[003]. 归一化后，晶体 B 的三个基矢[100]、[010]和[001]分别在晶体 A 中的坐标为$\frac{1}{3}[\bar{2}\bar{1}2]$，$\frac{1}{3}[\bar{1}2\bar{2}]$，$\frac{1}{3}[221]$，这样得到旋转矩阵 $\boldsymbol{R}$ 的三个列矢量，即

$$\boldsymbol{R}_{\mathrm{CSL}}=\begin{pmatrix} \frac{2}{3} & -\frac{1}{3} & \frac{2}{3} \\ -\frac{1}{3} & \frac{2}{3} & \frac{2}{3} \\ -\frac{2}{3} & -\frac{2}{3} & \frac{1}{3} \end{pmatrix}=\frac{1}{3}\begin{pmatrix} 2 & \bar{1} & 2 \\ 1 & 2 & 2 \\ 2 & 2 & 1 \end{pmatrix}$$

从上式中可得 $\Sigma=3$。值得指出的是，Σ 必须是奇数，如果是偶数，必须连续除 2 直至为奇数，这样才能获得最小单胞。另外，如果晶体均改为面心立方和体心立方晶体，与简单立方晶体相同原子面相比，阵点数可能增多，按原简单立方晶体取 CLS 单胞，Σ 值有可能变为其偶数倍，将该值连除 2，最终 Σ 值变为奇数，仍和简单立方晶体 Σ 值相同。

(2) 旋转矩阵及其轴/角对。重位点阵是描述大角度晶界(大于 15°)特征的一种方法。它的获得可看作一个晶粒与另一个晶粒以它们共有的某一个晶向方向$[uvw]$(在以下推导中写为$[u_1u_2u_3]$)为轴相对转动某一些特殊角度(轴/角对)，以致使它们部分的阵点重合。将晶体单胞阵点总数与 CSL 单胞阵点数之比用Σ表示，则 $1/\Sigma$ 表示重位密度。因此，重位点阵的特征参数为：轴/角对和Σ。如果晶界两侧的两个晶粒不具有公共旋转轴(或者说两个晶粒不具有同指数晶带轴方向)或者具有公共旋转轴但旋转的角度不能使它们的阵点部分重合，这样的大角度晶界称为自由晶界。重位点阵仅取决于两个晶粒的相对位向，与晶界位向无关。具有重位点阵的大角度晶界，其晶界结构较自由晶界简单，其能量较自由晶界低。下面将推导旋转矩阵及其轴/角对的求解方法。

已知旋转轴为 $\boldsymbol{u}=[u_1\quad u_2\quad u_3]$，并归一化，即 $u_1u_1+u_2u_2+u_3u_3=1$，旋转角为 θ，求旋

转矩阵 **R**。

• 设旋转轴 $\boldsymbol{u}$ 与三晶轴的夹角分别为 Ψ_1,Ψ_2,Ψ_3，见图 20-40。那么旋转轴 $\boldsymbol{u}$ 在三晶轴的投影分别为：

$u_1=\sin\alpha\cos\beta=\cos\Psi_1$

$u_2=\sin\alpha\cos\beta=\cos\Psi_2$

$u_3=\cos\alpha=\cos\Psi_3$

这里注意 Ψ_1,Ψ_2,Ψ_3 所对应的圆弧长也是 Ψ_1,Ψ_2,Ψ_3 的值(因为在单位球中弧长=弧度×半径=弧度，而半径等于1)，所有它们所对应的圆弧可以记为 Ψ_1,Ψ_2,Ψ_3。

• 设弧 Ψ_1 与 Ψ_2 的夹角为 Ψ_{12}，弧 Ψ_2 与 Ψ_3 的夹角为 Ψ_{23}，弧 Ψ_3 与 Ψ_1 的夹角为 Ψ_{31}。

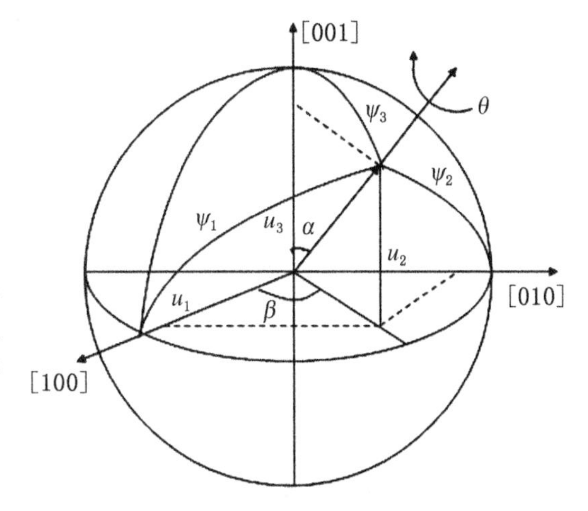

图 20-40 $\boldsymbol{u},\boldsymbol{\theta}$ 确定取向

对[100]-[010]-$\boldsymbol{u}$ 构成的曲面三角形，利用曲面三角几何中边的余弦定理可以求得 $\cos\dfrac{\pi}{2}=\cos\Psi_1\cos\Psi_2+\sin\Psi_1\sin\Psi_2\cos\Psi_{12}$，以此推出：

$$\cos\Psi_{12}=-\frac{\cos\Psi_1\cos\Psi_2}{\sin\Psi_1\sin\Psi_2}=-\frac{u_1u_2}{\sqrt{1-u_1^2}\sqrt{1-u_2^2}}=-\frac{u_1\cdot u_2}{\sqrt{1+u_1^2\cdot u_2^2-(u_1^2+u_2^2)}}=-\frac{u_1\cdot u_2}{\sqrt{u_3^2+u_1^2\cdot u_2^2}}$$

同理推出：

$$\cos\Psi_{23}=-\frac{u_2\cdot u_3}{\sqrt{u_1^2+u_2^2\cdot u_3^2}}$$

$$\cos\Psi_{31}=-\frac{u_3\cdot u_1}{\sqrt{u_2^2+u_3^2\cdot u_1^2}}$$

将坐标轴绕旋转轴 $\boldsymbol{u}$ 转 θ 角。现在考虑将[100]晶轴与球面的交点旋转至 P 点，设 OP 方向与原三个晶轴的夹角分别为 Ψ_u,Ψ_v,Ψ_w，根据曲面三角几何中边的余弦定理可知，在 P-[100]-$\boldsymbol{u}$ 构成的曲面三角形中有

$$\cos\Psi_u=\cos\Psi_1\cos\Psi_1+\sin\Psi_1\sin\Psi_1\cos\theta=u_1^2+(1-u_1^2)\cos\theta=u_1^2(1-\cos\theta)+\cos\theta$$

在 P-[010]-$\boldsymbol{u}$ 构成的曲面三角形中有

$$\cos\Psi_v=\cos\Psi_1\cos\Psi_2+\sin\Psi_1\sin\Psi_2\cos(\Psi_{12}+\theta)$$

$$=u_1u_2+\sqrt{1-u_1^2}\sqrt{1-u_2^2}[\cos\Psi_{12}\cos\theta-\sin\Psi_{12}\sin\theta]$$

$$=u_1u_2+\sqrt{1-u_1^2}\sqrt{1-u_2^2}\left[-\frac{u_1u_2}{\sqrt{1-u_1^2}\sqrt{1-u_2^2}}\cos\theta-\frac{\sqrt{(1-u_1^2)(1-u_2^2)-u_1^2u_2^2}}{\sqrt{1-u_1^2}\sqrt{1-u_2^2}}\sin\theta\right]$$

$$=u_1u_2+\left[-u_1u_2\cos\theta-\sqrt{1-u_1^2-u_2^2}\sin\theta\right]$$

$$=u_1u_2+[-u_1u_2\cos\theta-u_3\sin\theta]=u_1u_2(1-\cos\theta)-u_3\sin\theta$$

在 P-[001]-$\boldsymbol{u}$ 构成的曲面三角形中：

根据图 20-41 可得

$$\cos\Psi_w=\cos\Psi_1\cos\Psi_3+\sin\Psi_1\sin\Psi_3\cos(\Psi_{31}-\theta)=u_1u_3(1-\cos\theta)+u_2\sin\theta$$

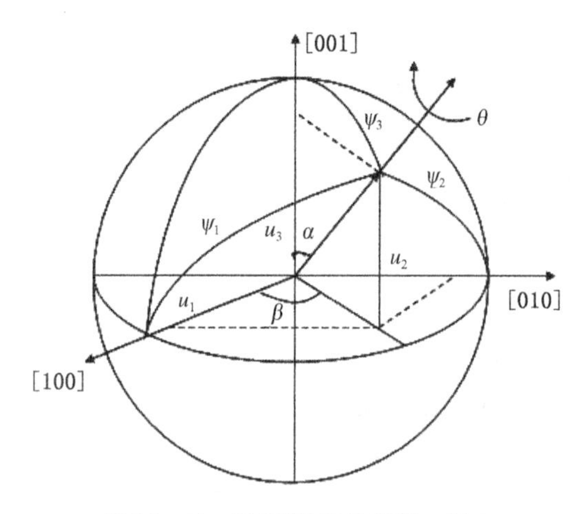

图 20-41 [100]轴绕旋转轴 $\boldsymbol{u}$ 转 θ

对于[001]轴，假设经过$(\boldsymbol{u},\theta)$转动后，与原三个晶轴的夹角分别为 Ψ_h,Ψ_k,Ψ_l，同理求得

$\cos\Psi_h=u_1u_3(1-\cos\theta)-u_2\sin\theta$

$\cos\Psi_k=u_2u_3(1-\cos\theta)+u_1\sin\theta$

$\cos\Psi_l=(1-u_3^2)\cos\theta+u_3^2=u_3^2(1-\cos\theta)+\cos\theta$

对于[010]轴，假设经过$(\boldsymbol{u},\theta)$转动后，与原三个晶轴的夹角分别为 Ψ_r,Ψ_s,Ψ_t，同理求得

$\cos\Psi_r=u_1u_2(1-\cos\theta)+u_3\sin\theta$

$\cos\Psi_s=(1-u_2^2)\cos\theta+u_2^2=u_2^2(1-\cos\theta)+\cos\theta$

$\cos\Psi_t=u_2u_3(1-\cos\theta)-u_1\sin\theta$

旋转矩阵 $\boldsymbol{R}$ 得

$$\boldsymbol{R}=\boldsymbol{R}(\boldsymbol{u},\theta)\begin{pmatrix}J_{11} & J_{12} & J_{13}\\ J_{21} & J_{22} & J_{23}\\ J_{31} & J_{32} & J_{33}\end{pmatrix}=\begin{pmatrix}\cos\Psi_u & \cos\Psi_r & \cos\Psi_h\\ \cos\Psi_v & \cos\Psi_s & \cos\Psi_k\\ \cos\Psi_w & \cos\Psi_t & \cos\Psi_l\end{pmatrix}$$

所以可求得

$$\boldsymbol{R}=\begin{pmatrix}u_1^2(1-m)+m & u_1u_2(1-m)+u_3n & u_1u_3(1-m)-u_2n\\ u_1u_2(1-m)-u_3n & u_2^2(1-m)+m & u_2u_3(1-m)+u_1n\\ u_1u_3(1-m)+u_2n & u_2u_3(1-m)+u_1n & u_3^2(1-m)+m\end{pmatrix} \tag{20-15}$$

其中，$m=\cos\theta,n=\sin\theta$，反求 $\boldsymbol{u},\theta$：

$$J_{11}+J_{22}+J_{33}=(u_1^2+u_2^2+u_3^2)(1-m)+3m=1+2m=1+2\cos\theta$$

即
$$\theta=\arccos\left(\frac{J_{11}+J_{22}+J_{33}-1}{2}\right) \tag{20-16}$$

旋转轴为

$$u_1=\frac{J_{23}-J_{32}}{2\sin\theta},u_2=\frac{J_{31}-J_{13}}{2\sin\theta},u_3=\frac{J_{12}-J_{21}}{2\sin\theta}$$

即
$$u_1:u_2:u_3=(J_{23}-J_{32}):(J_{31}-J_{13}):(J_{12}-J_{21}) \tag{20-17}$$

根据上述公式就可计算出重位点阵的特征参数，见附录 19。两个相邻晶粒的位相差可用一个它们共同的旋转轴方向[uvw]和一个晶体绕该轴旋转后与另一个晶粒位向相重合时对应的旋转角 θ 来表示，即两个相邻晶粒的位向差可用轴/角对来表示。根据不同的[uvw]/ θ

可确定晶界的重位点阵参数Σ值，例如$\Sigma=3$为低能的孪晶界。分别获得两个晶粒的EBSD花样，根据它们表面法线方向平行，以及一对菊池线平行(即一组晶面平行)，利用矩阵变换，可获得$[uvw]/\theta$轴角对，根据附录 19 就可确定Σ值。

20.3.3　晶体取向的 EBSD 测定举例

工程结构材料都是由多晶构成的，当多晶材料在加工成型过程将会导致多晶择优取向，即织构的产生。具有织构的材料其物理性能和力学性能与无序取向的相同材料有很大的差别。织构的存在有时是有害的，由于织构存在导致性能在各个晶体学方向极大的差异；织构的存在有时是有利的，如硅钢的<001>织构最易获得饱和磁化强度。因此测定织构是材料研究的一个重要方向。下面以冷轧双相钢(由铁素体和马氏体两相组成)为例仅说明用 EBSD 可得到哪些织构信息。图 20 - 42 是经自动标定晶带指数的 EBSD 花样。

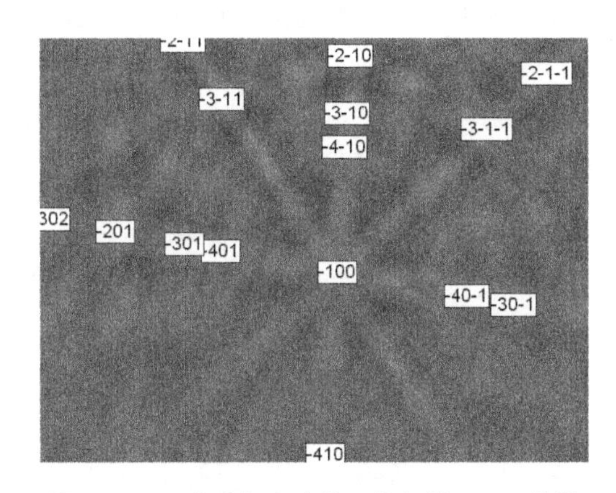

图 20 - 42　自动标定冷轧双相钢的 EBSD 花样

图 20 - 43(a)经电子束扫描获得的晶粒形态图。当电子束从一个晶粒逐线扫描到另一个晶粒，EBSD 花样就会不同，就以一个点表示，由此确定晶界。不同的晶粒取向可用不同的颜色表示，颜色越接近表示两者的位向差越小，如图 20 - 43(b)所示。图 20 - 44 的(a)和(b)分别是测到的{110}极图和 ND 的反极图。通过(111)标准投影图与{110}极图对照，可知织构为(111)[$\bar{1}\bar{1}2$]。图 20 - 45 是晶粒间位向分布和重位(Σ)分布。

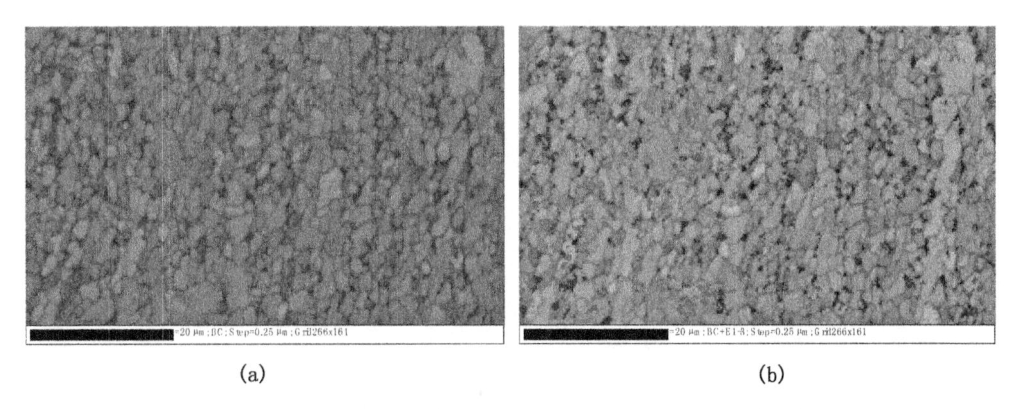

(a)　　　　　　　　(b)

图 20 - 43　经电子束扫描获得的冷轧双相钢中晶粒形态(a)和取向图(b)

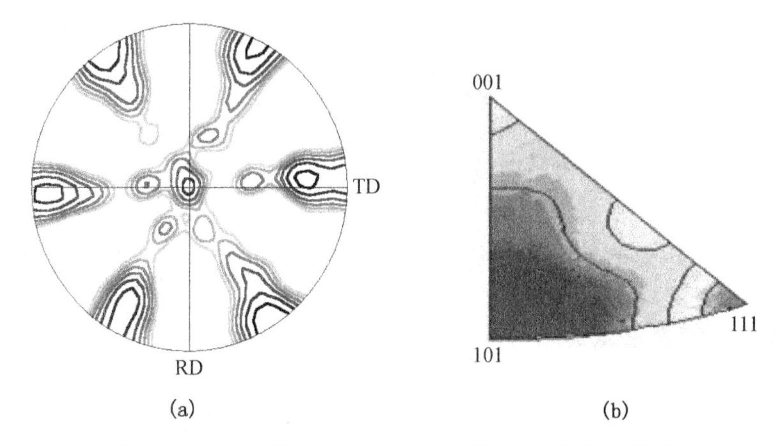

图 20－44　冷轧双相钢{110}极图(a)和 ND 的反极图(b)

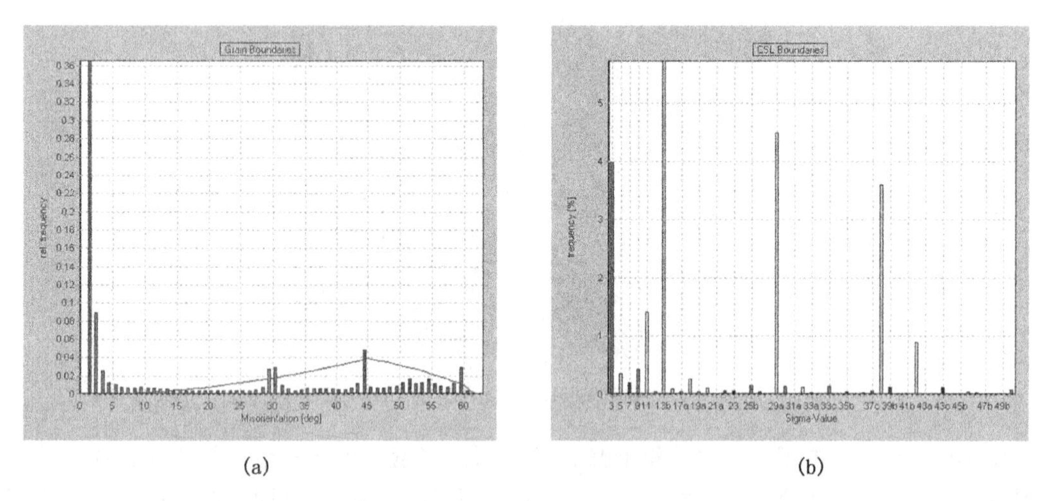

图 20－45　冷轧双相钢中的晶粒间位向分布(a)和重位(∑)分布(b)

第 21 章　电子探针 X 射线显微分析仪

电子探针 X 射线显微分析仪(electron probe microanalyzer,EPMA)习惯上简称为“电子探针”。它是在电子光学和 X 射线光谱学基础上发展起来的一种电子光学仪器。

21.1　电子探针的分析原理和构造

21.1.1　分析原理

前已指出,当细聚焦电子束轰击样品表面时,如果入射电子束的能量大于某元素原子的内层电子临界电离激发能,将使样品中的原子电离。当外层电子向内层跃迁时,有可能以 X 射线的形式辐射,此时 X 射线光子的能量就等于始态与终态能级值之差。每一种元素都有它自己的特征能量即特定波长的 X 射线。根据特征 X 射线的能量或波长就可鉴别所含元素的种类,这种方法称为定性分析。被检测元素的波长范围为 0.1～10nm。在定性分析的基础上,再根据特征 X 射线的相对强度就可确定各种元素的相对含量,这种方法称为定量分析。作定量分析时,一种方法是把样品的特征 X 射线强度与成分已知的标样的谱线强度做比较,将测得的强度先根据测量系统的特性作某些仪器因素的修正和背景修正,背景的主要来源是 X 射线连续谱。对已修正的强度进行“基质校正”即可算出分析点上的成分。另一种方法不需要标样(只能在能谱仪中进行),直接根据 X 射线的强度,通过理论模型加以计算和修正。

21.1.2　构造

电子探针主要有电子光学系统(镜筒)、X 射线谱仪和信息记录、显示系统,如图 21－1 所示。电子探针和扫描电子显微镜在电子光学系统的构造基本相同,它们常常组合成单一的仪器。扫描电子显微镜已在前一章做了较详细的介绍,因此在电子光学系统中仅论述为适应电子探针分析的某些特点,对电子探针的描述重点放在 X 射线谱仪的工作原理方面。

21.1.2.1　电子光学系统

该系统为电子探针分析提供具有足够高的入射能量、足够大的束流和在样品表面轰击点处束斑直径尽可能小的电子束,作为 X 射线的激发源。为此,一般也采用钨丝热发射电子枪和 2～3 个聚光镜的结构,其中最末的一个透镜常被称为“物镜”。

入射电子的能量取决于电子枪的加速电压,一般为 1～50kV,即电子的能量为 1～50keV。为了提高 X 射线的信号强度,电子探针必须采用较大的入射电子束流。但是,由于过高电子流密度时的空间电荷效应,束流增大使最终束斑尺寸的扩展,从而影响分析的空间分辨率。影响空间分辨率的另一因素就是电子束在样品中的激发体积,其约为 $1\mu m^3$。入射电子束激发的特征 X 射线可从整个激发体积深度逸出样品表面被检测,因此,电子探针的空间分辨率在 $1\mu m^3$左右,无限制地通过缩小电子束斑直径来进一步改善空间分辨率是徒劳的。在用电子探针进行元素分析时,先应根据待分析元素的不同,选择合适的加速电压,常用的加速电压为 10～30kV。随后选择合适的束斑尺寸，同时尽可能提高束流。通常选用的束斑尺寸约 0.5μm，而束流远比扫描电子显微镜高，在 10^{-9}～10^{-7}A 范围。

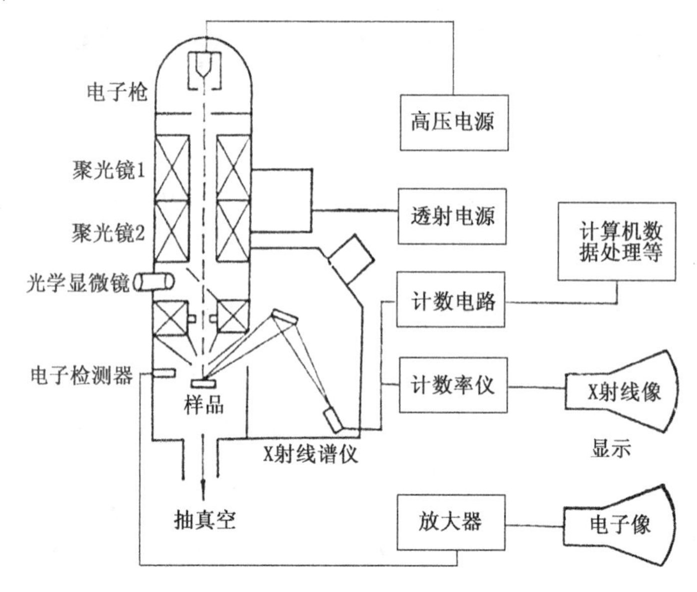

图 21-1 电子探针的结构示意图

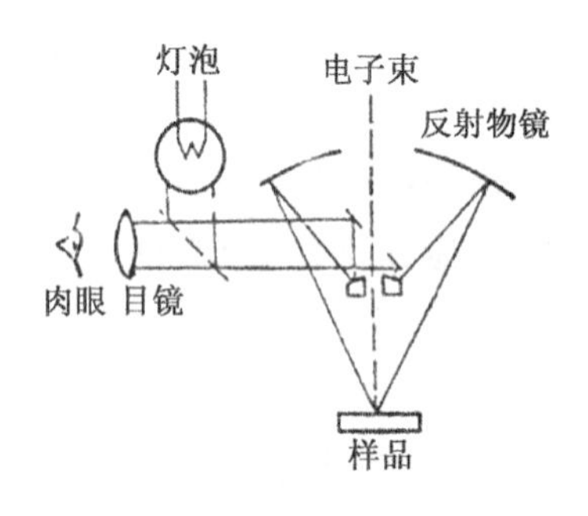

图 21-2 反射式物镜同轴光学观察系统示意图

电子探针在镜筒部分与扫描电子显微镜明显不同之处是有光学显微镜。它的作用是选择和确定分析点，其方法如下：先利用能发出荧光的材料置于电子束轰击下，这时就能观察到电子束轰击点的位置，通过样品移动装置把它调到光学显微镜目镜的十字线交叉点上。然后用同样方法，把样品上待分析点置于光学显微镜的目镜十字线交叉点上，对光学显微镜调焦，使待分析点在十字线交叉点上清晰成像；这样就保证电子束正好轰击在待分析点上，同时也保证了分析点处于 X 射线分光谱仪的正确位置（罗兰圆）上。在电子探针上大多使用的光学显微镜是同轴反射式物镜；其优点是光学观察和 X 射线分析可同时进行，如图 21-2 所示。它的物镜是反射型的，放大倍数为 100～500，焦深约 1μm。

电子探针的样品室结构与扫描电子显微镜样品室类同。考虑到电子探针定量分析要求在完全相同的入射激发条件下，对未知样品和待分析元素的标样测定特征谱线的强度，样品台需要可同时容纳多个样品座，分别放置未知样品和标样。

21.1.2.2 X 射线谱仪

电子束轰击样品表面将产生特征 X 射线，不同的元素有不同的 X 射线特征波长和能量。通过鉴别其特征波长或特征能量就可以确定所分析的元素。利用特征波长来确定元素的仪器为波长色散谱仪，利用特征能量的就称为能量色散谱仪，下面分别介绍之。

1）波长色散谱仪

波长色散谱仪简称波谱仪。它主要由分光晶体和 X 射线检测器组成。它利用晶体对 X

射线的布拉格衍射：

$$2d\sin\theta = n\lambda$$

此处晶体的衍射晶面间距是已知的，通过连续地改变 θ 角，就可以在与入射方向成各种 2θ 角的方向上测到各种单一波长（这里忽略 $n>1$ 的高级衍射干扰）的特征 X 射线信号，从而展示适当波长范围以内的全部 X 射线谱，这就是波谱仪的基本原理。

布拉格公式中的 $\sin\theta$ 值变化范围是从 0～1，因此所能检测的特征 X 射线波长不能大于 $2d$。一块晶体的晶面间距 d 值不能覆盖周期表中所有元素的波长，因此，对于不同波长的 X 射线就需要选用与之相适应的分光晶体。通常使用的分光晶体和它们分析的范围列在表 21－1中。这些晶体都需经弹性弯曲，使其表面处处对不同方向入射的 X 射线都满足同样的衍射条件，可有效地提高谱仪的检测率。

表 21－1　常用的分光晶体和它们分析的范围

晶体	波长范围/nm	可检测原子序数的范围		
		K_α	L_α	M_α
Pb Stearate	2.2～8.8	5～8	20～23	—
KAP	0.45～2.50	11～14	24～45	57～83
RbAP	0.20～1.80	11～14	26～64	57～92
Gypsum	0.26～1.50	11～14	28～57	59～92
ADP	0.18～1.03	12～21	33～67	65～92
EDT	0.14～0.83	14～22	37～75	70～92
PET	0.14～0.83	14～22	37～75	70～92
Ge	0.11～0.60	16～34	41～84	79～92
NaCl	0.09～0.53	16～37	43～92	82～92
LiF	0.10～0.38	19～35	49～88	—

波长色散谱仪有两种形式：回转式和直进式。目前使用的最多的是直进式性线谱仪。它的特点是在检测 X 射线的过程中，始终保持 X 射线的出射角 ψ（X 射线出射方向与样品表面的夹角）不变，这样特别有利于元素的定量分析。直进式线性谱仪的工作原理如下（见图 21－3）。

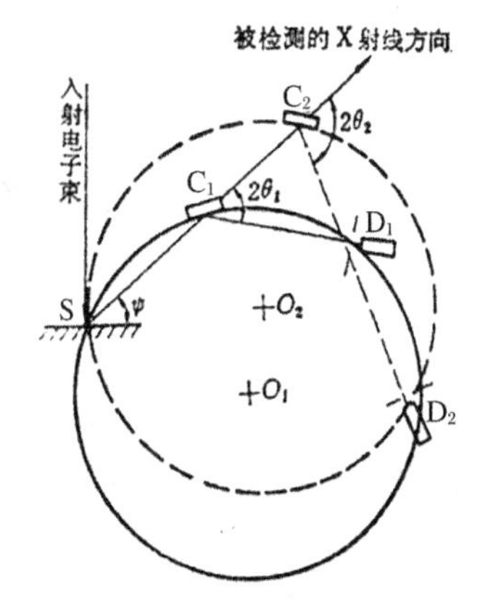

图 21－3　直进式线性谱仪原理

晶体（C）沿着固定的导臂（平行于被检测的 X 射线出射方向）滑动，同时绕垂直于聚焦圆（罗兰圆）平面的轴转动以改变 θ 角；而检测器（D）沿另一可以绕晶体的转动轴摆动的导臂滑动。聚焦圆的半径 R 在这种结构方式下是固定的，但其圆心则沿以发射源（S）为圆心、R 为半径的圆周上运动。通过简单的几何推导可获得发射源至晶体的距离 L 与 X 射线特征波长 λ 之间的关系：

$$L=2R\sin\theta=\left(\frac{R}{d}\right)\lambda \tag{21-1}$$

由此可见，对于给定的分光晶体（d 固定），L 与 λ 之间存在着简单的线性关系。L 叫做谱仪长度，L 值由小变大，意味着被检测的 X 射线波长 λ 由短变长。罗兰圆半径的典型值 $R=200\text{mm}$，最佳的 θ 角在 15°～65°范围内，相应的 L 值变动范围为 100～360mm。在一台电子探针中，常配有 3～5 道谱仪，一道谱仪中有时有两块不同的分光晶体可互换。这样保证能检测到 $_5$B～$_{92}$U 元素之间的特征 X 射线波长。尤其在定性分析时，可同时驱动几道谱仪对 $_5$B～$_{92}$U 之间的元素进行普查，大大地节省了时间。

电子探针中的信息记录和显示装置与 X 射线衍射仪基本相同，见方框图 21－4。

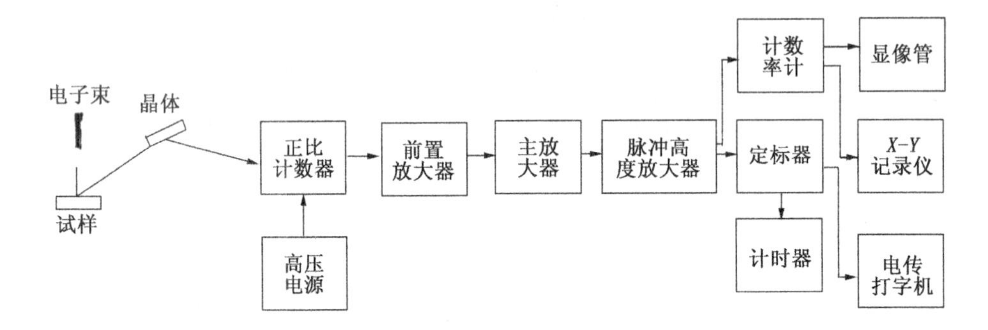

图 21－4　电子探针中 X 射线记录和显示装置

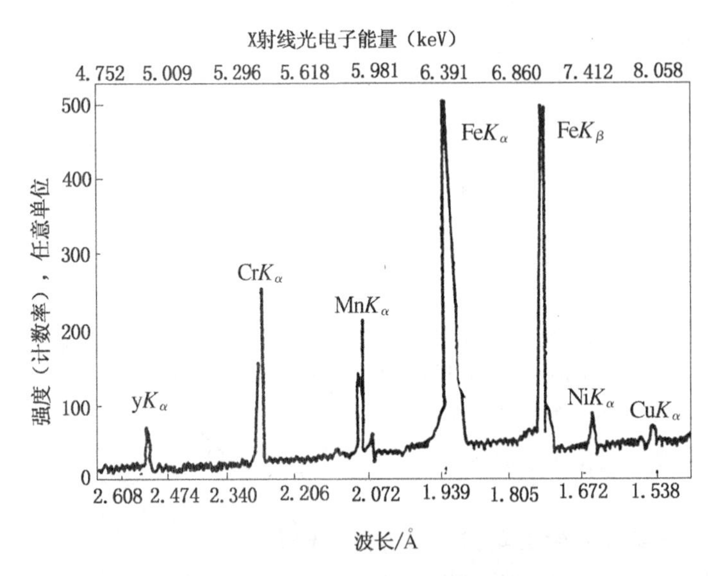

图 21－5　某低合金钢的定点谱扫描分析结果

被分光晶体衍射所色散的单一波长的 X 射线直接由检测器接收。作为 X 射线的检测器，要求其检测灵敏度高，与波长正比性好，而且希望其响应时间短。常用的检测器一般是正比计数器。正比计数器的放大倍数为 10^4，输出电压不到 1mV。从计数器输出的电压经增益为 1～10 的前置放大器放大，再经过最高放大倍数约为 1000 的主放大器放大和整形，最终获得便于脉冲高度分析器处理的电压（1～10V）。脉冲高度分析器是分析输入脉冲高度的装置。它除了可排除电子噪声的干扰，主要作用在于抑制分光晶体的二级或高级的反射。脉冲高度分析器输出的信号送到定标器上，这样能精确地记录在任意设置的时间内的脉冲数，记录的计数可以在数码管上直接显示出来，也可以送到打印机等装置上。脉冲高度分析器输出的信号还可送到计数率仪，以每秒平均计数的形式表示出来。计数率仪用来产生一个与输入计数率成正比的电压。用这个电压可送至阴极射线管得到 X 射线扫描像。

图 21－5是波谱仪对某低合金钢的微区成分分析，横坐标是 X 射线的特征波长，纵坐标是强度，即脉冲总数。波谱仪有很高的分辨率，它能鉴别波长十分接近的 VK_{β}(0.228434nm)，$C_rK_{\alpha1}$(0.228962nm)和 $C_rK_{\alpha2}$(0.229351nm)。

2）能量色散谱仪

能量色散谱仪简称能谱仪，其框图见 21－6。来自样品的 X 光子通过铍窗口进入锂漂

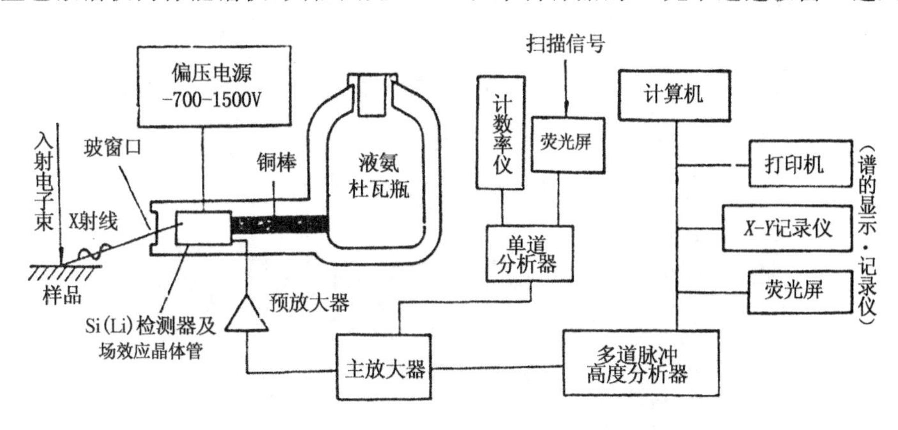

图 21－6　Si(Li)固态检测器作探头的能谱仪

移硅固态检测器，每个 X 光子能量被硅晶体吸收将在晶体内产生电子一空穴对。对硅晶体来说，平均每产生一对电子一空穴对约吸收 3.8eV 的 X 射线能量。因此，特征能量为 E 的 X 光子在硅晶体被全部吸收时能产生的电子空穴对数目为

$$n = E\,(\text{eV})\ /\ 3.8 \tag{21-2}$$

不同能量的 X 光子将会产生不同的电子-空穴对。例如，当铁的 K_{α} 辐射能量 E (FeK_{α}) ＝6.40keV时，则 $n \approx 1\,685$，而 Cu 的 K_{α} 辐射能量 E(CuK_{α})＝ 8.02keV，则 $n \approx 2\,110$。电子产生的总电荷量为

$$Q = n \cdot e \ = Ee/3.8 \tag{21-3}$$

这个 Q 值是个很小的量。例如 $Q(FeK_{\alpha}) \approx 2.7\times10^{-16}$C，$Q(CuK_{\alpha}) \approx 3.4\times10^{-16}$C。这些电荷在 1μμF 电容 C_f上造成的电压脉冲为

$$V = Q/C_f \tag{21-4}$$

对 FeK_{α}来说，$V(FeK_{\alpha}) \approx 0.27$mV，对 CuK_{α}来说，$V(CuK_{\alpha}) = 0.34$mV。从上述过程可见，锂漂移硅半导体检测器的作用就是把 X 射线信号转变为电信号，产生电压脉冲。这个很小的电压脉冲通过高信噪比的场效应管前置放大器放大，然后再经过主放大器放大和整形。显然，放大器增益的选择必须保证输出电压信号幅值正比于单个入射 X 光子的能量。放大器输出的脉冲信号输入多道脉冲高度分析器。多道脉冲高度分析器中的模数转换器首先把脉冲模拟信号转换成数字信号，建立起电压脉冲幅值(即对应 X 光子能量)与道址的对应关系。常用的 X 光子能量范围在 0～20.48keV，如果总道址数为 1024，那么每个道址对应的能量范围是 20eV。X 光子能量低的对应道址号小，高的对应道址号大。道址号与 X 光子能量之间存在对应关系。然后多道脉冲高度分析器把电压脉冲按其幅值的大小分道计数。根据不同道址上(对应不同能量的 X 光子)记录的 X 光子的数目，就可确定各种元素的 X 射线强度。它是作为测量样品中各元素相对含量的信息。然后在 $X-Y$ 记录仪或阴极射线管上把脉冲数—脉冲高度曲线显示

出来,这就是 X 光子的能谱曲线。图 21 - 7(a)(b)分别是 Mg - Sn - Zr 合金析出相(十字架位置)的二次电子像和它的成分能谱曲线。表 21 - 2 是析出相的成分能谱定量结果。

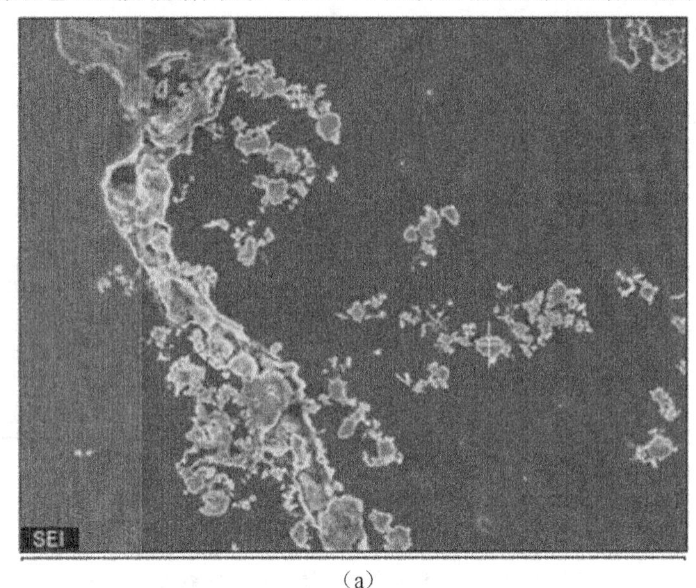

(a)

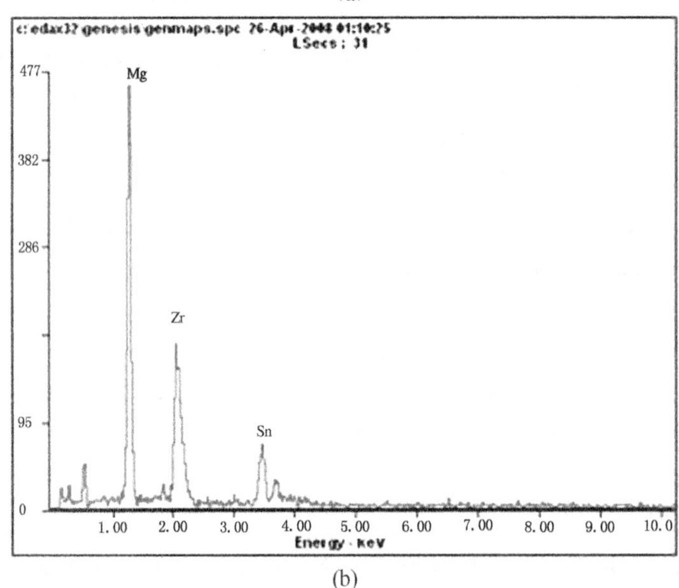

(b)

图 21 - 7　Mg - Sn - Zr 合金析出相的二次电子像(a)和它的成分能谱曲线(b)

表 21 - 2　析出相的成分能谱定量分析

Element	Wt/%	At/%
MgK	39.90	73.04
ZrL	39.17	19.11
SnL	20.93	07.85
Matrix	Correction	ZAF

以上简单叙述了波谱仪和能谱仪的工作原理，下面将比较两种谱仪的优缺点，以便在实际运用中加以正确选择。

(1) 分辨率。Si(Li)固态检测器的能量分辨率约150eV，而波谱仪的能量分辨率高达5～10eV。因此，波谱仪对元素的鉴别力比能谱仪高得多；

(2) 元素分析范围。波谱仪可检测$_{5}$B～$_{92}$U之间的所有元素，而目前常规使用的能谱仪，其Si(Li)固态检测器的铍窗口限制了对超轻元素X光子的检测，只能分析原子序数Z≥11的元素。特殊窗口的Si(Li)固态检测器也已能检测$_{5}$B～$_{92}$U之间的所有元素。

(3) 对样品的要求。能谱仪不需要聚焦，对样品表面发射点的位置没有严格的限制，适用于比较粗糙表面的分析工作；而波谱仪由于要求入射电子束轰击点、分光晶体和检测器严格落在聚焦圆上，因此不适用粗糙表面的成分分析。

(4) 检测效率。由于Si(Li)固态检测器探头可放在离X射线源很近的地方，使X射线的收集立体角很大，同时无需经过晶体衍射，信号强度几乎没有损失。因此，能谱仪探测效率远远大于波谱仪，从而使能谱仪可以适应在低入射电子束流条件下工作。

(5) 分析速度。能谱仪可以在几分钟内对$_{11}$Na～$_{92}$U之间的所有元素进行快速的定性分析，因为它通过多道脉冲高度分析器可同时接收和检测所有不同能量的X光子。而波谱仪是通过分光晶体在导臂上的移动，只能一个元素一个元素地测定，所以一个全谱的定性分析需要十几分钟或更长的时间。

(6) 仪器的维护。能谱仪中Si(Li)探头必须始终保持在液氮冷却的低温状态，即使不工作的时间也片刻不能中断，否则晶体内锂的浓度分布状态会在室温下扩散而变化，使功能下降甚至完全被破坏。即使现在先进的Si(Li)探头在工作状态时也必须要液氮冷却。波谱仪在工作状态时的维护上没有这种特殊的要求。

(7) 定量方法。当能谱仪的探测位置固定时，其几何收集效率(指接收X射线的立体角)是固定的，对于3keV以上的X射线，其量子效率(指进入谱仪和被计数的X射线之比)接近于100%，即使对低能X射线，量子效率也是按一定的规律变化，因此能谱仪除可以进行标样定量分析外，还可以进行无标样定量分析。而波谱仪由于几何收集效率无法固定，而且量子效率低(<30%)，无法进行无标样定量分析。因此，当缺少某种元素的标样时，波谱仪只能对该元素进行半定量分析。

21.2　电子探针的分析方法和应用

使用电子探针对样品进行分析可解决的问题归纳为如下三种：

① 样品上某一点的元素浓度；② 在样品的一个方向上的元素浓度分布；③ 与显微图像相对应的样品表面的元素浓度分布。因此，对它们的分析方法也各有所不同，对①、②、③分别采用点分析、线分析和面分析。

利用电子探针分析元素前，对样品有一定的要求：

(1) 样品要求导电。对一些不导电的样品，需要在表面蒸发沉积对X射线吸收少的碳、铝等薄膜。

(2) 样品表面要经一定的处理。用波谱仪做成分分析时，检测X射线是在与样品表面成一定角度的方向进行的。如果样品表面凹凸不平，有可能阻挡一部分X射线，造成测量到的 X 射线降低，而且使不同位置的分析点发生高度误差，影响波谱仪的聚焦条件，因此断口表面不可能得到满意的定量分析结果。对定性和半定量分析来说，试样可按金相样品制备。如果做定量分析时，试样表面要求很平，最好是抛光态，不要浸蚀。对能谱仪来说，由于其没有聚焦要求，可方便地对像断口那样表面粗糙的试样进行定性和半定量的成分分析，例如断口中夹杂物的成分分析。当然，断口试样仍不能获得像抛光态和金相浸蚀态试样那样好的定量结果，其原因除上述 X 射线强度降低外，还有粗糙表面常常带来一些虚假的 X 射线强度，因为分析点以外的凸起处受到背散射电子或 X 射线的激发而产生附加的 X 射线信号。

（3）样品尺寸对不同仪器有不同的要求。例如 JCXA－733 型电子探针允许试样的尺寸为 ϕ25mm×20mm。特别小的样品要用导电材料镶嵌起来。

21.2.1 分析方法

1）点分析

用光学显微镜观察样品表面选定待分析的微区或粒子，移动样品台使之位于电子轰击之下，驱动谱仪中的晶体和检测器，连续地改变 L 值，即改变晶体的衍射角 θ，记录 X 射线信号强度 I 随波长 λ 的变化曲线（见图 21－5）。用能谱仪分析时，以二次电子扫描像来选定待分析的微区和粒子，使电子束固定轰击试样的分析点，几分钟内即可得到 ^{11}Na～^{92}U 内全部元素的谱线；在上述定性分析的基础上，可对存在的元素进行定量分析，如图 21－7 所示。

2）线分析和面分析

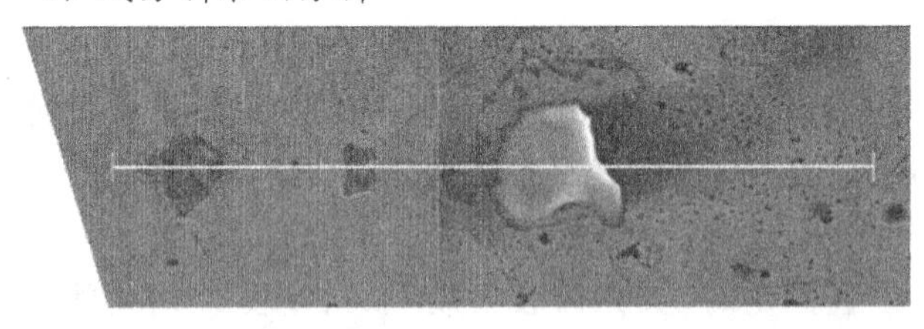

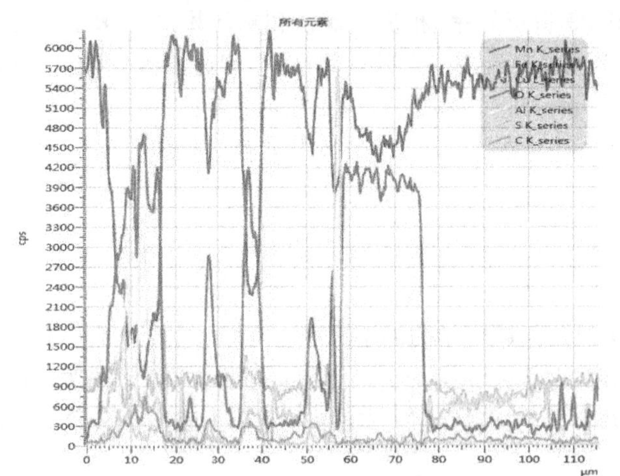

图 21－8 高锰 Mn－Cu－Fe 形状记忆合金中杂质的能谱线分析

将 X 射线谱仪设置在测量某一元素的特征 X 射线波长（波谱仪）或能量（能谱仪）位置上，使样品和电子束沿指定的直线作相对运动（可以是样品不动，电子束扫描；也可以是电子束不动，样品移动），同时用 $X-Y$ 记录仪或阴极射线管记录和显示该元素的 X 射线强度在该直线方向上的变化，可以方便地取得该元素在线度方向上的分布信息。测定完一个元素，将谱仪设置到另一个待测元素对应的谱仪长度位置上，重复上述过程，可获得另一元素在该直线方向分布的情况。线分析给出一维方向成分的变化，如图 21－8所示。在 21－8 图中，上方图是高锰 Mn－Fe－Cu 形状记忆合金的二次电子像，显示出熔炼过程中的杂质。经下图的线分析表面，白色杂质含高锰和高氧，但几乎不含铁，因此该杂质为氧化锰。而黑色杂质含高的氧，也含有一定量的 Fe 和 Mn，因此该杂质为氧化锰铁。基体中主要是 Mn，但含有一定量的 Cu 和 Fe。

面分析时谱仪与线分析时一样，固定在接收某一元素的特征 X 射线位置上，让入射电子束在样品表面作二维的光栅扫描，便可得到该元素的 X 射线扫描像。图 21 - 9 中的第一幅照片是 Ni 基高温合金氧化层的背散射电子像，不同相的形态被由于不同原子序数产生的衬度所显示出来。图中亮的区域表示平均原子序数高，暗的区域表示平均原子序数低。图 21 - 9(a)～(g)分别采用不同元素获得面扫描电子像。显然，图中较亮处表示该元素含量较高。面分析可以提供元素浓度的二维分布信息，并可与显微组织对应分析。从各元素的面扫描像可看出，某些相富 Re(稀土元素)和 Al，某些相富 W、Cr 或 Mo，而 Co 或 Ni 相对较均匀分布在各相中。

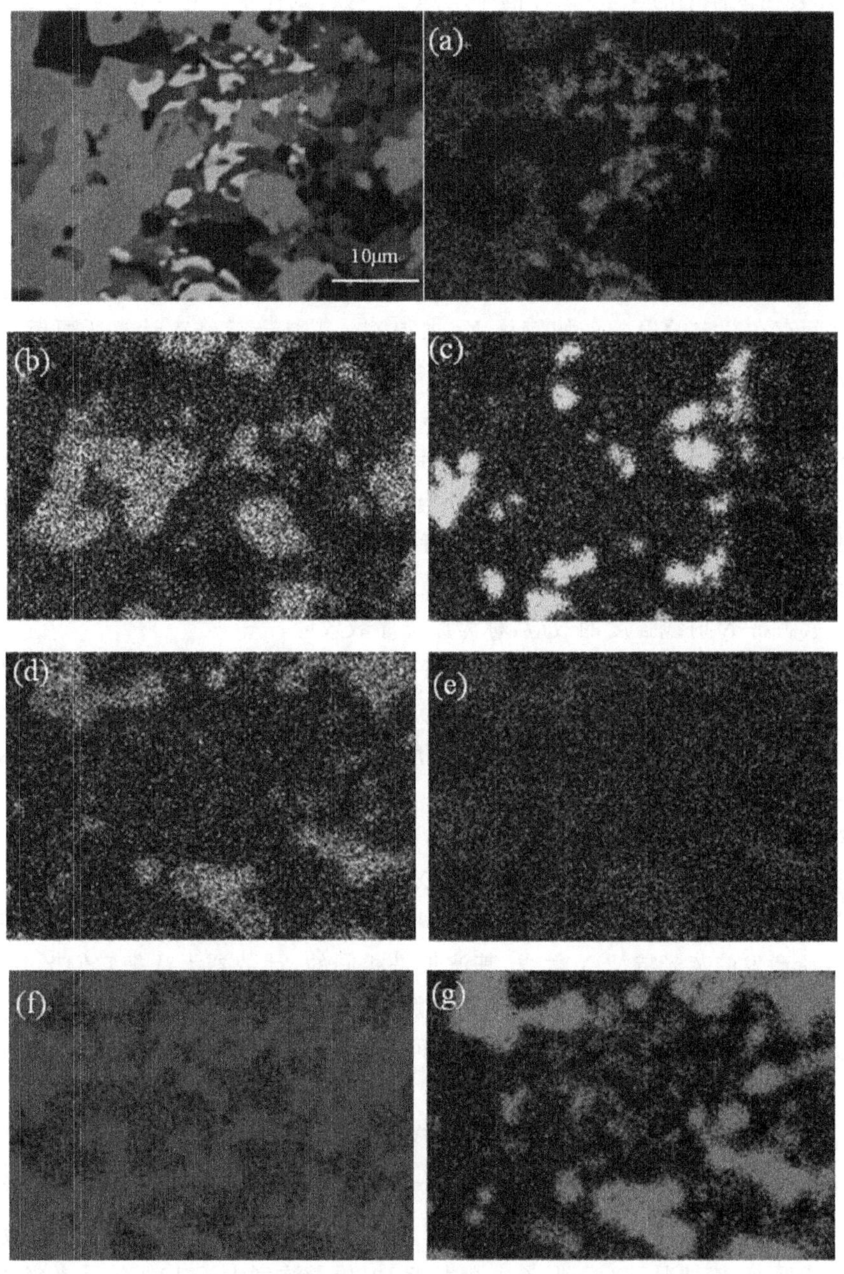

图 21 - 9　Ni 基高温合金氧化层的背散射电子像和各元素的面扫描电子像(a)-(g)

(a) Re; (b) W; (c) Mo; (d) Cr; (e) Co; (f) Ni; (g) Al

21.2.2 定量分析基本原理简介

关于定量分析的理论基础最初是由卡斯坦所奠定的，其后不断发展，定量计算的精确度也越来越高。电子探针定量分析是以某元素的特征 X 射线强度和该元素在试样中的重量百分数成比例这一事实为依据。因此，特征 X 射线强度的测量是定量分析的基础。通常影响特征 X 射线强度的有两类，一类是试验条件；另一类是试样本身。试验条件大体有：加速电压、探针电流、探针直径、电子束入射方向和试样表面夹角以及 X 射线出射角。试样本身的情况有：该元素在试样中的含量；试样的平均原子序数；试样中所包含的其他元素的种类和含量，以及试样的平整度等。

在定量分析时，先测出试样中 A 元素的特征 X 射线强度 I'_A，再在同样的试验条件测出纯 A 元素标样的特征 X 射线强度 $I'_{(A)}$，然后两者分别扣除背底和计数器死时间对测量值的影响，得到相应的强度值 I_A 和 $I_{(A)}$，两者相除即得 X 射线强度之比：

$$K_A=\frac{I_A}{I_{(A)}} \tag{21-5}$$

直接将测量的强度比 K_A当做试样中元素的重量浓度 C_A，其结果只能是半定量表示，与真实浓度之间存在一定的误差。如何从 K_A求得 C_A，正是定量修正计算所要解决的问题。从 K_A求得 C_A大体要经过三种效应的修正。

(1) 原子序数效应的修正。入射电子进入试样后，不断和试样中的原子发生弹性的和非弹性的碰撞，将使其中一部分电子能量损失到不足以激发 X 射线。但另外有一部分电子，当其能量还足以产生特征 X 射线时，由于受到卢瑟福散射从而带走本可以激发特征 X 射线而没有激发的入射能量。这两者本应对激发特征 X 射线做出贡献然而没有做出贡献，结果使特征 X 射线强度在反映元素真实含量方面受到影响。这种由于试样的平均原子序数不同而影响在元素特征 X 射线强度的效应，称为原子序数效应。

(2) 吸收效应修正。入射电子所激发的特征 X 射线在射出试样的路径中，必然受到试样本身的影响，从而损失一部分强度。由于被分析的试样和纯 A 元素标样中所包含的元素种类及含量不同，因而 X 射线所受到的吸收程度也不同，这称为吸收效应。它使 K_A在反映元素真实含量方面受到进一步影响。

(3) 荧光效应修正。除了入射电于可直接激发产生 A 元素的特征 X 射线外，试样中其他元素的特征 X 射线和连续谱中波长较短的 X 射线也会激发 A 元素的特征 X 射线。后者称为二次 X 射线或荧光 X 射线。直接由入射电子所激发的某元素的一次特征 X 射线和间接由 X 射线所激发的荧光特征 X 射线，其波长是相同的，计数器无法把它们区分开来。这种效应称为荧光效应。显然，荧光激发效应使测得的 A 元素特征 X 射线强度有所提高。

为了使测得的 K_A等于 C_A，必须对上述三种效应进行修正，这样得出的 K_A与 C_A的关系式如下：

$$C_A=\overline{Z}AFK_A \tag{21-6}$$

式中，$\overline{Z}$ 为原子序数修正项，A 为吸收修正项，F 为二次荧光修正项。定量分析计算是非常烦琐的，现在都是通过电子计算机来进行计算和数据处理。因此定量修正是自动进行的。经过修正计算后，一般情况下对于原子序数大于 10、质量浓度大于 10%的元素来说，修正后的浓度误差可在±2%以内。

21.2.3 应用

至此，我们已知电子探针X射线显微分析对微区、微粒和微量的成分分析具有分析元素范围广、灵敏度高、准确、快速以及不损耗样品等特点，可以进行定性和定量分析。下面概括地介绍它在金属研究领域中的一些应用。

金属的微观组织对性能起着重要的作用。在冶炼、铸造、焊接或热处理过程中，材料中往往不可避免地会出现众多的微观现象，如夹杂物、析出相、晶界偏析、树枝状偏析、焊缝中成分偏析、表面氧化等，用“电子探针”可以对它们进行有效地分析。另外，金属材料在电子束袭击下较稳定，非常适用于电子探针分析。

(1) 测定合金中相成分。合金中的析出相往往很小，有时几种相同时存在，因而用一般方法鉴别十分困难。例如不锈钢在1173K以上长期加热后，析出很脆的σ相和χ相，其外形相似，金相法难以区别。但用电子探针测定Cr和Mo的成分，可以从Cr/Mo的比值来快速区分σ相(Cr/Mo为2.63～4.34)和χ相(Cr/Mo为1.66～2.15)。

(2) 测定夹杂物。大多数非金属夹杂物对性能起不良的影响。用电子探针和扫描电子显微镜附件能很好地测定出它们的成分、大小、形状和分布，这为选择合理的生产工艺提供了依据。

(3) 测定元素的偏析。晶界与晶内、树枝晶中的枝干和枝间，母材与焊缝常造成元素的富集和贫乏现象，这种偏析有时对材料的性能带来极大的危害，用电子探针通常很容易分析。

(4) 晶体结构和取向测定。当配了电子背散射衍射装置后，可对晶体样品的织构和晶粒间取向等进行测定。

第 22 章　扫描探针显微镜

1981 年，德国学者 Gerd Binnig 和瑞士学者 Heinrich Rohrer 发明了一种新型的表面分析仪器——扫描隧道显微镜(scanning tunnelling microscopy, STM)。STM 的问世使人类在实空间能够观察到材料表面各个原子的排列以及与表面电子相关的物理和化学性质。该技术是对表面科学和表面研究方法的革命性突破。为此，Binnig 和 Rohrer 荣获了 1986 的年诺贝尔物理学奖。

扫描隧道显微镜采用了全新的工作原理，它利用电子隧道现象，将样品本身作为一个电极，将一根尖锐的金属探针作为另一个电极，把探针移近样品，并在两者之间加上电压，当探针和样品表面相距只有数十埃(1 Å (埃)=0. 1nm)时，由于隧道效应，在探针和样品表面之间就会产生隧道电流；哪怕样品表面只有原子大小的微小起伏，也将使隧道电流发生显著变化。这种携带原子结构的信息，输入电子计算机，经过处理即可在计算机上显示出一幅物体的三维图像。

STM 有着现代许多表面分析仪器所不能比拟的优点，但由于 STM 是利用隧道电流进行表面形貌及表面电子结构性质研究的，所以只适用于导体和半导体样品，不能用来直接观察和研究绝缘体样品和有较厚氧化层的样品。为了弥补 STM 这一不足，1986 年，Binnig、Quate 和 Gerber 发明了第一台原子力显微镜(atomic force microscope, AFM)。AFM 利用一个对力非常敏感的微悬臂，其尖端有一个微小的探针，当探针轻微地接触样品表面时，由于探针尖端的原子与样品表面的原子之间产生极其微弱的相互作用力而使微悬臂弯曲，将微悬臂弯曲的形变信号转换成光电信号并进行放大，就可以得到原子之间力的微弱变化信号。

随后在 AFM 的基础上，又相继发明了扫描近场光学显微镜(scanningnear－field optical microscopy, SNOM)、摩擦力显微镜(friction force microscope, FFM)、横向力显微镜(lateral force microscope, LFM)、磁力显微镜(magnetic force microscope, MFM)、静电力显微镜(electrostatic force microscope, EFM)、扫描热显微镜(scanning thermal microscope, SThM)、扫描离子电导显微镜(scanning ion conductivity microscope, SICM)等一系列显微镜。这类显微镜不再受到光或电子波长的限制，而是利用尖锐探针对样品表面进行扫描来获取图像，因此这类显微镜统称为扫描探针显微镜(scanning probe microscope, SPM)。本章仅介绍 SPM 家属中的两个主要成员：STM 和 AFM。

22.1　扫描隧道显微镜

22.1.1　STM 原理和工作模式

STM 获得的样品表面原子级扫描图像是与隧道电流的性质相关的。根据量子力学原理，由于电子的隧道效应，金属中的电子并不完全局限于金属表面之内，电子云密度不是在表面边界处突变为零，而在金属表面以外的一段距离内，仍然会有部分的电子云存在，但在表面之外的电子云密度随距离的增加呈指数快速衰减，衰减长度约为1nm。用一个极细的、只有原子线度的金属针尖作为探针，将它与样品的表面作为两个电极，当样品表面与针尖非常靠近(通常距离小于1nm)时，两者的电子云稍有重叠。若在两极间加上电压U，在电场的作用下，电子就会穿过电极之间的势垒，通过电子云的狭窄通道流动，从一个电极流向另一个电极，形成隧道电流，这种现象称为隧道效应。

就STM而言，电子有可能从针尖流向样品表面或从样品表面流向针尖(流向是根据两边所加电压的不同所决定的)。针尖一样品之间的障碍是空气、真空或液体介质，通过检测隧道电流(I)的大小可以精确控制针尖一样品间的距离(d)：

$$I = KUe^{-kd} \tag{22-1}$$

式中，U为针尖与样品间的电压；K和k为常数。由式(22—1)可知，隧道电流对针尖与样品的距离非常敏感，如果d减小0.1nm，隧道电流就会增加一个数量级，如图22-1所示。当针尖在样品表面上方扫描时，即使其表面只有原子尺度的起伏，也会通过其隧道电流显示出来。借助于电子仪器和计算机，在屏幕上显示出样品的表面形貌。

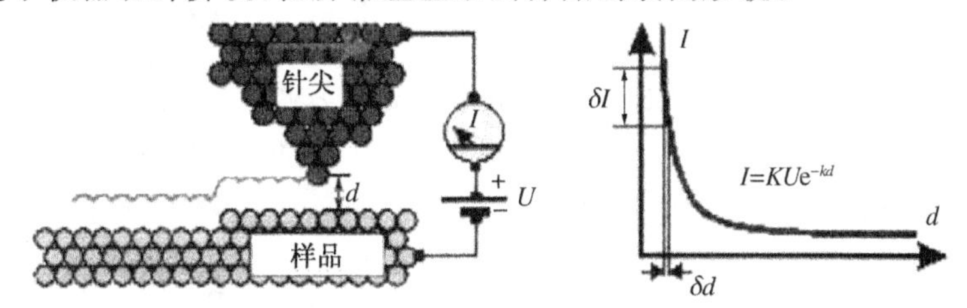

图22-1 STM的隧道电流(I)随针尖距离(d)的指数变化关系

STM有两种基本的工作模式：恒流模式和恒高模式，如图22-2所示。

(1)恒流模式，如图22-2(a)所示。恒流模式是利用一套电子反馈线路控制隧道电流I，使其保持恒定，然后通过计算机系统控制针尖在样品表面扫描，也就是使针尖沿x，y方向做二维运动。由于要控制隧道电流不变，必须保证针尖与样品的间距(d)不变，因此针尖需要随样品表面的高低起伏而做相同的起伏运动，高度(z方向)的信息由此反映出来。利用计算机实时读取反馈电路中的高度值，将其处理成不同灰度等级的图像或彩色图像显示在计算机屏幕上。由于x，y，z三轴的数据都可以取得，因此可通过软件获得样品表面的三维形貌图。图22-3显示出STM在恒流模式下Si(111)面的STM像，从图中可以清楚地看见Si原子的排列。恒流模式的优点是可以适应表面较大起伏的样品，获取的图像信息全面，显示出的图像质量高；缺点是扫描过程必须由反馈电路来调制，扫描速度较慢，容易受低频信号的干扰。

(2)恒高模式，如图22-2(b)所示。在恒高模式中，探针以设定的高度扫描样品表面，由于表面高低变化，导致探针与样品表面间距发生变化，隧道电流随之变化。即使表面只有原子尺度的起伏，也会导致隧道电流非常显著的变化，这样就可以通过测量电流的变化来反映表面原子尺度的起伏。该方法是通过测量隧道电流值的大小来成像的，无需反馈电路控制，所以可以实现对样品表面的快速扫描，因而能够捕捉到表面的一些动态变化。该方法的缺点是扫描范围内的样品表面起伏不能太大，否则很容易造成样品或探针的损坏。因此，恒高模式比恒流模式较少运用。

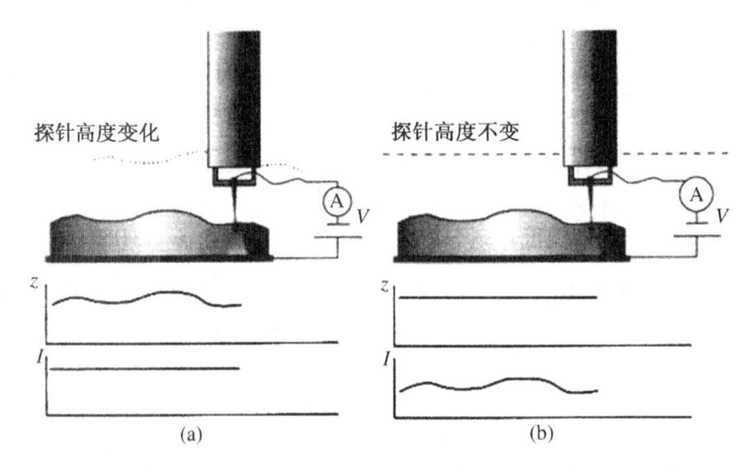

图 22－2　STM 两种工作模式的原理

(a)恒流扫描模式;(b)恒高扫描模式

(图中横坐标为平面扫描间距,纵坐标的 z 和 I 分别表示探针高度和隧道电流)

22.1.2　STM 系统的组成

如图 22-4 所示,扫描隧道显微镜的系统组成主要包括四大部分:(a)探针扫描系统;(b)电流检测与反馈系统;(c)数据处理与显示系统;(d)振动隔离系统(图中未显示)。

图 22－3　Si(111)面的 STM 像

1) 探针扫描系统

扫描探针显微镜(SPM)的技术核心在于它具有极高的可控空间定位精度(优于 0.1nm 量级),因而使得它不但具有极高的分辨率(可达原子级分辨),而且具有极高的操纵和加工精度(可实现单原子操纵)。而 STM 又是 SPM 家族中精度最高的,因此精确的定位装置是必不可少的。

目前,实现针尖在样品表面上精确扫描的装置主要是压电陶瓷探针架和压电陶瓷样品台,如图 22-5 所示。用于 STM 的压电材料是各种锆钛酸铅陶瓷(PZT)。PZT 压电陶瓷能简单地将 1～1000mV 的电压信号转换成十几分之一纳米到几微米的机械位移,完全可以满足 STM 三维扫描控制精度的要求。常用的 STM 针尖安放在一个可进行三维运动的压电陶瓷支架上。支架 L_x,L_y,L_z 分别控制 x,y,z 方向上的运动。在 L_x,L_y 上施加电压,就可使针尖沿表面扫描;测量隧道电流 I,并以此反馈控制施加在支架 L_z 上的电压 V_z;再利用计算机的测量软件和数据处理软件将得到的信息在屏幕上显示出来。

STM 拥有原子级的超高空间分辨率,与 STM 针尖的几何形状密切相关。STM 针尖的形状、大小和化学纯度直接影响样品与针尖的隧道电流,从而影响 STM 图像的质量和分辨率。由于隧道电流与距离成指数依赖关系,因此对成像起作用的实际上只是针尖最尖端的原子或原子簇。如果针尖的最尖端只有一个稳定的原子(相当大的概率),那么隧道电流就会很稳定,而且能够获得原子级分辨率的图像。若在尖端出现几个原子或原子簇,就会降低图像的原子级的分辨率。

钨丝比较坚硬,一般采用电化学腐蚀方法形成极细的针尖。该方法可以得到尖端半径 0.1μm 以下且重现性很好的钨针尖。实际上,电化学腐蚀法是制备钨针尖的最常用的方法，根据所加的电势又细分为交流法、直流法和交直流公用法。交流法制备的针尖呈圆锥体形状，锥度角比直流法制作的针尖大；直流法制成的针尖呈双曲线形，更尖锐，适合于STM 高分辨率的观察；交直流公用法一般先采用直流，后采用交流的方法，直流是为了控制针尖大致形状，由于交流法腐蚀速度较慢，故常用于最后阶段，以易于控制针尖的形成。

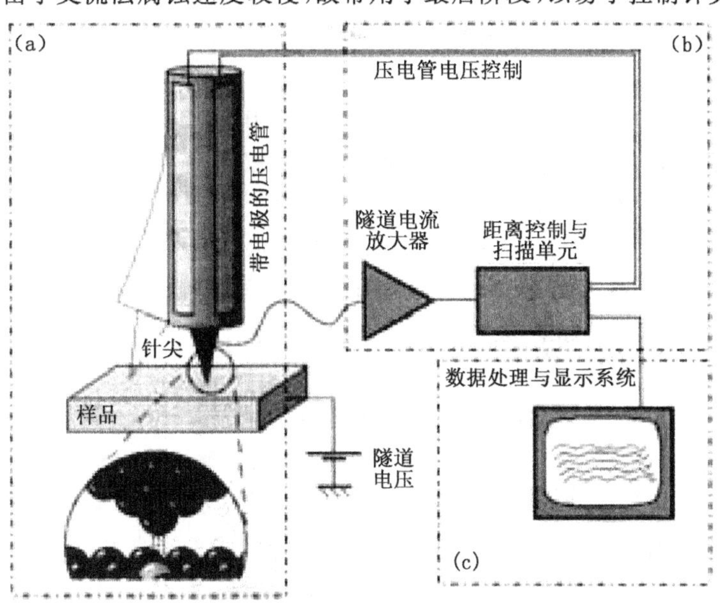

图 22-4 STM 系统的组成

(a)探针扫描系统；(b)电流检测与反馈系统；(c)数据处理与显示系统

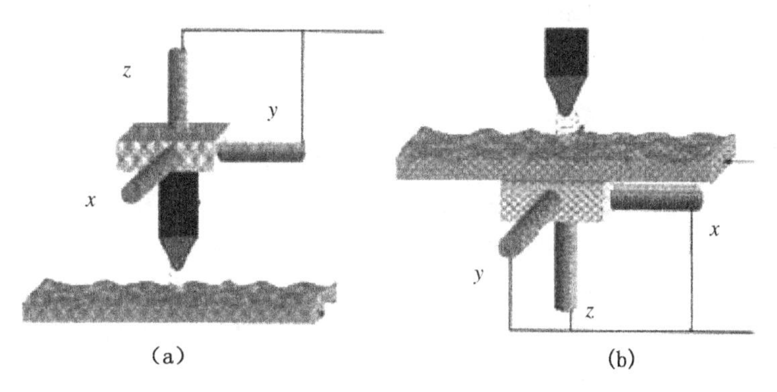

图 22-5 压电陶瓷的构件

(a)探针架；(b)样品台

2) 电流检测与反馈系统

STM 需要一个能检测隧道电流的电流检测系统和反馈隧道电流信息的反馈系统。针尖—样品之间的隧道电流经信号放大后，进入计算机的处理系统，计算机的处理软件将设定的隧道电流与检测的电流进行比较，再根据比较的结果向反馈回路发出调整针尖—样品间距离的信号。借助于反馈回路对压电陶瓷伸缩进行调整，以此实现隧道电流的恒定。例如，当检测的隧道电流小于设定的值，则反馈回路通过调节压电陶瓷两端的电压使其伸长，减小针尖一样品间距，从而使隧道电流恢复至设定的值时。反之，当检测的隧道电流大于设定的值时,则反馈回路通过调节压电陶瓷两端的电压使其收缩,增大针尖—样品间距,从而使隧道电流恢复至设定的值。这些调整被计算机记录下来并经 STM 软件处理后以图像的形式显示出来,这种成像模式被称为“恒流”模式,如图 22-2(a)所示。另外,对于非常平滑的样品表面,可以用“恒高”的扫描模式,即在关闭反馈回路的情况下,探针以恒定的高度扫描样品的表面,通过记录隧道电流的变化来显示表面图像,如图 22-2(b)所示。

3) 数据处理与显示系统

STM 的数据处理主要由各个公司设计开发的专用数据处理与控制软件来完成。在 STM 的扫描过程中,专用数据处理与控制软件可以根据使用者的需要,将放大几万倍甚至几百万倍的样品表面形貌同步地显示在计算机的屏幕上。精确计算 STM 的放大倍率是十分必要的。STM 的放大倍率是指在计算机屏幕上显示的物体尺寸与实际物体尺寸之比。例如,当 STM 的扫描范围为 20nm×20nm,而在计算机屏幕上显示的大小为 50mm×50mm 时,则放大倍率为 $50mm/20nm = 2.5\times10^{6}$。

4) 振动隔离系统

STM 仪器不可避免要受到来自地面或空气传递的振动。如上所述,针尖与样品表面间距的极小变化将会显著改变隧道电流,外来的各种振动都会影响针尖与样品表面间距的变化。对于许多材料,尤其是金属,在恒流模式下 STM 图像的原子级的起伏幅度约为 0.01nm,所以外来振动的干扰必须降低到 0.001nm 以下。STM 实验需考虑的主要振动源有:建筑物振动(10～100Hz),通风管道、变压器和马达(6～65Hz)、人走动(1～3Hz)等,还需考虑偶然因素引起的冲击。STM 减振系统的设计主要考虑 1～100Hz 的振动。振动隔离问题就是设计一个专门的装置使传递到 STM 仪器的振动减弱至不影响测量精度。振动隔离的方法是提高仪器的固有振动频率和使用振动阻尼系统,悬挂弹簧是最常用的振动隔离方法。

22.2 原子力显微镜

尽管 STM 有着现代许多表面分析仪器所不能比拟的优点,但因仪器本身工作原理所致的局限性只能对导体和半导体样品进行研究,不能用来直接观察和研究绝缘体样品和有较厚氧化层的样品。如果要观察非导电材料,就要在其表面覆盖一层导电膜,而导电膜的存在往往掩盖了样品表面的结构细节,使 STM 能在原子级水平研究表面结构这一优点不复存在。然而人们感兴趣的研究对象既有导电的,也有不导电的。因此 STM 在应用上受到较大局限性。为了弥补 STM 这一不足,1986 年 Binnig、Quate 和 Gerber 在 STM 的基础上发明了第一台原子力显微镜(atomic force microscope, AFM),如图 22-6 所示。从示意图可知,微悬臂实际上充当了 STM 的样品,借助微悬臂能间接但真实地反映了材料表面的形貌状态。由于 AFM 不需要在针尖与样品间形成回路,突破了 STM 对样品要求导电的限制,因而有着更广泛的应用领域。

鉴于早期 AFM 同时包含 AFM 和 STM 两个系统所带来的隧道电流检测法的不足,人们在随后的几年中尝试了多种微悬臂弯曲变形检测方法。1988 年,Meyer 和 Amer 用激光反射法(laser beam reflection, LBR)替代了原先的 STM 针尖检测法。该方法与 STM 针尖检测法相比,不但设计简单,而且激光与微悬臂背面之间的距离并不影响信噪比(这对以前的 STM 针尖检测法影响是很大的)。因此,Meyer 和 Amer 的激光反射检测法几乎成为现有 AFM 的标准检测方法。

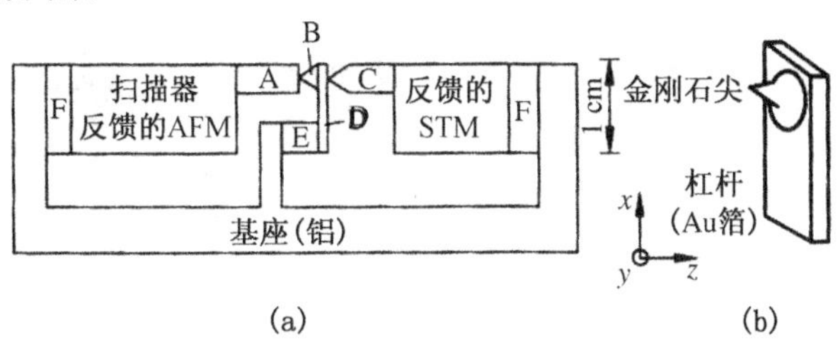

图 22-6　AFM 的结构和工作原理

(a) AFM 的结构原理图；(b) 微悬臂

22.2.1　AFM 原理与结构

现代的 AFM 设备的结构如图 22-7 所示。AFM 是在 STM 基础上发展起来的，两者必有异同，如图 22-8 所示。从原理上来说，STM 利用的是导电针尖和样品之间形成的隧道电流，而 AFM 利用的是针尖与样品之间的相互作用力；从结构上来说，STM 针尖与压电陶瓷扫描器直接连接，而 AFM 针尖则通过一个对力非常敏感的微悬臂与压电陶瓷扫描器连接；从检测方法上来说，STM 直接检测针尖一样品间的隧道电流，而 AFM 则通过激光发射检测微悬臂的弯曲变形来间接测量针尖一样品间的作用力。有几种典型的力会造成 AFM 微悬臂的变形，最普遍的是范德华力(Van der Waals force)，其他还有静电力、磁力等。

1) 工作原理

AFM 的原理接近指针轮廓仪(stylus profilometer)，但 AFM 采用 STM 技术，针尖半径尺寸接近原子尺寸。在图 22-6 中，AFM 有两个针尖和两套压电晶体控制机构，图中 B 是 AFM 的针尖，C 是 STM 的针尖；A 是 AFM 的待测样品；D 是微悬臂，它又是 STM 的样品；E 是使微悬臂发生周期振动的调制压电晶体，用于调制隧道间隙；F 是氟橡胶。

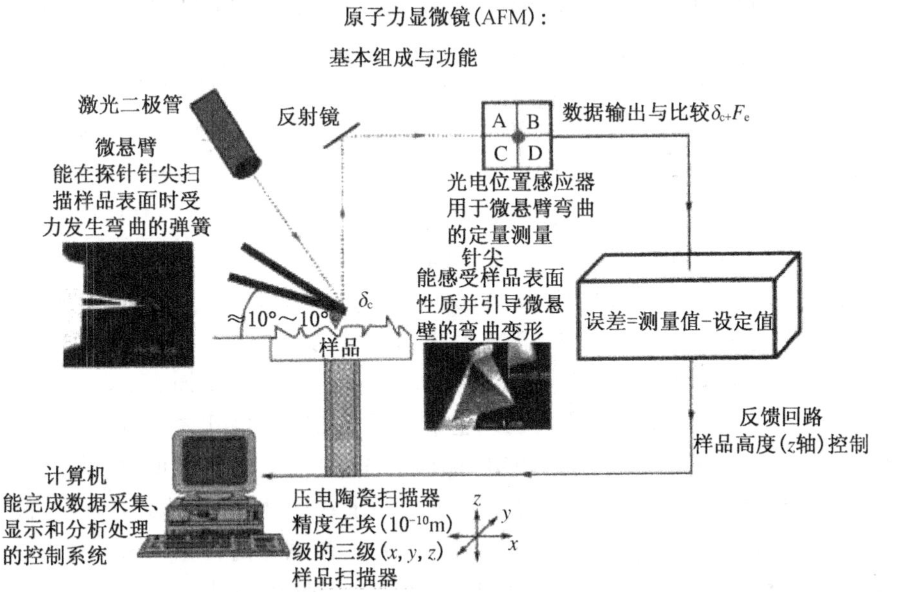

图 22-7　现代的 AFM 的结构

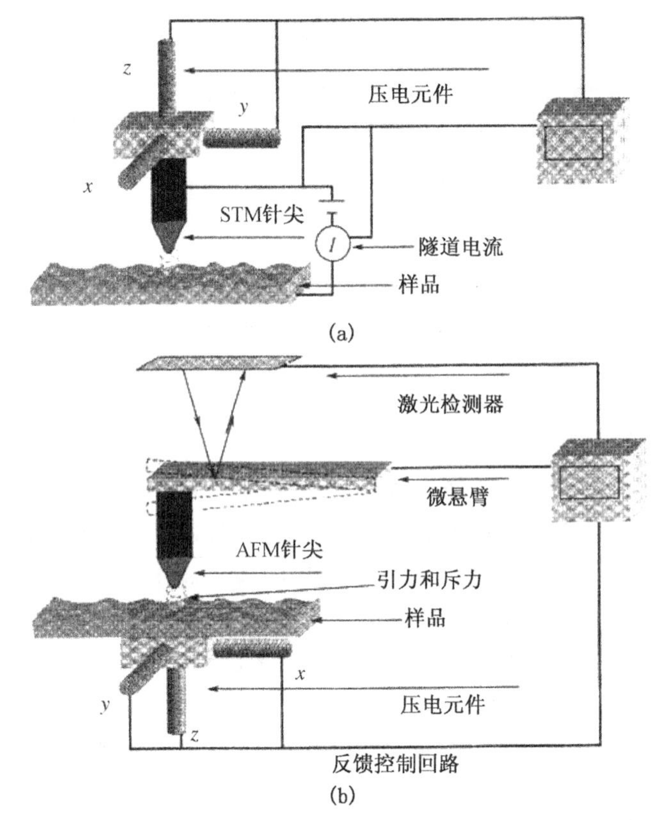

图 22-8 两种仪器工作原理的比较

(a)STM;(b)AFM

AFM 测量针尖和样品表面之间的原子力的方法如下:先使样品 A 远离针尖 B,这时微悬臂处于不受力的静止位置,然后使 STM 的针尖 C 靠近微悬臂 D,直至观察到隧道电流 I_{STM},使 I_{STM}等于某一个固定值 I_0,并启动 STM 的反馈系统使 I_{STM}自动保持在 I_0 数值,这时由于 B 处在悬空状态,电流信号噪声很大,然后使 AFM 样品 A 向针尖 B 靠近,当 B 感受到 A 的原子力时,B 将稳定下来,STM 电流噪声明显减少。设样品表面势能与表面力的变化如图 22-9 所示,样品表面离针尖较远时表面力是负的(表示吸引力),随着该距离变近,吸引力先增加然后减小直至降为零。当距离继续减小,表面力变为正(排斥力),且表面力随距离的减小而迅速增加。当样品 A 从初始状态逐渐向悬空状态的针尖 B 靠近(右移)时,B 首先感到 A 的吸引力,B 将向左倾(即朝样品 A 方向),STM 电流将减小,STM 的反馈系统随之改变针尖 C 与微悬臂之间的电压,使 STM 针尖向左移动 Δz 距离,以保持 STM 电流不变。从 STM 的 P_z (控制 z 向位移的压电陶瓷)所加电压的变化,可以知道 Δz ,再由胡克定律(Hooke Law) $F=-S\Delta z$ 求出样品表面对悬臂针尖的吸引力(式中 S 是微悬臂的弹性系数)。样品继续右移,表面对针尖 B 的吸引力增加,当吸引力达到最大值时,微悬臂针尖向左偏移(从 STM 感觉到 Δz)也达到最大值。样品进一步右移时,表面吸引力减小,位移 Δz 减小,直至样品和针尖 B 的距离相当于 z_0 ,表面力 $F=0$,微悬臂回到原先未受力的位置,如图 22-9。样品 A 继续右移,针尖 B 感受到的将是排斥力,微悬臂 D 将向右移,由此导致微悬臂与 STM 针尖 C 的间距减小,再启动 STM 的反馈系统使 I_{STM}自动保持在 I_0 数值。总之,样品和针尖之间的相对距离可由 AFM 的 P_z 上所加的电压和 STM 的 P_z 上所加的电压确定，而表面力的大小与方向则由 STM 所加的电压的变化来确定的。这样就得到针尖 B 的顶端原子感受到样品表面力(即样品 A 的原子力)随距离变化的曲线。应当指出，以上的分析是在未考虑 STM 针尖和微悬臂之间的原子力的条件下作出的。若考虑这个原子力，AFM 还可测量材料的弹性、塑性、硬度等性质，即 AFM 可用做“纳米压痕仪”(nanoindentor)。

利用 AFM 测量样品的形貌和三维轮廓图的方法如下：先使 AFM 针尖 B 工作在排斥力 F_1 状态(见图 22-9)下，这时针尖相对零位(Z_0)向右移动 Δz_1 距离；然后保持 STM 的 P_z 固定不变，并沿 x(和 y)方向移动 AFM 样品 A；如果样品表面凹下，则微悬臂向左移动，于是 STM 的电流 I_{STM} 减小，该电流控制的放大器立刻使 AFM 的 P_z 推动样品向右移动以保持电流不变，即用 I_{STM} 反馈控制 AFM 的 P_z 以保持 I_{STM} 不变。这样，当 AFM 样品相对针尖 B 做(x，y)方向光栅扫描时，记录 AFM 的 P_z 随位置的变化，即可得到样品的表面形貌图。图 22-10 显示出碳纳米管的 AFM 像，它和我们以前看到的 TEM 和 SEM 像不同。AFM 像在垂直于样品表面的 z 方向的分辨率极高(0.01nm)，该图在原子分辨率上显示出碳纳米管的圆管状外形，还显示出管壁上的碳原子排布。

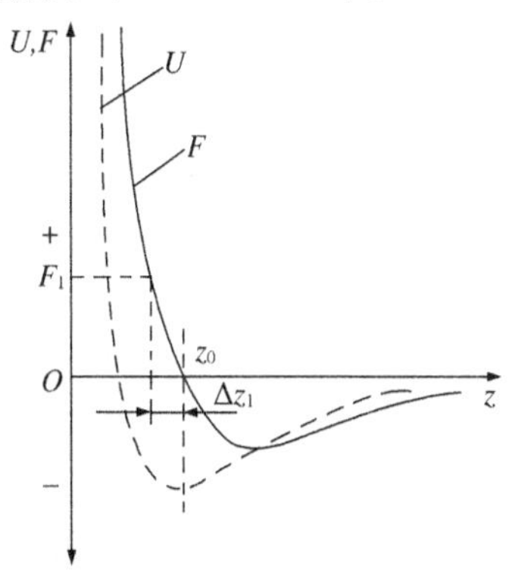

图 22-9 样品表面势能(U)及表面力(F)随表面距离(z)变化的曲线

在 AFM 中，针尖可做微小的移动(最小位移为 $10^{-3}\sim10^{-5}$nm)，这个性质被用来做“纳米操纵”(nano manipulation)。例如，用针尖拨动表面的原子，让它们改变原先的位置。图 22-11 给出在铜(111)表面上用 AFM 技术操纵铁原子所排列成的中文“原子”两字。

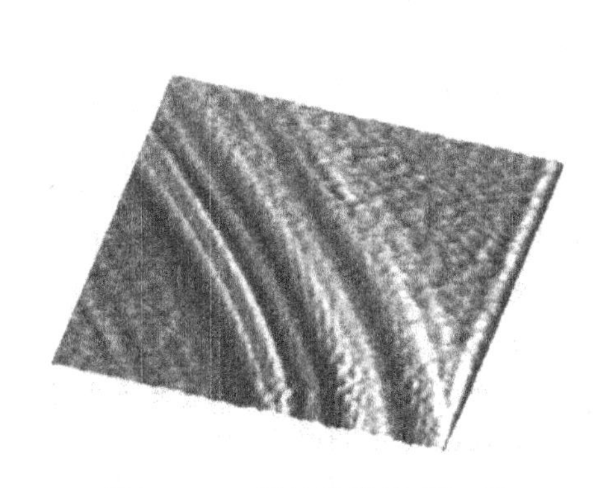
图 22-10 碳纳米管的 AFM 像

图 22-11 在铜(111)面上用 AFM 操纵铁原子排成的“原子”两字

2) AFM 结构系统中的激光反射法

与 STM 类似，AFM 的结构系统也主要包括如图 22-12 所示的四大部分：(a)探针扫描系统；(b)力检测与反馈系统；(c)数据处理与显示系统；(d)振动隔离系统(图中未显示)。在这四个子系统中，除了各生产商所开发的数据处理与控制软件稍有不同之外，(b)，(c)，(d)三个子系统与 STM 基本上是一致的；探针扫描系统是 AFM 和 STM 之间的最主要区别，而其中最核心的就在于力监测器(force sensor)，其通常通过测量激光束在微悬臂背面的反射来测量悬臂的弯曲变形，通过胡克定律获得针尖与表面之间的相互作用力。下面介绍激光反射法，如图 22-13 所示。

一束激光经微悬臂背部反射到一个位置灵敏探测器(position sensitive detector，PSD)上，当微悬臂弯曲时激光束在探测器上的位置将发生移动，PSD 本身可测量的光点小至 1nm 的位移，微悬臂位移的放大倍率为悬臂至探测器的距离与悬臂长度之比。通常这一比列可以做得很大，使得系统可以探测到针尖在垂直方向(横向)上小于 0.1nm 的位移，纵向分辨率可达 0.01nm，均达到原子级分辨率。该方法简单，但要求悬臂梁背面有光滑反射表面。激光反射法是目前 AFM 中运用最广泛的方法。该方法与前述的隧道电流检测法相比，具有以下优点：首先，由于激光束束斑直径为几个微米，这使其反射信号受微悬臂背面粗糙度影响较小，从而降低了仪器对热漂移的敏感程度；其次，微悬臂背面的污染对光信号影响较小，对隧道电流的影响则相当严重；最后，激光束对微悬臂产生的作用力很小，从而使仪器更加稳定可靠，而且激光法对微悬臂的电导性无要求。

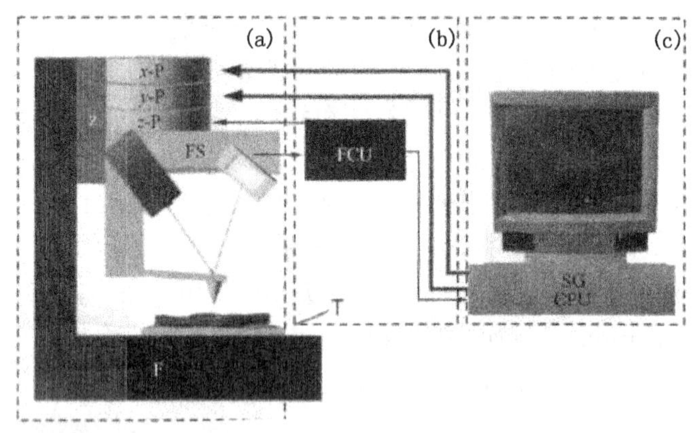

图 22-12　AFM 的系统组成

(a)探针扫描系统；(b)力检测和反馈系统；(c)数据处理和显示系统

22.2.2　AFM 的工作模式

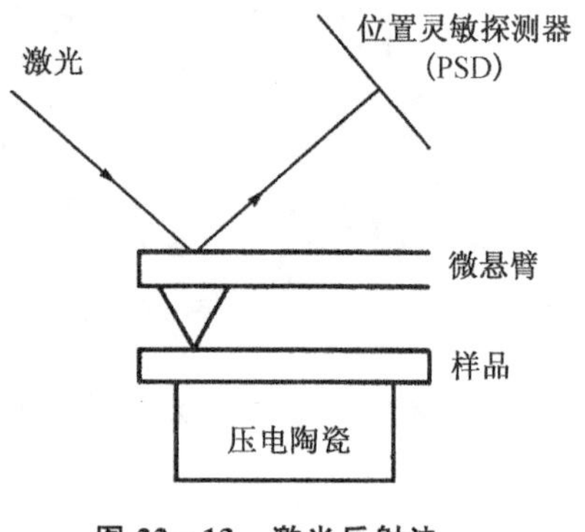

图 22-13　激光反射法

当 AFM 的微悬臂与样品表面原子相互作用时，通常有几种力同时作用于微悬臂，其中最主要的是范德华力，它与针尖—样品表面原子间的距离关系曲线如图 22-14 所示。当两个原子相靠近时，它们将互相吸引；随着原子间距继续减小，两个原子间的排斥力将抵消吸引力，直至针尖原子间距与样品表面原子间距为几个Å(1 Å＝0.1nm)时，吸引力和排斥力达到平衡；当针尖原子与表面原子之间的间距进一步减小时，原子间的排斥力急剧增加，范德华力由负变正(排斥力)。利用这个力的性质，可以让针尖与样品处于不同的间距，从而实现 AFM 的不同工作模式(见图 22-15)。①接触模式(contact mode)：针尖和样品表面发生接触，原子间表现为斥力；②非接触模式(non-contact mode)：针尖和样品间相距数十纳米，原子间表现为引力；③轻敲模式(tapping mode)：针尖和样品间相距几到十几纳米，原子间表现为引力，但在微悬臂振动时，两者能间隙性发生接触。

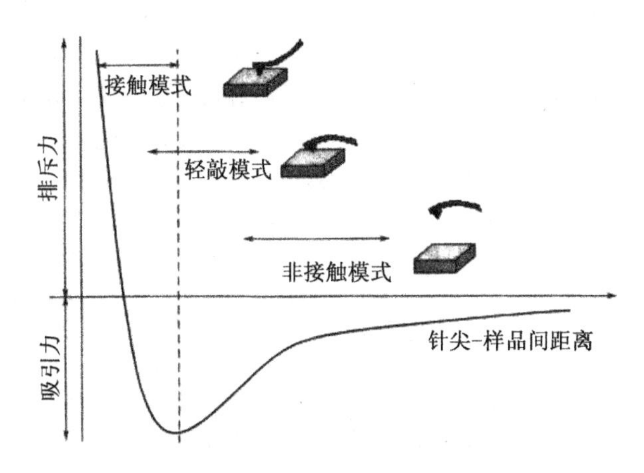

图 22-14　针尖—样品间距与工作模式的关系

1）接触模式

接触模式是 AFM 的常规操作模式，也是 AFM 最早和最重要的工作模式。如图 22-15(a)所示，在接触模式中，针尖始终和样品接触，以恒力或恒高模式（constant force mode or constant height mode）进行扫描，扫描过程中，针尖在样品表面滑动。通常情况下，接触模式都可以产生稳定的、分辨率高的图像，而且接触模式在大气和液体环境下都可实现。但是，这种模式不适用于研究生物大分子、低弹性模量样品以及容易移动和变形的样品。由于该模式下，针尖和样品发生直接接触，因此要求针尖和样品间的作用力要小于样品（或针尖）原子间的聚合力，这就要求探针微悬臂的硬度不能太大，以保证在作用力很小时就能产生可以检测到的弯曲形变。故用于接触模式的微悬臂的弹性常数（k，其除与弹性模量 E 和微悬臂的宽度成正比外，更重用的是与微悬臂长度的三次方成反比，与微悬臂厚度的三次方成正比）应在 1～10N/m 范围内或在更小范围内，目前使用的此类微悬臂的弹性常数基本上都小于 1N/m。

2）非接触模式

为了避免接触模式扫描过程中对样品或针尖可能造成的损坏，随后发明了非接触模式。非接触模式采用弹性常数较高和共振频率较高的微悬臂，在压电陶瓷驱动器的激励下，在共振频率附近产生振动；针尖和样品间的作用力将对微悬臂振动的频率和振幅产生影响，通过检测微悬臂振幅（或频率）的变化，就能获得样品的表面形貌。在非接触模式中，针尖在样品表面的上方振动，始终不与样品接触，如图 22-15(b)所示，探针探测器检测的是范德华力（或静电力）等对成像样品没有破坏的长程作用力。这种模式虽然增加了显微镜的灵敏度，但当针尖和样品之间的距离较长时，针尖和样品间的作用力很小（pN 级），因此分辨率要比接触模式和轻敲模式低。这种模式的操作相对较难，通常不适用于液体中成像，因此在实际中较少使用。

3）轻敲模式

轻敲模式有时也称为间隙接触模式（intermittent－contact mode）或动态力模式（dynamic force mode），是一种介于接触模式和非接触模式之间的模式。在轻敲模式中，微悬臂在其共振频率附近做受迫振动，振荡的针尖轻轻地敲击样品表面，间断地和样品接触，如图

22-15(c)所示。其分辨率与接触模式相当,而且由于接触时间非常短暂,针尖与样品的相互作用力很小,通常为1皮牛(1pN)~1纳牛(1nN),剪切力引起的分辨率的降低和对样品的损坏几乎消失,所以适用于对生物大分子、聚合物等软样品进行成像研究。轻敲模式在大气和液体环境下均可以实现。在大气环境中,当针尖与样品相距较远时,微悬臂以最大振幅自由振荡,振荡的针尖朝向样品表面运动直到针尖开始轻轻地接触到样品或敲击到表面;而当针尖与样品表面互相接近时,尽管压电陶瓷片以同样的能量激发微悬臂振荡,但是空气阻碍作用使得微悬臂的振幅减小,当针尖与样品表面发生接触时,微悬臂的振幅就会由于针尖与表面接触引起的能量损失而必然地减小。检测器测量到这些交替变化的振幅值,再通过反馈回路,调整针尖与样品间的距离,保证振幅恒定在某个值。这样,针尖在扫描过程中的运动轨迹就反映了样品的表面形貌。轻敲模式同样适合于在液体中操作,而且由于液体的阻尼作用,针尖与样品的剪切力更小,对样品的损伤也更小,所以在液体中的轻敲模式成像可以对活性生物样品进行原位观察,对溶液反应进行实时跟踪等;非常适合检测有生命的生物样品,能有效地检测生命科学领域的活细胞、大分子团、蛋白质、人体遗传基因等。轻敲模式除了实现小作用力的成像外,另一个重要的应用就是相位成像技术(phase imaging)。通过测定扫描过程中微悬臂的振荡相位和压电陶瓷驱动信号的振荡相位之间的差值来研究材料的力学性质和样品表面的不同性质。相位成像技术可以用来研究样品的表面摩擦、材料的黏弹性等,也可以对表面的不同组分进行化学识别。图22-16为某单一母体与聚合物的合成体所得到的轻敲模式形貌像(a)和相位图(b)。由图可知,相位图可显示出聚合物中的不同组分,这在形貌图中是不能得到的。

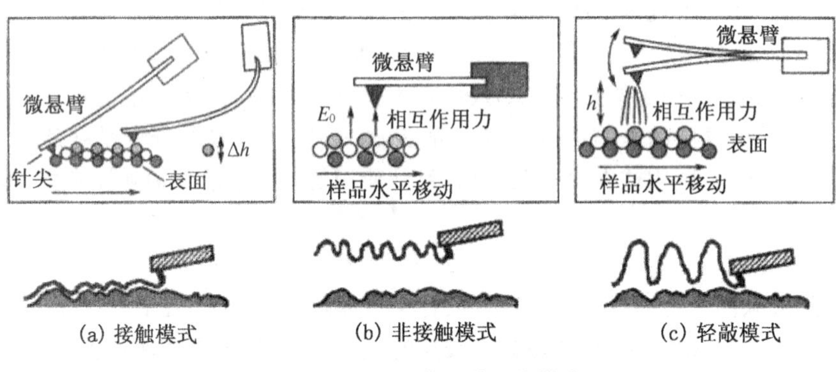

图22-15 AFM的三种工作模式

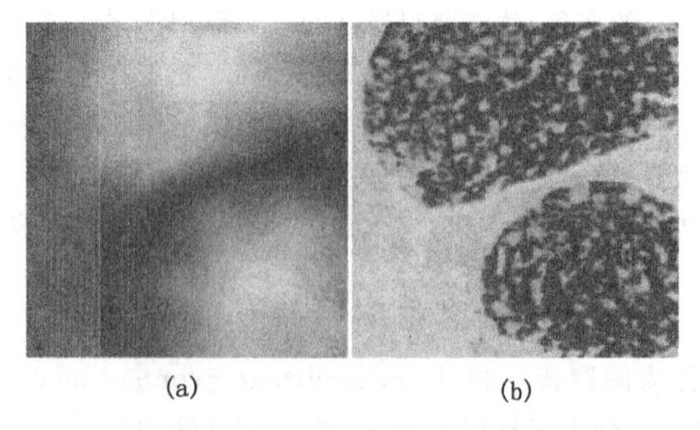

图22-16 某单一母体与聚合物的合成体所得的轻敲模式成像形貌与相位成像形貌

(a)形貌;(b)相位

第4篇 X射线光电子能谱和激光拉曼光谱

第 23 章　X 射线光电子能谱

X 射线光电子能谱(X-ray photoelectron spectroscopy，X P S)技术的理论依据是德国物理学家赫兹于 1887 年发现的光电效应。根据这一效应确立的“光子概念”用于描述光子撞击某物体表面时产生的电子发射现象。1905 年，爱因斯坦解释了光电效应。1954 年，瑞典物理学家凯・西格巴恩(K. Siegbahn)和他在瑞典乌普萨拉(Uppsala)大学的研究小组在研发 XPS 设备中获得了多项重大进展，得到了氯化钠的首条高能量分辨率 X 射线光电子能谱。几年后，西格巴恩就 XPS 技术发表了一系列学术成果，使 XPS 的应用价值被世人所公认。1969 年，他与美国惠普公司合作制造了世界上首台商业单色 X 射线光电子能谱仪。1981 年，西格巴恩获得诺贝尔物理学奖，以表彰他将 XPS 发展成为一个重要的表面分析技术所做出的杰出贡献。印度科学家拉曼(C. V. Raman)于 1928 年以《一种新型的二次辐射》为题目在 Nature 杂志上发表论文，这篇不到半页的论文使得拉曼两年后(1930 年)获得了诺贝尔物理学奖。论文中提出的拉曼散射效应的研究和应用很快成为一个活跃的科学领域。早期的拉曼光谱实验大多使用汞灯或太阳光作为光源，拉曼信号极其弱。20 世纪 60 年代激光器的制造成功推动了固体拉曼光谱学的迅速发展，激光拉曼光谱学使拉曼光谱学再次开创了新的辉煌。拉曼光谱的应用范围遍及化学、物理学、生物学、医学等领域。

以 X 射线为激光发源的光电子能谱称为 X 射线光电子能谱。处于原子内壳层的电子(如 1s)结合能较高，要把它打出来需要能量较高的光子。以镁或铝作为阳极材料的 X 射线源得到的光子能量分别为 1253.6EV 和 1486.6eV，此范围内的光子能量足以把不太重的原子的 1s 电子打出来。不同元素具有不同的结合能(如 1s 的结合能从锂 55eV 增加到氟的 694eV)，因此，考察 1s 的结合能可以鉴别样品中的化学元素。除此外，原子的某给定内壳层电子的结合能还与该原子的化学结合状态及其化学环境有关。随着该原子所在分子的不同，该给定内壳层电子的光电子峰会发生位移，称为化学位移(chemical shife)。通过对化学位移的考察，X 射线光电子能谱在化学上成为研究电子结构、高分子结构和链结构分析的有利工具。

23.1　X 射线光电子能谱分析原理

23.1.1　光电效应

光电效应和化学位移是理解 XPS 分析原理的两个最重要的物理概念。下面将概述之。

光与物质相互作用产生电子的现象称为光电效应。XPS 的工作原理是用一束能量为 $h\nu$ 的 X 射线光子辐射到待分析样品的表面区域，使其原子内层(芯能级)的电子受激发射出来。只有 X 射线光子的能量超过核外电子的束缚能时，电子才能逸出而成为自由电子(称为光电子)，留下一个离子。电离过程可表示为

$$M + h\nu = M^{*+} + e^{-} \tag{23-1}$$

式中，M 为中性原子；$h\nu$ 为辐射能量；M^{*+} 为处于激发态的离子；e^- 为受激发射的光电子。

光与物质相互作用产生光电子的可能性称为光电效应概率。光电效应概率与光电效应截面成正比。光电效应截面 σ 是微观粒子间发生某种作用概率大小的度量，在计算中它具有面积的量纲。如果入射光子的能量大于 K 壳层或 L 壳层的电子结合能，那么外层电子的光电效应概率就会很小，特别是价带，对于入射光来说几乎是"透明"的。光电效应过程同时满足能量守恒和动量守恒。

23.1.2 XPS 分析的基本方程

一个自由原子中电子的结合能定义为：将电子从它的量子化能级移到无穷远静止状态所需的能量，这个能量等于自由原子的真空能级与电子所在能级的能量差。在光电效应过程中，根据能量守恒定律，电离前后能量的变化为

$$h\nu = E_B + E_K \tag{23-2}$$

即光子的能量（$h\nu$）转化为电子的动能（E_K）并克服了原子核对核外电子的束缚能（E_B），则

$$E_B = h\nu - E_K \tag{23-3}$$

这就是著名的爱因斯坦光电发射定律，也是 XPS 谱分析的基本方程。各原子的不同轨道电子的结合能是一定的，具有各自的标志性。因此，通过光电子谱仪检测光电子的动能，由光电发射定律可知相应能级的结合能，可用来进行元素的鉴别。

对孤立原子(气态原子或分子)，结合能可理解为把一个束缚电子从所在轨道(能级)移到完全脱离核势场束缚并处于最低能态时所需的能量，并假设原子在发生电离时其他电子保持原来状态。对于固体样品，必须考虑晶体势场对光电子的束缚作用以及样品导电特性所引起的附加项。电子的结合能可定义为把电子从所在的能级移到费米能级所需的能量（E_B^F）。费米能级相当于绝对零度(0 K)时固体能带中充满电子的最高能级。固体样品中电子由费米能级跃迁到自由电子能级所需的能量为逸出功。

图 23-1 给出了导体电离过程的能级图。入射光子的能量 $h\nu$ 被分成三部分：电子结合能 E_B，逸出功(功函数) Φ_S 和自由电子的动能 E_K，即

$$h\nu = E_B^F + E_K + \Phi_S \tag{23-4}$$

因此，如果知道样品的功函数和测出电子的动能，则可得到电子的结合能。由于固体样品功函数的理论计算和实验测定都较困难，如何避开对样品功函数的直接测定而获得电子结合能是个需要解决的问题。对一台谱仪而言，当仪器条件不变时，仪器的材料功函数 Φ_{SP} 是固定的。如图 23-2 所示，当样品与仪器样品台接触良好而且一同接地时，若样品的功函数 Φ_S 小于仪器材料的功函数 Φ_{SP} 时，则功函数小的样品中的电子向功函数大的仪器迁移，并分布在仪器的表面上，使谱仪的入口处带负电，而样品则因电子减少而带正电。于是在样品和谱仪之间产生了接触电位差，其值等于谱仪的功函数与样品功函数之差。这个电场阻止电子继续从样品向仪器移动，当两者达到动态平衡时，它们的化学势相等，费米能级完全重合。当具有动能为 E_K 的电子穿过样品至谱仪入口之间的空间时，就会受到上述电位差的影响而被减速，使自由光电子进入谱仪后，其动能由 E_K 减小到 E'_K（见图 23-1)，并满足以下关系：

$$E_K + \Phi_S = E'_K + \Phi_{SP} \tag{23-5}$$

将式(23－5)代入式(23－4),得

$$h\nu = E_B^F + E'_K + \Phi_{SP} \tag{23-6}$$

通过上述公式的转换,原需要测定每个待测样品的功函数(Φ_S),现只需测定一个仪器材料的功函数(Φ_{SP}),谱仪材料功函数是个常数,其值在 3－5eV。设置不同的 Φ_{SP} 值,通过对某元素标样 XPS 谱的拟合,很容易得到 Φ_{SP} 的精确值。因此,只需测定光电子进入谱仪后的动能 E'_K,就能得到电子的结合能。

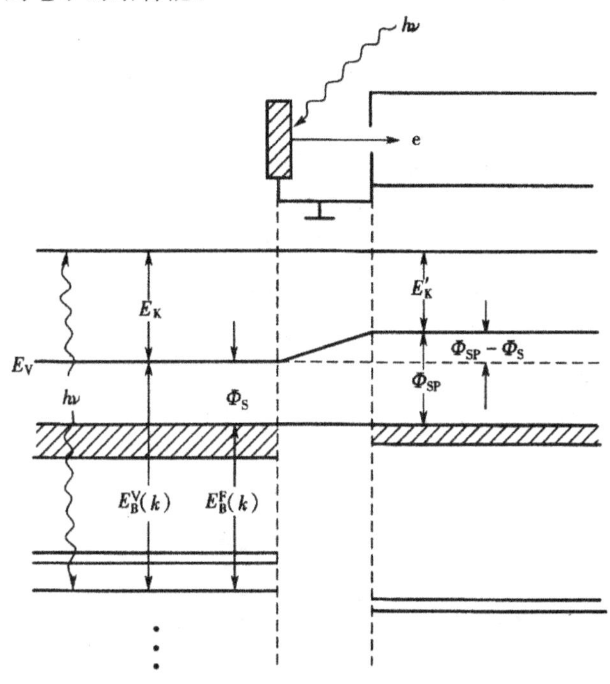

图 23－1 导体光电离过程的能级变化

23.1.3 化学位移

化合物中同种原子处于不同化学环境而引起的电子结合能的变化,导致在谱线上的位移称为化学位移。化学位移可看成是对原子体系的一种微扰,因此 XPS 不仅能鉴别化合物中不同的元素,而且还能得到围绕每个原子的化学环境的特征。某原子所处的不同化学环境主要有两方面的含义:一是指与它结合的元素种类和数量不同;二是指原子具有不同的价态。例如,$Na_2S_2O_3$ 中两个硫原子的价态不同(＋6 价,－2 价),与它们结合的元素的种类和数量也不同,这将造成它们的 2p 电子结合能不同而产生化学位移。又如纯金属铝原子在化学上为零价(Al^0),其 2p 轨道电子的结合能为 75.3eV,当它与氧化合成 Al_2O_3 后铝为正三价(Al^{3+}),这时 2p 轨道电子的结合能为 78eV,增加了 2.7eV,导致谱线上的位移。

轨道电子的结合能是由原子核和分子电荷分布在原子中所形成的静电电位所确定的,所以直接影响轨道电子结合能的是分子中的电荷分布。原子的价电子形成最外电荷壳层,它对内层轨道上的电子起屏蔽作用,因此价壳层电荷密度(价电子价态)的改变必将对内层轨道电子结合能产生一定的影响。电荷密度改变的主要原因是发射光电子的原子在与其他原子化合成键时发生了价电子转移,而与其成键的原子的价电子结构的变化也是造成结合能位移的一个因素。这样,结合能位移可表示为

$$\Delta E_{B}^{A} = \Delta E_{V}^{A} + \Delta E_{M}^{A} \tag{23-7}$$

式中，ΔE_{B}^{A} 表示分子 M 中 A 原子的结合能位移；ΔE_{V}^{A} 表示分子 M 中 A 原子本身价电子的变化对化学位移的贡献；ΔE_{M}^{A} 表示分子 M 中其他原子的价电子对 A 原子内层电子结合能位移的贡献。用 q^{A} 表示化学位移，则结合能位移 ΔE_{B}^{A} 与 q^{A} 有较好的线性关系。产生化学位移的原因有原子价态的变化、原子与不同电负性元素结合等。其中，结合原子的电负性对化学位移影响尤其大。经研究表明，分子中某原子的内层电子结合能的化学位移与它结合的原子电负性变化也有一定的线性关系。

当某个元素的原子处于不同的氧化态时，它的结合能也将发生变化。从理论上讲，同一元素随氧化态的增高，内层电子的结合能增加，化学位移增大。从原子中移去一个电子所需的能量将随原子中正电荷增加或负电荷的减少而增加。图 23-2 给出了金属及其氧化物的结合能位移 ΔE_B 同原子序数 Z 之间的关系。通过实验测定表明也有特例，如 Co^{2+} 的电子结合能位移大于 Co^{3+}。

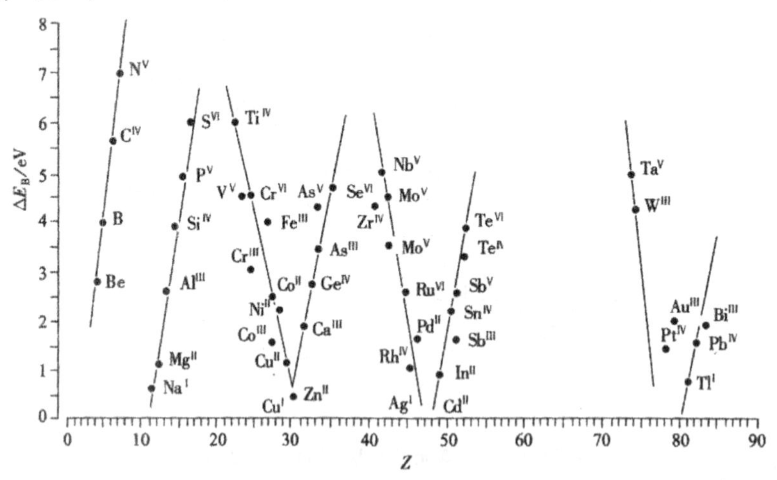

图 23-2 金属及其氧化物的结合能位移 ΔE_B 与原子序数 Z 之间的关系

23.2 谱仪的结构

光电子谱仪一般都含有激发源、样品室、电子能量分析器、检测器和记录系统。

23.2.1 激发源

各种光电子能谱仪最主要的区别在于激发源的不同以满足实验要求的不同的光子能量：X 射线激发源(0.1～10keV)，紫外激发源(10～40eV)和同步辐射激发源(1×10^5eV)。

XPS 谱仪中的 X 射线源的工作原理是：由灯丝所发出的热电子被加速到一定的能量去轰击阳极靶材，引起其原子内层的电离；当外层电子以辐射跃迁式填充内层壳空位时，释放出特征能量的 X 射线。对重元素的靶，轰击电子能量常取 3～5 倍于特征 X 射线的能量；对于

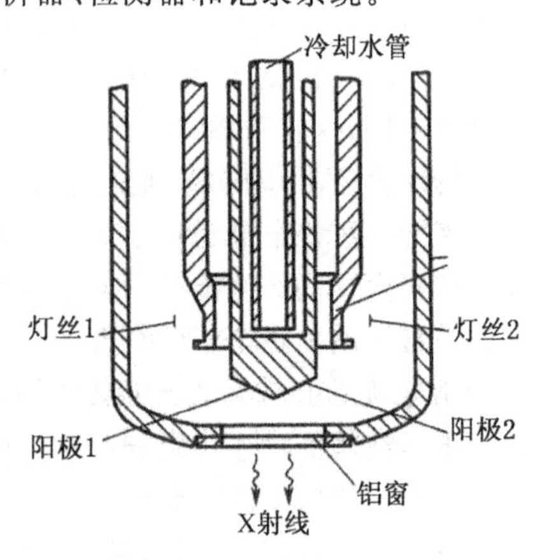

图 23-3 双阳极 X 射线枪的结构

轻元素的靶，电子束的能量为靶材电离能的5～10倍，由此能够产生足够强度的X射线。在XPS谱仪中的X射线源，MgK_α(1 253.6eV)和AlK_α(1 485.6eV)被较多地应用。它们能够激发足够多的样品内层能级的光子能量。图23-3是双阳极X射线源的结构，阳极2和3是两种不同的靶材(如铝和镁)，可给出两种能量的光子。X射线管的窗口可以阻止杂散电子的逸出，还可以滤出低能韧致辐射。对于铝和镁的X射线，可用高纯铍或铝箔制成窗口，但对更软的(能量低的)射线，需用更薄的窗口或碳膜。必须注意保持阳极靶表面的清洁，污染会减小光子数达几个数量级，甚至产生不希望的射线，增加射线的自然线宽。

23.2.2　样品室

样品被安装在能够精确调节位置的样品架上。通常，样品架上附有加热和冷却样品及测量温度的附件。XPS正常工作时，激发的光电子需要经过很长的路径才能到达电子探测器。为了将与气体分子碰撞而引起的能量损失的概率降低到最小，样品室需要在超高真空环境下运行，真空度通常为1×10^{-6}Pa或者更低。对于用于表面分析的样品，保持表面清洁是非常重要的。除去表面污染可采用除气、清洗和氩离子轰击等方法。为了更换样品，需要装有送样的系统和样品处理设备及制备室，对样品进行加工和原子级表面清洁处理。然后样品被送进一直保持超高真空的样品室，在那里样品再度被原位清理。

23.2.3　电子能量分析器

电子能量分析器是能谱仪的核心部分，其功能是测量从样品中发射出来的电子的能量分布。一个性能优异的能量分析器，一方面应该对即使很微弱的电子都能够给予检测分析，即需要有高的灵敏度；另一方面，需要能对具有微小能量差异的电子予以区分，即需要高的分辨率。对于XPS，如果要求分辨率在1 000eV时约为0.2eV，则对应的分辨率($E/\Delta E$)为5 000，这个分辨能力对于所有其他电子能谱的应用已足够。高灵敏度和高分辨率往往互相矛盾，必要时为了实现高灵敏度的检测，需要牺牲一点分辨率。

图23-4为半球形电子能量分析器示意图。半球形电子能量分析器由两个同心半球面构成。内、外半球的半径分别是r_1和r_2，两半球的平均半径为r，两个半球间的电位差为ΔV，内球接地，外球加负电压。若要能量为E_K的电子沿平均半径r轨道运动，则需满足以下条件：

$$\Delta V = \frac{1}{e}\left(\frac{r_2}{r_1} - \frac{r_1}{r_2}\right)E_K \tag{23-8}$$

式中，e为电子的电荷，改变ΔV就可选择不同的E_K。如果在球形电容器上加一个扫描电压，同心球形电容器就会对不同能量的电子具有不同的偏转作用，从而把能量不同的电子分离开来。这样就可以使能量不同的电子在不同的时间沿着中心轨道(r)通过，从而得到XPS图谱。

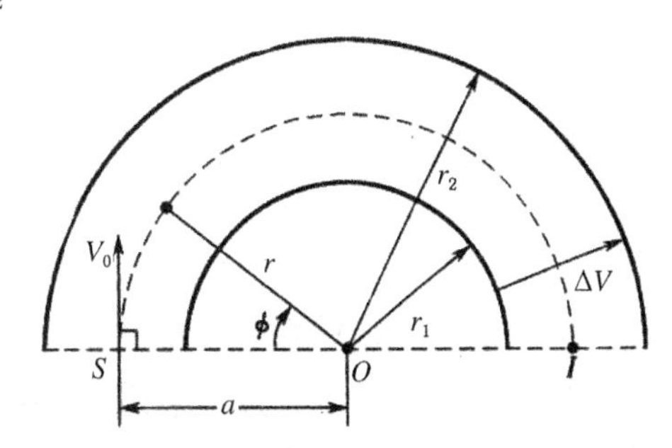

图23-4　半球形电子能量分析器

为了提高能量分析器的有效分辨率，在样品和能量分析器之间设有一组减速场构成的聚焦透镜，将光电子从初始动能E_0预减速到E_1，然后再进入分析器。它的作用是：使能量分析器获得较高的绝对分辨率(光电子谱峰的半高宽$\Delta E_{1/2}$)；

在保持绝对分辨率不变的情况下，预减速使仪器的灵敏度提高 $(E_0/E_1)^{1/2}$ 倍。同时，透镜使样品和能量分析器分开一段距离，这不仅有利于改进信/噪比，同时也使样品室结构有比较大的自由度，这给多功能谱仪设置带来很大的方便。

23.2.4 电子检测器

经能量分析之后具有合适动能的电子进入检测器，最终被转换成电流或电压信号。对于光电子，一般的光电子流非常微弱($10^{-13}-10^{-19}$ A)，因此需要对电流加以放大才能检测出来。大多数电子能谱仪采用电子倍增器为检测器，由于串级碰撞放大作用，可获得 10^6-10^8 倍的增益。倍增器输出的一系列脉冲，被输入脉冲—鉴频器进一步放大，再进入数一模转换器，最后将信号输入到多道脉冲分析器中或计算机中进行记录和显示。

点分析是 XPS 最重要的一种分析方法。在这种情况下，最小测量面积直径约为 10μm。此外，可以对某个元素进行线扫描，以便显示该元素随扫描线位置的一维方向变化(线分析)，或进行面扫描，得到该元素的二维的面分布(面分析)。

X 射线光电子能谱仪的工作原理可总结如下(见图 23-5)：将制备的清洁样品放入样品室后，用一束单色的 X 射线激发原子、分子或固体样品中的电子逸出样品，得到具有一定动能的光电子。光电子形成的微弱电流经电子倍增器放大，输出相应的一系列脉冲进入多道脉冲分析器，得到横坐标为光电子动能(对应元素的结合能)、纵坐标为单位时间内检测到的光电子数(强度正比于元素的含量)的 XPS 谱，该信息可以被计算机记录和显示。在 XPS 谱中明锐的峰来自样品表层未经非弹性散射的光电子，而谱的背底来自样品深层的经历非弹性散射的光电子。

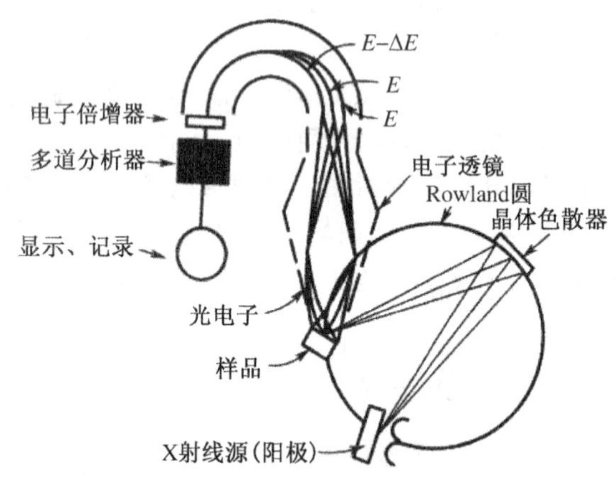

图 23－5 X 射线能谱仪的工作原理

23.3 应用举例

23.3.1 铍的氧化过程的鉴别

图 23-6 是铍在氧化过程中谱峰的变化情况。图中画出了铍的 1s 峰。图(a)表示铍的 K 壳层的结合能峰。当在真空中对铍进行氧化时，在图(b)中出现了氧化铍中铍的位移峰，将其表示为[O]Be，两峰之差为 2.9eV。图(c)表示继续氧化，[O]Be 峰增大，而铍减小。当表面的铍全部被氧化后，只显示出[O]Be 的峰(见图(d))。上述铍的氧化过程表明铍和氧的化

合引起铍峰在能量位置的移动，这种现象就是谱峰的化学位移。

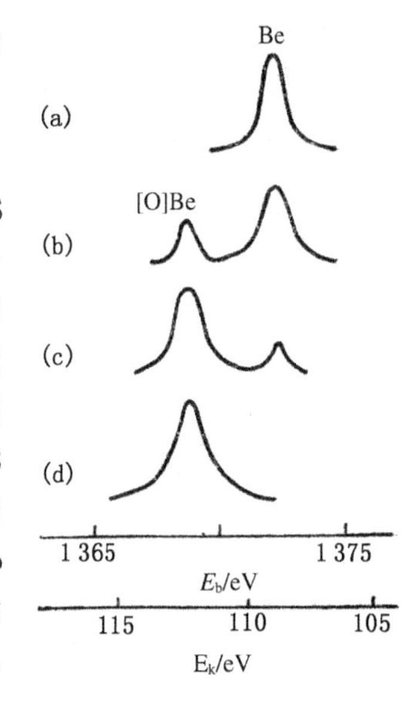

图 23-6　铍的氧化过程的鉴别

23.3.2　29Cr 超级双相不锈铸钢表面腐蚀的 XPS 分析

向红亮等对 29Cr 超级双相不锈铸钢表面腐蚀进行了 XPS 分析。不锈钢的成分为：0.03C－0.76Si－6.69Ni－29.24Cr－2.11Mo－0.76Cu－0.42N。图 23-7 是经 1 100℃固溶处理后铸造超级双相不锈钢的金相照片。由此可见，组织主要由铁素体和奥氏体构成。由于奥氏体富 Ni，而铁素体富 Cr 和 Mo，图中较暗衬度的相为铁素体，较亮衬度的相为奥氏体。图 23-8 为不锈钢经人工海水腐蚀的形貌，可见腐蚀是以点蚀为主的局部腐蚀。表面腐蚀的 XPS 分析采用英国 VG 公司的 Escalab 250 型光电子能谱仪，X 射线激发源为 Al K_α，分析室真空度约为 3.4×10^{-6} Pa。Ar^+ 离子溅射时，离子枪与样品表面呈 45°，为了防止 Ar^+ 的还原作用，采用溅射电压为 3kV，电流为 $2\mu A$，溅射面积为 2mm × 2mm，溅射时间分别为 5s，10s 和 15s。采谱时先记录总谱，然后在 C 1s，O 1s，Fe 2p，Cr 2p，Ni 2p，Mo 3d，N 1s 和 Cl 2p 能量区采集高分辨谱。数据的采集和分析采用仪器附带的 Thermo Avantange 软件。

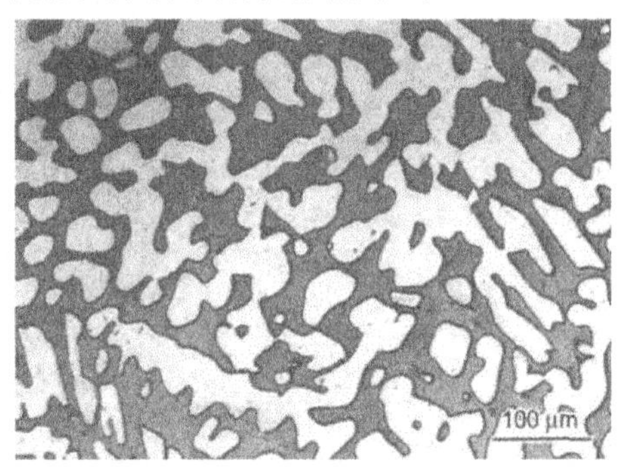

图 23－7　29Cr 超级双相不锈钢固溶处理 2 h 的金相组织

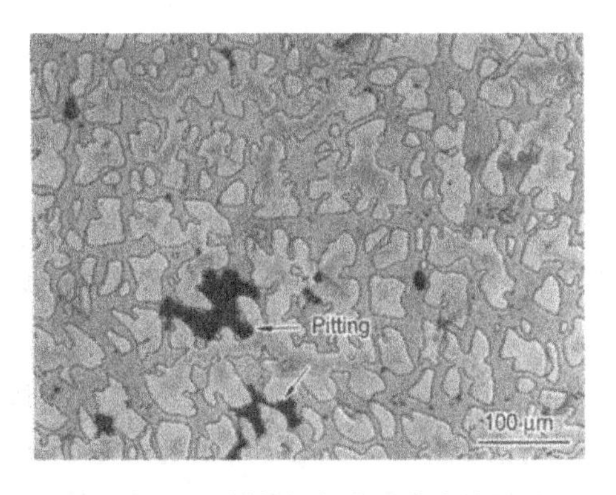

图 23－8　不锈钢经极化后的腐蚀形貌

图 23-9 是溅射时间分别为 0s，5s。10s 和 15s 时试样表面的 XPS 全谱。通过 Thermo

Avantange 软件对 C,O,Fe,Cr,Mo,Ni,N,Cl 进行标定。从图 23-9(a)可以看出,在溅射前,C, O,Cr,Fe 的信号较强,而 Mo,Ni,N,Cl 信号很弱。由于 C 强峰来源于真空的污染,因此钝化膜表面主要是 Fe,Cr 和 O 形成的化合物。经溅射后(见图 23-9(b),(c)和(d)),C 1s 峰强度显著减弱,同时 Fe 2p,Ni 2p 位置出现强峰,表明钝化膜内出现 Fe,Ni 元素。值得指出的是,经溅射之后,试样的 XPS 谱线基本没有变化,因此可以认为钝化膜内部的化学成分较为稳定。

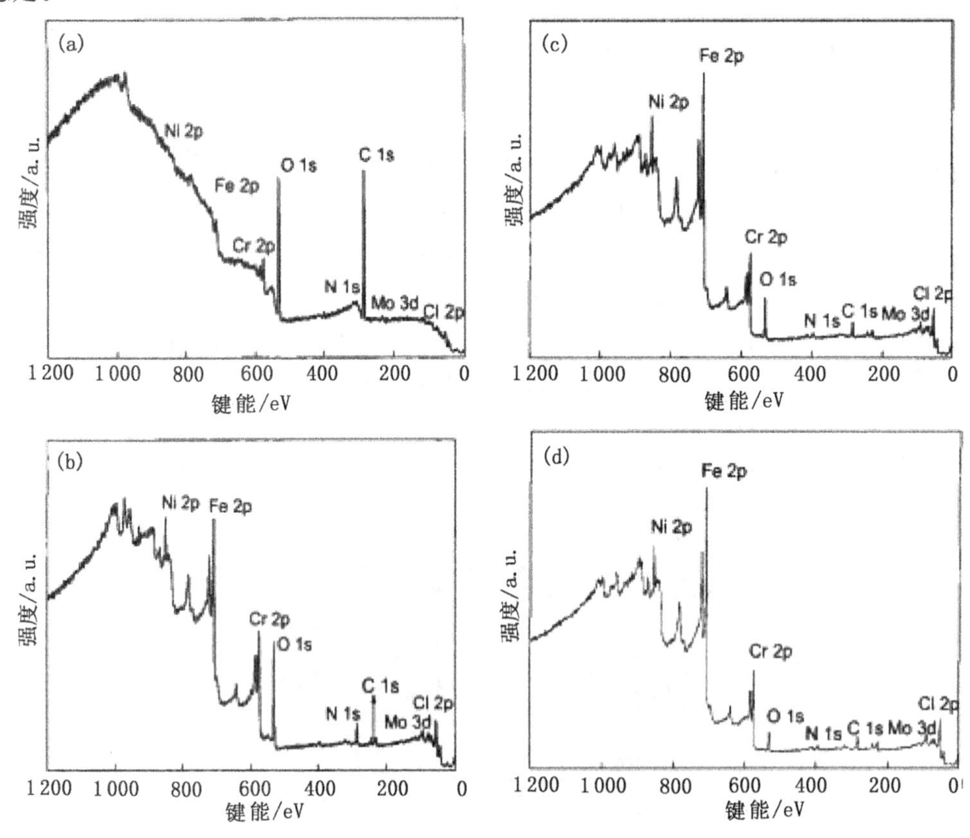

图 23－9　溅射时间分别为 0s(a),5s(b),10s(c)和 15s(d)时试样表面的 XPS 全谱

图 23-10 是经过不同时间的 Ar^+ 离子溅射后 O 1s 的高分辨 XPS 谱再经 Thermo Avantange 软件解谱后的结果。溅射前,O 1s 的 XPS 谱可分为 5 个峰,分别对应的键能为 530.1eV, 530.7eV, 531.5eV, 532.0eV 和 533.6eV。如图 23-10(a)所示。根据文献所报道的 O 1s 键能数值可知,530.7eV, 531.5eV 是 M－O 化合物的特征峰,对应于 O^{2-};530.1eV, 532.0eV是 M－OH 化合物的特征峰,对应于 OH^-;而 533.6eV 则为 M－NO_3 化合物的特征峰。经 Ar^+溅射后,M－OH 和 M－NO_3 特征峰消失,表明[OH^-]和[NO_3^-]离子只存在于钝化膜表面,而且由表 23－1 可知,M－OH 化合物在钝化膜表面含量最多,生成的 M－NO_3化合物含量次之。溅射后试样 O 1s 高分辨谱经解谱后可分成 530.7eV ,531.5eV 两个特征峰,如图 23-10(b)、(c)和(d)所示。这说明钝化膜中 O 主要以 Fe,Mo,Cr,Ni 等元素的氧化物形式存在。随着溅射时间的延长,530.7eV 和 531.5eV 两个特征峰所对应的相对原子含量发生一定程度的变化,530.7eV 对应的 M－O 型氧化物逐渐增多,而 531.5eV

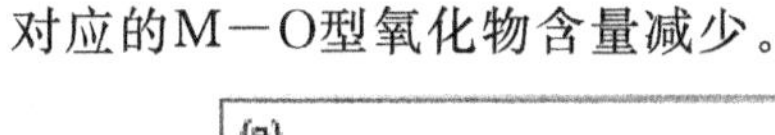
对应的M－O型氧化物含量减少。

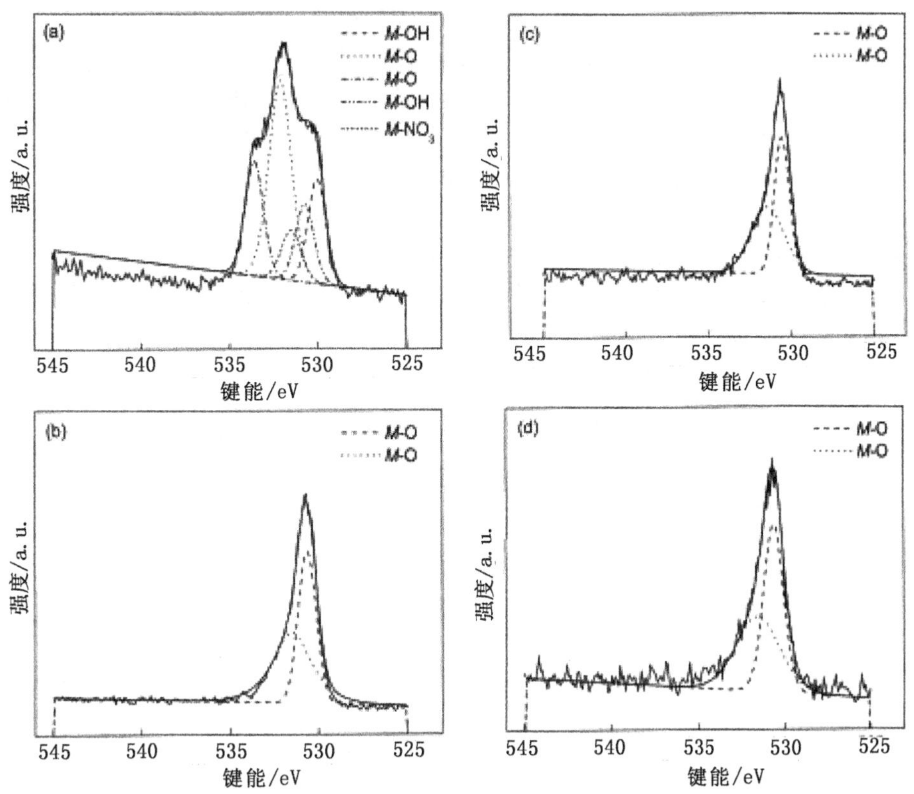

图 23－10　经过 0s(a),5s(b),10s(c)和 15s(d)时间溅射后 O 1s 的高分辨 XPS 谱

表 23－1　键能和 O1s (at. %)的相对含量

溅射 时间/s	530. 1 eV (M-OH)	530. 7 eV (M-O)	531. 5 eV (M-O)	532. 0 eV (M-OH)	533. 6 eV ($M-NO_3$)
0	16. 87	13. 12	9. 10	41. 64	19. 27
5	0	47. 74	52. 26	0	0
10	0	48. 60	51. 40	0	0
15	0	50. 42	49. 58	0	0

图 23-11 为不同溅射时间钝化膜中 Fe $2p_{3/2}$的 XPS 高分辨谱经上述软件的解谱结果，可见溅射前的 Fe $2p_{3/2}$ 可分为 5 个峰，其对应的键能分别为 707. 0eV，708. 2eV，709. 4eV，710. 8eV和 711. 8eV，如图 23-11(a)所示。其中 707. 0eV 对应铁的单质；708. 2eV，709. 4eV，710. 8eV 对应于 Fe 的氧化物，分别为 Fe_3O_4，FeO，Fe_2O_3 的化合物；711. 8eV 特征峰对应 α－FeOOH，此峰相对含量最高，说明钝化膜表面的铁元素主要以三价的 α －FeOOH 的形式存在。溅射后，试样随溅射的深入，707. 0eV 峰逐渐增强，说明 Fe 单质含量越来越高，解谱后 708. 2eV 和 709. 4eV 对应的特征峰越来越弱，说明 Fe_3O_4 和 FeO 的含量越来越少。由表 23－2 可知，Fe_3O_4 和 FeO 在钝化膜表面的含量降低而出现了新的 Fe_2O_3 和α－FeOOH，

发生的主要反应式如下：

$$2[Fe]+3O^{2-}\rightarrow Fe_2O_3+6e \tag{23-9}$$

$$Fe_2O_3+H_2O\rightarrow 2FeOOH \tag{23-10}$$

向红亮等采用与上述 XPS 同样的方法研究了 Cr、Mo、Ni 等各种氧化物所对应的键能。最终得到如下的结论：材料的腐蚀是以点蚀为主的局部腐蚀；MoO_4^{2-}，NH_4^+ 和少量 NO_3^- 吸附在钝化膜表面，从而提升了钝化膜的保护作用。材料在人工海水中极化后的钝化膜主要由氢氧化物 Cr(OH)，FeOOH 等和氧化物 Cr_2O_3，Fe_3O_4，FeO，Fe_2O_3，MoO_2，MoO_3，NiO 等组成；在膜的里层有大量的金属单质 Fe，Cr，Ni，Mo 等和氧化物 Cr_2O_3，Fe_3O_4，FeO，MoO_2，NiO 等以及金属氮化物 Cr_2N 等；在钝化过程中，Cr_2N 向钝化膜表面富集，有利于提高钝化膜的抗点蚀能力。

表 23-2　键能和 Fe $2p_{3/2}$ (at. %) 的相对含量

溅射时间/s	707.0 eV (Fe)	708.2 eV (Fe_3O_4)	709.4 eV (FeO)	710.8 eV (Fe_2O_3)	711.8 eV (FeOOH)
0	14.16	14.99	20.22	11.30	39.34
5	31.81	33.17	35.01	0	0
10	43.07	25.39	31.54	0	0
15	48.97	22.30	28.74	0	0

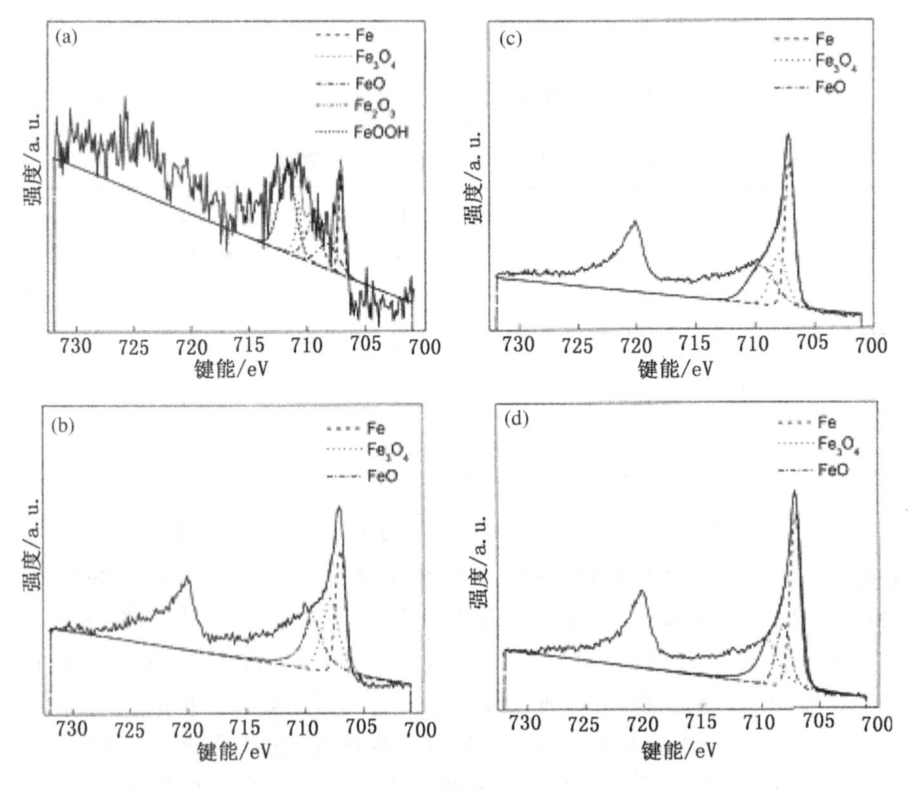

图 23-11　经 0s(a)，5s(b)，10s(c)和 15s(d)不同时间溅射的钝化膜中 Fe $2p_{3/2}$ 的 XPS 高分辨谱

第 24 章 激光拉曼光谱

散射是存在于自然界的普遍现象。当入射粒子以一个确定方向撞击靶粒子时,入射粒子和靶粒子发生相互作用,使得入射粒子偏离方向,甚至能量都发生变化的现象就是所谓的散射现象。

当一束光通过透明溶液时,入射光与溶液中的粒子碰撞将会产生弹性散射和非弹性散射。在发生弹性散射的过程中,没有能量交换,散射光子只改变运动方向,没有能量损失,即散射光子保持了入射光子的波长和频率,这种不发生能量交换的弹性散射称为瑞利散射(Rayleigh scattering)。在发生非弹性散射过程中,发生了能量交换,即散射光子的波长和频率与入射光子不同,这种发生能量交换的非弹性散射称为拉曼散射(Raman scattering)。利用拉曼散射可以分析化合物分子的结构,判断官能基的位置和化学键的类型。

24.1 拉曼光谱产生的经典理论解释

图 24-1(a)显示了一个原子质量为 m_1 和 m_2 的双原子分子,两个原子间的距离为 x,以此可作为描述拉曼光谱(Raman spectroscopy)应用的物理基础。

分子振动可以用图 24-1(b)表示弹簧的简谐振动来描述。该弹簧的振动能量可以写成:

$$E = \frac{1}{2}\mu x^2 = \hbar\omega \tag{24-1}$$

其中,$\mu = \dfrac{m_1 m_2}{m_1 + m_2}$ 是原子 m_1 和原子 m_2 的约化质量,ω 是简谐振动频率。由式(24-1)可知,对应于拉曼光谱频率 ω 的振动能量与构成分子的原子质量 m_1 和 m_2 以及两个原子的距离 x 相关,也就是说,和分子的具体成分、内部结构和运动状态等相关联;当然,精确的振动频率还与振动的力学常数和多原子分子的键角等因素有关。

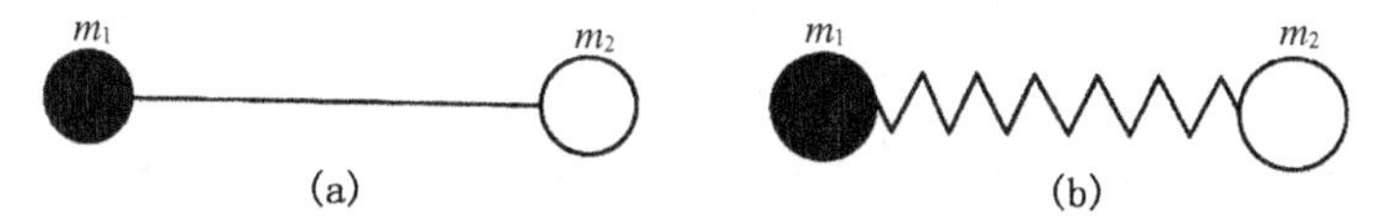

图 24-1 振动拉曼光谱与分子结构的关联

为了具体了解不同化学键的不同振动模式的拉曼频率,图 24-2 和图 24-3 分别显示了 O—C—O 和苯等具有比较复杂的分子结构的物质的不同振动模式所对应的拉曼频率。图 24-2可以看到三种振动模式,它们对应的振动频率彼此是不同的。而图 24-3 进一步显示:含有同样 C 和 H 原子的 C—H 键和苯环的振动频率并不相同,而且即使同一个苯环,由于环的振动模式不同,它们之间的频率差异也很大。以上的例子说明,振动频率与原子或离子的性质、在空间的位形以及它们之间或与外界的相互作用有关。因此,对于不同成分、不同微观结构和内部运动的物质就会有各自的特征拉曼光谱,即所谓的“指纹谱”。反之,根据特征拉曼光谱，就能获悉该物质的成分、微结构和内部运动的信息。因此，获取和鉴别特征拉曼光谱，就成为应用拉曼光谱进行表征、鉴别和研究的重要基础。

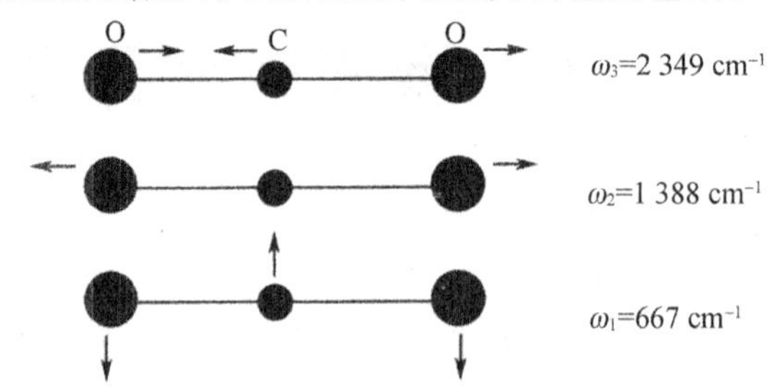

图 24－2　O—C—O 化学键不同振动模式所对应的拉曼频率

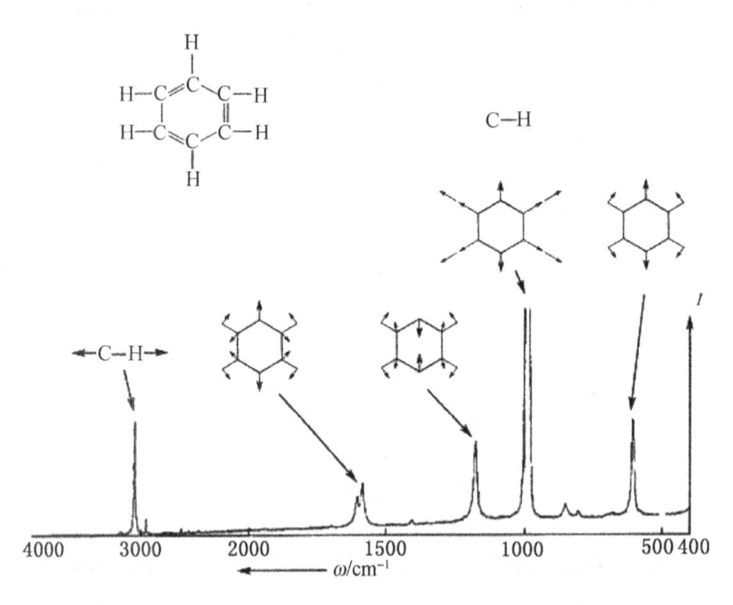

图 24－3　含有同样 C 和 H 原子的苯环和 C—H 键的不同振动模式与拉曼谱频率的关联

作为一级近似，可以把分子的能量看成由以下三个部分组成：①分子作为一个整体的转动能；②组成分子的原子的振动能；③分子（或离子）内电子的动能。在作这样的处理时，忽略了分子的平动能。对于分子能量这样的划分是基于以下的事实，即分子内电子的运动速度比原子核的振动速度大得多，而后者又比分子的转动速度大得多。如果把分子置于一个电磁场（例如光辐射场）中，从电磁场向分子的能量转移只有满足下面的玻尔（Bohr）频率条件才可能发生：

$$\Delta E = h\nu \tag{24-2}$$

式中，ΔE 是两个量子态之间的能量差，h 是普朗克常数，ν 是光的频率。而

$$\Delta E = E'' - E' \tag{24-3}$$

式中，量子态 E'' 比 E' 具有更高的能量。分子从 E' 态激发到 E'' 态时吸收辐射能；而当它从 E'' 态回复到 E' 态时，就会发射出具有同样频率的辐射能，频率大小由式(24-2)确定。

频率 ν 与波数($\tilde{\nu}$)和波长(λ)之间的关系为

$$\nu = c\tilde{\nu} = \frac{c}{\lambda} \tag{24-4}$$

式中，c 为光速。在拉曼光谱中通常用波数来表示频率的大小。

转动能级彼此之间比较接近，这些能级间的跃迁出现在低频(长波)区。事实上，纯转动光谱出现在 $1\mathrm{cm}^{-1}$ 到 $10^2\mathrm{cm}^{-1}$(波数)之间；而振动能级的间隔比转动能级大得多，所以振动能级的跃迁比转动能级的跃迁频率高(波长更短，波数更多)，因此纯振动光谱一般在 $10^2\mathrm{cm}^{-1}$ 到 $10^4\mathrm{cm}^{-1}$ 的频率范围内进行观察；而通常电子的能级间隔更要大得多，所以电子光谱一般在 $10^4\mathrm{cm}^{-1}$ 到 $10^6\mathrm{cm}^{-1}$ 的范围内进行观察的。因此，通常分别在微波区到远红外区、红外区以及可见光区到紫外区范围内观测纯转动光谱、振动光谱和电子光谱。但在某种程度上来说，这三个光谱区的划分也不是绝对的，因为如果考虑到向更高的激发态跃迁，那么纯转动光谱就可能出现在近红外光区($1.5\sim0.5\times10^4\mathrm{cm}^{-1}$)。如果电子能级间隔很小，纯电子跃迁也可能出现在近红外区。

图 24-4 说明了双原子分子的上述三种类型的跃迁。如图所示，转动能级的间隔随着转动量子数的增加而增大，而振动能级的间隔却随着振动量子数的增加而变小。各个电子能级下面的虚线表示即使在绝对零度时都存在核振动的零点能。应当着重指出的是，并非所有这些能级的跃迁都是可能的。要弄清跃迁是允许的还是禁止的，就必须研究有关的选择定律；而选择定律是由分子的对称性所决定的。对于多原子分子，上述的那些振动问题可以借助群论而得到很好的解决。该内容在本章不作论述。

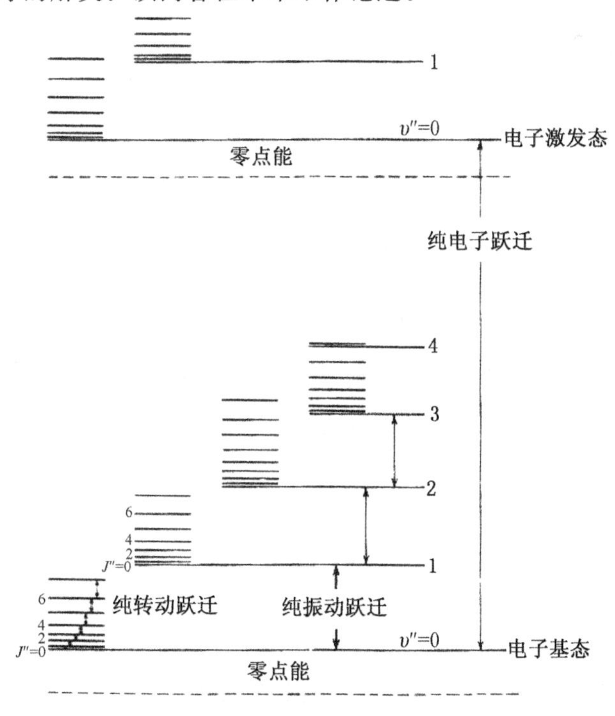

图 24-4　双原子分子的能级

注：电子能级的实际间隔比图中所示的大得多，而转动能级的间隔则比图中所显示的小得多

本章只讨论振动光谱，对于电子光谱和转动光谱不作论述。虽然振动光谱在实验中是以红外和拉曼光谱的形式测得的，但这两种光谱的物理原理是不同的。红外光谱是由处于电子基态的分子中的两个振动能级间的跃迁产生的，通常在红外区内作为吸收光谱来观测；

拉曼光谱的产生则是由于紫外光或可见光所引起的电子极化。如果分子受到频率为 ν 的单色光的辐照，由于入射光的诱导，引起了分子内的电子极化，即发射出频率为 ν（瑞利散射）和 $\nu \pm \nu_i$（拉曼散射）的光（ν_i 表示变化的振动频率）。因此在紫外或可见光区内所观察到的相对于入射光频率的拉曼位移（ν_i）就是分子振动的频率。虽然拉曼散射要比瑞利散射弱得多（仅为后者的 10^{-3}～10^{-4} 倍），但通过强的激光源还是可以观察到的。

拉曼光谱的产生可以用经典理论来解释。假定某一光波频率为 ν，电场强度为 E。由于 E 随频率 ν 而变化，因此可以得到：

$$E = E_0 \cos 2\pi\nu t \tag{24-5}$$

式中，E_0 是振幅，t 是时间。若用这束光来照射双原子分子，所产生的诱导偶极矩 P 可表示为：

$$P = \alpha E = \alpha E_0 \cos 2\pi\nu t \tag{24-6}$$

式中，α 是比例常数，称为极化率（polarizability）。如果分子以频率 ν_1 振动，则分子内的核位移 q 为

$$q = q_0 \cos 2\pi\nu_1 t \tag{24-7}$$

式中，q_0 是振幅。当振幅较小时，α 是 q 的线性函数，可以写为

$$\alpha = \alpha_0 + \left(\frac{\partial \alpha}{\partial q}\right)_0 q \tag{24-8}$$

式中，α_0 是处于平衡位置时的极化率，$\left(\frac{\partial \alpha}{\partial q}\right)_0$ 是在平衡位置计算时 α 对 q 的变化率。联立式（24-6）、（24-7）和式（24-8）可得：

$$\begin{aligned} P &= \alpha E_0 \cos 2\pi\nu t \\ &= \alpha_0 E_0 \cos 2\pi\nu t + \left(\frac{\partial \alpha}{\partial q}\right)_0 q_0 E_0 \cos 2\pi\nu t \cos 2\pi\nu t \\ &= \alpha_0 E_0 \cos 2\pi\nu t + \frac{1}{2}\left(\frac{\partial \alpha}{\partial q}\right)_0 q_0 E_0 \{\cos[2\pi(\nu + \nu_1)t] + \cos[2\pi(\nu - \nu_1)t]\} \end{aligned} \tag{24-9}$$

经典理论认为，第一项描述了辐射光频率为 ν（瑞利散射）的振动偶极子，第二项反映了频率为 $\nu + \nu_1$ 的拉曼散射（称为反斯托克斯线（anti－stokes line））和频率为 $\nu - \nu_1$ 的拉曼散射（称为斯托克斯线（stokes line））。如 $\left(\frac{\partial \alpha}{\partial q}\right)_0$ 等于零，则第二项变成零，也就是说，只有当 $\left(\frac{\partial \alpha}{\partial q}\right)_0 \neq 0$，即振动时极化率发生变化，振动才能产生拉曼位移（Raman shift），或称拉曼活性（Raman activity）。我们定义拉曼位移为瑞利线（波数）与拉曼线的波数之差。因此，斯托克斯线和反斯托克斯线呈现出的就是拉曼位移。

图 24-5 说明了正常拉曼散射和共振拉曼散射的机理。在正常拉曼散射时，激发线的能量远低于激发第一个电子跃迁所需的能量；而共振拉曼散射时，激发线的能量正好等于一个电子跃迁所需的能量，共振拉曼散射线的强度急剧增强。如果激发线的频率只是接近但不落在电子吸收带区内，这种过程称为“预共振拉曼散射”。如果在这个过程中，光子被吸收后再被发射，就称之为共振荧光。虽然共振拉曼散射和共振荧光两者在概念上的差异并不很明显，但存在着一些实验上的差别，可以用于区分这两种物理现象。

斯托克斯线是频率为 $\nu - \nu_1$ 的散射光把分子从 $\nu = 0$ 的状态激发到 $\nu = 1$ 状态时所引起

的。反斯托克斯线是由原处于 $\nu=1$ 状态的分子散射出频率为 $\nu+\nu_1$ 的辐射线，并回到 $\nu=0$ 状态时所引起的。由于处于 $\nu=0$ 量子态的分子集聚数要比处于 $\nu=1$ 的大(麦克斯韦一玻耳兹曼分布定律)，所以，斯托克斯线总是比反斯托克斯线强，如图 24-6 所示的四氯化碳的拉曼光谱。因此，在拉曼光谱中，习惯上总是检测斯托克斯线。

除了上述共振使拉曼线强度增大外，当一些分子被吸附到某些粗糙的金属表面，如金、银或铜的表面时，它们的拉曼谱线强度也会得到极大的增强，这种异常的拉曼散射增强现象称为表面增强拉曼散射(surface enhanced Raman scattering, SERS)效应。

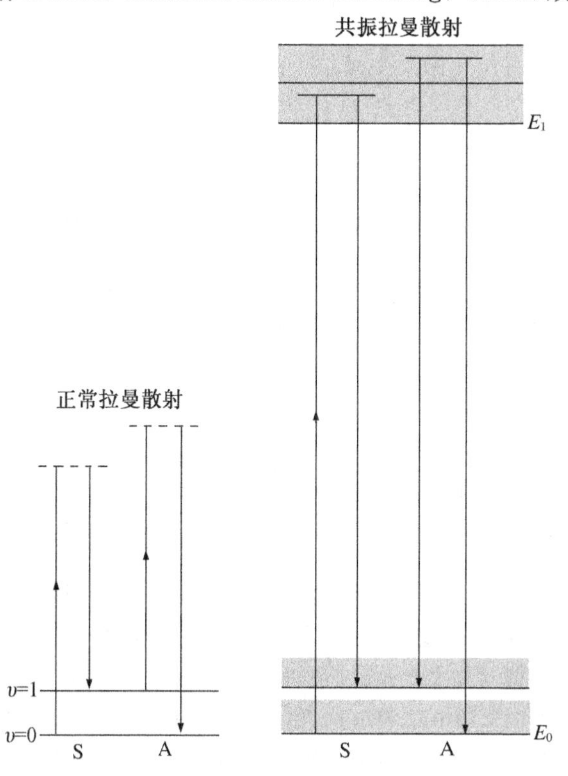

图 24-5　正常拉曼散射和共振拉曼散射的机理

S—斯托克斯效应；A—反斯托克斯效应

虚线表示假态；阴影区表示转动—平动能级的扩展

24.2　激光拉曼谱仪的构造

在光源用激光代替后的半个世纪里，谱仪的其他部件如样品光路、光栅、光探测器、光谱读出和滤波元件，已陆续被人们分别用显微镜、全息光栅、电荷耦合探测器(CCD)、计算机和全息陷波片(notch filter)等进行了相应的更新和替代，其中全息陷波片的引入不仅极大地抑制了瑞利光的干扰，同时获得比以前高两个数量级的拉曼光进入谱仪。显微镜作为样品光路使得仪器操作变得简化和快捷。CCD 的引入使得单道收集变成上千道的同时收集，不仅极大地节约了扫谱的时间，而且在极短时间内的多次扫描使信噪比提高上千倍。计算机的使用使得今天的谱仪操作和运转几乎是全自动化的。因此，今天的拉曼光谱的测量已变得十分容易和快捷。例如，在早先用汞灯作为光源的拉曼光谱测量中，记录一张 CCl_4 标样

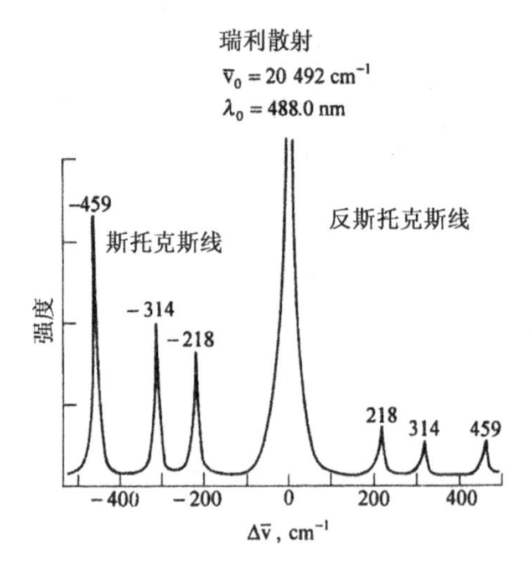

图 24-6　四氯化碳的拉曼光谱中斯托克斯线和反斯托克斯线强度的比较

的拉曼光谱需要耗费一二十小时，现在不到一秒钟就可以完成。

拉曼光谱仪的工作原理如图 24-7 所示，通常采用激光作为光源，将激光通过透镜聚焦到样品上，然后再在垂直入射的方向收集散射光。散射光通过一个滤光装置过滤掉原波长的散射光（瑞利散射），然后被光栅分解成不同波长的光进入到到探测器。探测器将光信号转为电信号后再输入电脑，由此获得拉曼光谱。因此，拉曼谱仪基本由激光光源、收集光学系统、单色仪和干涉仪以及检测和控制系统。

24.2.1　激光光源

激光光源主要是各种类型的激光器，常用的有氩离子激光器、氪离子激光器、He－Ne 激光器、Nd：YAG 激光器和二极管激光器等。各种激光器对应不同的波长，最常用的激光谱线是氩离子激光器的两条线：488 nm 蓝光和 514.5 nm 黄绿光。其他激光器如氪离子激光器主要提供近紫外谱线 219nm、242nm 和 266nm；He－Ne 激光器的激发线常用的是 632.8nm；Nd：YAG 激光器也是最常用的，其波长为 1 064nm 的谱线。有时，同一个拉曼光谱仪会配置多个激光器，以便根据实验需要和样品特征选用合适的激光波长。

24.2.2　收集光学系统

这个系统通常由各种光学器件组成，一般按照光路的顺序为前置单色仪、偏振旋转器、聚焦透镜、样品、收集散射光透镜（组）、检偏器等。值得注意的是，根据激光入射和收集散射光角度的不同，散射配置有 0°、90°和 180°三种（后两者更常用）。0°配置为入射激光正入射样品，正后方为散射光收集系统；90°配置为入射光 90°侧入射样品，与正后方的散射光收集系统垂直；180°配置又称为背散射，入射激光正入射样品，散射光收集系统与入射激光同方向，也为正前方。

24.2.3　单色仪和干涉仪

单色仪分光通常采用光栅分光方式，有单光栅、双光栅和三光栅等，基本上都是平面全息光栅。而干涉仪一般与傅里叶转换红外分光光度计（FTIR）上使用的相同，基本为多层镀硅的 CaF_2 或镀 Fe_2O_3 的 CaF_2 的分束器，也有部分仪器采用石英分束器及扩展波长范围的 KBr 分束器。

24.2.4　检测和控制系统

传统的拉曼光谱仪采用光电倍增管，目前多采用CCD探测器，通过液氮制冷或半导体制冷获得低热噪声和高精度信号。FT-Raman 常用的为 Ge 或 In-GaAs 检测器。在控制和处理数据方面，因为 FT-Raman 采用了傅里叶变换技术，对计算机性能有更高的要求。

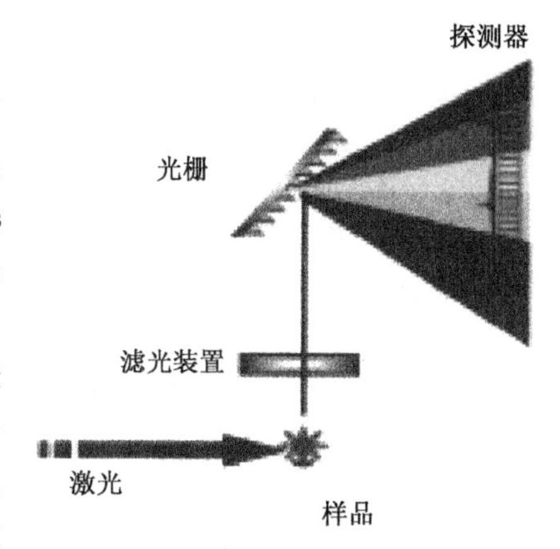

图 24－7　拉曼光谱仪的工作原理

由于激光光源的光束极细，样品的体积也很小，透明液体可密封于毛细管中照射(毛细管长约 50mm，外径约 1mm)，其样品量约 0.01mg。它可使用视窗玻璃、透镜和其他光学组件。由于水是弱的激光散射物质，故样品可使用水溶液来测量十分方便，不像红外线光谱仪不能含有水，因水是红外线强吸收物质，因此拉曼光谱仪可用来测定水污染，并可用来研究无机系统及生物学系统。固体样品可研磨成细粉状而置于样品凹槽中来测定。气体样品太稀薄不易得到清晰的拉曼光谱，将样品置于激光源的镜子之间，则可增强激发功率而得到清晰的拉曼光谱，图 24-8 是固体样品和液体样品激发系统。

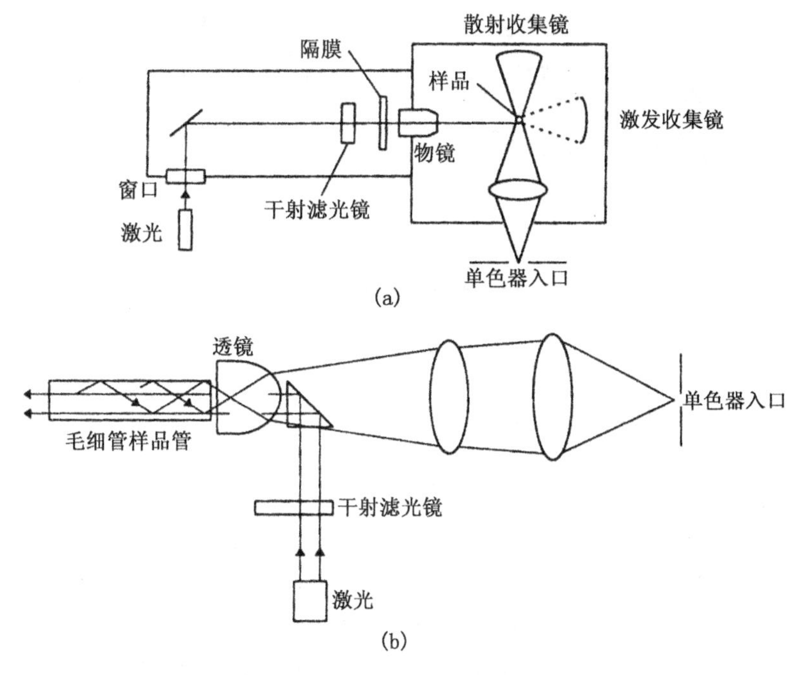

图 24－8　不同类型样品的激发系统

(a)固体样品；(b)液体样品

拉曼光谱仪和其他探测仪(如原子力显微镜、扫描电子显微镜等)结合起来，能极大地扩展拉曼光谱的应用，如图 24-9 所示。例如，可以先用显微镜选定微观信号点，然后探测不同位置的拉曼光谱，如图 24-10 所示，样品为矿物包裹体中的气泡，通过与显微镜结合的拉曼光谱仪，可以得到点 1 和点 2 的拉曼信号完全不同，从而判定点 1 处为气体，点 2 处为液体。

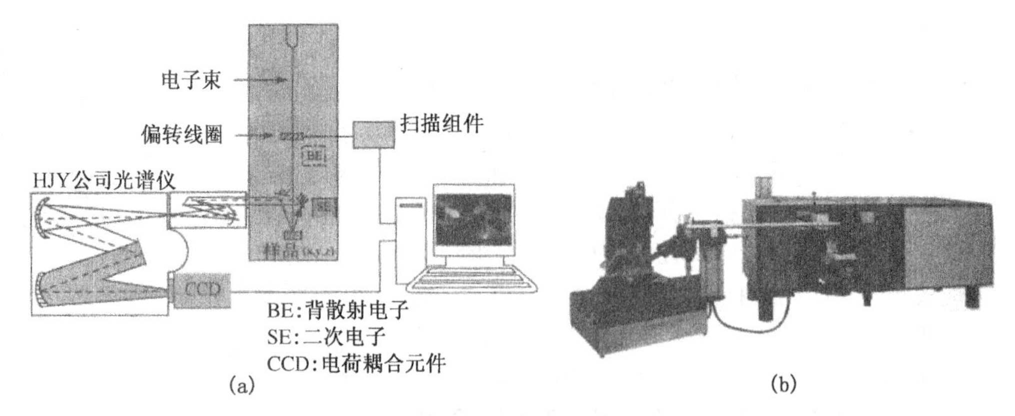

图 24-9 扫描电子显微镜和原子力显微镜及拉曼光谱仪的联用

(a)扫描电子显微镜;(b)原子力显微镜与拉曼光谱仪

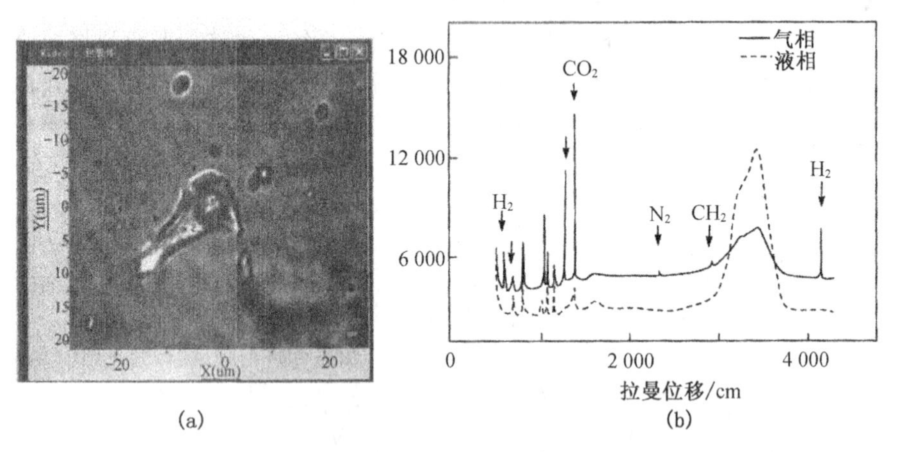

图 24-10 矿物包裹体中的气泡研究

(a)气泡的微观成像;(b)拉曼信号

24.3 拉曼光谱的定性和定量分析

24.3.1 定性分析

拉曼位移表示了分子中不同原子团振动的特征频率,因此可利用拉曼位移对分子进行定性的结构分析。

对有机物的定性分析就是通过官能基的特征拉曼位移的测定,判断化合物中具有的官能基类型。由于官能基不是孤立的,它在分子中与周围的原子有相互的关联,因此不同分子中的同一官能基的拉曼位移具有一定差异而导致频率在某个范围内变化。例如,C=C 官能基的频率为 1 300～1 680cm^{-1}。在乙烯中,拉曼频率为 1 620cm^{-1},但在氯乙烯中为 1 608cm^{-1},在烯醛中为 1 618cm^{-1},在丙烯中为 1 647cm^{-1}。表 24-1 列出了部分有机化合物官能基的振动特征频率和对应的拉曼光谱强度。

对于无机化合物的研究,由于金属配位键的振动频率在 100～700cm^{-1}范围内,因此很容易观察到拉曼光谱。金属离子与配位分子的共价键多为拉曼活性,金属与氧的化学键也是拉曼活性的。例如 VO_4^{3-},$Al(OH)_4^-$ 等均可得到对应的拉曼光谱。

表 24-1 部分有机化合物官能基的振动特征频率和对应的拉曼光谱强度

官能基振动	特征频率 $\bar{\upsilon}$/(cm^{-1})	强度 拉曼光谱
O—H	3 650～3 000	W
N—H	3 500～3 300	M
≡C—H	3 300	W
=C—H	3 100～3 000	S
—C—H	3 000～2 800	S
—S—H	2 600～2 550	M～S
C≡N	2 255～2 220	VS
C≡C	2 250～2 100	S～W
C=O	1 820～1 680	S～W
C=C	1 900～1 500	VS～M
C=N	1 680～1 610	S
N=N(脂肪族取代基)	1 580～1 550	M
N=N(芳香族取代基)	1 440～1 410	M
a(C—)NO_2	1 590～1 530	M
s(C—)NO_2	1 380～1 340	VS
a(C—)SO_2(C—)	1 350～1 310	W～O
s(C—)SO_2(C—)	1 160～1 120	S
(C—)SO(C—)	1 070～1 020	M
C=S	1 250～1 000	S
CH_2,aCH_3	1 470～1 400	M
sCH_3	1 380	M～W s(在 C=C 时)
C—C(脂环及脂肪族)	1300～600	S～M
C—C(芳香族)	1 600,1 580	S～M
	1 500,1 450	M～W
	1 000	S(单、间位、1,3,5-三取代)
a C—O—C	1 150～1 060	W
s C—O—C	970～800	S～M
a Si—O—Si	1 110～1 000	W～O
s Si—O—Si	550～450	VS
O—O	900～845	S
S—S	550～430	S
Se—Se	330～290	S
C—S(芳香族)	1 100～1 080	S
C—S(脂肪族)	790～630	S
C—CI	800～550	S
C—Br	700～500	S
C—I	660～480	S

24.3.2 定量分析

由于拉曼散射光谱不受水的干扰，因此官能基的波峰明显，其谱带强度与拉曼活性样品的浓度成正比，因此记录下拉曼活性成分的峰面积可作为定量分析的依据。样品峰高$\overline{PB}$与标样 CCl_4 的峰高(Peak Height，$\overline{PB}(CCl_4)$)之比为散射系数(scattering coefficient)。峰的散射面积等于散射系数与峰基底宽度(DBE)之乘积，如图 24-11 所示。即

$$\text{散射面积}=\text{散射系数}\times\text{基底宽度}=\frac{\overline{PB}}{\overline{PH}_{(CCl_4)}}\times\overline{DBE} \tag{24-10}$$

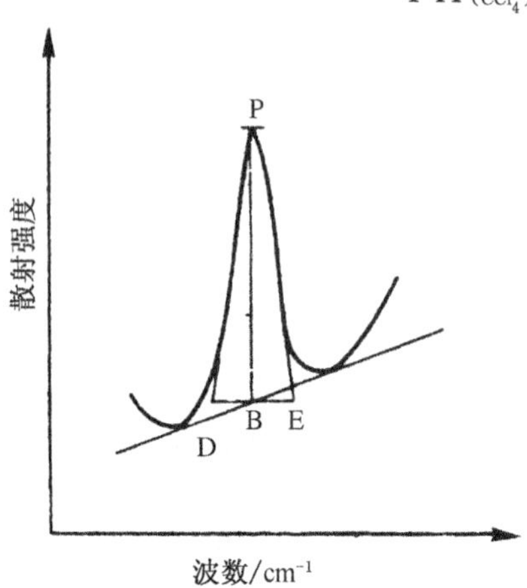

图 24-11 散射面积的计算方法

24.4 拉曼光谱应用的举例

24.4.1 钢大气腐蚀锈层的拉曼光谱研究

杨晓梅对钢大气腐蚀锈层进行了红外和拉曼光谱研究，本例子仅显示文献中对钢大气腐蚀锈层的拉曼光谱的研究结果。杨晓梅对两类钢大气腐蚀锈层进行了拉曼光谱测试分析。一类是低碳钢 A_3(0.02C－6Mn－0.3Si)经青岛试验站大气腐蚀 4 年后形成的锈层试样；另一类是低合金钢 10CrMoAl 经青岛试验站大气腐蚀 2 年、4 年后形成的锈层试样。低合金钢 10CrMoAl 是我国自己研制的耐候钢。

各锈层样品的激光拉曼光谱图，均在室温条件下利用北京大学重点实验室激光拉曼光谱仪(Dil02 型)测得，全部采用 Ar＋激光器输出的 514.5 nm 波长线作为激发线，功率为 100 mW。实测光谱范围为 100～1 000 cm^{-1}，选定积分时间为 2 s，规定扫描次数为 20 次。该系统中离轴物镜焦距为 500 mm，孔径为 $f/6$，光栅为全息光栅 1 800 g · mm^{-1}，入射/出射狭逢宽度范围为 0～2 mm，其中 $S_1=100\mu m$(可调)，$S_2=200\mu m$(固定)，$S_3=100\mu m$(可调)，波数重复性为±0.1 cm^{-1}，分辨率为 2 cm^{-1}，色散率为 20 $cm^{-1}\cdot mm^{-1}$。

实验中秤取一定量锈层粉末样品，充分研细后利用模具加压 5～10 t · cm^{-2}制成样品压片，分别置于光谱仪样品室中，采用背向照射方式，测得各样品的激光拉曼光谱。在测试样品时，样品不能完全置于聚焦透镜的焦点上，应前置 2 mm 左右，以免损坏样品。

基于各标准物相(铁的氧化物和羟基氧化物)激光拉曼光谱的特征峰位，由实测的激光拉曼光谱可得到各锈层的拉曼峰位置分布，详细结果如表 24－2 所示。结果表明；

(1)锈层中含有铁的氧化物 α—Fe_2O_3。各锈层拉曼光谱中含有 α—Fe_2O_3 明显的特征强峰(图 24-12 有 219.4 cm^{-1},278.8 cm^{-1};图 24-13 有 221.2 cm^{-1},297.8 cm^{-1};图 24-14 有 218.4 cm^{-1},283.6 cm^{-1}),与标准氧化物 α—Fe_2O_3 的特征峰(225cm^{-1},295 cm^{-1})相一致,光谱强度有差别。两个特征强峰的出现,标志着 α—Fe_2O_3 的存在,由于 α—Fe_2O_3 特征峰 295 cm^{-1}与 γ—FeOOH 特征峰 255 cm^{-1}相互影响,特征峰发生位移,形成宽拉曼带。

(2)锈层中含有羟基氧化铁 γ—FeOOH。各拉曼光谱中含有 γ—FeOOH 明显的特征强峰(图 24-12 有 261.6 cm^{-1},图 24-13 有 251.4 cm^{-1},图 24-14 有 260.2 cm^{-1}),与标准羟基氧化铁 γ—FeOOH 的特征强峰(255 cm^{-1})相符,光谱强度有差别,特征强峰的出现,标志着羟基氧化铁 γ—FeOOH 的存在。

(3)锈层中含有羟基氧化铁 α—FeOOH。各拉曼光谱中含有 α—FeOOH 明显的特征强峰(图 24-12 有 398.2 cm^{-1},图 24-13 有 395.3 cm^{-1},图 24-14 有 396.3 cm^{-1}),与标准羟基氧化铁 α—FeOOH 的特征强峰(397 cm^{-1})十分吻合,特征强峰的出现,标志着羟基氧化铁 α—FeOOH的存在。该特征峰属于 α—FeOOH 中 O—H 弯曲振动特征峰。

(4)锈层中含有羟基氧化铁 δ—FeOOH。各拉曼光谱中含有 δ—FeOOH 明显的特征强峰(图 24-12 有 412.3 cm^{-1},图 24-13 有 412.2 cm^{-1},图 24-14 有 409.5 cm^{-1}),与标准羟基氧化铁 δ—FeOOH 的特征强峰(413 cm^{-1})十分吻合,特征强峰的出现,标志着羟基氧化铁 δ—FeOOH的存在。由于羟基氧化铁 α—FeOOH 和 δ—FeOOH 结构相似,两物相的拉曼特征强峰很靠近,实际只相差 16 cm^{-1}。

表 24-2　大气腐蚀样品各锈层的拉曼峰

型号	腐蚀时间	拉曼峰位置/cm^{-1}
碳钢 A_3	4 年	219.4,261.6,270.2,278.8,398.2,412.3,(见图 24-12)
低合金钢 10CrMoAI	2 年	221.2,251.4,283.5,297.8,395.3,412.2(见图 24-13)
	4 年	218.4,260.2,270.2,283.6,396.3,409.5(见图 24-14)

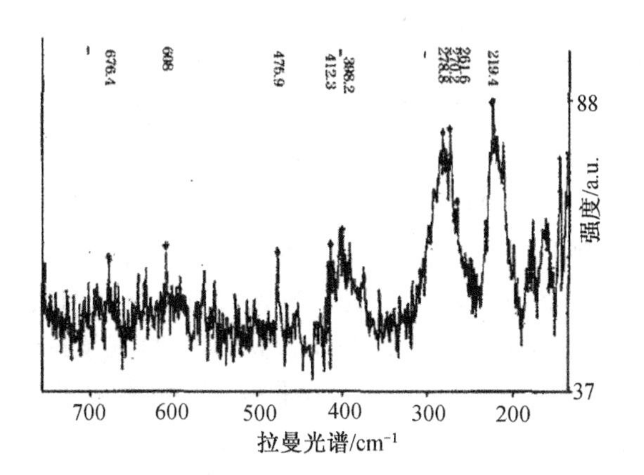

图 24-12　A_3 碳钢经 4 年大气腐蚀层的拉曼光谱

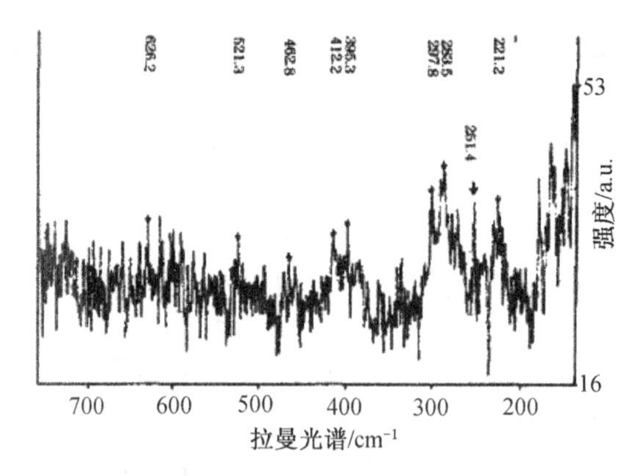

图 24-13　低合金钢 10CrMoAl 经 2 年大气腐蚀层的拉曼光谱

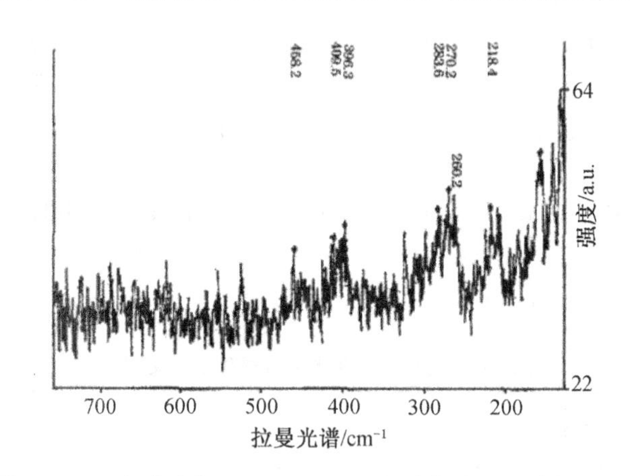

图 24-14　低合金钢 10CrMoAl 经 4 年大气腐蚀层的拉曼光谱

24.4.2　激光淬火及熔覆层性能与物相变化的拉曼光谱研究

梁二军和梁会琴利用拉曼光谱研究了激光淬火及熔覆层性能与物相的变化。采用武汉团结激光公司生产的 5 kW 横流 CO_2 激光器振荡聚焦光束，对 45 号钢进行表面淬火处理，实验使用的激光功率为 2.8～3.5 kW。获得单道淬火宽度大于 10 mm，硬度提高到基体的 2～2.5 倍，硬化层深度达到 1.9～2.0 mm。金相组织分析表明，宽带激光淬火造成的组织细化和大量高碳马氏体的形成是 45 号钢激光淬火硬度提高的主要原因。在适当淬火工艺参数下，淬火区表层微观组织主要为针状马氏体。一旦稍有过热，马氏体针就更为粗大。利用宽带扫描和自动送粉技术，可一次获得宽 12 mm 以上、组织致密无缺陷的镍基合金激光熔覆层。熔覆层硬度为 600～850HV；熔覆层主要由枝晶和多种共晶组成，基体热影响区主要为细化马氏体，结合区则为二者的固溶体。熔覆层主要由 γ－Ni 或 γ－FeNi 加上 Ni，Cr 和 Fe 的 B，C 化合物构成。各样品均沿垂直于激光扫描方向线切割，然后进行金相抛光。拉曼光谱测试和样品的微观形貌观察是在 RenishawRM2000 显微拉曼光谱仪及其所配置的显微成像系统上完成的，激光波长为 514.5 nm，采用 180°散射配置。拉曼光谱测试均经过多次重复，得到的结果相同。

图 24-15 是 45 号钢用 3 500W 激光淬火后断面不同淬火深度处的拉曼光谱，到达样品的激发功率为 1.5mW。45 号钢典型的拉曼光谱由三个拉曼带组成，分别位于 693 cm^{-1}，

1 385 cm^{-1}和 1 585cm^{-1}附近。图中 693 cm^{-1}处的较弱拉曼带是 Fe_3O_4 的特征峰。这说明样品在空气中发生了部分氧化，可以从该峰的强度来推断激光淬火对金属抗氧化性能的影响。图 24-15 表明，表面和次表面过热区抗氧化性能比基体有明显提高，但均匀相变区的抗氧化性能与基体相比有所下降。造成这种现象的原因可能是，在激光淬火层中形成了大量的细化马氏体，颗粒细化使硬度提高，但同时细颗粒比粗颗粒表面活性大，均匀相变区颗粒最细，故抗氧化性能最差。最表面过热区形成了大块排状马氏体，使表面抗氧化性能最好。位于 1 385 cm^{-1}和 1 585 cm^{-1}附近的拉曼带是非晶石墨和类金刚石的典型拉曼光谱，分别称为 D 带和 G 带。G 带是石墨平面布里渊区中心声子模的拉曼散射，而 D 带一般被认为是由于有限晶体尺寸效应激活的布里渊区边界的声子模，与晶体缺陷有关。因此，D 带与 G 带的强度比(I_D/I_G)可以用来表征碳材料的缺陷度和纳米晶的尺寸。非晶碳颗粒的大小可表示为

$$I_D/I_G=4.4/L \tag{24-11}$$

式中，L 为颗粒直径，单位为 nm。用洛伦兹线形对所得光谱进行曲线拟合，可以计算出各光谱的 D 带与 G 带的强度。图 24-16 是对图 24-15 中曲线 b 背底扣除后再按洛伦兹线形进行拟合的结果。拟合结果表明，45 号钢激光淬火层内 D 带和 G 带的强度比存在以下关系：I_D/I_G(表面过热区，1.65)$<$ I_D/I_G(次表而过热区，2.26$<$ I_D/I_G(过渡区，2.59)$<$ I_D/I_G(基体，3.29))$<$ I_D/I_G(均匀相变区，4.12)。这表明在激光淬火层内表面过热区的碳颗粒最大(2.7 nm)，次表面过热区次之(1.9 nm)，均匀相变区最小(1.0 nm)。碳颗粒的这种变化规律与金相组织的观察结果一致。

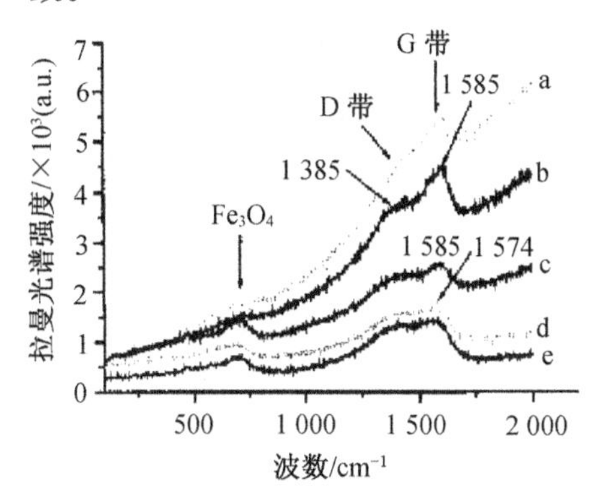

图 24-15　激发功率为 1.5mW 时激光淬火层的断面拉曼光谱

a—表面过热区；b—次表面过热区；c—均匀相区；d—过渡区；e—基体

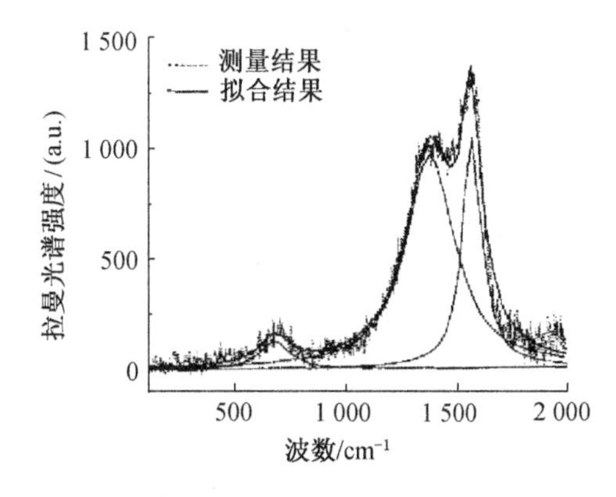

图 24-16　洛伦兹线形对图 24-15 中曲线 b 光谱进行曲线拟合的结果

图 24-17 是激光熔覆合金层不同深度处的显微拉曼光谱，达到样品的功率为 1mW。670cm^{-1}附近的拉曼带来自于表面氧化物 Fe_3O_4，212cm^{-1}和 273cm^{-1}的拉曼峰应归属于 α—Fe_2O_3。1 350cm^{-1}和 1 580cm^{-1}附近的两个宽带分别是碳的 D 带和 G 带，这两个带的形状和相对强度表明碳基本上是以非晶碳的形式存在的。但在激光熔覆层与基体界面的 1 332cm^{-1}处出现了一个很尖锐的拉曼峰。该峰在界面中间最强，而靠近基体或熔覆层一边的则逐渐减弱，在远离界面处消失。该拉曼峰被认为是金刚石的特征拉曼峰。不同结构的碳具有各自的特征拉曼光谱. 金刚石的一阶拉曼光谱中只有一个位于 1 332 cm^{-1}处的锐峰，与具有 O_h 对称性的四重 sp^3 配位相对应。其他形态的碳均不具有该特征。也就是说，在熔覆层与基体的过渡区域内非晶碳在激光熔覆过程中转化成了金刚石。在激光熔覆的快速凝固过程中，熔池底部高的温度梯度以及可能产生的巨大瞬间压力，可能是该区域内非晶碳直接转化为金刚石的主要原因。

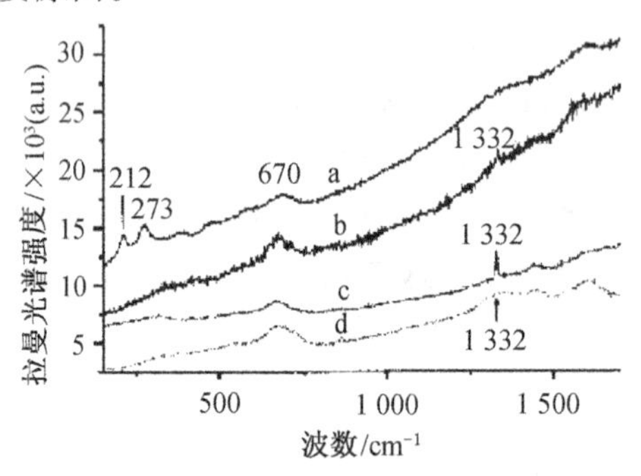

图 24－17　熔覆层断面的拉曼光谱

a—熔覆层；b—过渡区(靠熔覆层)；c—过渡区(中间)；d—过渡区(靠基体)

思考题与练习题

第1篇

第1章

1. 根据费马原理推导反射定律和折射定律。
2. 根据式(1-5)计算在空气和玻璃($n=1.52$)界面上的折射线和反射线的振动能量(即振幅的平方)随入射角的变化,讨论入射平面内和垂直入射平面的振动分量变化的特点。
3. 什么条件下光不发生折射而产生全反射?
4. 什么是波的单色性、偏振性和相干性?
5. 论述偏振光与自然光的差异。
6. 从自然光获得全偏振光的条件是什么?
7. 论述检测偏振光的原理。
8. 当起偏器与检偏器呈不同方位角时,论述透射光强度变化的规律。
9. 什么是寻常光线和非寻常光线?如果一束 $\lambda=589.3$nm 的钠黄光进入到用方解石制成的双折射棱镜中,方解石对该光的寻常光线的折射率为 $n_O=1.658\,4$,对非寻常光线的折射率为 $n_E=1.515\,9$,而各向同性的加拿大树胶的折射率 $n_B=1.55$,说明何种光能产生全反射,并计算全反射的临界角。
10. 半波片和全波片定义是什么?
11. 正、负双折射晶体的定义是什么?
12. 什么条件产生波的相长干涉和相消干涉。如果两个波的相位差为 $\pi/2$,采用什么波片可使它们产生相长干涉或相消干涉。
13. 论述实像、虚像和放大、缩小实像的形成条件。
14. 论述光学显微镜的成像原理。
15. 论述透镜光学缺陷及其产生的原因。
16. 比较临界照明和科勒照明的差异,分别说明它们的共轭面。
17. 论述金相显微镜和生物显微镜照明方式的差异。
18. 论述新型无限远光学系统的优点。
19. 决定光学显微镜分别率的主要因素是什么?
20. 什么是光学显微镜的有效放大倍率?如果采用 $\lambda=550$nm 的黄绿光照明,选用数值孔径 $NA=0.7$ 的 40 倍物镜,在有效放大倍率下应选多少倍的目镜?
21. 为什么光学显微镜的景深很小?在显微镜操作中,通过什么方法获得景深大的图像?
22. 为什么从观察转换到摄像时目镜与物镜像平面的相对位置需要调整?
23. 与视频显微术相比,数字 CCD 显微术有什么优点。
24. 论述图像处理的步骤和定量分析的内容。

第 2 章

1. 金相样品制备主要有哪些步骤？
2. 电解抛光原理是什么，如何选择最佳抛光条件？
3. 化学腐蚀剂有哪三个主要组成？
4. 电解浸蚀与电解抛光有什么不同？
5. 现代金相样品制备技术与传统技术有哪些主要不同点？
6. 在低碳钢中均为体心立方结构的铁素体、贝氏体和马氏体共存时，可用什么方法鉴别它们？

第 3 章

1. 如何定义振幅体和相位体？
2. 简述相位衬度显微术原理及其成像特点。
3. 光学显微镜中如何实现相位衬度成像？
4. 什么是正相位衬度和负相位衬度？为什么对于厚的区域在透射式生物显微镜和反射式金相显微镜中的相位衬度是相反的？
5. 某金相样品中第二相与基体的高度差为 100μm，如果用蓝光（$\lambda=400\mu$m）照射，其干涉结果如何？用什么波晶片能得到相长干涉。

第 4 章

1. 在偏振光金相显微镜中，为什么能观察到光学性质非均匀体的四次明亮和四次消光现象？
2. 简述反射式偏振光显微镜与透射式偏振光显微镜的光学布置的不同点。
3. 偏振光在金相中的主要应用有哪些？

第 5 章

1. 论述 DIC 显微镜中有哪些基本的光学组件及其作用。
2. 简述 DIC 图像的形成原理。
3. 为什么在 DIC 显微镜中利用光程梯度而不是利用光程差来成像？
4. 与其他成像方式比较，DIC 成像的优点是什么？

第 6 章

1. 简述共聚焦成像的光学原理，它与其他成像方式有什么不同？
2. 如果分别用蓝光和绿光照明金相样品，计算它们共聚焦成像的横向分辨率和纵向分辨率。
3. 为什么共聚焦成像的景深远高于其他成像所需的景深？

第2篇

第7章

1. 解释下列名词或概念

   连续辐射与特征辐射、短波极限、相干散射与非相干散射、荧光辐射、X射线衰减与真吸收、线吸收系数与质量吸收系数。

2. 结合有关理论计算或讨论

   (1) 在原子序数24(Cr)到74(W)之间选择七种元素，根据它们的$K_{\alpha 2}$特征谱波长，用图解计算法验证莫塞莱定律。

   (2) 若X光管的额定功率为1.2kW，当管电压为40kV时，计算允许的最大电流。

   (3) 为使Cu靶的K_β线等于K_α线透射系数的1/6，求所需Ni滤波片的厚度。

   (4) 利用Cu-K_α线垂直照射0.1mm的Be，Al，Fe及Pb，分别计算它们的穿透系数。

第8章

1. 解释下列名词或概念

   点阵与晶胞、晶向指数与晶面指数、晶带与晶带定律、极射投影、乌氏网、标准投影、倒易点阵、布拉格方程与布拉格角、厄瓦尔德图解与反射球。

2. 简述下列问题

   (1) 倒易点阵概念、意义及其与实际点阵的关系。

   (2) 布拉格方程及其讨论。

   (3) 布拉格方程与厄瓦尔德图解的一致性。

3. 结合有关理论计算或讨论

   (1) 按晶面间距大小，将立方晶系的$(1\bar{2}3)$，(100)，(200)，$(\bar{3}11)$，(110)及(130)进行排序。

   (2) 判断$(\bar{1}\bar{1}0)$，$(\bar{2}\bar{3}1)$，(200)，(231)、(211)及(212)是否属于$[\bar{1}11]$晶带。

   (3) 面心立方多晶体的{111}面间距为0.208 7nm，若入射线为Cu-K_α辐射，确定干涉面指数和相应的衍射角。

   (4) 用Co-K_α辐射照射到α-Fe多晶试样上，试用厄瓦尔德图解法确定{110}面的衍射方向。

第9章

1. 解释下列名词或概念

   原子散射因子、结构因子、结构消光与系统消光、干涉函数、衍射畴、实际小晶体、多重因子、角因子、吸收因子、温度因子、相对衍射强度。

2. 简述下列问题

   (1) 单个电子、单个原子、单个晶胞及理想晶体的X射线散射。

   (2) 原子散射因子与结构因子的物理意义及其影响因素。

   (3) 倒易空间中衍射畴的影响因素及其实际意义。

   (4) 实际多晶体的相对衍射强度公式及其影响因素。

3. 结合有关理论计算或讨论

   (1) 计算Cu的$m=h^2+k^2+l^2$从3到12之间各衍射线的结构因子比值。

   (2) 当Cu_3Au完全有序时，Au占据立方晶胞的顶角，而Cu占据各面心位置，写出其结构因子的表达式，并确定哪些衍射线属于超点阵线。

(3) 利用 Cu－K_α 辐射且不考虑温度因子及吸收因子，计算铜{111}与{200}衍射线强度比。

(4) 利用 Cu－K_α 辐射，可获得立方钨粉的四条衍射线，其中 2θ 分别为 40.26°，58.27°，73.20°，及 87.02°。不考虑温度因子和吸收因子，规定最强线强度为 100，计算其他线强度。

第 10 章

1. 解释下列名词或概念

测角仪圆、聚焦圆、狭缝、滤波片、单色器、波高分析器、计数器、耦合与非耦合扫描、连续与阶梯扫描、扫描速度与时间常数、衍射强度与分辨率。

2. 简述下列问题

(1) 德拜一谢乐照相法及其底片安装方式。

(2) 衍射仪法、测角仪的结构及其运行方式。

(3) 前后梭拉狭缝、发散狭缝、防散射狭缝及接收狭缝的作用。

(4) 石墨单色器原理及其衍射几何光路。

(5) 闪烁计数管的工作原理。

(6) 试样状态及测量条件对实验结果的影响。

3. 结合有关理论计算或讨论

(1) 衍射角 2θ 分别为 10°和 90°，计算测角仪圆与聚焦圆的半径之比。

(2) 测角仪圆半径为 185mm，发散狭缝为 1°，衍射角 2θ 分别为 10°和 90°，计算射线照射试样的面积。

(3) 衍射角 2θ 分别为 10°和 90°时，计算安装石墨单色器后所造成的角因子差异。

(4) 利用普通衍射仪对 $1Cr_{18}Ni_9Ti$ 进行定量分析，试选择 X 射线管靶类型、管压、管流、滤波片、狭缝、扫描范围及扫描速度等。

第 11 章

1. 解释下列名词或概念

标准 PDF 卡片、索引分类及方法、手工与计算机检索、直接对比定量分析法、内标与外标定量分析法。

2. 简述下列问题

(1) X 射线物相定性分析与荧光分析在实验原理及目的上的区别。

(2) 标准 PDF 卡片中主要栏目的内容。

(3) 现行索引分类及其使用方法。

(4) 几种常见定量分析方法的特点与适用范围。

3. 结合有关理论计算或讨论

(1) 试借助 PDF 卡片，根据下表衍射数据，确定未知试样的物相组分。

序号	1	2	3	4	5	6	7	8	9	10
d	0.240	0.209	0.203	0.175	0.147	0.126	0.125	0.120	0.106	0.102
I/I_1	50	50	100	40	30	10	20	10	20	10

(2) 利用 Co - K_α 辐照组织为马氏体及奥氏体的试样，其中马氏体为体心立方结构且点阵常数为 0.291nm，奥氏体为面心立方结构且点阵常数为 0.364nm，温度取 27℃，试分别计算两相的强度因子($C=(V/V_c)^2P|F|^2L_pe^{-2M}$)值。

(3) 在 $\alpha-Fe_2O_3$ 及 Fe_3O_4 混合物的衍射谱线中，两相最强线的比为 1：1.3，试借助索引上的参比强度值，计算 $\alpha-Fe_2O_3$ 的相对含量。

第 12 章

1. 解释下列名词或概念

晶体结构识别与晶系指标化、点阵参数测量误差与消除方法、晶体结构模型分析。

2. 简述下列问题

(1) 晶体结构识别与晶系指标化的过程及注意事项。

(2) 衍射仪法测量点阵常数的主要误差来源与消除方法。

3. 结合有关理论计算或讨论

(1) 利用 Cu - K_α 照射立方晶系试样，高角区 $\sin^2\theta$ 分别为 0.503，0.548，0.726，0.861 及 0.905，试标定各衍射线的晶面指数。

(2) 利用一条 $2\theta=50°$ 衍射线求点阵常数，设测角仪半径为 185 mm，试样表面离轴误差为 0.05mm，求立方晶系的点阵参数误差。

(3) 铝的热膨胀系数为 2.4×10^{-5}/℃，点阵参数 $a=0.404\ 9$nm，试计算每变化 1℃ 所造成的点阵参数误差。

第 13 章

1. 解释下列名词或概念

宏观应力与微观应力、同倾法与侧倾法、固定 Ψ_0 法与固定 Ψ 法、半高宽中点定峰法与抛物线定峰法、X 射线应力常数。

2. 简述下列问题

(1) 基于 X 射线衍射效应，介绍材料中内应力的分类方法。

(2) 宏观平面应力的测量原理。

(3) X 射线应力测量中的试样要求及参数选择。

3. 结合有关理论计算或讨论

(1) 同倾固定 Ψ_0 法，晶面衍射角 $2\theta=156°$，计算 Ψ_0 为 0°及 45°时的实际 Ψ 角。同倾固定 Ψ 法，晶面衍射角 $2\theta=98°$，计算允许的最大 Ψ 角。

(2) 假定铝的(311)与(222)晶面弹性模量均为 70GPa，泊松比均为 0.33，利用 Cr - K_α 辐射及 0°～45°法，计算 100MPa 应力所造成的两晶面各自的 2θ 变化值，即 $2\theta_{\Psi=45°}-2\theta_{\Psi=0°}$ 值。

(3) 利用 Cr - K_α 辐射及 0°～45°两点法，测量钢材表面应力，应力常数为 −318MPa/(°)，衍射角 $2\theta_{\Psi=0°}=156.13$ 及 $2\theta_{\Psi=45°}=156.85$，试计算应力值。

第 14 章

1. 解释下列名词或概念

几何宽化与物理宽化、细晶宽化与显微畸变宽化、卷积关系、宽化效应分离、非晶径向分布函数、结晶度、小角散射、吉尼叶公式。

2. 简述下列问题

(1) 实测衍射谱线的各种宽化效应。

(2) 谱线各种宽化效应的卷积合成与分离。

(3) 线形分析的主要应用。

3. 结合有关理论计算或讨论

(1) 试绘制利用傅里叶变换法分解几何宽化和物理宽化的计算机程序流程图。

(2) 假定线形函数 $1/(1+k_4x^2)^m$,m 为常数,试推导此函数的半高宽及积分宽度。

(3) 利用 Co - K_α 辐射分析钢材试样,测得(110)和(220)面衍射角 2θ 分别为 52.38°和 123.92°,谱线半高宽分别为 0.42°和 1.09°,按照柯西分布法计算试样微晶尺寸和显微畸变量。

第 15 章

1. 解释下列名词或概念

织构与织构指数、丝织构与板织构、极图与反极图、ODF 函数、单晶定向。

2. 简述下列问题

(1) 织构反射与透射测量法。

(2) 丝织构简易测量法。

(3) ODF 函数计算方法。

(4) 单晶定向的劳厄照相法与衍射仪法。

3. 结合有关理论计算或讨论

(1) 举例讨论极图与反极图的适用场合。

(2) 设铁丝的织构轴为[110],利用 Co - K_α 辐射分别测量丝轴横断面和平行面,试确定极图上(110)强点的位置。

(3) 铝丝具有<111><100>双织构,试绘出投影面平行于丝轴的{111}及{100}面的极图以及轴向反极图的示意图。

第3篇

第16章

1. 高能电子与固体样品相互作用产生哪些主要物理信号？比较这些信号成像的分辨率。
2. 说明透射电子显微镜中电子光学系统的基本构造和各部分的作用。
3. 说明钨灯丝、LaB_6、场发射三种电子枪的工作原理及其优缺点。
4. 试比较电磁透镜在成像中与玻璃薄凸透镜的异同性。
5. 电磁透镜的球差、像散和色差是如何产生的，怎样来减小这些像差的影响？
6. 在三透镜成像系统中，变倍操作中光路是怎么样做相应调整的？
7. 什么是影响电磁透镜分辨本领的主要因素？简述小孔径成像的优点。

第17章

1. 简述复型方法的种类及其各自的特点。
2. 定形地说明复型电子像衬度原理。
3. 提高复型电子像衬度有哪些途径？
4. 简述塑料-(预投影)碳二级复型制备的主要过程和根据投影方向判别浮雕的方法。
5. 简述用于透射电子显微镜观察的金属薄膜、陶瓷薄膜和高分子薄膜的制备方法。
6. 简述大块试样制成金属薄膜的一般步骤和影响最终电解抛光质量的因素。

第18章

1. 叙述电子衍射和X射线衍射的异同点。
2. 证明 $2d\sin\theta=\lambda$ 与 $\boldsymbol{k}'-\boldsymbol{k}=\boldsymbol{g}$ 是等价的。
3. 计算面心立方点阵和底心四方点阵的结构因子，说明衍射条件，并分别画出它们所对应的倒易点阵。
4. 由简单电子衍射装置推导高能电子衍射几何分析公式的两种表达式；说明相机常数的物理意义。
5. 简述选区电子衍射的原理和标准操作方法。
6. 如何利用选区电子衍射花样来确定组织形貌像中的晶体学方向？
7. 利用 TlCl 多晶环花样，标定相机常数 K。

   (1) 已知从底片上测得的环半径为

No	1	2	3	4	5	6	7	8
R/(mm)	4.5	6.4	7.8	9.1	10.2	11.3	13.2	13.9

   (2) 已知 TlCl 为简单立方晶体($\alpha=0.3842$nm)，标准 d 值为

hkl	100	110	111	200	210	211	220	221,300
d /(nm)	3.84	2.72	2.22	1.92	1.72	1.67	1.36	1.23

   (3) 画出 $K-R$ 曲线，计算 K 的平均值。

8. 影响相机常数标定精度的因素有哪些？为什么内标方法能有效地但却较小地影响相机常数标定精度。

9. 为什么一组平行的$(uvw)^*$倒易平面中,只有零层倒易平面(uvw)对应于正点阵中的$[uvw]_0^*$晶带?为什么单晶电子衍射花样就是满足衍射条件的某个$(uvw)_0^*$零层倒易平面的放大像。
10. (1) 画出面心立方晶体的倒易点阵,取一个单胞中$N=h^2+k^2+l^2\leqslant 12$的倒易阵点(要考虑结构振幅$\boldsymbol{F}_g$)。
    (2) 说明倒易点阵属什么点阵类型。
    (3) 在该倒易点阵中构画出$(1\bar{1}0)_0^*$的倒易截面。
11. 画出面心立方晶体$[1\bar{1}0]$晶带的标准电子衍射花样。
12. 标定淬火配分钢中残余奥氏体(FCC)和马氏体(BCC)的复合电子衍射花样(见习题图),确定它们的取向关系。已知马氏体的点阵常数$\alpha=0.286\ 6$nm,奥氏体的点阵常数$\alpha=0.358\ 5$nm。

13. 根据面心立方晶体的倒易点阵画出$(001)_0^*$,$(001)_{+1}$和$(001)_{-1}$的倒易平面。如何识别高阶的$(001)_{+1}$和$(001)_{-1}$斑点。
14. 计算NaCl晶体的结构因子。已知:NaCl中Na原子的坐标为000,$\frac{1}{2}\frac{1}{2}0$,$\frac{1}{2}0\frac{1}{2}$,$0\frac{1}{2}\frac{1}{2}$,Cl的原子坐标为$\frac{1}{2}\frac{1}{2}\frac{1}{2}$,$00\frac{1}{2}$,$0\frac{1}{2}0$,$\frac{1}{2}00$。
15. 画出α-Fe的[113]晶带的孪晶标准电子衍射花样。
16. 一个多晶薄膜和一个单晶薄膜叠起后的电子衍射花样如下图所示。从双衍射观点出发,说明两个叠加薄膜在无双衍射时的花样特征及存在双衍射条件下的形成过程。

17. 简述菊池线花样的形成原理和获得清晰菊池花样的条件。
18. 下图为Al晶体在100kV加速电压下拍摄的菊池花样。中心斑点(000)与111斑点的距离为15mm,111斑点与菊池亮线的垂直距离(X)为5mm,已知Al为面心立方结构,点阵常数$a=0.404\ 1$nm,试

(1) 确定偏离参量 S 的正、负值。

(2) 推导 $S=\frac{x\lambda}{Rd^2}$值。

(3) 计算 S 值。

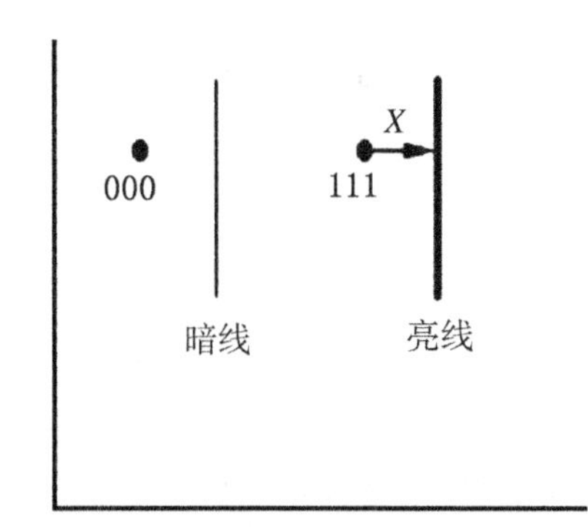

19. 简述质量衬度、衍射衬度和相位衬度成像的原理、分辨率及其成像方法。
20. 简述明场、中心暗场、弱束暗场成像的方法，并简述衬度与衍射束强度的关系。
21. 衍射运动学的基本假设是什么，怎样做才能满足或接近基本假设？
22. 说明理想晶体和缺陷晶体衍射运动学基本方程的差异和在什么条件下缺陷衬度不可见。
23. 试说明厚度消光条纹、倾斜晶界、相界、孪晶界像衬度的由来及其图像特征。
24. 试说明弯曲消光条纹和位错像衬度的由来及其图像特征。
25. 缺陷不可见的判据是什么？如何用不可见判据来确定位错柏氏矢量？
26. 如何确认复合电子衍射花样中哪些斑点属同一晶带？

第 19 章

1. 用傅里叶变换说明高分辨成像的两个过程。
2. 什么是弱相位体、透射函数、传递函数和谢尔策欠焦？
3. 如何解释弱相体的高分辨像。
4. 为什么薄膜样品比块体样品 X 射线能谱成分分析的空间分辨率高，并且成分定量分析中修正项要简单？
5. 简述会聚束电子衍射的形成原理和主要应用。
6. 为什么会聚束中的菊池线比电子衍射中的菊池线清晰明亮。
7. 简述电子能量损失谱的特征和主要应用。

第 20 章

1. 简述扫描电子显微镜的工作原理。为什么二次电子信号特别适用于显示表面形貌衬度？
2. 为什么扫描电子显微镜的景深远大于光学显微镜？
3. 什么是加速电压和减速电压？论述提高形貌衬度和分辨率的电子减速技术的原理。
4. 简述利用“硅半导体对”背散射电子信号检测器可获得形貌衬度和成分衬度的工作原理。
5. 简述二次电子和背散射电子任意比例混合的 E×B 技术的原理。
6. 简述电子背散射衍射形成原理和它的主要用途。

7. 立方取向为(100)[010]，即轧面为(100)，轧向为[010]，画出{111}极图中$[\bar{1}11]$极点的位置。
8. 通过附录 18 中的标准投影图确定图 20－42(a)极图的织构。
9. 用反极图在[100]－[110]－[111]取向三角形中表示铜型取向$(211)[1\bar{1}\bar{1}]$。
10. 立方晶系中的铜型取向为$(121)[1\bar{1}1]$，画出其欧拉取向空间的示意图。
11. 当轴/角对分别为$\theta=26.53°$和$\boldsymbol{u}=[110]$时，求$\sum$。

第 21 章

1. 电子探针进行成分分析有哪些特点？
2. 简述直进式线性波谱仪的工作原理。
3. 试比较能谱仪和波谱仪的优缺点。为什么能谱仪至今还不能完全取代波谱仪？
4. 简述电子探针进行点、线、面分析的主要步骤，分析其能提供哪些信息。
5. 如果 JCXA－733 电子探针中的聚焦圆半径是 140mm，若用 PET($d=0.437\ 5$nm)和 LIF($d=0.201\ 3$nm)分光晶体来检测 Si，Mn 和 Fe 的K_α特征 X 射线（波长查附录 3)，分光晶体应调至什么位置（即计算出谱仪长度L值）？
6. 元素定量分析中应考虑哪些修正效应？

第 22 章

1. 简述 STM 的原理，说明为什么它的分别率高于 TEM?
2. 简述 STM 的恒流扫描模式和恒高扫描模式的特点。
3. 简述 AFM 的原理，并与 STM 原理比较，说明为什么 AFM 可以用于导体、半导体和绝缘体样品，而 STM 不能用于绝缘体样品。
4. 简述 AFM 的接触模式、非接触模式和轻敲模式的方法和特点。

第4篇

第23章

1. 说明XPS谱分析的基本方程。
2. 如何将样品的Φ_S功函数转换为仪器材料的功函数Φ_{SP}，其意义何在？
3. 何谓化学位移及其作用？
4. 简述X射线光电子能谱仪的工作原理。
5. 如何鉴别M-O化合物、M-OH化合物和M-NO_3化合物，举例说明。
6. 如何鉴别Fe的单质Fe_3O_4、FeO、Fe_2O_3和α-FeOOH，举例说明。

第24章

1. 何谓瑞利散射和拉曼散射。
2. 简述根据拉曼频率确定不同化学键的原理。
3. 何谓斯托克斯线和反斯托克斯线，为什么斯托克斯线总是比反斯托克斯线强？
4. 什么条件下不出现拉曼位移？
5. 简述激光拉曼谱仪的构造包括哪几部分，各自有什么作用？
6. 如何鉴别铁的氧化物α-Fe_2O_3和羟基氧化物α-FeOOH、γ-FeOOH和δ-FeOOH，举例说明。

参 考 文 献

第 1 篇

[1] Douglas B. Murphy. Fundamental of Light Microscopy and Electronic Imaging[M]. John Wiley & Sons, Inc. USA, 2001.

[2] Savile Bradbury, Brian Bracegirdle. Introduction to Ligh Microscopy[M]. BIOS Scientific Publishers, UK, 1998.

[3] Sum-Met, B. The Science Behind Materials Preparation[M]. (Buehler, Ltd. 135 pp, 2004).

[4] 孙业英. 光学显微分析[M]. 北京:清华大学出版社, 1997.

[5] 舍英,伊力奇,呼和巴特尔. 现代光学显微镜[M]. 北京:科学出版社, 1996.

[6] H. 巴巴列克西. 物理学教程(第二卷,下册)[M]. 童寿生,等译. 北京:高等教育出版社, 1959.

[7] 上海交通大学《金相分析》编写组. 金相分析[M]. 北京:国防工业出版社,1982.

[8] 唐汝钧,桂立丰. 机械工程材料测试手册[M]. 沈阳:辽宁科学技术出版社 1999.

第 2 篇

[9] 许顺生. X 射线衍射学进展[M]. 北京: 科学出版社, 1986.

[10] 范雄. 金属 X 射线学[M]. 北京: 机械工业出版社, 1999.

[11] 王英华. X 光衍射技术基础[M]. 北京: 原子能出版社, 1993.

[12] 杨于兴, 漆玄. X 射线分析[M]. 上海: 上海交通大学出版社, 1994.

[13] 漆玄, 戎咏华. X 射线衍射与电子显微分析[M]. 上海: 上海交通大学出版社, 1992.

[14] 周玉, 武高辉. 材料 X 射线衍射与电子显微分析[M]. 哈尔滨: 哈尔滨工业大学出版社, 1998.

[15] 韩建成. 多晶 X 射线结构分析[M]. 上海: 华东师范大学出版社, 1989.

[16] 丛秋滋. 多晶二维 X 射线衍射[M]. 北京: 科学出版社, 1997.

[17] 唐汝均. 机械工程材料测试手册物理金相卷[M]. 沈阳: 辽宁科学技术出版社, 1999.

[18] H. P. 克鲁格, L. E. 亚历山大. X 射线衍射技术[M]. 盛世雄,译. 北京: 冶金工业出版社, 1986.

[19] 日本理学株式会社. X 射线衍射手册[G]. 浙江大学,编译. 杭州: 浙江大学测试中心, 1987.

[20] 王煜明. 非晶与晶体缺陷的 X 射线衍射分析[M]. 北京: 科学出版社, 1988.

[21] 张定铨, 何家文. 残余应力的 X 射线分析与作用[M]. 西安: 西安交通大学出版社, 1999.

第 3 篇

[22] 戎咏华. 分析电子显微学导论[M]. 北京:高等教育出版社,2006.
[23] 漆璿,戎詠华. X射线衍射与电子显微分析[M]. 上海:上海交通大学出版社,1992.
[24] 陈世朴,王永瑞. 金属电子显微分析[M]. 北京:机械工业出版社 1982.
[25] 桂立丰总主编,唐汝钧卷主编. 机械工程材料测试手册(第4篇,透射电子显微分析,主编,陈世朴,主审,胡赓祥)[M]. 辽宁. 辽宁科学技术出版社,1999.
[26] 朱静,叶恒强,王仁卉,等. 高空间分辨分析电子显微学[M]. 北京:科学出版社,1987.
[27] 黄孝瑛,侯耀永,李理. 电子衍衬分析原理与图谱[M]. 山东:山东科学技术出版社,2000.
[28] 刘文西,黄孝瑛,陈玉如,等. 材料结构电子显微分析[M]. 天津:天津大学出版社,1989.
[29] 进藤大辅,平贺贤. 材料评价的高分辨电子显微方法[M]. 刘安生,译. 北京:冶金工业出版社,1998.
[30] 马如璋,徐祖耀. 材料物理现代研究方法[M]. 北京:冶金工业出版社,1997.
[31] 杨平. 电子背散射衍射技术及其应用[M]. 北京:冶金工业出版社,2007.
[32] 章晓中. 电子显微分析[M]. 北京:清华大学出版社,2006.
[33] 余永宁. 金属学原理[M]. 北京:冶金工业出版社,2000.
[34] David B. Williams, C. Barry Carter. Transmission Electron Microscopy, A Textbook for Materials Science[M]. Premium New York, 1996.
[35] Peter Hirsch, A Howie, R. B Nicholson, et al. Whelan. Electron Microscopy of Thin Crystals[M]. Robert E. Krieger Publishng Company, Butterworths, 1967.
[36] Manfredvon, Heimendahl, Translated by Ursula E. Wolff. Electron Microscopy of Materials, an Introduction[M]. Academic Pressk, 1980.
[37] Joseph I, Goldstein, et al. Scanning Electron Microscopy and X-ray Microanalysis [M]. Plenum Press, 1981.
[38] Valerie Randle, Olaf Engler. Introduction to Texture Ananlysis: Macrotexture, Microtexture and Orientation Mapping[M]. CRC Press, 2000.
[39] 彭昌盛,宋少先,谷庆宝. 扫描探子显微术理论与应用[M]. 北京:化学工业出版社,2007.
[40] 章晓中. 电子显微分析[M]. 北京:清华大学出版社,2006.
[41] 杜希文,原续波. 材料分析方法(第二版)[M]. 北京:天津大学出版社,2006.

第 4 篇

[42] 陶少华,刘国根. 现代谱学[M]. 北京:科学出版社,2015.
[43] 薛增泉,吴全德. 电子发射与电子能谱[M]. 北京:北京大学出版社,1993.
[44] 张树霖. 拉曼光谱学与低维纳米半导体[M]. 北京:科学出版社,2008.
[45] 中本一雄. 无机和配位化合物的红外和拉曼光谱(第四版)[M]. 黄德如,汪仁庆,等译. 廖代伟,校. 北京:化学工业出版社,1991.
[46] 刘兴鑑,孙逸民,陈玉舜,等. 仪器分析. 全威图书有限公司,1996.
[47] 向红亮,黄伟林,刘东,等. 29Cr 超级双相不锈铸钢表面腐蚀 XPS 分析[J]. 腐蚀科学与

防护技术,2011,23(4):303-312.

[48] 杨晓梅.钢大气腐蚀锈层的红外、拉曼光谱研究[J].光谱学与光谱分析,2006,26:2247-2250.

[49] 梁二军,梁会琴.激光淬火及熔覆层性能与物相变化的拉曼光谱研究-中国激光,2006,33:120-123.